パーフェクト R

Rサポーターズ 著

技術評論社

ご注意
ご購入・ご利用の前に必ずお読みください

● 本書記載の情報は2017年2月現在のものを記載していますので、ご利用時には変更されている場合もあります。ソフトウェアに関する記述は本文に記載のない限り、2017年2月現在での最新バージョンをもとにしています。ソフトウェアはバージョンアップされる場合があり、本書での説明とは機能内容や画面図などが異なってしまうこともあり得ます。本書ご購入の前に、必ずバージョン番号をご確認ください。

● 本書の内容およびサンプルダウンロードに収録されている内容は、次の環境にて動作確認を行っています。

OS	Windows 10 Pro、OS X El Capitan
Webブラウザ	Internet Explorer、Google Chrome、Safari
R	3.3.2

上記以外の環境をお使いの場合、操作方法、画面図、プログラムの動作などが本書内の表記と異なる場合があります。あらかじめご了承ください。

以上の注意事項をご承諾いただいた上で、本書をご利用ください。

● 本書のサポート情報は下記のサイトで公開しています。
http://gihyo.jp/book/2017/978-4-7741-8812-6/support

※ Microsoft、Windowsは、米国Microsoft Corporationの米国およびその他の国における商標または登録商標です。
※ その他、本文中に記載されている製品の名称は、すべて関係各社の商標または登録商標です。

はじめに

本書を手にとっていただき、ありがとうございます。

この本はRに関する書籍です。そのほかのパーフェクトシリーズと同じく、プログラミング自体がはじめてという方へ向けた本ではなく、ある程度プログラミングを行ったことがある方向けの書籍となっています。

本書は、Rについての前提知識を整理し、R言語の仕様について説明します。効率の良いデータハンドリングや可視化、Rは統計プラットフォームであることから、必然的にデータ分析について解説します。そのほかにも実践的な開発方法にもふれ、これらを通じてRを利用するための基礎体力が付くでしょう。

本書があなたとRという良き友との架け橋になれば幸いです。

2017年2月某日
著者一同

■対象読者
- ほかのプログラミング言語を触ったことがあり、これからRをはじめようとしている人
- 過去にRをさわっていたが、しばらくさわっておらず、最近のRを学び直したい人
- なんとなくRを使っているけれど、網羅的にパッケージの使い方を確認したい人

Contents

Part1　R 〜 Overview　17

1章　R概説　18

- **1-1**　Rとは何であるか　18
- **1-2**　Rの歴史　19
- **1-3**　R言語　19
  - 1-3-1　実行環境　19
  - 1-3-2　実行環境のインストール　20
- **1-4**　本書の読み方　22
  - 1-4-1　本書の概要　22
  - 1-4-2　本書の構成と対象読者　23
  - 1-4-3　サンプルコードの表記方法　23
- **1-5**　開発環境　24
  - 1-5-1　インタラクティブ　24
  - 1-5-2　バッチモード　25
  - 1-5-3　Rscript　26
  - 1-5-4　RStudio　26
  - 1-5-5　R Tools for Visual Studio　26
  - 1-5-6　ESS　26
  - 1-5-7　Rcmdr　27
- **1-6**　CRANとその周辺　27
  - 1-6-1　CRAN　27
  - 1-6-2　MRAN　29
  - 1-6-3　R-Forge　29
  - 1-6-4　ソースコードリポジトリ　29
  - 1-6-5　Bioconductor　30
  - 1-6-6　OmegaHat　30
- **1-7**　そのほかのR関連のWebサイト　31
  - 1-7-1　検索サイト　31
  - 1-7-2　R-bloggers　31
  - 1-7-3　RPubs　31
  - 1-7-4　shinyapps.io　31
  - 1-7-5　RjpWiki　32
  - 1-7-6　Tokyo.R Slack　32
- **1-8**　本書の解説コードの実行　32
  - 1-8-1　RStudioのインストール　32
  - 1-8-2　RStudioの基本的な使い方　33
  - 1-8-3　RStudioのプロジェクト　34
  - 1-8-4　文字コードの設定　35
  - 1-8-5　サンプルコードのダウンロード　36

Part2　R言語仕様　37

2章　R言語の基礎　38

- **2-1**　R言語の特徴　38

	2-1-1 インタプリタ言語	38
	2-1-2 関数型プログラミング	38
	2-1-3 ガベージコレクション	39
	2-1-4 ベクトルおよびリストを基本としたデータ型	39
	2-1-5 パッケージ	39
2-2	**R言語の文法の基礎**	40
	2-2-1 インタラクティブな使い方	40
	2-2-2 変数の基礎	42
	2-2-3 関数の基礎	43
	2-2-4 ベクトルの基礎	46
	2-2-5 行列の基礎	49
	2-2-6 配列	52
	2-2-7 リスト	54
	2-2-8 データフレーム	56
	2-2-9 S4クラス	57
	2-2-10 参照クラス	58
	2-2-11 パッケージ	60
2-3	**ヘルプ (help関数)**	61
2-4	**デバッグ**	62
2-5	**起動時スクリプト**	63
2-6	**日本語の文字化け**	64
	2-6-1 フォントファミリーを作成	64
	2-6-2 Mac	65
	2-6-3 Windows	66
	2-6-4 Linux	66

3章　データ型　67

3-1	**ベクトル**	67
	3-1-1 ベクトルのデータ構造	67
	3-1-2 データ型を確認する	68
	3-1-3 ベクトルのデータ型	69
	3-1-4 実数型	69
	3-1-5 文字列型	70
	3-1-6 整数型	72
	3-1-7 因子型	72
	3-1-8 複素数型	74
	3-1-9 論理型	74
	3-1-10 バイト型（バイナリ）	75
	3-1-11 結合と型変換	76
3-2	**行列・配列**	76
	3-2-1 行列の作成	76
	3-2-2 行列のオブジェクトへのアクセス	77
3-3	**リスト**	78
	3-3-1 リストの作成	78
	3-3-2 リストオブジェクトへのアクセス	79
3-4	**データフレーム**	81
	3-4-1 データフレームの作成	81
3-5	**関数**	82
	3-5-1 関数の定義	82
	3-5-2 無名関数	82
3-6	**環境**	83
	3-6-1 環境の作成	83

		3-6-2 環境内の名前付きオブジェクトへのアクセス ……………………… 84
		COLUMN 無名関数を簡潔に記述する ………………………………… 84
3-7	式	……………………………………………………………………………… 85
		3-7-1 式オブジェクトの作成 …………………………………………… 85
3-8	NULL	…………………………………………………………………………… 86
3-9	オブジェクト指向	…………………………………………………………… 87
		3-9-1 S3 クラス ………………………………………………………… 87
		3-9-2 S4 クラス ………………………………………………………… 88
		3-9-3 参照クラス ……………………………………………………… 90

4章　式、制御構造　92

4-1	コメント	……………………………………………………………………… 92
4-2	式	……………………………………………………………………………… 92
		4-2-1 リテラル ………………………………………………………… 93
		4-2-2 関数呼び出し …………………………………………………… 93
		4-2-3 演算 ……………………………………………………………… 93
		4-2-4 インデックス …………………………………………………… 93
		4-2-5 複合式 …………………………………………………………… 93
		4-2-6 制御構造 ………………………………………………………… 94
4-3	演算子	………………………………………………………………………… 94
		4-3-1 演算子の種類 …………………………………………………… 94
		4-3-2 特別な演算子 …………………………………………………… 94
		4-3-3 優先順位 ………………………………………………………… 95
4-4	制御構造	……………………………………………………………………… 96
		4-4-1 if ………………………………………………………………… 96
		4-4-2 repeat …………………………………………………………… 97
		4-4-3 while …………………………………………………………… 97
		4-4-4 for ……………………………………………………………… 98
		4-4-5 制御構造を操作する関数 ……………………………………… 98
		4-4-6 switch 関数 ……………………………………………………… 99
		4-4-7 return 関数 …………………………………………………… 100
4-5	メッセージ	………………………………………………………………… 100
4-6	エラー処理	………………………………………………………………… 101

5章　変数　103

5-1	識別子	……………………………………………………………………… 103
		5-1-1 識別子の規則 ………………………………………………… 103
		5-1-2 予約語 ………………………………………………………… 104
5-2	スコープ	…………………………………………………………………… 105
		5-2-1 変数スコープ ………………………………………………… 105
		5-2-2 グローバル環境 ……………………………………………… 106
		5-2-3 変数参照の規則 ……………………………………………… 107
		5-2-4 関数における変数 …………………………………………… 109
5-3	定数	………………………………………………………………………… 110
		5-3-1 定数の定義 …………………………………………………… 110
5-4	局所変数	…………………………………………………………………… 111
		5-4-1 局所変数の定義 ……………………………………………… 111

6章 関数　112

- **6-1** 評価環境　112
  - 6-1-1 親環境　112
- **6-2** パラメータ　113
  - 6-2-1 パラメータ名のマッチング　113
  - 6-2-2 遅延評価　114
  - 6-2-3 値渡し　114
  - 6-2-4 ...（ドットドットドットオブジェクト）　115
  - 6-2-5 パラメータの操作　117
- **6-3** 本体　118
  - 6-3-1 本体の操作　118
- **6-4** メソッドディスパッチ　119
  - 6-4-1 S3 クラス　119
  - 6-4-2 S4 クラス　120
- **6-5** 特別な関数　121
  - 6-5-1 演算子　121
  - 6-5-2 制御構文　122
  - 6-5-3 インデックスアクセス　123
  - 6-5-4 括弧　123
  - 6-5-5 置換関数　123

Part3　データ処理　125

7章 データ入出力　126

- **7-1** Rにおけるデータ入出力　126
  - 7-1-1 コネクション　126
- **7-2** テキストファイルの入出力　127
  - 7-2-1 外部パッケージによるテキストファイル入出力　127
  - 7-2-2 組み込み関数によるテキストファイルの入出力　128
  - 7-2-3 テキストファイルの文字コードについて　128
- **7-3** Microsoft Excel ファイルの入出力　129
  - 7-3-1 Excel ファイルの入出力　129
  - 7-3-2 Excel ファイルの入力に特化したパッケージ　130
- **7-4** SAS／SPSS／STATA から出力されたファイルの読み込み　130
- **7-5** データベースの入出力　131
  - 7-5-1 MySQL　131
  - 7-5-2 PostgreSQL　132
- **7-6** 標準入出力　132
- **7-7** Web データの取得　133
  - 7-7-1 XML パッケージによるデータの取得　133
  - 7-7-2 rvest パッケージによる Web スクレイピング　134
  - 7-7-3 Web API を介したデータ取得　134
- **7-8** ストリームデータの取得　135
- **7-9** RDS ファイルを介したオブジェクトの入出力　136
- **7-10** そのほかの入出力関数とパッケージ　136

8章 データハンドリング　137

- **8-1** Rにおけるデータハンドリングについて　137
- **8-2** dplyr／tidyrパッケージを用いたデータハンドリング　137
  - 8-2-1 行の抽出（filter関数）　138
  - 8-2-2 列の抽出（select関数）　138
  - 8-2-3 列の作成（mutate関数）　139
  - 8-2-4 並べ替え（arrange関数）　139
  - 8-2-5 列名の変更（rename関数）　139
  - 8-2-6 データの結合（bind_cols関数／bind_rows関数／○○_join関数）　140
  - 8-2-7 グループ単位の操作・集計（group_by関数）　141
  - 8-2-8 データの縦横変換　142
  - 8-2-9 そのほかのdplyrパッケージで知っておきたい処理　143
- **8-3** data.tableパッケージを用いたデータハンドリング　146
  - 8-4-1 行の抽出　146
  - 8-3-2 列の抽出　147
  - 8-3-3 列の作成　147
  - 8-3-4 並べ替え　147
  - 8-3-5 列名の変更　147
  - 8-3-6 データの結合　148
  - 8-3-7 グループ単位の操作・集計　148
  - 8-3-8 データの縦横変換　149
- **8-4** そのほかのデータハンドリングに必要な操作　149
  - 8-4-1 列の分割・合成　149
  - 8-4-2 文字列処理　150

Part4　データ可視化　151

9章 古典的なデータ可視化　152

- **9-1** 可視化の基本　152
  - 9-1-1 プロット　152
- **9-2** グラフィックスパラメータ　153
  - 9-2-1 グラフィックスパラメータの設定　153
  - 9-2-2 描画領域に関するグラフィックスパラメータ　154
  - 9-2-3 色や形状に関するグラフィックスパラメータ　155
- **9-3** plot関数　155
- **9-4** 図、グラフの作成　158
  - 9-4-1 散布図　158
  - 9-4-2 棒グラフ　159
  - 9-4-3 折れ線グラフ　163
  - 9-4-4 ドットプロット　165
  - 9-4-5 箱ひげ図　165
  - 9-4-6 円グラフ　167
  - 9-4-7 モザイクプロット　169
  - 9-4-8 ヒストグラム　170
  - 9-4-9 ヒートマップ　172
  - 9-4-10 等高線プロット　174
  - 9-4-11 3次元プロット　176
- **9-5** 高水準描画関数と低水準描画関数　177
  - 9-5-1 低水準描画関数　177

　　　　9-5-2　新規描画領域の作成　　　　　　　　　　　　　　　　177
　　　　9-5-3　描画領域の範囲指定　　　　　　　　　　　　　　　　178
　　　　9-5-4　描画領域枠の作成　　　　　　　　　　　　　　　　　180
　　　　9-5-5　軸　　　　　　　　　　　　　　　　　　　　　　　　181
　　　　9-5-6　タイトル　　　　　　　　　　　　　　　　　　　　　183
　　　　9-5-7　点　　　　　　　　　　　　　　　　　　　　　　　　184
　　　　9-5-8　線　　　　　　　　　　　　　　　　　　　　　　　　185
　　　　9-5-9　多角形（矩形）　　　　　　　　　　　　　　　　　　190
　　　　9-5-10　円　　　　　　　　　　　　　　　　　　　　　　　 193
　　　　COLUMN　plotrixパッケージ　　　　　　　　　　　　　　　　194
　　　　9-5-11　文字列　　　　　　　　　　　　　　　　　　　　　 195
　　　　9-5-12　凡例　　　　　　　　　　　　　　　　　　　　　　 197
　9-6　ラスタ画像　　　　　　　　　　　　　　　　　　　　　　　　198
　9-7　グラフィックスデバイス　　　　　　　　　　　　　　　　　　199

10章　モダンなデータ可視化　　　　　　　　　　　　　　　　　　203

　10-1　ggplot2パッケージによる可視化　　　　　　　　　　　　　　203
　　　　10-1-1　qplot関数　　　　　　　　　　　　　　　　　　　　203
　　　　COLUMN　ggplot2パッケージの日本語の文字化け解消　　　　　204
　10-2　グラフ描画　　　　　　　　　　　　　　　　　　　　　　　204
　　　　10-2-1　散布図　　　　　　　　　　　　　　　　　　　　　204
　　　　10-2-2　棒グラフ　　　　　　　　　　　　　　　　　　　　207
　　　　10-2-3　箱ひげ図　　　　　　　　　　　　　　　　　　　　208
　　　　10-2-4　ヒストグラム　　　　　　　　　　　　　　　　　　209
　　　　10-2-5　密度曲線　　　　　　　　　　　　　　　　　　　　210
　　　　10-2-6　折れ線グラフ　　　　　　　　　　　　　　　　　　211
　　　　10-2-7　qplot関数のグラフ種類　　　　　　　　　　　　　　213
　10-3　ggplot関数　　　　　　　　　　　　　　　　　　　　　　　213
　　　　10-3-1　グラフのレイヤ構造　　　　　　　　　　　　　　　213
　　　　10-3-2　折れ線グラフ　　　　　　　　　　　　　　　　　　214
　　　　10-3-3　散布図　　　　　　　　　　　　　　　　　　　　　215
　　　　10-3-4　棒グラフ　　　　　　　　　　　　　　　　　　　　216
　　　　10-3-5　そのほかのグラフ　　　　　　　　　　　　　　　　218
　10-4　ggplot2のグラフ調整用関数　　　　　　　　　　　　　　　　218
　　　　10-4-1　回帰曲線の追加　　　　　　　　　　　　　　　　　218
　　　　10-4-2　背景の変更　　　　　　　　　　　　　　　　　　　221
　　　　10-4-3　タイトルとラベルの設定　　　　　　　　　　　　　225
　　　　10-4-4　凡例の位置の変更　　　　　　　　　　　　　　　　226
　　　　10-4-5　軸の変換　　　　　　　　　　　　　　　　　　　　228
　　　　10-4-6　目盛りの変更　　　　　　　　　　　　　　　　　　231
　　　　10-4-7　数値の表示　　　　　　　　　　　　　　　　　　　233
　10-5　latticeパッケージによる可視化　　　　　　　　　　　　　　234
　　　　10-5-1　散布図　　　　　　　　　　　　　　　　　　　　　235
　　　　10-5-2　等高線（contourplot）　　　　　　　　　　　　　　236
　　　　10-5-3　ヒートマップ　　　　　　　　　　　　　　　　　　237
　　　　10-5-4　3次元ワイヤーフレーム（wireframe）　　　　　　　 238
　　　　10-5-5　ドットプロット　　　　　　　　　　　　　　　　　239
　　　　10-5-6　平行座標プロット　　　　　　　　　　　　　　　　239

11章　インタラクティブなデータ可視化　　　　　　　　　　　　　241

　11-1　Rにおけるインタラクティブな可視化について　　　　　　　 241
　11-2　htmlwidgetsパッケージについて　　　　　　　　　　　　　　241
　　　　11-2-1　htmlwidgetsパッケージを用いて開発されたパッケージ群　242

11-3	dygraphsパッケージで時系列データの折れ線プロットを表示する	242
11-4	DiagrammeRパッケージでグラフ構造を可視化する	245
11-5	DTパッケージでインタラクティブな表を作成する	250
11-6	leafletパッケージで地図上に可視化する	255

Part5　データ分析　259

12章　データ分析で使用される手法の整理　260

- 12-1　データ分析の目的　260
  - 12-1-1　データの性質を人が理解しやすい形でわかりやすくまとめる　260
  - 12-1-2　似たようなデータをまとめる　261
  - 12-1-3　関心のある値をほかの値を手掛かりに推定する　261
  - 12-1-4　データをカテゴリに分類する　261
  - 12-1-5　時間とともに変動するデータから変動の規則などを抽出する　261
  - 12-1-6　データに頻出するパターンやルールを抽出する　261
  - 12-1-7　人間が行っている認識タスクを機械に行わせる　261
  - 12-1-8　データに違いがあるかどうかを調べる　262
  - 12-1-9　大量の変数の情報をなるべく損ねずに少数の変数にまとめる　262
  - 12-1-10　ほかとは異なるデータやその兆候を見つける　262
  - 12-1-11　ユーザの興味に合致したアイテムを薦める　263
  - 12-1-12　データ分析の目的とタスクの概要　263
- 12-2　目的に応じた手法選択　264
  - 12-2-1　似たようなデータをまとめる　264
  - 12-2-2　関心のある値をほかの値を手掛かりに推定する　265
  - 12-2-3　データをカテゴリに分類する　265
  - 12-2-4　時間とともに変動するデータから変動の規則などを抽出する　265
  - 12-2-5　データに頻出するパターンやルールを抽出する　265

13章　クラスタリング　266

- 13-1　クラスタリングとは　266
- 13-2　手法の概要　268
- 13-3　階層的クラスタリング　269
  - 13-3-1　簡単な実行例　270
  - 13-3-2　クラスタ数の決定方法　275
  - 13-3-3　階層的クラスタリングの高速化　278
  - 13-3-4　階層的クラスタリングの可視化　279
- 13-4　非階層的クラスタリング　289
  - 13-4-1　k平均法　289
  - 13-4-2　kメドイド法　294
  - 13-4-3　ファジーc平均法　301

14章　分類・回帰　303

- 14-1　分類・回帰とは　303
- 14-2　分類・回帰に用いられる手法　303
- 14-3　分類・回帰の流れ　304
  - 14-3-1　全体の流れ　304
  - 14-3-2　分類の評価指標　305
  - 14-3-3　回帰の評価指標　311

| 14-4 | 単回帰分析 | 312 |

- 14-4-1 単回帰分析の実行 ... 313
- 14-4-2 回帰診断 ... 315
- 14-4-3 ggplot2 パッケージを用いた回帰分析の実行 ... 317

| 14-5 | 重回帰分析 | 320 |

- 14-5-1 重回帰分析の実行 ... 321
- 14-5-2 回帰係数プロット ... 322
- 14-5-3 変数選択 ... 323
- 14-5-4 重回帰分析の前処理 ... 326

| 14-6 | ロバスト回帰 | 336 |

- 14-6-1 外れ値を含むデータの回帰分析 ... 336
- 14-6-2 ロバスト回帰の概要 ... 340
- 14-6-3 ロバスト回帰の実行 ... 340

| 14-7 | ロジスティック回帰分析 | 342 |
| 14-8 | 決定木 | 346 |

- 14-8-1 決定木の実行 ... 347
- 14-8-2 決定木の精度予測 ... 349
- 14-8-3 そのほかのプロット用パッケージ ... 350
- 14-8-4 条件付き推測木 ... 351

| 14-9 | サポートベクタマシン | 352 |

- 14-9-1 サポートベクタマシンの実行 ... 353
- 14-9-2 サポートベクタマシンの予測の検証 ... 354

| 14-10 | ランダムフォレスト | 356 |

- 14-10-1 ランダムフォレストを実行するパッケージの概観 ... 356
- 14-10-2 randomForest パッケージを用いたランダムフォレストの実行 ... 357
- 14-10-3 ランダムフォレストの予測の検証 ... 358
- 14-10-4 変数の重要度の算出・プロット ... 359
- 14-10-5 そのほかのランダムフォレストパッケージ ... 363
- 14-10-6 ランダムフォレストパッケージの引数の対応関係 ... 366

| 14-11 | 勾配ブースティング | 366 |

- 14-11-1 ブースティングを実行するパッケージ ... 366
- 14-11-2 ブースティングの概要 ... 367
- 14-11-3 gbm パッケージによる勾配ブースティングの実行 ... 374
- 14-11-4 xgboost パッケージによる勾配ブースティングの実行 ... 377
- 14-11-5 予測の検証 ... 379
- 14-11-6 gbm パッケージと xgboost パッケージのパラメータの対応 ... 380

| 14-12 | caret パッケージによる分類・回帰の実行 | 380 |

- 14-12-1 ハイパーパラメータのグリッドサーチ ... 381
- 14-12-2 クロスバリデーション ... 382
- 14-12-3 ハイパーパラメータのグリッドサーチ＋クロスバリデーション ... 383

| 14-13 | mlr パッケージによる分類・回帰の実行 | 384 |

- 14-13-1 ハイパーパラメータのグリッドサーチ＋クロスバリデーション ... 385

15章 時系列解析 ... 386

| 15-1 | 時系列データとは | 386 |
| 15-2 | R の時系列データ表現・構造 | 386 |

- 15-2-1 時系列データ表現・構造の概観 ... 386
- 15-2-2 日付の表現 ... 387
- 15-2-3 時刻の表現 ... 389
- 15-2-4 周期性を持つ時系列データの表現 ... 393

	15-2-5	xts パッケージを用いたデータハンドリング	397
15-3		時系列データの可視化	400
	15-3-1	月次データのプロット	400
	15-3-2	カレンダープロット	401
15-4		時系列データの記述	403
	15-4-1	自己相関係数・共分散	404
	15-4-2	成分分解	409
	15-4-3	定常性の確認	410
15-5		時系列データのモデリング	421
	15-5-1	AR モデル	421
	15-5-2	AR モデルによるモデリングがうまくいかないケース	429
	15-5-3	ARMA/ARIMA モデル	431
	15-5-4	ARIMA モデル	435

16章　頻出パターンの抽出　442

16.1		頻出パターンとは	442
16-2		抽出するパターンの概要	443
	16-2-1	パターンの種別	443
	16-2-2	パターンを評価する指標	443
16-3		頻出アソシエーションルール・頻出アイテムセットの抽出	446
	16-3-1	アプリオリ	446
	16-3-2	Eclat	458
	16-3-3	設定可能なパラメータ	460
	16-3-4	ファイルからのトランザクションデータのロード	466
16-4		系列パターンの抽出	469
	16-4-1	系列パターンとは	469
	16-4-2	SPADE	469
	16-4-3	実践例：クリックデータからの系列パターンの抽出	474

Part6　実践的な開発　479

17章　コマンドラインアプリケーション　480

17-1		コマンドラインアプリケーション	480
17-2		実行環境	480
	17-2-1	Rscript	480
	17-2-2	littler	481
	17-2-3	--vanilla オプション	482
17-3		コマンドライン引数の処理	482
	17-3-1	docopt パッケージ	483
17-4		ロギング	484
	17-4-1	logging パッケージ	484

18章　Webアプリケーション　487

18-1		shiny	487
	18-1-1	shiny で Hello World	487
	18-1-2	shiny アプリケーションのサンプル	490
	18-1-3	shiny アプリケーション作成チュートリアル	491

18-2	**shinyに関連するパッケージ**	505
	18-2-1 shinyを拡張するパッケージの紹介	505
	18-2-2 shinyを利用しているパッケージの紹介	506
18-3	**shinyアプリケーションの配布**	506
	18-3-1 各クライアントマシンで実行してもらう方法	506
	18-3-2 Webブラウザアクセスで実行してもらう方法	507
18-4	**Shiny Server**	507
	18-4-1 Shiny Server Open SourceとProの違い	508
	18-4-2 Shiny Server Open Sourceのインストールと起動	508
	18-4-3 shiny-serverへのshinyアプリケーションのデプロイ	509
	18-4-4 shiny-serverの設定	509
18-5	**rApache**	510
	18-5-1 rApacheとは	510
	18-5-2 インストールと設定	510
	18-5-3 Rook	514
	18-5-4 開発例	516

19章 レポーティング　518

19-1	**動的レポート**	518
19-2	**knitrパッケージ**	518
	COLUMN 乱数シードの作成	519
19-3	**Rマークアップファイルからレポートを生成する**	520
19-4	**R MarkdownからHTMLレポートを作成する**	520
	19-4-1 RStudio内でHTMLレポートを作成する	520
	19-4-2 R内でレポートを作成する	523
19-5	**R Markdown形式**	524
	19-5-1 チャンクオプション	525
	19-5-2 図	527
	19-5-3 表	528
19-6	**HTMLレポートをメールで配信する**	529
19-7	**Shinyを利用したレポーティング**	530
	19-7-1 Shinyによるレポーティングのコツ	530
	19-7-2 R MarkdownによるShinyレポートの作成	530
	19-7-3 shinydashboardによるダッシュボードの作成	532

20章 パッケージ開発　536

20-1	**Rにおけるパッケージ開発**	536
20-2	**RStudioを用いたパッケージ開発**	536
	20-2-1 基本の流れ	537
	20-2-2 パッケージの骨格を作成	537
	20-2-3 DESCRIPTIONファイルおよびヘルプの整備	538
	20-2-4 効率的に開発を進めるポイント	542
20-3	**Web上でのパッケージ公開**	543
	20-3-1 GitHubへのパッケージの公開	543
	20-3-2 GitHubからのパッケージインストール	543
20-4	**CRAN上でのパッケージ公開**	544
	20-4-1 CRANへの申請方法	544
	20-4-2 CRAN申請時に注意すべきポイント	545

21章 チューニングの原則 — 547

- **21-1** Rでのチューニングの指針 — 547
- **21-2** ベクトル演算によるチューニング — 547
- **21-3** applyファミリーによるチューニング — 549
- **21-4** 実行時間の測定 — 551
  - 21-4-1 実行時間の計測 — 551
  - 21-4-2 Rprof関数による個々の処理の実行時間の測定 — 553
- **21-5** メモリ使用量の測定 — 557
  - 21-5-1 Rprof関数による測定 — 557
  - 21-5-2 オブジェクトのメモリサイズの測定 — 559

22章 パッケージによる大規模データ対応・高速化 — 560

- **22-1** 大規模データのハンドリング — 560
  - 22-1-1 代表的なパッケージ — 560
- **22-2** bigmemoryパッケージ — 561
  - 22-2-1 データの読み込み — 561
  - 22-2-2 データの集計 — 563
- **22-3** ffパッケージ — 564
  - 22-3-1 データの読み込み — 564
  - 22-3-2 集計 — 566
- **22-4** 並列計算 — 566
  - 22-4-1 クラスタの生成と停止 — 567
  - 22-4-2 並列計算の例(ランダムフォレストの実行) — 568
- **22-5** Hadoopとの連携 — 569
  - 22-5-1 Hadoop環境の構築 — 569
  - 22-5-2 RHadoopパッケージ — 571
- **22-6** Sparkとの連携 — 573
  - 22-6-1 Sparkのダウンロード — 574
  - 22-6-2 SparkRの起動 — 575
  - 22-6-3 DataFrame — 576
  - 22-6-4 SparkSQLによるデータ操作 — 578
  - 22-6-5 MLlibとの連携 — 579

23章 他言語の利用と他言語からの利用 — 580

- **23-1** 他言語の利用方法 — 580
- **23-2** FFI — 580
  - 23-2-1 C言語で定義された関数を呼び出す — 580
  - 23-2-2 inline パッケージ — 585
  - 23-2-3 Rcpp パッケージ — 586
  - 23-2-4 rJava パッケージ — 588
- **23-3** DSL — 590
  - 23-3-1 Stan — 590
- **23-4** 他言語からの利用方法 — 596
- **23-5** コマンドラインの利用 — 596
  - 23-5-1 入力 — 596
  - 23-5-2 出力 — 600

| 23-6 | Rライブラリの利用 | 602 |

24章 Rcpp — 605

24-1	Rcppの活用シーン	605
24-2	インストール	607
	24-2-1 開発ツールのインストール	607
	24-2-2 Rcppのインストール	607
24-3	Rcppを使った関数の定義から実行までの流れ	607
	24-3-1 Rcppの関数定義の基本形	607
	24-3-2 コンパイル	608
	24-3-3 実行	609
24-4	C++11	609
	24-4-1 C++11を有効にする	609
	24-4-2 便利な C++11 機能	610
	24-4-3 ラムダ式	611
24-5	画面への出力	612
24-6	基本データ型とデータ構造	613
	24-6-1 基本データ型	613
24-7	データ構造	614
24-8	Vector	614
	24-8-1 Vector オブジェクトの作成	614
	24-8-2 Vectorの要素へのアクセス	615
	24-8-3 ベクトルを扱う際の注意点	616
	24-8-4 Vectorが持つメンバ関数	618
	24-8-5 静的メンバ関数	619
24-9	Matrix	619
	24-9-1 Matrixオブジェクトの作成	619
	24-9-2 Matrix要素へのアクセス	620
	24-9-3 Matrixが持つメンバ関数	621
	24-9-4 Matrixが持つ静的メンバ関数	621
	24-9-5 Matrixに関連するそのほかの関数	622
24-10	四則演算と比較演算	622
	24-10-1 四則演算	622
	24-10-2 比較演算	623
24-11	論理ベクトルと論理演算	624
	24-11-1 LogicalVector の正体	624
	24-11-2 LogicalVectorの要素を評価する	624
	24-11-3 論理演算	625
	24-11-4 LogicalVectorを受け取る関数	626
24-12	DataFrame	627
	24-12-1 DataFrameオブジェクトの作成	628
	24-12-2 データフレームの要素（カラム）へのアクセス	628
	24-12-3 データフレームのメンバ関数	629
24-13	List	630
	24-13-1 Listオブジェクトの作成	630
	24-13-2 Listの要素へのアクセス	630
	24-13-3 Listのメンバ関数	631
24-14	属性値	631
	24-14-1 属性値へのアクセス	631

- **24-15 S3、S4クラス** ... 632
  - 24-14-2 主要な属性値へのアクセス方法 ... 632
  - 24-15-1 S3クラス ... 632
  - 24-15-2 S4クラス ... 633
- **24-16 Date** ... 635
  - 24-16-1 Dateオブジェクトの作成 ... 635
  - 24-16-2 演算 ... 635
  - 24-16-3 Dateのメンバ関数 ... 636
- **24-17 Datetime** ... 636
  - 24-17-1 Datetimeオブジェクトの作成 ... 636
  - 24-17-2 タイムゾーン ... 637
  - 24-17-3 演算子 ... 637
  - 24-17-4 Datetimeが持つメンバ関数 ... 638
- **24-18 String** ... 639
  - 24-18-1 Stringオブジェクトの作成 ... 639
  - 24-18-2 Stringに対して定義されている演算子 ... 639
  - 24-18-3 Stringが持つメンバ関数 ... 640
- **24-19 因子ベクトル** ... 641
- **24-20 RObject** ... 642
  - 24-20-1 メンバ関数 ... 642
  - 24-20-2 RObjectを利用した型の判別 ... 642
- **24-21 Rの関数を利用する** ... 643
  - 24-21-1 Functionを使ってRの関数を利用する ... 643
  - 24-21-2 Environmentを使ってRの関数を利用する ... 644
- **24-22 Environment** ... 645
  - 24-22-1 Environmentオブジェクトの作成 ... 645
  - 24-22-2 環境にあるオブジェクトにアクセスする ... 645
  - 24-22-3 新しい環境を作成する ... 646
  - 24-22-4 Environmentが持つメンバ関数 ... 646
  - 24-22-5 Environmentが持つ静的メンバ関数 ... 647
- **24-23 NA、NaN、Inf、NULLの扱い** ... 647
  - 24-23-1 NA、NaN、Inf、-Infの値の表現 ... 647
  - 24-23-2 NA、NaN、Inf、-Infの判定 ... 648
  - 24-23-3 NULL ... 650
  - 24-23-4 RcppでNAを扱う際の注意点 ... 650
- **24-24 エラー処理とキャンセル処理** ... 652
  - 24-24-1 エラー処理 ... 652
  - 24-24-2 キャンセル処理 ... 653
- **24-25 イテレータ** ... 653
- **24-26 標準C++アルゴリズムを利用する** ... 654
- **24-27 標準C++データ構造を利用する** ... 655
  - 24-27-1 標準C++データ構造とRcppデータ構造の変換 ... 657
  - 24-27-2 標準C++データ構造を関数の引数や戻り値にする ... 658
- **24-28 Rライクな関数** ... 659
- **24-29 確率分布** ... 660
  - 24-29-1 確率分布関数の基本構造 ... 660
  - 24-29-2 確率分布関数の一覧 ... 661

Part 1

R ~ Overview

Rはデータ処理、データ可視化、アプリケーション開発などのさまざまなタスクを実現します。Rをプログラミング言語としてのみとらえることはできません。統計処理に特化したプラットフォームとしての理解が必要です。

Part 1 R〜Overview

1章 R概説

この章ではRの特徴と基本的な考え方について概説します。また、本書における構成の方針とサンプルコードの実行方法などを説明します。

1-1 Rとは何であるか

　Rとは何なのでしょうか。ある人はプログラミング言語だと思うかもしれません。またある人は統計処理ソフトウェアだと思うかもしれません。もしかしたらグラフをプロットするためのソフトウェアだと思う人もいるかもしれません。いずれもある側面から見れば正しいのですが、必ずしもRの全体像を捉えきれているとは言えません。

　まずはじめに、Rとは何なのかについて簡単に知る必要があります。RプロジェクトのWebサイト[注1]には、次のように説明されています。

> R is a free software environment for statistical computing and graphics.

　日本語に訳すと「Rは統計学的な計算およびグラフィックスのための、フリーのソフトウェア環境です。」でしょうか。「ソフトウェア環境」とは、ソフトウェアそのもののみではなく、それを取り巻くオペレーティングシステムやデータベースシステムやコンパイラといった、アプリケーションを支える環境のことを指します。簡単に言うと、Rはそれ自身が統計学的な計算やグラフィックスを記述するための環境、すなわちR言語とその実行環境を兼ね備えているソフトウェアということになります。

　Rがほかのプログラミング言語（本書以外のパーフェクトシリーズに取り上げられるような）と性質を異にするところは、Rが統計プラットフォームであるという点です。Rを単にプログラミング言語としてのみ捉えることは本質的に困難であり、必然的に本書の内容は、プログラミング言語Rのみならず、Rを取り巻くエコシステム、データ処理や機械学習の技法、アプリケーションの開発といった範囲に及んでいます。エンジニアのみではなく、アナリストやマーケターなどのプログラミングの世界とは別の職種のユーザも利用するのが特徴です。

（注1） URL https://www.r-project.org/

1-2 Rの歴史

Rにはすでに長い歴史があります。本書執筆時点（2017年2月）における最新バージョンは3.3.2です。表1.1に最近の主な変更点について記します。

表1.1 Rのバージョンと主な変更点

バージョン	主な変更点
2.12	参照渡しを実現する参照クラスのサポート
2.13	バイトコンパイルのサポートによる関数の高速化
2.14	parallelパッケージによる並列計算のサポート
3.0	2^{31}以上のサイズのベクトルをサポート（64-bit版のみ）
3.2.2	HTTPS通信のサポート。CRANでHTTPSが利用できるようになった

Rは現在も活発に開発が続けられており、バグ修正や新機能を含むさまざまな更新が行われています。本書で扱うRのバージョンは、注記しない限り執筆時点での最新バージョンを利用します。

1-3 R言語

R言語はRのために設計された独自のプログラミング言語です。詳細な仕様はPart2に譲るとして、ここでは簡単にR言語の特徴を説明します。

R言語はC言語に似た構文を持つプログラミング言語です。前述のようにRが統計領域に特化したソフトウェア環境であることから、必然的にR言語は数学やグラフィックスの処理が容易に記述できるようになっています。統計に特化した言語とはいえ、ファイル操作をはじめとした汎用言語に必要な機能は兼ね備えているため、R言語をドメイン特化言語とみなすか、汎用プログラミング言語とみなすかは、判断しかねるところです。

1-3-1 実行環境

Rにおいて、R言語と対をなす構成要素が実行環境です。Rの実行環境はRのインタプリタ実行およびグラフィックスを担当します。

Rの実行ファイルを起動すると、対話環境（インタラクティブ）が起動します。インタラクティブにR言語を記述していくことで、記述された内容が逐次実行されます。数値計算であれば数値計算の結果を返し、グラフ描画（プロット）であればウィンドウを開きグラフを出力します。

Part 1 R〜Overview

1-3-2 実行環境のインストール

実行環境はCRAN[注2]からダウンロードできます。https://cran.r-project.org/にアクセスすると、図1.1のようなページが表示されます[注3]。図1.1上部の「Download and Install R」から自分の環境にしたがって「Download R for XXX」リンクをたどります。

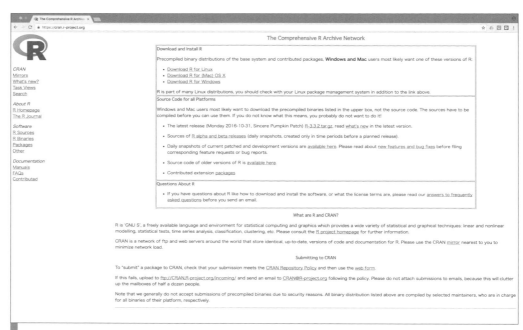

図1.1　Rのダウンロード

■ Mac OS Xの場合

「Download R for (Mac) OS X」のリンクをクリックすると図1.2のように各バージョンのインストーラへのリンクが表示されます。「R-_バージョン番号_.pkg」というリンクをクリックするとインストーラをダウンロードできます。ダウンロードされたインストーラを実行してウィンドウの指示にしたがって進めると、インストールが完了します。

（注2）　「1-6 CRAN」参照
（注3）　ここではCRANの公式サイトのURLを記述していますが、ネットワークパフォーマンスがよくありません。速度が遅いと感じる場合は、メニュー上部の「Mirrors」リンクから高速なミラーサイトに移動してからダウンロードします（RStudio社が公開するミラーサイトが高速です）。

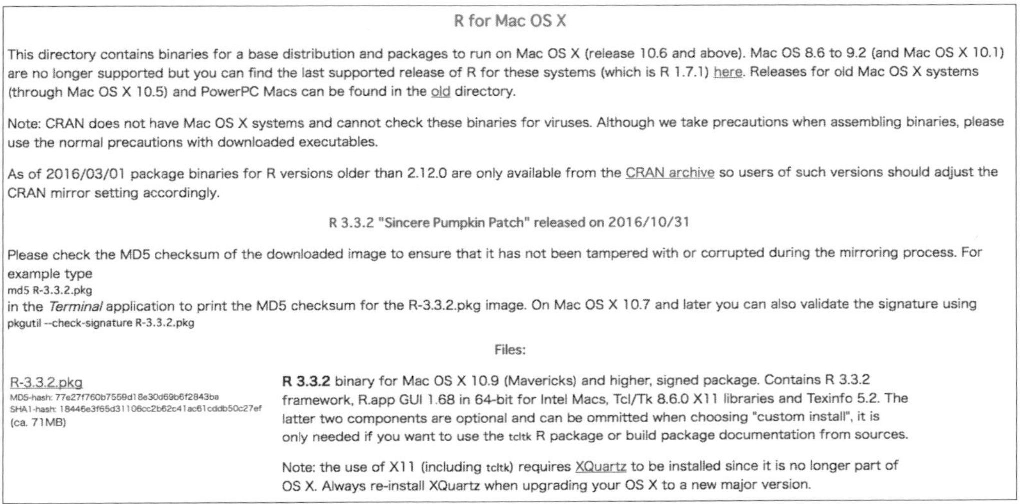

> R for Mac OS X
>
> This directory contains binaries for a base distribution and packages to run on Mac OS X (release 10.6 and above). Mac OS 8.6 to 9.2 (and Mac OS X 10.1) are no longer supported but you can find the last supported release of R for these systems (which is R 1.7.1) here. Releases for old Mac OS X systems (through Mac OS X 10.5) and PowerPC Macs can be found in the old directory.
>
> Note: CRAN does not have Mac OS X systems and cannot check these binaries for viruses. Although we take precautions when assembling binaries, please use the normal precautions with downloaded executables.
>
> As of 2016/03/01 package binaries for R versions older than 2.12.0 are only available from the CRAN archive so users of such versions should adjust the CRAN mirror setting accordingly.
>
> R 3.3.2 "Sincere Pumpkin Patch" released on 2016/10/31
>
> Please check the MD5 checksum of the downloaded image to ensure that it has not been tampered with or corrupted during the mirroring process. For example type
> md5 R-3.3.2.pkg
> in the *Terminal* application to print the MD5 checksum for the R-3.3.2.pkg image. On Mac OS X 10.7 and later you can also validate the signature using pkgutil --check-signature R-3.3.2.pkg
>
> Files:
>
> R-3.3.2.pkg
> MD5-hash: 77e27f760b7559d18e30d69b6f2843ba
> SHA1-hash: 18446e3f65d31106cc2b62c41ac61cddb50c27ef
> (ca. 71MB)
>
> **R 3.3.2** binary for Mac OS X 10.9 (Mavericks) and higher, signed package. Contains R 3.3.2 framework, R.app GUI 1.68 in 64-bit for Intel Macs, Tcl/Tk 8.6.0 X11 libraries and Texinfo 5.2. The latter two components are optional and can be ommitted when choosing "custom install", it is only needed if you want to use the tcltk R package or build package documentation from sources.
>
> Note: the use of X11 (including tcltk) requires XQuartz to be installed since it is no longer part of OS X. Always re-install XQuartz when upgrading your OS X to a new major version.

図1.2　Rのダウンロード（Mac OS X）

■ Windowsの場合

「Download R for Windows」のリンクをクリックすると図1.3のように「base」「contrib」「Rtools」の3つのサブディレクトリへのリンクが表示されます。Rの実行環境はbaseというリンクをクリックして表示されるページ（図1.4）の上部にある「Download R _バージョン番号_ for Windows」というリンクをクリックするとインストーラをダウンロードできます。ダウンロードされたインストーラを実行してウィンドウの指示にしたがって進めると、インストールが完了します。

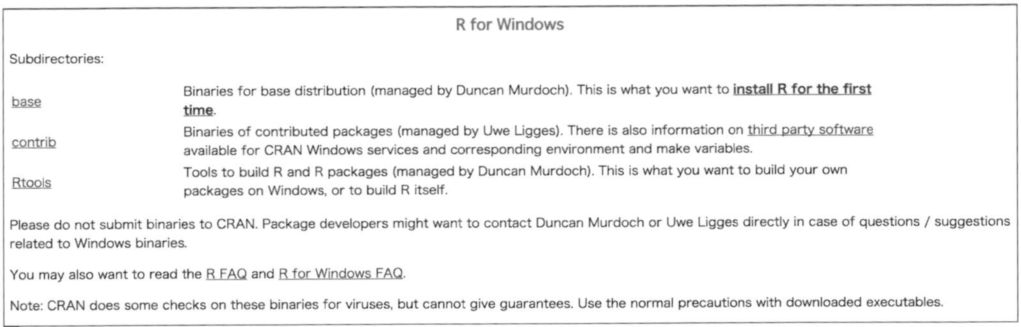

> R for Windows
>
> Subdirectories:
>
> base　　Binaries for base distribution (managed by Duncan Murdoch). This is what you want to **install R for the first time**.
>
> contrib　Binaries of contributed packages (managed by Uwe Ligges). There is also information on third party software available for CRAN Windows services and corresponding environment and make variables.
>
> Rtools　Tools to build R and R packages (managed by Duncan Murdoch). This is what you want to build your own packages on Windows, or to build R itself.
>
> Please do not submit binaries to CRAN. Package developers might want to contact Duncan Murdoch or Uwe Ligges directly in case of questions / suggestions related to Windows binaries.
>
> You may also want to read the R FAQ and R for Windows FAQ.
>
> Note: CRAN does some checks on these binaries for viruses, but cannot give guarantees. Use the normal precautions with downloaded executables.

図1.3　Rのダウンロード（Windows）

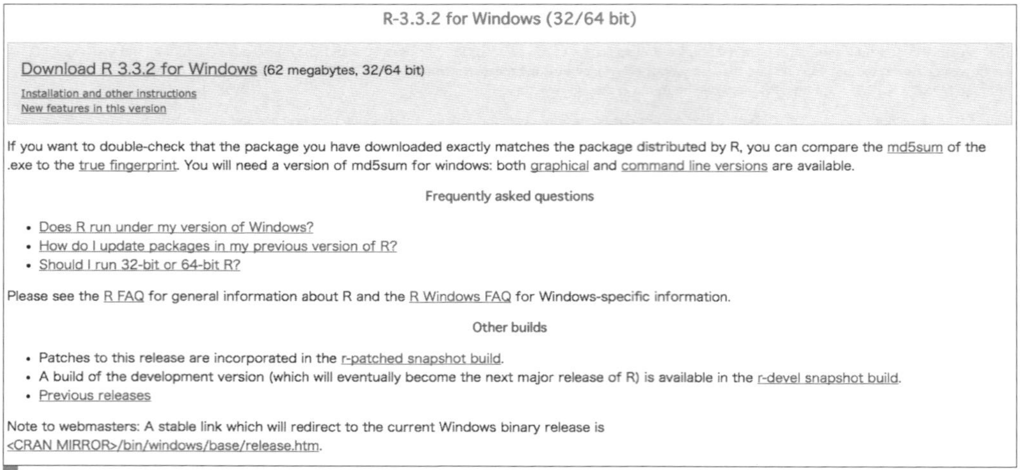
R-3.3.2 for Windows (32/64 bit)

Download R 3.3.2 for Windows (62 megabytes, 32/64 bit)
Installation and other instructions
New features in this version

If you want to double-check that the package you have downloaded exactly matches the package distributed by R, you can compare the md5sum of the .exe to the true fingerprint. You will need a version of md5sum for windows: both graphical and command line versions are available.

Frequently asked questions

- Does R run under my version of Windows?
- How do I update packages in my previous version of R?
- Should I run 32-bit or 64-bit R?

Please see the R FAQ for general information about R and the R Windows FAQ for Windows-specific information.

Other builds

- Patches to this release are incorporated in the r-patched snapshot build.
- A build of the development version (which will eventually become the next major release of R) is available in the r-devel snapshot build.
- Previous releases

Note to webmasters: A stable link which will redirect to the current Windows binary release is
<CRAN MIRROR>/bin/windows/base/release.htm.

図1.4　Rのダウンロード（Windows）

■ Linuxの場合

「Download R for Linux」のリンクをクリックすると**図1.5**のようにディストリビューションごとのサブディレクトリへのリンクが表示されます。それぞれのディストリビューションごとにインストールの方法が記載されていますので、それにしたがいインストール作業を行います。

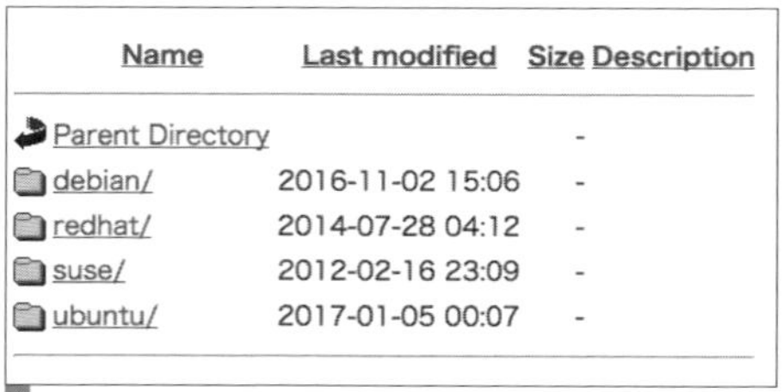

Name	Last modified	Size	Description
Parent Directory		-	
debian/	2016-11-02 15:06	-	
redhat/	2014-07-28 04:12	-	
suse/	2012-02-16 23:09	-	
ubuntu/	2017-01-05 00:07	-	

図1.5　Rのダウンロード（Linux）

各ディストリビューションの公式リポジトリでもRが配布されていると思われますが、バージョンが古いため最新版を導入することを推奨します。

1-4 本書の読み方

1-4-1 本書の概要

本書に記載しているコードは主にR 3.3.2での利用を想定しています。

1-4-2 本書の構成と対象読者

本書ではパートという単位でテーマを分けてRについて説明していきます。前述のように、Rはプログラミング言語ではなく、ソフトウェア環境です。統計処理というドメインを扱う特性から、Rのユーザは、エンジニアやアナリストなど多岐に渡ります。これをふまえて、本書はRを用いて実現できるさまざまな機能をPartごとにまとめて解説しています。対象読者を大きくエンジニアとアナリストに分けて、Partごとの記載内容を表1.2にまとめます。

表1.2 本書の概要と対象読者

Part	Part名	概要	エンジニア	アナリスト
Part1	R〜Overview	Rの特徴や歴史、インストール手順などについて解説	○	○
Part2	R言語仕様	R言語の仕様を解説	○	△
Part3	データ処理	パッケージを用いたデータの入出力、データ加工の方法	○	○
Part4	データ可視化	パッケージを用いたデータの可視化方法	○	○(ただし11章を除く)
Part5	データ分析	パッケージを利用したデータの分析方法。クラスタリング、分類・回帰、時系列分析、頻出パターンの抽出など	○	○
Part6	実践的な開発	コマンドラインアプリケーションの作成、Webアプリケーションの作成、レポーティング、高速化など	○	×(ただし19章は○)

1-4-3 サンプルコードの表記方法

本書における実行可能なサンプルコードは、次の2通りの方法で表記します。

1つはインタラクティブで実行した状態と同様の記述になります。>または+はプロンプトです。インタラクティブが入力を促すためのシンボルであり、実際にインタラクティブにユーザは入力しない文字です。言語仕様を解説するPart2ではこのように表記します。

```
> f <- function(x) {
+     return(x)
+ }
```

もう1つは、**リスト1.1**のようにはプロンプトを省略した記述です。記述されたコードをそのままインタラクティブに入力すれば実行できます。また、後述するようにファイルを指定して実行することもできます。

リスト1.1　sample.R
```
f <- function(x) {
    return(x)
}
```

必要に応じて次のようにコード中にコメントが記載されます。行中の#以降はRの処理におい

ては無視されるので、実際にコードとして入力する必要はありません。理解の助けのために利用してください。

```
# xとyを足した結果を返す関数
add <- function(x, y) {
    z <- x + y    # x+yを計算する
    return(z)     # 計算結果を返す
}
```

1-5 開発環境

　RはR言語およびその実行環境からなるプラットフォームです。R自身がR言語を解釈して実行できるため、R単体でも開発ができます。R単体で不足する機能を補った、より便利な開発環境がサードパーティによって公開されています。この節では、Rおよびそのほかの開発環境について紹介します。

1-5-1 インタラクティブ

　Rアプリケーションを実行すると、通常は対話実行環境（インタラクティブ）が起動します（図1.6）。インタラクティブは、ユーザの入力を待ち、入力に対する結果を出力します。出力が終わると、ユーザの入力を受け付けるようになります。データの中身を確認する、グラフを調整するといったR特有の非定型的な処理を行いたい場合はインタラクティブを利用するのが便利です。

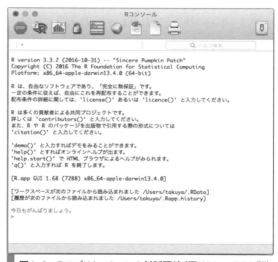

図1.6　Rアプリケーションの対話環境（図はMac OS X版）

1-5-2 バッチモード

バッチモードはRの起動オプションの1つです。インタラクティブとは異なり、明示的に入力を求める箇所以外では、ユーザの入力を待たずに処理を進めていきます。

Rをバッチモードで起動するには、次のようにオプションを指定します。

```
# input.Rに記述されたRの処理をバッチモードで実行する
$ R CMD BATCH input.R
```

この例では出力ファイルを指定していないので、実行結果はinput.Routというファイルに出力されます。また、ソースコード内にデフォルトのグラフィックデバイスに対するプロット（出力先を明示的に指定しないで行ったプロット）がある場合は、Rplots.pdfというファイルにプロット結果が出力されます。

実行結果ファイルには、インタラクティブで行った結果と同等の出力が行われます。すなわち、入力プロンプトおよび実行コマンド、出力の繰り返しがテキストファイルとして書き出されます。`--no-timing`オプションを指定しないで実行した場合は、最後に`proc.time()`を実行して、実行にかかった時間がレポートされます。`proc.time()`は、`time`コマンドと同等です。

■interactive関数

実行環境がインタラクティブかバッチモードなのかを区別したい場合があります。たとえば複数のプロットを行う場合に、インタラクティブではユーザ入力を待って次の画像を出力したいけれども、バッチモードではユーザ入力は待ちたくないというケースです。そのような場合、interactive関数を利用できます。interactive関数は、現在の実行環境がインタラクティブの場合はTRUEを返し、それ以外の場合はFALSEを返します。

前述のプロット処理における入力待ちを例にとると、次のようなコードを実行することで、望むような処理が実現できます。

```
> devAskNewPage(ask = interactive())
```

devAskNewPage関数は、TRUEを与えるとプロットのたびに「次の図を見るためには<Return>キーを押してください:」というプロンプトを表示し、FALSEを与えるとプロンプトを表示しないようにします。インタラクティブのときは`interactive()`がTRUEを返すためプロンプトを表示するようにし、バッチモードのときはFALSEを返すためプロンプトを表示しないしくみです[注4]。

(注4) 本当はdevAskNewPageでTRUEを設定しても、バッチモード時にプロンプトは表示されません。

1-5-3 Rscript

バッチモードと同様にRのスクリプトファイルを逐次実行するのがRscriptです。RscriptはRと一緒にインストールされる独立した実行ファイルです。

バッチモードが入出力を結果ファイルとして出力するのに対して、Rscriptは結果のみを標準出力に出力します。プロットが存在する場合はバッチモードと同様にRplots.pdfに出力します。

Rscriptを用いることで、コマンドラインアプリケーションの実行が容易に利用できます。詳細は「**17章 コマンドラインアプリケーション**」を参照してください。

1-5-4 RStudio

RStudio(注5)はRStudio社が開発しているRの統合開発環境(*IDE : Integrated Development Environment*)です。ネイティブアプリケーションのデスクトップ版とWebアプリケーションのサーバ版が存在します。いずれも有償版と無償版が存在し、ライセンス形態や機能に違いがあります。

RStudioは、プロジェクト管理、ソースコード管理ソフトウェアとの連携、シンタックスハイライトといったIDEに必要な基本的な機能を備えています。また、Rに読み込まれているデータの表示やレポート作成など、Rユーザが利用したいであろう機能が充実しています。Rを利用する際にはインストールしておきたいソフトウェアの1つであると言えるでしょう。

本書で解説するコードは、RStudioを利用して実行することを想定しています。RStudioのインストール方法および使い方については、本章の最後にまとめています。

1-5-5 R Tools for Visual Studio

R Tools for Visual Studio (RTVS)(注6)は、Microsoft社が提供するIDEであるVisual StudioでRの開発を可能にするための拡張機能です。RStudioと同様に、プロジェクト管理やレポーティングに関する機能を備えています。

RStudioはRに特化したIDEであるのに対してVisual Studioはほかの言語でも利用されるIDEです。R以外の複数の言語と連携して同時に開発したい場合もあるでしょう。このような場合に、1つのIDEでまとめて開発できることが魅力と言えるでしょう。

1-5-6 ESS

ESS (*Emacs Speaks StatisticsESS*)(注7)はEmacsのアドオンパッケージです。名前からもわかるよう

(注5) URL https://www.rstudio.com/
(注6) URL https://www.visualstudio.com/en-us/features/rtvs-vs.aspx
(注7) URL http://ess.r-project.org/

に、特にRに限定されたものではなく、JAGSなどのほかの統計関連のソフトウェアも利用しやすくなっています。

1-5-7 Rcmdr

　RcmdrパッケージはCRANで公開されているRパッケージの1つです。グラフィカルユーザインターフェース（*GUI：Graphical User Interface*）を提供します。RStudioのように自分自身でコードを作り上げていくのを補助するIDEとは異なり、GUI操作でR処理を作成したいユーザ向けのパッケージです。

　Rcmdrパッケージはカスタマイズ可能で、プラグインをインストールすることで機能の拡張ができます。プラグインもRパッケージであるため、R上から容易に導入できます。

1-6　CRANとその周辺

　Rを利用するにあたって、ドキュメントやパッケージは欠かせません。この節では、ドキュメントやパッケージを公開するCRANおよびCRANに関連する事項について紹介します。

1-6-1 CRAN

　CRAN（*The Comprehensive R Archive Network*）[注8]は、Rに関連するものすべてを蓄積するためのWebサイトです。Rのバイナリ、ソースコードはもちろん、パッケージ、ドキュメントなど、Rを利用する際に必要となるあらゆるものがCRANに揃っています。

　CRANは世界各地でミラーリングされています。つまりオリジナルのCRANサイトと同一の内容のWebサイトが世界各地でホストされています。Rユーザはそれぞれの利用場所に近いミラーサイトを選択して利用することで、高速にCRANサイトにアクセスできます。たとえば日本のユーザであれば日本に設置されたCRANサーバを選択するとアクセスしやすいでしょう[注9]。

■CRAN ミラーサイトの利用

　Rを利用する中で最もCRANのミラーサイトを意識するのは、パッケージをインストールするときでしょう。何も指定していない場合は、パッケージをインストールするときにどのミラーサイトを利用するか尋ねられます。

[注8] URL https://cran.r-project.org/
[注9] 2017年2月現在、日本におけるCRANミラーサイトは東京の統計数理研究所（URL http://cran.ism.ac.jp/およびhttps://cran.ism.ac.jp/）および山形の山形大学（URL http://ftp.yz.yamagata-u.ac.jp/pub/cran/）に存在します。

Part 1 R〜Overview

```
# caretパッケージをインストールする
> install.packages("caret")
 --- このセッションで使うために、CRAN のミラーサイトを選んでください ---
CRAN mirror

 1: 0-Cloud [https]              2: 0-Cloud
 3: Algeria                      4: Argentina (La Plata)
 5: Australia (Canberra)         6: Australia (Melbourne)
(中略)
111: USA (TN)                  112: USA (TX) [https]
113: USA (TX)                  114: USA (WA) [https]
115: USA (WA)                  116: Venezuela
117: Vietnam

 Selection:
```

番号を指定することで、利用したいCRANのミラーサイトが選択できます。

R 3.2.2より前のバージョンを使用している場合、後ろに[https]と付いているミラーサイトを選択するときは注意が必要です。[https]と付いているミラーサイトは、文字通りHTTPS通信、すなわちSSL(*Secure Socket Layer*)で保護されたHTTP通信を行います。

download.file関数は、install.packages関数が内部で利用している、ファイルダウンロード処理を担う関数です。R 3.2.2より前のバージョンでは、download.file関数がHTTPS通信を利用するときのmethodパラメータの値は、デフォルト値の"internal"以外を指定しなければなりません(たとえば"libcurl"を指定する)。

説明の通り、上記のinstall.packages関数はdownload.file関数を利用しています。そのため、methodパラメータを指定せずにHTTPSミラーサイトを選択すると、パッケージがダウンロードできませんでした。R 3.2.2以降でこの問題は解決しています。パッケージをインストールする際にHTTPSミラーサイトを利用したい場合はR 3.2.2以降を利用することが推奨されます。

■パッケージの公開

任意のCRANミラーサイトを用いて、CRANに自作したパッケージをアップロードして登録・更新できます。詳細は「**20章 パッケージ開発**」に書かれているので、そちらを参照してください。

アップロードしてすぐ公開されるわけではなく、公開のための審査が行われます。CRANのパッケージ管理者とのやり取りのあと、公開が認められた場合は数日中にCRANサイトに公開されます。CRANサイトに公開されると、install.packages関数を利用してパッケージをインストールできるようになります。

■CRAN Task Views

CRANにはおよそ10,000(2017年2月現在)ものパッケージが登録・公開されています。Rのパッケージは階層構造がないため、必要とするパッケージを探すのに苦労します。

CRAN Task Views[注10]は、CRANパッケージの一部を特定のテーマにそってまとめたものです。たとえばBayesianというビューには、ベイズ推定に関連するパッケージがまとめられています。

CRAN Task Viewsを通常のパッケージと同様にインストールやアップデートする関数はctvパッケージにまとめられています。これらの関数を利用するにはctvパッケージをインストールします。

```
# ctvパッケージをインストールする
> install.packages("ctv")
# ctvパッケージを読み込む
> library("ctv")
# Bayesianビュー内のパッケージをコアパッケージのみインストールする
> install.views("Bayesian", core.only = TRUE)
```

1-6-2 MRAN

MRAN[注11]はMicrosoft社が提供するRのポータルサイトです。Rに関する情報の提供、CRANリポジトリの日ごとのスナップショットの公開、Rの並列処理を強化したバージョンであるRevolution R[注12]の配布などが行なわれています。

1-6-3 R-Forge

R-Forge[注13]はRパッケージや関連ソフトウェア開発のためのプロジェクトホスティングサイトです。ソースコードリポジトリ、イシュートラッカー、フォーラムといった、開発プロジェクトに必要な機能を提供しています。

1-6-4 ソースコードリポジトリ

CRANに公開されているパッケージの1つであるdevtoolsパッケージを利用すると、GitやSubversionといったソースコードリポジトリから、URLを指定してパッケージをインストールできます。また、GitHub[注14]やBitbucket[注15]といったホスティングサイトに公開されたリポジトリからも、ユーザ名とリポジトリ名を指定することで、パッケージをインストールできます。

たとえばdevtoolsはGitHubで開発が進められているため、CRANからインストールしたdevtoolsパッケージを利用して、GitHubに公開されている開発最新版のdevtoolsパッケージを

[注10] URL https://cran.r-project.org/web/views/
[注11] URL https://mran.microsoft.com/
[注12] 商用の線形代数演算エンジンが組み込まれています。
[注13] URL https://r-forge.r-project.org/
[注14] URL https://github.com/
[注15] URL https://bitbucket.org/

インストールできます。

```
# CRANからdevtoolsをインストールする
> install.packages("devtools")
# 開発最新版のdevtoolsをインストールする
> library(devtools)
> install_github("hadley/devtools")
```

　先に述べたように、CRANに登録するためには審査があります。ソースコードリポジトリでの公開には審査がありません。素早く開発して公開するためにはソースコードリポジトリが便利です。一方でソースコードリポジトリでの公開は、CRANでは自動で行われるパッケージの依存関係の解決が難しいといった課題があります。

1-6-5 Bioconductor

　Bioconductor[注16]は、バイオインフォマティクスに特化したパッケージを集めたWebサイトです。塩基配列のデータ構造や発現解析といった、生命科学に関連する統計処理を行いたい場合は、CRANを探すよりも、Bioconductorを探した方が、目的とするパッケージが見つかりやすいでしょう。

　BioconductorはCRAN互換ではなく、独自のパッケージインストール方法を提供しています。

```
# Bioconductorの最新ソースコードを取得する
> source("http://bioconductor.org/biocLite.R")
# Bioconductorのコアパッケージをインストールする
> biocLite()
```

1-6-6 OmegaHat

　The Omega Project for Statistical Computing（通称 Omegahat）[注17]はさまざまなオープンソースソフトウェアと統計アプリケーションをつなぐパッケージを提供するWebサイトです。

　OmegahatはCRAN互換のWebサイトであるため、install.packages関数を用いてパッケージをインストールできます。reposパラメータにOmegahatのリポジトリURLを指定することで、Omegahatで公開されたパッケージをインストールできます。

```
# OmegahatからXMLRPCパッケージをインストールする
> install.packages("XMLRPC", repos = "http://www.omegahat.org/R", type = "source")
```

[注16] URL https://www.bioconductor.org/
[注17] URL http://www.omegahat.org/

1-7 そのほかのR関連のWebサイト

この章の最後に、これまでに紹介できていない重要なWebサイトをいくつか紹介します。

1-7-1 検索サイト

Rはその名前の簡潔さから、Web上の情報を非常に検索しにくいと言えます。これを解決するために、Rに関連する記事が公開されているサイトを集中的に検索するサイトが公開されています。Rseek.org[注18]は海外の検索サイトで、主に英語の記事の検索に利用できます。seekR[注19]は日本の検索サイトで、主に日本語の記事を検索する際に便利です。

1-7-2 R-bloggers

R-bloggers[注20]は、Rユーザによるブログコミュニティです。別の言い方をすると、複数のブログからフィードを集積して公開するキュレーションサイトです。Rについての最新情報やTipsなど、さまざまな情報がR-bloggersを介して発信されるため、ユーザはそれらのサイトを巡回することなく情報を集めることができます。

1-7-3 RPubs

RPubs[注21]は、RStudio社が運営するRドキュメント公開サイトです。R Markdownで記述されたRドキュメントをHTMLに変換したものを公開できます。RPubsはRStudio社が運営するため、RStudioとの連携が容易で、RStudioから数クリックでドキュメントを公開できます。

1-7-4 shinyapps.io

shinyapps.io[注22]は、shinyパッケージのためのPaaS(*Platform as a Service*)です。RのWebアプリケーションフレームワークであるshinyパッケージを利用して作成したWebアプリケーションを公開できます。

[注18] URL http://rseek.org/
[注19] URL http://seekr.jp/
[注20] URL http://www.r-bloggers.com/
[注21] URL http://rpubs.com/
[注22] URL http://www.shinyapps.io/

1-7-5 RjpWiki

RjpWiki[注23]は、日本のRコミュニティの先駆けです。R関連の情報を交換することを目的として作成されたWikiです。

1-7-6 Tokyo.R Slack

Tokyo.R Slack[注24]は、チャットを主体としたチームコミュニケーションツールSlack[注25]のサイト上に作成されたコミュニケーションの場です。Tokyo.Rという東京でほぼ毎月開催されるRの勉強会のメンバーが主体となって立ち上げたSlackのチームで、チーム内に初心者の質問用やggplot2パッケージ用といったさまざまなトピックごとのチャンネル（チャットルーム）が用意されています。

1-8 本書の解説コードの実行

本書では、Rのコードを実行する環境として、RStudioを推奨しています。本節では、RStudioのインストール方法およびRStudioの利用方法について解説します。

1-8-1 RStudioのインストール

RStudioは単独で動作するアプリケーションではなく、あくまでRを利用しやすくするための環境ですので、事前に「**1-3-2 実行環境のインストール**」を参照してRをインストールしておく必要があります。RStudioはRStudio社のWebサイト（URL https://www.rstudio.com）からダウンロードできます。

RStudio社のWebサイトにアクセスすると、RStudioのダウンロードリンクが見つかります。これをクリックすると、RStudioのダウンロードページに遷移します。図1.7のようにページ下部にアプリケーションファイルのダウンロードリンクが見つかりますので、環境に応じて必要なファイルをダウンロードしてください。

Windowsの場合、日本語でフォルダ名を作成するとエラーが出てしまいます。ユーザ名を含め、ファイル名に日本語を利用するのは避けた方が無難です。すでにユーザ名が日本語で作成されている場合は、RStudio用にユーザを新規作成することを検討してください。

(注23) URL http://www.okada.jp.org/RWiki/
(注24) URL https://r-wakalang.slack.com/
(注25) URL https://slack.com/

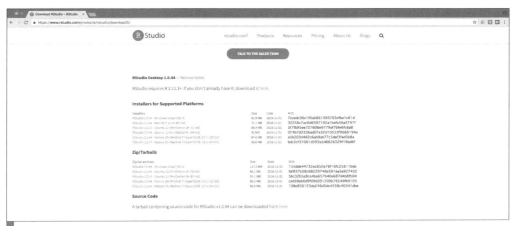

図1.7　RStudioのダウンロードページ

1-8-2 RStudioの基本的な使い方

RStudioは、図1.8に示すように、4つの領域（パネルまたはペインといいます）からなります。

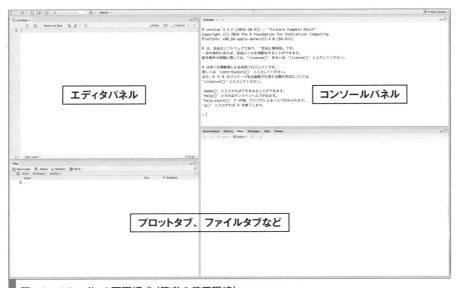

図1.8　RStudioの画面構成（筆者の使用環境）

パネルには、Rのスクリプトを編集するためのエディタパネル、インタラクティブを利用するためのコンソールパネル、さらにいくつかのタブを含む2つのパネルがあります。タブには、プ

R 〜 Overview

ロットの結果を描画するプロットタブや、ファイル一覧を表示するファイルタブなどがあります。エディタパネルはファイルを開いているときのみ、一部のタブはそのタブが利用されるときのみ表示されます。設定でパネルの位置やタブの配置を変更することもできるので、使いやすいように入れ替えると良いでしょう。

■ **コードの実行方法**

RStudio 上で R のコードを実行するには、通常の R と同様にコンソールパネルのインタラクティブに入力します。または、「File」メニューの「New File」から新規ファイルを作成して、エディタパネルを開いてコードを入力します。入力した実行したいコードを選択した状態でエディタパネル右上にある「Run」ボタンをクリック（または Cmd / Ctrl + Enter を入力）してコンソールパネルに送って実行することもできます（図1.9）。「Source」ボタンは、作成したファイルの内容をまとめて実行できます。コードを残したり、誤まったときに修正しやすいという意味でも、エディタパネルにコードを入力してからコンソールパネルにコードを送る方法を推奨します。

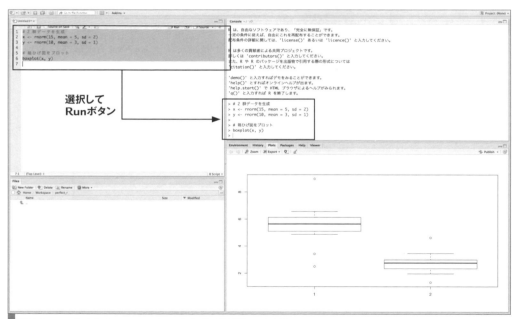

図1.9　エディタからコンソールにスクリプトを送信して実行する

1-8-3 RStudio のプロジェクト

RStudio には、プロジェクトという単位で分析スクリプトやデータをまとめる機能があります。プロジェクトは OS のディレクトリ（フォルダ）とプロジェクト設定ファイル（拡張子 .Rproj）から

構成されます。Rのコードを管理する上で便利な機能なので、積極的に活用しましょう。たとえばあとで解説する本書のサンプルコードを実行するために、専用のプロジェクトを作成すると良いでしょう。

　プロジェクトを作成するためには、Fileメニューから「New Project」を選択します。ダイアログにしたがい、プロジェクトを作成できます。ここでは既存のスクリプトが存在しない完全な新規プロジェクトを作成するという想定で、プロジェクト作成手順を示します。

①最初のダイアログでは「New Directory」を選択
②プロジェクトタイプは、「Empty Project」を選択[注26]
③最後のダイアログでは、ディレクトリを作成する場所と、プロジェクト名（ディレクトリ名）を指定

　指定した場所にディレクトリが新規作成されます。プロジェクトディレクトリ直下のプロジェクト設定ファイルを開くと、RStudioが起動しプロジェクトが開きます。

　これで指定した場所にディレクトリが新規作成されます。プロジェクトディレクトリ直下のプロジェクト設定ファイルをクリックすると、RStudioが起動し該当のプロジェクトが開きます。

　図1.10では、"~/Workspace"ディレクトリ（Create project as subdirectory of:）を指定し、プロジェクト名（Directory name:）を"perfect_r"として新規作成しています。perfect_rディレクトリ直下にperfect_r.Rprojというプロジェクト設定ファイルが作成されます。

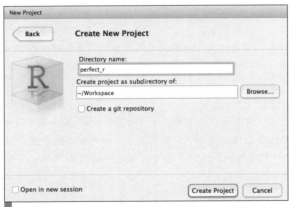

図1.10　RStudioの新規プロジェクト作成ダイアログ

1-8-4 文字コードの設定

RStudioを利用すれば、ファイルを実行する際に使用しているOSのデフォルトの文字コード

[注26] 「R Package」はパッケージを作成する際に（第20章）、「Shiny Web Application」はshinyを利用したウェブアプリケーションを作成する際に選択します（第18章）。

を自動で選択し実行してくれます。RStudioでプロジェクトの文字コードを指定するにはメニューの「Tools」から「Project Option」を開き、「Code Editing」の「Text Encoding」から指定します。

　Windows環境の場合、文字コードを気にする必要はありません。Excelファイルをcsv形式で保存すると、ファイルの文字コードはCP932（Shift-Jis拡張）です。Mac環境でこのファイルを実行したときに文字コードのエラーが出るときはファイルを読み込む際に次を実行します。

```
# sample.csvの読み込み
> read.csv("sample.csv", fileEncoding="CP932")
```

　また、本書のサポートページで文字コードに対応するためのプロジェクトファイル（perfect_r.Rproj）を用意しています。ファイルを読み込んだ際に、文字化けが起こるようであれば、次で紹介するプロジェクトファイルを実行してから試してください。

1-8-5　サンプルコードのダウンロード

本書のサンプルコードを次のURLからダウンロードできます。

URL　http://gihyo.jp/book/2017/978-4-7741-8812-6/support

　お使いの環境にあわせて「Mac」と「Windows」のファイルを選択してください。それぞれのファイルは次のような構成になっています。

■perfect_r.Rproj

　「1-8-3 RStudioのプロジェクト」で解説したプロジェクト設定ファイルです。「1-8-4 文字コード」で解説したように文字コードのエラーが出る際は、このプロジェクトファイルに置き換えて実行してみてください。なお、ディレクトリ名を"perfect_r"として作成した場合のプロジェクトを想定していますのでご注意ください。

■.Rprofile

　起動スクリプトの設定を行うファイルです。このスクリプトには本誌で掲載されるコードの文字化けを防ぐための設定が記述されています。詳しくは「2-6 起動スクリプト」、「2-7 文字コード」を参考にしてください。

■Sample

　本誌で掲載されているサンプルコードです。誌面のコードに名前が記載されている場合、Sampleフォルダ内の該当するChapterフォルダにサンプルコードを用意しています。

Part 2

R言語仕様

Rの統計処理を活用するためにR言語の基本的なしくみの理解が必要です。データ型、変数、関数などのほかのプログラミング言語と同様の機能について解説します。

2章 R言語の基礎

Rは統計領域に特化するソフトウェア環境であることは前述しました。本章では、具体的な処理を記述するためのプログラミング言語であるR言語にフォーカスを当てて解説します。

2-1 R言語の特徴

R言語の特徴として次が挙げられます。

- インタプリタ
- 関数型プログラミング
- ガベージコレクション
- ベクトルおよびリストを基本としたデータ型
- パッケージ

それぞれ解説していきます。

2-1-1 インタプリタ言語

R言語はインタプリタによって実行される言語です。インタプリタとは、プログラミング言語(ここではR言語)を記述したソースコードを逐次解釈しながら実行していくプログラムのことです。これはRの特徴である統計処理と大きく関わっています。データ分析においては、データを操作してその都度確認する操作が多く発生します。必然的にデータ分析を支える環境であるRは、入出力を繰り返すことが容易にできるインタプリタ方式を用いて処理を実行します。

一般的に言われるインタプリタの欠点は実行速度です。特にR言語はパフォーマンスが良くないと言われます。それは事実である一方で、必ずしも正しいとは言えません。Rはベクトル化やバイトコンパイルといった技術で実行速度が改善できます。また、他言語を利用する際にどうしてもボトルネックになる複雑な計算処理の高速化もできます(「**23章 他言語の利用と他言語からの利用**」を参照してください)。

2-1-2 関数型プログラミング

関数型プログラミングというプログラミングのパラダイムは、古くから知られているものですが、ここ数年再び話題に上がっています。R言語は関数を第一級オブジェクトとしています(わ

かりやすくいえば、関数を変数に代入できるということです）。統計計算を行う上で、R言語は数学と相性の良い関数を自然に扱える必要があります。言語レベルで関数を第一級オブジェクトとしてサポートするのは、必然の流れと言えます。

2-1-3 ガベージコレクション

　今どきの言語でガベージコレクションが実装されていない言語を探す方が難しいかもしれませんが、一応特徴として挙げておきます。ガベージコレクションとは、プログラムが確保しているメモリのうち、不要になった領域を自動で解放するしくみです。このしくみがないと、プログラマが自分でメモリを管理する必要があり、適切にメモリが解放されなければメモリ不足になりプログラムが不正終了してしまうといったことが容易に起こり得ます。

　Rにはガベージコレクションが組み込まれているため、自分自身でメモリを管理する必要はありません。大きなオブジェクトを生成しても、スコープから外れることでガベージコレクションの対象となり、適切に破棄されます。インタラクティブを利用している際は、グローバル環境にさまざまな値を読み込むと思います。明示的にグローバル環境に定義した変数を削除するなどの処理を行い、ガベージコレクションの対象にするよう気を付けなければなりません。

2-1-4 ベクトルおよびリストを基本としたデータ型

　R言語における基本のデータ型はベクトルおよびリストです。これらのデータ型については「**3章　データ型**」で解説します。

　ほかのプログラミング言語のように、単一の値を持つスカラーのようなデータ構造は基本的に存在しません。ベクトルやリストはほかのプログラミング言語の配列とほぼ同じように扱うことができますが、配列と同様に扱うとパフォーマンスの劣化を招く恐れがあります。Rではベクトルやリストを扱うためのノウハウがあり、それを利用することで高速処理かつ簡潔な記述が実現できます。ほかのプログラミング言語経験者にとって最初は戸惑うことが多いかもしれませんが、郷に入っては郷に従うということで、慣れるほかありません。

2-1-5 パッケージ

　Rの基本パッケージに定義された関数以外にも、ほかのパッケージを利用することでさまざまな関数を利用できます。「**1章　R概説**」で説明したとおり、Rのパッケージは基本的にCRANに公開されています。R言語を利用してRのパッケージをインストールできることは、ほかのプログラミング言語と比べて大きな特徴と言えるかもしれません。この特徴もRが単に言語を指すものではなく、統計処理を実現するためのプラットフォームであるという1つの要因かもしれません。

2-2 R言語の文法の基礎

本節では、R言語の文法の基礎について説明します。原則として以降のコードは一連の流れを持ち、インタラクティブで実行することを前提にしています。途中で定義した変数をあとから参照することがありますので、コードを写しながら作業する場合は、途中過程を省略しないように注意してください。

2-2-1 インタラクティブの使い方

最初にインタラクティブの使い方について簡単に説明します。Rの実行ファイルを起動すると、インタラクティブが起動して、次の入力プロンプトが表示されます。

```
>
```

R言語は1行1命令が基本です。何か値や式を入力して [Enter] キーを押すと、式を評価した結果が出力されます。たとえば次のように、単純な演算を行い、その結果を表示させることができます。

```
> 1 + 2   # [Enter]キーを入力
[1] 3
```

式が不完全の場合は、式の途中で [Enter] キーを押すとエラーが表示されるか、式の入力の継続を促されます。

```
> )   # [Enter]キーを入力
エラー:  予想外の ')' です  in ")"
```

```
> 1 +   # [Enter]キーを入力
+
```

式が継続している場合は、式の続きを入力できます。式が完結した時点で評価されます。

```
> 1 +
+ 2
[1] 3
```

入力ミスなどで不意に式の継続が促されてしまった場合、式の入力をキャンセルできます。式の入力中に [Esc] キーを押すことで入力のキャンセルが実行されます。

```
> 1 +
+ # [Esc]キーを入力
> # 次の新しい入力を受け付ける
```

同様に、誤って終了しない処理を実行してしまった場合や、長過ぎる処理を中断したい場合も Esc キーでキャンセルできます。

```
> repeat {}
# この処理は終了しないので、[Esc]キーで中断する
>
```

■ .Last.value

最後に評価された値は.Last.valueで参照できます。変数に値を格納しなければならない場合で格納するのを忘れたときに便利です。

```
> 1 + 2
[1] 3
> result <- .Last.value
> result
[1] 3
```

■ print関数

出力処理は、実際にはprint関数によって行われます。

```
> print(1 + 2)
[1] 3
```

インタラクティブで入力した際は評価された値が出力されますが、関数を定義している途中の式などの評価は出力の対象外です。特に意識して結果を出力したいという場合は、print関数を書くことを推奨します(本章ではインタラクティブ操作を前提にしているため、print関数は省略しています)。

■ invisible関数

式の結果が巨大なベクトルであるなどの理由で、出力結果を画面に出力したくない場合があります。そのような場合は、invisible関数を利用します。

```
> invisible(1 + 2)
> # インタラクティブで実行しても結果が出力されずに次の入力が始まる
```

なお、変数代入の際も出力処理が行われません。

```
> x <- 1   # xに1を代入
```

このあとにxを評価したり、print(x)を実行することでxの結果を表示できます。代入と出力を同時に行いたい場合は、代入式全体を( )（括弧）でくくるか、print関数に代入式を渡します。

```
> (x <- 1)       # xに1を代入し、その結果を出力
> print(x <- 1)  # 同様
```

2-2-2 変数の基礎

ここでは、変数について説明します。変数については「5章 変数」で詳細にふれますが、ここでは文法的な側面から説明します。

変数とは値や関数に名前を付けることです。変数を定義することで、値や関数を定義した場所とは別の場所で利用できるようになります。R言語では、**変数名 <- 値や関数**という形式で変数を定義できます。定義した変数を参照したい場合は、値や関数の代わりに**変数名**を入力します。

```
> x <- 1       # xに1を代入
> y <- 2       # yに2を代入
> z <- x + y   # zにx+yの結果を代入
```

定義されていない変数を参照しようとするとエラーになります。

```
> undefinedVariable
エラー:  オブジェクト 'undefinedVariable' がありません
```

R言語はC言語に近い構文を採用しているため、C言語と同様に**変数名 = 値や関数**という形式の変数代入もサポートしています。

```
> x = 6   # xに6を代入
```

インターネット上の文献にはこの構文を利用しているものが少なからず存在しています。しかし=は文脈によって意味が異なることがあります。特に強いこだわりがない限り、変数定義を行うときは<-を利用する方が良いでしょう。

■rm関数

一度定義した変数は不要になったら削除できます。変数を削除する場合は、rm関数を使います。

```
> exists("x")    # xの存在を確認
[1] TRUE
> rm(x)          # xを削除
> exists("x")    # xが削除されていることを確認
[1] FALSE
```

変数名にはアルファベットのほかに_(アンダースコア)、.(ドット)、日本語などが利用できます。ただし、アンダースコアを変数名の先頭の文字にすることはできません。また、日本語も記号などの一部の文字は利用できないので注意してください。

```
# ドットを変数名に使う
> x.y.z <- "xyz"
# 日本語を変数名に使う
> 日本語 <- "japanese"
```

変数名には、その変数が何を意味するのかわかりやすい名前を付けるべきです。また、Rのキーワードや著名パッケージが利用している名前との衝突は避ける必要があります。そうしないとあとでコードを見た際に、コードが何をしているのか読み解くのが難しくなってしまいます。

2-2-3 関数の基礎

ここでは、関数について説明します。関数については「**6章 関数**」で詳細にふれますが、ここでは文法的な側面から説明します。

■関数とパラメータ

関数は、数学の関数と同様に何か値を受け取ることで、その値を用いた処理を行い、結果を返します。関数はfunctionキーワードを用いて次の形式で定義されます。

書式
```
関数名 <- function (パラメータ) {
    関数の中身
    return(結果)
}
```

たとえばパラメータに1を足した値を返す関数plusOneは次のように定義できます。

```
> plusOne <- function(x) {
+     result <- x + 1
+     return(result)
+ }
```

R言語仕様

関数を利用する場合は、**関数名 (値)** のように記述します。前述のplusOneを利用する場合は、次のように記述します。

```
> plusOne(7)
[1] 8
```

■関数の確認

関数の中身を知りたい場合は、関数を`print`すると（インタラクティブではそのまま入力しても同じ結果が得られます）、中身が表示されます。

```
# 関数の中身を出力する
> plusOne
function(x) {
    result <- x + 1
    return(result)
}
```

■パラメータ（引数）と戻り値

前述の`function(x)`のように、関数で使われる変数で外から具体的な値が与えられるものをパラメータや仮引数（かりひきすう、parameter）と呼びます。これに対して`plusOne(7)`の7のように、関数を呼び出す際に具体的に与える値のことを実引数（じつひきすう、argument）と呼びます。仮引数と実引数を特に区別する必要がない場合は、いずれかを指して単に引数（ひきすう）と呼ぶこともあります。また、結果の8のように、関数から返される結果の値を戻り値または返り値（return value）と呼びます。

関数の戻り値は関数で最後に評価された値です。実は明示的に`return`関数を記述する必要はありません。前述のplusOneの定義は、次のように書き直すこともできます。

```
> plusOne <- function(x) {
+     result <- x + 1
+     result
+ }
```

`result`という変数を定義しなくても、`x + 1`が評価されれば結果は得られます。そのため、次のように短く書くこともできます。

```
> plusOne <- function(x) {
+     x + 1
+ }
```

関数の中身が1行である場合は、{}を省略できます。

```
> plusOne <- function(x) x + 1
```

関数は、パラメータ名をカンマ区切りにすることで、複数のパラメータを取ることができます。

```
> sumThreeValues <- function(x, y, z) {
+     x + y + z
+ }
> sumThreeValues(1, 2, 5)
[1] 8
```

■実引数の設定

関数のパラメータを**パラメータ = デフォルト値**という形式で記述すると、実引数を省略した場合に実引数として利用される値を設定できます。実引数を省略するには、単に関数呼び出しの際に値を記述しなければ省略したとみなされます。

```
# xを省略した場合は1、zを省略した場合は5となる
# yは省略不可
> sumThreeValues <- function(x = 1, y, z = 5) {
+     x + y + z
+ }
# 実引数を省略せずに呼び出す
> sumThreeValues(3, 5, 7)
[1] 15
# xを省略して呼び出す
> sumThreeValues(, 4, 8)
[1] 13
# zを省略して呼び出す
> sumThreeValues(2, 4, )
[1] 11
```

省略する実引数が関数の最後の引数のときは、関数呼び出しの最後のカンマは省略できます。

```
# zを省略して呼び出す
# 末尾の引数なのでカンマは不要
> sumThreeValues(2, 4)
[1] 11
```

先頭の引数のxを省略したい場合は常に先頭のカンマが必要になるのでしょうか。途中の引数だけ指定したい場合は、関数定義の際と同様に**パラメータ名 = 値**という形式で関数を呼び出すことができます。具体的には前述のyのみに実引数を与え、xとzはデフォルト値で関数

sumThreeValuesを呼び出すには、次のように記述します。

```
# パラメータyのみ指定して呼び出す
> sumThreeValues(y = 10)
[1] 16
```

このほかに、関数名を定義しない関数や任意の個数の実引数を受け取ることができる関数も定義できます。これらは基礎の範囲を越えるため「**6章 関数**」で解説します。

2-2-4 ベクトルの基礎

ベクトルはR言語における基本的なデータ構造の1つです。ほかのプログラミング言語経験者にとっては「配列」と考えてもらえばおおむね間違いないでしょう。ベクトルについては「**3章 データ型**」で詳しく説明するとして、ここでは簡単なデータ構造の説明と文法について説明します。

■ベクトルの定義（c関数）

ベクトルは数や文字列といった値の集まりを表現するためのデータ構造です。ベクトルを定義するには、次のようにc関数を使います。

```
# 7,5,3の3つの値からなるベクトルを定義する
> v <- c(7, 5, 3)
```

c関数は結合を意味するcombineの頭文字で、値を結合してベクトルを生成するという意味です。結合するということから予想できるように、引数に単一の値だけではなくベクトルを与えることもできます。

```
# ベクトルvと1を結合する
> c(v, 1)
[1] 7 5 3 1
```

また、**要素名 = 値**という形式で引数を与えることで要素に名前を付けることもできます。

```
# 要素の名前が付いたベクトルを作成する
> c(X = 1, Y = 2, Z = 3)
X Y Z
1 2 3
```

c関数は後述するリストの結合にも利用されます。リストを結合する場合は結果がリストになりますが、`recursive`パラメータに`TRUE`を与えることでリストを展開してベクトルにすることができます。

```
# リストをそのまま結合する
> c(list(1:3), list(4:6))
[[1]]
[1] 1 2 3

[[2]]
[1] 4 5 6
# リストをベクトルに展開する
> c(list(1:3), list(4:6), recursive = TRUE)
[1] 1 2 3 4 5 6
```

■**インデックス**

　ベクトル内の個々の値（要素）は順序を持っています。要素がベクトルの何番目に位置するかをインデックスと呼びます。前述のベクトルvでは、インデックス1の要素は7、インデックス2の要素は5、インデックス3の要素は3ということになります。

　ほかの多くのプログラミング言語ではインデックスは最初の要素が0で始まります（0-オリジン）。そのため、そのようなプログラミング言語の経験者は最初は戸惑うかもしれません。数学の記法ではベクトルの最初の要素は添字が1になることを思い出せば、統計ドメインを記述するための言語であるR言語の最初のインデックスが1ではじまる（1-オリジン）ことは自然だと思えるはずです。

　ベクトルの特定のインデックスの値を取得するためには、ブラケット（[]）を利用して、次のように取得できます。

```
# vの2番目の要素を取得する
> v[2]
[1] 5
```

　インデックスをベクトル形式で書くことで、複数の要素を取得することもできます。

```
# vの1,3,1番目の要素を取得する
> v[c(1, 3, 1)]
[1] 7 3 7
```

　インデックスに負の値を与えると、そのインデックスの要素を除いた要素が取得できます。負の値と正の値を混在させることはできません。

```
# vの1番目以外の要素を取得する
> v[-1]
[1] 5 3
```

　ベクトルをprint関数で出力すると出力の各行の左端に[1]のような表示がされます。これはその直後に出力される要素のインデックスを示しています。たとえば次のような出力の場合、[1]

の次に来る -0.8180113 はインデックスが1、[5] の次に来る 1.0714149 はインデックスが5であることがわかります。

```
[1] -0.8180113 -0.6455869  1.2468571 -1.0867224
[5]  1.0714149 -0.3851940
```

インデックスをTRUE/FALSEからなるベクトルを与えた場合、TRUEの位置の要素のみ抽出できます。

```
> v[c(TRUE, TRUE, FALSE)]
[1] 7 5
```

直接TRUE/FALSEを与えることはあまり行いません。条件式を与えて、その条件を満たす要素のみ取り出す場合によく利用されます。たとえば次のようにすることで、4で割って3余る要素を抽出できます。

```
> v[v %% 4 == 3]
[1] 7 3
```

■ベクトルの要素の操作

ベクトルの特定の要素を違う値に変更したい場合は、ブラケットで指定して変数代入と同様に<- によって値を設定できます。

```
# vの2番目の要素の値を10に変更する
> v[2] <- 10
# vの要素が変更したことを確認する
> v
[1]  7 10  3
```

■length関数

ベクトルの要素数を取得したい場合はlength関数を使います。

```
# 行列の要素数を取得する
> length(v)
[1] 3
```

■names関数

インデックスではわかりづらいときのために、ベクトルの要素に名前を付けてアクセスするこ

ともできます。ベクトルの要素に名前を付けたり、ベクトルの要素の名前を取得したい場合は
`names`関数を用います。

```
# デフォルトでは要素に名前が付けられていないのでNULLとなる
> names(v)
NULL
# vの要素の名前をそれぞれX,Y,Zにする
> names(v) <- c("X", "Y", "Z")
# vの要素名を確認する
> names(v)
[1] "X" "Y" "Z"
# 名前が付いたベクトルは出力形式が変わる
> v
 X  Y  Z
 7 10  3
# 要素Xに1を代入する
> v["X"] <- 1
# 要素Z,Xを取得する
> v[c("Z", "X")]
Z X
3 1
```

2-2-5 行列の基礎

ベクトルが順序を持った1次元のデータ構造であるのに対して、行列は2次元のデータ構造です。ベクトルと同様に、構成する要素は同じデータ型でなければなりません。

■行列の定義（matrix関数）

行列を作成する場合は、`matrix`関数にベクトルを引数として与えます。

```
# x <- c(1, 2, ..., 12)と概ね同じ
> x <- 1:12
# 各要素がxと同じであるような3行4列の行列を定義する
> m <- matrix(x, nrow = 3, ncol = 4)
# mを確認する
> m
     [,1] [,2] [,3] [,4]
[1,]    1    4    7   10
[2,]    2    5    8   11
[3,]    3    6    9   12
```

行列は、横の並びを行、縦の並びを列と呼びます。ここで作成した行列mは、コメントにも書いてありますが、横の並びが3つ、縦の並びが4つあるので、3行4列の行列です。

R言語仕様

■行列の要素の取得

ベクトルと同様に、行列中の特定の要素を指定できます。たとえば2行目3列目の要素を取得したい場合は、以下のようにブラケットで指定します。

```
# 2行目3列目の要素を取得する
> m[2, 3]
[1] 8
```

■行列の要素の操作

行列中の特定の要素を変更したい場合は、ベクトルと同様に要素を指定して<-で代入できます。

```
# 1行目2列目の要素を-1に変更する
> m[1, 2] <- -1
```

ベクトルと同様に、行または列にベクトルを指定することで、複数の要素の切り出しができます。

```
# 1行目の2列目と4列目の要素を取得する
> m[1, c(2, 4)]
[1] -1 10
# 3行目と1行目の2列目の要素を取得する
> m[c(3, 1), 2]
[1]  6 -1
# 2,3行目と2,4列目の要素を取得する
> m[c(2, 3), c(2, 4)]
     [,1] [,2]
[1,]    5   11
[2,]    6   12
```

行（または列）のいずれかを省略した場合、すべての行（または列）を取得することになります。

```
# 1行目の要素を全列取得する
> m[1, ]
[1]  1 -1  7 10
# 2列目の要素を全行取得する
> m[, 2]
[1] -1  5  6
# 1,3列目の要素を全行取得する
> m[, c(1, 3)]
     [,1] [,2]
[1,]    1    7
[2,]    2    8
[3,]    3    9
```

■次元削除処理

ここで不思議な現象が起きていることに気が付くでしょうか。行列の2列目のみを切り出した場合は普通のベクトルとして出力されているのに、1、3列目を切り出した場合は行列となっています。

Rでは、行列やあとに出てくるデータフレームの切り出し処理を行った際に、何も指定しない場合は切り出した結果を次元削除処理します。次元削除処理というのは、その値を表現するのに十分な次元まで切り落とすという処理です。つまり、先に挙げた例では、2列目のみを切り出した場合は列数が1になるため1次元として扱うことができるため1次元に次元削除されたのに対し、1、3列目を切り出した場合は行数も列数も2以上あるため2次元のままであったということです。

これはR言語ではまる罠の1つです。結果が行列だと思って期待していたら、次元削除されてベクトルになっていたため、列にアクセスしようとしたらエラーになる、ということが起こります。これを防ぐためには、dropパラメータにFALSEを与える必要があります（デフォルト値はTRUE）。

```
# 2列目を切り出し、可能であれば次元削除する（デフォルトの処理）
> m[, 2, drop = TRUE]
[1] -1  5  6
# 2列目を切り出し、次元削除しない
> m[, 2, drop = FALSE]
     [,1]
[1,]   -1
[2,]    5
[3,]    6
```

■行列のサイズ（dim関数、nrow関数、ncol関数）

行列のサイズを取得したい場合はdim関数を使います。行数または列数のみを取得したい場合は、それぞれnrow関数とncol関数を使います。行列中の要素数を取得したい場合はlength関数を使います。

```
# mのサイズを取得する
> dim(m)
[1] 3 4
# mの行数を取得する
> nrow(m)
[1] 3
# mの列数を取得する
> ncol(m)
[1] 4
# mの要素数を取得する
> length(m)
[1] 12
```

■行列に名前を付ける（rownames関数、colnames関数、dimnames関数）

行列の行または列に名前を付けたい場合は、それぞれrownames関数とcolnames関数を使います。

```
# mの行名をX,Y,Zにする
> rownames(m) <- c("X", "Y", "Z")
# mの列名をa1,a2,a3,a4にする
> colnames(m) <- c("a1", "a2", "a3", "a4")
# mの行名、列名が変わったことを確認する
> m
  a1 a2 a3 a4
X  1 -1  7 10
Y  2  5  8 11
Z  3  6  9 12
```

rownames関数とcolnames関数を使わずに、行名と列名をまとめて定義できるdimnames関数もあります。dimnamesは、行名および列名をリストとして与えます。

```
# mの行名と列名を変更する
> dimnames(m) <- list(
+       # 行名
+       c("r1", "r2", "r3"),
+       # 列名
+       c("c1", "c2", "c3", "c4")
+ )
# mの行名、列名が変わったことを確認する
> m
   c1 c2 c3 c4
r1  1  4  7 10
r2  2  5  8 11
r3  3  6  9 12
```

2-2-6 配列

ベクトルが1次元、行列が2次元とくれば、当然3次元以上のデータ構造も存在します。一般にこれらn次元のデータ構造をまとめて配列（array）と呼びます。ただしあとで述べるように、ベクトルはそのままでは配列ではありません。

■配列の作成

ベクトルから配列を作成するには、array関数を利用します。引数に与えられた値が配列であるかを確認するis.array関数を用いて確認できます。

```
# ベクトルxを作成する
> x <- 1:3
# xが配列か確認する
> is.array(x)
[1] FALSE
# xのデータを持つ配列aを作成する
> a <- array(x)
# aが配列か確認する
> is.array(a)
[1] TRUE
```

■配列の確認

ベクトルと(1次元)配列の違いは、属性にあります。attributes関数を用いてxおよびaの属性を確認すると、次のようになります。

```
# xの属性を取得する
> attributes(x)
NULL
# aの属性を取得する
> attributes(a)
$dim
[1] 3
```

xが属性を持たない(NULL)なのに対して、aは属性dimを持ちます。dimは次元(dimension)のことで、配列における各次元のサイズを持ちます。

■array関数

2次元以上の配列を定義したい場合は、array関数のdimパラメータに各次元のサイズをベクトルとして与えます。

```
# 各次元のサイズが2,3,2の3次元配列を作成する
> array3d <- array(1:12, dim = c(2, 3, 2))
# 配列の中身を確認する
> array3d
, , 1

     [,1] [,2] [,3]
[1,]    1    3    5
[2,]    2    4    6

, , 2

     [,1] [,2] [,3]
[1,]    7    9   11
[2,]    8   10   12
```

R言語仕様

■配列の操作

配列の各要素へのアクセスは、行列と同様に各次元のインデックスをカンマ区切りでブラケットに指定します。

```
# (1, 2, 2)要素を取得する
> array3d[1, 2, 2]
[1] 9
```

そのほかの操作も行列とほとんど同じであるため割愛します。違いはnrowやcolnamesといった、行や列に特有の関数が存在しないという点のみです。

2-2-7 リスト

リストはベクトルに似ていますが、次に挙げる点で異なります。

- 各要素のデータ型が異なっても良い
- 各要素の切り出し方

順に説明していきます。

■各要素のデータ型が異なっても良い

ベクトルの持つ各要素のデータ型は1つに決まっていますが、リストはそうではありません。リストの各要素は、たとえば実数型と文字列型が混在していても構いません。また、各要素が単一の値であるとも限らず、リストの最初の要素が文字列ベクトルで、次の要素はリストといったこともできます。

■list関数

リストは次のようにlist関数で作成します。list関数の引数には任意のベクトルやリストをカンマ区切りで与えることができます。ここでは最初の要素に数値ベクトル、次の要素に文字列ベクトルを設定します。

```
# リストを作成する
> x <- list(
+     # 最初の要素は数値ベクトル
+     1:3,
+     # 2つ目の要素は文字列ベクトル
+     c("a", "b", "c", "d")
+ )
```

■**各要素の切り出し方**

リストの各要素を取得する場合は、二重ブラケット (`[[]]`) を使います。

```
# リストの最初の要素 (数値ベクトル) を取得する
> x[[1]]
[1] 1 2 3
```

もしここでベクトルと同じように一重ブラケット (`[]`) を使うと、結果はリストです。
出力の `[[1]]` がリストであることを示し、最初の要素を取得しています。

```
# リストの最初の要素からなるリスト
> x[1]
[[1]]
[1] 1 2 3
```

ベクトルのブラケットによる要素切り出しの結果がベクトルであるように、リストの (一重) ブラケットによる切り出しの結果がリストであると考えると、ブラケットの結果が自然に思えるかもしれません。リストのままでは扱いづらいので、その中身を取得するための二重ブラケットがあると考えれば良いでしょう。

names関数を用いることで、要素に名前が付けられます。ベクトルと同様に、その名前で各要素にアクセスできます。

```
# xの各要素に名前を付ける
> names(x) <- c("integer", "character")
# xの要素名が変わったことを確認する
> x
$integer
[1] 1 2 3

$character
[1] "a" "b" "c" "d"
# 要素integerを取得する
> x[["integer"]]
[1] 1 2 3
# 要素characterの中身を変更する
> x[["character"]] <- c("X", "Y")
# 要素characterの中身が変わったことを確認する
> x[["character"]]
[1] "X" "Y"
```

リストについては、ブラケット以外にドル演算子 (`$`) によるアクセスがサポートされます。
ドル演算子は二重ブラケットとほぼ同等です。

R言語仕様

```
# 要素integerの中身を変更する
> x$integer <- 1:5
# 要素integerの中身が変わったことを確認する
> x$integer
[1] 1 2 3 4 5
```

2-2-8 データフレーム

データフレームは行列に似た構造です。行列は要素のデータ型がすべて同じであるのに対して、データフレームは列内で統一されていれば、違う列で異なるデータ型であることを許容します。

■データフレームの作成（data.frame関数）

データフレームは data.frame 関数で作成するか、行列などの別のオブジェクトから as.data.frame 関数で変換します。

data.frame 関数の引数には 列名 = 値 の形式で値をカンマ区切りで与えます。省略時は値から自動で生成されますが、データフレームの各列は統計モデルにおけるパラメータに相当するものなので、省略せずに明示するのが適切です。行名は row.names 引数で定義することができ、省略時は行番号が行名になります。

```
# 各列の値を指定してデータフレームを作成する
> df <- data.frame(X = 1:3, Y = 4:6)
# データフレームを出力する
> df
  X Y
1 1 4
2 2 5
3 3 6
# 行列からデータフレームに変換する
> df <- as.data.frame(m)
# データフレームを出力する
> df
   c1 c2 c3 c4
r1  1 -1  7 10
r2  2  5  8 11
r3  3  6  9 12
```

データフレームの基本的な操作は行列と同じです。違いを2点示しておきます。

■次元削除するかどうかの判定が行列と異なる

列の切り出し（たとえばdf[, 1]）については行列と同様に1列なら次元削除し、複数列なら次元削除しません。一方、行の切り出し（たとえばdf[1,]）については、列数が1列のときのみ次元削除が行われます。次元削除についての制御を行うのにdropパラメータを指定すれば良いの

は行列と同じです。

■列の切り出しは、リストと同様にドル演算子が利用できる

「**3章 データ型**」で再度説明しますが、データフレームは各列が要素であるようなリストとして扱うことができます。行列はベクトルがベースですので行と列いずれにおいても切り出しが高速に行われますが、データフレームは行の切り出しが苦手です。データフレームで行を指定しているときは、本当にその操作が適切かどうか一度検討した方が良いでしょう。

2-2-9 S4クラス

クラスはRでオブジェクト指向プログラミングを実現するための実装の1つです。「**3章 データ型**」で解説しますが、ここでは文法を中心にS4クラスを扱うための基礎を説明します。

■S4クラスの定義（setClass関数、new関数）

S4クラスは、次のようにsetClass関数により定義されます。クラスオブジェクトを作成する場合は、new関数を用います。

```
# データとしてx,yを持つクラスPoint2Dを定義する
> setClass(
+     # クラス名
+     "Point2D",
+     # スロット定義
+     slots = c(x = "numeric", y = "numeric")
+ )

# Point2Dオブジェクトp2を作成する。
> p2 <- new("Point2D", x = 5, y = 2)
# p2の中身を確認する
> p2
An object of class "Point2D"
Slot "x":
[1] 5

Slot "y":
[1] 2
```

■クラス情報の操作（getClass関数）

クラスの情報を取得するためにはgetClass関数を用います。クラス名やスロット情報といった情報を表示します。

次のように先ほど定義したPoint2Dクラスについて調べると、グローバル環境に定義されたクラスで、x、yという数値型のスロットを持つことがわかります。

```
# Point2D クラスの情報を表示する
> getClass("Point2D")
Class "Point2D" [in ".GlobalEnv"]

Slots:

Name:         x        y
Class: numeric  numeric
```

■スロット

クラス内に定義されたデータのことをスロットと呼びます。S4クラスオブジェクトのスロットにアクセスするには、slot関数またはアットマーク演算子（@）を用います。

```
# slot関数でスロットにアクセスする
> slot(p2, "x") <- 1
> slot(p2, "x")
[1] 1
# @演算子でスロットにアクセスする
> p2@y <- 2
> p2@y
[1] 2
```

■スロットの確認（slotNames関数、getSlots関数）

クラスに定義されたスロットの名前またはデータ型一覧を確認するためには、それぞれslotNames関数およびgetSlots関数を用います。

```
# スロット名を取得する
> slotNames("Point2D")
[1] "x" "y"
# スロットのデータ型を取得する
> getSlots("Point2D")
        x         y
"numeric" "numeric"
```

2-2-10 参照クラス

参照クラスはRでオブジェクト指向プログラミングを実現するための実装の1つです。S4クラスに対応してR5クラスとも呼ばれます。S4と同様に解説は「**3章 データ型**」で行うため、ここでは操作のために必要な説明にとどめます。

■参照クラスの定義（setRefClass関数）

参照クラスはsetRefClass関数により定義されます。クラスオブジェクトを作成する場合は、setRefClassの戻り値であるジェネレータオブジェクトに定義されたnewメソッドを用います。

メソッドは関数と同じですが、**オブジェクト＄メソッド名**という形式で呼び出すことができます。

```
# データとしてx,y,zを持つクラスPoint2Dを定義する
> Point3D <- setRefClass(
+     # クラス名
+     "Point3D",
+     # フィールド定義
+     fields = c(x = "numeric", y = "numeric", z = "numeric")
+ )

# Point3Dオブジェクトp3を作成する
> p3 <- Point3D$new(x = 3, y = -1, z = 2)
# p3 の中身を確認する。
> p3
Reference class object of class "Point3D"
Field "x":
[1] 3
Field "y":
[1] -1
Field "z":
[1] 2
```

■クラスの情報の操作（show関数）

クラスの情報を取得するためには、ジェネレータオブジェクトの**show**メソッドを用います。showメソッドによりクラスのメンバ（フィールド、メソッド）や継承関係の情報を取得できます。

次のように先ほど定義したPoint3Dクラスの情報を表示すると、x、y、zといった数値フィールドを持つことや、**field**、**trace**、**getRefClass**といったメソッドを持つこと、**envRefClass**というクラスから継承されていることがわかります。

```
# Point3D クラスの情報を表示する
> Point3D$show()
Reference class object of class "refGeneratorSlot"
Field "def":
Reference Class "Point3D":

Class fields:

Name:         x         y         z
Class:  numeric   numeric   numeric

Class Methods:
    "field", "trace", "getRefClass", "initFields", "copy", "callSuper",
    ".objectPackage", "export", "untrace", "getClass", "show",
    "usingMethods", ".objectParent", "import"

Reference Superclasses:
```

R言語仕様

```
       "envRefClass"

Field "className":
[1] "Point3D"
```

クラス内のメンバにアクセスするには、ドル演算子($)を用います。

```
# フィールドを更新する
> p3$x <- 1
# フィールドを取得する
> p3$y
[1] -1
```

2-2-11 パッケージ

　R言語は、パッケージという単位で関数やデータをとりまとめてCRANで配布しています。ユーザは、パッケージをインストールすることで、パッケージに定義された変数を利用できるようになります。普段我々が使う関数も、baseパッケージやgraphicsパッケージといった、R起動時に読み込まれるパッケージ(注1)に定義されています。

■パッケージのインストール (install.packages関数)

　CRANからパッケージをインストールする場合は、install.packages関数を使います。

```
# RcppRollパッケージをインストールする
> install.packages("RcppRoll")
```

■パッケージのロード (library関数)

　インストールしたパッケージは、library関数でロードできます。ロードされたパッケージに定義された変数は、上書きできないことを除いてほかの変数と同様に扱うことができます。

```
# RcppRollパッケージをロードする
> library("RcppRoll")
# RcppRollパッケージに定義されているroll_sum関数を利用する
> roll_sum(1:10, 4)
[1] 10 14 18 22 26 30 34
```

■パッケージのアンロード (unloadNamespace関数)

　ロードされたパッケージをアンロードするには、unloadNamespace関数を用います。基本的に

(注1)　特に指定がない限りはR起動時に読み込まれるパッケージはbase、datasets、utils、grDevices、graphics、stats、methodsの7つです。

パッケージをアンロードする必要はありませんが、たくさんのパッケージを読み込んで変数名が衝突した場合に、整理する目的で使用することがあるかもしれません。

```
# RcppRollパッケージをアンロードする
> unloadNamespace("RcppRoll")
```

■**パッケージの更新／削除（update.packages関数、remove.packages関数）**

パッケージの更新はupdate.packages関数を、パッケージの削除はremove.packages関数をそれぞれ用います。

```
# パッケージを更新する
> update.packages("RcppRoll")
# パッケージを削除する
> remove.packages("RcppRoll")
```

■**パッケージの一覧の確認（installed.packages関数、available.packages関数）**

ローカルにインストールされたパッケージの一覧はinstalled.packages関数を、CRANからインストール可能なパッケージの一覧はavailable.packages関数をそれぞれ用います。

```
# ローカルにインストールされたパッケージ一覧を取得する
> installed.packages()
# CRANからインストール可能なパッケージ一覧を取得する
> available.packages()
```

■**パッケージをロードせずに変数を使う**

パッケージをロードせずに、パッケージに定義された変数を利用する方法もあります。**パッケージ名::変数名**と記述することで、指定したパッケージ内の指定した変数を参照できます。パッケージをロードするまでもないが便利な関数があるので使いたい、というときに便利な記法です。

```
# ggplot2パッケージをインストールする
> install.packages("ggplot2")
# ggplot2のdiamondsデータを使ってモデルを作成する
> model <- lm(carat ~ x + y + z, data = ggplot2::diamonds)
```

2-3 ヘルプ（help関数）

Rには組み込みでヘルプ関数が定義されています。ヘルプ関数を実行すると、関数やデータセットなどに関するドキュメントが表示されます。調べたいトピックを知っている場合は**help**関数を、トピックが不明でヘルプの検索を行いたい場合は**help.search**関数を用います。

```
# irisについてのヘルプを表示する
> help("iris")
# 近似に関するヘルプを検索する
> help.search("approximate")
```

help関数やhelp.search関数を容易に呼び出せるように、それぞれクエスチョン演算子（?）やダブルクエスチョン演算子（??）で同等の操作が実現できます。

```
# 上記と同じ
> ?"iris"
> ??"approximate"
```

検索文字列のクォーテーションは省略できます。ただし、予約語やスペースを含む文字列などを検索したい場合は、クォーテーションは必須です。

2-4 デバッグ

Rはデバッグするための関数が用意されています。表2.1にデバッグに使われる関数を示します。

表2.1　デバッグに使用する関数

関数	用法
browser	関数内で呼び出されると、その場所で評価を一時停止してステップ実行を行う。いわゆるブレークポイント
debug	関数に対して呼び出すと、関数が呼び出されるたびにステップ実行を行う。関数をデバッグの対象から外すためにはundebug関数を呼ぶ
trace	関数の任意の箇所に任意のコード（たとえばbrowser関数の呼び出し）を埋め込むことができる。トレースを終了するには、untrace関数を呼ぶ
traceback	エラー時に呼び出すと、エラーの起こった箇所のコールスタックを出力する
recover	エラー時に呼び出すと、エラーの起こった箇所での環境を再現して値の評価ができる

browser関数やdebug関数でステップ実行を行っている間は、表2.2のコマンドで現在の関数の状況やステップ実行の処理ができます。

表2.2　ステップ実行時に使用するコマンド

コマンド	操作
n	次のステップに進む
s	現在の処理の内部に進む
f	ステップ実行を終了し、現在の処理を継続する
c、cont	次のブレークポイントまで進む
Q	ステップ実行を終了、現在の処理を中断する
where	コールスタックを表示する
help	ステップ実行のヘルプを表示する。この表と同じ内容
式	式を評価する

RStudioを利用している場合は、ブレークポイントをGUI操作で設定できます（図2.1）。コー

ドの行番号の左をクリックすると、その箇所にブレークポイントを設定できます。ステップ実行時は[Environment]タブに関数の実行環境の情報が表示されます。また、[Console]タブでは、表2.2のコマンドと同じ操作をクリックベースで実行できます。

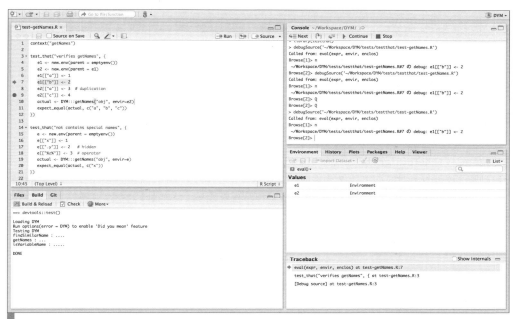

図2.1　RStudioを用いたデバッグ

2-5　起動時スクリプト

　Rの起動時には、Rprofileと呼ばれるスクリプトファイルが読み込まれます。Rprofileは、ユーザレベルでは、カレントディレクトリまたはホームディレクトリ内の.Rprofileという名前のファイル、または、R_PROFILE_USER環境変数で指定されたファイルです。システムレベルでは、Rのインストールディレクトリ以下に存在するetc/Rprofile.siteというファイル、または、R_PROFILE環境変数で指定されたファイルが読み込まれます。

　Rprofileに記述されたスクリプトはRの起動時に読み込まれるため、options関数やsetHook関数による個人設定を行ったり、.First関数や.Last関数を定義することにより起動直後または終了直前に実行される処理が定義できます。options関数は関数から利用される設定値を定義するための関数です。たとえばinstall.packages関数で利用されるCRANミラーサイトを選択したり、インタラクティブのプロンプトを変更したりできます。setHook関数はパッケージロード時や一部の関数の呼び出し時などのタイミングで呼び出される関数を定義できます。たとえばplot.new

R言語仕様

フックを用いて、描画処理で使用するフォントを指定するなどの操作を設定できます。.First 関数はR起動後に一番最初(ただしRprofile処理の後)に呼び出される関数で、.Last関数はR終了時に呼び出される関数です。例として、次のように.First関数を定義してRの起動時にメッセージを表示するという処理を設定できます。

```
.First <- function() {
    # 曜日番号を取得する("1"=月曜日, "2"=火曜日, ..., "7"=日曜日)
    weekday <- strftime(Sys.Date(), "%u")
    # Rを起動したのが土日であればメッセージを表示する
    if (as.integer(weekday) >= 6) {
        message("週末なのにお疲れ様です。")
    }
}
```

起動時処理は`help(Startup)`に詳細が記述されていますので、そちらをご覧ください。

起動時スクリプトはRの実行ファイル(Rscriptも含む)の起動時に読み込まれます。起動時スクリプトの有無により、環境に依存した処理が行われることになります。アプリケーションを作成する際に、ローカルの開発環境では動くのに本番環境では動かない、という悲劇が起こらないように気を付けましょう。

2-6 日本語の文字化け

Rでグラフを描画することをプロット(plot)するといいます。プロットで日本語を利用すると文字化けが起こることがしばしばあります。実にややこしい話なのですが、何によってプロット処理が行われているか(OSは何を利用しているか、どのパッケージを使っているか、プロットの対象はウィンドウなのかPDFなのか、など)によって文字化けの解決方法が異なります。

「**1-8-5 サンプルコードのダウンロード**」で紹介したように、以降で解説する文字化けの対策を記述した起動ファイル(.Rprofile)を用意しています。「**2-5 起動時スクリプト**」を参考にして、この起動ファイルを実行すれば、ウィンドウにプロットすることを前提として、個々の環境において日本語が文字化けしないでしょう。

2-6-1 フォントファミリーを作成

原則としては、プロット処理を行うグラフィックスデバイスで使用できるフォントを指定したフォントファミリーを作成します。そのフォントファミリーを利用してプロット処理するように設定します。出力先によって文字化けが起こったり起こらなかったりするのは、基本的にはグラフィックスデバイスがフォントを使用できるか使用できないかに起因しています。

プロット処理で利用されるフォントファミリーは、`plot`関数の`family`パラメータまたは`par`関

数の`family`パラメータで指定できます。`plot`関数で`family`パラメータを指定すると、`plot`関数は指定のフォントファミリーを用いて文字列描画を行います。`par`関数は、`plot`関数の前に呼ばれ、以降のプロット処理を指定したグラフィックスパラメータで処理する機能を持ちます。

```
# plot関数で直接フォントファミリー名を指定する
plot(..., family = "sans")
# par関数でフォントファミリー名を指定してからプロットする
par(family = "sans")
plot(...)   # このplot関数ではsansファミリーが使用される
```

毎回`plot`関数に`family`パラメータを指定したり、プロット処理ごとに`par`関数を呼び出すのは面倒です。フックと呼ばれるしくみを使うことによって、プロット処理の直前に`par`関数を呼び出すことができます。`plot`関数が新規グラフィックスに対して呼ばれる際は`plot.new`フック処理または`persp`フック処理が行われるので、これを利用することでフォントファミリーの指定ができます。

2-6-2 Mac

Macは`quartzFont`関数でフォントファミリーを作成して、プロットに利用することで日本語フォントが利用できます（**リスト2.1**）。

リスト2.1　.Rprofile（抜粋）

```
# ヒラギノ角ゴProを使うフォントファミリー jpfontを作成する
quartzFonts(jpfont = quartzFont(c(
        "Hiragino Kaku Gothic Pro W3",    # 標準
        "Hiragino Kaku Gothic Pro W6",    # ボールド
        "Hiragino Kaku Gothic Pro W3",    # イタリック
        "Hiragino Kaku Gothic Pro W6"     # ボールドイタリック
)))
# 新しいプロットが作成される際にjpfontを使う
setHook("plot.new", function() {
        par(family = "jpfont")
})
setHook("persp", function() {
        par(family = "jpfont")
})
```

`quartsFont`の引数は長さ4の文字列ベクトルで、順に標準フォント名、ボールドフォント名、イタリックフォント名、ボールドイタリックフォント名を指定します。フォント名は、**図2.2**のようにFont Bookアプリケーションから調べることができます。

R言語仕様

図2.2　Font Bookアプリケーション

2-6-3 Windows

Windowsの場合は、新しいバージョンを使っていれば特に文字化けしないはずです。もし文字化けするようなら、**リスト2.2**のコードを実行してからプロットしてみてください。

リスト2.2　.Rprofile（抜粋）
```
# MS Pゴシックを使うフォントファミリーjpfontを作成する
# MS, Pは全角大文字、MSとPの間のスペースは半角
# メモ帳の書式設定からフォント名をコピーしてペーストすると間違えない
windowsFonts(jpfont = windowsFont("MS Pゴシック"))
# 新しいプロットが作成される際にjpfontを使う
setHook("plot.new", function() {
        par(family = "jpfont")
})
setHook("persp", function() {
        par(family = "jpfont")
})
```

2-6-4 Linux

Linuxの場合は、特に何も設定しなくても日本語は文字化けしないはずです。もし文字化けするようなら、**リスト2.3**のコードを実行してからプロットするようにしてみてください。

リスト2.3　.Rprofile（抜粋）
```
# フォントファミリーjpfontを作成する
X11Fonts(jpfont = X11Font("-*-mincho-%s-%s-*-*-%d-*-*-*-*-*-*-*"))
# 新しいプロットが作成される際にフォントファミリーjpfontを使う
setHook("plot.new", function() {
        par(family = "jpfont")
})
setHook("persp", function() {
        par(family = "jpfont")
})
```

3章 データ型

Rには分析に利用するためのデータを扱うための型や、これらの型を扱うための関数や環境といった型が存在します。適切にデータを扱うためには、これらの型に対する理解は重要です。本章ではRで使用されるデータ型について解説します。

3-1 ベクトル

ベクトルは、順序を持った値の集合です。ほかのプログラミング言語の経験者にとっては、配列と同等のものだと言えばわかりやすいでしょう。ここではベクトルのデータ構造とデータ型について解説します。

3-1-1 ベクトルのデータ構造

Rにおいて、ベクトルは最も基本的なデータ構造です。ベクトルは、ヘッダの後ろに値が連なった構造をとります。ヘッダには要素の型や要素数といった情報が含まれています。図3.1にベクトルのデータ構造の概念図を示します。

図3.1 ベクトルのデータ構造

ベクトルの要素は同じデータ型でなければなりません。データ型によってそれぞれの要素が何バイトかというデータサイズが異なります。異なるデータ型の値が混在してしまうと、指定したインデックスの要素が正しく取得できなくなってしまうからです。

ベクトルの要素を1つだけ切り出したとしても、その結果は長さ1のベクトルとなります。Rでは要素のみを単独のスカラー値として参照する方法は存在しません。常にベクトルやリストのようなデータ構造として扱うことになります。これはパフォーマンス上のオーバーヘッドとなるデメリットであると同時に、統一的にデータを操作できるメリットでもあります。とはいえ、普段Rを使うにあたって、パフォーマンス上の問題はそこまで気にする必要はありません。特にインタラクティブではデータが容易に記述できるため、メリットの方が大きいでしょう。

3-1-2 データ型を確認する

Rにおけるオブジェクトのデータ型には、内部データ構造を表す型と後述するS3クラスに代表されるクラスの2つがあります。内部データ型はR実行環境がどのようにオブジェクトを利用するかを示すのに対して、クラスはユーザがどのようにオブジェクトを利用できるかを示します。
それぞれのデータ型を確認する方法について説明します。

■typeof関数

オブジェクトの内部データ型を調べるには、`typeof`関数を使います。引数にはデータ型を確認したいオブジェクトを指定します。

```
# 実数型の長さ10のベクトルを作成する
> x <- numeric(10)
# 内部データ型を表示する
> typeof(x)
[1] "double"
```

オブジェクトxの内部データ型がdouble(倍精度浮動小数点数)という結果を示しています。

■class関数

`typeof`関数と似た関数に`class`関数があります。引数にはデータ型を確認したいオブジェクトを指定します。

```
# ベクトルのクラスを表示する
> class(x)
[1] "numeric"
```

この結果は、オブジェクトxのクラスがnumeric(実数型ベクトル)であることを示しています。`class`関数を利用するとクラスを指定することも可能です。

```
# ベクトルのクラスを指定
> class(x) <- "foo"
```

クラスを変更してもオブジェクトの内部データ型は変わりません。

```
# 内部データ型を表示する
> typeof(x)
[1] "double"
# クラスを表示する
> class(x)
[1] "foo"
```

クラスを変更することで、同じ内部データを持つオブジェクトでも、そのオブジェクトに対する関数の処理が変わる場合があります。これについては「**3-9-1 S3クラス**」を参照してください。

3-1-3 ベクトルのデータ型

ベクトルのデータ型として妥当なものは、次のとおりです。

- 実数
- 複素数
- 文字列
- 論理
- 整数
- バイト（バイナリ）

データ型が**xxx**の空のベクトルを作成するには、その名前に対応した**xxx**関数を使用します。あるベクトルのデータ型が**xxx**であるかを調べるには、**is.xxx**関数を使用します。また、あるベクトルのデータ型を**xxx**に変換したい場合は**as.xxx**関数を使用します。ここで**xxx**はそれぞれのデータ型に対応する名前です。また、欠損値を表す**NA**は、**NA_xxx_**という定数が定義されています。**表3.1**でデータ型の確認方法と変換方法、欠損値についてまとめます。

表3.1 データ型

データ型	データ型の確認	データ型の変換	NA
実数	is.numeric	as.numeric	NA_real_
文字列	is.character	as.character	NA_character_
整数	is.integer	as.integer	NA_integer_
複素数	is.complex	as.complex	NA_complex_
論理	is.logical	as.logical	NA
バイト（バイナリ）	is.raw	as.raw	

次に、それぞれのベクトルのデータ型について説明します。

3-1-4 実数型

実数は、**3.14**や**-5**のような数値のことです。内部的には64-bitの浮動小数点数として表現されます。おそらく統計処理を行う際に最も出現するデータ型でしょう。

```
> 3.14
[1] 3.14
> -5
[1] -5
```

実数の定数（リテラル）を記述するためには、**表3.2**の方法があります。

R言語仕様

表3.2　リテラルの記述

表記法	例	備考
小数表記	3、-1.5、.1	
指数表記	1e+2、1.40e-2、-2.3E-1	xEyで$x \times 10^y$の意味
Inf	Inf、-Inf	無限大
NaN	NaN	**Not a Number**（非数）。たとえば0/0のような不定値を表す

baseパッケージには、**表3.3**の実数定数が定義されています。

表3.3　baseパッケージの実数

定数	値	備考
pi	3.1415927…	円周率を表す

次のように普通の変数と同様に定数piを利用できます。

```
> # 円周率
> pi
[1] 3.141593
```

Inf、NaN、NAは実数の中でも特別な扱いの数値です。これらを判別するための関数がそれぞれ**is.infinite**関数、**is.nan**関数、**is.na**関数です。逆に、普通の数値（たとえば1.23）であることを調べる関数として**is.finite**関数が定義されています。それぞれの値をそれぞれの関数に与えた結果を**表3.4**に示します。

表3.4　通常の数値と特別な値ごとの各関数の結果

数値	is.finite	is.infinite	is.nan	is.na
1.23	TRUE	FALSE	FALSE	FALSE
Inf	FALSE	TRUE	FALSE	FALSE
NaN	FALSE	FALSE	TRUE	TRUE
NA	FALSE	FALSE	FALSE	TRUE

Inf、NaN、NAのような特殊な値が計算に含まれると、通常とは異なる結果を生じます。これについては「**5章 変数**」で触れます。

3-1-5 文字列型

文字列とは、「abc」や「本日は晴天なり」のような文字の並びのことです。文字列リテラルは、シングルクォート（'）またはダブルクォート（"）を用いて文字の並びをくくることで表現できます。

```
> 'abc'
[1] "abc"
> "本日は晴天なり"
[1] "本日は晴天なり"
```

■エスケープシーケンス

クォート中で表記するのが難しい特殊な文字を表記するために、エスケープシーケンスと呼ばれる特別な記法が存在します。エスケープシーケンスは、バックスラッシュ（\）とそれに続く文字から構成されます。たとえばバックスラッシュとnの並び（\n）で改行を意味するといった具合です。なお、一部の環境ではバックスラッシュと半角円記号（¥）が同一に扱われるため、バックスラッシュの代わりに半角円記号と表記される可能性があります。エスケープシーケンスの一覧を表3.5に示します。

表3.5　エスケープシーケンス一覧

シーケンス	意味	備考
\n	ラインフィード（LF）	改行
\r	キャリッジリターン（CR）	
\t	タブ文字（TAB）	
\b	バックスペース（BS）	
\a	ベル（BL）	
\f	フォームフィード（FF）	
\v	垂直タブ（VT）	
\\	バックスラッシュ	
\'	シングルクォート	
\"	ダブルクォート	
\`	バッククォート	
\ooo	ASCII文字	oooは1～3桁の8進数
\xhh	ASCII文字	hhは1～2桁の16進数
\uhhhh、\u{hhhh}	Unicode文字 hhhhは1～4桁の16進数	
\Uhhhhhhhh、\U{hhhhhhhh}	Unicode文字 hhhhhhhhは1から8桁の16進数	

文字列ベクトルをprint関数で出力した場合（あるいはインタラクティブでそのまま評価した場合）、改行などの制御文字はエスケープシーケンスの形式で表示されます。実際にエスケープシーケンスを制御文字として機能させたい場合は、print関数の代わりにcat関数を利用します。

```
# 制御文字を含む文字列を定義
> s <- "a\tb
+ 12\t34"
# print関数では制御文字はエスケープシーケンスの形式で出力される
> print(s)
[1] "a\tb\n12\t34"
# cat関数は制御文字をそのまま出力する
> cat(s)
a       b
12      34
```

■文字列定数

表3.6にbaseパッケージに定義された文字列定数を紹介します。

表3.6 baseパッケージの文字列定数

定数	値	備考
LETTERS	A、B、C、D、E、F、G、H、I、J、K、L、M、N、O、P、Q、R、S、T、U、V、W、X、Y、Z	アルファベット大文字
letters	a、b、c、d、e、f、g、h、i、j、k、l、m、n、o、p、q、r、s、t、u、v、w、x、y、z	アルファベット小文字
month.abb	Jan、Feb、Mar、Apr、May、Jun、Jul、Aug、Sep、Oct、Nov、Dec	英語月名略称
month.name	January、February、March、April、May、June、July、August、September、October、November、December	英語月名
R.version.string	R version 3.2.2(2015-08-14)	Rのバージョン文字列

　日本語のように、非ASCII文字を扱う場合は文字化けのような文字コードに起因する問題がよく起こります。文字列を扱う際の文字コードなどの注意点は「**7章 データ入出力**」にまとめられています。

3-1-6 整数型

　整数型は、0、1、-2のような小数部をともなわない実数です。内部的には32-bitの整数として表現されます。単に1のように記述すると、Rは実数として解釈するので、これを整数としてRに認識させるために特別な表記があります。Rにおける整数リテラル表現は、1Lのように整数の後ろにLをつなげたものです。

```
# Lがないと実数型となる
> class(1)
[1] "numeric"
# Lをつけると整数型となる
> class(1L)
[1] "integer"
```

　実数型には存在するNaNやInfに相当する定数が整数型には存在しません。演算の過程でNaNやInfに相当する値が必要になった場合は、NAとなります。

```
# Inf相当がNAになる
> 1L %/% 0L
[1] NA
# NaN相当がNAになる
> 0L %/% 0L
[1] NA
```

3-1-7 因子型

　Rを使っていると、因子(*factor*)というクラスのベクトルによく出会うでしょう。因子とは統

計学の用語で、ある物事に対する要因となる要素のことです。因子における個々の値のことを水準といいます。たとえばRで定義されているデータの中でもおそらく最も有名なデータにirisがあります。irisの5番目の列Speciesはアヤメの種、setosa、versicolor、virginicaの3水準からなる因子ベクトルです。

```
# iris の Species 列のデータ型を調べる
> class(iris$Species)
[1] "factor"
```

■factor関数

因子ベクトルを作成するにはfactor関数に文字列ベクトルを与えます。ほかのデータ型と同様に、is.factor関数やas.factor関数もあります。

```
# 因子ベクトルを作成する
> f <- factor(c("X", "X", "Y", "Z", "Z"))
> f
[1] X X Y Z Z
Levels: X Y Z
```

■levels関数

因子ベクトルの水準を調べるにはlevels関数を用います。次のコードではベクトルfの水準を確認しています。

```
# fの水準を取得する
> levels(f)
[1] "X" "Y" "Z"
```

■str関数

因子型は、typeof関数の結果を見ればわかるように、その実体は整数型です。

```
# factorの内部データ型を調べる
> typeof(f)
[1] "integer"
```

前述で定義した因子ベクトルfを例にとって因子の構造について説明します。str関数を使って、fの構造を見てみます。

```
# Speciesの構造を調べる
> str(f)
 Factor w/ 3 levels "X","Y","Z": 1 1 2 3 3
```

fは3水準からなる因子で、その値は1 1 2 3 3であると読むことができます。ここで1とは、

fの水準のうち、インデックス1を示します。それはすなわちXです。同様に値が2はY、3はZとなります。このようにして、因子は文字列を直接要素として持つのではなく、水準文字列ベクトルとその対になる整数ベクトルのペアとして定義されます。文字列を直接要素として持つよりデータ量が抑えられ、パフォーマンスも良くなります。

3-1-8 複素数型

複素数は、実部と虚部の2つの実数からなる値のペアです。内部的には64-bitの浮動小数点数が、実部・虚部の順番に並んでいます。複素数リテラルは、1 - 2iのように、虚部の後ろにiをつなげます。実数を複素数型として扱いたい場合は、虚部が0であることを明示的に1 + 0iのように記述します。虚部の数値とiの間にスペースを入れられないことに気を付けてください。

```
# 実部のみでは実数型となる
> class(1)
[1] "numeric"
# 虚部を明示することで複素数型となる
> class(1 + 0i)
[1] "complex"
```

3-1-9 論理型

論理型のデータは、TRUE、FALSEの真偽値またはNAのいずれかの値を取ります。内部的には32-bit整数として扱われます。

```
> TRUE
[1] TRUE
> FALSE
[1] FALSE
> NA
[1] NA
```

TRUEとFALSEが長くて煩わしいという人のために、baseパッケージはこれらのエイリアス（同じ値をとる別名の変数）を**表3.7**のように定義しています。

表3.7 TRUEとFALSEのエイリアス

定数	値
T	TRUE
F	FALSE

論理型と整数型の相互変換を行うことがあります。**表3.8**と**表3.9**に対応表を示します。

表3.8 論理型から整数型への変換

論理値	整数値
TRUE	1
FALSE	0
NA	NA

表3.9 整数型から論理型への変換

整数値	論理値
0	FALSE
0、NA以外	TRUE
NA	NA

次のように相互変換を行います。

```
# 論理型から整数型への変換を行う
> as.integer(c(TRUE, FALSE, NA))
[1]  1  0 NA
# 整数型から論理型への変換を行う
> as.logical(c(0L, 1L, -1L, NA_integer_))
[1] FALSE  TRUE  TRUE    NA
```

3-1-10 バイト型 (バイナリ)

バイト型のベクトルは、バイト列（バイナリデータ）です。ほかのデータ型とは異なり、リテラルやNAの表現はありません。バイト列を表現するためには、別のデータ型からas.raw関数で変換したり、コネクションを介した入出力 (**7章 データ入出力**) 処理を行ったりしなければなりません。NAを無理やりバイト列に変換しようとすると、00に強制変換されます。

```
# 整数をバイトに変換する
> as.raw(42L)
[1] 2a
# NAは0に変換される
> as.raw(NA)
Warning: raw コネクションで、範囲外の値は 0 として扱いました
[1] 00
```

テキストデータを扱う場合はバイト型のベクトルに出会うことはほとんどないと思いますが、バイナリデータを扱うようになった場合はバイト型のデータを利用することになります。バイナリデータの扱い方については第7章で解説していますので、そちらを参照してください。

3-1-11 結合と型変換

ベクトルの各要素はいずれも同じデータ型の値です。整数型データと文字列型データが混在したベクトルや、実数型データと論理型データが混在したベクトルというものは存在しません。ベクトル操作により複数のデータ型が混在する場合、**表3.10**の優先度にしたがってデータ変換（*coercion*）が行われます。データ型の違いによって処理の結果が異なることがあります。挙動がおかしいと思ったら、データ型を調べると解決の糸口が見つかるかもしれません。

表3.10　データ型の優先度（値の小さい方が優先される）

優先度	データ型
1	式
2	リスト
3	文字列型
4	複素数型
5	実数型
6	整数型
7	論理型
8	バイト型
9	NULL

次に結合と型変換の例を示します。

```
> num <- 1.5      # 実数
> char <- 'abc'   # 文字列
> int <- 1L       # 整数

# 実数と文字列は文字列が優先される
> class(c(num, char))
[1] "character"
# 整数と実数は実数が優先される
> class(c(num, int))
[1] "numeric"
```

3-2　行列・配列

行列などの配列構造は、その実体はベクトルです。「**2章 R言語の基礎**」で説明したように、ベクトルと1次元配列の違いはdim属性の有無でした。実は2次元配列（行列）や3次元以上の配列も、ベクトルとの違いはdim属性の有無のみです。

3-2-1 行列の作成

その証拠として、ベクトルにdim属性を設定するだけで行列になることを示しましょう。

```
# ベクトルを定義する
> x <- 1:12
# ベクトルは行列ではない
> is.matrix(x)
[1] FALSE
# dim属性を持つベクトルを定義する
> y <- structure(1:12, dim = c(3L, 4L))
# dim属性を持つベクトルは行列である
> is.matrix(y)
[1] TRUE
```

　実体が同じであるとはいえ、行列とベクトルは、さまざまな関数で結果が変わります。たとえばis.vector関数は、行列に対してFALSEを返します。

```
# ベクトルに対してTRUEを返す
> is.vector(x)
[1] TRUE
# 行列に対してFALSEを返す
> is.vector(y)
[1] FALSE
```

3-2-2 行列のオブジェクトへのアクセス

　行列がベクトルと同様に扱える例として、1次元のインデックスでデータアクセスが可能な点が挙げられます。たとえば2行3列のベクトルに対して、図3.2で示すように、行方向・列方向の順にインデックスが大きくなっていきます。

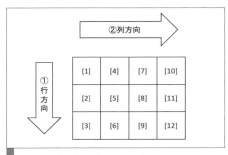

図3.2　行列の1次元インデックス

　これを利用して、行列中のNAを別の値に置き換えるテクニックを紹介します。行列中のNAを特定の値で置き換えるには、行番号と列番号を指定しなければならないように思えます。しかし行列が1次元のインデックスで指定できることを知っていれば、行列[is.na(行列)]で行列中の

R言語仕様

NAである要素を抽出できることがわかります。したがってこの要素に対する代入操作を行うことによって、NAを別の値に置き換えられることになります。

```
# NAを含む行列を作成する
> m <- matrix(c(2, 3, NA, 7, 11, NA), 2, 3)
# 行列を表示する
> m
     [,1] [,2] [,3]
[1,]    2   NA   11
[2,]    3    7   NA
# NAを0に置き換える
> m[is.na(m)] <- 0
# 結果を確認する
> m
     [,1] [,2] [,3]
[1,]    2    0   11
[2,]    3    7    0
```

3-3 リスト

リストはベクトルと並んでRで最も使われるデータ構造です。構造としては、線形リストではなく、図3.1に示したベクトルと同じ構造です。ベクトルの要素が任意のRオブジェクトになるという点が異なります[注1]。つまりリストは任意の値を要素として扱うことができるベクトルという見方もできます。リストのことをジェネリックベクトル(*generic vector*)と呼ぶ場合もあります。

3-3-1 リストの作成

リストの作成はlist関数を用います。データ型の確認のためのis.list関数や、変換のためのas.list関数も用意されています。

```
# リストを作成する
> list(pi, LETTERS)
[[1]]
[1] 3.141593

[[2]]
 [1] "A" "B" "C" "D" "E" "F" "G" "H" "I" "J" "K" "L" "M" "N" "O" "P" "Q"
[18] "R" "S" "T" "U" "V" "W" "X" "Y" "Z"
```

(注1) 厳密に言えば、文字列ベクトルもベクトルデータ構造中に要素として直接文字列データがあるのではなく、別の場所に文字列データが存在して、そこを参照するようなしくみになっています。

Rでは複雑なデータ型の実体は、リストであることが多いです。たとえばlm関数によって作成された線形モデルオブジェクトもリストですし、モデルオブジェクトをsummary関数で要約した結果もリストです。

```
# 線形モデルオブジェクトを作成する
> model <- lm(log(Volume) ~ log(Girth) + log(Height), data = trees)
# モデルオブジェクトがリストであることを確認する
> is.list(model)
[1] TRUE
# モデルの要約オブジェクトもリスト
> is.list(summary(model))
[1] TRUE
```

3-3-2 リストオブジェクトへのアクセス

あらゆるオブジェクトがリストであるということは、あらゆるオブジェクトがリストと同じように個々の要素にアクセスできるということです。ベクトルのような単純なリストオブジェクトを扱うのであればインデックスで各要素にアクセスすることもあり得ますが、複雑なリストオブジェクトの場合はインデックスと要素の対応が不明確なことが多いです。そのようなときは、要素名でアクセスします。リストの要素に対するアクセスはドル演算子 ($) を利用するのが便利です。ドル演算子を使うと、名前を文字列ではなく識別子としてクォートせずに記述できるため、記述が簡潔になります。

```
# 要素に名前を付けてリストを定義する
> x <- list(A = 1:3, B = LETTERS)
# ドル演算子で要素にアクセスする
> x$A
[1] 1 2 3
```

リストの要素にNULLを代入することで、リストの要素を削除できます。

```
# リストに要素Aが存在することを確認する
> names(x)
[1] "A" "B"
# 要素Aを削除する
> x$A <- NULL
# リストから要素Aが削除される
> names(x)
[1] "B"
```

オブジェクトがリストだとわかれば、names関数で定義された要素名を取得し、取得した要素名に対してドル演算子でアクセスできます。実際に前述の線形モデルオブジェクトの中身を簡単

Part 2 R言語仕様

に見てみます。

```
# モデルオブジェクトに定義された要素を調べる
> names(model)
 [1] "coefficients"  "residuals"   "effects"    "rank"
 [5] "fitted.values" "assign"      "qr"         "df.residual"
 [9] "xlevels"       "call"        "terms"      "model"
# モデル要素のresiduals要素を取得する
> model$residuals
           1            2            3            4            5
 0.021874049  0.034264461  0.013841066 -0.010618992 -0.043031233
           6            7            8            9           10
-0.041961116 -0.055659877 -0.044314840  0.082173329  0.009258910
          11           12           13           14           15
 0.129222704  0.013172999  0.032041483  0.083801431 -0.168561198
          16           17           18           19           20
-0.146548628  0.119002049 -0.164525292 -0.073210648 -0.003299352
          21           22           23           24           25
 0.073268586 -0.067780336  0.113362744  0.002430731 -0.002998263
          26           27           28           29           30
 0.085102043  0.054006059  0.082405145 -0.052660573 -0.062416748
          31
-0.011640695
```

通常モデルオブジェクトの残差を取得するのはresiduals関数を利用します。

```
# 残差を取得する
> residuals(model)
           1            2            3            4            5
 0.021874049  0.034264461  0.013841066 -0.010618992 -0.043031233
           6            7            8            9           10
-0.041961116 -0.055659877 -0.044314840  0.082173329  0.009258910
          11           12           13           14           15
 0.129222704  0.013172999  0.032041483  0.083801431 -0.168561198
          16           17           18           19           20
-0.146548628  0.119002049 -0.164525292 -0.073210648 -0.003299352
          21           22           23           24           25
 0.073268586 -0.067780336  0.113362744  0.002430731 -0.002998263
          26           27           28           29           30
 0.085102043  0.054006059  0.082405145 -0.052660573 -0.062416748
          31
-0.011640695
```

residuals関数は、実際はもう少し複雑な挙動をしていますが、基本的にはmodelオブジェクトに定義されたresiduals要素を取得しています。そのほかにも、リストの要素からデータを取得するという関数は、多く存在しています。

3-4 データフレーム

データフレームは、2次元の表形式のデータ構造をとります。行列は実体がベクトルですので、全要素のデータ型がただ1つに固定されているのに対し、データフレームは実体が各列を要素とするリストですので、列ごとにデータ型が異なることを許容します。

3-4-1 データフレームの作成

データフレームの作成は data.frame 関数で行います。

■data.frame 関数

data.frame 関数の引数には、各列のベクトルを**列名 = ベクトル**の形式で指定します。データ型の確認のための is.data.frame 関数や、変換のための as.data.frame 関数も用意されています。

```
# データフレームを作成する
> df <- data.frame(Num = c(1, 3, 5), Int = c(1L, 3L, 5L))
# データフレームを表示する
> df
  Num Int
1   1   1
2   3   3
3   5   5
```

データフレームは実体がリストですので、リストと同様にドル演算子を用いて各要素にアクセスできます。

```
# Num列の2番目の要素を変更する
> df$Num[2] <- 4
# Num列を取得する
> df$Num
[1] 1 4 5
```

1つだけ data.frame 関数について注意しておくことがあります。それは文字列の扱いです。data.frame 関数の引数に文字列ベクトルを与えた場合、デフォルトの状態では stringsAsFactors パラメータのデフォルト値が TRUE になります。stringsAsFactors が TRUE のとき、文字列ベクトルは因子ベクトルに変換されます。文字列ベクトルだと思っていたら、実は因子ベクトルだったため結果が期待と異なることがあります。

R言語仕様

```
# stringsAsFactorsをTRUEにすると文字列ベクトルは因子ベクトルになる
> df <- data.frame(Char = LETTERS[1:5], stringsAsFactors = TRUE)
> str(df)
'data.frame':   5 obs. of  1 variable:
 $ Char: Factor w/ 5 levels "A","B","C","D",..: 1 2 3 4 5
# stringsAsFactorsをFALSEにすると文字列ベクトルは文字列ベクトルのまま
> df <- data.frame(Char = LETTERS[1:5], stringsAsFactors = FALSE)
> str(df)
'data.frame':   5 obs. of  1 variable:
 $ Char: chr  "A" "B" "C" "D" ...
```

3-5 関数

関数もRの基本的なデータ型の1つです。ここでは関数の定義と無名関数について解説します。

3-5-1 関数の定義

関数はfunctionキーワードを用いて定義できます。次はfunという空の関数を定義しています。

```
# 空の関数を定義する
> fun <- function() {}
# 関数のデータ型を表示する
> class(fun)
[1] "function"
```

3-5-2 無名関数

「2章 R言語の基礎」では関数定義について関数名の定義と関数をセットで説明しましたが、関数に関数名は必須ではありません。functionキーワードで定義された関数は、関数リテラルとして単独で意味を持ちます。関数リテラルを変数に代入せずに(関数名を定義せずに)単独で扱う場合は、その関数のことを無名関数(*anonymous function*)と呼ぶ場合があります。

```
# 関数を出力する
> print(function() {})
function() {}
```

上記のprint関数のように、関数リテラルは単独のオブジェクトとして関数の引数に与えることもできます。特に引数に関数を受け取って、その関数を使って処理を行うような関数を使う場合、渡したい関数が単純な処理であれば関数名を定義してそれを渡すよりは、関数リテラルを渡したほうが単純になります。apply系の関数に関数を渡して処理を行う典型的な例を紹介します。

```
# 関数名を付けてパラメータに渡す
> plusOne <- function(x) { x + 1 }
> sapply(1:5, plusOne)
[1] 2 3 4 5 6
# 関数リテラルをパラメータに渡す
> sapply(1:5, function(x) { x * x })
[1]  1  4  9 16 25
```

3-6 環境

環境 (*environment*) は、フレーム (*frame*) と、その環境の親環境 (*enclosing environment* または *parent environment*) の組です。フレームは名前付きのオブジェクトの集合のことで、名前付きオブジェクトは変数名とその値の組み合わせだと読み替えてもらっても構いません。環境については再び「**5章 変数**」、「**6章 関数**」で登場するので、本章では簡単に概念を説明するにとどめます。

図3.3に環境の模式図を示します。

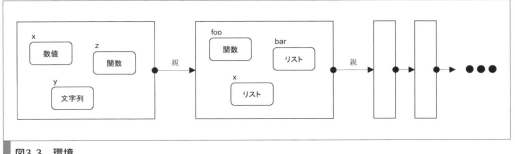

図3.3　環境

3-6-1 環境の作成

環境オブジェクトを作成するには、`new.env`関数を用います。親環境は`parent.env`関数で取得できます。

```
# 環境を作成する
> e <- new.env()
# 環境を表示する
> e
<environment: 0x7feeabdcf8d8>
# 親環境を取得する
> parent.env(e)
<environment: R_GlobalEnv>
```

3-6-2 環境内の名前付きオブジェクトへのアクセス

環境内の名前付きオブジェクトを定義・更新するには、リストの操作と同様に二重ブラケットまたはドル演算子を用います。

```
# 二重ブラケットで環境eにxを定義する
> e[["x"]] <- "value"
# ドル演算子で環境eにyを定義する
> e$y <- 1:3
```

環境内に定義されたオブジェクト名一覧を取得するにはls関数を用います。

```
# 環境eに定義されたオブジェクト名一覧を取得する
> ls(envir = e)
[1] "x" "y"
```

COLUMN

無名関数を簡潔に記述する

関数リテラルとしてfunctionキーワードを書くと長く冗長であると感じないでしょうか。そんなときはpryrパッケージのf関数を利用すると、冗長な関数定義が簡潔に記述できます。たとえば前述の関数を関数の引数に渡す例は、f関数を利用すると次のようになります。

```
# pryrパッケージがインストールされていない場合はインストールする
> install.packages("pryr")
# pryrパッケージをロードする
> library(pryr)
# f関数を使って作成した無名関数を引数に渡す
> sapply(1:5, f(x * x))
[1]  1  4  9 16 25
```

f関数は、内部で定義されていない変数を見つけると、それをパラメータとして受け取るような関数を作成します。例では、f関数の引数に渡した処理(x * x)の中でxという変数が定義されていないので、xを受け取る関数が作成されています。実際にどのような関数が作成されているかを表示するとわかりやすいでしょう。

```
# f関数によってどのような関数が作成されるかを確認する
> f(x * x)
function (x)
x * x
```

環境からオブジェクトを削除するには rm 関数を用います。

```
# 環境eからxを削除する
> rm("x", envir = e)
# xが削除されたことを確認する
> ls(envir = e)
[1] "y"
```

環境オブジェクトは、名前付きオブジェクトを格納できるので、しばしばマップ（あるいは連想配列、辞書、ハッシュなどとも呼ばれる）として扱われます。

3-7 式

式（*expression*）は、R の式を表すデータ型です。式そのものは「**4章 式、制御構造**」で説明するとおり、R 環境で評価されて値や関数として利用されるのですが、それとは別に式を表すオブジェクトがあります。

3-7-1 式オブジェクトの作成

式オブジェクトを作成するには、Rの式をexpression関数に与えます。

```
# 式オブジェクトを作成する
> expr <- expression({
+     x <- 1
+     y <- 2
+     x + y
+ })
# オブジェクトを表示する
> expr
expression({
    x <- 1
    y <- 2
    x + y
})
```

式オブジェクトは、主にメタプログラミングの目的で利用されます。メタプログラミングについては本書では詳しく触れませんので、興味のある方は Advanced R（Hadley Wickham 著）[注2]

(注2) Advanced RはWeb上で無料で公開されています（URL http://adv-r.had.co.nz/）。書籍版もあり、また翻訳版『R言語徹底解説』（共立出版）も出版されています。

などの文献を参照してください。

3-8 NULL

NULLはデータが存在しないことを示すデータ型です。NAもデータが存在しないことを示しますが、明確に意味が異なります。NAは本来データが存在しているのに、なんらかの理由でデータが存在していない状態です。これに対してNULLはもともとデータが存在しない状態ということです。

NULLを表すリテラルはNULLです。NULLはデータが存在しないことを表すのに、NULLというリテラルが存在するのは少しややこしいかもしれません。

```
# NULLリテラル
> NULL
NULL
```

NULLリテラルのデータ型を調べると、NULLという名前のデータ型であることがわかります。

```
# NULLのデータ型はNULLである
> class(NULL)
[1] "NULL"
```

値がNULLであるかを確認するには、is.null関数を用います。

```
# NULLはNULLである
> is.null(NULL)
[1] TRUE
# NAはNULLではない
> is.null(NA)
[1] FALSE
```

NULLは値が何もないことを示します。データをあとから結合していくような繰り返し処理をするときの最初の状態として定義するのに便利です。

```
# vの初期状態をNULLとする
> v <- NULL
# 1,2,3をvに連結する
> for (i in 1:3) {
+     v <- c(v, i)
+ }
# vの最終形を確認する
> v
[1] 1 2 3
```

この例でもしvをNULLで初期化していないと、vという変数が定義されていないためエラーになってしまいます。

3-9 オブジェクト指向

Rにはオブジェクト指向プログラミングをサポートする型システムが3つ存在します。

- S3クラス
- S4クラス
- 参照クラス（R5クラス）

3-9-1 S3クラス

S3クラスについて説明する前に、ジェネリック関数（*generic function*）について簡単に説明します。

■ジェネリック関数

print関数（インタラクティブで評価の際に暗黙的に呼ばれる）は、引数として渡す値によって挙動が異なるということはすでにお気付きだと思います。たとえばベクトルに対してはインデックス付きで値を列挙し、線形モデルオブジェクトに対してはモデル式と係数を表示する、といった挙動を示します。

この挙動の違いは、print関数の引数として渡す値のクラスによって決まります。ジェネリック関数とは、print関数のように、クラスによって挙動が変わる関数のことです。

■S3クラスの指定

ジェネリック関数をどのように定義するかといった説明については「**6章 関数**」で説明するとして、ここではS3クラスについて簡単に説明するにとどめます。オブジェクトがジェネリック関数に渡された際に、どの処理を行うかは、オブジェクトのクラスによって定まります。このオブジェクトのクラスがまさにS3クラスです。ジェネリック関数がクラスによって呼び出す関数の実体を決めることをメソッドディスパッチ（*method dispatch*）、呼ばれる関数の実体のことをメソッド（*method*）と呼びます。

S3クラスはオブジェクトのclass属性で指定できます。class属性を設定するには、structure関数またはclass関数を利用します。

```
# structure関数でclass属性を定義する
> x <- structure(1, class = "one")
# class属性を確認する
> class(x)
```

R言語仕様

```
[1] "one"
# class関数でclass属性を定義する
> y <- 2
> class(y) <- "two"
# class属性を確認する
> class(y)
[1] "two"
```

■S3クラスの操作

オブジェクトが継承するクラスは、必ずしも1つでなければならないということはありません。複数のクラスを継承したオブジェクトを作成したい場合は、class属性が複数の要素からなる文字列ベクトルを設定するだけです。

```
# 複数のクラスを継承するオブジェクトを作成する
> z <- structure(13, class = c("thirteen", "lucky.number"))
# クラスが複数定義されていることを確認する
> class(z)
[1] "thirteen"     "lucky.number"
```

オブジェクトが特定のクラスを継承しているかを調べるには、inherits関数を利用します。

```
# zがlucky.numberクラスを継承しているかを調べる
> inherits(z, "lucky.number")
[1] TRUE
```

S3クラスオブジェクトの実体はベクトルやリストです。ベクトルやリストも、そのデータ型に応じたS3クラスオブジェクトとみなすことができます。これらのデータ型については、class属性は定義されていませんが、class関数によってクラスを取得できます。ベクトルやリストに対するメソッドディスパッチは、これらのデータ型に基づくクラスによって行われます。

明示的に付けたclass属性を削除して、もととなるベクトルやリストとして扱いたい場合は、unclass関数を用います。

```
# zからS3クラスを削除する
> w <- unclass(z)
# class関数の結果は、元のデータ (実数ベクトル) 由来のクラスとなる
> class(w)
[1] "numeric"
```

3-9-2 S4クラス

S3クラスはクラス名を変更するだけで、その内容の妥当性については関知しません。たとえば、

クラスXはデータが要素Yを持つようなリストでなければならないのに、実数ベクトルや要素Yが定義されないリストであっても、クラス名をXだと主張してしまえば（class属性を設定すれば）クラスXのオブジェクトとして扱われてしまいます。不正なデータは思わぬバグを生むので、できるだけこのような状態は避けたいものです。

S4クラスは、クラス定義を記述することによって、クラスに厳密性を持たせています。クラス定義に沿わないデータを不正なオブジェクトとして検知することで、不正なメソッド呼び出しを防ぐことができます。

■S4クラスの指定

S4クラスが持つ内部データをスロット（*slot*）と呼びます。S4クラスは、クラス名、スロット、さらに必要に応じて継承関係やバリデーションなどのメタ情報からなります。

```
# S4クラスPersonを定義する
> setClass(
+     # クラス名
+     "Person",
+     # スロット
+     slots = c(name = "character")
+ )

# S4クラスオブジェクトを作成する
> person <- new("Person", name = "花岡四郎")
```

オブジェクトがS4クラスオブジェクトであるかを確認するには、isS4関数を用います。

```
# personがS4クラスオブジェクトであるかを確認する
> isS4(person)
[1] TRUE
```

S4クラスオブジェクトが特定のS4クラスを継承しているかを確認するには、is関数を用います。

```
# personがPersonクラスオブジェクトであるかを確認する
> is(person, "Person")
[1] TRUE
```

■クラス間の継承

S4クラスは、クラス間の継承関係を持つことができます。前述のPersonクラスを継承し、新たにcompanyスロットを持ったBusinessPersonクラスは、次のように作成できます。

```
# Personクラスを継承したBusinessPersonクラスをを定義する
> setClass(
+     "BusinessPerson",
```

```
+       contains = "Person",
+       slots = c(company = "character")
+ )

# オブジェクトを作成する
> person <- new("BusinessPerson", name = "花岡四郎", company = "ザーサイ新聞")
```

containsパラメータには、S4クラスではない、たとえばnumericのような基本データ型も指定できます。slotsパラメータを指定せずにcontainsのみに基本データ型を指定した場合、スロット名が定義されません。その場合は、.Dataという特別な名前のスロットが利用されます。

```
# 基本データ型を継承したS4クラスを作成する
> setClass("MyNumber", contains = "numeric")
> number <- new("MyNumber", 123)

# .Dataスロットで定義した値にアクセスできる
> number@.Data
[1] 123
```

S4クラスにもS3と同様のメソッドディスパッチのしくみがあります。これについては「6章 関数」で説明します。

作成したクラスはgetClasses関数で一覧を取得できます。また、removeClass関数で作成したクラスを削除できます。

```
# グローバル環境に作成したクラス一覧を取得する
> getClasses(where = globalenv())

# MyNumberクラスを削除する
> removeClass("MyNumber")
[1] TRUE
```

3-9-3 参照クラス

参照クラスは、R5クラスとも呼ばれます。バージョン2.12で導入された比較的新しいオブジェクト指向システムです。

■setRefClass関数

クラス定義の方法はS4クラスと似ています。クラス定義を行うsetRefClass関数はジェネレータオブジェクト（generator object）と呼ばれるオブジェクトを返します。ジェネレータオブジェクトは、クラスのオブジェクトを作成したり、クラスの情報を取得するためのメソッドが定義されていたりします。

```
# 参照クラスを定義する
> Animal <- setRefClass(
+     "Animal",
+     fields = list(species = "character")
+ )

# オブジェクトを作成する
> animal <- Animal$new(species = "チンパンジー")
```

S4クラスと参照クラスの大きな違いは、次の2点です。

■1. 参照クラスはクラスメソッドを定義できる

S3クラスおよびS4クラスはメソッドディスパッチによるメソッド呼び出し、すなわちオブジェクトのクラスを参照して呼び出すメソッドを探索して処理を実行します。これに対して参照クラスでは、クラスにメソッドを定義して呼び出すことができます。

```
# クラスメソッドを追加する
> Animal$methods(
+     getSpecies = function() species
+ )

# クラスメソッドを呼び出す
> animal$getSpecies()
[1] "チンパンジー"
```

■2. 参照クラスのオブジェクトを変更できる

参照クラスのオブジェクトは変更可能（*mutable*）です。S3クラスやS4クラスのオブジェクトは基本的に変更不可能（*immutable*）です。S3クラスやS4クラスのオブジェクトに変更を加えようとすると、オブジェクトがコピーされて新しいオブジェクトが生成されます（*copy-on-modify*）。これに対して参照クラスでは、オブジェクトのコピーが起こらずに、作成済みのオブジェクトに対して変更が加えられます。これによってパフォーマンス上の優位性が生まれます。

4章 式、制御構造

R言語によるプログラムは、複数の式や制御構造を組み合わせることで組み立てていきます。すなわち、式や制御構造は、R言語のプログラムにおける処理の流れのもっとも基礎をなす部品です。本章ではR言語における式や制御構造について説明します。

4-1 コメント

R言語のコード中において、行中の#に続く文字列はコメントです。任意のメッセージを記述できます。ただし、文字列のようにクォート(")でくくられた#については、#という文字として扱われます。

```
# ここはコメントです
> 1 + 2   # これもコメントです
> "この # はコメントではありません"   # クォートの外の # はコメントです
```

4-2 式

式(expression)はそれ単体で完結し、評価可能なコード断片です。評価可能というのは、インタラクティブで入力した際に結果が出力されて次の入力を受け付けられるということです。入力が不完全で入力待ち状態になったり、構文エラーとなるものは式ではありません（構文エラーではないエラーが出る式は存在します）。

Rのプログラムは、式を列挙したものです。ソースコードに記述された式を先頭から順次評価することで、プログラムは実行されます。式はいずれも評価された結果を値として持ちます。

表4.1に式の種類を示します。

表4.1 式の種類

種類	例	備考
リテラル	1、'abc'、function(x) x	
関数呼び出し	f(1, 2)、(function(x) x)(3)	
演算	-3、1.5 * 2.8、x <- 1	代入式も演算として扱われる
インデックス	x[1]、y[["a"]]	
複合式	{ x <- 1; y <- 2; x + y }	セミコロンの代わりに改行でも良い
制御構造	if (TRUE) { 12 } else { 34 }	

4-2-1 リテラル

実数リテラルや文字列リテラルのように、リテラルはそれ自身が値を持つため式となります。リテラルは、リテラル自身を値として持ちます（つまり1というリテラルは1という値を持つということ）。

4-2-2 関数呼び出し

関数呼び出しも式です。関数に与えた実引数を用いて関数の処理が評価され、結果が返ります。

4-2-3 演算

演算子による演算も式です。演算が評価されると、その結果が値として返ります。

表4.1にも記述してあるとおり、代入も<-演算子による演算です。右辺を評価した値を、左辺の名前の変数として定義します。式としての結果は、右辺を評価した値と同じです。

4-2-4 インデックス

インデックスアクセスも式です。指定されたインデックスにある値を切り出した結果が式の値となります。

4-2-5 複合式

複数の式をブレース（{}）でくくったものは、複合式（*compound expression*）という式です。式は行単位で評価されるのが基本ですが、行を変える代わりにセミコロン（;）で区切ることもできます。次の2つの複合式は同じ意味です。

```
# セミコロン区切りの複合式
> { x <- 1; y <- 2; x + y }

# 改行区切りの複合式
> {
+     x <- 1
+     y <- 2
+     x + y
+ }
```

複合式内の最後に評価された式の結果が、複合式の値です。この例では式の値は3となります。

R言語仕様

4-2-6 制御構造

ifやforといった制御構造もまた式になります。Rの制御構造およびその制御構造が返す結果については後述します。

4-3 演算子

加算の+や符号反転の-のような演算中にあらわれる記号のことを演算子(*operator*)と呼びます。Rにはあらかじめ定義された演算子のほかに、ユーザが独自に演算子を定義することも可能です。ここでは演算子を用いた演算の方法や演算子の定義について解説します。

4-3-1 演算子の種類

演算子には単項演算子(*unary operator*)と二項演算子(*binary operator*)があります。名前のとおり、単項演算子は演算の対象となる値(オペランド、*operand*)が1つ、二項演算子はオペランドが2つです。単項演算子は前置、すなわちオペランドの前に演算子がきます。二項演算子は、演算子の左右にオペランドが置かれます。

```
# 単項演算子 +
> +3
# 二項演算子の +
> 2 + 1
```

4-3-2 特別な演算子

%xyz%の形式のような二項演算子を自由に定義できます。xyzには任意の文字列が指定できます。演算子の定義を行う場合は、次のように演算子をバッククォート(`)でくくり、パラメータが2つの関数を代入します。

```
# 演算子%<>%を定義する
> `%<>%` <- function(lhs, rhs) {
+     # オペランドの合計を返す
+     lhs + rhs
+ }
# 定義した演算子を使う
> 12 %<>% 123
[1] 135
```

この形式の演算子をいくつか紹介します(**表4.2**)。

表4.2 独自演算子

演算子	説明
%*%	行列積を計算する
%in%	左辺値が右辺値の集合に含まれるか否かの真偽値を返す
%>%	パイプ演算子（magrittrパッケージ）。左辺の結果を右辺の関数に渡す

4-3-3 優先順位

演算子には優先順位があります。演算子の優先順位を**表4.3**に示します。

表4.3 演算子の優先順位（値が小さい方が優先度が高い）

優先順位	演算子	単項／二項	説明
1	::、:::	二項	名前空間内の変数へのアクセス
2	$、@	二項	要素またはスロットへのアクセス
3	[、[[	二項	インデックス
4	^	二項	べき乗
5	-、+	単項	プラス・マイナス
6	:	二項	シーケンス
7	%%、%/%、%xyz%	二項	余り、商、独自定義演算子（xyzは任意の文字列）
8	*、/	二項	乗算・除算
9	+、-	二項	加算・減算
10	>、>=、<、<=、==、!=	二項	比較
11	!	単項	否定
12	&、&&	二項	論理積（AND）
13	|、||	二項	論理和（OR）
14	~	単項・二項	公式
15	->、->>	二項	代入（左辺を右辺に）
16	<-、<<-	二項	代入（右辺を左辺に）
17	=	二項	代入（右辺を左辺に）
18	?	単項	ヘルプ

優先順位は括弧で制御できます。

```
# 括弧なしの場合は優先順位が高い*を伴う演算が先に処理される
> 1 + 2 * 3
[1] 7
# 括弧ありの場合は括弧内の演算が先に処理される
> (1 + 2) * 3
[1] 9
```

4-4 制御構造

Rにおける制御構造には次の4つがあります。

- 条件分岐（if）
- ループ（repeat、while、for）

また、ループ構文中で次の2種類の制御ができます。

- ループ中断（break）
- 処理スキップ（next）

C言語などにあるswitchやreturnはRでは制御構造ではありませんが、同等の機能を持つ関数として存在するのでここで紹介します。

4-4-1 if

if-elseキーワードにより、条件分岐が記述できます。

```
if (条件式) {
    # 条件式が TRUE のときの式
} else {
    # 条件式が FALSE のときの式
}
```

条件式がTRUEのときは、「条件式がTRUEのときの式」が評価されます。条件式がFALSEのときは、「条件式がFALSEのときの式」が評価されます。式の結果は、評価された方の式の結果と同じです。

```
# if式の結果をresultに格納する
> result <- if (TRUE) {
+     10
+ } else {
+     20
+ }
# 結果を確認する
> result
[1] 10
```

else節（elseおよびその後ろの式）は省略できます。省略した場合で条件式がFALSEの場合は、何も評価されません。式の結果はNULLになります。

```
# 評価されないif式
> result <- if (FALSE) {
+     10
+ }
# 結果を確認する
> result
NULL
```

4-4-2 repeat

repeatキーワードにより、処理を繰り返すことができます。

書式
```
repeat {
    # 式
}
```

指定された式を評価すると、再度同じ式を評価します。後述のbreakによりループを抜けたり、インタラクティブで Esc キーで処理を中断したりしない限り、評価を繰り返し続けます。

repeat式の結果は、常にNULLです。

4-4-3 while

whileキーワードにより、条件付きの繰り返し処理ができます。

書式
```
while (条件式) {
    # 式
}
```

条件式がTRUEのときは、指定された式が評価されます。式が評価されたら、再び条件式を評価します。条件式がTRUEであれば、再び指定された式を繰り返し評価します。条件式がFALSEになると、指定された式の評価を行わず、whileの評価を終了します。

次にwhileの例を示します。

```
# カウンターを0で初期化する
> counter <- 0L
# カウンターが5未満の間はループを繰り返す
> while (counter < 5L) {
+     # 途中経過を出力する。
+     print(counter)
+     # カウンターを 1 増やす
+     counter <- counter + 1L
+ }
```

```
[1] 0
[1] 1
[1] 2
[1] 3
[1] 4
```

while式の結果は、常にNULLです。

4-4-4 for

forキーワードは、シーケンス処理を行います。

```
for (変数名 in シーケンス) {
    # 式
}
```

シーケンスはベクトルやリストのような値の集合です。シーケンスの先頭要素を変数に代入して指定した式を評価します。評価が完了すると、シーケンスの次の要素を変数に代入して再び指定した式を評価します。以下シーケンスの最後までこの処理を繰り返します。

次にforの例を示します。

```
# 2,3,5,7に対して順次処理を行う
> for (x in c(2, 3, 5, 7)) {
    # xを出力する
+   print(x)
+ }
[1] 2
[1] 3
[1] 5
[1] 7
```

for式の結果は、常にNULLです。

4-4-5 制御構造を操作する関数

■break関数

ループ処理を中断したい場合はbreak関数を使います。ループ処理の中でbreak関数が呼び出されると、break関数を含むループの処理を終了します。

```
> repeat {
+     print(1)
+     print(2)
      # ループを抜ける
+     break()
      # 次の式は評価されない
+     print(3)
+     print(4)
+ }
[1] 1
[1] 2
```

■**next関数**

next関数が評価されると、それ以降のループ内の処理をスキップして、次のループ処理に移ります。whileの場合は条件式の評価が行われ、forの場合はシーケンスの次の要素が処理されます。

```
# 1から10のうち、奇数のみを合計する
> sumOfOddNumbers <- 0
> for (i in 1:10) {
      # 偶数の場合は合計の対象にしないので、以降の処理はスキップする
+     if (i %% 2 == 0) {
+         next()
+     }
      # 合計に現在の値を加える
+     sumOfOddNumbers <- sumOfOddNumbers + i
+ }
# 結果を表示する(期待する値は1+3+5+7+9=25)
> sumOfOddNumbers
[1] 25
```

4-4-6 switch関数

switch関数は、最初にマッチした値に定義された処理を行います。

> **書式** switch(文字列または数値, 値1 = 式1, 値2 = 式2, ..., デフォルト式)

文字列が値1ならば式1を実行し、値2ならば式2を実行し、と繰り返し、いずれにもマッチしない場合はデフォルト式を評価します。式が省略された場合、次の値に定義されている式を評価します。たとえば上記で値1にマッチするけれど、式1が省略されている場合、式2が評価されます。数値が与えられた場合は、指定された位置の式を評価します。この場合は指定された位置の式が省略されているとエラーになります。

R言語仕様

```
> switch("c", "a" = 1, "b" = 2, "c" = 3, "d" = 4)
[1] 3
> switch("c", "a" = 1, "b" = 2, "c" =, "d" = 4)
[1] 4
> switch(3, 1, 2, 3, 4)
[1] 3
> switch(3, 1, 2, , 4)
Error in eval(expr, envir, enclos): empty alternative in numeric switch
```

4-4-7 return関数

return関数は、関数の中で呼び出されると、引数に与えた値を関数の結果とします。呼び出されたreturn関数以降の処理はスキップされます。

```
> fun <- function() {
    # 結果を返す
+   return(1)
    # これ以降の処理は行われない
    # もし行われると無限ループなので関数は終了しない
+   repeat {}
+ }
> fun()
[1] 1
```

4-5 メッセージ

処理の過程をユーザに通知したり、問題のある操作に対して警告を表示したい場合があります。

■message関数

通常のメッセージを表示したい場合はmessage関数を使います。警告メッセージを表示したい場合はwarning関数を使います。

```
# メッセージ、警告メッセージを含む関数を定義する
> fun <- function() {
+   message("通常メッセージ")
+   warning("警告メッセージ")
+ }
# 関数を呼び出す
> fun()
通常メッセージ
 警告メッセージ
fun() で:  警告メッセージ
```

関数呼び出しにおいて、メッセージ、警告メッセージを表示したくない場合は、それぞれ`suppressMessages`関数、`suppressWarnings`関数を用います。

```
# 通常メッセージを隠蔽する
> suppressMessages(fun())
警告メッセージ
fun() で: 警告メッセージ
```

パッケージロード時に表示されるメッセージは`packageStartupMessage`関数で利用できます。このメッセージを隠蔽したい場合には、`suppressPackageStartupMessages`関数を利用します。ただし、`message`関数、`packageStartupMessage`関数いずれのメッセージも`suppressMessages`関数によってメッセージを非表示にできるため、特に意識して使い分けずに`suppressMessages`関数でメッセージを隠蔽すれば良いでしょう。

4-6 エラー処理

式の評価中に不正な状態を検知した場合にエラーメッセージを表示して処理を中断できます。

■stop関数

例外の通知は`stop`関数または`stopifnot`関数を利用します。`stop`関数はエラーメッセージを受け取り、呼び出された時点でエラーを発生させます。`stopifnot`関数は条件式を受け取り、条件が`FALSE`の場合にエラーを発生させます。

```
# 例外をともなう関数を定義する
> fun <- function(x) {
+     if (x < 0) {
+         stop("x は 0 以上でなければなりません。")
+     }
+     x
+ }
# エラー処理は行われない
> fun(1)
[1] 1
# エラー処理が行われる
> fun(-1)
 fun(-1) でエラー:  x は 0 以上でなければなりません。
# 例外をともなう関数を定義する
> fun <- function(x) {
+     stopifnot(x >= 0)
+     x
+ }
```

101

R言語仕様

```
# エラー処理は行われない
> fun(1)
[1] 1
# エラー処理が行われる
> fun(-1)
 エラー :  x >= 0 is not TRUE
```

■tryCatch関数

失敗する可能性がある処理において、失敗した場合に別の処理を行うときは、tryCatch関数を利用します。

```
> tryCatch(
     # エラーが出る
+    fun(-1),
     # エラー時の処理を定義する
+    error = function(e) {
         # 1 を返す
+        1
+    }
+ )
[1] 1
```

tryCatch関数は、式の評価時にエラーが出なければその式の値を返します。エラーが出た場合は、エラー時の処理に定義された式の結果を返します。

errorの代わりに（またはerrorに加えて）warning引数を設定することで、警告時の処理を定義することもできます。警告時も失敗とみなすような処理を定義したい場合は、warning引数を設定します。

エラーが起こった・起こらなかったに関わらず行いたい処理があるときはfinallyパラメータに指定します。finallyパラメータは必ず実行されますが、その評価結果の値は破棄されます。すなわち、finallyパラメータを指定することで、tryCatch関数の式の結果に影響を及ぼしません。

```
# "done"が出力されるが、結果はfunを処理した結果となる
# print関数は引数の値をそのまま返すため、finallyの評価結果は"done"となるはず
> result <- tryCatch(fun(3), finally = print("done"))
[1] "done"
# 結果の表示
> result
[1] 3
```

5章  変数

プログラムが複雑になることを防ぐために、何らかのデータに名前をつけたものが変数です。変数を適切に設定することにより、プログラムは簡潔に記述でき、理解しやすくなります。本章では、変数と変数をとりまく環境について説明します。

5-1 識別子

識別子は、変数名や関数名として有効な単語です。ここでは識別子について解説します。

5-1-1 識別子の規則

識別子に利用できる名前には制限があります。識別子として有効な規則は次のとおりです。

- 記号や制御文字でない普通の文字 (アルファベットや数字など)、ドット (.)、アンダースコア (_) から構成されている
- 先頭の文字は半角数字とアンダースコア以外
- 予約語 (後述) でない

有効な識別子の例を**表5.1**に、無効な識別子の例を**表5.2**に挙げます。

表5.1　有効な識別子

識別子	備考
abc123	
xyz_abc.123	
.value	ドットで始まる変数は識別子として有効だが扱いが特殊 (後述)
日本語	半角でない文字も変数名として有効
１２３	全角数字は半角数字ではないので識別子の先頭文字として有効

表5.2　無効な識別子

無効な識別子	無効である理由
_abc	アンダースコアで始まる
123abc	半角数字で始まる
hello world	スペースが含まれる
for	予約語

ドットで始まる識別子は、ls関数における扱いが特殊です。all.namesパラメータにFALSEを

与えた場合（`all.names`パラメータのデフォルト値）、ドットで始まる変数が定義されていても、結果に含まれません。`all.names`パラメータに`TRUE`を与えると結果に含まれます。

```
# 変数を定義する
> x <- 1
> .y <- 2

# .y は表示されない
> ls(all.names = FALSE)
[1] "x"
# .y も表示される
> ls(all.names = TRUE)
[1] ".Random.seed" ".y"            "x"
```

無効な識別子であっても、バッククォート（`）でくくることにより、有効な識別子として扱うことができます。たとえば次のコードは正しいコードです。

```
> `1 / (2 log 10)` <- 1 / (2 * log(10))
> 15 * `1 / (2 log 10)` + 1
[1] 4.257209
```

文字列ベクトルから有効な識別子名を作成するには、`make.names`関数を利用します。`make.names`関数は識別子として無効な文字列が与えられた場合に、文字の追加と置換によって有効な識別子に変換します。次に例を示します。

```
> identifiers <- c("abc123", ".value", "_abc", "123abc", "hello world", "for")
> make.names(identifiers)
[1] "abc123"     ".value"     "X_abc"      "X123abc"    "hello.world"
[6] "for."
```

5-1-2 予約語

Rにおける予約語は次のとおりです。

- if
- repeat
- function
- in
- break
- FALSE
- Inf

- NA
- NA_real_
- NA_character_
- .. + 半角数字列（..1, ..42 など）
- else
- while
- for

- next
- TRUE
- NULL
- NaN
- NA_integer_
- NA_complex_
- ...

前述の通り、予約語をバッククォートでくくれば変数名として利用できます。

5-2 スコープ

変数スコープとは、変数を参照する際に、その変数の値をどのように取得するかというルールです。別の言い方をすると、定義された変数を参照できるコードの範囲です。スコープから外れた変数を参照しようとすると、エラーが発生します。ここではRのスコープについて解説します。

5-2-1 変数スコープ

R言語におけるスコープは、基本的に環境に紐付けられています。現在コードが評価されている場所において、その評価されている環境に定義されている変数およびその祖先の環境（親環境やさらにその親環境など）に定義されている変数は参照できます。親環境をたどって最後の空環境に到達してもなお変数が見つからない場合は、その変数を参照できません。

たとえば図5.1で現在の環境がenv_currentとします。環境env_currentから参照可能な変数は、b、f、x、yの4種類です。子環境env_childや兄弟環境env_siblingのみに存在するa、zは参照できません。

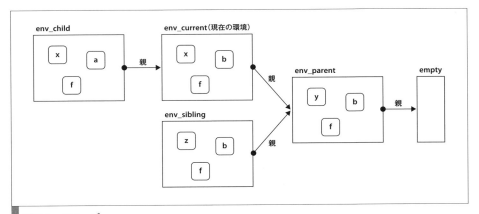

図5.1 スコープ

実際に図5.1の状況をRで再現すると次のようになります。

```
# 環境を作成する
# あとの解説の都合のため env_parent の親環境は空環境でなく base 環境とする
> env_parent <- new.env(parent = baseenv())
> env_current <- new.env(parent = env_parent)
```

```
> env_sibling <- new.env(parent = env_parent)
> env_child <- new.env(parent = env_current)

# 各環境に変数を定義する
# 親環境
> env_parent$b <- "parent b"
> env_parent$y <- "parent y"
> env_parent$f <- function() { "parent f" }

# 現在の環境
> env_current$b <- "current b"
> env_current$x <- "current x"
> env_current$f <- "current f"

# 兄弟環境
> env_sibling$b <- "sibling b"
> env_sibling$z <- "sibling z"
> env_sibling$f <- function() { "sibling f" }

# 子環境
> env_child$a <- "child b"
> env_child$x <- "child x"
> env_child$f <- function() { "child f" }

# 環境 env_current から参照可能か確認する
> variables <- c("a", "b", "x", "y", "z", "f")
> for (v in variables) {
+     cat(v, ":", exists(v, envir = env_current), fill = TRUE)
+ }
a : FALSE
b : TRUE
x : TRUE
y : TRUE
z : FALSE
f : TRUE
```

5-2-2 グローバル環境

普段我々がRのコードを利用する環境はグローバル環境 (*global environment*) と呼ばれる作業用の環境です。グローバル環境の祖先をたどると、読み込まれたパッケージなどの環境が存在します。グローバル環境の祖先環境にbaseパッケージやstatsパッケージが存在することで、これらの環境に定義された変数や関数が利用できるようになっています。

■search関数／find関数

現在の環境から空環境まで、定義された変数を探す順序のことをサーチパスと呼びます。サー

チパスはsearch関数で調べることができます。また、サーチパス上のどの環境に、変数が定義されているかを返すfind関数が存在します。

```
# 祖先環境をたどる
> search()
 [1] ".GlobalEnv"         "tools:rstudio"      "package:stats"
 [4] "package:graphics"   "package:grDevices"  "package:utils"
 [7] "package:datasets"   "package:methods"    "Autoloads"
[10] "package:base"
# 祖先環境のどこに plot 関数が定義されているか調べる
> find("plot")
[1] "package:graphics"
```

5-2-3 変数参照の規則

　変数参照を行う場合は、原則としてサーチパス上の現在の環境から最も近い環境に定義された変数を参照します。たとえば図5.1で変数bはサーチパス上のenv_currentおよびenv_parentに定義されています。現在の環境により近いのはenv_currentですので、env_currentから変数bを参照した場合は、env_parentに定義された変数bではなく、env_currentに定義されたbを参照することになります。

```
# 現在の環境の値が取得される
> get("b", envir = env_current)
[1] "current b"
```

■conflicts関数

　図5.1のようにサーチパス上に同じ名前の変数が複数定義されていることがあります。これが原因で、参照しているつもりの変数が別の環境に存在している変数を参照しているということが、環境の親子関係の順序によって起こり得ます。パッケージロード時にそのような警告が表示されますが、conflicts関数を呼び出すことで重複チェックを行うこともできます。

　次のコードではpiという変数をグローバル環境に定義したことにより、グローバル環境とbaseパッケージでpiという変数名が衝突していることを示しています。また、methodsパッケージとbaseパッケージ内にも変数名の衝突があることがわかります。

```
# 重複する変数を定義する
> pi <- 3

# 変数定義の重複を調べる
> conflicts(detail = TRUE)
$.GlobalEnv
[1] "pi"
```

Part 2 R言語仕様

```
$`package:methods`
[1] "body<-"    "kronecker"

$`package:base`
[1] "body<-"    "kronecker" "pi"
```

■変数参照の例外

　変数参照の例外は、関数呼び出しを行う場合です。サーチパス上に定義された変数を探索するという点では同じですが、関数でない変数はスキップされます。つまり、サーチパス上に呼び出された関数と同じ名前の関数でない変数が定義されていても、その変数は参照されません。

　たとえば図5.1において、変数fが現在の環境env_currentではベクトルとして、親環境env_parentでは関数として定義されているとします（P105のコードはそのようになっています）。単に変数fを参照した場合は、現在の環境env_currentに定義されているfを参照することになります。しかしf()のように関数呼び出しとして参照する場合は、サーチパス上から関数fを探すため、親環境env_parentに定義されているfを参照します。

```
# 関数呼び出しの場合
> checkFunction <- function() {
+     print(f())
+ }
# 関数呼び出しでない場合
> checkNotFunction <- function() {
+     print(f)
+ }

# 関数の評価環境を env_current に変更して確認する

# 関数呼び出しの場合
> environment(checkFunction) <- env_current
> checkFunction()
[1] "parent f"
# 関数呼び出しでない場合
> environment(checkNotFunction) <- env_current
> checkNotFunction()
[1] "current f"
```

■パッケージ環境内の変数へのアクセス

　パッケージには2つの環境があります。1つはサーチパス上に現れるパッケージ環境、もう1つは名前空間です。パッケージpkgのパッケージ環境はpackage:pkg、名前空間はnamespace:pkgという名前になります。パッケージ環境に定義された変数は、library関数によるライブラリをロードするとアクセスできる公開された変数です。一方名前空間に定義された変数は公開されず、パッケージ内からのみ参照されます。

　::演算子を用いることで、ライブラリをロードしなくてもパッケージ環境内の変数にアクセ

スできます。また、名前空間内の変数には`:::`演算子でアクセスできます。

```
# 公開されている関数にライブラリをロードせずにアクセスできる
> MASS::boxcox(Volume ~ log(Height) + log(Girth), data = trees)
# 公開されていない関数にアクセスできる
> graphics:::plot.data.frame(trees)
```

■パッケージの親環境

　パッケージ環境はサーチパスに利用されるため、親環境は別のパッケージのパッケージ環境になります。こうすることで、サーチパス上にロードしたライブラリで公開された変数が、グローバル環境から参照できるようになります。一方、名前空間の親環境は、パッケージが利用する外部パッケージの変数を参照するためのインポート環境です。パッケージpkgのインポート環境は、imports:pkgという名前です。名前空間のサーチパス上にこのインポート環境が存在することで、パッケージはパッケージ内で利用されている変数を参照できます。インポート環境の親環境はbase名前空間で、さらにその親環境はグローバル環境です。図5.2にパッケージの環境を表します。

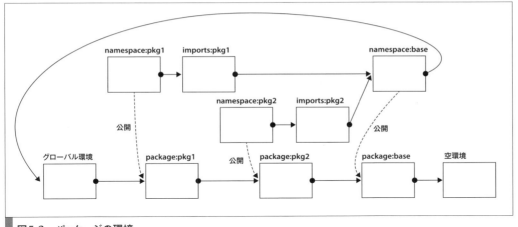

図5.2　パッケージの環境

　これらパッケージの環境については、普段Rを使う際には特に気にする必要はありませんが、パッケージを作成する場合は知っておいた方が良いでしょう。

5-2-4 関数における変数

　「**6章 関数**」で詳細を説明しますが、関数には、実行時に式を評価するための環境が存在します。その環境は、関数が定義された環境を親環境とします。関数における変数参照のルールは、この環境の親子関係を踏襲します。

たとえば、**図5.1**のenv_currentにおいて、関数fを定義したとします。関数を実行する際には、関数が定義された環境を親環境とする子環境（**図5.1**のenv_child）が作成されます。関数内においては、関数内で定義された変数は参照可能ですし、関数が定義された環境の変数も参照可能です。しかし、関数が定義された環境から、関数内で定義された変数は参照できません（親環境から子環境の変数は参照できない）。

5-3 定数

環境に定義された変数は、代入によって値を変更できます。しかし場合によっては値を変更したくない、あるいは変更できない方が都合が良い場合があります。値を変更できない変数を定数といいます。定数を利用することで、変数の値の上書きによる思わぬバグを防ぐことができます。

5-3-1 定数の定義

定義された変数の変更を防ぐ定数を作成するには、`lockBinding`関数を利用します。

■lockBinding関数

次のコードでは`lockBinding`関数を用いて定数"x"を定義しています。

```
# 環境を作成する
> e <- new.env(parent = emptyenv())

# 定数を定義する
> e$x <- 1
> lockBinding("x", e)

# 定数を変更しようとするとエラーになる
> e$x <- 2
Error in e$x <- 2:  'x' に対するロックされたバインディングの値は変更できません
```

■lockEnvironment関数

ロックされた変数でも、削除することはできます。変数を削除したり、新しい変数を定義したりすることを防ぐためには、`lockEnvironment`関数を利用します。

```
# 環境をロックする
> lockEnvironment(e)

# 環境内の変数を削除できない
> rm("x", envir = e)
Error in rm("x", envir = e):  ロックされた環境からはバインディングを取り除くことはできません
```

5-4 局所変数

局所的に変数を利用したいときに局所変数を定義します。

5-4-1 局所変数の定義

変数は環境に紐付けられるため、変数を定義すると、それを評価した環境にその変数が作成されます。一時的に利用される変数を作成したい場合は、現在の環境が親環境となる環境を作成し、その中で変数を定義します。しかし一時的に変数を定義する環境も変数に紐付ける必要があるため、余計な変数が残ってしまいます。これを解決するために、`local`関数を利用します。

■local関数

`local`関数は式を引数にとる関数です。引数で与えた式は現在の環境を親環境に持つ一時的な環境で評価されます。したがって引数で与えた式内で定義された変数は、`local`関数以降では参照できなくなるというしくみです。

```
> a <- 1
> b <- 1

# local 関数内で評価を行う
# 親環境の変数に対する代入は <<- を用いる (後述)
# <- を使うと local 環境内での変数定義になってしまうことに注意
> local({
+     tmp <- b
+     b <<- a + b
+     a <<- tmp
+ })
# local 関数内で評価された変数 tmp が存在しない
> exists("tmp")
[1] FALSE
```

■<<-演算子

`<<-`演算子は、`<-`演算子のように代入を行いますが、その影響範囲が異なります。`<-`演算子が、その代入処理が評価される環境における変数の代入を行うのに対し、`<<-`演算子は、現在の環境に代入先の変数が未定義の場合に、祖先環境（親、親の親、…、空環境）までさかのぼって代入対象の変数を探索します。もし祖先環境内に対象となる変数が定義されていた場合は、その変数に値を代入します。祖先環境内に対象となる変数が定義されていない場合は、現在の環境に新しく変数を作成します。

6章  関数

本章ではR言語の関数について解説します。関数は評価環境、パラメータ、本体の3つの構成要素からなります。順に説明していきます。

6-1 評価環境

すべての関数には、それぞれその関数を評価するための環境が存在します。関数を評価する環境は、関数を実行するごとに新しく生成されます。そのため、関数内で定義した変数が、次の関数の実行時に残存して評価結果に影響を及ぼすようなことはありません。また、関数を評価する環境の親環境(以下、関数の親環境と呼びます)は、その関数を定義する環境になります。次のコードでは関数の評価環境を確認しています。

```
# 関数の実行環境を出力する関数を定義する
> fun <- function() {
    # 関数を評価する環境を取得する
+   e <- environment()
    # 関数の評価環境を出力する
+   print(e)
    # 関数の評価環境の親環境を出力する
+   print(parent.env(e))
+ }
# 関数の評価環境を調べる
> fun()
<environment: 0x105059a00>
<environment: R_GlobalEnv>
# 関数の評価環境を調べる (直前の呼び出しと結果が変わる)
> fun()
<environment: 0x1050b27f0>
<environment: R_GlobalEnv>
```

6-1-1 親環境

関数の親環境が関数を定義した環境ということは、関数の親環境にある変数を関数内から参照できるということです。このように関数の引数以外の変数を参照する際に、関数を評価する環境だけにとどまらず、関数の親環境まで参照して変数を探索する関数をクロージャ(*closure*)と呼びます。これに対して演算子(ただし独自演算子形式を除く)や制御構文のように、評価環境が存

在しないビルトイン関数 (*built-in function*) やスペシャル関数 (*special function*) も存在します。関数がクロージャなのかそうでないのかは、利用する上では特に考慮する必要はありません。考慮する機会があるとすれば、他言語連携でRに定義された関数を独自に評価しようとするときくらいでしょう。

■environment関数

関数の親環境は`environment`関数で変更できます。次のコードは`fun`関数の親環境を、base環境を親環境とする新しい環境に変更しています。

```
# 関数の親環境を変更する
> e <- new.env(parent = baseenv())
> environment(fun) <- e

# 関数の評価環境を調べる
> print(e)
<environment: 0x102212790>
> fun()
<environment: 0x105b3ace8>
<environment: 0x102212790>
```

6-2 パラメータ

関数のパラメータは、評価環境でのみ利用できる変数です。パラメータの基本的な利用方法や評価環境についてはすでに前章までで説明しているため、ここではより詳細なトピックについて解説します。

6-2-1 パラメータ名のマッチング

関数のパラメータ名は先頭部分マッチです。長い名前のパラメータに対して、その先頭数文字にマッチする引数が存在するかのように呼び出すことができます。次の具体例を見るとわかりやすいでしょう。

```
# 長いパラメータ名の関数を定義する
> fun <- function(long_long_parameter_name) {
+     long_long_parameter_name
+ }
# 先頭が一致するので妥当なパラメータ名となる
> fun(long = 3)
[1] 3
```

R言語仕様

6-2-2 遅延評価

関数に与えた引数は関数本体内で遅延評価されます。すなわち、最初に引数が必要になったときに評価されます。

```
> fun <- function(x, y = x + 1) {
    # xの初期値を確認する
+     print(x)
+     x <- 2
    # xを変更してからyを評価する
+     print(y)
+ }
> fun(5)
[1] 5
[1] 3
```

遅延評価を防いでパラメータの評価をその場で行いたい場合は、force関数を用いるか、x <- xのような自分自身への代入処理を行います。

```
> fun <- function(x, y = x + 1) {
    # 遅延評価を行わないためにここでyの評価を行う
+     force(y)
    # xの初期値を確認する
+     print(x)
+     x <- 2
    # yはすでに評価されているのでxの変更の影響を受けない
+     print(y)
+ }
> fun(5)
[1] 5
[1] 6
```

6-2-3 値渡し

Rにおける関数のパラメータは、値渡し(*pass-by-value*)です。関数内でのパラメータに対する変更は、呼び出し元の変数に影響を及ぼしません。

```
> x <- 1
+ fun <- function(x) {
    # xを変更する
+     x <- 2
+ }
```

```
# xは変更されない
> fun(x)
x
[1] 1
```

変数が変更されるタイミングで、値がコピーされます（*copy-on-modify*：変更時コピー）。このしくみにより、巨大なオブジェクトを関数の引数に与えたとしても、変数を変更しない限りコピー処理されません。パラメータは値渡しですが、環境オブジェクトのみ例外的に参照渡し（*pass-by-reference*）です。すなわち、環境オブジェクトの関数内でのパラメータに対する変更は、呼び出し元のオブジェクトに影響を及ぼします。

```
> e <- new.env()
> fun <- function(env) {
+     env$x <- 1
+ }

# eは変更される
> fun(e)
> ls(envir = e)
[1] "x"
```

6-2-4 ...（ドットドットドットオブジェクト）

関数の特別なパラメータにドットドットドットオブジェクト（`...`）があります。ドットドットドットオブジェクトを利用すると、任意のパラメータを受け取ることができます。

```
# 通常の関数は存在しないパラメータを渡されるとエラーになる
> fun <- function(x) x
> fun(x = 1, y = 2, z = 3)
Error in fun(x = 1, y = 2, z = 3):  使われていない引数 (y = 2, z = 3)
# ドットドットドットオブジェクトをパラメータに指定すると、任意のパラメータを受け取れる
> fun <- function(x, ...) x
> fun(x = 1, y = 2, z = 3)
[1] 1
```

ドットドットドットオブジェクトは特別なリストです。関数本体で利用するには`list`関数で普通のリストに変換するか、または、`..1`、`..2`のようなドット2つに数字が連なる形式の変数で、指定した数字のインデックスにある値を取得できます。

```
> fun <- function(x, ...) {
+     # 要素をリストに変換する
+     args <- list(...)
+     print(args)
```

```
+     # ドットドットドットの2番目の要素を出力する
+     print(..2)
+     # 結果を返さない
+     invisible()
+ }
> fun(x = 1, y = 2, z = 3)
$y
[1] 2

$z
[1] 3

[1] 3
```

ドットドットドットをリストに変換せずに、そのまま別の関数に渡すことができます。これによって、一部の処理を別の関数に委譲したい場合に、委譲先の関数のパラメータを委譲元の関数のパラメータとして指定することが容易になります。

```
# 委譲先の関数を定義する
> delegatee <- function(x, y) {
+     x + y
+ }
# 委譲元の関数を定義する
> delegator <- function(a, b, ...) {
+     z <- delegatee(...)
+     (a + b) * z
+ }
# ドットドットドットパラメータに委譲先の関数のパラメータを渡す
> delegator(1, 2, x = 3, y = 4)
[1] 21
```

前述のとおり、パラメータの名前は部分マッチです。ドットドットドットよりも存在するパラメータに対する部分マッチが優先されます。

```
> delegatee <- function(abc) {
+     abc
+ }
> delegator <- function(abcxyz, ...) {
+     delegatee(...)
+ }
# abcがabcxyzに部分マッチするのでdelegateeの引数は渡らない
> delegator(abc = 3)
Error in delegatee(...):  引数 "abc" がありませんし, 省略時既定値もありません
```

6-2-5 パラメータの操作

Rではパラメータに関する情報を扱うことも容易にできます。ここではパラメータの操作に関する関数を紹介します。

■formals関数

formals関数でパラメータのリストを取得できます。

```
# 関数を定義する
> fun <- function(x, y = 2) {
+     x + y
+ }

# 関数のパラメータリストを取得する
> formals(fun)
$x


$y
[1] 2
```

formals関数はパラメータリストの置換もできます。通常のリストは要素の値が存在しない状態を作ることができないので、要素の値が存在しないリストを作成できるalist関数を利用します。

```
# 関数のパラメータリストを置換する
> formals(fun) <- alist(x = 3, y =)
> fun
function (x = 3, y)
{
    x + y
}
```

■missing関数

missing関数を利用すると、関数呼び出し時に明示的にパラメータを与えたかどうかを確認できます。

```
> fun <- function(x = 1) {
+     if (missing(x)) {
+         cat("引数 x が与えられませんでした。", fill = TRUE)
+     } else {
+         print(x)
+     }
+ }
```

```
# 引数あり
> fun(1)
[1] 1
# 引数なし
> fun()
引数 x が与えられませんでした。
```

■match.arg関数

match.arg関数を利用すると、パラメータとして妥当な値を渡されたかどうかを確認できます。パラメータargに与えた値が、パラメータchoicesで指定したベクトルにマッチする場合、マッチした要素を返します。このときパラメータargはパラメータchoicesに部分マッチすればよく、完全マッチしなくとも、選択された要素を返します。

```
> match.arg("x", c("abc", "xyz"))
[1] "xyz"
```

2番目のパラメータchoicesを省略した場合、呼び出し元のパラメータのデフォルト値が採用されます。典型的には、パラメータのデフォルト値にベクトルを与え、関数本体でmatch.argsを呼び出し、その結果をswitch関数に与えるような使い方になります。

```
> signal <- function(color = c("red", "yellow", "blue")) {
+     color <- match.arg(color)
+     switch(color, "red" = "停止", "yellow" = "注意", "blue" = "進行")
+ }
> signal("red")
[1] "停止"
> signal("white")
Error in match.arg(color):  'arg' は "red", "yellow", "blue" の1つでなければなりません：
```

6-3 本体

関数の本体は、関数の処理内容を記述するパートです。本体の評価環境は実行ごとに異なるということは前述のとおりです。

6-3-1 本体の操作

関数の本体の内容を取得したり、変更できます。

■body関数

本体の内容はbody関数を利用して取得・変更できます。

```
# 関数を普通に定義する
> fun <- function(x, y) {
+     x + y
+ }
> fun(3, 4)
[1] 7
# 関数の本体を差し替える
> body(fun) <- expression({
+     z <- x + y
+     z * z
+ })
> fun(3, 4)
[1] 49
```

6-4 メソッドディスパッチ

メソッドディスパッチは、オブジェクトの情報からそのオブジェクトがどの関数に渡されるかを決めるしくみです。S3クラスやS4クラスでは、メソッドディスパッチのしくみを使って、定義された複数の関数から適切な関数を選択して、その関数を実行します。

6-4-1 S3クラス

S3クラスのメソッドディスパッチは、名前ベースで関数探索を行います。S3クラスのジェネリック関数として定義するには、UseMethod関数を利用します。

■UseMethod関数

各クラスに対するメソッドは、ジェネリック関数の後ろに.(ドット)+クラス名とつなげます。たとえばfunジェネリック関数に対して、abcクラスのメソッドはfun.abcという名前の関数です。

```
# ジェネリック関数を定義する
> fun <- function(x, ...) {
+     UseMethod("fun")
+ }
# abcクラスメソッドを定義する
> fun.abc <- function(x, y) {
+     x + y
+ }
```

R言語仕様

S3クラスのオブジェクトをジェネリック関数に与えると、クラスメソッドを探索します。オブジェクトが複数のクラスを継承している場合は、各クラスのメソッドを探索し、最初にマッチしたメソッドを採用します。オブジェクトのクラスにマッチするメソッドが存在しない場合は、**fun.default**のように**.default**で終わる名前のデフォルト関数を採用します。デフォルト関数が存在しない場合はエラーになります。

```
> x <- 1

# fun.abcが呼ばれる
> class(x) <- "abc"
> fun(x, 2)
[1] 3
> attr(,"class")
[1] "abc"
# xyzに対するメソッドが存在しないためエラーとなる
> class(x) <- "xyz"
> fun(x, 2)
Error in UseMethod("fun"):  'fun' をクラス "xyz" のオブジェクトに適用できるようなメソッドがありません
# デフォルト関数を定義するとそれが呼ばれる
> fun.default <- function(x, y) {
+     x - y
+ }
> fun(x, 2)
[1] -1
> attr(,"class")
[1] "xyz"
```

6-4-2 S4クラス

S4クラスのメソッドディスパッチは、シグネチャベースで関数探索を行います。S3クラスのジェネリック関数として定義するには、`setGeneric`関数によるメソッド定義で、`standardGeneric`関数を呼び出します。

■setGeneric関数／standardGeneric関数

次のコードではクラスXおよび、Xを継承するクラスY、クラスZ、さらにクラスZを継承するクラスWを定義しています。クラスの継承関係によって、どのクラスに定義された関数がどのクラスから呼び出し可能であるかを確認します。

```
> setClass("X")
> setClass("Y", contains = "X")
> setClass("Z", contains = "X")
> setClass("W", contains = "Z")
```

```
> setGeneric("fun", function(x1, x2) standardGeneric("fun"))
[1] "fun"
> setMethod("fun", signature("Y", "Y"), function(x1, x2) "Y/Y")
[1] "fun"
> setMethod("fun", signature("Y", "Z"), function(x1, x2) "Y/Z")
[1] "fun"
# メソッドディスパッチにより最も近い関数が呼ばれる
> fun(new("Y"), new("Z"))
[1] "Y/Z"
# WはZを継承しているので Y/Z にマッチする
> fun(new("Y"), new("W"))
[1] "Y/Z"
# WはYを継承していないのでマッチする関数がない
> fun(new("W"), new("Z"))
Error in (function (classes, fdef, mtable) : unable to find an inherited method for
function 'fun' for signature '"W", "Z"'
```

6-5 特別な関数

ここでは特別な関数について解説します。

6-5-1 演算子

`+`や`%in%`などの演算子は、実は関数です。実際これらの演算子に`` ` ``（バッククォート）を付けて識別子にすると、通常の関数呼び出しの形式で利用できます。

```
# 演算子を関数呼び出し形式で利用する
> `+`(3, 4)
[1] 7
```

「**5章 変数**」で少し触れましたが、`%xyz%`形式（xyzは任意の文字列）の独自演算子を定義できます。独自演算子は2つのパラメータの関数を代入することで定義できます。

演算子が関数であることを理解すると、ほかの演算子も同様の形式で定義できるのではないかと予想できます。実際にほかの演算子も独自定義ができます。

```
# *を行列に対して行うと成分ごとの積になる
> m <- matrix(1:4, 2, 2)
> m * m
     [,1] [,2]
[1,]    1    9
[2,]    4   16
```

R言語仕様

```
# *を%*%で置き換える
> `*` <- `%*%`
> m * m
     [,1] [,2]
[1,]    7   15
[2,]   10   22
```

要素同士の積を計算する*を、行列積を計算する%*%に置き換えることによって、*で行列積が計算できるようになりました。

演算子は変数のサーチパスの枠組みと同じく、サーチパス上の評価環境から最も近い環境に存在するものが呼び出されます。つまり独自に演算子を定義することと普通の関数を定義することに違いはありません。呼び出し方が演算形式に記述できるようになるだけです。

6-5-2 制御構文

制御構文も関数です。たとえば次は等価です。

```
> i <- 0
+ while (i < 3) {
+     print(i)
+     i <- i + 1
+ }
[1] 0
[1] 1
[1] 2
```

```
> i <- 0
+ `while`(i < 3, {
+     print(i)
+     i <- i + 1
+ })
[1] 0
[1] 1
[1] 2
```

制御構文形式で定義する場合は、それに続く評価式が必要ですが、関数形式で呼び出す場合は必ずしも評価式は必要ありません。というのは関数形式で呼び出す場合は、パラメータを省略するとデフォルト値が設定されるためです。

6-5-3 インデックスアクセス

配列のインデックスアクセスも関数呼び出しです。インデックスアクセス関数は`[`や`[[`という名前です。

```
# インデックスアクセスを関数呼び出し形式で行う
> `[`(LETTERS, 4:6)
[1] "D" "E" "F"
```

6-5-4 括弧

インデックスアクセスと同様に、`(`や`{`も関数として評価・定義できます。

```
# 括弧({)を関数として評価する
> `{`(print(10), print(20))
[1] 10
[1] 20
# 括弧(()を関数として定義する
> `(` <- function(x) { 2 * x }
> (3)
     [,1]
[1,]    6
# あとで括弧が使えなくて困らないように削除しておく
> rm(`(`)
```

6-5-5 置換関数

置換関数（*replacement function*）は、`<-`演算子とともに呼び出される関数です。names関数のように、左辺を関数呼び出し形式にし、右辺に新しい値を定義することで、左辺の関数の結果を置き換えるかのように見せることができます。

```
> df <- data.frame(X = 1:3, Y = 4:6)
> names(df)
[1] "X" "Y"
# 列名を置き換える
> names(df) <- c("A", "B")
> names(df)
[1] "A" "B"
```

置換関数の定義は、xyz<-という名前の関数を作成することで定義できます。置換関数xyz<-に対応するxyzを参照するための関数も同時に定義すると良いでしょう。

R言語仕様

```
# 属性abcを取得する
> abc <- function(x) {
+     attr(x, "abc")
+ }
# 属性abcを置換する
> `abc<-` <- function(x, value) {
+     attr(x, "abc") <- value
+ }

# 置換関数を利用する
> x <- 1:3
> abc(x) <- "foo"
> abc(x)
NULL
```

　演算子が関数ですので、演算子形式の置換関数も定義できます。たとえば$(ドル演算子)でリストの要素を置換できます。

```
> v <- list(X = 1, Y = 2)

# ドル演算子で置換する
> v$X <- 3
> v
$X
[1] 3

$Y
[1] 2
```

Part 3

データ処理

目的とするデータ分析を進めるにはデータの扱い方を身に付ける必要があります。データの入出力、データハンドリングのためのパッケージについて解説します。

7章 データ入出力

データ入出力なくしてデータ分析は語れません。本章ではRにおけるファイルやデータベースからのデータ読み込み、ファイルなどの形式で書き出す方法について説明します。

7-1 Rにおけるデータ入出力

Rにおけるデータ入出力はコネクションを通して実行します。

7-1-1 コネクション

コネクションとは『Rの基礎とプログラミング技法』[注1]によると、「ファイルや入出力機器、あるいはネットワーク上のデータにアクセスする方法」を指します。

たとえば次のようにgzファイルにテキストを出力する場合を考えてみましょう。

```
> con <- file("ex.gz", "w")
> cat("TITLE,extra,line", "2,3,5", "11,13,17", file = "ex2.data", sep = "\n")
> close(con)
```

この例では`file`関数を用いて確立したコネクションを`con`オブジェクトに格納し、それを`cat`関数に渡すことで出力しています。`file`関数は第1引数である`description`引数にファイルパスまたはURLを指定し、第2引数である`open`引数にコネクションのオープンモードを指定することでコネクションを確立します。`cat`関数はベクトルを表示する関数です。渡したベクトルを、`file`引数に指定したコネクションに対して出力します。この際、`sep`引数に指定した文字列を区切り文字（セパレータ）として用います。`file`引数に何もコネクションを指定しない場合はコンソール上に渡したベクトルが表示されます。

特殊なケースを除いて、ユーザはコネクションを意識する必要はありません。Rではコネクションの構築とそこからの入出力といった一連の流れをラップしたラッパー関数が提供されているからです。次の例では`file`引数に直接ファイルパスを与えることでコネクションの明示的な確立を省略して出力しています。

```
> cat("TITLE,extra,line", "2,3,5", "11,13,17", file = "ex2.data", sep = "\n")
```

(注1) Rの基礎とプログラミング技法／U.リゲス 著、石田 基広 訳／丸善出版／2012年／ISBN978-4621061312

■組み込み関数と外部パッケージ

データ入出力関数の多くはRの組み込み関数で提供されていますが、データベースに対する入出力関数などは外部パッケージにより提供されています。次節からはデータ入出力の具体例を提示し、対応するパッケージの紹介を交えて解説していきます。

7-2 テキストファイルの入出力

これまで、テキストファイルの入出力は`read.table`関数、`write.table`関数を中心とした組み込み関数を使うのが主流でした。しかし、ここ2、3年で、組み込み関数よりはるかに速く使い勝手の良いパッケージが開発されてきました。ここではテキストファイルの入出力を行うための外部パッケージと組み込み関数について解説します。

7-2-1 外部パッケージによるテキストファイル入出力

テキストの入出力を行う代表的なものとして data.table パッケージの fread 関数、readr パッケージの入出力関数群があります。

■fread関数／readr関数

速度面で最速なのは fread 関数です。大きなファイルを速く処理したい場合は fread 関数を使うと良いでしょう。readr パッケージの関数群は速度面では fread 関数に劣るものの、固定長ファイルやログフォーマットファイルにも対応しているという柔軟性があります。

fread 関数および readr パッケージの入力関数群によるテキストファイルの読み込み例を次に示します。なお、fread 関数で読み込んだ結果を `data.table` ではなく `data.frame` として返したいときは `data.table=FALSE` と指定します。

```
# data.tableパッケージのインストール
> install.packages("data.table", quiet = TRUE)

# data.tableのfread関数
> library(data.table)
> df <- fread("hoge.csv", data.table=FALSE)

# readrパッケージのインストール
> install.packages("readr", quiet = TRUE)

# readrの入力関数群
> library(readr)
> df <- read_csv("hoge.csv") # カンマ区切りテキストの入力
> df <- read_tsv("hoge.txt") # タブ区切りテキストの入力
```

組み込み関数のread.table関数は、デフォルトで文字列を因子型に変換するようになっており、因子型への変換を無効にするにはas.is=TRUEもしくはstringsAsFactors=FALSEと設定する必要がありました。readrパッケージの入力関数群および、fread関数の例ではデフォルトで因子型への変換が無効になっているため、そのような指定が必要ありません。

また、readrパッケージはテキストファイルの出力関数群も用意しています。入力関数群と同様、出力関数群も組み込み関数より高速です。デフォルトでは組み込み関数は行名を出力する仕様ですが、readrパッケージの出力関数群は行名を出力しない仕様となっています。

```
> library(readr)
> write_csv(iris, "hoge.csv") # カンマ区切りテキストへの出力
> write_tsv(iris, "hoge.txt") # タブ区切りテキストへの出力
```

7-2-2 組み込み関数によるテキストファイルの入出力

次は外部パッケージを使わない組み込み関数によるテキストファイルの入出力の例です。

```
# データの入力
> df <- read.csv("input.csv") # カンマ区切りテキストの入力
> df <- read.delim("input.txt") # タブ区切りテキストの入力

# データの出力
# カンマ区切りテキストの場合、sep引数にカンマを指定
> write.table(iris, "hoge.csv", sep=",")
# カンマ区切りテキストはwrite.table関数のラッパーであるwrite.csv関数でも読み込めるwrite.
csv(iris, "hoge.csv")
# タブ区切りテキストはsep引数にタブ記号\tを指定
> write.table(iris, "hoge.txt", sep="\t")
```

ここではカンマ区切りテキストの"input.csv"というファイルおよびタブ区切りテキストの"input.txt"を読み込む、またはirisデータを"hoge.csv"および"hoge.txt"として出力しています。

7-2-3 テキストファイルの文字コードについて

日本語を含むデータを扱う場合には文字コードに注意する必要があります。たとえばWindowsの文字コードはCP932（Shift-JISのマイクロソフト拡張）、Macの文字コードはUTF-8ですので、Windowsで作られたファイルを読み込む場合、文字コードを指定しないと次のようなエラーが出力されます。

```
# WindowsのMicrosoft Excelで作ったcsvファイルをMacで読み込んだ場合
> df <- read.csv("test.csv")
# 下記のようなエラーメッセージが出力される
# make.names(col.names, unique = TRUE) でエラー：
#   '<95><b6><8e><9a><97><f1>' に不正なマルチバイト文字があります
```

次のように文字コードを指定すると解決できます。

```
> df <- read.csv("hoge.csv", fileEncoding = "CP932")
> library(readr)
> df <- read_csv("hoge.csv", locale=locale(encoding="CP932")))
```

ここではreadrパッケージの**read_csv**関数での文字コード指定についてもあわせて示しています。なおdata.tableパッケージの**fread**関数も**encoding**引数に文字コードを指定できますが、指定可能なのは**UTF-8**と**Latin-1**のみです。

文字コードのエラーは自治体のオープンデータを分析するときに遭遇することが多いので注意してください。Rの組み込み関数を用いている際は文字コードを指定するだけで解決することがほとんどです。データの入出力に限らず日本語を含むデータに対する処理でエラーが出るときは、文字コード周りの問題を疑ってみることをお勧めします。また、外部パッケージを使っていて文字コードに関するバグなどを見つけたら、開発者への報告を強くお勧めします。多くの開発者は英語圏であり文字コード周りについて意識していないことがほとんどです。非英語圏からの報告で初めて問題を認識します。後進のためにもバグを踏んだらまめに報告していきましょう。

7-3 Microsoft Excelファイルの入出力

分析を行う上でMicrosoft Excelファイルに対する入出力を行うことは多いでしょう。もっとも簡単な対処法はExcelファイルを一旦csvテキストファイルで出力し、それを**read.csv**関数などで読み込むことです。

7-3-1 Excelファイルの入出力

最近はExcelファイルのまま入出力を扱えるXLConnectパッケージもよく使われています。このパッケージを使う際はJavaをインストールしておく必要があります。次の例はXLConnectパッケージによるExcelファイルの入出力です。

```
# XLConnectパッケージのインストール
> install.packages("XLConnect", quiet = TRUE)

> library(XLConnect)
# sample.xlsxファイルを読み込む
> wb1 <- loadWorkbook("sample.xlsx")
# ファイルを新規作成して出力
# hoge.xlsxファイルを新規作成
> wb2 <- loadWorkbook("hoge.xlsx",create = TRUE)
# irisdataという名前のシートにirisデータを出力
```

Part 3 データ処理

```
> wb2["irisdata"] <- iris
# 保存
> saveWorkbook(wb2)
```

同様の入出力が可能なパッケージにopenxlsxパッケージがあります。これはExcelファイルのうち現行のxlsxのみの対応ですが、Javaを必要としません。次の例は、openxlsxパッケージによるExcelファイルの入出力です。

```
# openxlsxパッケージのインストール
> install.packages("openxlsx", quiet = TRUE)

> library(openxlsx)
# sample.xlsxの1番目のシートを読み込む
> wb <- read.xlsx("sample.xlsx", sheet=1)
# irisデータを出力
> write.xlsx(iris, "iris.xlsx")
```

7-3-2 Excelファイルの入力に特化したパッケージ

Excelファイルの入力に特化したreadxlパッケージもあります。readxlパッケージはJavaのインストールが不要であり、xlsファイルも読み込めるので、入力のみに限定するのであればこちらの方が使い勝手が良いかもしれません。次の例はreadxlパッケージによるExcelファイルの読み込みです。Excelファイルの全シートを読み込む際にlapplyを用いています。そのためデータフレームで構成されたリストが返ってくることに注意してください。

```
# readxlパッケージのインストール
> install.packages("readxl", quiet = TRUE)

> library(readxl)
# sample.xlsxの1番目のシートを読み込む
> result <- read_excel("sample.xlsx", sheet=1)
# 全シートを読み込む。結果はリストで返ることに注意。
> results <- lapply(excel_sheets("sample.xlsx"), read_excel, path="sample.xlsx")
```

7-4 SAS／SPSS／STATAから出力されたファイルの読み込み

SAS、SPSS、STATAなど使い慣れた統計ソフトがあり、これらで前処理をしてからRにしかない統計関係のパッケージで分析したい場合もあるかもしれません。その場合はhavenパッケージを用いてデータを読み込みます。

```
# havenパッケージのインストール
> install.packages("haven", quiet = TRUE)

> library(haven)
> df_sas <- read_sas("sample.sas7bdat")
> df_spss <- read_spss("sample.sav")
> df_stata <- read_stata("sample.dta")
```

かつてはSAS、SPSS、STATAのような統計ソフトから出力されたデータを読み込む場合にはforeignパッケージを用いるのが定石でした。ですが、読み込み速度が遅い、過去のバージョンにしか対応していないといった難点がありました。havenパッケージはそういった難点を克服しているのが特徴です。

7-5 データベースの入出力

データベースにおける入出力はDBIパッケージをベースにした各データベース専用のパッケージが開発されています。ここではMySQL、PostgreSQLについて対応パッケージを用いた例を紹介します。

7-5-1 MySQL

MySQLの場合、RMySQLパッケージを用います。次はMySQLに対する入出力の例です。

```
# RMySQLパッケージのインストール
> install.packages("RMySQL", quiet = TRUE)

> library(RMySQL)
# testという名前のデータベースに接続
> con <- dbConnect(RMySQL::MySQL(), dbname = "test")
# テーブルの一覧を取得
> dbListTables(con)
# mtcarsデータをmtcarsという名前でテーブルを出力
> dbWriteTable(con, "mtcars", mtcars)
# mtcarsのフィールド名一覧を取得
> dbListFields(con, "mtcars")
# mtcarsテーブルをデータフレームで取得
> res1 <- dbReadTable(con, "mtcars")
# SQLクエリで結果を取得
> res2 <- dbSendQuery(con, "SELECT * FROM mtcars WHERE cyl = 4")
# 接続を閉じる
> dbDisconnect(con)
```

7-5-2 PostgreSQL

PostgreSQLの場合はRPostgreSQLパッケージを用います。RMySQLと同様にDBIパッケージをベースにした共通文法になっているので、**dbConnect**関数による接続を除いて同一名の関数で操作が可能です。次はPostgreSQLに対する入出力の例です。

```
# RPostgreSQLパッケージのインストール
> install.packages("RPostgreSQL", quiet = TRUE)

> library(RPostgreSQL)
# testという名前のデータベースに接続
> con <- dbConnect(RPostgreSQL::PostgreSQL(), dbname = "test")
# 接続以外はMySQLの場合と同じ
```

なお、最近はHadoopなどの大規模データ処理基盤とRをつないで分析することも増えてきました。この解説については「**22章 パッケージによる大規模データ対応・高速化**」で扱います。

7-6 標準入出力

標準入出力とはプログラムへの入力およびプログラムからの出力を指します。Rで標準入出力を用いるのはコマンドライン上でRスクリプトを実行する場面が考えられるでしょう。なお、標準入出力については、「**23-5 コマンドラインの利用**」も参照してください。

■コマンドラインからのスクリプト実行例

Rにおける標準入出力の例を次に示します。ここでは、Rscript sample.Rのようにコマンドラインからスクリプトとして実行することを想定しています。

```
> f <- file("long.txt", "r") # 標準入力を受け取る場合はfile("stdin")
> output <- file("output.txt", "w")
> while ({line <- readLines(f, n=1, warn=FALSE)
+         length(line) != 0}) {
+   line <- sprintf("line %s", line) # 各行に文字列処理を実施
+   write(line, file=output, sep="\n") # file=stdout()
+ }
```

long.txt内のデータを1行ずつ読み込み、処理したあとにoutput.txtに出力しています。ここでファイル名の代わりに"stdin"を指定すると、標準入力を受け取れます。また、**cat**関数の**file**引数に**stdout()**を指定することで、標準出力に出力できます。

■system関数

system関数を用いてシェルスクリプトを実行し、その結果を受け取ることができます。system関数で実行した結果をそのままコンソールに表示したい場合は intern=FALSE と指定します。

```
> res <- system("cat sample.csv", intern=TRUE)
```

なお、前述したdata.tableパッケージのfread関数は内部でsystem関数を用いているため、シェルスクリプトの結果を読み込ませることができます。次の例はzipファイルをunzipコマンドで解凍した結果をfread関数に読み込んでいます。

```
> fread("unzip -p iris.zip")
```

また外部ファイルを一旦コピーしてクリップボードから読み込みたい場合は次のようにします。

```
> read.delim("clipboard") # Windowsの場合
> read.delim(pipe("pbpaste")) # Macの場合
```

OSによって方法が異なるので注意してください。なお、cliprパッケージのread_clip関数はOSによらずクリップボードの内容を読み込めます。詳しくはread_clip関数のヘルプを参照してください。

7-7 Webデータの取得

Webデータの取得は、HTMLなどで書かれたWebページデータの取得とWeb APIを介したデータの取得の2つに大きく分けられます。本節ではWebデータの取得方法を紹介します。

7-7-1 XMLパッケージによるデータの取得

Webに関するデータを扱う上で、XML/HTMLの知識は必須でしょう。XML/HTMLデータを扱うためにXMLパッケージが開発されています。次のようにしてXMLパッケージを用いて第50回TokyoR参加申込ページから3つ目の発表一覧を取得しています。

```
# XMLパッケージのインストール
> install.packages("XML", quiet = TRUE)

> library(XML)
# Webページをパース
```

Part 3 データ処理

```
> trg <- htmlParse(readLines("https://atnd.org/events/69347"))
# XPathでtableを指定してtableタグ以下のデータを取得
> tmp <- getNodeSet(trg, "//table")
# 3つ目の発表一覧を取得
> readHTMLTable(tmp[[3]])
```

7-7-2 rvestパッケージによるWebスクレイピング

最近はrvestパッケージというWebスクレイピングに特化したパッケージも開発されています。次はrvestパッケージを用いて前項と同様の結果を得る例です。

```
# rvestパッケージのインストール
> install.packages("rvest", quiet = TRUE)

> library(rvest)
# Webページをパース
> trg <- read_html("https://atnd.org/events/69347")
# tableタグ以下のデータを取得
> tables <- html_table(trg)
# 3つ目の発表一覧を取得
> tables[[3]]
```

7-7-3 Web APIを介したデータ取得

前述のようなWebスクレイピングのほかにRからWeb APIを介してWebサービスを利用することもできます。そのようなWebサービスの1つとしてFACE++を紹介します。FACE++は写真から人間の顔検出を行い、同時に性別・年齢の判定した結果を返すWebサービスです。利用にあたっては次のURLから利用者登録することで取得できるAPIシークレットとAPIキーが必要です。

URL http://www.faceplusplus.com/

取得したAPIシークレットとAPIキーを用いて、さっそくFACE++をRから利用してみましょう。RからWeb APIを利用する際にはhttrパッケージを用いるのが便利です。次はhttrパッケージを使ったFACE++の利用の流れです。

```
# httrパッケージのインストール
> install.packages("httr", quiet = TRUE)

> library(httr)
> file <- "yourimage.png"
```

```
> secret <- "利用者登録で得られたAPIシークレット"
> key <- "利用者登録で得られたAPIキー"
# APIキーとAPIシークレットをFACE++のWeb API用URLと結合する
> u <- sprintf("https://apius.faceplusplus.com/v2/detection/detect?api_secret=%s&api_key
=%s&attribute=glass,pose,gender,age,race,smiling",
+              secret, key
+              )
# FACE++にPOSTメソッドを使って写真を送ることで判定結果を得る
> res <- POST(u, body=list(img=httr::upload_file(file)))
# FACE++から得られた結果からテキストデータとして判定結果データのみを抽出
> res <- content(res, as="text")
```

POSTして得られた結果には今回欲しい年齢判定結果などのデータ以外にHTTPステータスなどのデータも含まれています。年齢判定結果データのみを抽出するために content 関数を用いています。このとき as="text" を指定することで文字列の形で抽出しています。また、ここでは指定していませんが、type 引数に MIME タイプを指定することで、たとえば "text/csv" には read.csv 関数など、読み込み関数を自動的に選択してくれます。詳しくはhttr パッケージの content 関数のヘルプを参照してください。

さて、FACE++による判定結果はJSON形式で得られます。FACE++に限らずWeb APIから取得したデータはJSON形式で得られることが多いです。JSONを扱う際によく使われているパッケージとしてはrjsonパッケージ、RJSONIOパッケージ、jsonliteパッケージがあります。jsonliteパッケージが最も後発のパッケージで使いやすいため、今回はjsonliteパッケージを用います。

次の例では、先ほど得られた結果にjsonliteパッケージの fromJSON 関数を適用しています。ここで flatten = TRUE と指定することで2段以上の入れ子になっているJSONの構造を1段にまとめていることに注意してください。

```
# jsonliteパッケージのインストール
> install.packages("jsonlite", quiet = TRUE)

> library(jsonlite)
> res <- fromJSON(res, flatten = TRUE)
```

7-8 ストリームデータの取得

本章の冒頭に述べたコネクションをうまく使えば、ストリームデータをソケット接続を通して取得することもできます。

■socketConnection 関数

次の例では socketConnection 関数を用いてソケット接続を確立した上で readLines でデータを

読み込んでいます。続いてtextConnectionを用いてテキストデータとして扱えるように装ってread.csvで読み込んでいます。

```
> sock <- socketConnection("cransim.rstudio.com", 6789, blocking = FALSE, open = "r")
> newLines <- readLines(sock)
> prototype <- data.frame(date = character(), time = character(),
+                         size = numeric(), r_version = character(), r_arch = character(),
+                         r_os = character(), package = character(), version = character(),
+                         country = character(), ip_id = character())
> newData <- read.csv(textConnection(newLines), header=FALSE, stringsAsFactors=FALSE,
+                     col.names = names(prototype)
+ )
> close(sock)
```

7-9 RDSファイルを介したオブジェクトの入出力

これまで述べてきた入出力は原則としてデータフレームを対象オブジェクトとしています。データフレーム以外によく使われるデータ構造としてベクトルやリストがありますが、これらはシリアライズして入出力できます。シリアライズしたオブジェクトはRDSファイルというRの独自フォーマットで保存されます。

```
> res_list <- list(a=1:5, b=2:6)
> saveRDS(res_list, "res_list.rds")
> readRDS("res_list.rds")
```

7-10 そのほかの入出力関数とパッケージ

Rにはほかにも次のようなデータに対応した入出力関数・パッケージがあります。なお、時系列データについては「**15章 時系列解析**」で解説します。

- バイナリデータ:readBin、writeBin
- 画像データ:EBImageパッケージ、imagerパッケージ
- 時系列データ:xtsパッケージ、zooパッケージ

8章 データハンドリング

Rにおけるデータハンドリングもdplyrやdata.tableといった便利なパッケージの登場により様変わりしました。本章ではこれらのパッケージを用いたデータハンドリングについて解説します。

8-1 Rにおけるデータハンドリングについて

　高度な統計・データマイニング手法を利用する際、データに何らかの前処理を施すことがほとんどです。かつてはRによる前処理は時間がかかったり、基本関数の記法が統一されていなかったりするなど不便な点も多く、前処理に関してはほかのプログラミング言語やMicrosoft Excelのような使い慣れたツールで行うユーザも多かったように思います。しかし、近年は前処理において便利で高速なパッケージが提供されるようになってきました。代表的なパッケージとしてHadley Wickham氏をはじめとするRStudio社が提供するdplyr／tidyrパッケージと、H2O.ai社のMatt Dowle氏が開発しているdata.tableパッケージが挙げられます。両パッケージ群ともに性能・記法ともに難のあったRの基本関数の欠点を補うような形で開発されており、Rにおけるデータハンドリングの主流はこれらのパッケージに移っています。

　本章では、データフレームの変形について次に挙げる項目を解説していきます。まずはdplyr／tidyrパッケージを用いて解説し、同様の操作についてdata.tableパッケージを用いて解説します。

- 行の抽出
- 列の抽出
- 列名の変更
- 結合
- 集計
- 縦横変換

　また、データフレームの変形以外にも文字列処理といった前処理についても基本関数より高速で使いやすいパッケージが提供されています。最後にこれらのパッケージついても解説を加えていきます。

8-2 dplyr／tidyrパッケージを用いたデータハンドリング

　dplyr／tidyrパッケージはHadley WickhamをはじめとするRStudio社が開発しているデータハンドリングのためのパッケージです。Hadleyは従来plyrパッケージというデータハンドリング用パッケージを開発していたのですが、これは使い勝手は良いものの関数の多くがRのみで書かれているため実行速度が遅いという難点がありました。ほかの開発者の助けを得ることでplyr

パッケージをC++で書き直したのがdplyrパッケージです。tidyrパッケージもデータハンドリング用パッケージです。これは縦持ちデータ（long形式データ）と横持ちデータ（wide形式データ）の相互変換、列単位の分割・結合処理などが行えます。これもHadleyが開発していたreshape／reshape2パッケージを前身としており、従来のパッケージの文法をわかりやすく統一した形になっています。それではデータハンドリングの各操作についてdplyr／tidyrパッケージの対応する関数を解説していきます。

なお、dplyr／tidyrを使ったデータハンドリングの対応関数について一覧形式でまとめられたチートシートがRStudio社によって公開されています。実務上便利なので印刷して手元に置いておくと良いでしょう。

URL https://www.rstudio.com/wp-content/uploads/2015/02/data-wrangling-cheatsheet.pdf

まずは、それぞれのパッケージをインストールします。

```
# dplyrパッケージのインストール
> install.packages("dplyr", quiet = TRUE)
# tidyrパッケージのインストール
> install.packages("tidyr", quiet = TRUE)
```

8-2-1 行の抽出（filter関数）

データフレームからの行の抽出にはdplyrパッケージのfilter関数を使います。

```
> library(dplyr)
# dplyrパッケージの場合
> filter(iris, Species=="setosa")
# 組み込み関数の場合
> subset(iris, Species=="setosa")
> iris[iris$Species=="setosa",]
```

filter関数の第1引数に対象とするデータフレーム、第2引数に条件式を入力することで条件式にマッチする行が抽出されます。対応する組み込み関数はsubset関数または[関数です。

8-2-2 列の抽出（select関数）

データフレームから列を抽出するにはdplyrパッケージのselect関数を使います。

```
> library(dplyr)
# dplyrパッケージの場合
```

```
> select(iris, Sepal.Length, Species)
# 組み込み関数の場合
> subset(iris, select=c(Sepal.Length, Species))
> iris[,c("Sepal.Length", "Species")]
```

select関数の第1引数に対象とするデータフレーム、第2引数以降に抽出したい列名を入力します。また、-を列名に付けることで指定列以外の列を抽出できます。対応する組み込み関数はsubset関数、[関数です。

select関数は列を抽出する際、次のように同時に列名を変更できます。

```
> library(dplyr)
> select(iris, Spl=Sepal.Length, Sp=Species)
```

この例ではSepal.LengthをSplに、SpeciesをSpのように列名を変更しています。

8-2-3 列の作成（mutate関数）

データフレームの列の作成にはdplyrパッケージのmutate関数を使います。

```
> library(dplyr)
> mutate(iris, Sepal.Length_max=max(Sepal.Length))
```

この例ではSepal.Length_maxという列を作成しています。

8-2-4 並べ替え（arrange関数）

データフレームの並べ替えにはdplyrパッケージのarrange関数を使います。コードでは第1引数にデータフレーム、第1引数に並べ替えの対象列を指定します。desc関数と組み合わせると降順で並べ替えられます。対応する組み込み関数はorder関数です。

```
> library(dplyr)
# dplyrパッケージの場合
> arrange(iris, Sepal.Length) # 昇順
> arrange(iris, desc(Sepal.Length)) # 降順

# 組み込み関数の場合
> iris[order(iris$Sepal.Length),] # 昇順
> iris[order(iris$Sepal.Length, decreasing=TRUE),] # 降順
```

8-2-5 列名の変更（rename関数）

データフレームの列名を変更するにはdplyrパッケージのrename関数を使います。第1引数に

データ処理

対象とするデータフレーム、第2引数以降に変更先の列名と変更元の列名を＝で結んだ式を入力します。対応する組み込み関数はcolnames関数です。

```
> library(dplyr)
# dplyrパッケージの場合
> rename(iris, SpL=Sepal.Length)
# 組み込み関数の場合
> colnames(iris)[colnames(iris)=="Sepal.Length"] <- "SpL"
# irisデータを再ロードしてここまでの変更をリセットする
> data(iris)
```

この例ではSepal.Lengthの列名をSpLに変更しています。

8-2-6 データの結合（bind_cols関数／bind_rows関数／○○_join関数）

データの結合操作については、列方向、行方向、結合キーを用いた結合操作などがあります。列方向の結合はdplyrパッケージの場合、bind_cols関数を使います。組み込み関数の場合、cbind関数を使います。x、yは任意のデータフレームに置き換えてください。

```
> library(dplyr)
> bind_cols(x,y) # dplyrパッケージの場合
> cbind(x,y) # 組み込み関数の場合
```

行方向の結合はdplyrパッケージの場合、bind_rows関数を使います。組み込み関数の場合、rbind関数を使います。

```
> library(dplyr)
> bind_rows(x,y) # dplyrパッケージの場合
> rbind(x,y) # 組み込み関数の場合
```

結合キーを用いた結合はdplyrパッケージの場合、○○_join関数を使います。○○はinnerやleftなど結合の種類に応じた単語が入ります。組み込み関数の場合、merge関数を使い、引数で結合の種類を指定します。次では○○_join関数とmerge関数の比較をしています。

```
> library(dplyr)

# 内部結合
> inner_join(x,y) # dplyrパッケージの場合
> merge(x,y) # 組み込み関数

# 内部結合で片側のデータのみを残す場合
> semi_join(x,y) # dplyrパッケージのみ
```

```
# 左外部結合
> left_join(x,y) # dplyrパッケージの場合
> merge(x,y,all.x=TRUE) # 組み込み関数の場合

# 右外部結合
> right_join(x,y) # dplyrパッケージの場合
> merge(x,y,all.y=TRUE) # 組み込み関数の場合

# 完全外部結合
> full_join(x,y) # dplyrパッケージの場合
> merge(x,y,all=TRUE) # 組み込み関数の場合

# 非等価結合
> anti_join(x,y) # dplyrパッケージのみ
```

8-2-7 グループ単位の操作・集計（group_by関数）

　ここでいうグループとは同じ列の中で同じ値を持つデータごとに集合化することを指します。グループ単位の操作・集計もデータハンドリングにおいては必須といえます。グループ単位の操作を行う場合はgroup_by関数を使います。次のようにfilter関数やmutate関数と組み合わせることでグループ単位の行の抽出や列の作成ができます。また、summarise関数と組み合わせることでグループ単位の集計ができます。

```
> library(dplyr)
# 行の抽出:指定したグループ単位(Species)で最大のSepal.Lengthを含む行を抽出
> filter(group_by(iris, Species), Sepal.Length==max(Sepal.Length))

# 列の作成:指定したグループ単位(Species)で最大のSepal.Lengthを結合
> mutate(group_by(iris, Species), Sepal.Length_max=max(Sepal.Length))

# 集計:指定したグループ単位(Species)で最小のSepal.Lengthを集計
> summarise(group_by(iris, Species), Sepal.Length_min=min(Sepal.Length))
```

　なお、group_by関数を適用すると、データフレームはtbl形式というデータ形式に変換されます。print関数にtbl形式を適用すると、冒頭10行のみを表示します。

```
> library(dplyr)
> res <- mutate(group_by(iris, Species), Sepal.Length_max=max(Sepal.Length))
> print(res)
Source: local data frame [150 x 6]
Groups: Species [3]

   Sepal.Length Sepal.Width Petal.Length Petal.Width Species
          (dbl)       (dbl)        (dbl)       (dbl)  (fctr)
```

```
1          5.1       3.5       1.4       0.2  setosa
2          4.9       3.0       1.4       0.2  setosa
3          4.7       3.2       1.3       0.2  setosa
4          4.6       3.1       1.5       0.2  setosa
5          5.0       3.6       1.4       0.2  setosa
6          5.4       3.9       1.7       0.4  setosa
7          4.6       3.4       1.4       0.3  setosa
8          5.0       3.4       1.5       0.2  setosa
9          4.4       2.9       1.4       0.2  setosa
10         4.9       3.1       1.5       0.1  setosa
..         ...       ...       ...       ...  ...
Variables not shown: Sepal.Length_max (dbl)
```

同時に表示される情報にデータフレームのソース (data.frame、data.table、各種データベース) と適用されているグループがあります。tbl形式への変換にはgroup_by関数以外にas.tbl関数を用いることができます。この例ではSpeciesの値単位でSepal.Lengthの最大値を求めています。

8-2-8 データの縦横変換

データの縦横変換にはtidyrパッケージのgather関数とspread関数を用います。ここでいうデータの縦横というのは、long形式、wide形式を指します。long形式のデータはkey-valueペアになっており、wide形式のデータはそのkey部分が列として展開されています。次ではwide形式のデータの具体例を示しています。

```
> library(tidyr)
> stocks <- data.frame(
+   time = as.Date('2009-01-01') + 0:1,
+   X = rnorm(2, 0, 1),
+   Y = rnorm(2, 0, 2),
+   Z = rnorm(2, 0, 4)
+ )
> print(stocks)
        time        X          Y         Z
1 2009-01-01 1.775219  0.2757722 -5.898448
2 2009-01-02 1.175314 -0.7821761 -1.555156
```

私たちがスプレッドシートなどで目にするデータはwide形式であることが多いでしょう。正規化されたデータベースから得られるデータは多くの場合long形式です。wide形式データをlong形式データに変換するときはgather関数、long形式データをwide形式データに変換するときはspread関数を使います。

```
# wide形式からlong形式に変換
# 対象データ、key、value、変換対象の列 (マイナスを付与した場合その列以外すべて) の順に指定
```

```
> stocks_long <- gather(stocks, variable, value, -time)
# データの確認
> print(stocks_long)
        time variable      value
1 2009-01-01        X  1.7752193
2 2009-01-02        X  1.1753138
3 2009-01-01        Y  0.2757722
4 2009-01-02        Y -0.7821761
5 2009-01-01        Z -5.8984478
6 2009-01-02        Z -1.5551556

# long形式からwide形式に変換
# 対象データ、key、valueの順に指定
> stocks_wide <- spread(stocks_long, variable, value)
# データの確認
> print(stocks_wide)
        time        X         Y         Z
1 2009-01-01 1.775219  0.2757722 -5.898448
2 2009-01-02 1.175314 -0.7821761 -1.555156
```

8-2-9 そのほかのdplyrパッケージで知っておきたい処理

dplyrパッケージにはこれまで挙げてきた処理以外にもデータハンドリングを行う上で便利な処理が実装されています。

- 同一処理を複数列に適用する
- パイプ演算子（チェイン演算子）
- データベースとの接続
- window関数
- do関数

■同一処理を複数列に適用する

mutate関数やsummarise関数を用いて同一処理を複数列に適用する場合、次のようにコードが冗長になってしまいます。

```
> library(dplyr)
# グループ単位で複数列の最大値を取得して結合
> mutate(group_by(iris, Species), Sepal.Length_max=max(Sepal.Length),
+                                 Sepal.Width_max=max(Sepal.Width),
+                                 Petal.Length_max=max(Petal.Length),
+                                 Petal.Width_max=max(Petal.Width)
+ )

# グループ単位で複数列の最大値を取得して集約
```

データ処理

```
> summarise(group_by(iris, Species), Sepal.Length_max=max(Sepal.Length),
+                                    Sepal.Width_max=max(Sepal.Width),
+                                    Petal.Length_max=max(Petal.Length),
+                                    Petal.Width_max=max(Petal.Width)
+ )
```

この場合、列名に一定のパターンがあれば次のようにmutate_each関数、summarise_each関数を用いてシンプルに書き直すことができます。なお、パターンを用いた列名の選択についてはselect関数と同様の選択用関数を使うことができます。

```
> library(dplyr)
# グループ単位で複数列の最大値を取得
> mutate_each(group_by(iris, Species), funs(max), s=starts_with("Sepal"), p=starts_with("Petal"))

# グループ単位で複数列の最大値を取得して集約
> summarise_each(group_by(iris, Species), funs(max), s_max=starts_with("Sepal"), p_max=starts_with("Petal"))
```

■パイプ演算子（チェイン演算子）

dplyrパッケージを用いてグループごとの処理を書くときなどに%>%演算子（パイプ演算子またはチェイン演算子）を用いると処理が見やすくなります。なお%>%はデフォルトでは右辺の第1引数に左辺の値を渡すようになっていますが、右辺に明示的に左辺の値を渡したいときは.（ドット）を用います。

```
> library(dplyr)
# 通常
> mutate_each(group_by(iris, Species), funs(max), s=starts_with("Sepal"), p=starts_with("Petal"))

# %>%を用いた記法
> iris %>% group_by(Species) %>% mutate_each(funs(max), s=starts_with("Sepal"), p=starts_with("Petal"))

# .を用いて明示的に値を渡す
> letters[1:5] %>% grepl("a", x=.)
```

■データベースとの接続

dplyrパッケージの各種処理はデータベースと接続して実行することもできます。次の例はMySQLデータベースと接続した場合の処理です。

```
# RMySQLパッケージのインストール
> install.packages("RMySQL", quiet = TRUE)
```

```
> library(dplyr)
> library(RMySQL)
> my_db <- src_mysql(host = "sample.com", user="username", password="pass")
> my_tbl <- tbl(my_db, "iris")

# あとは通常のdplyrパッケージの使い方と同様
> filter(my_tbl, Species=="setosa")

# 明示的に接続を切る際は各データベース接続用パッケージのdbDisconnect関数を用いる
> dbDisconnect(my_db$con)
```

`src_mysql`関数を用いてMySQLデータベースとの接続オブジェクトを作成し、さらに`tbl`関数でデータベースの`iris`テーブルとの接続オブジェクトを作成しています。なお、`src_○○`という形で、PostgreSQLなどほかのデータベースに対しても専用の関数が用意されています。詳しくは`dplyr`パッケージのヘルプを参照してください。

テーブルとの接続オブジェクトはこれまで見てきたようなデータフレームに対する処理と同様の処理を適用できます。なお、自動的に不要な接続は切断されますが、明示的に接続を切る際は各データベース接続用パッケージの`dbDisconnect`関数を用いると良いでしょう。例では`RMySQL`パッケージの`dbDisconnect`関数を用いています。

■window関数

window関数 (*window function*) はもともとSQLにある概念です。複数の値を受け取って単一の値に集約した結果を返すのではなく、各レコードに対して集約した値を付与する関数のことです。window関数という名前の関数が`dplyr`パッケージにあるわけではなく、複数の関数で構成されています。window関数は主に`filter`関数や`mutate`関数と組み合わせて利用します。window関数を適用することで複雑な行の抽出などが可能になります。たとえばwindow関数の1つである`lag`関数を用いた例を見てみましょう。

```
# Lahmanパッケージのインストール
> install.packages("Lahman", quiet = TRUE)

# Lahmanパッケージの打者データをplayerID、yearID、teamIDの優先順で並べ替え
> library(Lahman)
> batting <- arrange(battingStats(), playerID, yearID, teamID)
# playerID単位でグループ化する
> players <- group_by(batting, playerID)
# 前回の記録よりも出場試合数が多い選手データを抽出する
> filter(players, G > lag(G))
```

この関数は、適用したベクトルの末尾の値を除いて、先頭に`NA`を付与した結果を返します。

つまり、1つ後ろにずれたベクトルを返します。あらかじめ複数の条件で並べ替えしたデータにlag関数を適用することで上下のデータを比較することができ、それを利用してfilter関数で特定の行を抽出しています。

window関数はlag関数のほかにもlead関数、dense_rank関数などがあります。ほかの関数の使い方については次の公式解説を参照すると良いでしょう。

URL https://cran.r-project.org/web/packages/dplyr/vignettes/window-functions.html

■do関数

これまで見てきたようにsummarise関数は集約して1つの値を返す関数しか使えません。複数の値を返す関数、たとえばhead関数などを使いたい場合は、summarise関数の代わりにdo関数を用います。次の例はirisデータをSpeciesでグループ化し、各グループの先頭2行をhead関数で抽出しています。なお、グループ化したデータをhead関数の第1引数に明示的に指定するために.を用いています。

```
> library(dplyr)
> iris_grouped <- group_by(iris, Species)
> do(iris_grouped, head(., n=2))
```

8-3 data.tableパッケージを用いたデータハンドリング

data.tableパッケージはMatt Dowle氏をはじめとするメンバーによって開発されているデータハンドリングのためのパッケージです。dplyrの登場以前は高速なデータハンドリングといえばdata.tableパッケージでした。data.tableパッケージは若干文法にクセがあり、覚えるのに少し時間がかかるものの、記述がコンパクトにまとまり、関数によってはdplyrよりも処理速度が速いという特徴があります。それではデータハンドリングの各操作についてdata.tableパッケージの関数群を見ていきましょう。まずは、data.tableパッケージをインストールします。

```
# data.tableパッケージのインストール
> install.packages("data.table", quiet = TRUE)
```

8-3-1 行の抽出

data.tableパッケージの場合、行の抽出は次のように記述します。[]内に条件式を渡すことで行を抽出できます。データフレームのようにカンマは不要です。

```
> library(data.table)
> iris_dt <- as.data.table(iris)
> iris_dt[Species=="setosa"]
```

ここではSpecies列において値がsetosaである行を抽出しています。

8-3-2 列の抽出

data.tableパッケージの場合、列の抽出は次のように書きます。カンマに続けて、抽出したい列名をリストで渡します。

```
> iris_dt[, list(Sepal.Length, Species)]
```

ここではSepal.Length列とSpecies列を抽出しています。

8-3-3 列の作成

data.tableパッケージの場合、列の作成は:=を用いて次のように書きます。

```
> iris_dt[,Sepal.Length_max := max(Sepal.Length)]
```

ここではSepal.Length_max列を作成しています。

8-3-4 並べ替え

data.tableパッケージの場合、並べ替えは次のように書きます。

```
> setorder(iris_dt, Sepal.Width)
```

ここではSepal.Widthの昇順で並べ替えしています。**setorder**関数を用いることで内部でオブジェクトのコピーが生成されないので高速な並べ替えができます。

8-3-5 列名の変更

data.tableパッケージの場合、列名の変更は次のように書きます。

```
> setnames(iris_dt, c("Petal.Length", "Petal.Width"), c("PL", "PW"))
```

ここでは列名 Petal.Length を PL に、列名 Petal.Width を PW に変更しています。前述の `setorder` 関数と同様に `setnames` 関数を用いることで内部的にオブジェクトのコピーが生成されないので高速な列名変更が可能です。

8-3-6 データの結合

data.table パッケージの場合、結合操作には `cbind.data.table` 関数、`rbind.data.table` 関数、`merge.data.table` 関数が対応しています。これらの関数は S3 クラスに対応するジェネリック関数として書かれているため、実際に使用する場合は適用するデータが data.table クラスになっていれば `.data.table` を省略できます。

```
> A <- data.table(id=c("A","B","C"), value1=1:3)
> B <- data.table(id=c("A","B","D"), value2=4:6)
> C <- data.table(id=c("D","E","F"), value1=4:6)
# 列方向の結合
> cbind(A, B)

# 行方向の結合
> rbind(A, C)

# 結合キーを用いたデータの結合
> merge(A,B, by="id") # 内部結合
> merge(A,B, by="id", all.x=TRUE) # 左外部結合
> merge(A,B, by="id", all.y=TRUE) # 右外部結合
> merge(A,B, by="id", all=TRUE) # 完全外部結合
```

8-3-7 グループ単位の操作・集計

data.table パッケージの場合、グループ単位の操作・集計には次のように `by` を用います。

```
# 列の作成:指定したグループ単位(Species)で最大のSepal.Lengthを結合
> iris_dt[, Sepal.Length_max := max(Sepal.Length), by=Species]

# 集計:指定したグループ単位(Species)で最小のSepal.Lengthを集計
> iris_dt[, min(Sepal.Length), by=Species]
# 列名を指定する時はlistを併用
> iris_dt[, list(Sepal.Length_min=min(Sepal.Length)), by=Species]
# .記法を用いることもできる
> iris_dt[, .(Sepal.Length_min=min(Sepal.Length)), by=Species]
```

8-3-8 データの縦横変換

データの縦横変換はdata.tableパッケージではdcast.data.table関数およびmelt.data.table関数を用います。

```
# wide形式のデータを用意
> stocks_dt <- data.table(
+   time = as.Date('2009-01-01') + 0:1,
+   X = rnorm(2, 0, 1),
+   Y = rnorm(2, 0, 2),
+   Z = rnorm(2, 0, 4)
+ )

# wide形式からlong形式に変換
# 対象データ、key、value、変換の対象とする列の順に指定
# マイナスを付与した場合その列以外すべて
> stocks_long <- melt(stocks_dt, "time")

# long形式からwide形式に変換
# 対象データ、key、valueの順に指定
> stocks_wide <- dcast.data.table(stocks_long, time~variable)
```

merge.data.table関数などと同様に.data.tableは省略できます。

8-4 そのほかのデータハンドリングに必要な操作

dplyrなどのパッケージを使い、大まかにデータを整形したあとは、目的とするデータの形に向けてさらに整形していきます。ここで解説する操作のほかに、日時処理もよく使われますが、これについては「15章 時系列解析」で解説します。

8-4-1 列の分割・合成

データの分割にはtidyrパッケージのseparate関数とunite関数を用います。separate関数は1列のデータフレームを複数の列に分割し、unite関数は複数の列を1列のデータフレームに合成します。separate関数はdata引数に対象データを、col引数に分割したい列名を指定し、into引数に分割先の列名を、sep引数に分割ルール（分割する際の区切り文字）を指定します。unite関数はdata引数に対象データを、col引数に合成先の列名を指定し、...引数に合成対象となる列名を、sep引数に合成ルール（合成する際の区切り文字）を指定します。

Part 3 データ処理

```
> library(tidyr)
# サンプルデータ
> df <- data.frame(x = c("a_b", "a_d", "b_c"))
# 対象データ、分割したい列名、分割先の列名、分割する際の区切り文字の順に指定
> df_sep <- separate(df, x, c("A", "B"), sep="_")
# 対象データ、合成先の列名、合成したい列名、合成する際の区切り文字の順に指定
> df_uni <- unite(df_sep, x, A, B, sep="_")
```

8-4-2 文字列処理

　文字列処理にはstringrパッケージが便利です。組み込み関数にもpaste関数、grep関数、gsub関数など、文字列処理のための関数が用意されていますが、stringrパッケージはより処理速度が速く、統一された記法となっています。stringrパッケージを用いた文字列処理の例を示します。

```
# stringrパッケージのインストール
> install.packages("stringr", quiet = TRUE)

> library(stringr)

# 文字列の結合
> str_c("A","B") # stringr

# 文字列の検索
# パターンと一致する文字列を返したい場合
> str_subset(c("1","B"), "[0-9]")
# TRUE/FALSEで文字列の位置を返したい場合
> str_detect(c("1","B"), "[0-9]")

# 文字列の置換
# 文字列ごとに最初に一致するパターンを置換
> str_replace(c("H1A2c","1hoge2"), "[0-9]", "3")
# 文字列ごとに一致するすべてのパターンを置換
> str_replace_all(c("H1A2c","1hoge2"), "[0-9]", "3")

# 文字列の抽出
# 文字列ごとに最初に一致するパターンのみを返す
> str_extract(c("H1A2c","1hoge2"), "[0-9]")
# 文字列ごとに一致するすべてのパターンを返す
> str_extract_all(c("H1A2c","1hoge2"), "[0-9]")
```

　なお、stringrパッケージと同様のものにstringiパッケージがあります。stringrパッケージはその処理にstringiパッケージの各種関数を使っています。stringiパッケージの方が多機能であるため、もしstringrパッケージで対応できない処理があればstringiパッケージを試してみると良いかもしれません。

Part 4

データ可視化

可視化することで、データ分析の結果は把握しやすくなり、説明にも役立ちます。Rにはさまざまな可視化方法があります。基本パッケージによる可視化から、さまざまなパッケージを利用した応用的な可視化を解説します。

9章 古典的なデータ可視化

本章ではRのグラフィックスについて、可視化の基本的な概念から説明していきます。Rで実現できるグラフィックス処理の中でも、特にRの基本パッケージでできることについて説明します。

9-1 可視化の基本

データは複数の数値や文字列といった情報の集合です。データはそのままでは理解しにくいため、データ分析や可視化といった手法によって、人が理解できる形式に落とし込みます。

可視化とは、図表化によってデータが持つ情報を分かりやすく表現することです。可視化によって、データが持つ構造や値の大小を直感的に理解できるようになります。

可視化表現の方法はたくさんありますが、誤った方法を用いるとデータに対する誤解を与えかねないことに注意しなくてはなりません。本書ではデータを可視化する方法として、特にデータ（主にデータフレーム）からのグラフ作成を中心に説明していきます。

9-1-1 プロット

Rでは、グラフを描画することを（グラフを）プロット（plot）するといいます。プロットを担う基本の関数はplot関数です。次の例を実行すると図9.1がプロットされます。

```
# airqualityデータをプロットする
plot(airquality)
```

あとで説明しますが、plot関数のほかにも目的に応じた描画関数が用意されています。これらの関数を組み合わせて、データをさまざまな方法で可視化できます。

次節でプロットに関連する設定をして、具体的な可視化の説明をします。プロットで日本語を利用すると文字化けが起こることがあります。そのような際には「2-6 日本語の文字化け」を参考にして、文字化けの対策を施した起動スクリプトを実行してください。

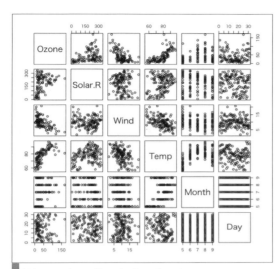

図9.1 airqualityデータのプロット

9-2 グラフィックスパラメータ

plot関数などの描画関数がグラフをプロットする際に用いられるパラメータを、グラフィックスパラメータといいます。グラフィックスパラメータを適切に設定することで、グラフの見た目を調整できます。グラフィックスパラメータは、par関数によってあらかじめグラフィックスデバイスに設定するか、あるいは描画関数に直接指定できます。個々のグラフィックスパラメータについてはあとの節で説明します。

9-2-1 グラフィックスパラメータの設定

次のようにグラフィックスパラメータを設定できます。par関数ではあらゆるグラフィックスパラメータの設定ができます。一方、描画関数に直接グラフィックスパラメータを指定する場合、描画関数によっては利用できないパラメータがあります。というのは、描画関数は簡単にプロットできるように、複数のグラフィックスパラメータをまとめた独自のパラメータを定義して、内部で別の描画関数にそのパラメータを渡すような処理を行うためです。特に高水準描画関数にこの傾向が見られます。低水準描画関数はおおむねpar関数の見た目に関わるグラフィックスパラメータが指定できます。

データ可視化

```
# par関数でグラフィックスパラメータを設定する
par(param1 = value1, param2 = value2, ...)
# 描画関数で直接グラフィックスパラメータを設定する
plot_function(..., param1 = value1, param2 = value2, ...)
```

　グラフィックスパラメータの調整だけできれいなグラフをプロットするのは非常に困難な作業です。「**10章 モダンなデータ可視化**」で紹介するggplot2などのグラフィックス関連のパッケージを用いるのは1つの解決手段ですが、それも万能ではありません。ある程度Rでグラフの基礎を作成したら、別のソフトウェアを用いて調整することも賢明な手段の1つです。

　いずれにせよpar関数で定義したグラフィックスパラメータは、描画関数のパラメータに与えたグラフィックスパラメータとは異なり、グラフィックスデバイスが閉じるまで有効な値です。グラフィックスデバイスについては本章の終わりに解説します。par関数でグラフィックスパラメータを変更した場合、連続してプロットすると前のグラフィックスパラメータが残ってしまい、期待したとおりの表示にならないときがあります。そのようなときは、次のように一度`dev.off`関数でグラフィックスデバイスを閉じます。

```
# 一度開いたグラフィックスデバイスを閉じる
> dev.off()
```

　または次のようにあらかじめ別に保存しておいたグラフィックスパラメータでpar関数を呼び出す方法をとります。

```
# プロットを開始する前にデフォルトグラフィックスパラメータを保存しておく
> defaultPar <- par(no.readonly = TRUE)

（プロット処理）

# グラフィックスパラメータを元に戻す
> par(defaultPar)
```

9-2-2 描画領域に関するグラフィックスパラメータ

　par関数で余白の指定や描画領域の分割に関するグラフィックスパラメータの設定ができます（**表9.1**）。

表9.1　余白や描画領域の設定

グラフィックスパラメータ	説明
`mar`	描画領域内の余白を下、左、上、右の順の長さ4の数値ベクトルで指定する
`oma`	描画領域外の余白を下、左、上、右の順の長さ4の数値ベクトルで指定する
`mfcol`、`mfrow`	描画領域の分割数を行数、列数の順の長さ2の整数ベクトルで指定する（`mfcol`：上から下、左から右の順にプロット。`mfrow`：左から右、上から下の順にプロット）

mfcolパラメータやmfrowパラメータは描画領域を等分割します。layout関数を利用すると、より細かい分割指定ができます。

9-2-3 色や形状に関するグラフィックスパラメータ

par関数で色や形状に関するグラフィックスパラメータのデフォルト値を設定できます。主なグラフィックスパラメータを**表9.2**に示します。

表9.2　色や形状に関する設定

グラフィックスパラメータ	説明
bg	背景色
fg	前景色（枠や軸に使用される）
col	前景色（点、線、文字列に使用される）
bty	プロット枠の形状
cex	文字サイズ
family	フォントファミリー
font	フォントフェイス（1：標準、2：ボールド、3：イタリック、4：ボールドイタリック）
las	軸に対するラベルの向き（0：軸に平行、1：水平方向、2：軸に垂直、3：垂直方向）
lend	線の終端のラインキャップ処理（0：round、1：butt、2：square）
lty	線の種類（0または"blank"：なし、1または"solid"：実線、2または"dashed"：破線、3または"dotted"：点線、4または"dotdash"：一点鎖線、5または"longdash"：長い破線、6または"twodash"：長い一点差線）
lwd	線の太さ
new	TRUEを指定すると、plot.newを呼び出したときもグラフィックスデバイスが初期化されないようになり、図を重ねて描画する
pch	点の形状（0-25：値に応じた図形、32-255：値に応じた文字、文字列：最初の文字）

9-3　plot関数

　plot関数はS3のジェネリック関数ですので、引数として与えられるデータの型に応じて呼び出されるプロット処理が異なります。つまり、あるデータを可視化したいときは、plot関数を利用したプロットが簡単でかつ適切な表現方法といえます。逆にプロットしづらいと感じるようなグラフを作成しているときは、あまりデータの可視化は適切でない可能性があります。

　plot関数を呼び出すことで適切な表現方法で可視化が行われるため、データに対する理解があまりない状態のときは、とりあえずplot関数を呼び出すことでデータの理解を進めることができます。いくつか例を示します。**リスト9.1**のようにして、ベクトルをプロットします（**図9.2**）。

リスト9.1　vector.R

```
# ベクトルをプロットする
vector <- rnorm(50)
plot(vector, main = "ベクトル")
```

Part 4 データ可視化

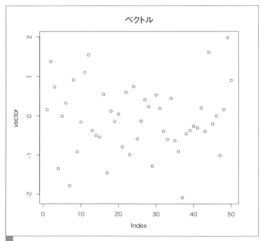

図9.2　plot関数の例（ベクトル）

リスト9.2のようにして、データフレームをプロットします（図9.3）。

リスト9.2　df.R

```
# データフレームをプロットする
x <- runif(50)
y <- 2 * x + rnorm(x, sd = 0.3)
df <- data.frame(Predictor = x, Response = y)
plot(df, main = "データフレーム")
```

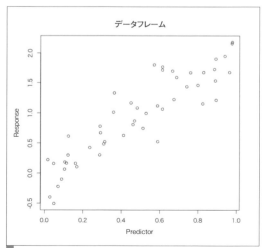

図9.3　plot関数の例（データフレーム）

リスト9.3のようにして、関数をプロットします（図9.4）。

リスト9.3　fun.R
```
# 関数をプロットする
fun <- function(x) {
    x^3 - 3 * x + 1
}
plot(fun, xlim = c(-3, 3), main = "関数")
```

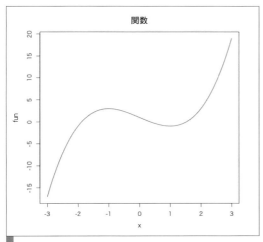

図9.4　plot関数の例（関数）

リスト9.4のようにして線形モデルオブジェクトをプロットします（図9.5）。

リスト9.4　lm.R
```
# 線形モデルオブジェクトをプロットする
# グラフが 4 つ表示されるので 2x2 のパネルを用意しておく
par(mfrow = c(2L, 2L), mar = c(4.1, 3.1, 2.1, 1.1))
model <- lm(Response ~ Predictor, data = df)
plot(model)
```

Part 4 データ可視化

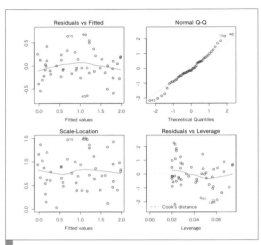

図9.5 plot関数の例（線形モデルオブジェクト）

plot関数にパラメータを設定するとフォントサイズやグラフの種類を変更できます。これについてはあとの節で紹介します。

9-4 図、グラフの作成

ここではさまざまなグラフを紹介して、作図方法を説明します。

9-4-1 散布図

散布図はデータの散らばりを座標上に点で落としたグラフです。典型的な散布図は2次元のグラフですが、1次元や3次元の散布図も存在します。plot関数やstripchart関数を用いて散布図をプロットできます。

リスト9.5のplot関数は一般的な2次元上の点の散らばりを表現するのに適しています（図9.6）。リスト9.6のstripchart関数は1次元の散布図を水準ごとに描きわけるような場合に適しています（図9.7）。

リスト9.5　2D.R

```
# 2次元散布図をプロットする
x <- rnorm(50)
y <- rnorm(50)
plot(x, y, main = "2次元散布図")
```

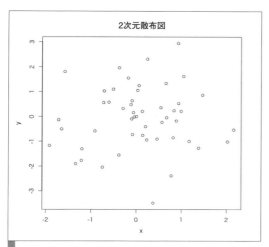

図9.6 2次元散布図

リスト9.6 stripechart.R
```
# 1次元散布図をプロットする
par(mar = c(5.1, 7.1, 4.1, 2.1), las = 1L)
stripchart(iris[, -5], main = "1次元散布図(iris)", xlab = "サイズ [cm]")
```

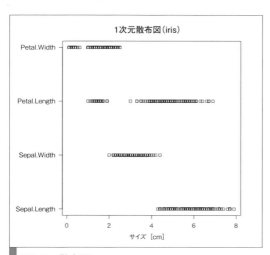

図9.7 散布図

9-4-2 棒グラフ

棒グラフは、水準ごとの量の大きさを、長方形の長さで表現して比較するためのグラフです。

■barplot関数

Rでは**リスト9.7**のようにbarplot関数で棒グラフを作図できます（**図9.8**）。

リスト9.7　barplot.R

```
# 余白とラベルのフォントサイズを調整する
par(mar = c(7.1, 4.1, 4.1, 2.1), cex.axis = 0.8, las = 2L)
# 棒グラフをプロットする
barplot(
    USArrests$Murder,
    names.arg = rownames(USArrests),      # x軸の項目ラベル
    ylab = "逮捕者数 [/10万人]",            # y軸のラベル
    main = "州ごとの殺人による逮捕者数"      # グラフタイトル
)
```

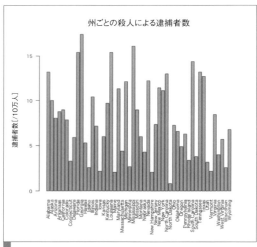

図9.8　棒グラフ

　省略記号で途中を省略するような棒グラフを作成することはできません。棒グラフは長さで量を表現するグラフですので、省略してしまうと量が正しく比較できないからです。量の大きさを比較するのではなく、データの範囲について表示したい場合は、折れ線グラフやドットプロットの使用を検討してください。

　1つの水準内に複数の項目がある場合、積み上げ棒グラフや、項目ごとの棒を横に並べたグラフを作成できます。引数に与える行列データが複数行あると、barplot関数はbesideパラメータに与えた値に応じていずれかのグラフを描画します。

　リスト9.8のようにしてbesideパラメータがFALSEの場合は積み上げ棒グラフを作成します（**図9.9**）。デフォルトは積み上げ棒グラフを作成します。

リスト9.8　barplotbesidef.R

```
# データの形式を調整する
# barplot関数はベクトルまたは行列形式のデータでなければならない
data <- t(as.matrix(USArrests))
# 表示する項目が多いので減らす
data <- data[, 1:5]

# 余白とラベルのフォントサイズを調整する
par(mar = c(6.1, 4.1, 4.1, 2.1), las = 2L, xpd = TRUE)
# 棒を積み上げる
barplot(
    data,
    beside = FALSE,    # 棒を積み上げる
    names.arg = colnames(data),    # x軸の項目ラベル
    ylab = "逮捕者数 [/10万人]",    # y軸のラベル
    main = "州ごとの逮捕者数",     # グラフタイトル
    legend.text = rownames(data),  # 凡例
    args.legend = list(            # 凡例の調整
        y = max(colSums(data)),
        yjust = 0,
        bty = "n",
        horiz = TRUE
    )
)
```

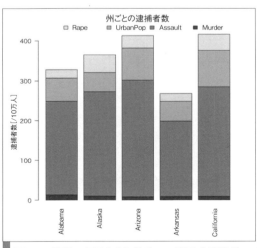

図9.9　複数の項目を含む棒グラフ（積み上げ棒グラフ）

リスト9.9のようにbesideパラメータがTRUEの場合は棒を横に並べます（図9.10）。

Part 4 データ可視化

リスト9.9　barplotbesidet.R

```r
# 棒を並べる
barplot(
    data,
    beside = TRUE,    # 棒を並べる
    names.arg = colnames(data),      # x軸の項目ラベル
    ylab = "逮捕者数 [/10万人]",      # y軸のラベル
    main = "州ごとの逮捕者数",        # グラフタイトル
    legend.text = rownames(data),    # 凡例
    args.legend = list(              # 凡例の調整
        y = max(data),
        yjust = 0,
        bty = "n",
        horiz = TRUE
    )
)
```

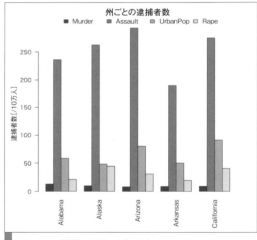

図9.10　複数の項目を含む棒グラフ

グラフを横向きにしたい場合は、**リスト9.10**のようにhorizパラメータにTRUEを指定します（**図9.11**）。

リスト9.10　barplothorizt.R

```r
# 余白を調整する
par(mar = c(5.1, 6.1, 4.1, 2.1), las = 1L, xpd = TRUE)
# 棒グラフを横向きでプロットする
barplot(
    data,
    horiz = TRUE,    # 横向きにする
```

```
    xlab = "逮捕者数 [/10万人]",     # x軸のラベル
    main = "州ごとの逮捕者数",       # グラフタイトル
    legend.text = rownames(data),    # 凡例
    args.legend = list(              # 凡例の調整
        y = ncol(data) + 1,
        yjust = 0,
        bty = "n",
        horiz = TRUE
    )
)
```

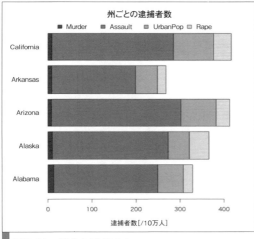

図9.11　横向き棒グラフ

9-4-3 折れ線グラフ

　折れ線グラフは、グラフ上の項目の値を線でつないだグラフで、項目の変化を眺めるのに便利です。**リスト9.11**のようにplot関数の**type**パラメータに"l"を与える方法が簡単です（**図9.12**）。

リスト9.11　typel.R

```
# 折れ線グラフをプロットする。
x <- cumsum(rnorm(50))  # ランダムウォーク
plot(x, type = "l", main = "ランダムウォーク")
```

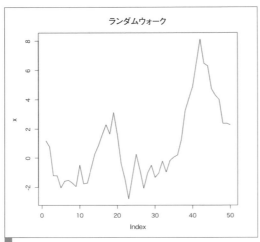

図9.12　折れ線グラフ

　時系列データは折れ線グラフに適したデータといえます。tsクラスの時系列データをplot関数に与えると、折れ線グラフをプロットします（図9.13）。

```
# Nileはtsクラスのデータ
> class(Nile)
[1] "ts"
# 特に指定しなくとも折れ線グラフになる
> plot(Nile, main = "ナイル川流量")
```

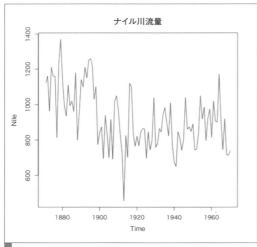

図9.13　tsクラスデータのプロット

9-4-4 ドットプロット

水準ごとのデータの分布を見るには、ドットプロットが適しています。

■dotchart関数

リスト9.12のようにしてdotchart関数を利用してドットプロットを作図できます（図9.14）。ドットプロットは散布図の一種ですが、水準ごとに1点定まるようなデータにおいて、水準ごとの散らばり具合を表現するのに利用できます。

リスト9.12　dotchart.R

```
# ドットプロットを描画する
dotchart(VADeaths, main = "バージニア州における世代別死亡率（1940 年）")
```

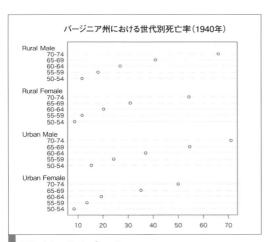

図9.14　ドットプロット

9-4-5 箱ひげ図

箱ひげ図は、水準ごとのデータの分布を見るのに適しています。ドットプロットや散布図が個々のデータポイントをグラフ上に落とすのに対して、箱ひげ図は要約統計量を見やすく表示します。箱ひげ図は図9.15のように、最小値、第1四分位点、中央値、第3四分位点、最大値を図示します。最小値（最大値）は第1四分位点（第3四分位点）から一定範囲内にあるデータの最小値（最大値）です。その範囲は通常IQR（第1四分位点と第3四分位点の距離）の1.5倍です。

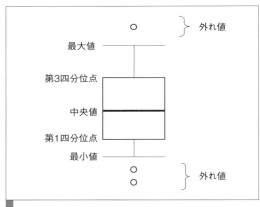

図9.15 箱ひげ図の見方

■boxplot関数

箱ひげ図の作図は、**リスト9.13**のようにしてboxplot関数を使います（**図9.16**）。

リスト9.13　boxplot.R

```
# 箱ひげ図をプロットする
boxplot(
    Sepal.Length ~ Species, data = iris,
    xlab = "種",
    ylab = "がく片の長さ[cm]",
    main = "アヤメの種ごとのがく辺の長さ"
)
```

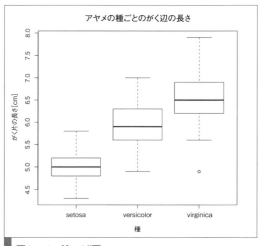

図9.16　箱ひげ図

パラメータにベクトルを与えてそのベクトルの箱ひげ図を描画することもできますが、分布の比較をしたいような場合にY ~ Xの形式のformulaオブジェクトをパラメータに設定することで、因子Xの水準ごとにYの箱ひげ図を作図できます。

9-4-6 円グラフ

円グラフは、水準ごとの全体に占める割合を示すグラフです。

■pie関数

円グラフは**リスト9.14**のようにしてpie関数でプロットできます（**図9.17**）。

リスト9.14　pie.R

```
# 学部ごとの人数を集計する
count <- apply(UCBAdmissions, 3L, sum)
# 円グラフをプロットする
pie(
    count,
    main = "UC Berkeleyの学部別大学院進学希望者",
    col = gray.colors(length(count))  # グレースケールで表示
)
```

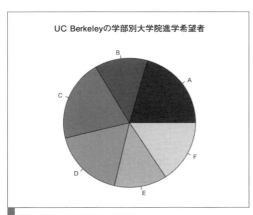

図9.17　円グラフ

デフォルトでは、円グラフは3時の方向を起点として反時計回りにデータを積み上げます。これは数学における角度の扱いと同じで、x軸の正の方向を0度として反時計回りに角度を数えるからです。慣れ親しんだ12時の方向から時計回りに表示される円グラフをプロットするには、**リスト9.15**のようにclockwiseパラメータにTRUEを指定します（**図9.18**）。

リスト9.15　pieclockt.R

```
# 12時から時計回りに円グラフを作成する。
pie(
    count,
    clockwise = TRUE,
    main = "UC Berkeley の学部別大学院進学希望者",
    col = gray.colors(length(count))    # グレースケールで表示
)
```

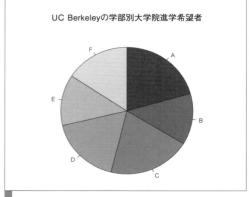

図9.18　円グラフ（方向の調整）

pie関数のヘルプにも記載されていますが、割合データを表現するのに円グラフはあまり適切ではありません[注1]。代わりに割合化した積み上げ棒グラフ（帯グラフ）やモザイクプロットの使用を検討してください。**リスト9.16**では帯グラフをプロットしています（**図9.19**）。

リスト9.16　ratio.R

```
# 集計データを百分率に変換する
ratio <- count / sum(count) * 100
# 棒グラフ（帯グラフ）をプロットする
par(mar = c(5.1, 2.1, 4.1, 6.1))
barplot(
    as.matrix(ratio),
    horiz = TRUE,
    main = "UC Berkeley の学部別大学院進学希望者",
    xlab = "割合（%）",
    xpd = TRUE,
    legend.text = names(ratio),
    args.legend = list(
        x = 105,
```

（注1）　地図上に割合データを表示したい場合など、グラフを表示する位置が重要になるようなケースは、円グラフは中心が定まるので見やすいグラフができます。

```
        xjust = 0
    )
)
```

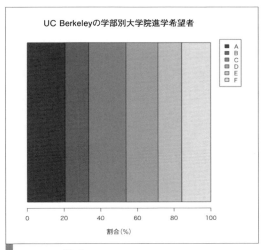

図9.19　帯グラフ

9-4-7 モザイクプロット

モザイクプロットは、多次元の分割表（クロス集計表）の表示に適しています。モザイクプロットを描画すると、どの組み合わせのデータが多いかを視覚的に捉えることができます。

■mosaicplot関数

リスト9.17のようにmosaicplot関数を用いてモザイクプロットを作成できます（図9.20）。

リスト9.17　mosaicplot.R
```
# モザイクプロットを描画する
mosaicplot(UCBAdmissions)
```

Part 4 データ可視化

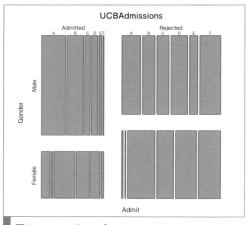

図9.20 モザイクプロット

9-4-8 ヒストグラム

ヒストグラムは、データを階級ごとに分割し、階級とその頻度を図示したグラフです。ヒストグラムは棒グラフに似ていますが、棒グラフは棒の長さが意味を持つのに対して、ヒストグラムは棒の面積（階級幅×頻度）が意味を持ちます。

■hist関数

ヒストグラムをプロットするにはリスト9.18のようにしてhist関数を用います（図9.21）。

リスト9.18 hist.R

```
# 乱数を再現させるために乱数シードを固定
set.seed(12345)
# ヒストグラムを描画する
x <- rnorm(100)
hist(x, main = "正規乱数のヒストグラム")
```

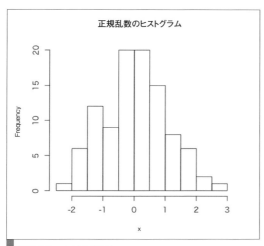

図9.21 ヒストグラム

縦軸を絶対頻度ではなく相対頻度にしたい場合は、**リスト9.19**のようにfreqパラメータにFALSEを与えます(**図9.22**)。相対頻度でヒストグラムを作成すると、棒の面積の合計が1になります。

リスト9.19 histfreqf.R

```
# 相対頻度でヒストグラムを作成する
hist(x, freq = FALSE, main = "正規乱数のヒストグラム")
```

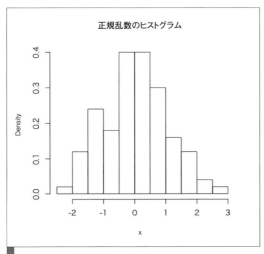

図9.22 相対頻度のヒストグラム

Part 4 データ可視化

ヒストグラムの階級幅を指定する場合は、**リスト9.20**のようにbreaksパラメータを指定します（**図9.23**）。階級幅は必ずしも一様でなくても構いません。breaksパラメータで指定した範囲以外にデータが存在するとエラーになります。たとえば乱数シードの設定で`set.seed(8)`してからxを生成すると、次のコードはエラーになることが確認できます。

リスト9.20　histbreaks.R

```
# 相対頻度でヒストグラムを作成する
breaks <- seq(-3, 3, by = 0.4)
hist(x, breaks = breaks, main = "正規乱数のヒストグラム")
```

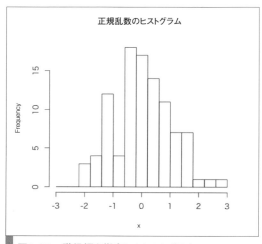

図9.23　階級幅を指定したヒストグラム

9-4-9 ヒートマップ

ヒートマップは、行列状の値を、その値の大小に応じた色で可視化したものです。デンドログラム（樹形図）とともにデータを並び替えて示すのが典型的な方法で、行および列におけるデータの階層構造を整理できます。

■heatmap関数

ヒートマップの作成には**リスト9.21**のようにheatmap関数を用います（**図9.24**）。

リスト9.21　heatmap.R

```
# デンドログラム付きのヒートマップを作成する
heatmap(
    VADeaths,
    cexRow = 1, cexCol = 1,    # 文字の大きさ
```

```
    margins = c(7, 0),
    main = "バージニア州死亡率"
)
```

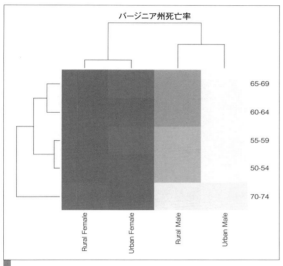

図9.24　ヒートマップ

グラフの側面に描画されたデンドログラムは、それぞれの軸での類似度（階層クラスタリング）を示しています。

座標データのように、行および列の順序に意味がある場合は、デンドログラムを作成するためにデータを並び替えると都合がよくありません。heatmap関数のパラメータでデンドログラムを無効にすることもできますが、**リスト9.22**のようにしてimage関数を使って行列データをそのまま図に落とすのが良いでしょう（**図9.25**）。

リスト9.22　image.R

```
# デンドログラムなしのヒートマップを作成する。
image(volcano, col = terrain.colors(10), main = "マウント・イーデンの標高")
```

Part 4 データ可視化

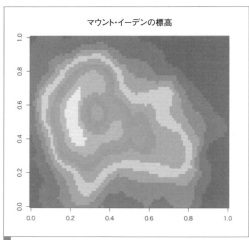

図9.25　デンドログラムのないヒートマップ

9-4-10 等高線プロット

等高線プロット（コンタープロット）は、ヒートマップのように、値の大小を表現するための手法です。同じ値の点同士を線で結ぶことで、値の大きさの輪郭を浮かび上がらせることができます。

■contour関数

contour関数により**リスト9.23**のようにして等高線プロットが作図できます（**図9.26**）。

リスト9.23　contour.R

```
# contour関数による等高線プロット
contour(volcano, main = "マウント・イーデンの標高")
```

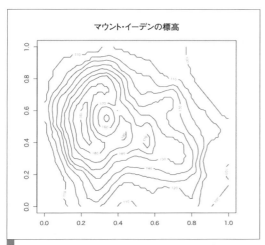

図9.26 等高線プロット

リスト9.24のようにfilled.contour関数を使うとヒートマップのように値の大小をグラデーションで表現できます（**図9.27**）。

リスト9.24　filledcontour.R
```
# filled.contour関数による等高線プロット
filled.contour(volcano, color.palette = terrain.colors, main = "マウント・イーデンの標高")
```

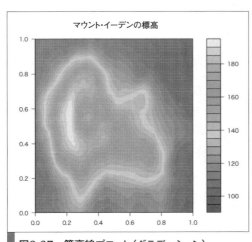

図9.27 等高線プロット（グラデーション）

9-4-11 3次元プロット

3次元のグラフをプロットするには、persp関数を用います。

■persp関数

図は2次元上に投影されるため、どの角度からグラフを見るかによって見た目が変わります。リスト9.25のように横方向の回転はthetaパラメータ、縦方向の回転はphiパラメータによって設定できます（図9.28）。

リスト9.25　persp.R

```r
# 3次元プロットを行う
x <- seq(-3, 3, length.out = 100)
y <- x
z <- outer(x, y, function(x, y) { cos(-(x^2 + y^2 - x * y)) * exp(-(x^2 + y^2) / 2) })
par(mar = rep(2, 4), mfcol = c(3, 3))
# 見る角度を変えながらプロットする
for (theta in c(-90, -45, 0)) {
    for (phi in c(45, 0, -45)) {
        persp(x, y, z, theta = theta, phi = phi)
    }
}
```

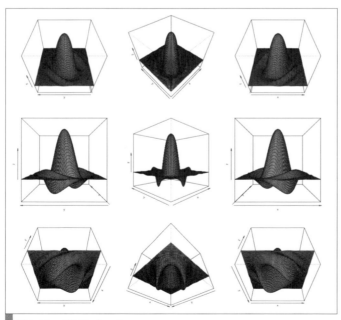

図9.28　3次元プロット

9-5 高水準描画関数と低水準描画関数

これまでに紹介したplotやhistといった関数を呼び出すことによってグラフをプロットするような関数を高水準描画関数と呼びます。これに対して、すでに作成された描画領域に対して描画を追加していくような関数を低水準描画関数と呼びます。

9-5-1 低水準描画関数

低水準描画関数は、たとえば線を引くといった、単純な図を描くことに特化しています。低水準描画関数のみを用いて複雑なグラフを作図するのは困難です。高水準描画関数で作成したプロットの上に低水準描画関数を用いて図を重ねていくことで、目的とするグラフを作り上げていきます。

高水準描画関数と低水準描画関数の関係を図9.29に示します。

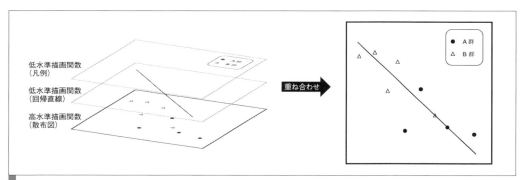

図9.29　高水準描画関数に低水準描画関数でグラフを重ね合わせる

9-5-2 新規描画領域の作成

描画を行うためには、まず最初に描画領域を新たに作成しなければなりません。高水準描画関数では、描画領域を作成してさらにそれぞれの関数に応じた描画処理を一括で行っています。

■plot.new関数

低水準描画関数のみを用いてグラフを作成したい場合は、描画領域を新規に作成します。新規描画領域の作成には、plot.new関数またはそのエイリアスであるframe関数を用います。

```
# 新規描画領域を作成する
plot.new()
```

9-5-3 描画領域の範囲指定

新規に描画領域を作成すると、次は描画領域のxy軸の範囲を設定します。新規描画領域を作成された段階では、x軸y軸ともに0-1の範囲が設定されています。描画領域の範囲を指定するには、**リスト9.26**のようにplot.window関数を用います（**図9.30**）。

リスト9.26　window.R

```
# x軸の範囲を0から5、y軸の範囲を0から1に指定する
plot.new()
plot.window(c(0, 5), c(0, 1))
axis(1L)
axis(2L)
title("範囲指定")
```

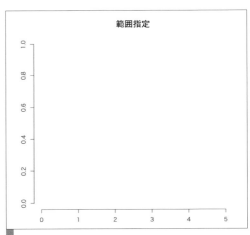

図 9.30　描画領域の範囲指定

■対数軸の指定

対数軸を指定したい場合はlogパラメータを**表9.3**のように指定します。

表9.3　logパラメータの設定

logパラメータの値	x軸対数	y軸対数
""（空文字列）	-	-
"x"	○	-
"y"	-	○
"xy"または"yx"	○	○

リスト9.27はx軸を対数に指定しています（**図9.31**）。

■ リスト9.27　plotwindowlog.R
```
# x軸を対数スケールで描画領域の範囲指定をする
plot.new()
plot.window(c(0.01, 100), c(0, 1), log = "x")
axis(1L)
axis(2L)
title("対数軸")
```

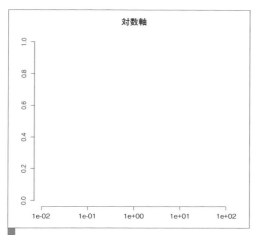

図9.31　対数軸

■アスペクト比の指定

アスペクト比を指定するには、**リスト9.28**のようにaspパラメータを指定します。**図9.32**は**図9.30**と同じ範囲を指定していますが、アスペクト比を1に指定しているため、x軸とy軸のスケールが一致しています。

■ リスト9.28　windowasp.R
```
# アスペクト比1で描画領域の範囲指定をする
plot.new()
plot.window(c(0, 5), c(0, 1), asp = 1)
axis(1L)
axis(2L)
title("アスペクト比指定")
```

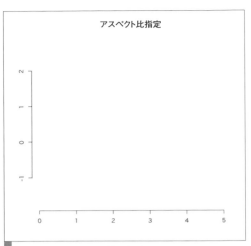

図9.32 アスペクト比の指定

9-5-4 描画領域枠の作成

グラフの描画領域の枠を作成するには、box関数を使います。

■box関数

リスト9.29のようにbox関数のwhichパラメータに値を指定すると、その値に応じた場所に枠を描画します。whichパラメータによる枠の描画位置の違いは表9.4の通りです。

表9.4 whichパラメータの設定

which	説明
"plot"	現在の描画領域のマージンの内側（デフォルト値）
"figure"	現在の描画領域のマージンの外側
"inner"	全描画領域のマージンの内側
"outer"	全描画領域のマージンの外側

図9.33のように図示してみるとわかりやすいでしょう。

リスト9.29 boxwhich.R

```
# 2x2の描画領域を用意する
par(mfrow = c(2, 2), mar = rep(1, 4), oma = rep(1, 4))
plot.new()

# 枠を描画する
box(which = "plot", lty = "solid", lwd = 1)
box(which = "figure", lty = "dotted", lwd = 1)
box(which = "inner", lty = "dashed", lwd = 2)
```

```
box(which = "outer", lty = "longdash", lwd = 2)
```

図9.33　枠

9-5-5　軸

描画領域内の横軸（x軸）と縦軸（y軸）を描画するのは**axis**関数です。

■axis関数

axis関数の主なパラメータを**表9.5**に示します。

表9.5　axis関数のパラメータ

パラメータ	説明
side	軸の位置（1：下、2：左、3：上、4：右）
at	座標のどの位置に目盛線を描くか
labels	目盛線に添えられるラベルを自動で記述するか（真偽値）、または、ラベルを表す文字列ベクトル
tick	目盛線を表示するか
line	軸を描画する際に、枠の位置から何行分ずらして描画するか
pos	座標軸のどの位置に軸を描画するか（lineより優先される）
outer	TRUEを指定した場合、現在の描画領域ではなく外側のマージンに軸を描画する

描画領域内の横軸と縦軸は**リスト9.30**のようにしてプロットします（**図9.34**）。

リスト9.30　axis.R

```
# 2x1の描画領域を用意する
par(mfrow = c(2, 1), mar = c(0.6, 4.1, 0.6, 2.1), oma = c(4.1, 0, 0, 0))

# 上パネルのプロット
```

```r
plot(sin, xlim = c(0, 2 * pi), axes = FALSE, xlab = "", ylab = "")
# y 軸を描く
axis(2, at = c(-1, 0, 1), las = 1)

# 下パネルのプロット
plot(cos, xlim = c(0, 2 * pi), axes = FALSE, xlab = "", ylab = "")
# y 軸を描く
axis(2, at = c(-1, 0, 1), las = 1)

# 2プロットに共通のx軸を描画する
axis(
    1,
    at = seq(0, 2, by = 0.5) * pi,
    labels = c(
        0,
        expression(paste(frac(1, 2), pi)),
        expression(pi),
        expression(paste(frac(3, 2), pi)),
        expression(paste(2, pi))
    ),
    outer = TRUE,
    padj = 0.5
)
```

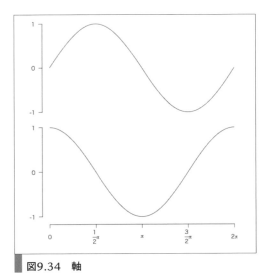

図9.34 軸

9-5-6 タイトル

図のタイトルをtitle関数で描画できます。

■title関数

title関数の主なパラメータを表9.6に示します。

表9.6 title関数のパラメータ

パラメータ	説明
main	メインタイトル
sub	サブタイトル
xlab	x軸のラベル
ylab	y軸のラベル
line	描画する際にデフォルトの位置から何行分ずらして描画するか
outer	TRUEを指定した場合、現在の描画領域ではなく外側のマージンに描画する

リスト9.31のようにしてタイトルをプロットします（図9.35）。

リスト9.31 title.R

```
# タイトルを title 関数を用いて表示する
plot(rnorm(50), xlab = "", ylab = "")
title("メインタイトル", "サブタイトル", "x 軸ラベル", "y 軸ラベル")
```

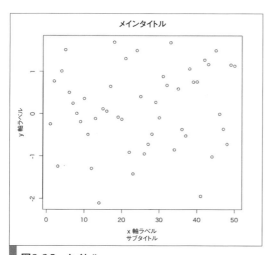

図9.35 タイトル

9-5-7 点

プロット中に点を描画するには、points関数を利用します。

■points関数／rug関数

points関数はS3のジェネリック関数ですので、パラメータに与えたクラスによって描画する方法が変わります。points関数のデフォルト関数の主なパラメータを**表9.7**に説明します。

表9.7　points関数のパラメータ

パラメータ	説明
x	x座標を表す数値ベクトル
y	y座標を表す数値ベクトル

点をx軸またはy軸に射影した位置に表示する目盛線をラグ（rug）といいます。ラグとは玄関に敷く小型のカーペットのようなものですが、平らな物の上に毛が立っている様子が似ています。rug関数の主なパラメータを**表9.8**に示します。

表9.8　rug関数のパラメータ

パラメータ	説明
x	x座標（またはy座標）を表す数値ベクトル
ticksize	ラグのサイズ
side	ラグを表示する軸（1：下、2：左、3：上、4：右）
quiet	ラグが描画領域の範囲外に存在する場合に出力される警告を表示しないようにするか

points関数およびrug関数の例を**リスト9.32**示します（**図9.36**）。

リスト9.32　points.R

```
# 描画領域を作成する
par(mar = rep(0.1, 4))
plot.new()
box()

# 出力データを作成する
x <- runif(50)
y <- runif(50)

# 点を描画する
points(x, y)
rug(x, side = 3)
rug(y, side = 4)
```

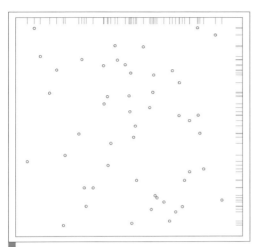

図9.36 点

9-5-8 線

プロット中に線を重ね合わせる場合は、**表9.9**に示すような関数を用います。

表9.9 線を重ね合わせる関数

関数	説明
lines	座標を指定した線分の描画
segments	端点の座標を指定した線分の描画
arrows	端点の座標を指定した矢印の描画
abline	直線式のパラメータを指定した直線の描画
grid	グリッドの描画

■lines関数

lines関数はpoints関数と同じようにS3のジェネリック関数です。デフォルト関数定義は、points関数と同じようにx座標とy座標をそれぞれ与えます。lines関数のデフォルト関数は、points関数のデフォルト関数のtypeパラメータに"l"を与えたものと同じ挙動をします。**リスト9.33**のようにして線を描画します（**図9.37**）。

リスト9.33　lines.R

```
# 描画領域を作成する
par(mar = c(2.1, 2.1, 0.1, 0.1))
plot.new()
axis(1)
axis(2)
```

```
# lines関数で線を描画する
lines(c(0, 0.5, 0.5, 1), c(1, 0.5, 0, 1))
```

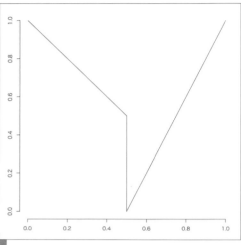

図9.37　lines関数

■segments関数／arrows関数

segments関数とarrows関数は、2点分の座標を指定することで、その点の間に線分を引きます。segments関数の主なパラメータは、**表9.10**のとおりです。

表9.10　segments関数のパラメータ

パラメータ	説明
x0	1つ目の端点のx座標を表す数値ベクトル
y0	1つ目の端点のy座標を表す数値ベクトル
x1	2つ目の端点のx座標を表す数値ベクトル
y1	2つ目の端点のy座標を表す数値ベクトル

segments関数は**リスト9.34**のようにして線を描画します（**図9.38**）。

リスト9.34　segments.R

```
# 描画領域を作成する
par(mar = c(2.1, 2.1, 0.1, 0.1))
plot.new()
axis(1)
axis(2)

# segments 関数で線を描画する
segments(0.1, 0.1, 0.9, 0.7)
```

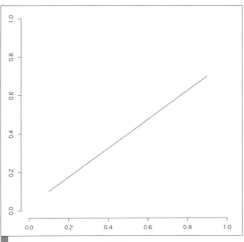

図9.38　segments関数

arrows関数は、segments関数のパラメータに加えて、**表9.11**の矢印の形状に関するパラメータが指定できます。

表9.11　arrows関数のパラメータ

パラメータ	説明
length	やじりの長さ
angle	やじりの開き具合（主線とのなす角度）
code	やじりを表示する位置（0：表示しない、1：始点側、2：終点側、3：両側）

arrows関数は**リスト9.35**のようにして線を描画します（**図9.39**）。

リスト9.35　arrows.R

```
# 描画領域を作成する
par(mar = c(2.1, 2.1, 0.1, 0.1))
plot.new()
axis(1)
axis(2)

# arrows関数で矢印を描画する
arrows(0.1, 0.1, 0.9, 0.7)
arrows(0.5, 0.1, 0.4, 0.9, code = 3, angle = 60)
```

データ可視化

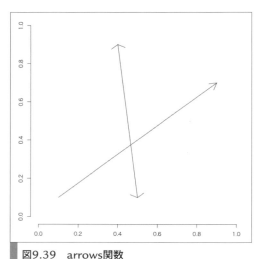

図9.39　arrows関数

■abline関数

abline関数は、回帰直線を描く際によく利用されます。**表9.12**に示すようなパラメータを指定して、直線式を定義して描画します。

表9.12　abline関数のパラメータ

パラメータ	説明
a	y切片、または、線形モデルオブジェクト
b	傾き
h	y軸と垂直に交わる直線のy切片
v	x軸と垂直に交わる直線のx切片

aパラメータにy切片を与えた場合はbパラメータで傾きを定義することで直線式が定まります。**リスト9.36**のようにaパラメータにlm関数で得られた線形モデルオブジェクトを与えると、モデルで推定された回帰直線の傾きおよび切片によって定められる直線式が描画されます（**図9.40**）。

リスト9.36　abline.R

```
# 散布図を作成する
x <- runif(30, 0, 10)
y <- 2 * x - 1 + rnorm(x)
plot(x, y, main = "線形回帰")

# 回帰直線を重ね合わせる
model <- lm(y ~ x)
abline(model, lwd = 2)
```

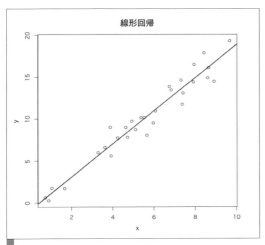

図9.40　abline 関数

■grid関数

grid関数を用いると、グリッドの描画ができます。grid関数の主なパラメータを**表9.13**に示します。

表9.13　glid関数のパラメータ

パラメータ	説明
nx	x軸をいくつに区切るか
ny	y軸をいくつに区切るか

glid関数は**リスト9.37**のようにしてグリッドを描画します（**図9.41**）。

リスト9.37　glid.R

```
# 描画領域を作成する
par(mar = c(3.1, 3.1, 1.1, 1.1))
plot.new()
plot.window(c(0, 10), c(1e-2, 1e+2), log = "y", yaxp = c(1e-2, 1e+2, 3))
axis(1)
axis(2)

# グリッドを描画する
grid(6, 4, col = "black", lwd = 2)
```

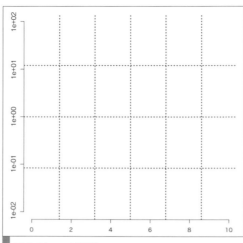

図9.41　grid関数

grid関数は単純に何分割するかを指定したグリッドしか描画することしかできません。細かくどの位置で区切るかを調整したい場合は、abline関数のhパラメータとvパラメータを指定してください。

9-5-9 多角形（矩形）

多角形を描画する低水準関数はpolygon関数およびpolypath関数です。また、矩形（長方形）の描画に特化した関数としてrect関数があります。

■polygon関数／polypath関数／rect関数

多角形を描画するpolygon関数とpolypath関数に共通する主なパラメータを表9.14に示します。

表9.14　polygon関数とpolypath関数のパラメータ

パラメータ	説明
x	x座標
y	y座標
border	多角形の枠の色を指定（NULLまたはTRUE：fgグラフィックスパラメータと同じ、NA：枠なし、そのほか：値が指定する色）

矩形を描画するrect関数の主なパラメータは表9.15のとおりです。

表9.15　rect関数のパラメータ

パラメータ	説明
xleft	左端のx座標
ybottom	下端のy座標
xright	右端のx座標
ytop	上端のy座標
density	NULLの代わりに数値を与えると、矩形内の塗りつぶしの代わりに指定数値インチ間隔の平行線を引く
angle	（densityがNULLでない場合のみ）斜線の角度

rect関数は**リスト9.38**のようにしてグリッドを描画します（**図9.42**）。

リスト9.38　rect.R

```
# 描画領域を作成する
par(mar = rep(0.1, 4))
plot.new()

# 矩形を描画する
rect(0, 0, 0.8, 0.2)
rect(0.2, 0.4, 1, 1, density = 10)
```

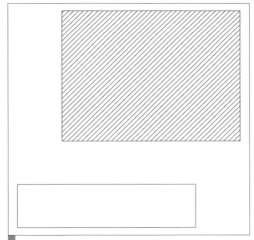

図9.42　矩形

　多角形は**リスト9.39**のように描画します。polygon関数とpolypath関数は、座標にNAが含まれる場合に挙動が異なります。polygon関数においては、座標中のNAは多角形の区切りを意味します。つまりNAの前と後は別の多角形を描画していることになります。polypath関数では、座標中のNAはパスの区切りによってサブパスに分割することを意味します。多角形が区切られるという点では同じですが、区切られた多角形が重なった場合の挙動が異なります。それぞれのサブパスによって作成された多角形同士が重なる場合、その重なりは多角形の中に定義された穴で

あるかのように扱われます。多角形を色で塗りつぶした場合にどのように見えるかが変わります（**図9.43**）。

リスト9.39　polygonpolypath.R

```
# 描画領域を作成する
par(mfrow = c(1, 2), mar = c(0.1, 0.1, 4.1, 0.1))

# polygon 関数で多角形を描画する
plot.new()
title("polygon")
x <- c(0.0, 0.2, 0.8, 1.0, NA, 0.0, 0.2, 0.8, 1.0)
y <- c(0.5, 0.0, 0.5, 0.0, NA, 1.0, 0.5, 1.0, 0.5)
polygon(x, y, col = c("black", "gray"), border = c("black", NA))

# polypath 関数で多角形を描画する
plot.new()
title("polypath")
x <- c(
    0.0, 0.0, 1.0, 1.0, NA,
    0.2, 0.2, 0.8, 0.8, NA,
    0.0, 0.0, 1.0, 1.0, NA,
    0.2, 0.2, 0.8, 0.8
)
y <- c(
    0.0, 0.4, 0.4, 0.0, NA,
    0.1, 0.3, 0.3, 0.1, NA,
    0.6, 1.0, 1.0, 0.6, NA,
    0.9, 0.7, 0.7, 0.9
)
polypath(x, y, col = "gray")
```

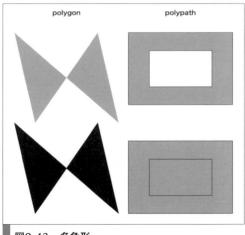

図9.43　多角形

9-5-10 円

Rの標準の低水準描画関数に円（だ円）あるいは円弧を描くための低水準描画関数は定義されていません。**リスト9.40**のように曲線上の点の座標をたくさん計算して、それをpolygon関数やlines関数に与えることで描画します（**図9.44**）。

リスト9.40　polygonlines.R

```r
# 描画領域を作成する
par(mar = c(2.1, 2.1, 0.1, 0.1))
plot.new()
plot.window(c(0, 10), c(0, 10), asp = 1)
axis(1)
axis(2)

# 円を描画する
r <- 3
theta <- seq(0, 2 * pi, by = 0.01)
x <- r * cos(theta) + 2
y <- r * sin(theta) + 2
polygon(x, y)

# 楕円を描画する
x0 <- 4 * cos(theta)
y0 <- 2 * sin(theta)
phi <- 30 * pi / 180
x <- x0 * cos(phi) - y0 * sin(phi) + 5
y <- x0 * sin(phi) + y0 * cos(phi) + 3
polygon(x, y)

# 円弧を描画する
theta <- seq(0, 0.5 * pi, by = 0.01)
x <- 9 * cos(theta)
y <- 9 * sin(theta)
lines(x, y, lty = "dashed")
```

Part 4 データ可視化

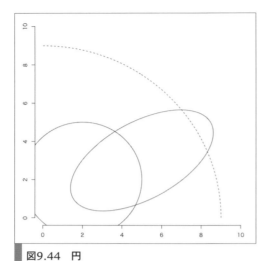

図9.44 円

COLUMN

plotrixパッケージ

plotrixパッケージには、円・楕円・円弧を描画する関数が、それぞれdraw.circle、draw.ellipse、draw.arcという名前で定義されています。次のようにしてplotrixパッケージをインストールします。

```
# plotrixパッケージをインストールする
> install.packages("plotrix", quiet = TRUE)
```

リスト9.41のようにパッケージをロードし、円を描画します（図9.45）。

リスト9.41　rix.R
```
# plotrixパッケージをロードする
library("plotrix")

# 描画領域を作成する
par(mar = c(2.1, 2.1, 0.1, 0.1))
plot.new()
plot.window(c(0, 10), c(0, 10), asp = 1)
axis(1)
axis(2)

# 円を描画する
draw.circle(2, 2, radius = 3)
```

```
# だ円を描画する
draw.ellipse(5, 3, a = 4, b = 2, angle = 30)
# 円弧を描画する
draw.arc(0, 0, radius = 9, deg1 = 0, deg2 = 90, lty = "dashed")
```

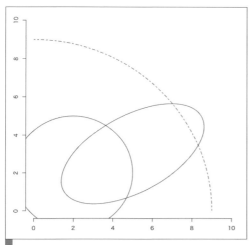

図9.45　plotrixパッケージによる円の描画

　plotrix パッケージのdraw.circle関数は常に真円を描くように実装されているので、アスペクト比が1でない場合に真円を描きたい場合はdraw.circle関数を利用するのが簡単です。

9-5-11　文字列

　文字列の描画はtext関数またはmtext関数を用います。

■text関数／mtext関数

　text関数はプロット領域内の座標の位置に文字列を描画し、mtext関数はマージン領域に文字列を描画します。

　text関数の主なパラメータを**表9.16**に示します。

表9.16　text関数のパラメータ

パラメータ	説明
x	x座標
y	y座標
labels	出力文字列
pos	座標に対してどの位置に描画するか（NULL：座標位置、1：座標位置の下、2：座標位置の左、3：座標位置の上、4：座標位置の右）
offset	（posで1-4を指定した場合）何行分ずらした位置に描画するか

mtext関数の主なパラメータを表9.17示します。

表9.17 mtext関数のパラメータ

パラメータ	説明
text	出力文字列
side	軸の位置（1：下、2：左、3：上、4：右）c
at	座標のどの位置に目盛線を描くか
line	軸を描画する際に、枠の位置から何行分ずらして描画するか
outer	TRUEを指定した場合、現在の描画領域ではなく外側のマージンに軸を描画する

リスト9.42のコードとその出力例（図9.46）を見ればtext関数とmtext関数の担当する描画領域の違いがわかるでしょう。

リスト9.42　textmtext.R

```
# 描画領域を作成する
par(mar = rep(4.1, 4))
plot.new()
box()

# text 関数で文字列を描画する
text(0.5, 0.5, "中")
text(0.5, 0.5, c("下", "左", "上", "右"), pos = 1:4)
text(0.5, 0.5, paste0("かなり", c("下", "左", "上", "右")), pos = 1:4, offset = 5)

# mtext 関数で文字列を描画する。
mtext(paste0("外側", c("下", "左", "上", "右")), side = 1:4)
mtext(paste0("外側かなり", c("下", "左", "上", "右")), side = 1:4, line = 3)
```

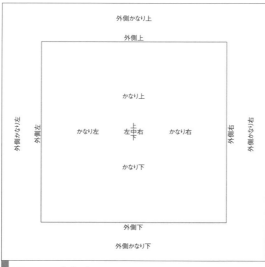

図9.46　文字列

9-5-12 凡例

凡例も低水準描画関数でプロットに重ね合わせることができます。

■legend関数

凡例は legend 関数を用いることで描画できます。legend 関数の主なパラメータを表9.18に示します。

表9.18　legend関数のパラメータ

パラメータ	説明
x	x座標、または、位置を示すキーワード文字列
y	y座標
legend	凡例文字列
pch	凡例の対象となる点の種類
lty	凡例の対象となる線の種類
col	凡例の対象となる点または線の種類
xjust	x軸方向の凡例の表示位置（0：左寄せ、0.5：中央寄せ、1：右寄せ）
yjust	y軸方向の凡例の表示位置（0：上寄せ、0.5：中央寄せ、1：下寄せ）
x.intersp	凡例の対象となる点または線と説明文の間のスペース
y.intersp	凡例間のスペース
inset	xをキーワードで指定した場合に指定位置からどれだけプロット領域の内側にずらして凡例を描画するか

xパラメータに指定できるキーワードは、表9.19のとおりです。

表9.19　xパラメータのキーワード

xパラメータ	位置
"center"	中央
"top"	上
"bottom"	下
"left"	左
"right"	右
"topleft"	左上
"topright"	右上
"bottomleft"	左下
"bottomright"	右下

リスト9.43のようにして凡例を描画します（図9.47）。

リスト9.43　legend.R

```
# 描画領域を作成する
par(mar = c(4.1, 4.1, 0.1, 0.1))
plot.new()
box()
axis(1)
axis(2)
```

Part 4 データ可視化

```
# 凡例を描画する
legend("topleft", "左上")
legend("topright", "右上", inset = 0.1)
legend(0.2, 0.6, c("点", "線", "両方"), pch = c(1, NA, 2), lty = c(NA, 1, 2), x.intersp
 = 4)
legend(0.8, 0.2, c("点", "線", "両方"), pch = c(1, NA, 2), lty = c(NA, 1, 2), xjust =
 0.5, yjust = 0.5)
```

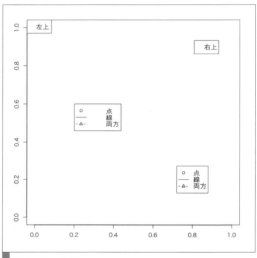
図9.47　凡例

9-6　ラスタ画像

ラスタ画像は色のついたドットの集合を表すデータ形式です。

■rasterクラス

ラスタ画像形式のオブジェクトを表すためにrasterというクラスがあります。rasterクラスのオブジェクトを描画するために、rasterImage関数を用います。rasterImage関数の主なパラメータを**表9.20**に示します。

表9.20　rasterImage関数のパラメータ

パラメータ	説明
image	rasterオブジェクト
xleft	左端のx座標
ybottom	下端のy座標

パラメータ	説明
xright	右端のx座標
ytop	上端のy座標
angle	回転角
interpolate	画像の補間処理を行うか

rasterImageを利用してグラフ領域中にラスタ画像を出力する例を**リスト9.44**に示します（**図9.48**）。

リスト9.44　rasterImage.R

```
# 描画領域を作成する
par(mar = rep(0.1, 4))
plot.new()

# ラスタ画像を描画する
colors <- matrix(c("#FF0000", "#0000FF", "#00FF00", "#FFFF00"), 2, 2)
image <- as.raster(colors)
rasterImage(image, 0, 0, 0.2, 0.2, interpolate = FALSE)
rasterImage(image, 0.2, 0.2, 1, 1, angle = -20, interpolate = TRUE)
```

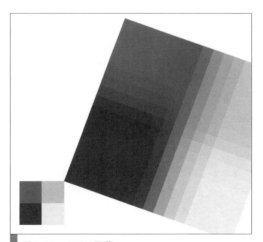

図9.48　ラスタ画像

9-7　グラフィックスデバイス

　グラフィックスデバイスは、描画を行う対象となるものです。たとえばビットマップ、ウィンドウ、PDFといったものがグラフィックスデバイスです。初期状態ではウィンドウにプロットの結果を描画しますが、**png**関数や**pdf**関数を呼び出すことにより、それぞれの関数に応じたグラフィックスデバイスに切り替わります。Rに定義されているグラフィックスデバイスには、次

の表9.21に示すものがあります。利用可能なグラフィックスデバイス一覧は、help(Devices)で確認できます。

■ 表9.21 Rの主なグラフィックスデバイス

出力型式	関数	備考
PNG	png	
JPEG	jpeg	
ビットマップ	bmp	
SVG	svg	
PDF	pdf	
	cairo_pdf	
PostScript	postscript	
	cairo_ps	
ウィンドウ	windows	Windowsのみ
	quartz	Mac OSのみ
	X11	

グラフィックスデバイスには、直線を描画するとか、円を描画するといった基本的な命令が実装されています。Rがグラフィックスデバイスに対して描画処理命令を送ると、グラフィックスデバイスはそれに応じて描画処理を行います。

現在の描画の対象となっているグラフィックスデバイスを取得するには、dev.cur関数を用います。また、現在開いているグラフィックスデバイスの一覧を表示するには、dev.list関数を用います。いずれの関数も結果は名前付きの整数ベクトルで、名前はグラフィックスデバイス名で、値は1から始まるグラフィックスデバイスのインデックスです。dev.cur関数は、まだplot.new関数などが呼ばれておらず描画処理が始まっていないとき"null device"という名前の1という結果を返します。null deviceはデバイスが開いていないことを示す特殊なグラフィックスデバイスです。

グラフィックスデバイスを開くたびに、インデックスが2、3、4、...と1ずつインクリメントされていきます。現在のグラフィックスデバイスから見て前のグラフィックスデバイスのインデックスを取得するにはdev.prev関数を、次のグラフィックスデバイスのインデックスを取得するにはdev.next関数を使います。現在のグラフィックデバイスのインデックスが2の場合、前のインデックスは1ですのでdev.prev関数は1を返しそうですが、インデックス1に対するグラフィックスデバイスはnull deviceですので、これをスキップして最後に開いたグラフィックスデバイスのインデックスが返ります。逆に最後に開いたグラフィックスデバイスが現在のグラフィックスデバイスの場合は、dev.next関数は2を返します。

描画処理は現在のグラフィックスデバイスが対象となります。現在のグラフィックスデバイスを変更するには、dev.set関数を呼び出します。dev.set関数にパラメータを与えないで呼び出した場合は、次の(dev.next()によって返されるインデックスの)グラフィックスデバイスが現

在のグラフィックスデバイスに設定されます[注2]。

グラフィックスデバイスを閉じて描画を終了するには、`dev.off`関数または`graphics.off`関数を用います。`dev.off`関数は指定されたインデックス（省略時は現在のグラフィックスデバイス）のグラフィックスデバイスを閉じます。`graphics.off`関数はすべてのグラフィックスデバイスを閉じます。グラフィックスデバイスが閉じられていないと、ファイルがロックされて読み書きできないなどの問題が起こる場合があります。グラフィックスデバイスの描画処理が完了したら、グラフィックスデバイスは必ず閉じるようにしてください。

```
# 現在のグラフィックスデバイスを取得する
> dev.cur()
quartz_off_screen
                2

# 新しいグラフィックスデバイスを開く
> png("new-1.png")
> dev.cur()
quartz_off_screen
                3

# さらに新しいグラフィックスデバイスを開く
> png("new-2.png")
> dev.cur()
quartz_off_screen
                4

# さらに新しいグラフィックスデバイスを開く
> png("new-3.png")
> dev.cur()
quartz_off_screen
                5

# グラフィックスデバイスの一覧を表示する
> dev.list()
quartz_off_screen quartz_off_screen quartz_off_screen quartz_off_screen
                2                 3                 4                 5

# 2 番目のグラフィックスデバイスを現在のグラフィックスデバイスに設定する
> dev.set(2)
quartz_off_screen
                2
```

（注2） RStudioを利用している場合は注意が必要です（バージョン 0.99時点）。RStudioのデフォルトグラフィックスデバイスであるRStudioGDを開くと、同時に別のグラフィックスデバイスRStudioGDの次に開きます。ここで開かれたグラフィックスデバイスを現在のグラフィックスデバイスに設定すると、処理自体は成功しますが、実際にはRStudioGDが現在のグラフィックスデバイスに設定されます。現在のグラフィックスデバイスがRStudioGDのときにdev.set()でRStudioGD次のグラフィックスデバイスを指定しようとすると、RStudioGDが開いた別のグラフィックスデバイスが指定されますが、RStudioGDに戻されてしまうのでグラフィックスデバイスが変更されません。これを防ぐためには、dev.set関数に直接インデックスを指定するしかありません。

Part 4 データ可視化

```
# 前のグラフィックスデバイスを取得する
> dev.prev()
quartz_off_screen
                5

# 次のグラフィックスデバイスを取得する
> dev.next()
quartz_off_screen
                3

# グラフィックスデバイスをすべて閉じる
> graphics.off()
```

　一般に画面に対する描画処理は重く、繰り返し行うとパフォーマンスがよくありません。これを防ぐために、描画処理を一時的に停止して、あとでまとめて描画できます。`dev.hold`関数を呼び出すと、指定しただけ停止レベルをインクリメントします。逆に`dev.flush`関数は、指定しただけ停止レベルをデクリメントします。停止レベルが0になった時点で、画面に対する描画処理が行われます。ただし、すべてのグラフィックスデバイスに実装されているわけではないため、グラフィックスデバイスによっては`dev.hold`関数や`dev.flush`関数を利用できません。次の処理は`dev.hold`/`dev.flush`のおかげで一瞬で結果が表示されますが、もし`dev.hold`/`dev.flush`が呼び出されないと結果が表示されるまで数秒かかるでしょう。

```
# 停止レベルを1上げる
> dev.hold()

# 重い描画処理を行う
> plot.new()
> for (i in 1:100) points(runif(1), runif(1))

# 停止レベルを1下げる（描画処理を行う）
> dev.flush()
```

　現在のグラフィックスデバイスに描画されている内容を、別のグラフィックスデバイスにコピーできます。`dev.copy`関数は既存のグラフィックスデバイスを指定してコピーを行います。`dev.print`関数はグラフィックスデバイス関数を指定して、新しいグラフィックスデバイスを開いてそこにコピーします。

```
# コピー対象の描画処理を行う
> plot(1:10, pch = 1:10)

# 描画結果を画像ファイルにコピーする
> dev.print(device = png, filename = "copy.png", width = 600, height = 600)
```

10章 モダンなデータ可視化

Rには標準で組み込まれている plot 関数以外にも、さまざまなデータ可視化のためのパッケージがあります。本章ではR言語の追加パッケージである ggplot2 パッケージと lattice パッケージを用いて、より多彩なデータ可視化の方法を説明します。なお、RStudioを用いた解説を前提としています。

10-1 ggplot2 パッケージによる可視化

ggplot2はR言語におけるグラフ作成のためのパッケージです。R標準のplot関数と比較すると、より簡単に複雑なグラフを描くことができます。ggplot2によるグラフ作成は、定型のグラフを簡単に描く場合は qplot 関数、細かい情報を指定した複雑な描画を行う場合は ggplot 関数を使用します。これらの使い方を見ていきましょう。

まずは ggplot2 を使用するために、パッケージをインストールしましょう。次を実行して、ggplot2 パッケージ本体と、依存関係にあるパッケージすべてをインストールします。

```
# ggplot2のインストール
# 依存関係にあるものも含めて必要なパッケージをインストール
> install.packages("ggplot2", quiet = TRUE)
```

そのあと、library 関数を使用し、ggplot2 パッケージを読み込みます。

```
# パッケージ読み込み
> library(ggplot2)
```

10-1-1 qplot関数

ggplot2 パッケージの qplot 関数によるグラフを作成します。qplot とは「quick plot」の略です。R標準のplot関数と同じく、qplot 関数は関数の引数に描画するデータ、ラベルなどを指定します。

10-2 グラフ描画

それではqplot関数を用いて、実際にグラフを描いてみましょう。

10-2-1 散布図

まずは散布図を描いてみます。今回はテストデータとしてR標準に組み込まれている、diamondsデータセットを利用します。このデータセットには宝飾用ダイヤモンドの品質を評価する際の基準になる情報と価格についてのデータが含まれています。

```
# ダイヤモンドの品質と価格に関するデータセット
> data(diamonds)
> summary(diamonds)
     carat              cut           color        clarity
 Min.   :0.2000   Fair     : 1610   D: 6775   SI1    :13065
 1st Qu.:0.4000   Good     : 4906   E: 9797   VS2    :12258
 Median :0.7000   Very Good:12082   F: 9542   SI2    : 9194
 Mean   :0.7979   Premium  :13791   G:11292   VS1    : 8171
 3rd Qu.:1.0400   Ideal    :21551   H: 8304   VVS2   : 5066
 Max.   :5.0100                     I: 5422   VVS1   : 3655
```

COLUMN

ggplot2パッケージの日本語の文字化け解消

qplot関数はデフォルトの設定のままの場合、日本語を表示しようとしたときに文字化けを起こします。それを回避するために**リスト10.1**をグラフ作成の前に実行しましょう。引数のbase_familyにMac環境なら"Osaka"、Windows環境なら"Meiryo"、Linuxならシステムにインストール済みの日本語フォント名を指定します。なお、macOS Sierraは標準でOsakaフォントがインストールされていません。

リスト10.1 themeset.R

```
# 文字化けの解消
#   base_family に次の値を設定する
#     Mac: "Osaka"
#     Windows: "Meiryo"
#     Linux: システムにインストール済みの日本語フォント

theme_set(theme_gray(base_family = "Osaka"))
```

今回は背景テーマにtheme_grayを使用しました。背景テーマの詳細については、後述するggplot関数の「背景の変更」の解説部分を参照してください。

```
                          J: 2808   (Other): 2531
    depth            table            price              x
 Min.   :43.00   Min.   :43.00   Min.   :  326   Min.   : 0.000
 1st Qu.:61.00   1st Qu.:56.00   1st Qu.:  950   1st Qu.: 4.710
 Median :61.80   Median :57.00   Median : 2401   Median : 5.700
 Mean   :61.75   Mean   :57.46   Mean   : 3933   Mean   : 5.731
 3rd Qu.:62.50   3rd Qu.:59.00   3rd Qu.: 5324   3rd Qu.: 6.540
 Max.   :79.00   Max.   :95.00   Max.   :18823   Max.   :10.740

       y                z
 Min.   : 0.000   Min.   : 0.000
 1st Qu.: 4.720   1st Qu.: 2.910
 Median : 5.710   Median : 3.530
 Mean   : 5.735   Mean   : 3.539
 3rd Qu.: 6.540   3rd Qu.: 4.040
 Max.   :58.900   Max.   :31.800
```

　リスト10.2のようにqplot関数に引数としてx軸となる列名、y軸となる列名、dataにデータフレーム、mainにグラフのタイトル、xlabにx軸ラベル、ylabにy軸ラベルを設定し、実行します。作成された散布図は**図10.1**のようになります。**図10.1**はカラットと価格の間の関係のみを描画しましたが、カットも加え、3要素間の関係を見たい場合は、引数にcolour = cutを加えて、カットで色を分けることにより3要素間の関係を見ることができます。

リスト10.2　qplot.R（抜粋）

```r
# 散布図
#   x: カラット（連続値）
#   y: 価格 [USドル]（連続値）

qplot(
  carat,
  price,
  data = diamonds,
  main ="ダイヤモンドのカラットと価格の関係",
  xlab="カラット",
  ylab="価格 [$]"
  )
```

Part 4 データ可視化

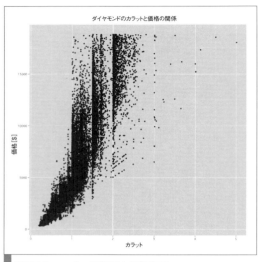

図10.1 qplot関数による散布図

RStudioで実行すると、**図10.2**のようにウィンドウ右下に作成したグラフが表示されます。RStudioでグラフが表示されている領域上部の[Zoom]をクリックすることで、新たにウィンドウが開き、より大きいウィンドウでグラフを確認できます。また、ウィンドウのサイズを自由に変更することもできます。

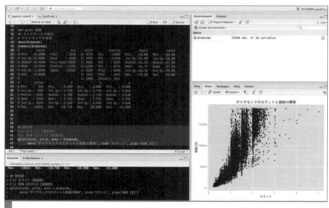

図10.2 RStudio上でのグラフ表示

また、[Export]をクリックして、作成したグラフを画像ファイルやPDFとしてファイルへ保存したり、クリップボードへコピーしたりできます。

リスト10.3を実行すると、**図10.3**が描画されます。

リスト10.3　qplotcolour.R（抜粋）

```
# 散布図（色分け）
#   x: カラット（連続値）
#   y: 価格［USドル］（連続値）

qplot(
  carat,
  price,
  colour = cut,
  data = diamonds,
  main ="カットの評価別ダイヤモンドのカラットと価格の関係",
  xlab="カラット",
  ylab="価格［$］"
  )
```

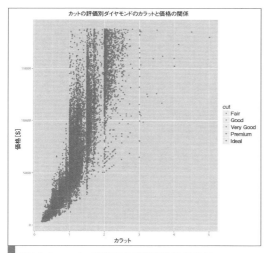

図10.3　qplot関数による散布図の色分け

10-2-2 棒グラフ

　次は棒グラフを描いてみましょう。今回もテストデータとしてdiamondsデータセットを利用します。散布図で使用した引数に加えて、geomの引数に "bar" を指定することで、棒グラフが描画されます。geomについては後述しますが、描画するグラフの種類を指定する引数です。またy軸要素を指定しなかった場合、要素数をカウントしたものがy軸となります。

　それでは**リスト10.4**を実行してみましょう。結果として**図10.4**が描画されます。

Part 4 データ可視化

リスト10.4　geombor.R（抜粋）

```
# 棒グラフ
#   x: カットの評価（離散値）
#   y: 個数［個］（連続値）

qplot(
  cut,
  data = diamonds,
  geom = "bar",
  main = "カットの評価と個数の関係",
  xlab = "評価",
  ylab = "個数［個］"
)
```

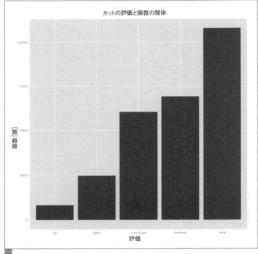

図10.4　qplot関数による棒グラフ

10-2-3 箱ひげ図

今度は箱ひげ図を描いてみましょう。今回もテストデータとしてdiamondsデータセットを利用します。**リスト10.5**のように引数は散布図で使用したものに加えて、geomに"boxplot"を指定することで、箱ひげ図が描画されます（**図10.5**）。

この箱ひげ図を見ることで、主要な要約統計量である、最小値、第1四分位点、中央値、第3四分位点、最大値の5つを一度に確認できます。

リスト10.5　geomboxplot.R（抜粋）

```
# 箱ひげ図
#   x: クラリティの評価（離散値）
#   y: 個数［個］（連続値）

qplot(
  clarity,
  price,
  data = diamonds,
  geom = "boxplot",
  main = "クラリティの評価と個数の関係",
  xlab = "評価",
  ylab = "個数［個］"
  )
```

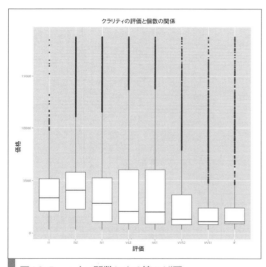

図10.5　qplot関数による箱ひげ図

10-2-4 ヒストグラム

　次はヒストグラム（度数分布表）を描いてみましょう。今回もテストデータとしてdiamondsデータセットを利用します。引数は棒グラフで使用した引数に加えて、`binwidth`に階級を指定します。今回は1000ドルの幅になるように`binwidth`に`1000`を指定します。そして`geom`に`"histogram"`を指定します。

　リスト10.6を実行すると、1000ドルごとに区切った場合の価格帯別ダイヤモンドの個数が描画されます（**図10.6**）。

データ可視化

リスト10.6　geomhistogram.R（抜粋）

```
# ヒストグラム
#   x: 価格 [USドル]（離散値）
#   y: 個数 [個]（連続値）
#
#   binwidth = ヒストグラムの幅を指定

qplot(
  price,
  data = diamonds,
  geom = "histogram",
  binwidth = 1000,
  main = "ダイヤモンドの価格と個数の関係",
  xlab = "価格 [$]",
  ylab = "個数 [個]"
  )
```

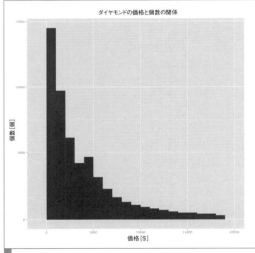

図10.6　qplot関数によるヒストグラム

10-2-5 密度曲線

次は密度曲線を描いてみましょう。今回もテストデータとしてdiamondsデータセットを利用します。密度曲線を描く場合は引数のgeomに"density"を指定します。

リスト10.7を実行すると、ダイヤモンドの価格と個数についての密度曲線が描画されます（図10.7）。

リスト10.7　geomdensity.R（抜粋）

```
# 密度曲線
#   x: 価格［USドル］（連続値）
#   y: 確率（連続値）

qplot(
  price,
  data = diamonds,
  geom = "density",
  main = "ダイヤモンドの価格と個数の関係",
  xlab = "価格 [$]",
  ylab = "確率"
  )
```

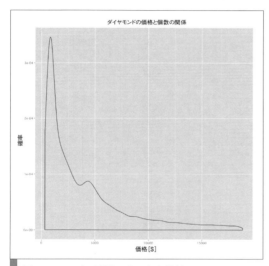

図10.7　qplot関数による密度曲線

10-2-6 折れ線グラフ

次は折れ線グラフの描き方を見てみましょう。今回はテストデータにRに組み込まれているデータセットのうちイギリスの4半期ごとのガス消費量（UKgas）を利用します。実際にデータを確認してみましょう。

```
# イギリスの4半期毎ガス消費量（時系列型）
> data(UKgas)
> print(UKgas)
        Qtr1   Qtr2   Qtr3   Qtr4
1960   160.1  129.7   84.8  120.1
```

Part 4 データ可視化

```
1961  160.1  124.9  84.8  116.9
1962  169.7  140.9  89.7  123.3
1963  187.3  144.1  92.9  120.1
1964  176.1  147.3  89.7  123.3
(以下略)
```

　このデータは時系列型（*time series*）ですので、**as.vector**関数を用いて一度通常のベクトルに変換してからqplot関数の引数に渡します。**リスト10.8**のように引数のgeomに**"line"**を指定することで、折れ線グラフを描画できます。結果は**図10.8**のようになります。

リスト10.8　asvector.R（抜粋）
```r
# 時系列型（time series）を通常のベクトルに変換
x = as.vector(time(UKgas))
y = as.vector(UKgas)

# 折れ線グラフ
qplot(
  x,
  y,
  geom = "line",
  main = "イギリスの4半期毎ガス消費量",
  xlab = "年",
  ylab = "消費量"
  )
```

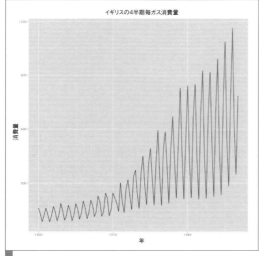

図10.8　qplot関数による折れ線グラフ

10-2-7 qplot関数のグラフ種類

ここまでで紹介したグラフを作成するための引数geomの値をまとめると、**表10.1**のようになります。

表10.1　qplot関数のグラフ種類まとめ

グラフの種類	geom
散布図	(デフォルト)
棒グラフ	"bar"
箱ひげ図	"boxplot"
ヒストグラム	"histgram"
密度曲線	"density"
折れ線グラフ	"line"

10-3　ggplot関数

ここまで、qplot関数による作図方法を見てきました。qplot関数は簡単に美しいグラフを描くことができますが、見た目の細かい部分にこだわりたい場合、不自由な点も多いです。ggplot2のggplot関数を利用すれば、より細かい部分を編集できます。それではggplot関数によるグラフ描画方法について見ていきましょう。

10-3-1 グラフのレイヤ構造

ggplot2はまずベースとなるレイヤをggplot関数で用意して、さまざまな要素(グラフの種類、軸、タイトル、ラベル など)を持つ複数のレイヤを重ねてグラフを描画していきます。イメージとしては図10.9のようになります。

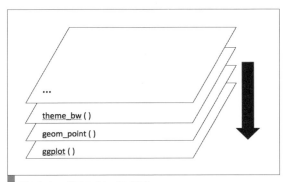

図10.9　グラフのレイヤ構造

10-3-2 折れ線グラフ

それでは実際に最小要素の折れ線グラフを描いてみましょう。テストデータとしてUKgasを利用します。折れ線グラフの作成には、`ggplot`関数に加え、`geom_line`関数を使用します。

■geom_line関数

リスト10.9を実行すると図10.10のグラフが描画されます。

リスト10.9　geomline.R（抜粋）

```r
# データフレームの作成
ukgas <- data.frame(
  x = as.vector(time(UKgas)),
  y = as.vector(UKgas)
  )

# 折れ線グラフの作成
g <- ggplot(ukgas, aes(x = x, y = y)) +
  geom_line()

# グラフの描画
print(g)
```

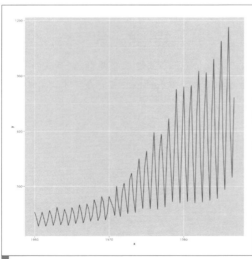

図10.10　ggplot関数による折れ線グラフ（UKgas）

■ggsave関数

次に作成したこのグラフをファイルとして保存しましょう。RStudioの機能を使用しても良い

ですが、ggsave関数を利用すると設定した条件で、グラフの自動保存が可能になります。
次のように実行してみましょう。

```
# 保存
> ggsave(file = "ukgas.png", plot = g, dpi = 100, width = 8.0, height = 8.0)
```

引数の**file**は保存先のファイルパス、**plot**は対象のグラフオブジェクトが格納された変数、縦横の解像度はそれぞれ**dpi × width**もしくは**dpi × hight**です。上記のコードの場合、**800 × 800**のサイズで出力されます。

10-3-3 散布図

次は散布図の描き方を見てみましょう。今回はirisデータセットを利用します。このデータセットは3種類の品種のあやめのがく片の長さと幅、花弁の長さと幅の計測結果を含んでいます。

```
# アヤメの品種データ
> data(iris)
> summary(iris)
  Sepal.Length    Sepal.Width     Petal.Length    Petal.Width
 Min.   :4.300   Min.   :2.000   Min.   :1.000   Min.   :0.100
 1st Qu.:5.100   1st Qu.:2.800   1st Qu.:1.600   1st Qu.:0.300
 Median :5.800   Median :3.000   Median :4.350   Median :1.300
 Mean   :5.843   Mean   :3.057   Mean   :3.758   Mean   :1.199
 3rd Qu.:6.400   3rd Qu.:3.300   3rd Qu.:5.100   3rd Qu.:1.800
 Max.   :7.900   Max.   :4.400   Max.   :6.900   Max.   :2.500
       Species
 setosa    :50
 versicolor:50
 virginica :50
```

今回は散布図ですので、`geom_point`関数を利用します。

■geom_point関数

x軸をPetal.Length、y軸をPetal.Widthとして、Sepal.Widthで点の色、Speciesで点の形を分けてグラフを描きます。点の色は**colour**、点の形は**shape**です。これらを**aes**関数の引数に渡したのち、**geom_point**に渡します。**リスト10.10**を実行すると**図10.11**が描画されます。

リスト10.10 geompoint.R（抜粋）

```
# 散布図の作成
#   colour: Sepal.Width で色分け
```

データ可視化

```
#   shape: Species で形分け
g <- ggplot(iris, aes(x = Petal.Length, y = Petal.Width)) +
  geom_point(aes(colour = Sepal.Width, shape = Species))

# グラフの描画
print(g)
```

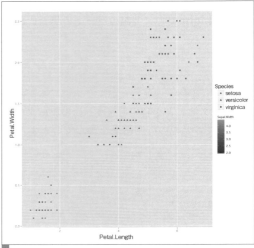

図10.11　ggplot関数による散布図 (iris)

10-3-4 棒グラフ

今度は棒グラフの描き方を見てみましょう。テストデータにはdiamondsデータセットを利用します。棒グラフを描く際にはgeom_bar関数を利用します。

■geom_bar関数

色を分けるにはgeom_bar関数の引数にaes(fill = clarity)を渡します。**リスト10.11**を実行すると**図10.12**の積み上げ棒グラフが出力されます。

リスト10.11　geombaraes.R（抜粋）

```
# 棒グラフの作成（積み上げ）
#   fill: clarity で色分け
g <- ggplot(diamonds, aes(cut)) +
  geom_bar(aes(fill = clarity))

# グラフの描画
print(g)
```

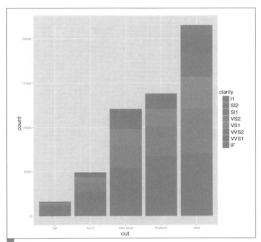
図10.12　ggplot関数による積み上げ棒グラフ（diamonds）

上記グラフを積み上げではなく、要素別に分ける場合はgeom_bar関数の引数にposition = "dodge"を指定します。**リスト10.12**を実行すると**図10.13**の要素別棒グラフが出力されます。

リスト10.12　geombarposition.R（抜粋）

```
# 棒グラフの作成（要素別）
#   fill: clarity で色分け
g <- ggplot(diamonds, aes(cut)) +
  geom_bar(position="dodge", aes(fill = clarity))

# グラフの描画
print(g)
```

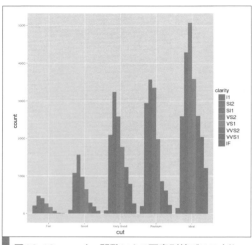

図10.13 ggplot関数による要素別棒グラフ（diamonds）

10-3-5 そのほかのグラフ

ggplot関数を利用して、ここまで紹介した折れ線グラフ、散布図、棒グラフ以外にもさまざまなグラフを描くことができます。グラフの内容をまとめたものを次の**表10.2**に示します。各関数の引数については`help`関数を参照してください。

表10.2 ggplot関数のグラフ種類まとめ

グラフの種類	使用する関数
折れ線グラフ（x軸の昇順）	geom_line
折れ線グラフ（x軸の入力順）	geom_path
散布図	geom_point
棒グラフ	geom_bar
箱ひげ図	geom_boxplot
バイオリンプロット	geom_violin
ヒストグラム	geom_histogram
密度曲線	geom_density
ヒートマップ（タイルの大きさが不定）	geom_tile
ヒートマップ（タイルの大きさが一定）	geom_raster

10-4 ggplot2のグラフ調整用関数

10-4-1 回帰曲線の追加

`geom_smooth`関数を利用すれば、回帰曲線を追加することもできます。

■geom_smooth関数

引数のmethodにlm（線形回帰）、se（標準誤差の範囲）をTRUEに指定して、**リスト10.13**のように実行してみましょう。説明変数をirisデータセットのPetal.Length、目的変数をPetal.Widthとして線形回帰を実行したときの回帰直線と標準誤差の範囲がプロットされます（**図10.14**）。

リスト10.13　geomsmooth.R（抜粋）

```
# 散布図 + 回帰直線の作成
g <- ggplot(iris, aes(x = Petal.Length, y = Petal.Width)) +
  geom_point() +
  geom_smooth(method = lm, se = TRUE)

# グラフの描画
print(g)
```

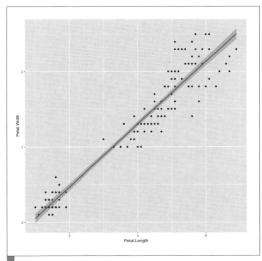

図10.14　線形回帰結果の追加

今回は単純なモデルだったので線形回帰を利用しましたが、geom_smooth関数のmethodにglm、familyに確率分布名（poissonなど）を指定すると一般線形モデルによる回帰もできます。覚えておくと良いでしょう。

■geom_abline関数

切片と傾きのパラメータがすでに判明している場合、geom_abline関数を利用すれば回帰直線をグラフに追加できます。**リスト10.14**を実行すると**図10.15**が描画されます。

リスト10.14　geomabline.R（抜粋）
```
# 散布図 + 回帰直線の作成
g <- ggplot(iris, aes(x = Petal.Length, y = Petal.Width)) +
  geom_point() +
  geom_abline(intercept = -0.3631, slope = 0.4158)

# グラフの描画
print(g)
```

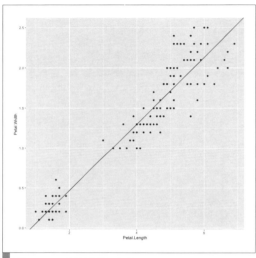

図10.15　回帰直線の追加

■geom_hline関数／geom_vline関数

　また、水平線、垂直線を追加することもできます。前者はgeom_hline、後者はgeom_vlineを利用します。**リスト10.15**のようにPetal.Witdhが0.75のところに水平線、Petal.Lengthが2.5のところに垂直線を引いてみましょう（**図10.16**）。

リスト10.15　geomhvline.R（抜粋）
```
# 散布図 + 水平線・垂直線の作成
g <- ggplot(iris, aes(x = Petal.Length, y = Petal.Width)) +
  geom_point() +
  geom_hline(yintercept = 0.75) +
  geom_vline(xintercept = 2.5)

# グラフの描画
print(g)
```

図10.16　水平線・垂直線の追加

10-4-2 背景の変更

グラフの背景を変更するには、`theme_gray`などの関数を適用します。**表10.3**にまとめます。

表10.3　背景の設定一覧

関数名	背景色	枠線	グリッドライン
theme_gray	グレー	無	白
theme_bw	白	細い黒線	グレー
theme_linedraw	白	黒線	グレー
theme_light	白	薄い黒線	薄いグレー
theme_minimal	白	無	薄いグレー
theme_classic	白	L字の黒線	無

実際に出力を確認してみましょう。**リスト10.16**、**リスト10.17**、**リスト10.18**、**リスト10.19**、**リスト10.20**、**リスト10.21**のコードを実行すると、**図10.17**、**図10.18**、**図10.19**、**図10.20**、**図10.21**、**図10.22**のように背景の変更されたグラフが出力されます。

リスト10.16　themegray.R（抜粋）

```r
# グレーの背景、枠線なし、白のグリッドライン。デフォルト
g <- ggplot(iris, aes(x = Petal.Length, y = Petal.Width)) +
  geom_point(aes(colour = Sepal.Width, shape = Species)) +
  theme_gray()

# グラフの描画
print(g)
```

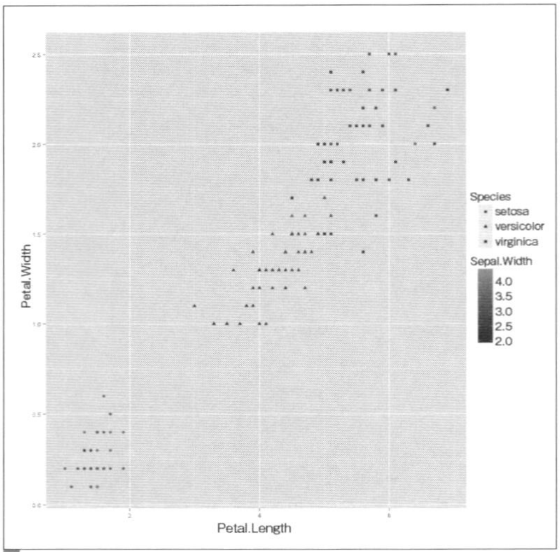

Part 4 データ可視化

図10.17 theme_gray

リスト10.17 themebw.R（抜粋）

```
# 白の背景、細い黒の枠線、グレーのグリッドライン
g <- ggplot(iris, aes(x = Petal.Length, y = Petal.Width)) +
  geom_point(aes(colour = Sepal.Width, shape = Species)) +
  theme_bw()

# グラフの描画
print(g)
```

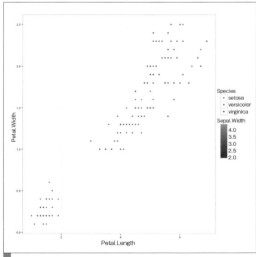

図10.18 theme_bw

リスト10.18　themelinedraw.R（抜粋）

```
# 白の背景、黒の枠線、グレーのグリッドライン
g <- ggplot(iris, aes(x = Petal.Length, y = Petal.Width)) +
  geom_point(aes(colour = Sepal.Width, shape = Species)) +
  theme_linedraw()

# グラフの描画
print(g)
```

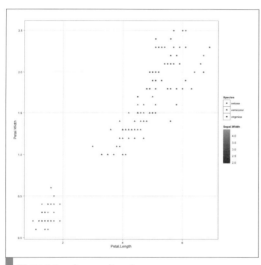

図10.19　theme_linedraw

リスト10.19　themelight.R（抜粋）

```
# 白の背景、薄い黒の枠線、薄いグレーのグリッドライン
g <- ggplot(iris, aes(x = Petal.Length, y = Petal.Width)) +
  geom_point(aes(colour = Sepal.Width, shape = Species)) +
  theme_light()

# グラフの描画
print(g)
```

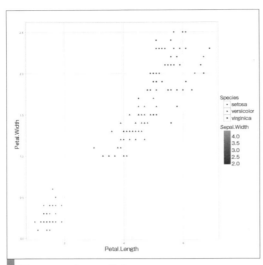

図10.20　theme_light

リスト10.20　thememinimal.R（抜粋）

```
# 枠線なしの theme_bw()
g <- ggplot(iris, aes(x = Petal.Length, y = Petal.Width)) +
  geom_point(aes(colour = Sepal.Width, shape = Species)) +
  theme_minimal()

# グラフの描画
print(g)
```

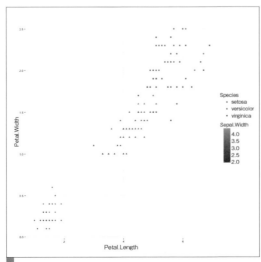

図10.21　theme_minimal

リスト10.21　themeclassic.R（抜粋）

```
# 背景なし、L字の黒の枠線、グリッドラインなし
g <- ggplot(iris, aes(x = Petal.Length, y = Petal.Width)) +
  geom_point(aes(colour = Sepal.Width, shape = Species)) +
  theme_classic()

# グラフの描画
print(g)
```

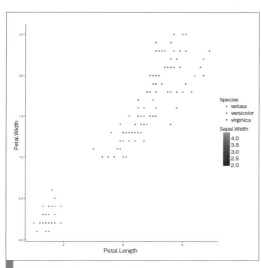

図10.22　theme_classic

10-4-3 タイトルとラベルの設定

グラフのタイトルと各種ラベルを変更するには**表10.4**の関数群を使用します。

表10.4　タイトル・ラベルの変更用関数群

関数名	用途
ggtitle	グラフタイトル
xlab	x軸ラベル
ylab	y軸ラベル
labs	colourやshapeなどのラベル

デフォルトのままだと日本語は文字化けを起こすので、qplot関数のときと同じくtheme関数の`base_family`に適切なフォントを指定します。**リスト10.22**のコードを実行すると**図10.23**が出力されます。

データ可視化

リスト10.22　themetitlelab.R（抜粋）

```
# タイトルとラベルの設定
#   日本語を使う場合 base_family に次の値を設定
#     Windows: "Meiryo"
#     Mac: "Osaka"
#     Linux: システムにインストール済みの日本語フォント

g <- ggplot(iris, aes(x = Petal.Length, y = Petal.Width)) +
  geom_point(aes(colour = Sepal.Width, shape = Species)) +
  theme_bw(base_family = "Osaka") +
  ggtitle("タイトル") +
  xlab("X 軸") +
  ylab("Y 軸") +
  labs(colour = "色") +
  labs(shape = "形")

# グラフの描画
print(g)
```

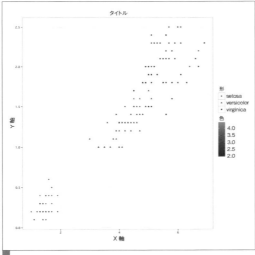

図10.23　タイトル・ラベルの変更

10-4-4　凡例の位置の変更

凡例の位置を変更するには、theme関数の引数にlegend.positionを指定します。指定できる位置は**表10.5**のとおりです。

表10.5 凡例の位置（legend.position）の設定

文字列	場所
"right"	右（デフォルト）
"left"	左
"top"	上
"bottom"	下
"none"	凡例なし

実際に出力を確認してみましょう。**リスト10.23**と**リスト10.24**を実行すると、それぞれ**図10.24**（デフォルト）、**図10.25**（凡例なし）のようなグラフが出力されます。

リスト10.23　legendpositionright.R（抜粋）

```
# 右側、デフォルト
g <- ggplot(iris, aes(x = Petal.Length, y = Petal.Width)) +
  geom_point(aes(colour = Sepal.Width, shape = Species)) +
  theme_bw() +
  theme(legend.position = "right")

# グラフの描画
print(g)
```

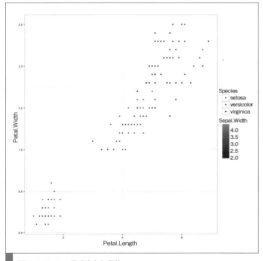

図10.24　凡例（右側）

リスト10.24　legendpositionnone.R（抜粋）

```
# 凡例なし
g <- ggplot(iris, aes(x = Petal.Length, y = Petal.Width)) +
  geom_point(aes(colour = Sepal.Width, shape = Species)) +
  theme_bw() +
```

```
  theme(legend.position = "none")

# グラフの描画
print(g)
```

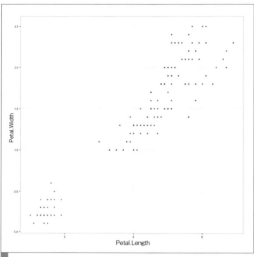

図10.25　凡例(なし)

10-4-5 軸の変換

軸を対数軸などに変換する場合はscalesパッケージを利用します。次のコードを実行して、scalesパッケージをインストールし、読み込みます。

```
# 軸の変換
# 依存関係にあるものも含めて必要なパッケージをインストール

> install.packages("scales", quiet = TRUE)
> library(scales)
```

■scale_x_log10関数／scale_y_log10関数

それでは、実際に軸の変換を行ってみましょう。scale_x_log10関数、scale_y_log10関数を利用します。リスト10.25を実行すると、図10.26のようにx軸、y軸ともに対数変換されたグラフになります。

リスト10.25　scalelog.R（抜粋）

```
# x, y軸を対数軸（log10）に変換
g <- ggplot(data = diamonds) +
  geom_point(aes(carat, price)) +
  theme_bw() +
  scale_x_log10() +
  scale_y_log10()

# グラフの描画
print(g)
```

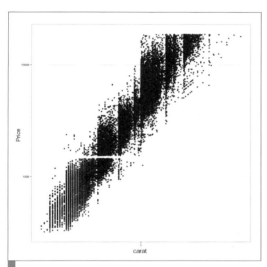

図10.26　軸の対数変換

■scale_x_sqrt関数／scale_y_sqrt関数

次は軸を平方根を取る形で変換しましょう。変更するにはscale_x_sqrt関数とscale_y_sqrt関数を利用します。**リスト10.26**を実行すると、**図10.27**のようになります。

リスト10.26　scalesqrt.R（抜粋）

```
# x,y軸を平方根で変換
g <- ggplot(data=diamonds) +
  geom_point(aes(carat, price)) +
  theme_bw() +
  scale_x_sqrt() +
  scale_y_sqrt()

# グラフの描画
print(g)
```

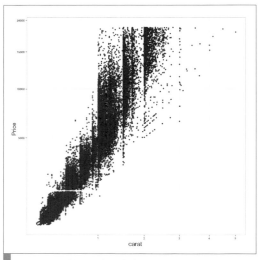
図10.27 軸の平方根変換

■scale_x_reverse関数／scale_y_reverse関数

軸を反転させることもできます。scale_x_reverse関数とscale_y_reverseを利用します。**リスト10.27**を実行すると、**図10.28**のようになります。

リスト10.27　scalereverse.R（抜粋）

```
# x, y軸を正負反転
g <- ggplot(data=diamonds) +
  geom_point(aes(carat, price)) +
  theme_bw() +
  scale_x_reverse() +
  scale_y_reverse()

# グラフの描画
print(g)
```

10章 モダンなデータ可視化

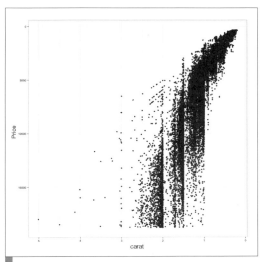

図10.28 軸の正負反転

10-4-6 目盛りの変更

■scale_x_continuous関数／scale_y_continuous関数／scale_x_discrete関数／scale_y_discrete関数

連続値の場合、目盛りの間隔、ラベルの変更にはscale_x_continuous関数、scale_y_continuous関数を利用します。離散値ならscale_x_discrete関数、scale_y_discrete関数を利用します。引数のbreaksに数値からなるベクトルを渡すと、その値が目盛りの間隔となります。引数のlabelsにbreaksと同じ要素数の文字列ベクトルを渡すと、目盛りのラベルを書き換えられます。また、軸の上限値、下限値を変更するにはxlim関数とylim関数を利用します。引数に順番に下限値、上限値となる値を指定します。

リスト10.28を実行すると、図10.29が出力されます。

リスト10.28　scalecontinuous.R（抜粋）
```
# 目盛りの変更
#   x 軸: 1 => "a", 2 => "b", ... という目盛りに変更
#
# 上限の変更
#   y 軸: 0 〜 10000 の範囲に変更

g <- ggplot(data = diamonds) +
  geom_point(aes(carat, price)) +
  theme_bw() +
  scale_x_continuous(
```

```
    breaks = seq(1, 5, by = 1),
    labels = c("a", "b", "c", "d", "e")
  ) +
  ylim(0, 10000)

# グラフの描画
print(g)
```

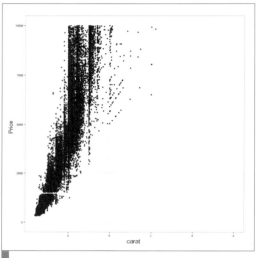

図10.29　目盛りの変更

軸の数値をカンマ区切りに変更するには、scale_x_continuous関数、scale_y_continuous関数の引数のlabelsオプションでcommaを指定します。**リスト10.29**を実行すると出力は**図10.30**のようになります。

リスト10.29　scalecontinuouslabel.R（抜粋）

```
# y 軸についてカンマ区切りに変更
g <- ggplot(data = diamonds) +
  geom_point(aes(carat, price)) +
  theme_bw() +
  scale_y_continuous(labels = comma)

# グラフの描画
print(g)
```

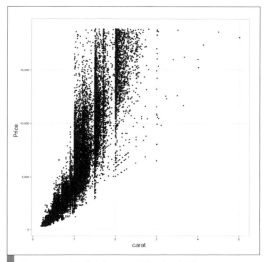
図10.30　目盛りをカンマ区切りに変更

10-4-7　数値の表示

グラフの各要素にその値を表示したい場合は`geom_text`関数を利用します。

■geom_text関数

引数に`aes(label = y)`を渡すことで、ラベルの値を指定できます。ラベルの表示位置は引数の`vjust`に渡す値で調整できます。`vjust`に正の値を指定する場合は表示位置は下側に，負の値を指定する場合は上側に調整されます。**リスト10.30**を実行した場合の出力は**図10.31**のようになります。

リスト10.30　geomtext.R（抜粋）

```
# データの加工
ukgas <- data.frame(
  x = as.vector(time(UKgas))[1:10],
  y = as.vector(UKgas)[1:10]
)

# グラフの作成
g <- ggplot(ukgas, aes(x = x, y = y)) +
  geom_bar(stat = "identity") +
  geom_text(aes(label = y), vjust = -0.2)

# グラフの描画
print(g)
```

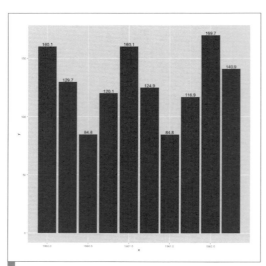

図10.31　要素の値の表示

10-5 latticeパッケージによる可視化

　ここまで、ggplot2によるグラフの描画を見てきました。ggplot2は基本的に2軸のグラフ（x、y）を描くためのツールです。次に紹介するlatticeは3軸の要素（x、y、z）からなるグラフも描けるパッケージです。このパッケージは等高線、ドットプロット、平行座標プロット、3次元ワイヤーフレームなどの変わり種のグラフも描けることが特徴です。今回は主にggplot2で描かなかったグラフに焦点を当てます。では実際にlatticeパッケージによるグラフの作成方法を見ていきましょう。

　まず、latticeパッケージをインストールします。ggplot2と同じく、次のように実行してインストールし、読み込みましょう。

```
# lattice のインストール
# 依存関係にあるものも含めて必要なパッケージをインストール
> install.packages("lattice", quiet = TRUE)
> library(lattice)
```

10-5-1 散布図

最初に2次元の散布図を描いてみましょう。

■xyplot関数

グラフの作成にはxyplot関数を利用します。テストデータとして、irisデータセットを用います。リスト10.31を実行した結果は図10.32です。xyplot関数の引数について解説します。Sepal.Length ~ Sepal.WidthはSepal.Lengthをy軸に、Sepal.Widthをx軸に指定しています。dateで対象のデータフレームを指定し、groupsで色分けに使用する要素を指定しています。最後のauto.keyで凡例の表示を指定しています。

リスト10.31 xyplot.R（抜粋）

```
# 2次元散布図
xyplot(
  Sepal.Length ~ Sepal.Width,
  data = iris,
  groups = Species,
  auto.key = list(points = FALSE, rectangles = TRUE, space = "right")
)
```

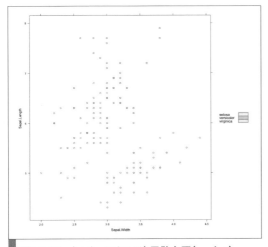

図10.32 latticeによる2次元散布図(xyplot)

■cloud関数

次は先ほどの2次元グラフにz軸としてPetal.Lengthを追加し3次元グラフを描画してみましょう。リスト10.32のようにグラフの作成にはcloud関数を利用し、1つ目の引数をSepal.Length ~ Sepal.Width * Petal.Lengthとし、あとの引数はxyplotと同じように揃えて実行してみましょ

Part 4 データ可視化

う。実行結果は**図10.33**のようになります。

リスト10.32　cloud.R（抜粋）
```
# 3次元散布図
cloud(
  Sepal.Length ~ Sepal.Width * Petal.Length,
  data = iris,
  groups = Species,
  auto.key = list(points = FALSE, rectangles = TRUE, space = "right")
)
```

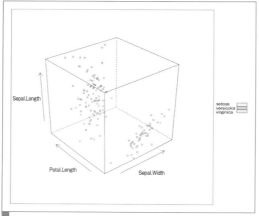

図10.33　latticeによる3次元散布図（cloud）

10-5-2　等高線（contourplot）

今度は等高線を描いてみましょう。テストデータとして使用するのはvolcanoデータセットです。Maunga Whau山、10m間隔の格子の標高データです。87行、61列からなり、各要素の値に標高が記録されています。

```
# 等高線
#   row (1 ～ 87), column (1 ～ 61): 座標
#   volcano[row, column]: 標高
> data(volcano)
```

■contourplot関数

実際にグラフを作成します。**リスト10.33**のようにcontourplot関数を利用し、引数の`main`、`xlab`、`ylab`にそれぞれグラフのタイトル、x軸ラベル、y軸ラベルを指定します。そのままだと日本語が文字化けするので、適切なフォントを指定する必要があります。Macなら`"Osaka"`、

Windowsなら"**Meiryo**"、Linuxならシステムにインストール済みの日本語フォントを指定します。
結果は、次の**図10.34**のようになります。

▌リスト10.33　contourplot.R（抜粋）
```
contourplot(
  volcano,
  main = list(label = "volcano"),
  xlab = list(label = "x軸", fontfamily = "Osaka"),
  ylab = list(label = "y軸", fontfamily = "Osaka")
)
```

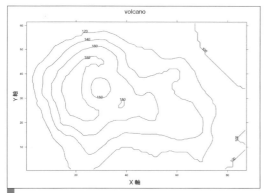

▌図10.34 latticeによる等高線（contourplot）

10-5-3 ヒートマップ

次はヒートマップを描いてみましょう。

■**levelplot関数**
使用するデータや引数は等高線をプロットしたときと同じものを利用し、**リスト10.34**のように使用する関数を levelplot に変更します。出力結果は次の**図10.35**のようになります。

▌リスト10.34　levelplot.R（抜粋）
```
# ヒートマップ
levelplot(
  volcano,
  main = list(label = "volcano"),
  xlab = list(label = "x軸", fontfamily = "Osaka"),
  ylab = list(label = "y軸", fontfamily = "Osaka")
)
```

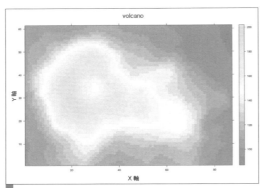

図10.35 latticeによるヒートマップ(levelplot)

10-5-4 3次元ワイヤーフレーム(wireframe)

latticeでは3次元ワイヤーフレームを作成することもできます。

■wireframe関数

wireframe関数を利用し、引数にshadeで影の有無、aspectで各面の比率、light.sourceで光の当たり方を調整できます。**リスト10.35**のようにvolcanoデータセットを利用した結果は**図10.36**です。

リスト10.35 wireframe.R (抜粋)

```
wireframe(
  volcano,
  shade = TRUE,
  aspect = c(0.5, 0.5),
  light.source = c(10,0,10)
)
```

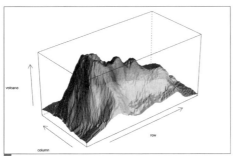

図10.36 latticeによる3次元ワイヤーフレーム (wireframe)

10-5-5 ドットプロット

ドットプロットは横軸に離散値を取り、1サンプルを1ドットで表現するグラフです。分布の様子を直感的に捉えやすいのが特徴です。

■dotplot関数

ドットプロットもlatticeで作成できます。**リスト10.36**を実行すると**図10.37**が出力されます。

リスト10.36　dotplot.R（抜粋）
```
dotplot(
  carat ~ cut,
  data = diamonds,
  auto.key = list(points = FALSE, rectangles = TRUE, space = "right")
)
```

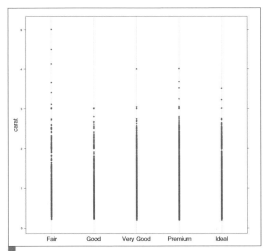

図10.37　latticeによるドットプロット(dotplot)

10-5-6 平行座標プロット

平行座標プロットは各変数を平行に並べてプロットしたものです。これにより、属性ごとの特徴と変数間のつながりを視覚的に把握できます。統計モデリングや機械学習などを行う場合、使用するデータを観察する際に便利な道具です。

■parallelplot関数

平行座標を作成するには`parallelplot`関数を利用します。**リスト10.37**のコードを実行すると

データ可視化

図10.38のようになります。引数について解説します。~ iris[1:4]では使用する変数（今回は Petal.Width、Petal.Length、Sepal.Width、Sepal.Lengthの4変数）を指定し、| Speciesで分割する軸（今回は品種のvirginica、setosa、versicolorの3つ）を指定します。

リスト10.37　parallelplot.R（抜粋）

```
parallelplot(
  ~ iris[1:4] | Species,
  data = iris
  )
```

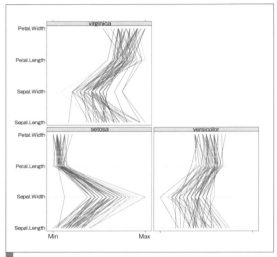

図10.38　latticeによる平行座標プロット（parallel）

ggplot2やlatticeを利用することで、ExcelやR標準の関数と比較してより美しいグラフを簡単に描くことができました。これらのツールを活用し、より効率よく、よりわかりやすいデータの可視化を行うことで、日々の作業の価値を高めることができます。

11章 インタラクティブなデータ可視化

最近では分析結果を共有する際、Webブラウザで閲覧することも増えてきました。本章ではそのような際に活用できるインタラクティブな可視化について解説します。

11-1 Rにおけるインタラクティブな可視化について

これまでRにおいてインタラクティブな可視化を実現するパッケージとしてrggobiパッケージやiPlotsパッケージが開発されてきました。しかしこれらのパッケージは可視化にRやGGobiといったソフトウェアを必要としており、レポーティング用の可視化としては不向きでした。近年はd3.jsをはじめとするJavaScriptの可視化ライブラリの開発が進むにつれて、JavaScriptを利用したパッケージ開発が進んできました。現在では多くのPCにWebブラウザが標準搭載されており、Webブラウザさえあれば実行可能なJavaScriptはレポーティングに最適といえます。JavaScriptを利用した代表的なパッケージとして次のパッケージが挙げられます。

- htmlwidgets パッケージ
- googleVis パッケージ
- ggvis パッケージ

本章ではhtmlwidgetsパッケージを用いて開発されたパッケージを紹介します。googleVisパッケージおよびggvisパッケージについてはすでに優れた解説[注1]があるため、そちらを参照してください。

11-2 htmlwidgetsパッケージについて

htmlwidgetsパッケージはJavaScriptを用いたパッケージ開発を進めるためのフレームワークを提供しています。このパッケージはRamnath Vaidyanathan氏、Kenton Russell氏とRStudio社が中心になって開発しています。Ramnath氏はカナダのマギル大学に所属しておりrChartsパッケージを開発したことで一躍有名になりました。rChartsパッケージはJavaScriptの可視化ライブラリをRから実行できるようにすることでインタラクティブな可視化を可能にしています。さらにこの開発にJavaScriptを用いたパッケージ開発に造詣が深いKenton Russell氏が加わり、

(注1) ドキュメント・プレゼンテーション生成／高橋 康介 著、金 明哲 編集／共立出版／2014年／ISBN978-4320123724 rChartsパッケージはよりパワフルなものとなりました。そして、rChartsのこの開発をもっと汎用的なものへと発展させる際にRStudio社が加わり、htmlwidgetsパッケージが開発されたようです。なお、htmlwidgetsパッケージを用いて新たにパッケージを開発するユーザより、htmlwidgetsパッケージによって開発されたパッケージを利用するユーザの方がはるかに多いと思われるので、本章ではhtmlwidgetsパッケージの説明は割愛します。

11-2-1 htmlwidgetsパッケージを用いて開発されたパッケージ群

htmlwidgetsパッケージを用いて開発されたパッケージは数多くありますが、本章ではインタラクティブなレポーティングに必須な次の4つのパッケージを紹介します。

- 時系列プロットを描けるdygraphsパッケージ
- 柔軟に図を描けるDiagrammeRパッケージ
- 動的な表を作成できるDTパッケージ
- 地図を描くためのleafletパッケージ

11-3 dygraphsパッケージで時系列データの折れ線プロットを表示する

dygraphsパッケージは時系列データを折れ線プロットで表示するのに適したパッケージです。

```
# dygraphsパッケージのインストール
> install.packages("dygraphs", quiet = TRUE)
```

リスト11.1ではWeb上で公開されている所沢義男氏の体重データを可視化しています（図11.1）。dygraph関数のdataにデータを指定することで時系列プロットを表示できます。この際、dataには時系列データ形式の1つであるxts形式のデータを指定する必要があります。ここではxtsパッケージのxts関数を用いてデータフレームからxts形式に変換しています。また、main、xlab、ylabにそれぞれプロットのタイトル、x軸のラベル、y軸のラベルを指定できます。

リスト11.1 dygraphs.R

```
library("dygraphs")
data_weight <- read.csv("https://raw.githubusercontent.com/dichika/mydata/master/ore_
wt.csv", as.is=TRUE)
# data_weightは以下のような内容である
#       time  weight
# 2015-02-23  63.0
library("xts")
data_weight <- xts(x=data_weight$weight, order.by=as.Date(data_weight$time))
dygraph(data=data_weight, main = "weight data", xlab = "date", ylab = "weight")
```

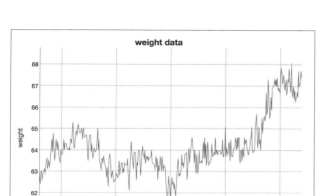

図11.1　dygraphsパッケージを用いた可視化

　dygraph関数でベースとなる時系列プロットを描いたあとにパイプ演算子（%>%）を用いてdygraphsパッケージの各種関数を続けていくことで、さまざまなオプションを追加していくことができます。たとえば軸の調整にはdyAxis関数を用います。**リスト11.2**ではy軸の最大値を60、最小値を66に設定してプロットしています（**図11.2**）。

リスト11.2　dyaxis.R（抜粋）
```
dygraph(data=data_weight) %>% dyAxis(name='y', valueRange = c(60, 66))
```

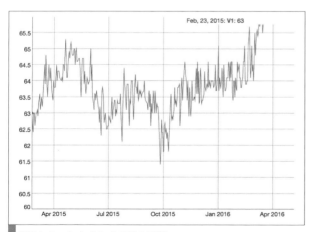

図11.2　dyAxisによる軸の調整

　同様に**リスト11.3**ではdyAnnotation関数を用いて、6月1日に飲み会のアノテーションを付与し、

Part 4 データ可視化

dyShading関数で4月29日から5月5日までをゴールデンウィークとして色づけしています（**図11.3**）。

リスト11.3　dyannotationdyshading.R（抜粋）

```
dygraph(data=data_weight) %>%
  dyAnnotation(x = "2015-06-01", text = "飲み会", width = 60) %>%
  dyShading(from = "2015-04-29", to = "2015-05-05", color = "lightgrey", axis = "x")
```

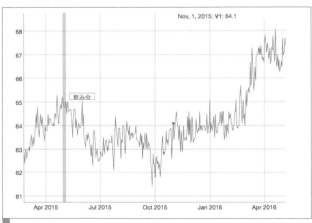

図11.3　アノテーションの付与と色づけ

また、dygraphsパッケージでは2軸プロットを描くこともできます。先ほどの体重データに重ねて、同様に公開されている歩数データを用いて2軸プロットを描いてみます。**リスト11.4**ではdySeries関数のaxisに2軸目のy軸であるy2を指定し、nameに2軸目に描画したい系列名としてstepsをを指定しています（**図11.4**）。

リスト11.4　dyseries.R（抜粋）

```
data_steps <- read.csv("https://raw.githubusercontent.com/dichika/mydata/master/ore.
csv", as.is=TRUE)
data_steps <- xts(x=data_steps$steps, order.by=as.Date(data_steps$time))
data_merged <- merge(data_weight, data_steps)
colnames(data_merged) <- c("weight", "steps")
# 2軸プロットを描く
dygraph(data=data_merged) %>% dySeries(axis="y2", name="steps") %>%
  dyAxis(name = "y2", valueRange = c(2000, 30000))
```

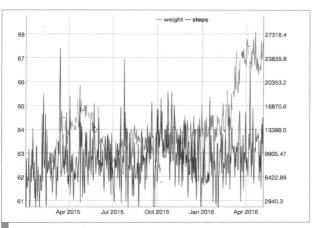
図11.4　2軸プロット

このほかにもdyで始まる関数群を用いることでさまざまなオプションを指定できます。次に関数とその機能をまとめました。

- `dyEvent`：縦線を表示する
- `dyLimit`：横線を表示する
- `dyLegend`：凡例の表示を調整する
- `dyRoller`：テキストボックスが表示され、入力した数値に応じて移動平均のプロットを表示する
- `dyHighlight`：任意の系列にカーソルを乗せるとハイライトする
- `dyRangeSelector`：一部の範囲を拡大して表示できるバーを下部に表示する

11-4　DiagrammeRパッケージでグラフ構造を可視化する

DiagrammeRパッケージは柔軟な図を描けるパッケージです。ここでは例として日本酒の製造工程を取り上げます。次の日本酒蔵組合中央会のサイトに掲載されている日本酒の製造工程を例にとってDiagrammeRパッケージで可視化してみましょう。

URL https://www.japansake.or.jp/sake/know/what/03.html

```
# DiagrammeRパッケージのインストール
> install.packages("DiagrammeR", quiet = TRUE)
```

DiagrammeRパッケージによる可視化にはGraphviz形式またはmermaid形式を用いることが

データ可視化

できますが、本章ではGraphviz形式を用いて可視化していくことにします。Graphviz形式の場合、`grViz`関数に、DOT言語で記述した文字列またはテキストファイルを指定します。DOT言語はデータ構造としてのグラフ構造を表現するための記述言語です。グラフ構造はノードとノード間の連結関係を表す線（エッジ）で表現されます。DOT言語ではエッジを`--`または`->`で記述します。`--`はノード間に関係があることのみを示す無向グラフを示しており、`->`はノード間の関係に方向性を持たせた有向グラフを示しています。有向グラフの場合は`digraph`、無向グラフの場合は`graph`と記述し、そのあとにグラフ構造の名前を続けて、`{}`の中にグラフ構造の内容を記述していきます。**リスト11.5**では日本酒の製造工程を表現したいので有向グラフを用いて、sake_flowという名前を付けています（**図11.5**）。

リスト11.5　digraph.R

```
library("DiagrammeR")
grViz("
    digraph sake_flow{
        玄米 -> 白米 -> 蒸米 -> もろみ -> 新酒 -> 市販の一般の清酒
    }
")
```

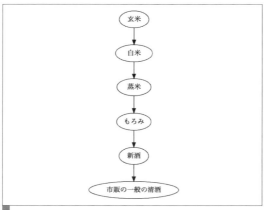

図11.5　DiagrammeRの基本的な使用例

構造をノード単位で詳細に設定することで複雑なグラフ構造も表現できます。1つのノードから複数のノードにエッジを接続する場合は、**リスト11.6のように`{ }`**を用います（**図11.6**）。

リスト11.6　digraphnode.R（抜粋）

```
grViz("
    digraph sake_flow{
        玄米 -> 白米 -> 蒸米 -> 麹 -> 酒母
        水 -> {酒母 もろみ}
```

```
        酵母 -> {酒母 もろみ}
        醸造アルコールなど -> もろみ
        蒸米 -> 酒母 -> もろみ -> 新酒 -> 市販の一般の清酒
    }
")
```

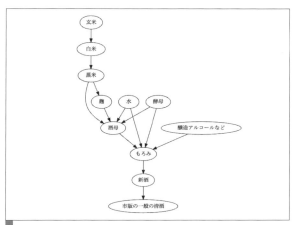

図11.6　複数のノードへの接続

　ノードとエッジにはそれぞれ属性を指定できます。属性には、形状、色、ラベルなどがあります。属性の詳細についてはDOT言語の解説を参照してください。単一のノードやエッジに属性を指定する場合は、対象のノード・エッジの直後に属性を[ ]で囲んで記述します。複数のノードやエッジの場合は、node[ ]（またはedge[ ]）と記述して[ ]内に属性を記述したあと、対象のノード・エッジを続けます。この際、ノード・エッジは；で区切って記述します。

　リスト11.7に属性を指定した例を示します（**図11.7**）。**//** はDOT言語におけるコメントを表しています。

リスト11.7　digraphnode2.R（抜粋）

```
grViz("
    digraph sake_flow{
        玄米[color = 'black' style = 'filled' fillcolor = 'red']
        // 玄米は線の色を黒で、赤で塗りつぶす
        node[color = 'blue']
        水;麹;酵母 //この3つのノードのみ線の色を青に
        node[color = 'grey' shape = 'box']
        // ほかのノードは四角形で線の色を灰色に
        
        玄米 -> 白米 -> 蒸米 -> 麹 -> 酒母
        水 -> {酒母 もろみ}
        酵母 -> {酒母 もろみ}
```

Part 4 データ可視化

```
        醸造アルコールなど -> もろみ[label = '入れない場合もある' style = 'dotted']
        蒸米 -> 酒母 -> もろみ
        もろみ -> 新酒[label = '発酵\n上槽']
        新酒 -> 市販の一般の清酒[label = '貯蔵\n割水']
}
")
```

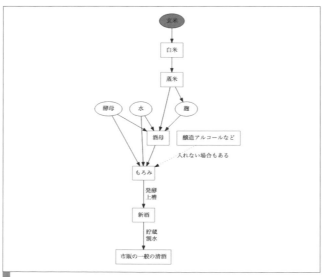

図11.7　ノード・エッジにおける属性の記述

ここまでの例では文字列をgrViz関数に入力していましたが、次のようにして外部ファイルからgrViz関数へ入力できます。

```
grViz("sake_flow.txt")
```

ここまでDOT言語を用いたGraphviz形式の記述方法について紹介してきましたが、DiagrammeRはデータフレームからグラフを作成できます。ノードとエッジでそれぞれデータフレームを作り、**create_graph**関数にそれを渡してグラフを生成し、**render_graph**関数で描画するという流れです。なお、ノードとエッジのデータフレームについては通常どおり**data.frame**関数を用いても構いませんが、**create_nodes**関数や**create_edges**関数を用いると関数が構造をチェックして不適切な構造の場合はエラーを出してくれるので便利です。**リスト11.8**では**create_nodes**関数と**create_edges**関数を用いてグラフを作成しています（**図11.8**）。

リスト11.8　createnodescreateedges.R（抜粋）

```r
# ノードを生成
nodes <- create_nodes(nodes = c("玄米", "白米", "蒸米", "麹", "酒母",
                                "もろみ", "新酒", "市販の一般の清酒",
                                "水", "酵母", "醸造アルコールなど"),
                      color = c("black", "grey", "grey", "blue", "grey",
                                "grey", "grey", "grey",
                                "blue", "blue", "grey"),
                      style = c("filled", rep("", 10)),
                      fillcolor = c("red", rep("", 10)),
                      shape = c("", "box", "box", "", rep("box", 4), "", "", "box"))
# エッジを生成
edges <- create_edges(from = c("玄米", "白米", "蒸米", "麹", "酒母",
                               "もろみ", "新酒",
                               "水", "水", "酵母", "酵母", "醸造アルコールなど","蒸米"),
                      to = c("白米", "蒸米", "麹", "酒母","もろみ",
                             "新酒","市販の一般の清酒",
                             "酒母", "もろみ", "酒母", "もろみ", "もろみ","酒母"),
                      label = c(rep("", 5), "発酵\n上槽", "貯蔵\n割水",
                                rep("", 4), "入れない場合もある"),
                      style = c(rep("", 11), "dotted"))
# グラフを生成
graph <- create_graph(nodes_df = nodes,
                      edges_df = edges
                      )
# グラフを描画
render_graph(graph)
```

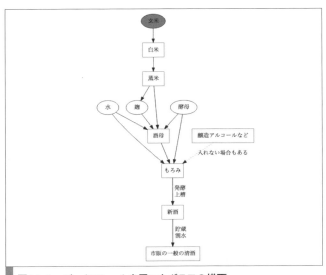

図11.8　データフレームを用いたグラフの描画

以上、DiagrammeRパッケージを用いた図の作成について概要を紹介しました。任意の図を作成する場合はプレゼンテーション用のソフトウェアや図表作成専門のツールを用いた方が早いですが、構造方程式モデリング（SEM：Structural Equation Modeling）のパス図やネットワークグラフのように統計処理の結果と図が密接に絡むような場合はDiagrammeRパッケージを用いて作成するとスムーズに作成できます。

11-5　DTパッケージでインタラクティブな表を作成する

DTパッケージはインタラクティブな表を作成するのに便利なパッケージです。

```
# DTパッケージのインストール
> install.packages("DT", dependencies = TRUE)
```

ここでは平成26酒造年度全国新酒鑑評会の入賞目録から抜粋した酒蔵一覧を可視化してみましょう。**リスト11.9**のようにDTパッケージの`datatable`関数の`data`引数にデータフレームを指定すると、インタラクティブな表として出力されます（**図11.9**）。

リスト11.9　datatabledata.R

```
data_sake <- read.csv("https://raw.githubusercontent.com/dichika/mydata/master/sake.csv", as.is=TRUE, fileEncoding = "UTF-8")
library("DT")
datatable(data = data_sake)
```

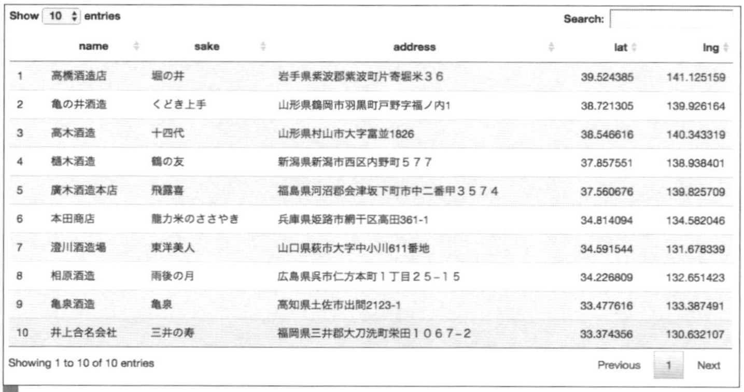

図11.9　DTパッケージを用いた可視化

ここで表示されている行名は**リスト11.10**のように`rownames=FALSE`とすることで非表示にできます（**図11.10**）。

11章　インタラクティブなデータ可視化

リスト11.10　datatablerownames.R（抜粋）

```
datatable(data = data_sake, rownames = FALSE)
```

図11.10　行名の非表示

リスト11.11のように、列名はcolnamesに文字列を指定することで任意の列名に変更できます（**図11.11**）。

リスト11.11　datatablecolnames.R（抜粋）

```
datatable(data = data_sake, colnames = c("酒蔵名", "銘柄", "住所", "緯度", "経度"))
```

図11.11　列名の変更

特定の列名のみ変更したい場合は、**リスト11.12**のようにcolnamesに**文字列=列番号**という形で指定します（**図11.12**）。列番号は、行番号を非表示にしていない場合には行番号も列として含んで数えることに注意してください。

251

データ可視化

リスト11.12　datatablecolnames2.R（抜粋）

```
datatable(data = data_sake, colnames = c("酒蔵名" = 2, "住所" = 4))
```

図11.12　列番号を用いた列名の変更

タイトルを加える場合は**リスト11.13**のようにcaptionにタイトルを指定します（**図11.13**）。

リスト11.13　datatablecaption.R（抜粋）

```
datatable(data = data_sake, caption = "酒蔵住所一覧")
```

図11.13　タイトルの指定

`filter = "top"`とすると列フィルタを列上部に追加できます（**リスト11.14**）。列下部に加えたい場合は、`filter = "bottom"`です。なお、列が数値の場合はスライダーが、列が因子型の場合は候補データが表示されます（**図11.14**）。

リスト11.14 datatablefilter.R（抜粋）

```
data_sake2 <- data_sake
data_sake2$sake <- as.factor(data_sake2$sake)
datatable(data = data_sake2, filter = "top")
```

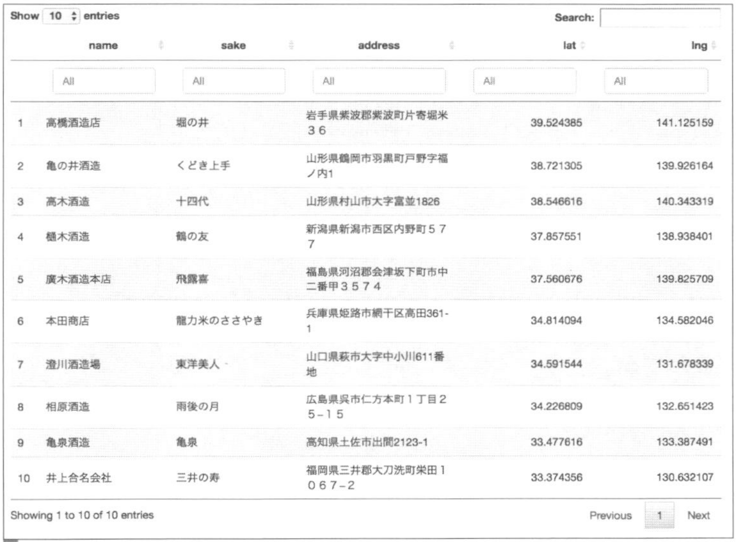

Show 10 entries　Search:

	name	sake	address	lat	lng
	All	All	All	All	All
1	高橋酒造店	堀の井	岩手県紫波郡紫波町片寄堀米３６	39.524385	141.125159
2	亀の井酒造	くどき上手	山形県鶴岡市羽黒町戸野字福ノ内1	38.721305	139.926164
3	高木酒造	十四代	山形県村山市大字富並1826	38.546616	140.343319
4	樋木酒造	鶴の友	新潟県新潟市西区内野町５７７	37.857551	138.938401
5	廣木酒造本店	飛露喜	福島県河沼郡会津坂下町市中二番甲３５７４	37.560676	139.825709
6	本田商店	龍力米のささやき	兵庫県姫路市網干区高田361-1	34.814094	134.582046
7	澄川酒造場	東洋美人	山口県萩市大字中小川611番地	34.591544	131.678339
8	相原酒造	雨後の月	広島県呉市仁方本町１丁目２５−１５	34.226809	132.651423
9	亀泉酒造	亀泉	高知県土佐市出間2123-1	33.477616	133.387491
10	井上合名会社	三井の寿	福岡県三井郡大刀洗町栄田１０６７−２	33.374356	130.632107

Showing 1 to 10 of 10 entries　Previous 1 Next

図11.14 列フィルタの追加

escape=FALSEとすることでHTMLタグを認識させることができます。**リスト11.15**では列名の日本酒にリンクを貼っています。

リスト11.15 datatableescape.R（抜粋）

```
datatable(data = data_sake, colnames = c("<a href='https://www.japansake.or.jp/sake/
know/what/02.html'>日本酒</a>" = 2), escape=FALSE, rownames=FALSE)
```

検索ボックスを非表示にする場合はoptionsに**リスト11.16**のように指定します（**図11.15**）。optionsにはほかにも多くのオプションを指定できますので詳しくはヘルプを確認してください。

リスト11.16 datatableoption.R（抜粋）

```
datatable(data = data_sake, options = list(searching = FALSE))
```

図11.15　検索ボックスの非表示

datatable関数のclassにはテーブルの書式を設定できます。次に設定できる書式を示します。

- compact：余白を詰めて表示する
- hover：カーソルを上に置くとその行がハイライトされる
- nowrap：セル内で折り返しをしない
- order-column：並べ替えた列がハイライトされる
- row-border：行単位で罫線をひく
- cell-border：セル単位で罫線をひく
- display：stripe、hover、row-border、order-columnの組み合わせ

なお、初期値はdisplayが設定されています。書式は組み合わせて指定することもできます。リスト11.17ではclassにrow-borderとhoverを組み合わせた例を示します（図11.16）。

リスト11.17　datatableclass.R（抜粋）

```
datatable(data = data_sake, class = 'row-border hover')
```

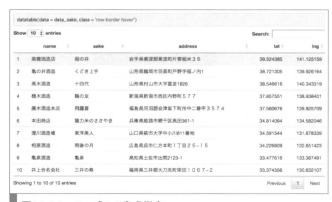

図11.16　テーブルの書式指定

11-6 leafletパッケージで地図上に可視化する

先ほど一覧として表形式で可視化した酒蔵一覧を今度はleafletパッケージを用いて地図上に可視化します。

```
# leafletパッケージのインストール
> install.packages("leaflet", dependencies = TRUE)
```

まずは、各酒蔵の位置をマーカーで表示します。leafletパッケージによる地図の描画は「**10章 モダンなデータ可視化**」で解説したggplot2パッケージと似ています。leaflet関数でデータを指定し、その上にマーカーや地図情報のレイヤーを重ねていくような形です。

なお、**リスト11.18**でも先のdygraphsパッケージと同様にパイプ演算子（%>%）を用いています。まずはleaflet関数でデータを指定し、addTiles関数をそのあとに続けると地図が描画されます（**図11.17**）。

リスト11.18　addtiles.R（抜粋）
```
library("leaflet")
leaflet(data = data_sake) %>%
  addTiles()
```

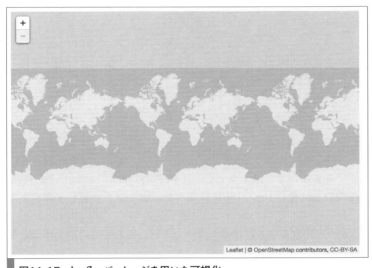

図11.17　leafletパッケージを用いた可視化

この状態では世界地図が表示されるのみです。次にマーカーを加えることで、地図描画の範囲

Part 4 データ可視化

を限定します。円マーカーで表示するにはaddCircleMarkers関数を用います（**リスト11.19**）。まず位置の指定ですが、これはlatに緯度、lngに経度を指定します。先にleaflet関数で描画したいデータを指定しているので、latとlngにはそのデータ内のlat列とlng列を指定しています。latとlngの前についている~はdata_sake「からの」latとlngであるという意味です。また、円マーカーの大きさを指定するには関数内のradiusに任意の数値を指定します（**図11.18**）。

リスト11.19　addcirclemarkers.R（抜粋）

```
leaflet(data = data_sake) %>%
  addCircleMarkers(
           lat = ~lat,
           lng = ~lng,
           radius = 10) %>%
  addTiles()
```

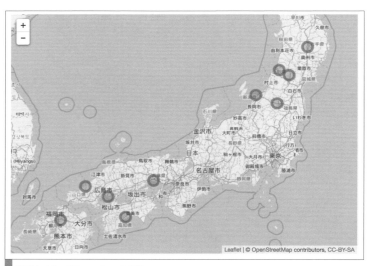

図11.18　円マーカーの付与

次に各マーカーを線でつないでみましょう。線でつなぐにはaddPolylines関数を用います（**リスト11.20**）。addCircleMarkers関数と同様にlanとlngにつなぎたいポイントの緯度・経度を指定します（**図11.19**）。

このときデータの並び順に線がつながれることに注意してください。あらかじめつなげたい順にデータを並べ替えておくと良いでしょう。

リスト11.20　addpolylines.R（抜粋）

```
leaflet(data =data_sake) %>%
  addCircleMarkers(
              lat = ~lat,
              lng = ~lng,
              radius = 10) %>%
  addPolylines(lat = ~lat,
              lng = ~lng) %>%
  addTiles()
```

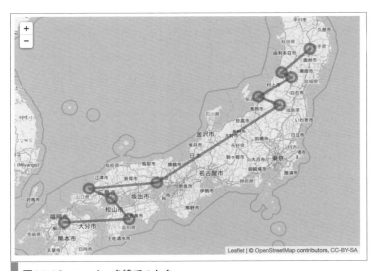

図11.19　マーカーを線でつなぐ

　最後に、どのマーカーがどの酒蔵を指しているかわかるようにポップアップを加えます。ポップアップを加えるにはaddPopups関数を用います（**リスト11.21**）。ポップアップの位置についてはこれまでと同様にlatとlngに緯度・経度を指定します（**図11.20**）。ポップアップ内のテキストはnameで指定します。ここではname=~nameと~を付けて指定することでdata_sake内のname列を指定しています。なお、ポップアップのサイズについてはoptionsにpopupOptions関数を用いることで指定しています。ここではminWidth=10とすることでサイズの最小値を決めています。popupOptions関数ではほかにサイズの最大値などさまざまなオプションを設定できます。詳しくはpopupOptionsのヘルプを確認してみてください。

リスト11.21　addpopups.R（抜粋）

```
leaflet(data =data_sake) %>%
  addCircleMarkers(
              lat = ~lat,
              lng = ~lng,
```

Part 4 データ可視化

```
                radius = 10) %>%
  addPolylines(lat = ~lat,
               lng = ~lng) %>%
  addPopups(lat= ~lat,
            lng= ~lng,
            popup=~name,
            options=popupOptions(minWidth=10)
             ) %>%
  addTiles()
```

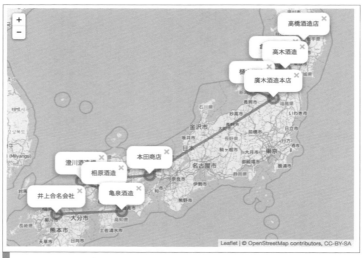

図11.20　ポップアップの追加

　以上、インタラクティブなデータ可視化としてdygraphsパッケージ、DiagrammeRパッケージ、DTパッケージ、leafletパッケージの概要を紹介してきました。いずれのパッケージにおいても、ここで紹介した機能はごく一部です。本格的に利用する際は、各パッケージのチュートリアルを参考にしてください。

Part 5

データ分析

Rとデータ分析は切り離すことはできません。クラスタリング、分類・回帰、時系列分析、頻出パターンの抽出について、パッケージの利用方法とともに学習することで、一歩進んだデータ分析が可能になります。

12章 データ分析で使用される手法の整理

Rは非常に多岐にわたる分析手法を提供しています。これらの分析手法を有効に活用するためには、まずはデータ分析の目的やそれに応じて使用する手法を俯瞰すると、見通しが良くなります。本章では、Part5 データ分析で詳細を学んでいくためにデータ分析の目的と使用される手法を整理します。

12-1 データ分析の目的

データ分析の目的はどのような点にあるのでしょうか。ここでは、次のように11個のカテゴリに分類して説明します。

- データの性質を人が理解しやすい形でわかりやすくまとめる（可視化・集計）
- 似たようなデータをまとめる（クラスタリング）
- 関心のある値をほかの値を手掛かりに推定する（回帰）
- データをカテゴリに分類する（分類）
- 時間とともに変動するデータから変動の規則などを抽出する（時系列解析）
- データに頻出するパターンやルールを抽出する（頻出パターンの抽出）
- 人間が行っている認識タスクを機械に行わせる（画像認識・音声認識・自然言語処理）
- データに違いがあるかどうかを調べる（統計的検定の一部）
- 大量の変数の情報をなるべく損ねずに少数の変数にまとめる（次元削減）
- ほかとは異なるデータやその兆候を見つける（異常検知）
- ユーザの興味に合致したアイテムを薦める（レコメンデーション）

12-1-1 データの性質を人が理解しやすい形でわかりやすくまとめる

これは、データの分布や統計量などを用いてデータの性質を把握するために実施します。手法としては可視化や集計などがあり、本書では、「8章 データハンドリング」、「9章 古典的なデータ可視化」、「10章 モダンなデータ可視化」、「11章 インタラクティブなデータ可視化」で扱われています。これらは、狭義にはデータ分析の手法とは呼ばないこともあるかもしれませんが、データの性質を把握せずに「13章 クラスタリング」以降のデータ分析手法を適用することはありえないので、大変重要な分析です。

12-1-2 似たようなデータをまとめる

たとえば同じような商品を購入するユーザをグループにまとめるタスクです。そのためには、どのような特徴に基づいて、どのような方法によりまとめるかについて検討する必要があります。

12-1-3 関心のある値をほかの値を手掛かりに推定する

たとえば、あるコンビニエンスストアにおける1日のアイスの売上高を気温、立地、月、曜日をもとに推定するように、関心のある値をほかの値を手掛かりとして推定するタスクです。そのためには、過去のデータから傾向をつかみ、推定するメカニズムを定式化しておく必要があります。

12-1-4 データをカテゴリに分類する

たとえばメールがスパムであるかどうか、サービスに加入しているユーザが退会するかどうかといったように、データがいくつかある値のうちどれになるか（「カテゴリ」や「クラス」と呼ばれることが多い）を判断して振り分けるタスクです。そのためには、過去のデータからそれぞれのカテゴリ（クラス）の傾向を把握して、与えられたデータがどのカテゴリ（クラス）に属するかを判断するルールを作成しておく必要があります。

12-1-5 時間とともに変動するデータから変動の規則などを抽出する

たとえば株価の変動の分析など、時間とともに変化していくデータから変動の規則などを抽出するタスクです。

12-1-6 データに頻出するパターンやルールを抽出する

たとえばスーパーマーケットのレジで商品を購入した際にどのような商品の組み合わせがよく購入されているのか、機械である特定のアラームが上がったときに将来どの故障が起きやすいかといったパターン、ルールを抽出するタスクです。そのためには、過去のデータからよく組み合わせで発生するパターン、ある事象が発生したときに高い確率で発生する別の事象といったルールを抽出しておく必要があります。

12-1-7 人間が行っている認識タスクを機械に行わせる

たとえば画像データに何が写っているのか、誰が写っているのかなど、人間が見ればわかるものを機械に行わせるタスクです。音声や文章などに対しても、同様のタスクがあります。本書で

はこれらのタスクには詳しくは触れませんが、昨今の深層学習（ディープラーニング）ブームもあいまって注目を浴びている分野の1つです。

12-1-8 データに違いがあるかどうかを調べる

たとえば、顧客にダイレクトメールを送付した場合と送付しない場合で、サービスを契約してくれるかどうかに違いがあるかどうか。また、あるクラスで実施した理科のテストの点数が正規分布に従っているかどうか（逆に言えば、理科の点数の分布と正規分布に違いがあるかどうか）。こうした例のように、違いがあるかどうかを調べるために有効な手法として「統計的検定」があります。

たとえば、カイ二乗検定を用いると、「ダイレクトメールを送付した／しない」、「サービスを契約した／しない」のようにカテゴリ値同士の関係に違いがあるかどうかを調べることができます。また、t検定と呼ばれる手法を用いると、ある変数の従う分布が正規分布であるかどうか（変数の従う分布と正規分布に違いがあるかどうか）を確認できます。

本書では、誌面の都合上統計的検定は説明しません。次の書籍などを参照してください。

- 改訂2版 データサイエンティスト養成読本[注1]
- データサイエンティスト養成読本 R活用編[注2]

12-1-9 大量の変数の情報をなるべく損ねずに少数の変数にまとめる

データ分析では、一般的に大量の変数（データ項目）を扱います。そのため、データが高次元になりやすく、人が直感的に理解するのは困難です。また、複数の変数で定量的な性質が似るために冗長性が生じる場合もあるかもしれません。

こうした場合、大量の変数からなるべく情報を損ねることなく少数の変数にまとめることができると便利です。このタスクを「次元削減」と呼びます。次元削減の代表的な手法として、主成分分析などが挙げられます。本書では、誌面の都合上これらの手法については説明しませんが、主成分分析はRに標準で提供されるstatsパッケージの`prcomp`関数や`princomp`関数を用いて実行できます。

12-1-10 ほかとは異なるデータやその兆候を見つける

たとえば、ある機械の挙動が明らかにほかの機械とは異なっている、ある顧客のクレジットカー

- (注1) 改訂2版 データサイエンティスト養成読本／佐藤 洋行、原田 博植、下田 倫大、大成 弘子、奥野 晃裕、中川 帝人、橋本 武彦、里 洋平、和田 計也、早川 敦士、倉橋 一成 著／技術評論社／2016年／ISBN978-4774183602
- (注2) データサイエンティスト養成読本 R活用編／酒巻 隆治、里 洋平、市川 太祐、福島 真太朗、安部 晃生、和田 計也、久本 空海、西薗 良太 著／技術評論社／2014年／ISBN978-4774170572

ドの使用額がこれまでと比べて極端に多い（ので不正利用の可能性がある）。このように、ほかとは異なるデータを見つけるタスクを「異常検知」と呼びます。

異常検知の手法には実にさまざまなものがあります。たとえば、データが正規分布に従っているとしてその分布から外れている値を異常値として検出する手法などです。本書では、誌面の都合上これらの手法については説明しません。次の文献などを参照してください。

- 入門 機械学習による異常検知 [注3]
- 異常検知と変化検知 [注4]
- データマイニングによる異常検知 [注5]

12-1-11 ユーザの興味に合致したアイテムを薦める

読者のみなさんは、Amazonの商品推薦など、ユーザの興味や過去の行動の傾向にマッチするアイテムを薦めるサービスを一度は目にしたことがあるのではないでしょうか。このようなサービスを支えるタスクは「レコメンデーション」と呼ばれます。

レコメンデーションに用いられる手法として、協調フィルタリング、特異値分解（*SVD*）、非負行列因子分解（*NMF*）、Factorization Machinesなどが挙げられます。Rでは協調フィルタリングはrecommenderlabパッケージ、特異値分解はRに標準で提供されるstatsパッケージの**svd**関数、非負行列因子分解はNMFパッケージ、Factorization MachinesはlibFMexeパッケージなどにより実行できます。本書ではレコメンデーションについて説明しませんが、興味のある読者の方はこれらのパッケージを動かしながら理解を深めると良いでしょう。

12-1-12 データ分析の目的とタスクの概要

以上、11個のカテゴリにわけてデータ分析の目的とタスクについて概要を説明してきました。まとめると、**表12.1**のようになります。

（注3） 入門 機械学習による異常検知―Rによる実践ガイド／井手 剛 著／コロナ社／2015年／ISBN978-4339024913
（注4） 異常検知と変化検知／井手 剛、杉山 将 著／講談社／2015年／ISBN978-4061529083
（注5） データマイニングによる異常検知／山西 健司 著／共立出版／2009年／ISBN978-4320018822

Part 5 データ分析

表12.1 データ分析の目的とタスクの概要

目的	タスク	本書における扱い
データの性質を人が理解しやすい形でわかりやすくまとめる	統計量、可視化	◯（8章〜11章）
似たようなデータをまとめる	クラスタリング	◯（13章）
関心のある値をほかの値を手掛かりに推定する	回帰	◯（14章）
データをカテゴリに分類する	分類	◯（14章）
時間とともに変動するデータから変動の規則などを抽出する	時系列解析	◯（15章）
データに頻出するパターンやルールを抽出する	パターン抽出	◯（16章）
人間が行っている認識タスクを機械に行わせる	自然言語処理、画像認識、音声認識など	-
データに違いがあるかどうかを調べる	統計的検定の一部	-
大量の変数をなるべく情報を損ねず少数の変数にまとめる	次元削減	-
ほかとは異なるデータやその兆候を見つける	異常検知	-
ユーザの興味に合致したアイテムを薦める	レコメンデーション	-

12-2 目的に応じた手法選択

本書では、前節で説明したデータ分析の目的の中から、「似たようなデータをまとめる」、「関心のある値をほかの値を手がかりに推定する」、「データをカテゴリに分類する」、「時間とともに変動するデータから変動の規則などを抽出する」、「データに頻出するパターンやルールを抽出する」を実現するための手法について説明します。本節では、これらを実行するのに必要な手法について、簡単に整理します。

12-2-1 似たようなデータをまとめる

似たようなデータをまとめるには、クラスタリングを使用します。クラスタリングの手法を大別する1つの観点として、階層的クラスタリング、非階層的クラスタリングがあります。本書では、「**13章 クラスタリング**」で詳しく説明します。

■階層的クラスタリング

階層的クラスタリングのアプローチは、似ているデータを段階的にまとめてデータの集合であるクラスタ（グループ）を構築することです。階層的クラスタリングの代表的な手法には、最短距離法、最長距離法、群平均法、ウォード法などがあります。

■非階層的クラスタリング

階層的クラスタリング以外のクラスタリングのアプローチを総称して、非階層的クラスタリングと呼びます。非階層的クラスタリングの代表的な手法には、k平均法、kメドイド法などがあります。

12-2-2 関心のある値をほかの値を手掛かりに推定する

関心のある値をほかの値を手掛かりに推定するためには、回帰という手法を使用します。本書では、分類と合わせて「**14章 分類・回帰**」で詳しく説明します。

■回帰

単回帰分析、重回帰分析などの多変量解析の手法、サポートベクタマシン、ランダムフォレスト、勾配ブースティングなどの機械学習の手法が代表的です。最近流行の深層学習（ディープラーニング）を用いても回帰を実行できます。

12-2-3 データをカテゴリに分類する

データをカテゴリに分類するためには、分類ルールを作成する必要があります。本書では、回帰と合わせて「**14章 分類・回帰**」で詳しく説明します。

■分類

判別分析などの多変量解析の手法、サポートベクタマシン、ランダムフォレスト、勾配ブースティングなどの機械学習の手法が代表的です。最近流行の深層学習（ディープラーニング）を用いても分類を実行できます。

12-2-4 時間とともに変動するデータから変動の規則などを抽出する

時間とともに変動するデータは時系列データと呼ばれます。本書では、「**15章 時系列解析**」で詳しく説明します。

■時系列解析

時系列データを解析するためには、時系列解析という手法を使用します。

12-2-5 データに頻出するパターンやルールを抽出する

データに頻出パターンやルールを抽出するためには、パターンマイニングという手法を使用します。本書では、「**16章 頻出パターンの抽出**」で詳しく説明します。

■パターンマイニング

同時に発生する事象の組み合わせを抽出する頻出アイテムセット、ある事象が発生したときに高い確率で発生する事象のルールを抽出するアソシエーションルール（相関ルール）、ある事象が発生したあとに高い確率で発生する事象の系列的なルールである系列パターンなどを抽出します。

Part 5 データ分析

13章  クラスタリング

クラスタリングは、ある基準をもとにしたデータの類似性によりデータをクラスタ（グループ）にまとめるタスクです。クラスタリングは階層的なアプローチと非階層的なアプローチの2つに大別できます。本章では、クラスタリングの概要を説明して手法を概観したあとに、両方へのアプローチについて実行方法を交えて説明します。

13-1 クラスタリングとは

クラスタリングとは、ある基準を設定してデータ間の類似性を計算し、データをクラスタ（グループ）にまとめるタスクです。クラスタリングは、「教師なし学習」の典型的なタスクとしてよく取り上げられます。ここで、「教師なし」とはどのようなクラスタが正解であるかという情報がないことを意味しています。そのため、得られたクラスタの妥当性について絶対的な答えはないので、分析者や実務担当者などが都度判断する必要があります。

クラスタリングのイメージを喚起するために、簡単な例を示しましょう。ここでは、carsデータセットを使用します。carsデータセットは、50サンプルに対して車の速度（*speed*）と距離（*dist*）の2つの項目からなるデータです。ggplot2を利用して、散布図を描画します（**図13.1**）。

```
> Install.packages("ggplot2", quiet = TRUE)

> library(ggplot2)
# carsデータセットのロード
> data(cars)
# データの先頭
> head(cars, 3)
  speed dist
1     4    2
2     4   10
3     7    4
# 速度(speed)と距離(dist)の散布図のプロット
> p <- ggplot(data = cars, aes(x = speed, y = dist)) + geom_point()
> print(p)
```

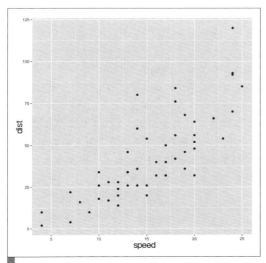

図13.1　carsデータセットの散布図

クラスタリングを用いることで、これらのデータの類似性に基づいてグループに分けることができます。クラスタの数を3として後述する階層的クラスタリングによりクラスタリングすると、**図13.2**のような結果が得られます。点の形がそれぞれのクラスタを表しており、比較的近い位置にあるデータが同じクラスタにまとめられていることを確認できます。

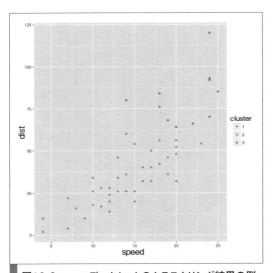

図13.2　carsデータセットのクラスタリング結果の例

13-2 手法の概要

クラスタリングのアプローチを分類する1つの観点としては、階層的クラスタリングと非階層的クラスタリングがあります。本書では、この観点に基づいてクラスタリングの手法を分類します。

また、クラスタリングの分類として、ほかにも「ハードクラスタリング」と「ソフトクラスタリング」という観点もあります。ハードクラスタリングは各データを1つのクラスタに割り当てるのに対して、ソフトクラスタリングは各点が複数のクラスタに割り当てられることを許容します。「**13-3 階層的クラスタリング**」、「**13-4-1 k平均法**」、「**13-4-2 kメドイド法**」はハードクラスタリングの手法です。「**13-4-3 ファジーc平均法**」はソフトクラスタリングの手法です。

■階層的クラスタリング

階層的クラスタリングのとるアプローチは、まず似ているデータをまとめて小さなクラスタを作ります。次にそのクラスタと似ているデータをさらにまとめるという処理を繰り返して、データをクラスタにまとめます。標語的に言うなら、「地味にコツコツとデータをまとめていく」アプローチです。

先のcarsデータセットに対して、階層的クラスタリングを行った結果を**図13.3**に示します。

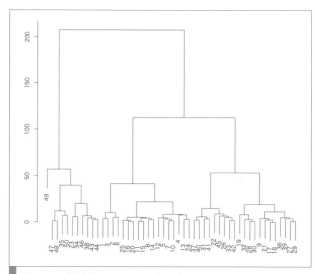

図13.3　階層的クラスタリングの例

図13.3は、横方向に各データを、縦軸にデータやクラスタ間がまとめられていく様子をトーナメント形式と類似した形で表しています。この図を「デンドログラム」または「樹形図」と呼びます。ここで、横方向のデータの番号を散布図上に示すと**図13.4**のようになります。

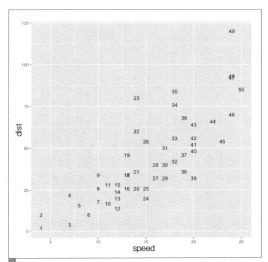

図13.4 carsデータセットの散布図（データ番号を表示）

　デンドログラムと散布図上のデータの番号を見比べると、たとえば47番目と48番目のデータは散布図でも比較的近い位置にあり、デンドログラムでも比較的早い段階で結合されていることを確認できます。

　階層的クラスタリングでは、データや中間で生成されたクラスタを結合するときに「データやクラスタ間の近さをどう定義するか」、そして「データやクラスタをどのように結合させるか」について検討しなければなりません。以上の2点については次の節で詳しく解説します。

　階層的クラスタリングの代表的な手法には、最短距離法、最長距離法、McQuitty法、メディアン法、重心法、群平均法、ウォード法などがあります。

■非階層的クラスタリング

　非階層的クラスタリングは、データを階層的に集約する以外のアプローチによるものです。代表的な手法としてk平均法（*k-means*）、kメドイド法（*k-medoid*）などがあります。

13-3 階層的クラスタリング

　ここでは階層的クラスタリングの手法について解説します。
　まずは、本節（「**13-3 階層的クラスタリング**」）で必要なパッケージをインストールします。必要に応じて読み込んでください。

```
> install.packages("dplyr", quiet = TRUE)
> install.packages("ggplot2", quiet = TRUE)
> install.packages("cluster", quiet = TRUE)
> install.packages("fastcluster", quiet = TRUE)
> install.packages("microbenchmark", quiet = TRUE)
> install.packages("gplots", quiet = TRUE)
> install.packages("dendextend", quiet = TRUE)
```

13-3-1 簡単な実行例

　carsデータセットを対象に階層的クラスタリングを実行してみましょう。**リスト13.1**のようにstatsパッケージのhclust関数を用いてクラスタリングし、プロットしました（**図13.5**）。

リスト13.1　hcluster.R

```
# carsデータセットのロード
data(cars)
# データ間の距離の算出
dist.cars <- dist(cars)
# 階層的クラスタリングの実行
hc.cars <- hclust(dist.cars)
# クラスタリングの可視化
plot(hc.cars)
```

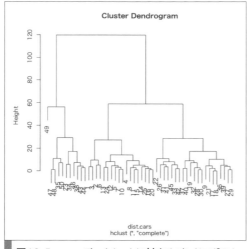

図13.5　carsデータセットに対するデンドログラム

　図を見ると、50個のデータがクラスタリングされている様子が理解できます。

■指定したクラスタ数に分割

さて、このようにクラスタリングした結果から、データをいくつかのクラスタに分けてみましょう。そのためには、**リスト13.2**のようにstatsパッケージの**cutree**関数を用いて、データを指定した個数のクラスタに分割します（**図13.6**）。

リスト13.2　cutree.R（抜粋）

```
library(dplyr)
library(ggplot2)
# クラスタへの分割（クラスタ数=3）
ct.cars <- cutree(hc.cars, k = 3)
# クラスタ番号の結合
cars.hc <- cars %>% mutate(cluster = factor(ct.cars, levels = 1:3))
# 点の色をクラスタ番号とする散布図のプロット
p <- ggplot(data = cars.hc, aes(x = speed, y = dist, colour = cluster,
    shape = cluster)) + geom_point(aes(shape = cluster))
print(p)
```

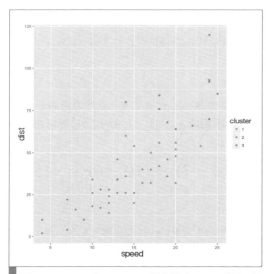

図13.6　carsデータセットの散布図（クラスタ数を3として点の色と形がクラスタを表す）

ここでは、クラスタ数を3として分割しました。点の形をクラスタ番号としてプロットした図を見ると、確かに近い点同士が同じクラスタに分割されていることを確認できます。

さて、ここではまずデータ間の距離を計算し、その距離に基づいてクラスタを併合していきました。データ間の距離を定量化するには**dist**関数、データの併合には**hclust**関数を用います。それぞれ解説します。

データ分析

■dist関数

データ間の距離を定量化するには、`dist`関数の`method`引数に表13.1のような距離計算方法を指定します。`dist`関数は、Rをインストールすると自動的に付属するstatsパッケージの関数です。`method`引数には、データ間またはデータとクラスタ間の距離を計算するときに、どの距離を用いるかを文字列で指定します。たとえば、`method="manhattan"`と指定するとマンハッタン距離が用いられます。デフォルトの設定は`method="euclidean"`であり、ユークリッド距離を用います。

表13.1　データ間の距離の計算に用いるmethod引数

method引数	説明
"euclidean"	ユークリッド距離（デフォルト値）
"maximum"	最大距離（チェビシェフ距離）
"manhattan"	マンハッタン距離
"canberra"	キャンベラ距離
"binary"	バイナリ距離
"minkowski"	ミンコフスキー距離

使用頻度が高い距離について説明します。以降では距離計算の例として、carsデータセットの2番目と3番目のデータの距離を計算します。

x=speed、y=distとして、2番目のデータは$(x_2, y_2) = (4, 10)$、3番目のデータは$(x_2, y_2) = (7, 4)$となっています。

- ユークリッド距離
  データの各座標の差を2乗して足し合わせたのちに平方根をとったものを2点間の距離とする。carsデータセットの2番目と3番目のデータのユークリッド距離d_{euclid}は、次式のように計算される

$$d_{\mathrm{euclid}} = \sqrt{(x_2 - x_3)^2 + (y_2 - y_3)^2} = \sqrt{(4-7)^2 + (10-4)^2} = \sqrt{45} = 3$$

- 最大距離（チェビシェフ距離）
  データの各座標の差を計算し、その中で絶対値が最大のものを2点間の距離とする。carsデータセットの2番目と3番目のデータの最大距離$d_{\max}$は、次式のように計算される

$$d_{\max} = \max(|4-7|, |10-4|) = \max(3, 6) = 6$$

ここで、$\max(a, b)$は、aとbの大きい値を表す。 また、$|a|$はaの絶対値を表す

- マンハッタン距離
  データの各座標の差を計算し、その絶対値をすべての座標について足し合わせたものを2点間の距離とする。carsデータセットの2番目と3番目のデータのマンハッタン距離d_{manh}は、次式のように計算される

$$d_{\mathrm{manh}} = |4 - 7| + |10 - 4| = |-3| + |6| = 3 + 6 = 9$$

- バイナリ距離
  まず、データの各座標が0でないときは1に変換して、各座標の値が1か0の二値のいずれかを取るようにする。たとえば、$a = (2, 0)$と$b = (3, 5)$があるとき、aとbはそれぞれ$a' = (1, 0)$、$b' = (1, 1)$と変換される。次に、a'とb'の両方のデータが1となる座標の個数をa'とb'の少なくとも一方が1となる座標の個数で割ったものを2点間のバイナリ距離とする。このときaとbのバイナリ距離d_{binary}は、次のように計算される

$$d_{\mathrm{binary}} = \frac{両方のデータが1となる座標の個数}{少なくとも一方のデータが1となる座標の個数} = \frac{1}{2} = 0.5$$

- ミンコフスキー距離
  ミンコフスキー距離は、各座標の差の絶対値をp乗して足し合わせ、p乗根をとった距離として定義される。座標の個数をMとして数式で書くと次式のようになる

$$d_{\mathrm{minkowski}} = \left(\sum_{i=1}^{M} |x_i - y_i|^p \right)^{1/p}$$

ミンコフスキー距離は、これまでに説明した距離の一部を包含する。$p=1$のときは次のようになり、マンハッタン距離d_{manh}と一致する

$$d_{\mathrm{minkowski}} = \sum_{i=1}^{M} |x_i - y_i| = d_{\mathrm{manh}}$$

また、$p=2$のときは次のように、ユークリッド距離d_{euclid}と一致する

$$d_{\mathrm{minkowski}} = \left(\sum_{i=1}^{M} |x_i - y_i|^2 \right)^{1/2} = \sqrt{\sum_{i=1}^{M} (x_i - y_i)^2} = d_{\mathrm{euclid}}$$

ミンコフスキー距離のpを無限大にすると、各座標のうち絶対値が最も大きいものが距離となり、最大距離と一致する

$$d_{\mathrm{max}} = \max_{i}(|p_i - q_i|)$$

ユークリッド距離、マンハッタン距離、最大距離については視覚的にも理解しやすいので、図13.7に示します。

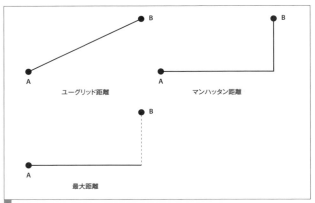

図13.7 ユークリッド距離、マンハッタン距離、最大距離

■hclust関数

statsパッケージのhclust関数は、階層的クラスタリングを実行する関数です。

dist関数でデータ間の距離の計算後に、hclust関数でデータを併合してクラスタを形成していきます。hclust関数の主要な引数は、表13.2のとおりです。

表13.2 hclust関数の主要な引数

引数	説明
d	dist関数で計算した距離行列を与える
method	クラスタリングの手法を文字列で与える

データを併合する際に用いるクラスタリング手法は、表13.3のようにhclust関数のmethod引数に指定できます。デフォルト値は"complete"であり、最長距離法が設定されています。

表13.3 クラスタリング手法

method引数	説明
"ward.D"	ウォード法
"ward.D2"	ウォード法（距離は2乗したものを使用）
"single"	最短距離法
"complete"	最長距離法（デフォルト値）
"average"	群平均法
"mcquitty"	McQuitty法
"median"	メディアン法
"centroid"	重心法

クラスタリングの手法について説明します。

- ウォード法
  ウォード法（Ward's method）は、クラスタに属する各データとクラスタの中心との距離の和を最小化する手法。具体的には、2つのクラスタを併合したときの群内分散から併合前のそれぞれのクラスタの群内分散を足し合わせたものを引くことにより、クラスタ間の距離を求める。この距離が近いクラスタを併合する処理を繰り返す。なお、群内分散とは、クラスタに所属するデータに対するクラスタの中心からの分散を表す。ウォード法は、最小分散法（minimum variance method）と呼ばれることもある
- 最短距離法
  最短距離法（minimum distance method）は、2つのクラスタの最も近い点同士の距離をクラスタ間の距離としてクラスタを併合していく手法。最近隣法（nearest neighbor method）、単連結法（single linkage method）と呼ばれることもある
- 最長距離法
  最長距離法（maximum distance method）は、2つのクラスタの最も遠い点同士の距離をクラスタ間の距離としてクラスタを併合していく手法。最遠隣法（furthest neighbor method）、完全連結法（complete linkage method）と呼ばれることもある
- 群平均法
  群平均法（group average method）は、2つのクラスタに対して、それぞれに含まれる点の全ペアの距離をクラスタ間の距離として、クラスタを併合していく手法
- メディアン法
  メディアン法（median method）は、2つのクラスタに対して、それぞれの重心間の距離をクラスタの距離としてクラスタを併合していく手法
- 重心法
  重心法（centroid method）は、2つのクラスタに対して、それぞれの重心間の距離をクラスタ間の距離としてクラスタを併合していく手法。重心を求める際は、クラスタに含まれるデータ数が反映されるように、データ数を重みとして使用する

13-3-2 クラスタ数の決定方法

階層的クラスタリングを用いる際「クラスタ数をいくつに設定するか」悩むことがあります。ここではギャップ統計量というクラスタ数を決定するときの代表的な方法について説明します。

■ ギャップ統計量

ギャップ統計量（Gap statistics）は、対象とするデータをクラスタリングして得られたクラスタと、ランダムなデータをクラスタリングして得られたクラスタのまとまり具合の差を表す指標です。

ギャップ統計量が大きくなるクラスタ数を最適値として採用します[注1]。

次のコードでは最大10のクラスタ数に設定して、ウォード法によりクラスタリングを行っています。clusterパッケージのclusGap関数を用いてクラスタ数を1から10まで変化させています。

```
> library(cluster)
> library(dplyr)
> library(ggplot2)
> set.seed(71)
# 最大クラスタ数を10に設定
> k.max <- 10
# Ward法を実行して各データのクラスタ番号を返す関数
> get.clusid <- function(x, k) {
    # データ間の距離の算出
+   dist.x <- dist(x)
    # Ward法による階層的クラスタリング
+   hc.x <- hclust(dist.x, method="ward.D2")
    # 各データのクラスタ番号の算出
+   ct.x <- cutree(hc.x, k=k)

+   list(cluster=ct.x)
+ }
# ギャップ統計量の算出
> gap.ward.cars <- clusGap(cars, FUNcluster=get.clusid, K.max=k.max)
> gap.ward.cars
Clustering Gap statistic ["clusGap"].
B=100 simulated reference sets, k = 1..10
 --> Number of clusters (method 'firstSEmax', SE.factor=1): 1
          logW     E.logW       gap        SE.sim
 [1,] 5.903133 6.210237  0.30710371 0.06722676
 [2,] 5.425005 5.557476  0.13247085 0.07486908
 [3,] 5.030537 5.171464  0.14092703 0.06622287
 [4,] 4.916939 4.891793 -0.02514606 0.05923372
 [5,] 4.682881 4.693704  0.01082350 0.05985784
 [6,] 4.502633 4.533998  0.03136544 0.05434815
 [7,] 4.321601 4.413038  0.09143679 0.05661758
 [8,] 4.184089 4.305152  0.12106367 0.05881827
 [9,] 4.084424 4.208229  0.12380483 0.06129238
[10,] 3.957020 4.118171  0.16115096 0.06408056
```

算出したギャップ統計量は、gap.ward.carsオブジェクトのTabという項目に格納されています。リスト13.3ではggplot2パッケージを用いて横軸がクラスタ数k、縦軸がギャップ統計量の折れ線グラフをプロットするために、as.data.frame関数でデータフレームに変換したのちにmutate

---

(注1) Tibshirani, R., Walther, G. and Hastie, T. (2001). Estimating the number of data clusters via the Gap statistic. Journal of the Royal Statistical Society B, 63, 411–423.

関数でクラスタ数を表す列kを追加しています。seq(k.max)は1からk.max（この場合は10）までのベクトルです。このようにして作成したgapオブジェクトを用いて、横軸をクラスタ数k、縦軸をギャップ統計量として、折れ線グラフをプロットしています（**図13.8**）。

リスト13.3　gapwardcars.R（抜粋）

```
# ギャップ統計量のプロット
gap <- gap.ward.cars$Tab %>%
        as.data.frame %>%
        mutate(k = seq(k.max))
p <- ggplot(data = gap, aes(x = k, y = gap)) +
      geom_line() +
      geom_point() +
      scale_x_discrete()
print(p)
```

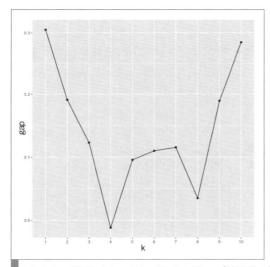

図13.8　階層的クラスタリングによるギャップ統計量の算出結果

この図を見ると、$k=3$と$k=4$の間でギャップ統計量が急激に低下していることを確認できます。そこで、$k=3$をクラスタ数として決定すると良いのではないかと考えられます。

■clusGap関数

前項で使用したclusGap関数はclusterパッケージで提供されており、ギャップ統計量を算出します。clusGap関数の主要な引数について説明します（**表13.4**）。

表13.4　clusGap関数の主要な引数

引数	説明
x	各データの座標を行列またはデータフレームで指定。行方向にデータ、列方向に座標を並べる
FUNcluster	クラスタリングを実行する関数を指定。この関数の第1引数に各データの座標の行列またはデータフレームを、第2引数はクラスタ数を受け取るように定義する。前項の例では、この引数の条件を満たすようにward関数を自作していた。後述するように非階層的クラスタリングのk平均法を実行するstatsパッケージのkmeans関数の引数はこの条件を満たしているので、そのままFUNcluster=kmeansと指定できる
K.max	クラスタ数の最大値を指定。この値は2以上である必要がある
B	ブートストラップのサンプルを生成する回数を指定

13-3-3 階層的クラスタリングの高速化

これまでに利用してきたstatsパッケージのhclust関数は、データサイズが大きくなるとクラスタリングの実行が遅いという問題があります。fastclusterパッケージのhclust関数を用いると階層的クラスタリングの高速化が可能になります。

ここでは、MASSパッケージで提供されているBostonデータセットを使用して、statsパッケージとfastclusterパッケージのhclust関数の実行速度を比較してみます。fastclusterパッケージはCRANからインストールできます。

Bostonデータセットは米国のボストン市の住宅データで、データ数が506、変数が14あります。

```
> library(dplyr)
> library(MASS)
# Bostonデータセットの確認
> data(Boston)
> Boston %>% head(3)
     crim zn indus chas   nox    rm  age    dis rad tax ptratio  black
1 0.00632 18  2.31    0 0.538 6.575 65.2 4.0900   1 296    15.3 396.90
2 0.02731  0  7.07    0 0.469 6.421 78.9 4.9671   2 242    17.8 396.90
3 0.02729  0  7.07    0 0.469 7.185 61.1 4.9671   2 242    17.8 392.83
  lstat medv
1  4.98 24.0
2  9.14 21.6
3  4.03 34.7
> Boston %>% dim
[1] 506  14
```

Bostonデータセットはデータの先頭を確認してもわかるように、たとえばblackのように数100の値を取る変数もあれば、crimのように小数2〜3桁の値を取る変数もあります。このように値の水準が揃っていない変数をそのままクラスタリングすると、データ間の距離の計算で絶対値の大きな変数の寄与が大きくなり、そのほかの変数を過小評価してしまう懸念があります。そのため、変数の値の水準を揃える必要があります。

ここでは、各変数の平均を0、分散を1にスケーリングするscale関数を用いて水準を揃えます。その後、データ間の距離を計算します。次の例では、microbenchmarkパッケージのmicrobenchmark関数を用いて、statsパッケージとfastclusterパッケージのhclust関数の実行速度を比較しています。

microbenchmark関数については、「**21章 チューニングの原則**」を参照してください。

```
> library(fastcluster)
> library(microbenchmark)
# 変数のスケーリング
> Boston.scaled <- Boston %>% scale
# データ間の距離の算出
> dist.Boston <- Boston.scaled %>% dist
# statsパッケージとfastclusterパッケージの実行速度の比較
> microbenchmark(
+   stats::hclust(dist.Boston, method="ward.D2"),
+   fastcluster::hclust(dist.Boston, method="ward.D2")
+ )
Unit: milliseconds
                                                 expr      min       lq
         stats::hclust(dist.Boston, method = "ward.D2") 3.472055  3.78449
  fastcluster::hclust(dist.Boston, method = "ward.D2") 1.559305  1.60686
     mean   median       uq      max neval cld
 4.776467 4.205525 5.749008 8.212434   100   b
 1.914812 1.763470 2.049647 3.285497   100   a
```

以上では、それぞれのパッケージのhclust関数を100回実行し（neval）、実行時間の最小（値（min）、下から25%を表す第一四分位点（lq）、平均値（mean）、中央値（median）、下から75%を表す第三四分位点（uq）、最大値（max）を算出しています。実行速度の単位はミリ秒（Unit: milliseconds）で表示されています。この結果の平均値で比較すると、fastclusterパッケージを使用した方が約2.5倍（=4.776467/1.914812）高速になっていることを確認できます。データサイズが大きいときは、fastclusterパッケージの使用も視野に入れると良いでしょう。

■ hclust関数（fastclusterパッケージ）

fastclusterパッケージのhclust関数は、階層的クラスタリングを高速に実行します。hclust関数の主要な引数の意味は次のとおりです（**表13.5**）。

表13.5　hclust関数の主要な引数

引数	説明
d	dist関数で計算した距離行列を与える
method	クラスタリングの手法を文字列で与える。statsパッケージのhclust関数と全く同様のアルゴリズムを指定できる。"ward.D"（ウォード法）、"ward.D2"（ウォード法（距離は2乗したものを使用））、"single"（最短距離法）、"complete"（最長距離法、デフォルト）、"average"（群平均法）、"mcquitty"（McQuitty法）、"median"（メディアン法）、"centroid"（重心法）のいずれかを指定できる

13-3-4 階層的クラスタリングの可視化

階層的クラスタリングを用いてデータが集約されていく様子はデンドログラムを確認すれば理

解できるでしょう。一方で、元々のデータがどの程度似ていたか、そしてデータ項目間の類似性も把握したい場合は、statsパッケージのheatmap関数、gplotsパッケージのheatmap.2関数を使用して可視化するのが1つの手です。

■heatmap関数による可視化

statsパッケージのheatmap関数を用いると階層的クラスタリングを実行してデンドログラムをプロットしながら、データの値をヒートマップに同時にプロットできます。**リスト13.4**の例は、Bostonデータセットに対して階層的クラスタリングを実行しています（**図13.9**）。

リスト13.4　heatmap.R（抜粋）

```
library(MASS)
library(dplyr)
# Bostonデータセットのロード
data(Boston)
# ヒートマップのプロット
Boston.mat <- Boston %>% as.matrix
heatmap(Boston.mat)
```

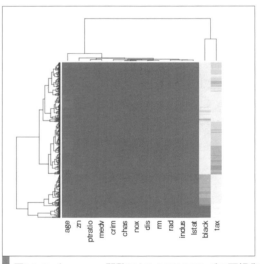

図13.9　heatmap関数によるクラスタリングの可視化

リスト13.5の例は、データをscale関数でスケーリングしたあとに階層的クラスタリングの実行、ヒートマップのプロットを行っています（**図13.10**）。データはscale関数によって、平均が0、分散が1になるように正規化しています。

リスト13.5　scale.R（抜粋）

```
# データの正規化
Boston.mat.scaled <- scale(Boston.mat)
# ヒートマップのプロット
heatmap(Boston.mat.scaled)
```

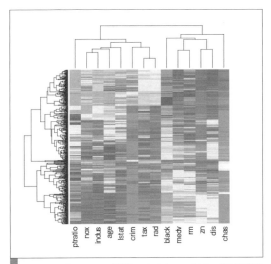

図13.10 heatmap関数によるクラスタリングの可視化（データを正規化）

以上でプロットされた**図13.9**と**図13.10**は、横方向に変数、縦方向にデータが並んでいます。図の左側には、データをクラスタリングして得られたデンドログラムが表示されています。図の上側には、変数をクラスタリングして得られたデンドログラムが表示されています。**図13.10**を見ると、次のことがわかります。

- データのクラスタリングでは、変数blackからdisまで下部にあるデータ（主に赤色）がまとめられている
- 変数のクラスタリングでは、変数ptratioからradまで上部にあるデータ（主に黄色）、および、それより下側のデータ（主に赤色）と大きく2つに分かれ、それぞれがまとめられている。変数blackからchasまでは、上部にあるデータ（主に赤色）、それより下側のデータ（黄色が主体）と大きく2つに分かれ、それぞれがまとめられている

■heatmap関数

heatmap関数はstatsパッケージで提供されています。heatmap関数の主要な引数について説明します（**表13.6**）。

表13.6 heatmap関数の主要な引数

引数	説明
x	ヒートマップやデンドログラムを描画する対象の行列を指定。データフレームは入力できないので、あらかじめ行列に変換しておく必要がある
Rowv	行方向のデンドログラムをどのように描画するかを指定。デフォルトは"NULL"になっている。NAを指定するとデンドログラムの描画は行われない
Colv	列方向のデンドログラムをどのように描画するかを指定。デフォルトは"Rowv"となっており、行方向のデンドログラムと同様に描画される
distfun	階層的クラスタリングを実行するときの距離の計算に用いる関数を指定。デフォルトはdist関数が指定されている
hclustfun	階層的クラスタリングを実行する関数を指定。デフォルトはhclust関数が指定されている

■heatmap.2関数による可視化

heatmap関数はヒートマップをプロットするものの、色が表している値を把握できませんでした。gplotsパッケージのheatmap.2関数を用いると、カラーバーが表示され、色が表している値を把握できるようになります。

CRANからgplotsパッケージをインストールして、Bostonデータセットに対してheatmap.2関数を適用します（リスト13.6）。scale引数に"column"を指定することにより、列方向で正規化を行います。図13.11では左上にカラーバーが表示されていることを確認できます。

リスト13.6 heatmap2.R（抜粋）

```
library(gplots)
heatmap.2(Boston %>% as.matrix, scale = "column", labRow = "")
```

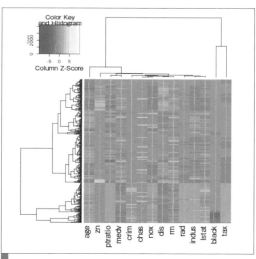

図13.11 heatmap.2関数によるクラスタリングの可視化（データを正規化）

■dendextendパッケージによる可視化

階層的クラスタリングで得られたデンドログラムに対して、詳細な指定を可能にするdendextendパッケージが提供されています。dendextendパッケージはCRANからインストールできます。

続いて、carsデータセットに対してウォード法を適用してクラスタリングを実行し、デンドログラムを作成します。**リスト13.7**ではdplyrパッケージのパイプを用いて処理を連結し、hclust関数でクラスタリングを実行したあとにas.dendrogram関数でデンドログラムを作成しています。こうして作成したデンドログラムにplot関数を適用することで可視化しています(**図13.12**)。

リスト13.7　asdendrogrom.R(抜粋)

```
library(dendextend)
library(dplyr)
# Ward法によるcarsデータセットのクラスタリング
dend <- cars %>%
         scale %>%
         dist %>%
         hclust(method="ward.D2") %>%
         as.dendrogram
# デンドログラムのプロット
dend %>% plot
```

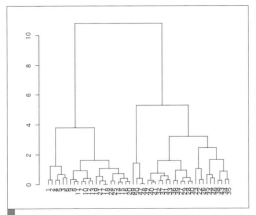

図13.12　dendextendパッケージを用いたデンドログラムのプロット

ラベルのサイズを変更してみましょう。デンドログラムのdendオブジェクトに対して、set関数を適用します(**リスト13.8**)。"labels_cex"がラベルの文字サイズを表すパラメータでその値を0.7に設定しています(**図13.13**)。

リスト13.8　setlabels.R（抜粋）

```
# ラベルのサイズの変更
dend %>%
    set("labels_cex", 0.7) %>%
    plot(main="ラベルのサイズを変更")
```

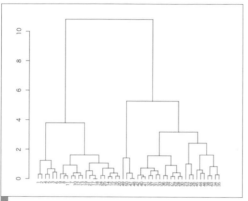

図13.13　dendextendパッケージを用いたデンドログラムのプロット（ラベルのサイズを変更）

　また、リーフの点の種類や文字の大きさ、色、またラベルの大きさを変更してみましょう。ここでは、リーフとはデンドログラムの末端のことを指します。それぞれのパラメータは、リーフの点の種類は"leaves_pch"、文字の大きさは"leaves_cex"、色は"leaves_col"、ラベルの大きさは"labels_cex"となっています。リスト13.9ではいずれもset関数でパラメータの値を設定したものをパイプで連結していき、最後にplot関数でデンドログラムを可視化しています（図13.14）。

リスト13.9　setleaves.R（抜粋）

```
# リーフの点の種類、文字の大きさ、色、ラベルの大きさの変更
dend %>%
    set("leaves_pch", 19) %>%
    set("leaves_cex", 0.5) %>%
    set("leaves_col", "blue") %>%
    set("labels_cex", 0.7) %>%
    plot
```

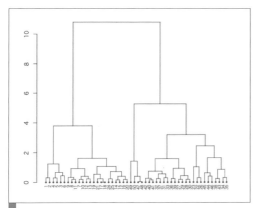

図13.14　dendextendパッケージを用いたデンドログラムのプロット（リーフの点の種類、文字の大きさ、色、ラベルの大きさを変更）

　クラスタごとに色を塗り分けるには、**リスト13.10**のようにします。パラメータbranches_k_colorに色の名前（value）、クラスタ数（k）を指定します（**図13.15**）。

リスト13.10　setcolor.R（抜粋）

```
# クラスタごとの色の塗り分け
dend %>%
    set("labels_cex", 0.5) %>%
    hang.dendrogram(hang_height=0.8) %>%
    set("branches_k_color", value=c("red", "blue", "green"), k=3) %>%
    plot
```

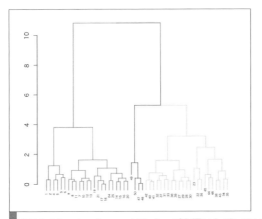

図13.15　dendextendパッケージを用いたデンドログラムのプロット（クラスタごとに色を塗り分け）

　クラスタを長方形で囲むことも可能です。**リスト13.11**のようにrect.dendrogram関数の引数kにクラスタ数を指定します。次の例は、クラスタ数を3としてそれぞれのクラスタを長方形で囲っ

ています（**図13.16**）。

リスト13.11　setrect.R（抜粋）
```
# クラスタを長方形で囲む
dend %>%
    set("labels_cex", 0.5) %>%
    hang.dendrogram(hang_height=0.8) %>%
    set("branches_k_color", value=c("red", "blue", "green"), k=3) %>%
    plot
dend %>%
    rect.dendrogram(k=3, border=8, lty=2, lwd=1)
```

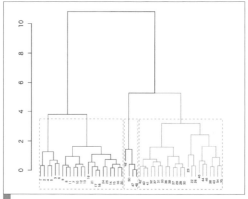

図13.16　dendextendパッケージを用いたデンドログラムのプロット（クラスタを長方形で囲む）

リスト13.12のようにdendextendパッケージで作成したデンドログラムのオブジェクトをggplot2パッケージで描画できます（**図13.17**）。そのためには as.ggdend 関数で ggplot 関数が読み込める形式にデータを変換します。

リスト13.12　asggdend.R（抜粋）
```
library(ggplot2)
# デンドログラムの設定
dend2 <- dend %>%
         set("labels_cex", 0.5) %>%
         hang.dendrogram(hang_height=0.8) %>%
         set("branches_k_color", value=c("red", "blue", "green"), k=3) %>%
         set("branches_lwd", 0.5) %>%
         set("branches_lty", 1) %>%
         set("nodes_pch", 19) %>%
         set("nodes_cex", 1) %>%
         set("nodes_col", "black")
# ggplot2パッケージで描画可能なオブジェクトへの変換
```

```
ggd <- as.ggdend(dend2)
# ggplot2パッケージでの描画
ggplot(ggd, offset_labels = -0.1)
```

set関数の"branches_lty"にはクラスタの種類、"node_pch"にはノードの点の種類、"node_cex"にはノードのサイズ、"node_col"にはノードの色をそれぞれ指定します。

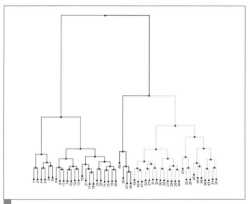

図13.17 ggplot2パッケージを用いたデンドログラムのプロット

水平方向に描画するには、**リスト13.13**のようにggplot関数のhoriz引数をTRUEに設定します（**図13.18**）。

リスト13.13 horiztrue.R（抜粋）
```
# 水平方向へのヒストグラムのプロット
ggplot(ggd, horiz = TRUE, theme = NULL)
```

Part 5 データ分析

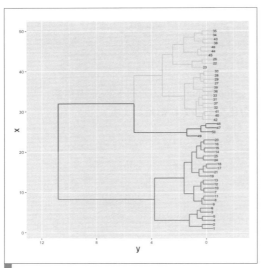

図13.18 ggplot2パッケージを用いたデンドログラムのプロット(水平方向にプロット)

dendextendパッケージを用いて描画するデンドログラムの設定を行って、先に説明したgplotsパッケージのheatmap.2関数によりデンドログラムとヒートマップを同時にプロットすることも可能です。

リスト13.14の例は、Bostonデータセットに対して行方向、列方向それぞれのデンドログラムの設定を行い、heatmap.2関数のRowv引数、Colv引数に指定しています。これによって、デンドログラムとヒートマップが描画されていることを確認できます(図13.19)。

リスト13.14　dendrogramheatmap.R

```
library(dendextend)
library(MASS)
data(Boston)
# Bostonデータセットの行列への変換
Boston.mat <- Boston %>% as.matrix
# 行方向のデンドログラムの設定
Rowv <- Boston.mat %>%
        scale %>%
        dist %>%
        hclust(method="ward.D2") %>%
        as.dendrogram %>%
        set("branches_k_color", k=3) %>%
        set("branches_lwd", 2) %>%
        ladderize
# 列方向のデンドログラムの設定
Colv <- Boston.mat %>%
        t %>%
```

```
        scale %>%
        dist %>%
        hclust(method="ward.D2") %>%
        as.dendrogram %>%
        set("branches_k_color", k=2) %>%
        set("branches_lwd", 2) %>%
        ladderize
# ヒートマップのプロット
heatmap.2(Boston.mat, Rowv=Rowv, Colv=Colv, scale="column")
```

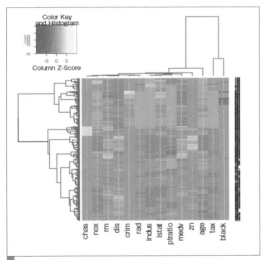

図13.19 dendextendパッケージで設定したヒストグラムをheatmap.2関数でプロット

13-4 非階層的クラスタリング

非階層的クラスタリングは、階層的クラスタリングではないクラスタリング手法を総称する分類名です。k平均法、kメドイド法などがあります。

13-4-1 k平均法

非階層的クラスタリングの代表的な手法に、k平均法（*k-means*）があります。k平均法は、図13.20に示すように

①各データにランダムに割り当てたクラスタのラベルを用いて、各クラスタのデータの中心とする

②各データからそれぞれ最も近い中心のクラスタを新たなラベルとする
③各クラスタに割り当てられたデータの中心を新たなクラスタ中心とする

という処理を、クラスタ中心が収束するまで②と③を繰り返します（①については各クラスタの中心をランダムに与える方法もあります）。

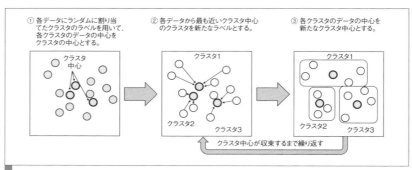

図13.20　k平均法のアルゴリズム

Rでは、statsパッケージの**kmeans**関数を用いてk平均法を実行できます。k平均法の"k"はクラスタ数を表しており、事前にユーザが指定する必要があります。また、k平均法の結果はクラスタ中心の初期値により変わりますので、複数回試行することが望ましいと言われています。**kmeans**関数の**centers**引数にクラスタ数またはクラスタ中心の座標、**nstart**引数に反復回数を指定します。

```
> set.seed(71)
# carsデータセットのロード
> data(cars)
# k平均法の実行
> km.cars <- kmeans(cars, centers = 3, nstart = 100)
> km.cars
K-means clustering with 3 clusters of sizes 7, 17, 26

Cluster means:
      speed     dist
1 21.00000 90.00000
2 18.52941 53.64706
3 11.84615 23.34615

Clustering vector:
 [1] 3 3 3 3 3 3 3 3 3 3 3 3 3 3 3 3 3 3 3 3 3 2 3 3 2 1 3 3 2 3 2 3 2 2 2 2 1 1
[36] 3 2 2 3 2 2 2 2 2 2 1 1 1 1
```

```
Within cluster sum of squares by cluster:
[1] 1380.000 1604.118 2777.269
 (between_SS / total_SS =  83.0 %)

Available components:

[1] "cluster"      "centers"      "totss"        "withinss"
[5] "tot.withinss" "betweenss"    "size"         "iter"
[9] "ifault"
```

km.cars オブジェクトはいくつかの情報が含まれています。

- Cluster means
  クラスタの中央の座標。たとえば、1番目のクラスタの中央は(21,90)であることがわかる
- Clustering vector
  各データのクラスタ番号のベクトル。たとえば、1番目のデータはクラスタ3、最後の50番目のデータはクラスタ1であることを確認できる
- Within cluster sum of squares by cluster
  クラスタの群内分散。群内分散とは、クラスタに属するデータとそのクラスタの中央との距離の2乗をすべてのデータについて足し合わせたもの。たとえば、1番目のクラスタでは群内分散が1380であることを確認できる
- Available components
  k平均法の実行結果のうち、利用可能な要素が示されている。たとえば、"cluster"は各データのクラスタ番号、"center"は各クラスタの中心座標を保持している

k平均法によるクラスタリングの結果を可視化してみましょう。ここでは、横軸に車の速度(*speed*)、縦軸に停止するまでの距離(*dist*)をプロットし、各データが属するクラスタを点の色や形によって区別します。そのためには、各データが属するクラスタ番号を結合する必要があります。この処理は、k平均法の実行結果であるkm.carsオブジェクトのclusterを抽出し、mutate関数で列clusterを生成することにより実現しています(**リスト13.15**)。そして、ggplot2パッケージのggplot関数により散布図をプロットしています(**図13.21**)。

リスト13.15 carskm.R
```
library(dplyr)
library(ggplot2)
# クラスタ番号の結合
cars.km <- cars %>% mutate(cluster = factor(km.cars$cluster, levels = 1:3))
# 点の色をクラスタ番号とする散布図のプロット
p <- ggplot(data = cars.km, aes(x = speed, y = dist, colour = cluster,
    shape = cluster)) + geom_point()
print(p)
```

Part 5 データ分析

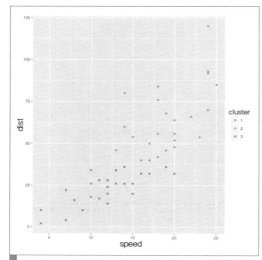

図13.21 carsデータセットの散布図（k平均法によるクラスタリング結果を点の色、形で表示）

得られた図を見ると、クラスタ1はdistが相対的に高い領域、クラスタ3はdistが相対的に低い領域、クラスタ2はその中間の領域であることを確認できます。

■**クラスタ数の決め方**

以上ではクラスタ数を3に固定してk平均法を実行していました。クラスタ数kはどのように決めれば良いのでしょうか。ここでは、階層的クラスタリングで説明したギャップ統計量を用いてクラスタ数を決定してみましょう。次はclusGap関数の第1引数にcars、FUNcluster引数にkmeans関数、K.max引数に最大クラスタ数（今回は10）を指定したあと、**リスト13.16**のようにギャップ統計量を算出し、描画しています（**図13.22**）。

```
# あらかじめclusterパッケージをインストールしてください
> library(cluster)
> set.seed(71)
# 最大クラスタ数
> k.max <- 10
> gap.kmeans.cars <- clusGap(cars, FUNcluster = kmeans, K.max = k.max)
> gap.kmeans.cars
Clustering Gap statistic ["clusGap"].
B=100 simulated reference sets, k = 1..10
 --> Number of clusters (method 'firstSEmax', SE.factor=1): 1
          logW    E.logW       gap        SE.sim
 [1,] 5.903133 6.208189 0.30505549 0.06347828
 [2,] 5.343434 5.534257 0.19082295 0.06122822
 [3,] 5.030537 5.153905 0.12336840 0.06657307
```

```
[4,]  4.903347  4.891439  -0.01190771  0.07373308
[5,]  4.626922  4.722655   0.09573329  0.07042070
[6,]  4.482649  4.592718   0.11006949  0.08982250
[7,]  4.350913  4.466425   0.11551171  0.07807353
[8,]  4.329954  4.364906   0.03495280  0.07867511
[9,]  4.087060  4.276108   0.18904792  0.08359833
[10,] 3.918797  4.202719   0.28392195  0.08848217
```

リスト13.16　clusgap.R（抜粋）

```
# ギャップ統計量のプロット
library(dplyr)
library(ggplot2)
gap <- gap.kmeans.cars$Tab %>% as.data.frame %>% mutate(k = seq(k.max))
p <- ggplot(data = gap, aes(x = k, y = gap)) + geom_line() + geom_point() + scale_x_discrete()
print(p)
```

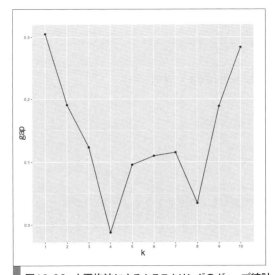

図13.22　k平均法によるクラスタリングのギャップ統計量の算出結果

　この場合も、$k=3$と$k=4$の間でギャップ統計量が急激に減少していることを確認できます。よって、クラスタ数を3に決定すれば良さそうであることを確認できます。

■kmeans関数

　kmeans関数はstatsパッケージで提供されており、k平均法を実行します。kmeans関数の主要な引数の意味は**表13.7**のとおりです。

表13.7　kmeans関数の主要な引数

引数	説明
x	数値の行列を指定。数値のベクトルやデータフレームを指定できる。行方向にサンプル、列方向に変数が並んでいることが前提
centers	クラスタ数を数値で指定するか、クラスタの中心を行列で指定。クラスタの中心を行列で与える場合は、行方向にクラスタ、列方向にクラスタ中心の座標を指定
iter.max	最大反復回数を指定。デフォルトはiter.max=10
nstart	k平均法を実行する回数を指定。デフォルトはnstart=1
algorithm	k平均法の実行に使用するアルゴリズム名を文字列で指定。デフォルトは、Hartigan-Wongアルゴリズム

13-4-2 kメドイド法

　k平均法は、クラスタに属するデータの平均をクラスタの代表点にします。この計算方法では、外れ値の影響を受けやすいという問題点があります。kメドイド法 (*k-medoid*) では、クラスタに属するデータから1つを選んで代表点とすることにより、この問題を解決します。

　次のコードは、carsデータセットに対してclusterパッケージのpam関数を用いてkメドイド法を実行しています。

```
> library(cluster)
# kメドイド法の実行
> pam.cars <- pam(cars, k = 3, keep.diss = TRUE, keep.data = TRUE)
# クラスタリングの結果の要約
> summary(pam.cars)
Medoids:
     ID speed dist
[1,] 13    12   20
[2,] 30    17   40
[3,] 34    18   76
Clustering vector:
 [1] 1 1 1 1 1 1 1 1 2 1 1 1 1 1 1 1 2 2 2 1 2 3 3 1 1 2 2 2 2 2 2 2 3 3
[36] 2 2 3 2 2 2 2 3 3 2 3 3 3 3 3
Objective function:
   build     swap
9.497256 9.177774

Numerical information per cluster:
     size max_diss    av_diss diameter separation
[1,]   18 19.69772  7.291244 27.20294   5.656854
[2,]   20 16.27882  8.354446 24.33105   5.656854
[3,]   12 44.40721 13.379783 60.82763   5.656854

Isolated clusters:
 L-clusters: character(0)
 L*-clusters: character(0)

Silhouette plot information:
   cluster neighbor sil_width
```

```
10         1         2  0.6977107
 7         1         2  0.6973254
 5         1         2  0.6897211
（中略）
44         3         2  0.2707794
43         3         2  0.1377444
22         3         2 -0.2254076
Average silhouette width per cluster:
[1] 0.5651859 0.4492418 0.4160526
Average silhouette width of total data set:
[1] 0.4830163

1225 dissimilarities, summarized :
   Min. 1st Qu.  Median    Mean 3rd Qu.    Max.
  0.000  12.166  24.331  29.892  42.426 119.680
Metric :   euclidean
Number of objects : 50

Available components:
[1] "medoids"    "id.med"     "clustering" "objective"  "isolation"
[6] "clusinfo"   "silinfo"    "diss"       "call"       "data"
```

実行結果にはいくつかの情報が含まれています。主要なものについて説明します。

- Medoids
  クラスタのメドイド（代表点）となったデータの番号（*ID*）とそのspeed、distを表示している。たとえば、1番目のクラスタのメドイドは13番目のデータであり、speedが12、distが20であることを確認できる
- Clustering vector
  各データのクラスタ番号のベクトルを表示している。たとえば、1番目のデータはクラスタ3、最後の50番目のデータはクラスタ1に割り当てられていることを確認できる
- Numerical information per cluster
  各クラスタのクラスタサイズ（*size*）、最も離れたデータ間の距離（*max_diss*）、データ間の平均距離（*av_diss*）、クラスタの直径（*diameter*）を表示している。たとえば、1番目のクラスタはクラスタサイズが18、最も離れたデータ間の距離が約19.698、データ間の平均距離が約7.291、クラスタの半径が約27.203であることを確認できる
- Isolated clusters
  孤立したクラスタの情報を表示している。L-clustersもL*-clustersもないため、孤立したクラスタはないことを確認できる
- Silhouette plot information
  各データに対して割り当てられたクラスタ（*cluster*）、隣接クラスタ（*neighbor*）、シルエット幅（*sil_width*）を表示している。たとえば、最初に表示されている10番目のデータはクラスタ1に割り当てられ、隣接クラスタがクラスタ2、シルエット幅が約0.698であることを示している

- Average silhouette width per cluster
  各クラスタのシルエット幅の平均を表示している。たとえば、1番目のクラスタのシルエット幅の平均は約0.565であることを確認できる
- Average silhouette width of total data set
  データ全体のシルエット幅の平均を表示している。その値が約0.483であることを確認できる

最後の3項目"Silhouette plot information"、"Average silhouette width per cluster"、"Average silhouette width of total data set"はシルエットプロットに関連する情報です。シルエットプロットについては、以下で詳しく説明します。

さて、以上のようにして作成した各クラスタは、どの程度「うまく」まとまっているのでしょうか。シルエットプロットを描画することにより、この答えが得られます。

シルエットプロットのアルゴリズムを理解するために、まずは直感的な説明を行います。**リスト13.17**によってプロットした**図13.23**は、上記でpam関数によりクラスタリングした結果を散布図上に示しています。各点が所属するクラスタは点の番号の色で示しています。

リスト13.17　carswithnoclus.R（抜粋）

```
library(dplyr)
library(ggplot2)
# carsデータセットにデータ番号とクラスタ番号を追加
cars.with.No.clus <- cars %>%
                    mutate(No=seq(nrow(.)), cluster=factor(pam.cars$cluster))
p <- ggplot(data=cars.with.No.clus, aes(x=speed, y=dist, color=cluster)) +
     geom_text(aes(label=No))
print(p)
```

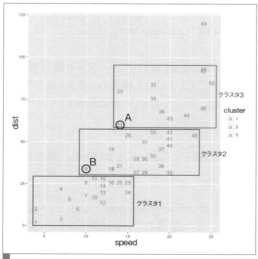

図13.23　carsデータセットの散布図（kメドイド法によるクラスタリング結果を点の色で表示）

図13.23において、クラスタ3に割り当てられたデータA（22番目の点）とクラスタ2に割り当てられたデータB（9番目の点）について考えてみます。点AもBもそれぞれのクラスタの外側にいます。そのため、同じクラスタの中心付近にいる点と比べて、それぞれのクラスタ内の点との平均的な距離は遠いと考えられます。また、データAはクラスタ2と比較的近く、データBはクラスタ1と比較的近くなっていることも確認できます。

ここで、データAとBに対して次の2つのトレードオフを考えてみましょう。

- 自身が属するクラスタのほかのデータとどの程度似ているか
- ほかのクラスタに所属するデータとどの程度似ているか

もし、自身が所属するクラスタのほかのデータの方に似ていれば、そのデータは「うまく」クラスタに割り当てられたと判断して良さそうです。一方で、ほかのクラスタに所属するデータがより似ていれば、そのデータは「適切でない」クラスタに割り当てられたと判断して良さそうです。

以上の考えのもとに、データA、Bに対して各クラスタに属するデータとの距離の平均値を求めると表13.8のようになります。

表13.8　各クラスタのデータとの距離の平均値

	クラスタ1	クラスタ2	クラスタ3
データA（クラスタ3）	41.5278	18.15076	23.43266
データB（クラスタ2）	15.6451	13.00985	47.17192

表から、次のことが分かります。

- データAは自身が所属するクラスタ3のほかの点との距離は平均約23.433、クラスタ1の点との距離は平均約41.528、クラスタ2の点との距離は約18.151となっている
- データBは自身が所属するクラスタ2のほかの点との距離は平均約13.010、クラスタ1の点との距離は平均約15.645、クラスタ3の点との距離は約47.172となっている

したがって、データAは自身が所属するクラスタ3よりも、クラスタ2のデータの方に平均的には距離が近いことが分かります。また、データBは自身が所属するクラスタ2のデータと平均的な距離が近いことが分かります。しかし、クラスタ2との距離は13.010であるのに対して、クラスタ1とも15.645となっており、比較的近い距離になっていることも読み取れます。

自身が所属するクラスタ以外で最も近い距離と、自身が所属するクラスタへの距離の差分を計算することにより、データのクラスタへの割り当て具合を数値で表すことを考えてみます。点Aの場合は、クラスタ2が最も近く、その次にクラスタ3が近いので、次のようになります。

クラスタ2への距離 − クラスタ3への距離 = 18.15076 − 23.43266 = −5.2819

点Aの場合、点Aは自身が所属するクラスタ3よりもクラスタ2の方が近いため、差分の結果はマイナスになっています。

一方で、点Bの場合は、次のようになります。

クラスタ1への距離 − クラスタ2への距離 = 15.6451 − 13.00985 = 2.63525

　自分が所属していないクラスタのうち最も近い距離と自分が所属するクラスタへの距離の差分を計算して、この値の正負によって「どの程度うまくクラスタに割り当てられているか」を判断できるようになりました。
　シルエットプロットで可視化されるシルエット幅は以上の考え方をもう一歩推し進めて、距離の差分ではなく、自分が所属するクラスタか最も近いクラスタとの距離の大きい方との変化率を求めます。
　点Aの場合は、次のようになります。

$$\text{点Aのシルエット幅} = \frac{\text{クラスタ2への距離} - \text{クラスタ3への距離}}{\text{クラスタ3への距離}} = \frac{18.15076 - 23.43266}{23.43266} = -0.2254076$$

一方で、点Bの場合は、次のようになります。

$$\text{点Bのシルエット幅} = \frac{\text{クラスタ1への距離} - \text{クラスタ2への距離}}{\text{クラスタ1への距離}} = \frac{15.6451 - 13.00985}{15.6451} = 0.1684393$$

このようにシルエット幅を定義することにより、次のような判断ができるようになります。

- 最も近いクラスタが自身が割り当てられているクラスタの場合は、シルエット幅は0以上1以下の値をとる。シルエット幅が1に近いほど自身のクラスタに近く、そのほかのクラスタとは遠くなる傾向が強まる
- 最も近いクラスタが自身が割り当てられているクラスタ以外の場合は、シルエット幅は-1以上0以下の値をとる。シルエット幅が-1に近いほどほかのクラスタに近く、自身のクラスタとは遠くなる傾向が強まる

　以上の例で説明したシルエット幅の定義を定式化します。i番目のデータに対して、同じクラスタのほかのすべてのデータとの非類似度の平均を$a(i)$とすると、$a(i)$はi番目のデータがクラスタにどの程度「うまく」割り当てられているかを定量化する指標となります。また、ほかのクラスタのデータとの非類似度の平均のうち最小値を$b(i)$とすると、$b(i)$はi番目のデータから見た隣のクラスタとの距離を表しています。
　i番目のデータのシルエット幅$S(i)$は、次の式で定義されます。

$$S(i) = \frac{b(i) - a(i)}{\max\{a(i),\ b(i)\}}$$

$$= \begin{cases} 1 - \frac{a(i)}{b(i)} & (a(i) < b(i)) \\ 0 & (a(i) = b(i)) \\ \frac{b(i)}{a(i)} - 1 & (a(i) > b(i)) \end{cases}$$

以上の定義から、$-1 \leq S(i) \leq 1$であることがわかります。$S(i)$が1に近いほどi番目のデータはクラスタに「良く」割り当てられており、$S(i)$が-1に近いほどクラスタへの割り当ては良好ではないことがわかります。そこで、シルエット幅$S(i)$を用いて、クラスタへの割り当ての評価指標として用いることができるのではないかと考えられます。

それでは、pam関数によりkメドイド法を実行した結果に対してシルエットプロットを描画してみましょう。シルエットプロットは、**リスト13.18**のようにpam関数の戻り値により得られたオブジェクトに対してplot関数を適用することで描画できます（**図13.24**）。

リスト13.18　pamcars.R（抜粋）

```
# シルエットプロットの描画
plot(pam.cars, which.plots = 2)
```

描かれたシルエットプロットを見ると、次の情報を読み取ることができます。

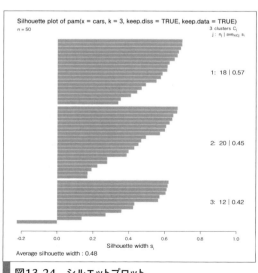

図13.24　シルエットプロット

- 図の中央にあるシルエットプロットは、クラスタごとに各データのシルエット幅が棒グラフで表示される。クラスタ1はシルエット幅の最大値が約0.7、最小値が約0.35、クラスタ2は最大値が0.7弱、最小値が0.2弱、クラスタ3は最大値が0.6強、最小値が約-0.2以下であることを目視で確認できる。クラスタ2やクラスタ3には、クラスタ1に比べるとクラスタへの割り当てが相対的に良好ではないデータが存在していることを確認できる
- シルエットプロットの右側には、各クラスタに割り当てられたデータの個数とシルエット幅の平均が表示されている。たとえば、1番目のクラスタには18個のデータが割り当てられており、クラスタ内のシルエット幅の平均は0.57であることがわかる
- シルエットプロットの下側には、"Average silhouette width"として全データのシルエット幅の平均が表示されている。この場合は、シルエット幅の平均は0.48となっている

さて、以上で確認した内容を散布図をプロットすることによって理解してみましょう。

各データが割り当てられたクラスタ、隣接クラスタ、シルエット幅の情報は、`pam.cars`オブジェクトの`silifo`の`widths`に格納されています。

```
# シルエットプロットを描画するための情報
> pam.cars$silinfo$widths %>% head
   cluster neighbor sil_width
10       1        2 0.6977107
7        1        2 0.6973254
5        1        2 0.6897211
12       1        2 0.6771999
13       1        2 0.6703576
6        1        2 0.6541832
```

データ番号の昇順に並び替えたあとに、carsデータセットと列方向に結合します。

```
# シルエットプロットの情報とクラスタ番号、隣接クラスタを付加し、データ番号の昇順で並び替え
> cars.with.widths <- pam.cars$silinfo$widths %>%
+                     as.data.frame %>%
+                     mutate(cluster=factor(cluster, levels=1:3),
+                            neighbor=factor(neighbor, levels=1:3)) %>%
+                     arrange(as.numeric(rownames(.))) %>%
+                     cbind(cars, .)
# 先頭6行の表示
> cars.with.widths %>% head
  speed dist cluster neighbor sil_width
1     4    2       1        2 0.5533344
2     4   10       1        2 0.6256325
3     7    4       1        2 0.5866939
4     7   22       1        2 0.6129018
5     8   16       1        2 0.6897211
6     9   10       1        2 0.6541832
```

作成したデータに対して、**リスト13.19**のように横軸をspeed、縦軸をdist、点の色と形がクラスタ、点の大きさがシルエット幅とする散布図をプロットしてみましょう（**図13.25**）。

リスト13.19　carswithwidths.R（抜粋）
```
library(ggplot2)
p <- ggplot(data = cars.with.widths,
            aes(x = speed, y = dist, shape = cluster, fill = sil_width)) +
      geom_point()
print(p)
```

図13.25を見ると、クラスタの境界に近いデータほどシルエット幅の値が小さくなっており、クラスタの境界から遠いデータほどシルエット幅が大きくなっていることを確認できます。

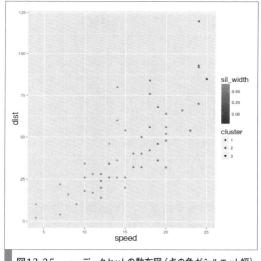

図13.25　carsデータセットの散布図（点の色がシルエット幅）

■pam関数

pam関数はclusterパッケージで提供されており、kメドイド法を実行します。pam関数の主要な引数は**表13.9**のとおりです。

表13.9　pam関数の主要な引数

引数	説明
x	クラスタリングする行列またはデータフレームを指定。行方向にサンプル、列方向に変数が並んでいることが前提。また、dist関数によるデータ間の距離など、データの非類似性を表す行列を指定できる。この場合は、diss引数にdiss=TRUEを指定する
k	クラスタ数を指定
diss	オブジェクトがデータの非類似性を表す行列をx引数に指定したかどうかを論理値で指定する

13-4-3　ファジーc平均法

ファジーc平均法は、各データがそれぞれのクラスタに属する確率を算出するクラスタリング

手法です。clusterパッケージのfanny関数を使用すると、ファジーc平均法を実行できます。

■ファジーc平均法の実行

次の例は、carsデータセットに対してクラスタ数を3としてファジーc平均法を実行しています。fanny関数の第1引数には、データの行列またはデータフレームを指定します。これは行方向にサンプル、列方向に各次元の座標を保持したデータです。k引数には、クラスタ数を指定します。

```
> library(cluster)
> library(dplyr)
# ファジークラスタリングの実行
> fanny.cars <- fanny(cars, k = 3)
# 先頭の6データのクラスタ所属確率
> fanny.cars$membership %>% head
         [,1]       [,2]       [,3]
[1,] 0.6032638 0.2561773 0.14055884
[2,] 0.6763335 0.2162296 0.10743698
[3,] 0.6308239 0.2414691 0.12770697
[4,] 0.7869174 0.1540724 0.05901016
[5,] 0.7875949 0.1481576 0.06424756
[6,] 0.7075534 0.1974600 0.09498661
# 先頭の6データが所属するクラスタ
> fanny.cars$clustering %>% head
[1] 1 1 1 1 1 1
```

以上の結果を見ると、fanny関数でファジーc平均法の実行結果であるfanny.carsオブジェクトの項目membershipには、行方向にデータ、列方向にそれぞれのクラスタに所属する確率が格納されていることを確認できます。1番目のデータが1番目のクラスタに所属する確率は約60.3%、2番目のクラスタには約25.6%、3番目のクラスタには約14.1%であることがわかります。

また、fanny.carsオブジェクトの項目clusteringには各データが所属するクラスタの番号が格納されていることを確認できます。各データに対して最も高い確率のクラスタ番号が割り当てられています。

■fanny関数

fanny関数はclusterパッケージで提供されており、ファジーc平均法を実行します。fanny関数の主要な引数は**表13.10**のとおりです。

表13.10　fanny関数の主要な引数

引数	説明
x	数値の行列を指定。数値のベクトルやデータフレームも指定できる。行方向にサンプル、列方向に変数が並んでいることが前提
k	クラスタ数を数値で指定

14章 分類・回帰

分類・回帰は、データが属するカテゴリや値を予測するモデル（ルール）を作成するタスクです。このモデルを作成しておくことにより、未知のデータに対してデータのカテゴリや値を予測できるようになります。本章では、まずはじめに分類・回帰の概要と分析の流れについて説明したあとに代表的なアルゴリズムを紹介します。最後に、Rでこれらのタスクを効率的に実行するためのcaretパッケージやmlrパッケージの使用方法を説明します。

14-1 分類・回帰とは

分類は、データの「クラス」を予測して振り分けるタスクです。たとえば、ユーザのサービスの利用履歴をもとに各ユーザを「退会する」「退会しない」という2つのクラスに振り分ける例などが挙げられます。

回帰は、ある値をほかの値をもとに推定するタスクです。たとえば、過去3年分の12月の売上高を用いて今年の12月の売上高を予測する例などが挙げられます。

どちらも予測するタスクですが、分類はクラスに分けるのに対して、回帰は数値を予測します。

14-2 分類・回帰に用いられる手法

分類・回帰を実行するには、非常に多くの手法があります。次の**表14.1**では、多変量解析、機械学習に大別して本書で取り上げる手法を整理します。

表14.1　本書で取り上げる分類・回帰の手法

カテゴリ	手法	分類	回帰
多変量解析	回帰分析（単回帰分析・重回帰分析）	-	○
	ロジスティック回帰	○	-
機械学習	決定木	○	○
	サポートベクタマシン	○	○
	ランダムフォレスト	○	○
	勾配ブースティング	○	○

14-3 分類・回帰の流れ

分類・回帰は、どのような手順で分析を進めれば良いのでしょうか。ここでは全体の処理の流れと分類や回帰のモデルの性能を定量化する指標について説明します。

まずは、本節（「**14-3 分類・回帰の流れ**」）で必要なパッケージをインストールします。必要に応じて読み込んでください。

```
> install.packages("ggplot2", quiet = TRUE)
> install.packages("pROC", quiet = TRUE)
```

14-3-1 全体の流れ

将来を予測するためには、予測に用いるモデル（予測モデル）が必要です。この予測モデルは、過去のデータから作成します。このように過去のデータを用いて予測モデルを作成することを「訓練」（または学習）と呼びます。訓練（学習）フェーズで作成した予測モデルの性能を評価することを「評価」（または検証）と呼びます。なお、本書では説明を平易にするために、14-12節、14-13節以外ではホールドアウト検証を用います。14-12節、14-13節では、caret パッケージ、mlr パッケージを用いた交差検証法の実行方法を説明します。

■交差検証法

さて、訓練に用いるデータ（「訓練データ」、「学習データ」などと呼ばれる）と評価に用いるデータ（「テストデータ」、「評価データ」などと呼ばれる）は、一般的に異なるものでなければなりません。最も簡単なのは、過去のデータを訓練用と評価用に分けることです。この方法を「ホールドアウト検証」と呼びます。しかし、ホールドアウト検証には、次のような問題があります。

- 訓練用と評価用にデータを分割することにより、データ数が減ってしまう
- データの分割方法によって結果が変わってしまう

このような問題を解決するための代表的な方法に、交差検証法（クロスバリデーション）があります。この方法は、データを分割し、分割されたデータのうちの1つを除いたデータで学習して分類や回帰のモデルを構築します。そして、このモデルを残りのデータで評価するという処理を分割数分繰り返します（**図14.1**）。

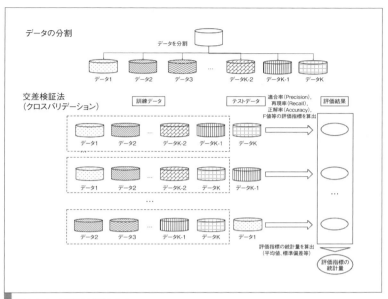

図14.1　交差検証法のフロー

14-3-2 分類の評価指標

　分類や回帰により構築したモデルの性能を評価する際は、評価の良さを表す指標が必要です。分類では、データが属するクラスをどの程度正確に当てられたかが重要です。その正確さを測るためにいくつもの指標が提案されています。

　ここでは、大きく2つの観点に分けて評価指標を説明します。

- カテゴリ自体をどの程度当てられたか
- データが正例に属する確率の順序をどの程度当てられたか

■カテゴリをどの程度当てられたか

　データが属するカテゴリ自体をどの程度当てられたかについて定量化する指標として、適合率 (*precision*)、再現率 (*recall*)、F-値 (*F-Value*)、正解率 (*accuracy*) などがあります。これらは、混同行列 (*confusion matrix*) から計算します。

　混同行列とは**図14.2**に示すように、予測と実績のクラスラベルの組み合わせを集計した分割表です。ここで、「正例」とは興味のあるクラスに属するデータ、「負例」とは興味のないクラスに属するデータです。たとえば、機械の故障を予測する場合、興味があるのはどの機械が故障するかですので、正例は 故障した機械、負例は故障しなかった機械となります。**図14.2**の混同行列に示されている tp、fp、fn、tn の意味はそれぞれ次のとおりです。

- tp：正例と予測して、実際に正例だった件数。True Positive の略であり、正例と予測して (*Positive*) 当たった (*True*) ことを表している
- fp：正例と予測したが、実際は負例だった件数。False Positive の略であり、正例と予測した (*Positive*) が外れた (*False*) ことを表している
- fn：負例と予測したが、実際は正例だった件数。False Negative の略であり、負例と予測した (*Negative*) が外れた (*False*) ことを表している
- tn：負例と予測して、実際に負例だった件数。True Negative の略であり、負例と予測して (*Negative*) 当たった (*True*) ことを表している

		実績	
		正例	負例
予測	正例と予測	tp 正例と予測して 実際に正例	fp 正例と予測したが 実際は負例
	負例と予測	fn 負例と予測したが 実際は正例	tn 負例と予測して 実際に負例

図14.2　混同行列

混同行列を用いて、適合率、再現率、F-値、正解率を次のように定義します。

- 適合率：正例と予測したデータのうち、実際に正例の割合を表す。すなわち、適合率 =tp/(tp+fp)
- 再現率：実際の正例のうち、正例と予測したものの割合を表す。すなわち、再現率 =tp/(tp+fn)
- F-値：適合率と再現率の調和平均。すなわち、F-値 =2/(1/適合率 +1/再現率)=2×適合率×再現率 /(適合率 + 再現率)
- 正解率：正例か負例かを問わず、予測と実績が一致したデータの割合を表す。すなわち、正解率 =(tp+tn)/(tp+fp+fn+tn)

■ **正例に属する確率の順序をどの程度当てられたか**

　データが正例に属する確率の順序をどの程度当てられたかについて定量化する指標として、ROC 曲線 (*ROC curve*) やそこから算出する AUC (*Area Under the Curve*) などがあります。これらの指標では、各データが正例に属する確率を算出し、確率の大きい順にデータを並べたときにその順序がどの程度正確であるかを定量化します。

　ROC 曲線の考え方は、初めて学ぶときは少し難しく感じられるかもしれないので、三重大学

の奥村先生が解説されているWebページ[注1]を参考にしながら説明します。ここでは、**表14.2**に示すように、25台（サンプル）の機械に対して故障する確率を予測します。この確率を表では「予測故障確率」と呼んでいます。たとえば、1番目の機械は予測故障確率が0.98、すなわち98％の確率で故障と予測されています。表では、予測故障確率の高い順（降順）に機械を並べています。また、各機械は「故障した」、「故障しなかった」の実績が分かっています。全体で11台が故障し、14台が故障しなかったという結果になっています。

表14.2　機械の故障確率の予測値と実績

	予測故障確率	実績
1	0.98	故障した
2	0.95	故障した
3	0.90	故障しなかった
4	0.87	故障した
5	0.85	故障しなかった
6	0.80	故障しなかった
7	0.75	故障した
8	0.71	故障した
9	0.63	故障した
10	0.55	故障しなかった
11	0.51	故障しなかった
12	0.47	故障した
13	0.43	故障しなかった
14	0.38	故障しなかった
15	0.35	故障しなかった
16	0.31	故障した
17	0.28	故障した
18	0.24	故障しなかった
19	0.22	故障しなかった
20	0.19	故障した
21	0.15	故障しなかった
22	0.12	故障しなかった
23	0.08	故障した
24	0.04	故障しなかった
25	0.01	故障しなかった

さて、予測故障確率をもとに、1番目までのデータ、2番目までのデータ、3番目までのデータ、…、25番目までのデータといったように順に見ていき、正例、負例それぞれに対して全体の件数のうちどの程度カバーできたかについて確認しましょう。

- 1番目の機械は故障しており、正例11台のうち1台がカバーできた。したがって、正例のカバー率＝1/11、負例のカバー率＝0/14
- 2番目までの機械を見ると、正例11台のうち2台がカバーできた。したがって、正例のカバー率＝2/11、負例のカバー率＝0/14

(注1)　URL https://oku.edu.mie-u.ac.jp/~okumura/stat/ROC.html

- 3番目までの機械を見ると、正例11台のうち2台がカバーでき、負例14台のうち1台がカバーされた。したがって、正例のカバー率＝2/11、負例のカバー率＝1/14

  (途中略)

- 24番目までの機械を見ると、正例11台のうち11台すべてをカバーでき、負例14台のうち13台がカバーされた。したがって、正例のカバー率＝11/11、負例のカバー率＝13/14

- 25番目までの機械を見ると、正例11台のうち11台すべてをカバーでき、負例14台のうち14台すべてがカバーされた。したがって、正例のカバー率＝11/11、負例のカバー率＝14/14

さて、以上で正例のカバー率、負例のカバー率と呼んだものは、専門用語ではそれぞれ「真陽性率」(*true positive rate*)、「偽陽性率」(*false positive rate*) と呼ばれます。各サンプルまでのデータを見たときに、偽陽性率、真陽性率は**表14.3**のようになります。

表14.3 偽陽性率と真陽性率

	予測故障確率	実績	偽陽性率	真陽性率
1	0.98	故障した	0/14	1/11
2	0.95	故障した	0/14	2/11
3	0.90	故障しなかった	1/14	2/11
4	0.87	故障した	1/14	3/11
5	0.85	故障しなかった	2/14	3/11
6	0.80	故障しなかった	3/14	3/11
7	0.75	故障した	3/14	4/11
8	0.71	故障した	3/14	5/11
9	0.63	故障した	3/14	6/11
10	0.55	故障しなかった	4/14	6/11
11	0.51	故障しなかった	5/14	6/11
12	0.47	故障した	5/14	7/11
13	0.43	故障しなかった	6/14	7/11
14	0.38	故障した	7/14	7/11
15	0.35	故障しなかった	8/14	7/11
16	0.31	故障した	8/14	8/11
17	0.28	故障した	8/14	9/11
18	0.24	故障しなかった	9/14	9/11
19	0.22	故障しなかった	10/14	9/11
20	0.19	故障した	10/14	10/11
21	0.15	故障しなかった	11/14	10/11
22	0.12	故障しなかった	12/14	10/11
23	0.08	故障した	12/14	11/11
24	0.04	故障しなかった	13/14	11/11
25	0.01	故障しなかった	14/14	11/11

ROC曲線は、横軸に偽陽性率、縦軸に真陽性率をプロットしてできる曲線です。このケースでは、ggplot2パッケージを用いて**リスト14.1**のプログラムによって描画できます。

```
> install.packages("ggplot2", quiet = TRUE)
```

まず、偽陽性率と真陽性率を列とするデータフレームを作成します。列名はそれぞれfpr、tprとし、横軸に列fpr、縦軸に列tprをプロットした折れ線グラフを描画しています（図14.3）。

リスト14.1　roc.R

```
library(ggplot2)
# 偽陽性率(fpr)と真陽性率(tpr)の算出
fpr.tpr <- data.frame(fpr = c(0, 0, 0, 1, 1, 2, 3, 3, 3, 3, 4, 5, 5, 6,
    7, 8, 8, 8, 9, 10, 10, 11, 12, 12, 13, 14)/14, tpr = c(0, 1, 2, 2,
    3, 3, 3, 4, 5, 6, 6, 6, 7, 7, 7, 7, 8, 9, 9, 9, 10, 10, 10, 11, 11,
    11)/11)
p <- ggplot(data = fpr.tpr, aes(x = fpr, y = tpr)) + geom_line() + geom_point() +
    geom_abline(slope = 1, intercept = 0) + xlab("偽陽性率") + ylab("真陽性率")
print(p)
```

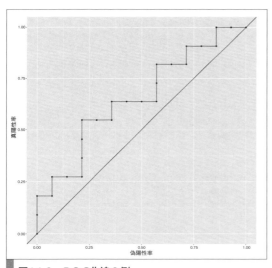

図14.3　ROC曲線の例

AUCは、ROC曲線の下部の面積により定義される評価指標です。先ほどの例では、次式により計算されます。

$$AUC = 1/14 \times 2/11 + 2/14 \times 3/11 + 2/14 \times 6/11 + 3/14 \times 7/11 + 2/14 \times 9/11 + 2/14 \times 10/11 + 2/14 \times 11/11 = 0.6558442$$

AUCの値が1に近づくほど確率が相対的に高いサンプルが正例、相対的に低いサンプルが負例となり、確率の大きさによって正例と負例を区別できます。一方でAUCの値が0.5に近づくほど、確率の大きさによって正例と負例を区別できず、正例と負例がランダムに混ざっていることに対

応します。以上の例ではAUCが約0.6558なので、ランダムよりは良好な予測結果になっていることを確認できます。

RでROC曲線をプロットしたりAUCを算出したりするために、非常に多くのパッケージが提供されています。本書では、本章の最後に紹介するcaretパッケージで使用されているpROCパッケージを用いることにします。

例として、先ほどの機械の故障データでROC曲線を描画してみましょう（**リスト14.2**）。

roc関数の`response`引数には各サンプルのクラスラベルを、`predictor`引数には各サンプルの正例のクラス確率をそれぞれでベクトルで指定します。`levels`引数には、負例、正例の順番でクラスラベルをベクトルで指定します。そして、roc関数で生成されたオブジェクトをplot関数の引数に指定してROC曲線をプロットしています（**図14.4**）。

リスト14.2　proc.R

```
library(pROC)
prob.label <- data.frame(prob = c(0.98, 0.95, 0.9, 0.87, 0.85, 0.8, 0.75,
    0.71, 0.63, 0.55, 0.51, 0.47, 0.43, 0.38, 0.35, 0.31, 0.28, 0.24, 0.22,
    0.19, 0.15, 0.12, 0.08, 0.04, 0.01), label = factor(c(1, 1, 0, 1, 0,
    0, 1, 1, 1, 0, 0, 1, 0, 0, 0, 1, 1, 0, 0, 1, 0, 0, 1, 0, 0), levels = c(1,
    0)))
# ROC曲線のプロット
roc.curve <- roc(response = prob.label$label, predictor = prob.label$prob,
    levels = c(0, 1))
plot(roc.curve, legacy.axes = TRUE)
```

AUCを算出するauc関数には、roc関数により生成されたオブジェクトを指定します。

```
# AUCの算出
> auc(roc.curve)
Area under the curve: 0.6558
```

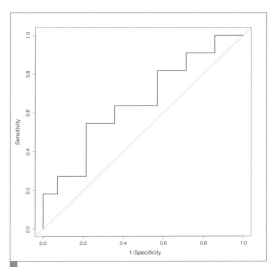

図14.4 pROCパッケージを用いてプロットしたROC曲線

■roc関数

pROCパッケージのroc関数は、S3クラスの関数です。roc関数の主要な引数は**表14.4**のとおりです。

表14.4 roc関数の主要な引数

引数	説明
response	正解のラベルの因子を指定
predictor	予測した確率の値のベクトルを指定

■auc関数

pROCパッケージのauc関数は、S3クラスの関数です。auc関数の主要な引数は**表14.5**のとおりです。

表14.5 auc関数の主要な引数

引数	説明
response	正解のラベルの因子を指定
predictor	予測した確率の値のベクトルを指定

14-3-3 回帰の評価指標

回帰の評価指標として、平均2乗誤差（*Root Mean Squared Error*）、決定係数（*coefficient of determinant*）、AIC（*Akaike Information Criterion*）などが用いられます。

■平均2乗誤差

予測値と実績値の差の2乗について、すべてのサンプルの平均値を算出し平方根をとったものです。すなわち、データの総数をN、i番目のサンプルの予測値をf_i、実績値をy_iとしたときに、次式で表されます。

$$\text{RMSE} = \sqrt{\frac{1}{N} \sum_{i=1}^{N} (y_i - f_i)^2}$$

■決定係数

実績値に関して平均値($\bar{y}$)との差の2乗をすべてのサンプルについて合算したものと、実績値と予測値の差の2乗をすべてのサンプルについて合算したものの比を1から引いたものとして定義されます。すなわち、次式で表されます。

$$R^2 = 1 - \frac{\sum_{i=1}^{N} (y_i - \bar{y})^2}{\sum_{i=1}^{N} (y_i - f_i)^2}$$

■AIC

AIC(赤池情報量基準、Akaike's Information Criteria)は、モデルのデータへの適合の度合いと複雑さのバランスを考慮する指標です。AICは、モデルが与えられたデータに過度に適合する(過適合)ことがないように、複雑さの罰則をつけています。具体的には、次の式で表されます。

$$\text{AIC} = -2 \log\{\text{最大尤度}\} + 2 \times \text{モデルの自由パラメータの個数}$$

上記の式の右辺で前半に現れる最大尤度の対数がモデルのデータへの適合度合いを、後半に現れる自由パラメータの個数がモデルの複雑さを表しています。AICが小さいほど、「良いモデル」であると考えられます。

14-4 単回帰分析

単回帰分析とは、目的変数を1つの説明変数で説明するモデルです。説明変数と目的変数の関係は1次式で表せるという仮定のもとに、すなわち、説明変数xと目的変数yの間に次の関係$y = ax + b$が成り立つと仮定して、係数a、bを求めます。

まずは、本節(「**14-4 単回帰分析**」)で必要なパッケージをインストールします。必要に応じて読み込んでください。

```
> install.packages("ggplot2", quiet = TRUE)
```

14-4-1 単回帰分析の実行

例として、carsデータセットに対して単回帰分析を実行してみましょう。目的変数を距離(*dist*)、説明変数を速度(*speed*)として、statsパッケージのlm関数を用いて実行します。

```
# carsデータセットのロード
> data(cars)
# データの先頭
> head(cars, 3)
  speed dist
1     4    2
2     4   10
3     7    4
# 単回帰分析の実行
> lm.cars <- lm(dist ~ speed, data = cars)
> lm.cars

Call:
lm(formula = dist ~ speed, data = cars)

Coefficients:
(Intercept)        speed
    -17.579        3.932
```

lm関数により回帰した結果はlm.carsオブジェクトに格納しています。lm.carsオブジェクトをコンソール画面に出力した結果には、"Call"と"Coefficients"という2つの要素が格納されています。"Call"は回帰の式、"Coefficients"は回帰係数を表しています。上記では、速度(speed)の係数が3.932、定数項が-17.579であることを示しています。したがって、距離(dist)と速度(speed)の関係は、以下の直線(回帰直線)で表されることを確認できます。

$$\text{dist} = 3.932 \times \text{speed} - 17.579$$

実は本節の最後で説明するように、carsデータセットの場合はdistとspeedで回帰するよりも、対数をとってlog(dist)とlog(speed)で回帰した方が当てはまりが良くなります。しかし、ここでは説明を続けます。

以上の関係を可視化してみましょう。**リスト14.3**のようにggplot2パッケージの**ggplot**関数を用いて、geom_abline関数のinterceptに回帰直線の切片、slopeに回帰直線の傾きを指定します。回帰直線の切片や傾きは、lm.carsオブジェクトのcoefficientsから抽出できます。これは長さが2のベクトルとなっており、切片、傾きの順に格納されています(**図14.5**)。

313

Part 5 データ分析

リスト14.3　lmcars.R（抜粋）

```
library(ggplot2)
# 回帰直線の係数
coeff <- lm.cars$coefficients
# 回帰直線の傾き
slope <- coeff[2]
# 回帰直線の切片
intercept <- coeff[1]
p <- ggplot(data = cars, aes(x = speed, y = dist)) + geom_point() +
        geom_abline(intercept = intercept, slope = slope)
print(p)
```

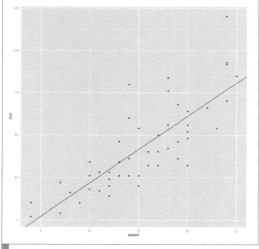

図14.5　carsデータセットに対する単回帰分析

上の図を見ると、多少、直線から乖離する点が存在するものの全体的には良好にフィッティングできていることを確認できます。すべての点が回帰直線の上に乗るわけではないことに注意してください。続いて、回帰分析の結果を要約してみましょう。これにはsummary関数を使用します。

```
# 回帰分析結果の要約
> summary(lm.cars)

Call:
lm(formula = dist ~ speed, data = cars)

Residuals:
    Min      1Q  Median      3Q     Max
-29.069  -9.525  -2.272   9.215  43.201
```

```
Coefficients:
            Estimate Std. Error t value Pr(>|t|)
(Intercept) -17.5791     6.7584  -2.601   0.0123 *
speed         3.9324     0.4155   9.464 1.49e-12 ***
---
Signif. codes:  0 '***' 0.001 '**' 0.01 '*' 0.05 '.' 0.1 ' ' 1

Residual standard error: 15.38 on 48 degrees of freedom
Multiple R-squared:  0.6511,    Adjusted R-squared:  0.6438
F-statistic: 89.57 on 1 and 48 DF,  p-value: 1.49e-12
```

以上の要約結果を見ると、Call、Residuals、Coefficients、Residual standard error、Multiple R-squared、F-statisticの6項目が表示されていることを確認できます。これらの意味は、次のとおりです。

- Call
  回帰に用いた式
- Residuals
  残差の統計量。残差は、実績値と予測値の差で定義される。残差の最小値（Min）、第一四分位点（$1Q$）、中央値（$Median$）、第三四分位点（$3Q$）、最大値（Max）が表示される。中央値は2.272であり、実績値が予測値よりも約2.3m高くなっている。最小値は-29.069と実績値が予測値よりも約29.1mだけ低く、最大値は43.201と実績値が予測値よりも約43.2mだけ高いことを確認できる
- Coefficients
  回帰係数。行方向の(Intercept)が回帰直線の切片、speedが傾きを表す。列方向は、Estimateが推定値、Std. Errorが標準誤差、t valueがt-値、Pr(>|t|)がP-値を表す。P-値は標準誤差とt-値から計算される。P-値は、帰無仮説を「回帰係数が0である」として検定を行い、これが実現する確率を表す。有意水準を0.05とすると、P-値が0.05未満であれば帰無仮説が棄却され、回帰係数が0ではないという結論を導くことができる
- Residual standard error
  残差の標準誤差とその自由度を表す。ここでは残差の標準偏差は15.38となっている
- Multiple R-squared
  決定係数R^2を表す。ここでは決定係数は0.6511となっている
- F-statistic
  分散分析のF-値とその自由度、P-値を表す。ここではF-値は89.57となっている

14-4-2 回帰診断

続いて、この回帰直線により速度と距離の関係をどの程度フィッティングできているかについ

データ分析

て分析してみましょう。単回帰分析は、残差に次の仮定を置いています。

- 残差の期待値は0である
- 残差の分散は等しい（等分散の仮定）
- 残差は互いに独立である（独立性の仮定）

リスト14.4のようにして回帰分析を実行して得られた lm.cars オブジェクトに対して、plot関数を実行すると残差分析を実行し結果をプロットできます（**図14.6**）。

リスト14.4　matrixlmcars.R（抜粋）

```
# 残差プロット
layout(matrix(1:4, 2, 2))
plot(lm.cars)
```

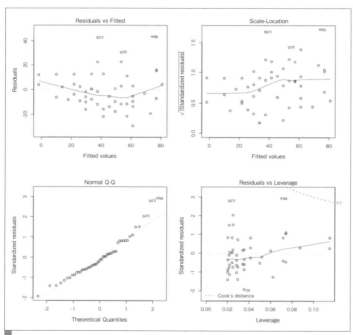

図14.6　残差プロット

以上の結果の見方とその解釈は次のとおりです。

- Residuals vs Fitted
  横軸に回帰分析でフィッティングした予測値、縦軸に残差をプロットしている。この図は、単回帰分析の仮定であった予測値の値によらず残差の期待値が0であること、残差が同じような分

布になるかについて確認するために使用する。carsデータセットの回帰では、おおむねこの仮定が成り立っていることを確認できる。しかし、図中に示されている23、35、49番目のデータは残差が大きくなっている

- Scale-Location
  横軸に回帰分析でフィッティングした値、縦軸に基準化した残差の平方根をプロットしている。ここでも、23、35、49番目のデータでは基準化した残差の平方根が大きくなっていることを確認できる

- Normal Q-Q
  横軸に区分点の理論値、縦軸に基準化した残差の区分点をプロットしている（QQプロットと呼ばれる）。この図は、残差の正規性（残差が正規分布に従うかどうか）を確認するために使用する。残差が正規分布に従っていれば、点は直線上に並ぶ。点が直線から外れたら、正規分布から外れていることを意味する。この図を見ると、大半の点は直線付近に並ぶものの、23、35、49番目のデータは直線から大きく外れており、正規分布から理論的に期待されるよりも残差が大きな値になっていることを確認できる

- Residuals vs Leverage
  横軸にてこ比、縦軸に基準化した残差をプロットする。この図は、クック（$Cook$）の距離が大きくなるデータ、すなわち外れ値を見つけるために使用する。クックの距離は、回帰式の推定に大きな影響を与えたデータほど大きくなる指標。クックの距離のアイディアは、すべてのデータを用いて回帰式をフィッティングさせて予測した値と、あるデータを除いて回帰式をフィッティングさせて予測した値の差が大きいほど、そのデータの影響が大きいということである。参考までに、i番目のデータのクックの距離 D_i は次式で与えられる。

$$D_i = \frac{\sum_{j=1}^{n}(\hat{y}_j - \hat{y}_{j(i)})^2}{p \times \mathrm{MSE}}$$

ここで、$\hat{y}_j$は回帰式を用いたデータjの予測値、$\hat{y}_{j(i)}$はデータiを除いてフィッティングした回帰式を用いたデータjの予測値、pはモデル中のパラメータ数、MSEは回帰式の平均二乗誤差。ここでも、23、35、49番目のデータはクックの距離が大きく、回帰式の推定に大きな影響を与えていることが読み取れる

14-4-3 ggplot2パッケージを用いた回帰分析の実行

ggplot2パッケージの`stat_smooth`関数を使用して、単回帰分析を実行し可視化できます。リスト14.5は、carsデータセットに対して単回帰分析を実行し、その結果を可視化しています（図14.7）。

Part 5 データ分析

リスト14.5　statsmooth.R
```
library(ggplot2)
data(cars)
p <- ggplot(data = cars, aes(x = speed, y = dist)) + stat_smooth(method = "lm") + geom_point()
print(p)
```

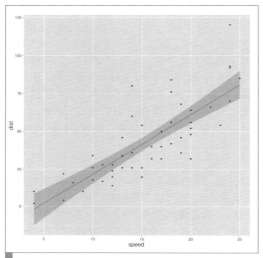

図14.7　ggplot2パッケージによる単回帰分析

なお、carsデータセットの場合、speedとdistの回帰分析はそのままの値を用いるよりも対数をとってから回帰した方が当てはまりが良くなります。このことを確認するために、**リスト14.6**のようにggplot2パッケージを用いてspeedとdistに対数をとって散布図をプロットしてみましょう（図省略）。なお、横軸と縦軸の対数をとるにはそれぞれscale_x_log10、scale_y_log10を使用します。

リスト14.6　log.R（抜粋）
```
p <- ggplot(data=cars, aes(x=speed, y=dist)) + geom_point() + scale_x_log10() + scale_y_log10()
print(p)
```

この関係を見ると、確かに対数をとった方が直線に近くなるのではないかと考えられます。そこで、speedとdistの対数を回帰してみます。

```
# speedとdistの対数の単回帰分析
> lm.log.cars <- lm(log(dist) ~ log(speed), data = cars)
> lm.log.cars
```

```
Call:
lm(formula = log(dist) ~ log(speed), data = cars)

Coefficients:
(Intercept)   log(speed)
    -0.7297       1.6024

> summary(lm.log.cars)

Call:
lm(formula = log(dist) ~ log(speed), data = cars)

Residuals:
     Min      1Q   Median      3Q     Max
-1.00215 -0.24578 -0.02898 0.20717 0.88289

Coefficients:
            Estimate Std. Error t value Pr(>|t|)
(Intercept)  -0.7297     0.3758  -1.941   0.0581 .
log(speed)    1.6024     0.1395  11.484 2.26e-15 ***
---
Signif. codes:  0 '***' 0.001 '**' 0.01 '*' 0.05 '.' 0.1 ' ' 1

Residual standard error: 0.4053 on 48 degrees of freedom
Multiple R-squared:  0.7331,    Adjusted R-squared:  0.7276
F-statistic: 131.9 on 1 and 48 DF,  p-value: 2.259e-15
```

以上より、回帰式は次になります。

$$\log(\text{dist}) = 1.6024 \log(\text{speed}) - 0.7297$$

また、調整済み決定係数は0.7276であり、対数をとる前の調整済み決定係数は0.6438なので、対数をとる前に比べて確かにフィッティングが良くなっていることを確認できます。

リスト14.7のように、横軸をspeed、縦軸をdistとして、散布図と回帰の結果をプロットしてみましょう(**図14.8**)。

リスト14.7　logstatsmooth.R (抜粋)

```
p <- ggplot(data = cars, aes(x = speed, y = dist)) + stat_smooth(method = "lm") +
       geom_point() + scale_x_log10() + scale_y_log10()
print(p)
```

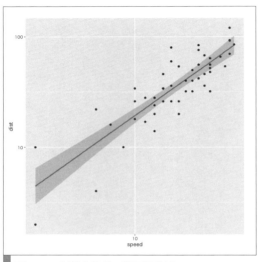

図14.8　対数変換後の単回帰分析

14-5　重回帰分析

単回帰分析が1つの説明変数を使用していたのに対して、重回帰分析は複数の説明変数を用いて目的変数を説明する分析手法です。すなわち、k個の説明変数$x_1, \ldots, x_k$、目的変数yが次の関係にあるとして、定数項a_0および各説明変数の係数$a_1, \ldots, a_k$を推定します。

$$y = a_1 x_1 + \ldots + a_k x_k + a_0$$

まずは、本節（「**14-5 重回帰分析**」）で必要なパッケージをインストールします。必要に応じて読み込んでください。

```
> install.packages("coefplot", quiet = TRUE)
> install.packages("GGally", quiet = TRUE)
> install.packages("dplyr", quiet = TRUE)
> install.packages("corrplot", quiet = TRUE)
> install.packages("ggplot2", quiet = TRUE)
> install.packages("tidyr", quiet = TRUE)
> install.packages("GGally", quiet = TRUE)
> install.packages("caret", quiet = TRUE)
```

14-5-1 重回帰分析の実行

ここでは、MASSパッケージのBostonデータセットを用いて重回帰分析を実行してみましょう。ユーザは特に意識することなく、単回帰分析と同様にlm関数を用いて重回帰分析を実行できます。なお、Bostonデータセットは米国のボストン市の住宅データであり、特徴量が14、サンプルが506となっています。ここでは、medvを目的変数、そのほかの13項目を説明変数として重回帰分析を実行してみます。medvは、所有者の持ち家の価格を1000ドル単位で表しています。

```
> library(MASS)
# Bostonデータセットのロード
> data(Boston)
# 重回帰分析の実行
> lm.Boston <- lm(medv ~ ., data = Boston)
# 回帰結果の要約
> summary(lm.Boston)

Call:
lm(formula = medv ~ ., data = Boston)

Residuals:
    Min      1Q  Median      3Q     Max
-15.595  -2.730  -0.518   1.777  26.199

Coefficients:
              Estimate Std. Error t value Pr(>|t|)
(Intercept)  3.646e+01  5.103e+00   7.144 3.28e-12 ***
crim        -1.080e-01  3.286e-02  -3.287 0.001087 **
zn           4.642e-02  1.373e-02   3.382 0.000778 ***
indus        2.056e-02  6.150e-02   0.334 0.738288
chas         2.687e+00  8.616e-01   3.118 0.001925 **
nox         -1.777e+01  3.820e+00  -4.651 4.25e-06 ***
rm           3.810e+00  4.179e-01   9.116  < 2e-16 ***
age          6.922e-04  1.321e-02   0.052 0.958229
dis         -1.476e+00  1.995e-01  -7.398 6.01e-13 ***
rad          3.060e-01  6.635e-02   4.613 5.07e-06 ***
tax         -1.233e-02  3.760e-03  -3.280 0.001112 **
ptratio     -9.527e-01  1.308e-01  -7.283 1.31e-12 ***
black        9.312e-03  2.686e-03   3.467 0.000573 ***
lstat       -5.248e-01  5.072e-02 -10.347  < 2e-16 ***
---
Signif. codes:  0 '***' 0.001 '**' 0.01 '*' 0.05 '.' 0.1 ' ' 1

Residual standard error: 4.745 on 492 degrees of freedom
Multiple R-squared:  0.7406,    Adjusted R-squared:  0.7338
F-statistic: 108.1 on 13 and 492 DF,  p-value: < 2.2e-16
```

以上の結果を見ると、次の点を確認できます。

- `Coefficients`には、各回帰係数の推定値（`Estimate`）、標準偏差（`Std. Error`）、t-値（`t value`）、P-値（`Pr(>|t|)`）が表示されている。また、回帰係数の右側にはP-値の値の大きさに応じて*（アスタリスク）が付与されている。この意味は、`Signif. codes`に記載されており、***はP-値が0から0.001、**は0.001から0.01、*は0.01から0.05、. は0.05から0.1、そして印がない場合は0.1から1の値の範囲にあることを示している。たとえば、`crim`はP-値が0.001087で、0.001から0.01の間にあるため**がマークされている。`indus`と`age`以外はアスタリスクが2個以上ついているため、P-値が0.01以下であることがわかる
- `Multiple R-squared`、`Adjusted R-squared`には、決定係数、および調整済みの決定係数が表示されている。この場合は、それぞれ0.7406、0.7338となっていることを確認できる

14-5-2 回帰係数プロット

回帰係数とは、前項で求めた重回帰分析の各説明変数の係数および定数項（切片）を指します。重回帰分析でも回帰分析の結果から、推定された回帰係数の情報を抽出できます。ここでは、回帰結果の`lm.Boston`オブジェクトを`summary`関数で要約したあとに、`coef`関数で回帰係数を抽出しています。`coef`関数は、`stats`パッケージで提供されており、第1引数には回帰係数を抽出可能なオブジェクトを指定します。典型的には、次の例のように、回帰結果を`summary`関数で要約した結果を指定します。

```
# 回帰係数の表示
> coef(summary(lm.Boston))
                 Estimate   Std. Error     t value     Pr(>|t|)
(Intercept)  3.645949e+01  5.103458811   7.14407419  3.283438e-12
crim        -1.080114e-01  0.032864994  -3.28651687  1.086810e-03
zn           4.642046e-02  0.013727462   3.38157628  7.781097e-04
indus        2.055863e-02  0.061495689   0.33431004  7.382881e-01
(中略)
ptratio     -9.527472e-01  0.130826756  -7.28251056  1.308835e-12
black        9.311683e-03  0.002685965   3.46679256  5.728592e-04
lstat       -5.247584e-01  0.050715278 -10.34714580  7.776912e-23
```

上記の結果は、特に説明変数の個数が多いときは見やすいとは言えません。回帰係数を見やすくする工夫として、`coefplot`パッケージの`coefplot`関数を使用する方法が挙げられます。**リスト14.8**では`coefplot`関数で`lm.Boston`オブジェクトの係数をプロットしています（**図14.9**）[注2]。

[注2] 本書の執筆時点では、coefplotとggplot2のバージョンによっては係数プロットが表示されないことがあります。筆者がOS X Yosemite 10.10.3、R 3.3.2、coefplot 1.4.0、ggplot2 2.2.0で検証したところ、エラーが発生しました（エラー：PositionDodgeV was built with an incompatible version of ggproto. Please reinstall the package that provides this extension.）。この問題を回避するには、GitHubから開発中のcoefplotをインストールして実行する方法があります（install_github("jaredlander/coefplot")）。

リスト14.8　coefplot.R（抜粋）

```
library(coefplot)
# 回帰係数のプロット
coefplot(lm.Boston)
```

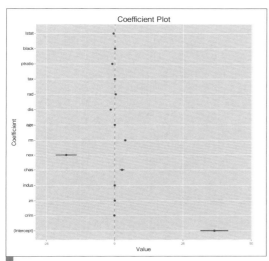

図14.9　coefplotパッケージによる回帰係数のプロット

　得られた係数プロットには、縦軸に説明変数名、横軸に回帰係数がプロットされています。丸で表された点が推定値（`Estimate`）、線は推定値の区間を表しています。線の左端が推定値から標準偏差（`Std. error`）を引いた点、右端が推定値に標準偏差を加算した点です。係数プロットを見ると、`nox`、`chas`、`(intercept)`は0から離れたところに区間が存在していることがわかります。これらの変数の係数は0でないと判断して良さそうです。

14-5-3　変数選択

　以上では、すべての変数を用いて回帰を実行していました。すべての変数を使用せずにより少ない数の説明変数を用いて同等程度の説明力のあるモデルを作れれば、新しいデータに対してもより頑健であると考えられます。`step`関数を用いると、目的変数に対する説明力が低い変数を削除して回帰を実行します。このように変数を選択する処理を「変数選択」と呼びます。

　次の例は、`lm.Boston`オブジェクトに対して`step`関数で変数選択を行っています。

```
# 変数選択
lm.Boston.step <- step(lm.Boston)
Start:  AIC=1589.64
medv ~ crim + zn + indus + chas + nox + rm + age + dis + rad +
```

```
       tax + ptratio + black + lstat

          Df Sum of Sq    RSS    AIC
- age      1       0.06 11079 1587.7
- indus    1       2.52 11081 1587.8
<none>                  11079 1589.6
- chas     1     218.97 11298 1597.5
- tax      1     242.26 11321 1598.6
- crim     1     243.22 11322 1598.6
- zn       1     257.49 11336 1599.3
- black    1     270.63 11349 1599.8
- rad      1     479.15 11558 1609.1
- nox      1     487.16 11566 1609.4
- ptratio  1    1194.23 12273 1639.4
- dis      1    1232.41 12311 1641.0
- rm       1    1871.32 12950 1666.6
- lstat    1    2410.84 13490 1687.3

Step:  AIC=1587.65
medv ~ crim + zn + indus + chas + nox + rm + dis + rad + tax +
    ptratio + black + lstat

          Df Sum of Sq    RSS    AIC
- indus    1       2.52 11081 1585.8
<none>                  11079 1587.7
- chas     1     219.91 11299 1595.6
- tax      1     242.24 11321 1596.6
- crim     1     243.20 11322 1596.6
- zn       1     260.32 11339 1597.4
- black    1     272.26 11351 1597.9
- rad      1     481.09 11560 1607.2
- nox      1     520.87 11600 1608.9
- ptratio  1    1200.23 12279 1637.7
- dis      1    1352.26 12431 1643.9
- rm       1    1959.55 13038 1668.0
- lstat    1    2718.88 13798 1696.7

Step:  AIC=1585.76
medv ~ crim + zn + chas + nox + rm + dis + rad + tax + ptratio +
    black + lstat

          Df Sum of Sq    RSS    AIC
<none>                  11081 1585.8
- chas     1     227.21 11309 1594.0
- crim     1     245.37 11327 1594.8
- zn       1     257.82 11339 1595.4
- black    1     270.82 11352 1596.0
- tax      1     273.62 11355 1596.1
- rad      1     500.92 11582 1606.1
```

```
- nox      1    541.91 11623 1607.9
- ptratio  1   1206.45 12288 1636.0
- dis      1   1448.94 12530 1645.9
- rm       1   1963.66 13045 1666.3
- lstat    1   2723.48 13805 1695.0
```

以上の結果について説明します。まず、`lm.Boston`オブジェクトに`step`関数を適用して変数選択を実行しています。最初に、

```
Start:  AIC=1589.64
medv ~ crim + zn + indus + chas + nox + rm + age + dis + rad +
    tax + ptratio + black + lstat
```

と表示されています。これは、全13変数を用いて重回帰分析を実行して得られた回帰式はAICが1589.64であることを表しています。

続いて、1つの説明変数を除いて重回帰分析を実行した場合のAIC (AIC) が表示されています。AICの昇順で並べられており、`age`を除いた場合が最もAICが低い結果になっています。そこで、説明変数から`age`を除きます。以下、同様に1つの説明変数を除いて重回帰分析を実行し、算出したAICが最も小さくなるときの説明変数を除く処理を繰り返します。説明変数を除いてもAICが下がらなくなったら処理を停止します。

変数選択を実施したあとの回帰式を`summary`関数で要約してみましょう。

```
# 変数選択後の回帰結果の要約
> summary(lm.Boston.step)

Call:
lm(formula = medv ~ crim + zn + chas + nox + rm + dis + rad +
    tax + ptratio + black + lstat, data = Boston)

Residuals:
     Min      1Q   Median      3Q     Max
-15.5984  -2.7386  -0.5046  1.7273  26.2373

Coefficients:
              Estimate Std. Error t value Pr(>|t|)
(Intercept)  36.341145   5.067492   7.171 2.73e-12 ***
crim         -0.108413   0.032779  -3.307 0.001010 **
zn            0.045845   0.013523   3.390 0.000754 ***
chas          2.718716   0.854240   3.183 0.001551 **
nox         -17.376023   3.535243  -4.915 1.21e-06 ***
rm            3.801579   0.406316   9.356  < 2e-16 ***
dis          -1.492711   0.185731  -8.037 6.84e-15 ***
rad           0.299608   0.063402   4.726 3.00e-06 ***
tax          -0.011778   0.003372  -3.493 0.000521 ***
```

```
ptratio    -0.946525   0.129066  -7.334 9.24e-13 ***
black       0.009291   0.002674   3.475 0.000557 ***
lstat      -0.522553   0.047424 -11.019  < 2e-16 ***
---
Signif. codes:  0 '***' 0.001 '**' 0.01 '*' 0.05 '.' 0.1 ' ' 1

Residual standard error: 4.736 on 494 degrees of freedom
Multiple R-squared:  0.7406,    Adjusted R-squared:  0.7348
F-statistic: 128.2 on 11 and 494 DF,  p-value: < 2.2e-16
```

以上の結果を見ると、変数選択を実行した結果、重回帰分析の説明変数として最終的に使用されたのはcrim、zn、chas、nox、rm、dis、rad、tax、ptratio、black、lstatの11個であることを確認できます。ageとindusは変数選択の過程で除かれています。この結果は、元々の回帰式でこれら2つの説明変数のP-値が相対的に高く、回帰係数が0であるとする帰無仮説を棄却できなかったことからも納得のいく結果です。変数選択を実行したあとの回帰式の決定係数、調整済み決定係数は、それぞれ0.7406、0.7348となっています。これらの値は変数選択前に比べてそれほど変わっていません。このことからも、ageやindusの寄与が元々それほどなかったことを確認できます。

■step関数

step関数はstatsパッケージで提供されており、変数選択を実行する関数です。step関数の主要な引数は、**表14.6**のとおりです。

表14.6　step関数の主要な引数

引数	説明
object	回帰分析の結果を与える
direction	変数を選択する方向を指定。"backward"はすべての変数から減らす方向、"forward"は変数が1つもない状態から増やす方向、"both"はその両方の組み合わせとなる。デフォルトでは"both"が指定される

14-5-4　重回帰分析の前処理

以上では、事前にBostonデータセットについて検証したり処理を行ったりすることなく、重回帰分析を実行していました。しかし、重回帰分析を実行する前に行わなければならないことがいくつかあります。たとえば、説明変数や目的変数の間の関係を把握することを目的として、多変量連関図のプロット、相関係数の算出などの処理が挙げられます。多変量連関図をプロットすると目的変数と説明変数の関係、説明変数間の関係を視覚的に把握できるようになります。また、相関係数を算出すると、これらの変数の関係を定量的に把握することが可能になります。

■多変量相関図のプロット

多変量連関図とは、2個の変数の分布（散布図）をプロットした図です。この図を描くことによ

り、変数間の関係を視覚的に把握することが可能になります。

多変量連関図は、pairs関数を用いてプロットできます。**リスト14.9**は、Bostonデータセットの各列を1つの変数として多変量連関図をプロットしています（**図14.10**）。

リスト14.9　pairs.R（抜粋）

```
# 多変量連関図のプロット
pairs(Boston)
```

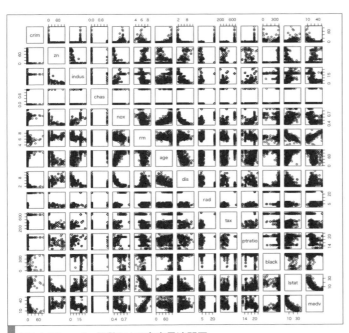

図14.10　pairs関数による多変量連関図

■pairs関数

pairs関数はgraphicsパッケージで提供されており、多変量連関図をプロットします。pairs関数はS3クラスの関数であり、主要な引数は、**表14.7**のとおりです。

表14.7　pairs関数の主要な引数

引数	説明
x	データの座標を行列かデータフレームで与える。行方向がサンプル、列方向が変数
lower.panel	対角線より下側のパネルに描画する関数を指定。デフォルトではpanel引数に設定されているpoints、すなわち、2個の変数の散布図をプロットする指定となっている
upper.panel	対角線より上側のパネルに描画する関数を指定。デフォルトの設定は、対角線の下側と同じで散布図をプロットする

Part 5 データ分析

　もう少し見栄えの良い多変量連関図をプロットする方法として、GGallyパッケージの`ggpairs`関数の使用などが挙げられます。ここでは、GGallyパッケージの`ggpairs`関数を使用して多変量連関図をプロットしてみましょう（**図14.11**）。GGallyパッケージは、CRANからインストールできます。

　リスト14.10の例は、`ggpairs`関数を用いてBostonデータセットの各列を変数として多変量連関図をプロットしています。引数にはデータセットを指定します。

リスト14.10　ggpairs.R（抜粋）

```
library(GGally)
# 多変量連関図のプロット
print(ggpairs(Boston), left=0.45, bottom=0.3)
```

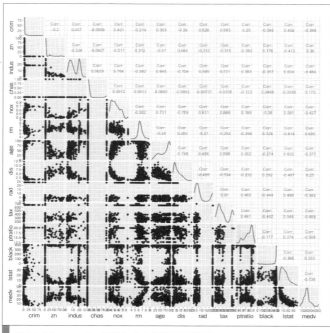

図14.11　ggpairs関数による多変量連関図

■ggpairs関数

　ggpairs関数はGGallyパッケージで提供されています。ggpairs関数はggplot2パッケージを基盤においており、エレガントな多変量連関図のプロットが可能になります。

　ggpairs関数の主要な引数は**表14.8**のとおりです。

表14.8 ggpairs関数の主要な引数

引数	説明
data	多変量連関図をプロットするデータを指定。数値とカテゴリの変数が混在していても構わない
mapping	ggplot2パッケージのaes関数を用いた設定を指定
columns	プロットに使用する列番号を指定。デフォルトではすべての列がプロットされる
title	図のタイトルを文字列で指定。デフォルトでは title = "" となっているため、タイトルは表示されない
upper、lower、diag	多変量連関図の上三角成分、下三角成分、対角成分にプロットされる図の設定をそれぞれ指定。この設定はやや複雑なため、ggpairs関数のヘルプを参照してください

■相関係数の算出

相関係数は、2個の変数間の関係を定量化する指標です。N個のデータ $(x_1, y_1), \ldots, (x_N, y_N)$ に対して、xとyの相関係数$\mathrm{cor}(x, y)$は次の式で定義されます。なお、相関係数にはいくつかの定義がありますが、ここでは特に代表的なピアソンの積率相関係数の定義を示します。

$$\mathrm{cor}(x, y) = \frac{\sum_{i=1}^{N}(x_i - \bar{x})(y_i - \bar{y})}{\sqrt{\sum_{i=1}^{N}(x_i - \bar{x})^2 \sum_{i=1}^{N}(y_i - \bar{y})^2}}$$

ここで、$\bar{x}, \bar{y}$はそれぞれx, yの平均であり、次式のようになります。

$$\bar{x} = \frac{1}{N}\sum_{i=1}^{N} x_i$$

$$\bar{y} = \frac{1}{N}\sum_{i=1}^{N} y_i$$

相関係数は-1以上1以下の値をとります。**図14.12**に相関係数が-1、-0.8、-0.5、0、0.8、1のとき、2変数の関係を散布図に示します。横軸、縦軸にそれぞれ2つの変数をとり、データを1つの点として表しています。

Part 5 データ分析

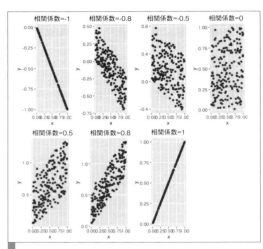

図14.12 2変数の散布図と相関係数の関係

この図を見ると相関係数と2つの変数の関係について次のことがわかります。

- 相関係数が-1のとき、2つの変数は傾きが負の直線上にある
- 相関係数が-0.8のとき、2つの変数は直線上にはないものの、右肩下がりの強い傾向が認められる
- 相関係数が-0.5のとき、2つの変数の間には右肩下がりの傾向が認められる。相関係数が-0.8のときに比べて、右肩下がりの傾向は小さくなり、横軸が同じ程度の値のときに縦軸の値のバラツキはより大きくなっている
- 相関係数が0のとき、2つの変数の間に関係性を見いだすのは難しい
- 相関係数が0.5のとき、2つの変数の間には右肩上がりの傾向が認められる
- 相関係数が0.8のとき、2つの変数は直線状にはないものの、右肩上がりの強い傾向が認められる
- 相関係数が1のとき、2つの変数は傾きが正の直線上にある

相関係数はcor関数を使用して算出できます。次では、Bostonデータセットの各変数間の相関係数を算出しています。

```
> library(dplyr)
# 相関係数の算出
> cor.Boston <- Boston %>% cor
> cor.Boston
              crim          zn       indus         chas         nox
crim    1.00000000 -0.20046922  0.40658341 -0.055891582  0.42097171
zn     -0.20046922  1.00000000 -0.53382819 -0.042696719 -0.51660371
indus   0.40658341 -0.53382819  1.00000000  0.062938027  0.76365145
chas   -0.05589158 -0.04269672  0.06293803  1.000000000  0.09120281
```

```
nox      0.42097171 -0.51660371  0.76365145  0.091202807  1.00000000
rm      -0.21924670  0.31199059 -0.39167585  0.091251225 -0.30218819
age      0.35273425 -0.56953734  0.64477851  0.086517774  0.73147010
dis     -0.37967009  0.66440822 -0.70802699 -0.099175780 -0.76923011
rad      0.62550515 -0.31194783  0.59512927 -0.007368241  0.61144056
tax      0.58276431 -0.31456332  0.72076018 -0.035586518  0.66802320
ptratio  0.28994558 -0.39167855  0.38324756 -0.121515174  0.18893268
black   -0.38506394  0.17552032 -0.35697654  0.048788485 -0.38005064
lstat    0.45562148 -0.41299457  0.60379972 -0.053929298  0.59087892
medv    -0.38830461  0.36044534 -0.48372516  0.175260177 -0.42732077
                 rm         age         dis          rad          tax
crim    -0.21924670  0.35273425 -0.37967009  0.625505145  0.58276431
zn       0.31199059 -0.56953734  0.66440822 -0.311947826 -0.31456332
indus   -0.39167585  0.64477851 -0.70802699  0.595129275  0.72076018
chas     0.09125123  0.08651777 -0.09917578 -0.007368241 -0.03558652
nox     -0.30218819  0.73147010 -0.76923011  0.611440563  0.66802320
rm       1.00000000 -0.24026493  0.20524621 -0.209846668 -0.29204783
age     -0.24026493  1.00000000 -0.74788054  0.456022452  0.50645559
dis      0.20524621 -0.74788054  1.00000000 -0.494587930 -0.53443158
rad     -0.20984667  0.45602245 -0.49458793  1.000000000  0.91022819
tax     -0.29204783  0.50645559 -0.53443158  0.910228189  1.00000000
ptratio -0.35550149  0.26151501 -0.23247054  0.464741179  0.46085304
black    0.12806864 -0.27353398  0.29151167 -0.444412816 -0.44180801
lstat   -0.61380827  0.60233853 -0.49699583  0.488676335  0.54399341
medv     0.69535995 -0.37695457  0.24992873 -0.381626231 -0.46853593
            ptratio       black        lstat         medv
crim     0.2899456  -0.38506394  0.4556215  -0.3883046
zn      -0.3916785   0.17552032 -0.4129946   0.3604453
(以下略)
```

算出した相関係数の見方について説明します。まず、cor関数を実行すると行、列ともに変数が並べられます。したがって、Bostonデータセットの例では13 × 13の行列になります。この行列は「相関行列」と呼ばれます。

相関係数の読み方は、たとえば左上にある行がcrim、列がcrimの相関係数は1.0000となっています。これはcrim同士の相関係数であり、その値が1であることを意味しています。ほかの例を挙げると、行がcrim、列がznの相関係数は約-0.2005となっています。

■cor関数

cor関数はstatsパッケージで提供され、相関係数を算出する関数です。

cor関数の使用方法は、x引数だけ与える場合と、x引数とy引数を両方とも与える場合の2とおりに大別できます。x引数だけ与える場合は、上記のBostonデータセットの例で見たようにデータの座標を行列またはデータフレームで指定します。x引数とy引数を両方とも与える場合は、同じ長さのベクトルを与えます。col関数の主要な引数は**表14.9**のとおりです。

表14.9 col関数の主要な引数

引数	説明
use	"everything"、"all.obs"、"complete.obs"、"na.or.complete"、"pairwise.complete.obs"のいずれかを指定。"everything"を指定した場合、データに欠損値が存在すると相関係数はNA（欠損値）になる。"all.obs"を指定した場合、データに欠損値が存在するとエラーが発生し、相関係数が算出されない。"complete.obs"を指定した場合、欠損値がまったくない変数間で相関係数が算出される。"pairwise.complete.obs"を指定した場合、相関係数を算出する2個の変数ごとにいずれかに欠損値が存在する座標を除いて相関係数を算出する
method	"pearson"（ピアソンの積率相関係数）、"kendall"（ケンドールの順位相関係数）、"spearman"（スピアマンの順位相関係数）のいずれかを指定。デフォルトでは、ピアソンの積率相関係数が指定される

■相関係数のプロット

算出した相関係数を可視化するには、corrplotパッケージの**corrplot**関数を用いる方法などがあります。corrplotパッケージは、CRANからインストールできます。

corrplot関数の引数には相関係数の行列を指定します。**addCoef.col=TRUE**に設定すると相関係数を表示することもできます。**リスト14.11**では、Bostonデータセットの各変数間の相関係数を算出し、**corrplot**関数によりプロットしています（**図14.13**）。

リスト14.11 corrplot.R（抜粋）

```
library(corrplot)
# 相関係数のプロット
corrplot(Boston %>% cor, addCoef.col = TRUE)
```

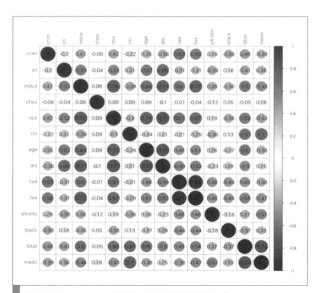

図14.13 corrplot関数による相関係数のプロット

■corrplot関数

corrplot関数はcorrplotパッケージで提供されており、変数間の相関係数をプロットする関数です。corrplot関数の主要な引数は、**表14.10**のとおりです。

表14.10　corrplot関数の主要な引数

引数	説明
corr	相関行列を与える。相関行列の代わりにデータの座標の行列を与えることもできるが、その場合はis.corr引数をFALSEに指定する必要がある
method	プロットされる形を文字列で与える。デフォルトでは"circle"となっており円が表示される。ほかにも、"square"（四角形）、"ellipse"（楕円形）、"number"（数値）、"shade"（影）、"color"（色）、"pie"（円グラフ）を指定できる
type	相関係数をプロットする領域を文字列で指定する。"full"を指定すると対角線の上側と下側の両方にプロットされる。"lower"は対角線の下側、"upper"は対角線の上側にプロットする

■相関係数のヒートマップのプロット

ggplot2パッケージのgeom_tile関数を用いても相関係数のヒートマップをプロットできます。そのために、tidyrパッケージのgather関数を用いて、相関係数の行列を縦持ち形式にあらかじめ変換しておきます（tidyrパッケージについては「**8章　データ処理**」を参照してください）。

```
> library(tidyr)
> library(ggplot2)
# 相関係数行列の縦持ち形式への変換
> cor.Boston.l <- cor.Boston %>% as.data.frame %>% mutate(item1 = rownames(.)) %>%
+     gather(item2, corr, -item1)
> cor.Boston.l %>% head(3)
  item1 item2       corr
1  crim  crim  1.00000000
2    zn  crim -0.20046922
3 indus  crim  0.40658341
```

以上のように作成したcor.Boston.lオブジェクトに対して、ggplot2パッケージを用いて相関係数のヒートマップをプロットします（**リスト14.12**）。ggplot関数のaes引数には、xに列item1、yに列item2、fillに列corrを指定することにより、横軸にitem1、縦軸にitem2、塗りつぶす色をcorrとしています。geom_tile関数はヒートマップを描く指定を行います。また、scale_fill_gradient関数を用いて、塗りつぶす色の最小値が白（"white"）、最大値が赤（"red"）とする色のグラデーションを指定しています（**図14.14**）。

リスト14.12　geomtile.R（抜粋）

```
# geom_tile関数を用いた相関係数行列のヒートマップのプロット
p <- ggplot(data = cor.Boston.l, aes(x = item1, y = item2, fill = corr)) +
    geom_tile() + scale_fill_gradient(low = "white", high = "red")
print(p)
```

Part 5 データ分析

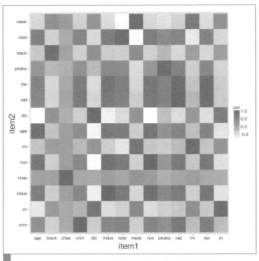

図14.14　geom_tile関数を用いた相関係数のヒートマップ

■分散拡大要因

　さて、多変量連関図や相関係数を見ると、相対的に相関が高い変数のペアが存在していることを確認できます。たとえば、変数radとtaxの相関係数は0.910228189となっており、高い相関関係にあることが確認できます。このように相関が高い変数は、重回帰分析の説明変数として同時に使用すると、推定された係数が不安定になる多重共線性（*multicolinearity*）が発生するなどの不都合が生じます。

　分散拡大要因（*VIF：Variance Inflation Factor*）は、変数間の相関の強さを定量化する指標です。2つの変数間の相関係数を2乗して1から引いたものの逆数として定義されます。

　リスト14.13は、Bostonデータセットから列medvを除きcor関数で相関行列を算出したのちに、solve関数で逆行列を求めることにより分散拡大要因を算出しています。そのあと、ggplot2パッケージで分散拡大要因のヒートマップをプロットするために、tidyrパッケージのgather関数でデータフレームをlong形式にしています。分散拡大要因のヒートマップはgeom_tile関数によりプロットしています。分散拡大要因が低い方が白く、高い方が赤くなるようにscale_fill_gradient関数に指定しています（図14.15）。

リスト14.13　vif.R（抜粋）
```
library(tidyr)
library(ggplot2)
# 分散拡大要因の算出
vif <- 1/(1 - (Boston %>% dplyr:::select(-medv) %>% cor)^2)
# 縦長形式への変換
vif.l <- vif %>% as.data.frame %>% mutate(item1 = rownames(.)) %>% gather(item2, vif, -item1)
```

```
# 分散拡大要因のヒートマップのプロット
p <- ggplot(data = vif.l, aes(x = item1, y = item2, fill = vif)) +
     geom_tile() + geom_text(label = sprintf("%.2f", vif)) +
     scale_fill_gradient(low = "white", high = "red")
print(p)
```

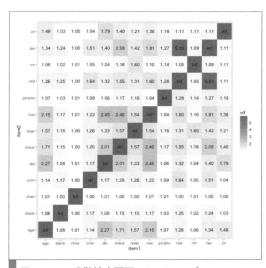

図14.15　分散拡大要因のヒートマップ

　一般的に、変数間のVIFの値が10を越えたら、いずれかの変数は除去した方が良いと言われることがあるようです。また、VIFの値が5を越えたら、除去も検討した方が良いとも言われることがあるようです。目安として使用してください。

■findLinearCombos関数

　caretパッケージのfindLinearCombos関数を使用すると、変数間で線形関係があるかどうかを調べることができます。次の例は、Bostonデータセットに対してfindLinearCombos関数を適用し、変数間の線形関係を調べています。

```
> library(caret)
# 変数間の線形関係の確認
> findLinearCombos(Boston)
$linearCombos
list()

$remove
NULL
```

findLinearCombs関数は内部でQR分解という行列分解を実行しており、変数間の厳密な線形関係を調べます。線形関係があれば、linearCombsに変数名が出力されますが、以上の例ではlist()となっており、厳密な線形関係にある変数は存在しないことがわかります。

■findCorrelation関数

findCorrelation関数は、相関の高い変数を特定します。デフォルトでは相関係数が0.9以上の関係にある変数のうち、列番号が小さいものを列挙して返します。相関係数のしきい値を変更する場合は、cutoff引数に指定します。次の例は、Bostonデータセットの各列の相関行列であるcor.Bostonオブジェクトに対してfindCorrelation関数を適用し、相関の高い変数を特定しています。

```
# 相関の高い変数の特定(デフォルトは相関係数のしきい値は0.9)
> findCorrelation(cor.Boston)
[1] 10
# 相関係数のしきい値を0.6に変更
> findCorrelation(cor.Boston, cutoff = 0.6)
[1]  3 10  5 13  9  8 14
```

14-6 ロバスト回帰

回帰分析を行う際に、ほかのデータとは値の水準が大きく異なる「外れ値」が含まれていることがあります。外れ値を含んだまま回帰分析すると、分析結果が外れ値に大きく影響を受けることがあります。ここでは、こうしたデータをどのように解析するかについて考えてみましょう。

まずは、本節(「**14-6 ロバスト回帰**」)で必要なパッケージをインストールします。必要に応じて読み込んでください。

```
> install.packages("ggplot2", quiet = TRUE)
> install.packages("dplyr", quiet = TRUE)
```

14-6-1 外れ値を含むデータの回帰分析

リスト14.14のようにMASSパッケージのphonesデータセットに対して、単回帰分析を実行してみましょう(**図14.16**)。phonesデータセットは、1950年から1973年までのベルギーの電話件数を収録したデータであり、年を表す変数"year"と電話の件数を表す変数"calls"(100万件単位)からなるリストです。

```
> library(MASS)
# phonesデータセット
> phones
$year
 [1] 50 51 52 53 54 55 56 57 58 59 60 61 62 63 64 65 66 67 68 69 70 71 72
[24] 73

$calls
 [1]   4.4   4.7   4.7   5.9   6.6   7.3   8.1   8.8  10.6  12.0  13.5
[12]  14.9  16.1  21.2 119.0 124.0 142.0 159.0 182.0 212.0  43.0  24.0
[23]  27.0  29.0
```

リスト14.14　phones.R（抜粋）

```
library(ggplot2)
library(dplyr)
# 年ごとの電話の件数のプロット
p <- ggplot(phones %>% as.data.frame, aes(x = year, y = calls)) + geom_point()
print(p)
```

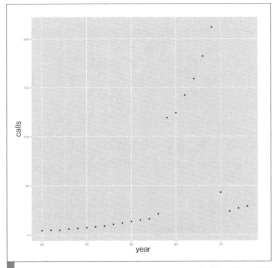

図14.16　phonesデータセットのプロット（年ごとの電話の件数）

　年ごとに電話の件数をプロットした結果を見ると、1964年から1969年にかけて明らかにほかの年とは違う傾向にあり、電話の件数がかなり増加していることを確認できます。**リスト14.15**のようにphonesデータセットに対して、説明変数をyear、目的変数をcallsとする単回帰分析を実行してみましょう。次では、ggplot2パッケージのstat_smooth関数のmethod引数を"lm"に設定することで回帰直線およびその95%信頼区間をプロットしています。また、geom_point関

数によりデータを点でプロットしています（**図14.17**）。

リスト14.15　phoneslm.R（抜粋）
```
# phonesデータセットの回帰直線のプロット
p <- ggplot(phones %>% as.data.frame, aes(x = year, y = calls)) +
        stat_smooth(method = "lm") + geom_point()
print(p)
```

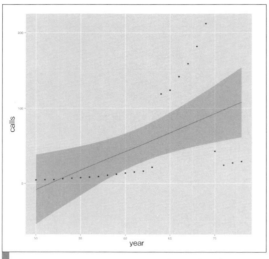

図14.17　phonesデータセットに対する単回帰分析

この結果を見ると、フィッティングが良好ではなさそうであることを確認できます。lm関数でフィッティングして、回帰結果の要約をしたり、回帰診断を実行したりして、もう少し深く分析してみましょう。

```
# phonesデータセットに対する単回帰分析の実行
> lm.phones <- lm(calls ~ year, data = phones %>% as.data.frame)
# 回帰結果の要約
> summary(lm.phones)

Call:
lm(formula = calls ~ year, data = phones %>% as.data.frame)

Residuals:
    Min     1Q Median     3Q    Max
 -78.97 -33.52 -12.04  23.38 124.20

Coefficients:
```

```
                Estimate Std. Error t value Pr(>|t|)
(Intercept)  -260.059    102.607   -2.535   0.0189 *
year            5.041      1.658    3.041   0.0060 **
---
Signif. codes:  0 '***' 0.001 '**' 0.01 '*' 0.05 '.' 0.1 ' ' 1

Residual standard error: 56.22 on 22 degrees of freedom
Multiple R-squared:  0.2959,    Adjusted R-squared:  0.2639
F-statistic: 9.247 on 1 and 22 DF,  p-value: 0.005998
```

以上の結果を見ると、phonesとyearは次の単回帰式で回帰されていることを確認できます。

$$\text{phones} = 5.041 \times \text{year} - 260.059$$

この回帰結果に対して**リスト14.16**のように回帰診断を実行してみましょう（**図14.18**）。

リスト14.16　phonesmatrix.R（抜粋）

```
# 回帰診断
layout(matrix(1:4, 2, 2))
plot(lm.phones)
```

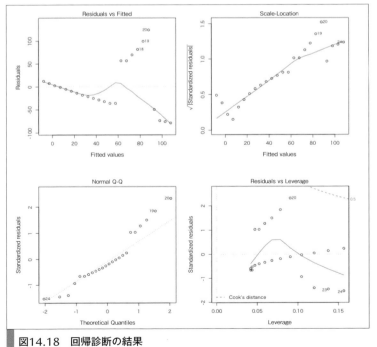

図14.18　回帰診断の結果

データ分析

この回帰診断の結果を見ると、次のことがわかります。

- 18、19、20番目のデータの残差が大きくなっている
- QQプロットより、18、19、24番目のデータの残差が正規分布から外れている
- てこ比より、20、23、24番目のデータの回帰に与える影響が大きくなっている

14-6-2 ロバスト回帰の概要

前項で説明したphonesデータセットのように外れ値が存在するデータは、次のような対処が必要になります。

- 外れ値を除去して回帰を実行する
- 外れ値の影響を小さくして回帰を実行する

前者の外れ値の除去については、外れ値の検出も含め相当の誌面が必要になるため本書では重点的には扱いません。後者の外れ値の影響を小さくして回帰を実行する方法は、一般的にロバスト回帰と呼ばれています。

14-6-3 ロバスト回帰の実行

MASSパッケージのrlm関数を用いるとロバスト回帰を実行できます。rlm関数は、M推定量と呼ばれる統計量を用いてロバスト回帰を実行します。詳細については、参考文献[注3]を参照してください。

```
> library(MASS)
> library(ggplot2)
> library(dplyr)
# ロバスト回帰（HuberのM推定量）
> rlm.phones <- rlm(calls ~ year, data = phones %>% as.data.frame, maxit = 100)
> rlm.phones
Call:
rlm(formula = calls ~ year, data = phones %>% as.data.frame,
    maxit = 100)
Converged in 33 iterations

Coefficients:
(Intercept)         year
 -102.62220      2.04135

Degrees of freedom: 24 total; 22 residual
Scale estimate: 9.03
```

(注3) 頑健回帰推定／蓑谷千凰彦 著／朝倉書店／2016年／ISBN978-4-254-12837-6

リスト14.17　rlm.R（抜粋）

```r
# 回帰直線の可視化
p <- ggplot(data = phones %>% as.data.frame, aes(x = year, y = calls)) +
        stat_smooth(method = function(formula, data, weights = weight)
                        rlm(formula, data, weights = weight, maxit = 100)) + geom_point()
print(p)
```

リスト14.17の結果として得られた図14.19を見ると、lm関数で単回帰分析を行ったときに比べて、外れ値の影響を少なく抑えた上で回帰を行えていることを確認できます。

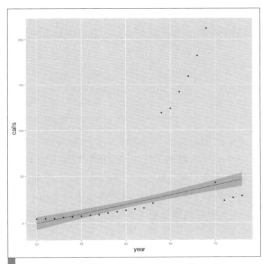

図14.19　rlm関数によるロバスト回帰

なお、ggplot2パッケージのstat_smooth関数を用いて回帰直線を可視化するには、stat_smooth(method="rlm")としても実行できます。しかし、本書執筆時点においてCRANで提供されているggplot2（2.0.1）では、最大反復回数を指定するmaxit引数を指定してもデフォルト値の20が用いられるため、phonesデータセットに対しては許容誤差の範囲で収束しません。そこで、上記のように、stat_smooth関数のmethod引数にrlm関数によりロバスト回帰を実行する関数を指定しています。

■rlm関数

rlm関数はMASSパッケージで提供されており、M推定量と呼ばれる推定量を用いてロバスト回帰を実行します。rlm関数はS3クラスの関数となっており、主要な引数は表14.11のとおりです。

表14.11　rlm関数の主要な引数

引数	説明
formula	モデル式を指定。「目的変数名 ~ 説明変数名」という形式で指定する
data	回帰に用いるデータを行列またはデータフレームで指定する
method	ロバスト回帰で用いる推定量を文字列で指定。"M"はM推定量、"MM"はMM推定量

14-7　ロジスティック回帰分析

　ロジスティック回帰分析は、目的変数がYes、Noのように2つの値をとるデータに対してその確率を説明するモデルです。

　まずは、本節(「**14-7 ロジスティック回帰分析**」)で必要なパッケージをインストールします。必要に応じて読み込んでください。

```
> install.packages("kernlab", quiet = TRUE)
> install.packages("dplyr", quiet = TRUE)
> install.packages("coefplot", quiet = TRUE)
```

　ここでは、kernlabパッケージのspamデータセットを用いて、ロジスティック回帰分析を実行してみましょう。spamデータセットは、ヒューレットパッカード社の研究所が収集し、4,601通のE-mailをspamであるかどうかにより分類したデータです。spamのメールが1,813通、スパムでははないメールが2,788通あります。spamデータセットは、「spamである」、「spamではない」という2つの値をとるデータであり、ロジスティック回帰分析を用いてspamである確率を推定するモデルを構築します。

　kernlabパッケージをインストールしたのちに、spamデータセットの先頭3行を見てみましょう。

```
> library(kernlab)
# spamデータセットのロード
> data(spam)
> head(spam, 3)
  make address  all num3d  our over remove internet order mail receive
1 0.00    0.64 0.64     0 0.32 0.00   0.00     0.00  0.00 0.00    0.00
2 0.21    0.28 0.50     0 0.14 0.28   0.21     0.07  0.00 0.94    0.21
3 0.06    0.00 0.71     0 1.23 0.19   0.19     0.12  0.64 0.25    0.38
(中略)
  capitalLong capitalTotal type
1          61          278 spam
2         101         1028 spam
3         485         2259 spam
```

　spamデータセットは58列からなり、1列目の**make**から57列目の**capitalTotal**まではメールの特徴を表す項目、58列目の**type**がスパムかどうかを区別する項目となっています。**type**列は

"spam"（メールがスパムである）、"nospam"（メールがスパムではない）の2つの値を取ります。

ロジスティック回帰分析では目的変数は1または0であることが前提のため、あらかじめdplyrパッケージの`mutate`関数を用いて1、0の変数に変換しておきます。目的変数であるtype列は"yes"か"no"の因子となっており、`as.integer`関数で変換すると"yes"は1に、"no"は2となります。これをそれぞれ1、0に変換するために符号を反転させたのちに2を加算しています。

```
> library(dplyr)
# 目的変数の変換
> spam.conved <- spam %>% mutate(type = -as.integer(type) + 2)
> head(spam.conved, 3)
  make address  all num3d  our over remove internet order mail receive
1 0.00    0.64 0.64     0 0.32 0.00   0.00     0.00  0.00 0.00    0.00
2 0.21    0.28 0.50     0 0.14 0.28   0.21     0.07  0.00 0.94    0.21
3 0.06    0.00 0.71     0 1.23 0.19   0.19     0.12  0.64 0.25    0.38
（中略）
  capitalLong capitalTotal type
1          61          278    0
2         101         1028    0
3         485         2259    0
```

続いて、`glm`関数の第1引数にモデル式、`data`引数に`spam.conved`オブジェクト、`family`引数にbinomialを指定してロジスティック回帰分析を実行してみましょう。ここで、モデル式にはtype列を目的変数、そのほかの列を説明変数として指定します。

```
# ロジスティック回帰分析
> glm.spam <- glm(type ~ ., data=spam.conved, family=binomial)
 警告メッセージ:
 glm.fit: 数値的に 0 か 1 である確率が生じました
# 回帰結果の要約
> summary(glm.spam)

Call:
glm(formula = type ~ ., family = binomial, data = spam.conved)

Deviance Residuals:
    Min       1Q   Median       3Q      Max
 -5.364   -0.114    0.000    0.203    4.127

Coefficients:
               Estimate Std. Error z value Pr(>|z|)
(Intercept)   1.5686144  0.1420362  11.044  < 2e-16 ***
make          0.3895185  0.2314521   1.683 0.092388 .
address       0.1457768  0.0692792   2.104 0.035362 *
all          -0.1141402  0.1103011  -1.035 0.300759
（中略）
```

```
capitalAve          -0.0119871   0.0188355   -0.636 0.524509
capitalLong         -0.0091185   0.0025206   -3.618 0.000297 ***
capitalTotal        -0.0008437   0.0002251   -3.747 0.000179 ***
---
Signif. codes:  0 '***' 0.001 '**' 0.01 '*' 0.05 '.' 0.1 ' ' 1

(Dispersion parameter for binomial family taken to be 1)

    Null deviance: 6170.2  on 4600  degrees of freedom
Residual deviance: 1815.8  on 4543  degrees of freedom
AIC: 1931.8

Number of Fisher Scoring iterations: 13
```

回帰係数のプロットも、重回帰分析とまったく同様にcoefplotパッケージのcoefplot関数を用いて**リスト14.18**のように描くことができます（**図14.20**）。

リスト14.18　glmspam.R（抜粋）

```
library(coefplot)
# 回帰係数のプロット
coefplot(glm.spam)
```

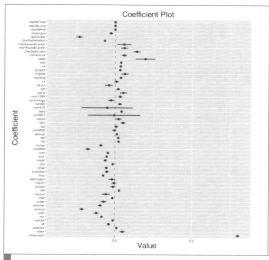

図14.20　ロジスティック回帰分析の回帰係数のプロット

また、変数選択も重回帰分析とまったく同様にstep関数を用いて実行できます。変数の選択の過程を出力すると膨大な量になるので、ここではstep関数のtrace引数を0と設定して出力を制御しています。

```
# 変数選択
> glm.spam.step <- step(glm.spam, trace = 0)
# 変数選択後の回帰結果の要約
> summary(glm.spam.step)

Call:
glm(formula = type ~ make + address + num3d + our + over + remove +
    internet + order + mail + will + addresses + free + business +
    you + credit + your + font + num000 + money + hp + hpl +
    george + num650 + lab + data + num85 + technology + parts +
    pm + cs + meeting + original + project + re + edu + table +
    conference + charSemicolon + charExclamation + charDollar +
    charHash + capitalLong + capitalTotal, family = binomial,
    data = spam.conved)

Deviance Residuals:
    Min       1Q   Median       3Q      Max
-5.2484  -0.1110   0.0000   0.1997   4.2354

Coefficients:
                  Estimate Std. Error z value Pr(>|z|)
(Intercept)      1.5519183  0.1277912  12.144  < 2e-16 ***
make             0.4685615  0.2155914   2.173 0.029752 *
address          0.1372171  0.0654139   2.098 0.035934 *
num3d           -2.2567858  1.5072431  -1.497 0.134317
(中略)
charHash        -2.2023869  1.0732143  -2.052 0.040156 *
capitalLong     -0.0104067  0.0017833  -5.836 5.35e-09 ***
capitalTotal    -0.0008049  0.0002114  -3.808 0.000140 ***
---
Signif. codes:  0 '***' 0.001 '**' 0.01 '*' 0.05 '.' 0.1 ' ' 1

(Dispersion parameter for binomial family taken to be 1)

    Null deviance: 6170.2  on 4600  degrees of freedom
Residual deviance: 1824.9  on 4557  degrees of freedom
AIC: 1912.9

Number of Fisher Scoring iterations: 13
```

　変数選択を行う前に比べて説明変数の個数が57個から45個に、AICが2808.7から1912.9に減少していることをそれぞれ確認できます。

14-8 決定木

決定木は、**図14.21**に示すようにデータを分割するルールを次々と作成していくことにより、分類や回帰を実行する手法です。機械学習の代表的な手法であり、モデルの内容が理解しやすいため、実務でも多用されます。

まずは、本節(「**14-8 決定木**」)で必要なパッケージをインストールします。必要に応じて読み込んでください。

```
> install.packages("rpart", quiet = TRUE)
> install.packages("C50", quiet = TRUE)
> install.packages("pROC", quiet = TRUE)
> install.packages("rattle", quiet = TRUE)
> install.packages("party", quiet = TRUE)
> install.packages("dplyr", quiet = TRUE)
```

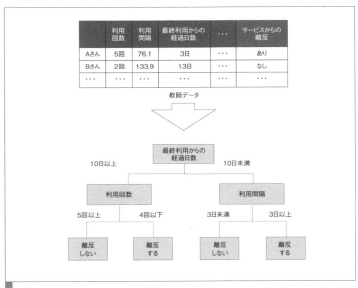

図14.21 決定木のイメージ

図の例では、各顧客のサービスの利用回数、利用間隔、最終利用からの経過日数などを手がかりとしてサービスから離反するかどうかを判定するルールを決定木で作成しています。その結果、次のルールが作成されます。

- まず最終利用からの経過日数が10日以上か10日未満かで分かれる

- 最終利用からの経過日数が10日以上の場合、利用回数が5回以上と4回以下で分かれる。5回以上の場合は離反せず、4回以下の場合は離反するというルールになる
- 一方で、最終利用からの経過日数が10日未満の場合、利用間隔が3日未満と3日以上で分かれる。3日未満の場合は離反せず、3日以上の場合は離反するというルールになる

14-8-1 決定木の実行

決定木はrpartパッケージのrpart関数を用いて実行できます。次の例は、C50パッケージのchurnデータセットに対して、決定木により予測モデルを構築し、テストデータに対して予測を実行して予測精度を評価しています。

```
> library(rpart)
> library(C50)
# churnデータセットのロード
> data(churn)
# 決定木を用いた学習
> model.rp <- rpart(churn ~ ., data = churnTrain, control = list(maxdepth = 3))
> model.rp
n= 3333

node), split, n, loss, yval, (yprob)
      * denotes terminal node

 1) root 3333 483 no (0.14491449 0.85508551)
   2) total_day_minutes>=264.45 211  84 yes (0.60189573 0.39810427)
     4) voice_mail_plan=no 158  37 yes (0.76582278 0.23417722)
       8) total_eve_minutes>=187.75 101   5 yes (0.95049505 0.04950495) *
       9) total_eve_minutes< 187.75 57  25 no (0.43859649 0.56140351) *
     5) voice_mail_plan=yes 53   6 no (0.11320755 0.88679245) *
   3) total_day_minutes< 264.45 3122 356 no (0.11402947 0.88597053)
     6) number_customer_service_calls>=3.5 251 124 yes (0.50597610 0.49402390)
      12) total_day_minutes< 160.2 102  13 yes (0.87254902 0.12745098) *
      13) total_day_minutes>=160.2 149  38 no (0.25503356 0.74496644) *
     7) number_customer_service_calls< 3.5 2871 229 no (0.07976315 0.92023685) *
```

この実行結果は、構築された決定木の条件分岐のルールを表しています。たとえば、「2) total_day_minutes>=264.45 211　84 yes (0.60189573 0.39810427)」は、変数total_day_minutesが264.45以上であるデータが211あり、そのうち84は退会していないことを表しています。これではわかりにくいので、**リスト14.19**のように決定木をプロットします(**図14.22**)。

リスト14.19　modelrp.R(抜粋)

```
# 決定木のプロット
plot(model.rp)
text(model.rp)
```

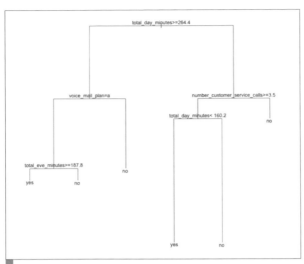

図14.22 決定木のプロット

次に、テストデータに対して予測を行ってみましょう。predict関数の第1引数に予測モデルを、第2引数にテストデータを指定します。また、予測値がスパムであるかどうかの2つのクラスとする場合はtype引数には明示的に"class"を指定します。

```
# テストデータに対する予測
> pred <- predict(model.rp, churnTest, type = "class")
# 混同行列
> conf.mat <- table(pred, churnTest$churn)
> conf.mat

pred   yes    no
  yes   80     6
  no   144  1437
```

得られた混同行列は、行方向が予測したクラス、列方向が実際のクラスとなっており、それぞれの件数が表示されています。したがって、次のように読み取れます。

- "yes"と予測して実際に"yes"のデータが80件
- "yes"と予測したが実際は"no"のデータが6件
- "no"と予測したが実際は"yes"のデータが144件
- "no"と予測して実際に"no"のデータが1,437件

■rpart関数

rpart関数はrpartパッケージで提供されており、分類の場合は決定木を、回帰の場合は回帰木を構築します。rpart関数の主要な引数は**表14.12**のとおりです。

表14.12　rpart関数の主要な引数

引数	説明
formula	分類または回帰に用いる式を指定。指定する形式は「目的変数 ~ 説明変数」
data	分類または回帰に用いるデータを指定
weights	各データの重みをベクトルで指定
control	構築する決定木を抑制するパラメータを指定。この引数は決定木の挙動を変える重要なパラメータのため、次の表にまとめる

rpart関数のcontrol引数には、rpart.control関数の引数を指定できます。rpart.control関数の主要な引数を**表14.3**にまとめます。

表14.13　rpart.control関数の主要な引数の説明

引数	説明	デフォルト値
minsplit	木の分割数の最小値	20
minbucket	終端ノードに振り分けられるデータ数の最小値	6
cp	分割のたびに上限とする複雑度	0.01
maxdepth	決定木の最大の深さ	30

14-8-2 決定木の精度予測

さて、テストデータの予測結果に対してROC曲線をプロットしてみましょう（**図14.23**）。

```
> library(pROC)
# クラス確率の予測
> prob <- predict(model.rp, churnTest)
# ROC曲線のプロット
> roc.curve <- roc(response = churnTest$churn, predictor = prob[, "yes"],
+     levels = c("no", "yes"))
> plot(roc.curve, legacy.axes = TRUE)

Call:
roc.default(response = churnTest$churn, predictor = prob[, "yes"],     levels = c("no", "yes"))

Data: prob[, "yes"] in 1443 controls (churnTest$churn no) < 224 cases (churnTest$churn yes).
Area under the curve: 0.8841
# AUCの算出
> auc(roc.curve)
Area under the curve: 0.8841
```

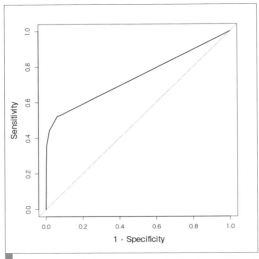

図14.23 決定木のテストデータに対する予測のROC曲線

上記の結果を見ると、AUCは0.8841となっていることが確認できます。ROC曲線を見ると、横軸の偽陽性率が小さい領域ではROC曲線の傾きは非常に大きくなっており、確率が上位の顧客で予測が良好であることを確認できます。

14-8-3 そのほかのプロット用パッケージ

以上ではrpartパッケージのデフォルトのplot関数（実際はplot.rpart関数）を使用して決定木を描画しましたが、あまり見栄えの良いものではありませんでした。見栄えを向上させるパッケージに、rpart.plotパッケージのprp関数、rattleパッケージのfancyRpartPlot関数などがあります。ここでは、fancyRpartPlot関数について説明します。

■fancyRpartPlot関数

rattleパッケージのfancyRpartPlot関数は、rpart.plotパッケージのprp関数をラップしています。rattleパッケージはCRANからインストールできます。

リスト14.20のようにfancyRpartPlot関数を用いて決定木を可視化してみましょう（図14.24）。

リスト14.20 fancyrpartplot.R（抜粋）

```
library(rattle)
# 決定木のプロット
fancyRpartPlot(model.rp, sub = "")
```

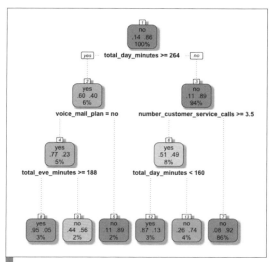
図14.24　fancyRpartplot関数による決定木のプロット

14-8-4 条件付き推測木

条件付き推測木（*conditional inference tree*）は、各分岐において特徴量に対して並び替え検定という統計的検定を行って、最も分離する特徴量とその分割値を決定する手法です。条件付き推測木は、partyパッケージを用いて実行できます。partyパッケージはCRANからインストールできます。

リスト14.21のようにctree関数を用いて、条件付き推測木を構築できます。構築した条件付き推測木は、plot関数を用いて描画します（図14.25）。

リスト14.21　ctree.R

```
library(party)
library(C50)
data(churn)
# 条件付き推測木の構築
model.ctree <- ctree(churn ~., data=churnTrain, controls=ctree_control(maxdepth=3))
# 条件付き推測木のプロット
plot(model.ctree)
```

Part 5 データ分析

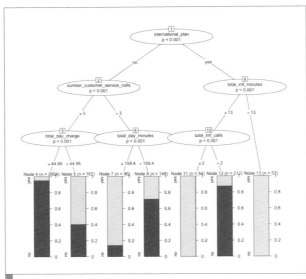

図14.25 条件付き推測木のプロット

■ctree関数

ctree関数はpartyパッケージで提供されており、条件付き推測木を構築します。

ctree関数のformula引数、data引数、weights引数についてはrpart関数と同様なので、該当箇所を参照してください。control引数には、構築する条件付き推測木を抑制するパラメータを指定します。この引数は条件付き推測木の挙動を変える重要なパラメータです。

control関数は、ctree_control関数でパラメータを与えて指定すると良いでしょう。**表14.14**にctree_control関数の主要な引数の説明をまとめます。

表14.14 ctree_control関数の主要な引数

引数	説明
teststat	木の分割時に用いる検定統計量
testtype	木の分割時に実行する検定の種類
mincriterion	分割を実行すると判断する検定統計量またはp-値の閾値
minsplit	1つのノードにおいて分割するかどうかを判断するために用いる重みの最小和
minbucket	終端ノードにおける重みの最小和
nresample	リサンプリングの回数
mtry	木の分割時に用いる変数の個数
maxdepth	木の最大の深さ

14-9 サポートベクタマシン

サポートベクタマシンは、**図14.26**に示すように直線や平面などで線形分離できないデータを

高次元の空間に写像して線形分離することにより、分類・回帰を行う手法です。実際は、高次元の空間に写像するのではなく、データ間の近さを定量化する「カーネル」（高次元の空間でのデータ間の内積に相当）を導入しています。

図14.26 サポートベクタマシンのイメージ

まずは、本節（「**14-9 サポートベクタマシン**」）で必要なパッケージをインストールします。必要に応じて読み込んでください。

```
> install.packages("kernlab", quiet = TRUE)
> install.packages("C50", quiet = TRUE)
> install.packages("pROC", quiet = TRUE)
```

14-9-1 サポートベクタマシンの実行

サポートベクタマシンはkernlabパッケージの**ksvm**関数やe1071パッケージの**svm**関数を用いて実行できます。ここでは、kernlabパッケージの**ksvm**関数を用いる方法について説明します。

■ksvm関数

次の例は、C50パッケージのchurnデータセットに対してサポートベクタマシンにより予測モデルを構築しています。

```
> library(kernlab)
> library(C50)
> set.seed(71)
# churnデータセットのロード
> data(churn)
# サポートベクタマシンを用いた学習
> model.ksvm <- ksvm(churn ~ ., data = churnTrain, prob.model = TRUE)
> model.ksvm
Support Vector Machine object of class "ksvm"

SV type: C-svc  (classification)
 parameter : cost C = 1
```

データ分析

```
Gaussian Radial Basis kernel function.
 Hyperparameter : sigma =  0.0380949223930225

Number of Support Vectors : 985

Objective Function Value : -700.9403
Training error : 0.071707
Probability model included.
```

続いて、テストデータのクラスラベルを予測します。予測結果のクラスラベルと実績のラベルの混同行列を作成します。

```
# テストデータに対する予測
> pred <- predict(model.ksvm, churnTest)
# 混同行列
> conf.mat <- table(pred, churnTest$churn)
> conf.mat

pred    yes   no
  yes    86    7
  no    138 1436
```

得られた混同行列は、行方向が予測したクラス、列方向が実際のクラスとなっており、それぞれの件数が表示されています。したがって、前節の決定木と同様に次のように読み取れます。

- "yes"と予測して実際に"yes"のデータが86件
- "yes"と予測したが実際は"no"のデータが7件
- "no"と予測したが実際は"yes"のデータが138件
- "no"と予測して実際に"no"のデータが1,436件

■predict関数

以上で用いたpredict関数は、ksvm関数を適用して作成されたksvmクラスのオブジェクトに対して適用するジェネリック関数となっています。重回帰分析や決定木などのほかの多くの予測アルゴリズムでのpredict関数と同様に、第1引数に予測モデルのオブジェクト、第2引数に予測対象のデータを指定して、予測値を得ることができます。

14-9-2 サポートベクタマシンの予測の検証

さて、テストデータの予測結果に対してROC曲線をプロットしてみましょう。
次の例は、predict関数によってテストデータに対して予測を行い、pROCパッケージのroc

関数を用いてROC曲線の描画に必要なデータを生成したのち、plot関数を用いたROC曲線のプロット、auc関数を用いたAUCの計算を行っています（図14.27）。

```
> library(pROC)
# クラス確率の予測
> prob <- predict(model.ksvm, churnTest, type = "prob")
# ROC曲線のプロット
> roc.curve <- roc(response = churnTest$churn, predictor = prob[, "yes"],
+      levels = c("no", "yes"))
> plot(roc.curve, legacy.axes = TRUE)

Call:
roc.default(response = churnTest$churn, predictor = prob[, "yes"],     levels = c("no", 
"yes"))

Data: prob[, "yes"] in 1443 controls (churnTest$churn no) < 224 cases (churnTest$churn 
yes).
Area under the curve: 0.9099
# AUCの算出
> auc(roc.curve)
Area under the curve: 0.9099
```

得られた結果を見ると、AUCは0.9099となっていることが確認できます。また、ROC曲線を見ると、横軸である偽陽性率が小さい領域ではROC曲線の傾きが大きくなっています。このことから、特に確率が高い上位の顧客では予測が良好であることを確認できます。

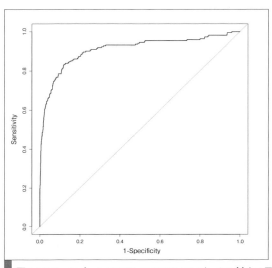

図14.27　サポートベクタマシンのテストデータに対する予測のROC曲線

14-10 ランダムフォレスト

ランダムフォレストは、図14.28に示すようにデータの説明変数をランダムに選択して決定木を構築する処理を複数回繰り返して、各木の推定結果の多数決や平均値により分類・回帰を行う手法です。

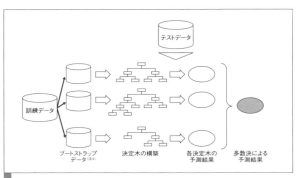

図14.28 ランダムフォレストのイメージ

まずは、本節（**14-10 ランダムフォレスト**」）で必要なパッケージをインストールします。必要に応じて読み込んでください。

```
> install.packages("randomForest", quiet = TRUE)
> install.packages("C50", quiet = TRUE)
> install.packages("pROC", quiet = TRUE)
> install.packages("dplyr", quiet = TRUE)
> install.packages("ranger", quiet = TRUE)
> install.packages("Rborist", quiet = TRUE)
> install.packages("dummies", quiet = TRUE)
> install.packages("ggplot2", quiet = TRUE)
```

14-10-1 ランダムフォレストを実行するパッケージの概観

Rでランダムフォレストを実行するパッケージには、randomForest、ranger、Rboristなどがあります。randomForestパッケージは、これまでランダムフォレストを実行する代表的なパッケージでした。ランダムフォレストを提唱したBreimanのFortranのコードをもとに、C++で実装されています。

一方で、ranger、Rboristは比較的最近登場したパッケージです。randomForestに比べて大規

（注4） ブートストラップとは重複を許して部分抽出（サンプリング）したデータ群のことです。

模なデータに対する計算が速く有望視されています。今後は、これらのパッケージが主力になっていく可能性もあります。

14-10-2 randomForestパッケージを用いたランダムフォレストの実行

従来からRでランダムフォレストを実行する代表的な方法は、randomForestパッケージを使用することでした。このパッケージを用いてランダムフォレストを実行してみましょう。randomForestパッケージは、`install.packages`関数を用いてCRANからインストールできます。

続いて、予測モデルを構築してみましょう。次の例では、C50パッケージのchurnデータセットに対して目的変数を変数churn、説明変数をそのほかの変数にしてランダムフォレストにより予測モデルを構築しています。

```
> library(C50)
# churnデータセットのロード
> data(churn)
# ランダムフォレストを用いた学習
> model.rf <- randomForest(churn ~ ., data = churnTrain)
> model.rf

Call:
 randomForest(formula = churn ~ ., data = churnTrain)
               Type of random forest: classification
                     Number of trees: 500
No. of variables tried at each split: 4

        OOB estimate of  error rate: 6.18%
Confusion matrix:
    yes   no class.error
yes 397   86  0.17805383
no  120 2730  0.04210526
```

上記の結果で特に着目すべきなのは、`OOB estimate of  error rate: 6.18%`と`Confusion matrix:`で始まるブロックです。`OOB estimate of  error rate: 6.18%`から、Out-of Bag誤差が6.18%であることを確認できます。Out-of-Bag誤差とは、データの一部を訓練データとして予測モデルの構築に用いて残りを検証用としたときに、検証用データに対する予測の誤差を表しています。randomForestパッケージでは、デフォルトの設定ではデータの2/3を訓練データとし、残りの1/3を検証用データとしてOut-of-Bag誤差を算出しています。また、`Confusion matrix:`で始まるブロックは訓練データでのOut-of-Bagの予測の混合行列を表しています。行方向が予測したクラス、列方向が実際のクラスを表し、それぞれの件数が表示されています。

- "yes"と予測して実際に"yes"のデータが397件

- "yes"と予測したが実際は"no"のデータが86件
- "no"と予測したが実際は"yes"のデータが120件
- "no"と予測して実際に"no"のデータが2,730件

この予測モデルを用いて、テストデータに対して予測を行ってみましょう。予測は`predict`関数を用いて行います。予測結果に対して混同行列も算出します。

```
# テストデータに対する予測
> pred <- predict(model.rf, churnTest)
# 混同行列
> conf.mat <- table(pred, churnTest$churn)
> conf.mat

pred   yes   no
  yes  182   43
  no    42 1400
```

以上の結果を見ると、行方向が予測したクラス、列方向が実際のクラスを表す混合行列が得られ、それぞれの件数が表示されていることを確認できます。

- "yes"と予測して実際に"yes"のデータが182件
- "yes"と予測したが実際は"no"のデータが43件
- "no"と予測したが実際は"yes"のデータが42件
- "no"と予測して実際に"no"のデータが1,400件

14-10-3 ランダムフォレストの予測の検証

さて、テストデータの予測結果に対してROC曲線をプロットしてみましょう（図14.29）。

```
> library(pROC)
# クラス確率の予測
> prob <- predict(model.rf, churnTest, type = "prob")
# ROC曲線のプロット
> roc.curve <- roc(response = churnTest$churn, predictor = prob[, "yes"],
    levels = c("no", "yes"))
> plot(roc.curve, legacy.axes = TRUE)

Call:
roc.default(response = churnTest$churn, predictor = prob[, "yes"],     levels = c("no",
"yes"))

Data: prob[, "yes"] in 1443 controls (churnTest$churn no) < 224 cases (churnTest$churn
```

```
yes).
Area under the curve: 0.9195
# AUCの算出
auc(roc.curve)
Area under the curve: 0.9195
```

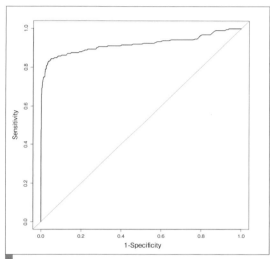

図14.29 ランダムフォレストのテストデータに対する予測のROC曲線

　上記の結果を見ると、AUCは0.9195となっていることが確認できます。ROC曲線を見ると、これまでにも見てきた決定木、サポートベクタマシンと比べても横軸の偽陽性率が小さい領域ではROC曲線の傾きは非常に大きくなっており、確率が上位の顧客で予測が非常に良好であることを確認できます。

14-10-4 変数の重要度の算出・プロット

　ランダムフォレストでは、予測に用いた変数（特徴量）の重要度を算出できます。変数の重要度の算出にあたり基本的な考え方は次のとおりです。重要度を算出する変数に対して、

- 特に操作をすることなく予測モデルを構築して、予測したときの予測精度
- その変数をランダムに並び替えて予測モデルを構築して、予測したときの予測精度

によって求めた2つの予測精度の差をその変数の重要度と定義します。もし、変数の予測への寄与が大きいなら、予測精度の差は大きくなります。逆に、予測への寄与が小さいなら、予測精度の差は小さくなります。

　数式を用いて、変数の重要度を定式化してみましょう。ランダムフォレストを構成するt番目

の決定木に対して、重要度を測定するデータの集合を $B^{(t)}$ とし、その要素数を $|B^{(t)}|$ で表すことにします。変数 j の重要度 $VI_j^{(t)}$ は、次式で定義されます。

$$VI_j^{(t)} = \frac{\sum_{i=1}^{|B^{(t)}|} I(y_i = \hat{y}_i^{(t)})}{|B^{(t)}|} - \frac{\sum_{i=1}^{|B^{(t)}|} I(y_i = \hat{y}_{i,\pi_j}^{(t)})}{|B^{(t)}|}$$

ここで、y_i は i 番目のデータの正解ラベル、$\hat{y}_i^{(t)}$ は t 番目の決定木において i 番目のデータに対する予測ラベル、$\hat{y}_{i,\pi_j}^{(t)}$ は t 番目の決定木で j 番目の変数を並び替えたときに i 番目のデータに対する予測ラベルを表しています。また、関数 I は入力となる等式が成り立てば1を、成り立たなければ0を出力します。すなわち、次式で定義されます。

$$I(y = \hat{y}) = \begin{cases} 1 & (y = \hat{y}) \\ 0 & (y \neq \hat{y}) \end{cases}$$

以上では、ある1本の決定木に対する変数の重要度を定義しました。すべての決定木に対して重要度を定義しましょう。この定義は、`varImpPlot`関数の`scale`引数が`TRUE`か`FALSE`かによって異なります。`scale=FALSE`の場合（デフォルトの設定）は、上記で求めた各決定木における変数 j の重要度 $VI_j^{(t)}$ をすべての木に関して平均を求めたものを重要度とします。すなわち、次式によって求められる $VI(x_j)$ が j 番目の変数の重要度となります。

$$VI(x_j) = \frac{\sum_{t=1}^{T} VI^{(t)}(x_j)}{T}$$

ここで、T はランダムフォレストの構築に用いた木の個数です。

一方で、デフォルトの`scale=FALSE`の場合は、$VI(x_j)$ の z スコアが重要度となります。すなわち、次式により定義される z を重要度とします。$\hat{\sigma}$ は $VI^{(t)}(x_j)$ の標準偏差を表しています。

$$z = \frac{VI(x_j)}{\hat{\sigma}/\sqrt{T}}$$

ランダムフォレストの変数の重要度については、randomForestパッケージにおける計算方法も含めて Carolin Strobl 氏と Achim Zeileis 氏が UseR!2008 で発表した資料[注5]がまとまっています。興味のある方は参照してください。

■varImpPlot関数

randomForestパッケージでは、`varImpPlot`関数を用いて変数の重要度の算出、およびプロッ

[注5] Carolin Strobl and Achim Zeileis, Why and how to use random forest variable importance measures (and how you shouldn't), Use!R 2008, http://www.statistik.uni-dortmund.de/useR-2008/slides/Strobl+Zeileis.pdf

トを行えます。次の例は、C50パッケージのchurnデータセットに対してランダムフォレストにより予測モデルを構築し、varImpPlot関数により変数の重要度を算出しプロットを行っています（図14.30）。

```
> library(randomForest)
> library(C50)
> library(dplyr)
# churnデータセットの読み込み
> data(churn)
# ランダムフォレストを用いた学習
> model.rf <- randomForest(churn ~ ., data = churnTrain)
# 変数の重要度の算出・プロット
> vi <- varImpPlot(model.rf)
# 変数の重要度
> vi %>% as.data.frame %>%
+       mutate(var=rownames(.)) %>%
+       select(var, MeanDecreaseGini) %>%
+       arrange(desc(MeanDecreaseGini))
                       var MeanDecreaseGini
1                    state        108.524729
2        total_day_minutes        105.546007
3         total_day_charge        100.376304
（中略）
17          total_eve_calls         18.514998
18          voice_mail_plan         13.401494
19                area_code          4.831969
```

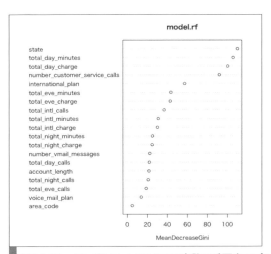

図14.30　ランダムフォレストによる変数の重要度のプロット

図14.30を見ると、最も重要度が高いのがstateで重要度は約108.5247、2番目に高いのがtotal_day_minutesで約105.5460であることを確認できます。逆に重要度が最も低いのはarea_codeで重要度は約4.8320となっています。

■ partialPlot関数

以上で変数の重要度はわかりましたが、このままでは各変数が目的変数にどのように寄与するのかがわかりません。partialPlot関数を用いると、目的変数の値に対して説明変数がどのように寄与するかを視覚的に理解できるようになります。

リスト14.22は、partialPlot関数を用いて、total_day_minutesが目的変数のそれぞれの値に対する寄与を可視化しています(図14.31)。partialPlot関数の第1引数には構築したランダムフォレストのモデル、第2引数にはモデルの構築に用いたデータ、第3引数には寄与度を確認する説明変数の名前、第4引数には目的変数の値を指定します。

リスト14.22　partialplot.R（抜粋）

```
# 目的変数に対するtotal_day_minutesの寄与の確認
layout(matrix(1:2, 2))
partialPlot(model.rf, churnTrain, total_day_minutes, "yes")
partialPlot(model.rf, churnTrain, total_day_minutes, "no")
```

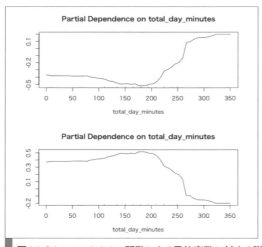

図14.31　partialPlot関数による目的変数に対する説明変数の寄与のプロット

図14.31を見ると、total_day_minutesが100を超えたあたりから200くらいまでの範囲では目的変数"yes"に対する寄与度が相対的に下がり（解約する顧客の予測に効きにくくなる）、"no"に対する寄与度が相対的に上がる（解約しない顧客の予測に効きやすくなる）ことを確認できます。

14-10-5 そのほかのランダムフォレストパッケージ

ランダムフォレストを実装したパッケージは、ほかにもrangerパッケージやRboristパッケージなどがあり、CRANからインストールできます。Rboristパッケージではカテゴリ変数が使用できずダミー変数に変換する必要があるため、dummiesパッケージもインストールしておきます。なお、rangerやRboristとrandomForestなどのパッケージについて、構築する決定木の個数、サンプルサイズ等を比較してパフォーマンスなどを比較した論文[注6]があります。興味のある方は参照することをお勧めします。

rangerを実行した例を示します。

```
> library(ranger)
> library(C50)
> library(dplyr)
> data(churn)
> set.seed(71)
# rangerによる予測モデルの構築
> model.ranger <- ranger(churn ~ ., data = churnTrain,
+                        mtry = max(floor((ncol(churnTrain) -1)/3), 1),
+                        num.trees = 500,
+                        write.forest = TRUE)
# テストデータに対する予測
> pred.ranger <- predict(model.ranger, churnTest)
# 混同行列の算出
> table(pred.ranger$predictions, churnTest$churn)

      yes   no
  yes 165    3
  no   59 1440
```

以上の結果から、次のことがわかります。

- "yes"と予測して実際に"yes"のデータが165件
- "yes"と予測したが実際は"no"のデータが3件
- "no"と予測したが実際は"yes"のデータが59件
- "no"と予測して実際に"no"のデータが1,440件

なお、ranger関数でも、importance引数に変数の重要度を指定することにより、重要度を算出できます。importance引数にはデフォルトで"none"が指定されており、変数の重要度を算出しない設定になっています。"impurity"を指定すると、分類ではGini係数を用いた重要度、回帰では目的変数の分散を用いた重要度を算出します。

(注6) M.N.Wright and A.Ziegler, ranger: A Fast Implementation of Random Forests for High Dimensional Data in C++ and R, https://arxiv.org/abs/1508.04409

Part 5 データ分析

以下の例では、churnデータセットに対してranger関数の引数を"impurity"に指定して重要度を算出し、importance関数で抽出しています。ggplot2パッケージを用いて可視化するためにデータフレームに変数名と重要度を格納し、重要度の降順で変数を並び替えています。

```
> library(ranger)
> library(C50)
> library(dplyr)
> data(churn)
> set.seed(71)
# rangerによる予測モデルの構築(importance引数を"impurity"に設定)
> model.ranger <- ranger(churn ~ ., data = churnTrain,
+                        mtry = max(floor((ncol(churnTrain) - 1)/3), 1),
+                        num.trees = 500,
+                        write.forest = TRUE,
+                        importance="impurity")
# 変数の重要度の算出
> vi <- model.ranger %>%
+       importance %>%
+       data.frame(var=names(.), importance=.) %>%
+       arrange(desc(importance))
> vi
                              var importance
1                total_day_minutes 114.767340
2                 total_day_charge 107.340125
3     number_customer_service_calls  97.707559
(中略)
17                  total_eve_calls  18.778938
18                            state  15.821009
19                        area_code   5.650128
```

得られた結果を見ると、最も重要度が高いのが**total_day_minutes**で重要度は約114.7673、2番目に高いのが**total_day_charge**で約107.3401であることを確認できます。逆に重要度が最も低いのは**area_code**で重要度は約5.6501となっています。

続いて、視覚的に変数の重要度を理解できるように棒グラフをプロットしてみましょう（**リスト14.23**）。横軸に変数名、縦軸に重要度をプロットします（**図14.32**）。

リスト14.23　ranger.R（抜粋）

```
library(ggplot2)
# 変数の重要度のプロット
p <- ggplot(data=vi, aes(x=var, y=importance)) +
      geom_bar(stat="identity") +
        theme(axis.text.x=element_text(angle=90, hjust=1))
print(p)
```

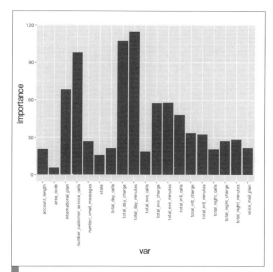

図14.32 rangerによる変数の重要度

次に、もう1つのパッケージであるRboristを実行してみます。Rboristではカテゴリ変数が扱えないため、あらかじめdummiesパッケージの`dummy.data.frame`関数を用いてダミー変数に変換しておきます。

```
> library(Rborist) # 0.1.3
> library(microbenchmark)
> library(dummies)
> set.seed(71)
# 訓練データの説明変数（目的変数を除去してカテゴリをダミー変数に変換）
> x.train <- churnTrain %>% select(-churn) %>% dummy.data.frame
# 訓練データの目的変数
> y.train <- churnTrain$churn
# Rboristによる予測モデルの構築
> model.Rb <- Rborist(x.train, y.train, ntree = 500, predProb = 0.5)
# テストデータの説明変数（目的変数を除去してカテゴリをダミー変数に変換）
> x.test <- churnTest %>% dummy.data.frame
# テストデータの目的変数
> y.test <- churnTest$churn
# テストデータに対する予測
> pred <- predict(model.Rb, x.test)
# 予測値の抽出
> lvs <- levels(churnTest$churn)
> pred.Rb <- lvs[pred$yPred] %>% factor(., levels = lvs)
# 混同行列の算出
> table(pred.Rb, y.test)
        y.test
```

```
pred.Rb  yes   no
    yes  157   11
     no   67 1432
```

以上の結果から、次のことがわかります。

- "yes"と予測して実際に"yes"のデータが157件
- "yes"と予測したが実際は"no"のデータが11件
- "no"と予測したが実際は"yes"のデータが67件
- "no"と予測して実際に"no"のデータが1,432件

14-10-6 ランダムフォレストパッケージの引数の対応関係

以上、randomForest、ranger、Rboristの3つのパッケージを紹介しました。これらのパッケージで指定できる決定木の個数、サンプリングする特徴量の個数を指定する引数の対応は**表14.15**のようになります。

表14.15 ランダムフォレストパッケージの引数の対応

パッケージ	決定木の個数	サンプリングする特徴量の個数
randomForest	ntree mtry	mtry
ranger	num.trees	mtry
Rborist	ntree	predFixed (ヘルプ参照)

14-11 勾配ブースティング

ブースティング (*boosting*) は、誤答したデータを間違えないようにするために、複数のステップにわたってデータの重み付けを適応的に更新し、ひとつひとつは「弱い」モデルを組み合わせることで「強い」モデルを作り上げていく手法です。このように、複数のモデルを組み合わせるため、ブースティングはランダムフォレスト、また本書では説明しませんがバギング (*bagging*) などと並んで「集団学習」(*ensemble learning*) と呼ばれます。ブースティングには、アダブースト、勾配ブースティングなどいくつかのアルゴリズムがあります。本書で取り上げるXGBoostは勾配ブースティングをC++で高速に実装したものであり、近年特にKaggleやKDD Cupなどのデータ解析コンペティションで高い精度を発揮する予測アルゴリズムとして注目を集めています。

14-11-1 ブースティングを実行するパッケージ

Rでブースティングを実行するには、gbm、xgboost、adaなどさまざまなパッケージがありま

す。adaパッケージはアダブースト(*adaboost*)と呼ばれるアルゴリズムを実行します。gbm、xgboostパッケージは勾配ブースティングを実行します。

本書では、gbm、xgboostパッケージについて取り上げます。それでは、本節(「**14-11 勾配Boosting**」)で必要なパッケージをインストールします。必要に応じて読み込んでください。

```
> install.packages("gbm", quiet = TRUE)
> install.packages("C50", quiet = TRUE)
> install.packages("pROC", quiet = TRUE)
> install.packages("dplyr", quiet = TRUE)
> install.packages("xgboost", quiet = TRUE)
> install.packages("devtools", quiet = TRUE)
> install.packages("Matrix", quiet = TRUE)
```

14-11-2 ブースティングの概要

勾配ブースティングの知識があった方がgbmやxgboostパッケージの理解が進むので、以下ではその概要を説明します。ここでは、『統計的学習の基礎』[注7]や『確率勾配ブースティングを用いたテレコムの契約者行動予測モデルの紹介』[注8]を参考に、勾配ブースティング、xgboostの順番で説明していきます。

■勾配ブースティング

勾配ブースティングは、ブースティングの代表的なアルゴリズムの1つです。「勾配」と名前が付いているのは、モデルの改良を行う際に損失関数(実際の値と予測値がどの程度ずれているかを定量化する関数)の勾配を求めることに由来しています。

勾配ブースティングでは複数のステップにわたってモデルを改良していきます。m回目のステップで推定するモデル$f_m(x)$はその前のステップで推定したモデルに対してm回目のステップでの調整量を加算することにより、モデルを改良するという方針を採ります(「加法モデル表現」と呼ばれます)。すなわち、次式の処理を指定したステップ数分繰り返していきます。

$$f_m(x) = f_{m-1}(x) + m回目のステップでの調整量$$

勾配ブースティングに限らず、上記の式によりモデルを更新していくブースティングのアルゴリズムでは、m回目のステップでの調整量をどのように求めるかが課題になります。

[注7] 統計的学習の基礎 —データマイニング・推論・予測／Trevor Hastie、Robert Tibshirani、Jerome Friedman 著、杉山 将、井手 剛、神嶌 敏弘、栗田 多喜夫、前田 英作、井尻 善久、岩田 具治、金森 敬文、兼村 厚範、烏山 昌幸、河原 吉伸、木村 昭悟、小西 嘉典、酒井 智弥、鈴木 大慈、竹内 一郎、玉木 徹、出口 大輔、冨岡 亮太、波部 斉、前田 新一、持橋 大地、山田 誠 翻訳／共立出版／2014年／ISBN978-4320123625

[注8] 確率勾配ブースティングを用いたテレコムの契約者行動予測モデルの紹介(KDD Cup 2009 での分析より)／小林淳一、高本和明／第12回データマイニングと統計数理研究会／https://jsai.ixsq.nii.ac.jp/ej/index.php?action=pages_view_main&active_action=repository_action_common_download&item_id=206&item_no=1&attribute_id=1&file_no=1&page_id=13&block_id=8

- 各データの損失関数の勾配を目的変数とする回帰木を構築する
- 回帰木で同一の終端ノードに振り分けられたデータは同じ調整量を加える。この調整量は、同一のノードに振り分けられたデータの損失関数の値の和が最小になるように決める

ここではアルゴリズムを説明しますが、データをランダムに並び替える操作を行う確率的勾配ブースティング (stochastic gradient boosting) について説明します。

以下では、N個のデータ $(x_1, y_1), \ldots , (x_N, y_N)$ が与えられているとします。xは説明変数(特徴量)、yは目的変数です。

1. すべてのデータの損失関数の和が最小となる定数γによって、モデルを初期化する。すなわち、すべてのデータについて損失関数の和が最小となる定数γを求めて(次式が最小となる定数γ)、モデルを$f_0(x) = \gamma$に初期化する。

$$\sum_{i=1}^{N} L(y_i, \gamma)$$

2. ステップ$m = 1, \ldots , M$に対して次の処理を繰り返す。
   1. データの添え字をランダムに並び替える。n番目のデータを並び替えたあとに$\pi(n)$番目にいるとする
   2. $n = 1, \ldots , N'$ $(N' < N)$ に対して損失関数をモデルで偏微分して得られる勾配を算出する

   $$r_{\pi(n),m} = -\left[\frac{\partial L(y_{\pi(n)}, f(x_{\pi(n)}))}{\partial f(x_{\pi(n)})}\right]_{f=f_{m-1}}$$

   3. この勾配$r_{\pi(n),m}$を目的変数とした回帰木を構築する。その終端ノードが表す領域を$R_{j,m}$ $(j = 1, \ldots , J_m)$とする
   4. 各終端ノードに対して、そこに含まれるデータの損失関数の値の和が最小となるように、前のステップで得られたモデルに加算する値を決定する。すなわち、終端ノードを表すインデックス$j = 1, \ldots , J_m$に対して次式を最小化する$\gamma_{j,m}$を求める

   $$\sum_{x_{\pi(n)} \in R_{j,m}} L(y_{\pi(n)}, f_{m-1}(x_{\pi(n)}) + \gamma_{j,m})$$

   そして、この値をj番目の終端ノードに振り分けられるデータのモデルに加算する値とする
   5. 次式にしたがってモデルを更新する

   $$f_m(x) = f_{m-1}(x) + \sum_{j=1}^{J_m} v\gamma_{j,m} I(x \in R_{j,m})$$

ここで、$v\,(0 < v < 1)$ は学習率と呼ばれ、前のステップで求めた回帰木の学習を次のステップにどの程度反映するかを表すパラメータである。また、$I(x \in R_{j,m})$ は x が終端ノードを表す領域 $R_{j,m}$ にいれば 1 を、そうでなければ 0 を取る

3. 最終的なモデル $f(x)$ を M 回目のステップで得られたモデルとする。すなわち、次式により、最終的なモデルが得られる

$$f(x) = f_M(x)$$

なお、損失関数は分類と回帰のそれぞれの場合に対して、いくつか提案されている。分類の場合は 2 項ロジット関数がよく用いられる

$$L(y, f(x)) = \log\{1 + \exp(-2y f(x))\}$$

損失関数に 2 項ロジット関数を用いると、上記の勾配 $r_{\pi(n),m}$ は次のように求められる

$$\begin{aligned}r_{\pi(n),m} &= -\left[\frac{\partial L(y_{\pi(n)}, f(x_{\pi(n)}))}{\partial f(x_{\pi(n)})}\right]_{f=f_{m-1}} \\ &= \frac{-2y_{\pi(n)}}{1 + \exp(-2y_{\pi(n)} f_{m-1}(x_{\pi(n)}))}\end{aligned}$$

以上のように、勾配ブースティングは次の手続きを繰り返していきます。

- 各データの損失関数の勾配を目的変数として、回帰木によりデータを終端ノードに振り分ける
- 各終端ノードに対して、属するデータの損失関数の和が最小なるようにモデルに加算する値を求める
- 学習率を考慮した上で、モデルを更新する

■xgboost

xgboost は勾配ブースティングのアルゴリズムの一種ですが、通常の勾配ブースティングとは定式化がやや異なります。筆者は、次の点が勾配ブースティングと xgboost の相違点であると考えています。

- 勾配ブースティングでは、回帰木を一旦構築し、各終端ノードに振り分けられるデータの損失関数の和が最小となるように、モデルの更新値を求めていた
- 一方で、xgboost では回帰木を構築する際に、子ノードに分割するかどうかを逐次判断しながら、終端ノードに振り分けられるデータのモデルの更新値を求めていく

Part 5 データ分析

また、xgboostと勾配ブースティングの大きな違いとして、xgboostでは訓練データへの過剰な適合（過学習）が行われないように、「正則化」という工夫が行われていることも挙げられます。勾配ブースティングでは損失関数を最小化する問題を考えていました。一方で、xgboostは正則化項も導入します。この正則化項はモデルが複雑すぎて過学習が起きるのを防止することを目的として導入されます。正則化項の値が大きいことはモデルが複雑で過学習が起きやすいことを表し、正則化項をペナルティとして課すことにより過学習を抑制する効果が生まれます。具体的には、回帰木を構築する際に分岐数があまりに多くならないように調整されます。

ここからは、xgboostの開発者たちによる論文[注9]を参考に、xgboostのアルゴリズムの概要を説明していきます。xgboostでは、先に説明したとおり、回帰木を構築する際に最小化する目的関数は損失関数と正則化項の和で表されるとします。すなわち、目的関数$Obj(\Theta)$は損失関数$L(\Theta)$と正則化項$\Omega(\Theta)$を用いて、次式で表されるとします。

$$Obj(\Theta) = L(\Theta) + \Omega(\Theta)$$

勾配ブースティングと同様に、Mステップにわたってモデルを改良していくとすると、最終的なモデルはM個のモデルの加算で表されます。したがって、n番目のデータの最終的な予測値$\hat{y}_n$は次式で表されます。

$$\hat{y}_n = \sum_{t=1}^{M} f_t(x_n)$$

各ステップでモデル$f_1(x), \ldots, f_M(x)$が構築されたとします。このとき、損失関数$L(\Theta)$はすべてのデータの実績値と予測値から計算される損失関数の和、モデルの複雑さは各ステップで求められるモデルの複雑さの和で表すことにします。すなわち、次式により計算します。

$$L(\Theta) = \sum_{n=1}^{N} \ell(y_n, \hat{y}_n)$$

$$\Omega(\Theta) = \sum_{t=1}^{M} \Omega(f_t)$$

ここで、$\ell(y, \hat{y})$は実績値yと予測値$\hat{y}$で定まる損失関数の値です。具体的な損失関数の形は後ほど導入します。

以上により、目的関数$Obj(\Theta)$は次式で表されます。

[注9] Tianqi Chen and Carlos Guestrin, XGBoost: A scalable tree boosting system http://arxiv.org/abs/1603.02754

$$Obj(\Theta) = \sum_{n=1}^{N} \ell(y_n, \hat{y}_n) + \sum_{t=1}^{M} \Omega(f_t)$$

以上では、すべてのMステップが完了したあとの損失関数やモデルの複雑さ、そして目的関数について議論していました。一方で、実際の計算を考えると、各ステップでの目的関数が最小となるように逐次的に計算していく必要があります。そこで、mステップ目において、

- 損失関数は、各データのmステップ目における予測値と実績値から定まる損失の和
- 正則化項は、mステップ目までに求めたモデルの正則化項の値の和

で定まるとして、mステップ目の目的関数$Obj^{(m)}$はこれらの和で表されるとします。すなわち、次式で表します。

$$Obj^{(m)} = \sum_{n=1}^{N} \ell(y_n, \hat{y}_n^{(m)}) + \sum_{t=1}^{m} \Omega(f_t)$$
$$= \sum_{n=1}^{N} \ell(y_n, \hat{y}_n^{(m-1)} + f_m(x_n)) + \Omega(f_m) + \text{const.}$$

ここで、$\hat{y}_n^{(m)}$はn番目のデータのmステップ目における予測値です。損失関数として二乗誤差を用いると、mステップ目での目的関数は次式で表されます。

$$Obj^{(m)} = \sum_{n=1}^{N} [y_n - \{\hat{y}_n^{(m-1)} + f_m(x_n)\}]^2 + \sum_{t=1}^{m} \Omega(f_t)$$
$$= \sum_{n=1}^{N} \{2(y_n - \hat{y}_n^{(m-1)})f_m(x_n) + f_m(x_n)^2\} + \Omega(f_m) + \text{const.}$$

二乗誤差を用いたのは、このあとの式展開で簡潔な表現にするためです。さて、損失関数を推定値$\hat{y}_n^{(m-1)}$の周りでテーラー展開します。次のように表されます。

$$\ell(y_n, \hat{y}_n^{(m-1)}) = \ell(y_n) + \frac{\partial \ell(y_n, \hat{y}_n^{(m-1)})}{\partial \hat{y}_n^{(m-1)}} f_m(x_n) + \frac{1}{2} \frac{\partial^2 \ell(y_n, \hat{y}_n^{(m-1)})}{\partial (\hat{y}_n^{(m-1)})^2} \{f_m(x_n)\}^2 + \dots$$

ここで、損失関数の$\hat{y}_n^{(m-1)}$に関する1階、2階の偏導関数をそれぞれg_n, h_nで表すことにします。すなわち、次式により、g_n, h_nを定義します。

$$g_n = \frac{\partial \ell(y_n, \hat{y}_n^{(m-1)})}{\partial \hat{y}_n^{(m-1)}}$$

$$h_n = \frac{\partial^2 \ell(y_n, \hat{y}_n^{(m-1)})}{\partial (\hat{y}_n^{(m-1)})^2}$$

すると、m ステップ目の目的関数 $Obj^{(m)}$ は、次式で表されます。

$$Obj^{(m)} = \sum_{n=1}^{N} \left[\ell(y_n, \hat{y}_n^{(m-1)}) + g_n f_m(x_n) + \frac{1}{2} h_n \{f_m(x_n)\}^2 \right] + \Omega(f_m) + \text{const.}$$

定数項を無視すると、目的関数は次式で表されます。

$$Obj^{(m)} = \sum_{n=1}^{N} \left[g_n f_m(x_n) + \frac{1}{2} h_n \{f_m(x_n)\}^2 \right] + \Omega(f_m)$$

続いて、モデルの複雑さについて考えてみましょう。先ほど、xgboost ではモデルが複雑になって過学習が起きないように正則化項を導入すると説明しました。ここでは、正則化項の式を導入します。

m 番目のステップで構築するモデル f_m は回帰木であることを思い出すと、データの特徴量 x が与えられたときにこのモデルの出力 $f_m(x)$ は、データが振り分けられる終端ノード $q(x)$ によって決まる値 $w_{q(x)}$ になります。したがって、次式のように表すことができます。

$$f_{m(x)} = w_{q(x)}$$

モデルは、回帰木を用いる場合は終端ノードの個数が多ければ多いほど、また終端ノードのスコアが大きければ大きいほど、モデルは複雑になります。そこで、モデルの複雑さを表す正則化項 $\Omega(f)$ を次式により表します。

$$\Omega(f) = \gamma T + \frac{1}{2} \lambda \sum_{j=1}^{T} w_j^2$$

ここで、T は終端ノードの個数、w_j は終端ノード j のスコアです。γ と λ は外から指定するハイパーパラメータです。以上により、損失関数 $\ell(y_n, \hat{y}_n^{(m)})$ の近似値、モデルの複雑さを表す正則項 $\Omega(f)$ の表現が得られました。これらを用いて、m ステップ目の目的関数 $Obj^{(m)}$ は次式のように近似できます。

$$Obj^{(m)} \sim \sum_{n=1}^{N} \left\{ g_n w_{q(x_n)} + \frac{1}{2} h_n w_{q(x_n)}^2 \right\} + \gamma T + \frac{1}{2} \lambda \sum_{j=1}^{T} w_j^2$$

$$= \sum_{j=1}^{T} \left\{ \left(\sum_{i \in I_j} g_i \right) w_j + \frac{1}{2} \left(\sum_{i \in I_j} h_i + \lambda \right) w_j^2 \right\} + \gamma T$$

ここで、I_j は j 番目の終端ノードに振り分けられるデータの添字の集合です。さらに、j 番目の終端ノードに振り分けられるデータの損失関数の1階、2階の偏導関数の和をそれぞれ次のように G_j, H_j で表すことにします。

$$G_j = \sum_{i \in I_j} g_i$$

$$H_j = \sum_{i \in I_j} h_i$$

このとき、t 番目のステップでの目的関数は、次式で表されます。

$$Obj^{(m)} = \sum_{j=1}^{T} \left\{ G_j w_j + \frac{1}{2} (H_j + \lambda) w_j^2 \right\} + \gamma T$$

$$= \underbrace{G_1 w_1 + \frac{1}{2} (H_1 + \lambda) w_1^2}_{1\text{番目の終端ノード}} + \ldots + \underbrace{G_T w_T + \frac{1}{2} (H_T + \lambda) w_T^2}_{T\text{番目の終端ノード}} + \gamma T$$

以上を見ればわかるように、目的関数を最小化するにはそれぞれの終端ノードの以下の値を最小化する w_j を求めれば良いことがわかります。

$$G_j w_j + \frac{1}{2} (H_j + \lambda) w_j^2 = \frac{1}{2} (H_j + \lambda) \left(w_j + \frac{G_j}{H_j + \lambda} \right)^2 - \frac{G_j^2}{2(H_j + \lambda)}$$

上式は w_j の下に凸な2次関数なので、最小値を与える w_j^* とそのときの目的関数の値 Obj^* を求めることは容易で、次式のようになります。

$$w_j^* = -\frac{G_j}{H_j + \lambda}$$

$$Obj^* = -\frac{1}{2}\sum_{j=1}^{T}\frac{G_j^2}{H_j + \lambda} + \gamma T$$

この目的関数の最小化には、実際には貪欲的にノードを分割して得られる利得を計算しながら、木を分割していきます。

$$\text{Gain} = \frac{1}{2}\left\{\frac{G_L^2}{H_L + \lambda} + \frac{G_R^2}{H_R + \lambda} - \frac{(G_L + G_R)^2}{H_L + H_R + \lambda}\right\} - \gamma$$

ここで、L は分割したときの左の子ノード、R は右の子ノードを表しています。

以上がxgboostのアルゴリズムの概要ですが、xgboostでは勾配ブースティングと同様に過学習を抑制するために学習率を設定したり、特徴量の列をランダムに選択するなどの工夫を行っています。また、木の分割条件を近似的に探索する手法も内部で使用しています。詳細については、xgboostの開発者たちによる論文[注10]が詳しいので参照してください。

14-11-3 gbmパッケージによる勾配ブースティングの実行

ここでは、gbmパッケージにより勾配ブースティングを実行します。gbmパッケージはCRANからインストールできます。

gbmパッケージで勾配ブースティングを実行するのはgbm関数です。この関数を使用して、C50パッケージのchurnデータセットに対して勾配ブースティングの予測モデルを構築してみましょう。gbm関数では損失関数をdistribution引数に指定しますが、分類で勾配ブースティングを実行する場合はデフォルトのdistribution="bernoulli"と指定すれば良いので、以下では省略しています。また、gbm関数の目的変数は1、0に変換する必要があるので、as.numeric関数を使用して変換しています。構築する木の個数は5,000個として、gbm関数のn.trees引数に指定しています。

```
> library(gbm)
> library(C50)
> data(churn)
> set.seed(71)
# 訓練データの目的変数を1, 0に変換
> churnTrain$churn <- -as.numeric(churnTrain$churn) + 2
# 構築する木の個数の設定
```

(注10) http://arxiv.org/abs/1603.02754

```
> n.trees <- 5000
# 勾配ブースティングの実行
> model.gbm <- gbm(churn ~ ., data = churnTrain, n.trees = n.trees)
Distribution not specified, assuming bernoulli ...
> model.gbm
gbm(formula = churn ~ ., data = churnTrain, n.trees = n.trees)
A gradient boosted model with bernoulli loss function.
5000 iterations were performed.
There were 19 predictors of which 10 had non-zero influence.
```

最適な木の個数を求めてみましょう。`gbm.perf`関数を使用することで求めることができます。

```
# 最適な木の個数の推定
> n.trees.pred <- gbm.perf(model.gbm)
Using OOB method...
> n.trees.pred
[1] 5000
```

以上の結果、最適な木の個数は5,000個と推定されました。これは、構築した木をすべて用いるのが良いという結果です（**図14.33**）。

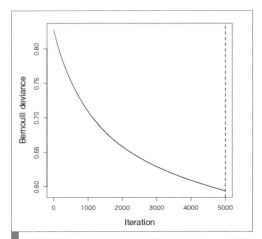

図14.33 木の個数と損失関数の関係（gbm関数による勾配ブースティング）

このようにして構築した勾配ブースティングのモデルに対して、テストデータで予測を行い評価してみましょう。予測は`predict`関数で行います。予測結果はクラス確率で返ってくるので、pROCパッケージの`roc`関数を用いてROC曲線をプロットします（**図14.34**）。

データ分析

```
> library(dplyr)
> library(pROC)
# テストデータの目的変数を1, 0に変換
> churnTest$churn <- -as.numeric(churnTest$churn) + 2
# テストデータに対する予測(クラス確率の出力)
> prob <- predict(model.gbm, churnTest, n.trees = n.trees.pred, type = "response")
> prob %>% head
[1] 0.05654777 0.11098003 0.48347256 0.07115349 0.09772844 0.07354081
# ROC曲線のプロット
> roc.curve <- roc(response = churnTest$churn, predictor = prob)
> plot(roc.curve, legacy.axes = TRUE)

Call:
roc.default(response = churnTest$churn, predictor = prob)

Data: prob in 1443 controls (churnTest$churn 0) < 224 cases (churnTest$churn 1).
Area under the curve: 0.8593
```

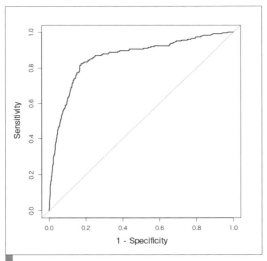

図14.34 勾配ブースティングによるテストデータに対する予測のROC曲線

　得られたROC曲線を見ると、特に特異度が低い左側の領域ではROC曲線の立ち上がりが鋭く、上位の顧客で予測精度が高いことを確認できます。また、AUCは0.8593と得られています。

■gbm関数

gbm関数の主要な引数は**表14.16**のとおりです。

表14.16 gbmの主要な引数

引数	説明
formula	モデル式を指定
distribution	損失関数に使用する分布を指定。"gaussian"（2乗誤差）、"laplace"（損失関数の絶対値）、"tdist"（t分布の損失関数）、"bernoulli"（0-1の応答に対するロジスティック回帰）、"huberized"（0-1の応答に対するhuberのヒンジ損失）、"multinomial"（3クラス以上の分類）、"adaboost"（0-1の応答に対するアダブーストの指数損失）、"poisson"（カウントデータの応答）、"coxph"（右打ち切りデータの観測）、"quantile"または"pairwise"（LambdaMartアルゴリズムを用いたランキング尺度）を指定できる
data	モデル式に含まれる列名を持つデータフレームを指定
weights	フィッティングに用いるウェイトを指定
n.trees	構築する決定木の個数を指定
cv.folds	交差検証法の分割数を指定。デフォルトではcv.fold=NULLとなっており、交差検証を実行しない
interaction.depth	変数の相互作用の最大深さを指定
n.minobsinnode	終端ノードのサンプルの個数の最小値を指定
shrinkage	縮小パラメータを指定
bag.fraction	訓練データの中からサンプリングする割合を指定
train.fraction	訓練データの中からサンプリングする割合を指定。この割合のデータが先頭からサンプリングされる

14-11-4 xgboostパッケージによる勾配ブースティングの実行

XGBoostは、xgboostパッケージを使用して実行できます。このパッケージはCRANで公開されています。

xgboostは精力的に開発が行われています。開発中のバージョンをインストールする場合、`install_github`関数を用いてGitHubからインストールします。

```
# 開発中のバージョンのインストール
> library(devtools)
> install_github("dmlc/xgboost", subdir = "R-package")
```

ここでは、C50パッケージのchurnデータセットに対してXGboostを実行してみましょう。xgboostパッケージの`xgboost`関数を使用する上で、説明変数と目的変数は次のように変換する必要があります。

- 説明変数は`sparse.model.matrix`関数を用いて疎行列に変換する
- 目的変数は数値に変換する

なお、xgboost関数の`nthread`引数にスレッド数を指定しないと、実行環境における最大数のスレッドが使用されます。次の例では、nthread=1と指定することで、使用するスレッド数を1としています。

```
> library(C50)
> library(xgboost)
> library(Matrix)
> library(dplyr)
```

Part 5 データ分析

```
> set.seed(71)
> data(churn)
# 疎行列への変換
> churnTrain.smm <- sparse.model.matrix(churn ~ ., data = churnTrain)
> churnTest.smm <- sparse.model.matrix(churn ~ ., data = churnTest)
# 目的変数の数値への変換
> label.train <- -as.integer(churnTrain$churn) + 2
> label.test <- -as.integer(churnTest$churn) + 2
# xgboostの実行(木の個数nrounds=10、学習率eta=0.1、木の分割の閾値gamma=0.3、木の最大深さ
max.depth=5、スレッド数nthread=1)
> model.xgb <- xgboost(data = churnTrain.smm, label = label.train, nrounds = 10,
+      eta = 0.1, gamma = 0.3, max.depth = 5, params = list(objective =
"binary:logistic"),
+      nthread = 1)
[0] train-error:0.049805
[1] train-error:0.048905
[2] train-error:0.048605
[3] train-error:0.046205
[4] train-error:0.045305
[5] train-error:0.043804
[6] train-error:0.042304
[7] train-error:0.041404
[8] train-error:0.038104
[9] train-error:0.036304
```

テストデータに対して予測して、混同行列により予測精度を評価してみましょう。

```
# テストデータに対する予測
> pred <- predict(model.xgb, churnTest.smm)
pred.class <- (pred > 0.5) %>% as.integer
# 混同行列の算出
> conf.mat <- table(pred.class, label.test)
> conf.mat
          label.test
pred.class    0    1
         0 1430   70
         1   13  154
```

以上の結果から、次のことがわかります。次では、1を退会するユーザ、0を退会しないユーザと読み替えてください。

- 1と予測して実際に1のデータが154件
- 1と予測したが実際は0のデータが13件
- 0と予測したが実際は1のデータが70件
- 0と予測して実際に0のデータが1,430件

■xgboost関数

xgboost関数の主要な引数は、**表14.17**のとおりです。

表14.17 xgboostの主要な引数

引数	説明
data	matrix、dgCMatrix、xgb.DMatrixのいずれかの型のデータを指定
label	応答変数の名前を指定
missing	欠損値を表す値を数値で指定。たとえば、「-99」が欠損値を表しているなら、missing=-99と指定する
weight	各行のウェイトを数値のベクトルで指定
params	パラメータのリストを指定。objectiveには目的関数を指定する。'reg:linear'は線形関数です。'binary:logistic'は二値分類のロジスティック関数。'eta'は各ステップのステップサイズ。'max.depth'は構築する決定木の深さの最大値。'nthread'は使用するスレッド数。指定しなければすべてのスレッドを指定する
nrounds	反復回数を指定
eta	各木を追加するときの学習率を指定
gamma	木の分割の閾値を指定
max.depth	木の最大の深さを指定

14-11-5 予測の検証

さて、テストデータの予測結果に対してROC曲線をプロットしてみましょう（**図14.35**）。

```
> library(pROC)
# クラス確率の予測
> prob <- predict(model.xgb, churnTest.smm)
# ROC曲線のプロット
> roc.curve <- roc(response = churnTest$churn, predictor = prob,
                   levels = c("no", "yes"))
> plot(roc.curve, legacy.axes = TRUE)

Call:
roc.default(response = churnTest$churn, predictor = prob, levels = c("no",     "yes"))

Data: prob in 1443 controls (churnTest$churn no) < 224 cases (churnTest$churn yes).
Area under the curve: 0.9139
# AUCの算出
auc(roc.curve)
Area under the curve: 0.9139
```

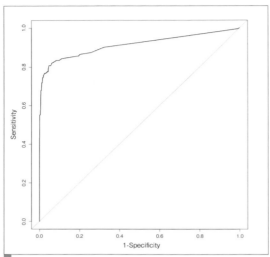

図14.35 xgboostによるテストデータに対する予測のROC曲線

14-11-6 gbmパッケージとxgboostパッケージのパラメータの対応

gbmパッケージのgbm関数とxgboostパッケージのxgboost関数で指定できるパラメータの対応は、**表14.18**のようにまとめられます。

表14.18 gbm関数とxgboost関数のパラメータの対応

	gbm関数	xgboost関数
木の個数	ntree	nrounds
サンプリングする特徴量の割合	mtry	colsample_bytree
決定木の深さの最大値	interaction.depth	max.depth
サンプリングするサンプルの割合	bag.fraction	subsample
目的関数	distribution	objective
並列計算の並列数	n.cores	nthreads

14-12 caretパッケージによる分類・回帰の実行

本章では、分類・回帰を行うためにさまざまな手法の概要と実行例を見てきました。分類・回帰は、使用する手法によらず同じ流れで分析を実行していました。つまり、アルゴリズムごとに分類・回帰を行うのではなく、統一的なフレームワークにより実行することが可能であるはずです。このような問題意識から、caretパッケージが開発されました。caretパッケージは、分類や回帰に使用するアルゴリズムによらず予測モデルを構築する処理をほぼ同様の記述方法で対応するためのインターフェースの役割を担うパッケージです。caretパッケージにはさまざまな機能

が提供されていますが、ここでは代表的なハイパーパラメータのグリッドサーチ、クロスバリデーション、およびこれらを組み合わせる方法について説明します。以下では、OSがMac OS X 10.10.1 Yosemite、CPUがIntel Core i7 (1.7GHz)、メモリが8GBの環境で実行しています。特に「**14-12-2 クロスバリデーション**」や「**14-12-3 ハイパーパラメータのグリッドサーチ + クロスバリデーション**」は重い処理になるので、注意してください。

それでは、本節(「**14-12 caretパッケージによる分類・回帰の実行**」)で必要なパッケージをインストールします。必要に応じて読み込んでください。

```
> install.packages("caret", quiet = TRUE)
> install.packages("C50", quiet = TRUE)
```

14-12-1 ハイパーパラメータのグリッドサーチ

ここでは、アルゴリズムのハイパーパラメータの探索範囲を指定し、その中から最適値を決定する方法について説明します。ハイパーパラメータとは、たとえば決定木では木の最大の深さ、サポートベクタマシンではカーネルパラメータσ、コストパラメータC、ランダムフォレストでは生成する決定木の個数やその構築に用いる特徴量の個数など、外生的に指定しなければならないパラメータを指します。ハイパーパラメータのグリッドサーチは、`train`関数の`tuneGrid`引数に探索するハイパーパラメータの空間を指定することにより実行します。次の例は、churnデータセットに対して、RBFカーネルのサポートベクタマシンのハイパーパラメータC=0.5, 1.0、σ=0.005, 0.01として各ハイパーパラメータにおける予測モデルの精度を評価しています。

```
> library(caret)
> library(C50)
> data(churn)
> set.seed(123)
# 探索するハイパーパラメータの空間
> tuneGrid <- expand.grid(.C = c(0.5, 1), .sigma = c(0.005, 0.01))
# ハイパーパラメータのグリッドサーチ
> model.svm <- train(churn ~ ., data = churnTrain, method = "svmRadial",
+     tuneGrid = tuneGrid)
> model.svm
Support Vector Machines with Radial Basis Function Kernel

3333 samples
  19 predictor
   2 classes: 'yes', 'no'

No pre-processing
Resampling: Bootstrapped (25 reps)
Summary of sample sizes: 3333, 3333, 3333, 3333, 3333, 3333, ...
Resampling results across tuning parameters:
```

Part 5 データ分析

```
C    sigma  Accuracy   Kappa
0.5  0.005  0.8551083  0.002923687
0.5  0.010  0.8585481  0.047630627
1.0  0.005  0.8605640  0.075896725
1.0  0.010  0.8738006  0.262083225

Accuracy was used to select the optimal model using  the largest value.
The final values used for the model were sigma = 0.01 and C = 1.
```

この結果を見ると、正解率が最も良いパラメータは、$C = 1.0$、$\sigma = 0.01$であることを確認できます。

- $C = 0.5$、$\sigma = 0.005$のとき、正解率は約 0.8551、カッパ係数[注11]は約 0.0029
- $C = 0.5$、$\sigma = 0.010$のとき、正解率は約 0.8585、カッパ係数は約 0.0029
- $C = 1.0$、$\sigma = 0.005$のとき、正解率は約 0.8606、カッパ係数は約 0.0759
- $C = 1.0$、$\sigma = 0.010$のとき、正解率は約 0.8738、カッパ係数は約 0.2621

14-12-2 クロスバリデーション

クロスバリデーションは、`train`関数の`trControl`引数の`method`引数、`number`引数を指定することにより実行します。

```
> library(caret)
> library(C50)
> data(churn)
> set.seed(123)
# 10分割クロスバリデーションの設定
> trControl <- trainControl(method = "cv", number = 10, allowParallel = FALSE)
# 10分割クロスバリデーションの実行
> model.svm <- train(churn ~ ., data = churnTrain, method = "svmRadial",
+     trControl = trControl)
> model.svm
Support Vector Machines with Radial Basis Function Kernel

3333 samples
  19 predictor
   2 classes: 'yes', 'no'

No pre-processing
Resampling: Cross-Validated (10 fold)
Summary of sample sizes: 3000, 3000, 2999, 2999, 3000, 3000, ...
Resampling results across tuning parameters:
```

(注11) カッパ係数 (kappa coefficient) は、偶然によらず予測結果が実績に一致する度合いを定量化する指標です。カッパ係数の値が大きいほど、たまたま偶然予測が実績に一致して正解したのではない可能性が高く、予測の精度が高いと判断できます。詳細な定義などについては、次の文献を参照してください。『データ分析プロセス』／福島真太朗著／共立出版／2015年／ISBN978-4320123656

```
  C     Accuracy    Kappa
  0.25  0.8550871   0.00000000
  0.50  0.8550871   0.00000000
  1.00  0.8604889   0.06432135

Tuning parameter 'sigma' was held constant at a value of 0.00742499
Accuracy was used to select the optimal model using  the largest value.
The final values used for the model were sigma = 0.00742499 and C = 1.
```

ハイパーパラメータ $\sigma = 0.00742499$ と自動的に設定されており、次のことがわかります。

- $C = 0.25$ のとき、正解率の平均は約 0.8551、カッパ係数の平均は 0.0000
- $C = 0.5$ のとき、正解率の平均は約 0.8551、カッパ係数の平均は 0.0000
- $C = 1.0$ のとき、正解率の平均は約 0.8626、カッパ係数の平均は約 0.0873

以上の結果、評価指標を正解率の平均とすると $C = 1.0$ の場合が最も良い評価結果となっていることが確認できます。

14-12-3 ハイパーパラメータのグリッドサーチ + クロスバリデーション

ハイパーパラメータのグリッドサーチとクロスバリデーションを組み合わせる処理は、これまでに説明した設定を組み合わせることにより実行します。

```
> library(caret)
> library(C50)
> data(churn)
> set.seed(123)
# 探索するハイパーパラメータの空間
> tuneGrid <- expand.grid(.C = c(0.5, 1), .sigma = c(0.005, 0.01))
# 10分割クロスバリデーションの設定
> trControl <- trainControl(method = "cv", number = 10)
# ハイパーパラメータのグリッドサーチと10分割クロスバリデーションを組み合わせた処理
> model.svm <- train(churn ~ ., data = churnTrain, method = "svmRadial",
+     tuneGrid = tuneGrid, trControl = trControl)
> model.svm
Support Vector Machines with Radial Basis Function Kernel

3333 samples
  19 predictor
   2 classes: 'yes', 'no'

No pre-processing
Resampling: Cross-Validated (10 fold)
Summary of sample sizes: 3000, 3000, 2999, 2999, 3000, 3000, ...
```

```
Resampling results across tuning parameters:

  C    sigma  Accuracy   Kappa
  0.5  0.005  0.8550871  0.000000000
  0.5  0.010  0.8556877  0.007027927
  1.0  0.005  0.8559871  0.010461248
  1.0  0.010  0.8685863  0.157193375

Accuracy was used to select the optimal model using  the largest value.
The final values used for the model were sigma = 0.01 and C = 1.
```

この結果を見ると、次のことがわかります。

- $C = 0.5$、$\sigma = 0.005$ のとき、正解率の平均は約 0.8551、カッパ係数の平均は 0.0000
- $C = 0.5$、$\sigma = 0.010$ のとき、正解率の平均は約 0.8557、カッパ係数の平均は約 0.0070
- $C = 1.0$、$\sigma = 0.005$ のとき、正解率の平均は約 0.8560、カッパ係数の平均は約 0.0105
- $C = 1.0$、$\sigma = 0.010$ のとき、正解率の平均は約 0.8686、カッパ係数の平均は約 0.1572

評価指標を正解率の平均とすると、最大値となるハイパーパラメータの組み合わせ $C = 1.0$, $\sigma = 0.010$ を選択すれば良いことがわかります。

14-13　mlrパッケージによる分類・回帰の実行

　mlrパッケージは、caretパッケージと並んで、ハイパーパラメータのグリッドサーチやクロスバリデーションを統一的なインターフェースで実行する有力なパッケージとして注目されています。本書では、mlrパッケージを用いたハイパーパラメータのグリッドサーチやクロスバリデーションを実行する方法を説明します。caretパッケージと比較したときのmlrパッケージの特徴として次の点などが挙げられます。

- グリッドサーチ以外のハイパーパラメータの最適化手法を提供している
- さまざまな属性選択の方法を提供している
- 不均衡データに対処する方法を複数提供している。不均衡データとは、分類問題においてクラスに属するデータの個数に偏りがあるデータを指す

　mlrパッケージはCRANからインストールできます。それでは、本節（「**14-13 mlrパッケージによる分類・回帰の実行**」）で必要なパッケージをインストールします。必要に応じて読み込んでください。

```
> install.packages("mlr", quiet = TRUE)
> install.packages("C50", quiet = TRUE)
```

14-13-1 ハイパーパラメータのグリッドサーチ+クロスバリデーション

前項では、caretパッケージを用いてハイパーパラメータのグリッドサーチとクロスバリデーションを組み合わせた処理を実行しました。ここでは、mlrパッケージを用いてこの処理を行います。

```
> library(mlr)
> library(C50)
> data(churn)
> set.seed(71)
# 学習器の生成
> svm.learner <- makeLearner("classif.ksvm")
# タスクの生成
> task <- makeClassifTask(id="gridsearch", data=churnTrain, target="churn")
# リサンプリング方法の指定
> rdesc <- makeResampleDesc(method="CV", iters=10)
# 探索するハイパーパラメータの空間
> par.set <- makeParamSet(
+   makeDiscreteParam("C", values=c(0.5, 1.0)),
+   makeDiscreteParam("sigma", values=c(0.005, 0.01))
+ )
# ハイパーパラメータのチューニング方法の指定
> ctrl <- makeTuneControlGrid()
# ハイパーパラメータのグリッドサーチ
> model.svm <- tuneParams(svm.learner, task=task,
+                         resampling=rdesc, par.set=par.set, control=ctrl)
> model.svm
Tune result:
Op. pars: C=1; sigma=0.01
mmce.test.mean=0.125
```

ここでは、ハイパーパラメータのグリッドサーチはtuneParams関数で実行しています。tuneParams関数の第1引数に学習器、task引数にタスク、resampling引数にリサンプリング方法、par.set引数に探索するパラメータ、control引数にハイパーパラメータのチューニング方法のオブジェクトを指定しています。それぞれのオブジェクトの生成はそれよりも前で次のように行っています。

- 学習器のオブジェクトは、makeLearner関数を用いて生成する
- タスクのオブジェクトは、makeClassifTask関数を用いて生成する。id引数にはタスクを一意に識別するためのID、data引数には使用するデータ、targetには目的変数の列名を指定する
- リサンプリング方法のオブジェクトは、makeResampleDesc関数を用いて生成する。ここでは、10分割のクロスバリデーションを実行するので、method引数に"CV"、iterations引数に10を指定している
- 探索するハイパーパラメータのオブジェクトは、makeParamSet関数を用いて生成する。各ハイパーパラメータはmakeDiscreteParam関数を用いて、ハイパーパラメータの名前の文字列と探索する値の範囲を指定する
- ハイパーパラメータのチューニング方法のオブジェクトは、makeTuneControlGrid関数を用いて生成する

15章 時系列解析

時系列データとは、時間とともに変動するデータです。気象データ、金融・経済データなど、身の回りにもたくさんあります。このようなデータの解析には、これまでに説明してきた方法とは若干異なるアプローチが必要です。また、Rで時系列データを扱うデータ構造にもややクセがあります。本章では、時系列データのハンドリング方法、解析方法について説明します。

15-1 時系列データとは

時系列データとは、時間とともに値が変動していくデータのことを指します。たとえば製品の売上や発注量のデータ、気温や降水量などの気象に関わるデータ、株価や為替レートなどの金融・経済データなどは、時系列データの典型的な例です。

15-2 Rの時系列データ表現・構造

Rでは時系列データをハンドリングするために、さまざまなデータ構造が提供されています。ここでは、これらのデータ構造の概要と関係性について整理します。

まず、本節(「15-2 Rの時系列データ表現・構造」)で必要なパッケージをインストールします。必要に応じて読み込んでください。

```
> install.packages("dplyr", quiet = TRUE)
> install.packages("lubridate", quiet = TRUE)
> install.packages("Nippon", quiet = TRUE)
> install.packages("forecast", quiet = TRUE)
> install.packages("quantmod", quiet = TRUE)
> install.packages("xts", quiet = TRUE)
```

15-2-1 時系列データ表現・構造の概観

代表的な時系列クラスは、**表15.1**のとおりです。本書では、**ts**、**mts**、**xts**について扱います。

表15.1 代表的な時系列クラス

時系列クラス	パッケージ	説明
ts、mts	stats	不規則な間隔の時系列を含む時系列のインデックスを保持するデータ構造
zoo	zoo	不規則な間隔の時系列にも対応可能な順序付けられたS3クラス
xts	xts	zooクラスの拡張
fts	fts	tslib（C++で実装された時系列ライブラリ）へのインターフェース
its	its	不規則な間隔の時系列をハンドリングするためのS4クラス
irts	tseries	不規則な間隔の時系列オブジェクト。POSIXctクラスのタイムスタンプによりインデックス化されたスカラーまたはベクトル値の時系列
ti	tis	規則的に間隔の空いた時系列オブジェクト

日付や時間を表すクラスは、**表15.2**のとおりです。本書では、この中で代表的と言える`Date`、`POSIXct`、`POSIXlt`について扱います。

表15.2 日付や時間を表すクラス

クラス	パッケージ	説明
Date	base	カレンダーの日付を表現。1970年1月1日からの経過日数を内部で保持
POSIXct	base	カレンダーの日付・時間を表現。1970年1月1日からの経過秒（エポック秒）を内部で保持。さまざまなタイムゾーンをサポートする
POSIXlt	base	ローカルの日付・時間を表現。内部では、日付、時間を表す複数の要素を保持
chron	chron	カレンダーの日付・時間を表現。1970年1月1日からの経過秒（エポック秒）を内部で保持。タイムゾーンの制御は行なわない
yearmon	zoo	年月のデータを表現。内部では周期が12のtsクラスと同様の表現になっており、1月は年、2月は年+1/12といったように表されている
yearqtr	zoo	四半期のデータを表現。内部では周期が4のtsクラスと同様の表現になっており、1月は年、2月は年+1/4といったように表されている
timeDate	timeDate	RmetricsのtimeDateのS4クラス

15-2-2 日付の表現

日付のデータは、`Date`クラスのオブジェクトとして保持します。`Date`クラスは、1970年1月1日からの経過日数を内部で保持しています。

```
# 文字列から日付型への変換
> today <- as.Date("2015-07-31")
> today
[1] "2015-07-31"
> class(today)
[1] "Date"
# 内部では1970年1月1日からの経過日数を保持
> as.numeric(today)
[1] 16647
```

さて、このように作成した日付データの年、月、日、曜日などの情報を抽出してみましょう。`format`関数の第1引数に日付データのオブジェクト、第2引数に抽出する日付や時刻の情報の種別を指定します。情報の種別は、`"%Y"`が年、`"%m"`が月、`"%d"`が日、`"%w"`が曜日、`"%j"`が当該年

の1月1日からの経過日数を表します。as.numeric関数で数値に変換しているのは、format関数の戻り値が文字列であるためです。

```
> library(dplyr)
> format(today, "%Y") %>% as.numeric   # 年
[1] 2015
> format(today, "%m") %>% as.numeric   # 月
[1] 7
> format(today, "%d") %>% as.numeric   # 日
[1] 31
> format(today, "%w") %>% as.numeric   # 曜日(0が日曜日)
[1] 5
> format(today, "%j") %>% as.numeric   # 当該年の1月1日からの経過日数
[1] 212
```

■format関数

format関数は、Rのオブジェクトを整形して表示する関数です。

format.POSIXlt関数のformat引数に与える主要な記号を表15.3に示します。

表15.3 format引数に与える記号

記号	説明
"%Y"	年 (4桁)
"%y"	年 (2桁)
"%m"	月 (01-12)
"%b"	月 (1-12)
"%d"	日 (01-31)
"%e"	日 (1-31)
"%H"	時 (00-23)
"%M"	分 (00-59)
"%S"	秒 (00-59)

■lubridateパッケージ

以上のようにformat関数を用いて日付型のオブジェクトから年、月、日、週などの時間要素を抽出しましたが、やや面倒な上にあまり直感的な操作とは言いづらいのではないでしょうか。lubridateパッケージを用いることによって、直感的で簡潔な操作を行えるようになります。year関数が年、month関数が月、day関数が日、wday関数が曜日、ydayが当該年の1月1日からの経過日数をそれぞれ抽出します。

```
> library(lubridate)
> year(today)   # 年
[1] 2015
> month(today)  # 月
[1] 7
> day(today)    # 日
```

```
[1] 31
> wday(today)    # 曜日(1が日曜)
[1] 6
> yday(today)    # 当該年の1月1日からの経過日数
[1] 212
```

■ymd、dmy、mdy関数

なお、日付の表現についてもlubridateパッケージが提供する関数を用いると比較的簡単に実行できます。次の例ではymd関数により、年、月、日がこの順番で並べられた文字列を解析してDateクラスのオブジェクトを生成しています。また、同様にmdy関数は月、日、年の順番、dmy関数は日、月、年の順番でそれぞれ表された文字列を解析してDateクラスのオブジェクトを生成します。

```
> library(lubridate)
> today.ymd <- ymd("2015-07-31", tz = "Asia/Tokyo")
> today.ymd
[1] "2015-07-31 JST"
> class(today.ymd)
[1] "POSIXct" "POSIXt"
> today.mdy <- mdy("07/31/2015", tz = "Asia/Tokyo")
> today.mdy
[1] "2015-07-31 JST"
> class(today.mdy)
[1] "POSIXct" "POSIXt"
> today.dmy <- dmy("31-07-2015", tz = "Asia/Tokyo")
> today.dmy
[1] "2015-07-31 JST"
> class(today.dmy)
[1] "POSIXct" "POSIXt"
```

15-2-3 時刻の表現

時刻のデータは、POSIXctクラスまたはPOSIXltクラスのオブジェクトとして保持します。POSIXctクラスは、1970年1月1日0時0分0秒からの経過秒を表したものです。

```
# POSIXctクラスによる表現
> now.pc <- as.POSIXct("2015-07-31 00:00:00", tz = "Asia/Tokyo")
> now.pc
[1] "2015-07-31 JST"
> as.numeric(now.pc)
[1] 1438268400
```

なお、以上では時刻を秒まで表現していましたが、Rではマイクロ秒の精度まで時刻を保持で

Part 5 データ分析

きます。as.POSIXct関数のformat引数で秒以下の情報を"%OS"で与えることによって実現できます。options関数のdigits.secsには秒の表示桁数を保持しています。コンソール上でマイクロ秒の精度での時刻を確認するには、この変数に6以上の値を指定する必要があることに注意してください。

```
# マイクロ秒精度での時刻の保持
> options(digits.secs=6)
> as.POSIXct("2015-07-31 00:00:00.123456", format="%Y-%m-%d %H:%M:%OS")
[1] "2015-07-31 00:00:00.123456 JST"
```

また、マイクロ秒精度での時刻を保持するためには、baseパッケージで提供されているISOdatetime関数に年、月、日、時、分、秒を与え、秒未満は数値で加算するという方法によっても可能です。

```
# ISOdatetime関数を用いたマイクロ秒精度での時刻の保持
> ISOdatetime(2015, 7, 31, 0, 0, 0) + 123456 * 1e-6
[1] "2015-07-31 00:00:00.123456 JST"
```

これまではDate型やPOSIXct型のオブジェクトから、1970年1月1日（0時0分0秒）からの経過日数、経過秒を算出する方法について説明しました。逆に、1970年1月1日（0時0分0秒）からの経過日数、経過秒から、Date型やPOSIXct型のオブジェクトを作成する方法をここで説明します。POSIXctクラスのオブジェクトへの変換は、as.POSIXct関数によって行います。origin引数には起点とする時刻を文字列で与えます。以下では1970年1月1日0時0分0秒を起点とするので、origin="1970-01-01"と指定しています。origin="1970-01-01 00:00:00"のように"YYYY-MM-DD hh:mm:ss"の形式で指定することも可能ですが、0時0分0秒であれば時分秒は省略が可能です。

```
> library(dplyr)
# 2015年7月31日0時0分0秒の1970年1月1日0時0分0秒からの経過秒
> elapsed <- 1438268400
# POSIXctクラスのオブジェクトへの変換
> elapsed %>% as.POSIXct(origin="1970-01-01")
[1] "2015-07-31 JST"
```

Dateクラスのオブジェクトへの変換は、一度as.POSIXct関数でPOSIXctクラスのオブジェクトに変換し、次にas.Date関数でDateクラスのオブジェクトに変換します。

```
# Dateクラスのオブジェクトへの変換
> elapsed %>% as.POSIXct(origin="1970-01-01") %>% as.Date
[1] "2015-07-30"
```

POSIXctクラスのオブジェクトも、Dateクラスのオブジェクトと同様にformat関数により、年、

月、日、時、分、秒などを抽出できます。

```
> library(dplyr)
> format(now.pc, "%Y") %>% as.numeric    # 年
[1] 2015
> format(now.pc, "%m") %>% as.numeric    # 月
[1] 7
> format(now.pc, "%d") %>% as.numeric    # 日
[1] 31
> format(now.pc, "%H") %>% as.numeric    # 時
[1] 0
> format(now.pc, "%M") %>% as.numeric    # 分
[1] 0
> format(now.pc, "%S") %>% as.numeric    # 秒
[1] 0
> format(now.pc, "%w") %>% as.numeric    # 曜日（0が日曜日）
[1] 5
> format(now.pc, "%j") %>% as.numeric    # 当該年の1月1日からの経過日数
[1] 212
```

また、Dateクラスのオブジェクトと同様に、lubridateパッケージの関数を使用することにより直感的に時間の要素を抽出できます。

```
> library(lubridate)
> year(now.pc)    # 年
[1] 2015
> month(now.pc)   # 月
[1] 7
> day(now.pc)     # 日
[1] 31
> hour(now.pc)    # 時
[1] 0
> minute(now.pc)  # 分
[1] 0
> second(now.pc)  # 秒
[1] 0
> wday(now.pc)    # 曜日（1が日曜）
[1] 6
> yday(now.pc)    # 当該年の1月1日からの経過日数
[1] 212
```

POSIXltクラスは、内部に年、月、日、時、分、秒などを保持しています。年を表すyearは1900を加算して、西暦に換算します。また同様に、月を表すmonに1を加算して、実際の月に変換します。

Part 5 データ分析

```
# POSIXltクラスによる表現
> now.pl <- as.POSIXlt("2015-07-31 00:00:00", tz = "Asia/Tokyo")
> now.pl
[1] "2015-07-31 JST"
> now.pl$year + 1900   # 年
[1] 2015
> now.pl$mon + 1   # 月
[1] 7
> now.pl$mday   # 日
[1] 31
> now.pl$hour   # 時
[1] 0
> now.pl$min   # 分
[1] 0
> now.pl$sec   # 秒
[1] 0
> now.pl$wday   # 曜日
[1] 5
```

POSIXltクラスのオブジェクトも、Dateクラス、POSIXctクラスのオブジェクトと同様に、lubridateパッケージの関数を用いて要素を抽出できます。

```
> library(lubridate)
> year(now.pl)   # 年
[1] 2015
> month(now.pl)   # 月
[1] 7
> day(now.pl)   # 日
[1] 31
> hour(now.pl)   # 時
[1] 0
> minute(now.pl)   # 分
[1] 0
> second(now.pl)   # 秒
[1] 0
> wday(now.pl)   # 曜日(1が日曜)
[1] 6
> yday(now.pl)   # 当該年の1月1日からの経過日数
[1] 212
```

なお、Nipponパッケージのjyear関数を用いると西暦を和暦に変換できます。

```
> library(Nippon)
# デフォルトの引数
> jyear(2015)
[1] "平成27年"
```

```
# 平成はH、昭和はSなどと表記
> jyear(2015, ascii=TRUE)
[1] "H27"
# 和暦と西暦を両方表記
> jyear(2015, ascii=TRUE, withAD=TRUE)
[1] "H27(2015)"
# 和暦を年まで表記
> jyear(1989, ascii=FALSE, shift=TRUE)
[1] "昭和64年"
```

15-2-4 周期性を持つ時系列データの表現

Rでは周期性を持つ時系列データは、**ts**クラスによって表現します。たとえば、Rに標準で入っているdatasetsパッケージのAirPassengersデータセットは次のようになっています。

```
# AirPassengersデータセット
> AirPassengers
     Jan Feb Mar Apr May Jun Jul Aug Sep Oct Nov Dec
1949 112 118 132 129 121 135 148 148 136 119 104 118
1950 115 126 141 135 125 149 170 170 158 133 114 140
1951 145 150 178 163 172 178 199 199 184 162 146 166
(中略)
1958 340 318 362 348 363 435 491 505 404 359 310 337
1959 360 342 406 396 420 472 548 559 463 407 362 405
1960 417 391 419 461 472 535 622 606 508 461 390 432
> class(AirPassengers)
[1] "ts"
```

この結果を見ると、縦方向に年、横方向に月が表示され、それぞれの年月の旅客機の乗客数が保持されていることがわかります。AirPassengersデータセットはもともとdatasetsパッケージに用意されていますが、実際のデータ解析においてはこのようなオブジェクトを作成する必要があります。そこで、ここではAirPassengersデータセットから値を抽出して、**ts**関数で**ts**クラスのオブジェクトを作成する方法を示します。

■ts関数

AirPassengersデータセットは旅客機の乗客数という整数値のデータを保持しています。そこで、**as.integer**関数を使用して、整数値のベクトルとして抽出します。**ts**関数を用いて、周期が12（**frequency=12**）、開始が1949年（**start=1949**）と指定しています。

```
> library(dplyr)
# データの抽出
> ap <- AirPassengers %>% as.integer
> ap
```

Part 5 データ分析

```
      [1] 112 118 132 129 121 135 148 148 136 119 104 118 115 126 141 135 125
     [18] 149 170 170 158 133 114 140 145 150 178 163 172 178 199 199 184 162
     [35] 146 166 171 180 193 181 183 218 230 242 209 191 172 194 196 196 236
(中略)
    [103] 465 467 404 347 305 336 340 318 362 348 363 435 491 505 404 359 310
    [120] 337 360 342 406 396 420 472 548 559 463 407 362 405 417 391 419 461
    [137] 472 535 622 606 508 461 390 432
> class(ap)
[1] "integer"
# tsクラスのオブジェクトの作成
> ap.ts <- ts(ap, start = 1949, frequency = 12)
> ap.ts
     Jan Feb Mar Apr May Jun Jul Aug Sep Oct Nov Dec
1949 112 118 132 129 121 135 148 148 136 119 104 118
1950 115 126 141 135 125 149 170 170 158 133 114 140
1951 145 150 178 163 172 178 199 199 184 162 146 166
(中略)
1958 340 318 362 348 363 435 491 505 404 359 310 337
1959 360 342 406 396 420 472 548 559 463 407 362 405
1960 417 391 419 461 472 535 622 606 508 461 390 432
> class(ap.ts)
[1] "ts"
```

■系列が複数の時系列データ

2つ以上の系列を持つ時系列データも、ts関数によって簡単にtsクラスのオブジェクトに変換できます。datasetsパッケージのmdeathsデータセットは、1974年から1979年までに英国で各月に肺疾患により亡くなった男性の人口を保持しています。同様に、fdeathsデータセットは女性の人口を、ldeathデータセットは男女を合計した人口を表しています。

```
# 1974年から1979年までに英国で肺疾患で亡くなった男性の人口
> mdeaths
      Jan  Feb  Mar  Apr  May  Jun  Jul  Aug  Sep  Oct  Nov  Dec
1974 2134 1863 1877 1877 1492 1249 1280 1131 1209 1492 1621 1846
1975 2103 2137 2153 1833 1403 1288 1186 1133 1053 1347 1545 2066
1976 2020 2750 2283 1479 1189 1160 1113  970  999 1208 1467 2059
1977 2240 1634 1722 1801 1246 1162 1087 1013  959 1179 1229 1655
1978 2019 2284 1942 1423 1340 1187 1098 1004  970 1140 1110 1812
1979 2263 1820 1846 1531 1215 1075 1056  975  940 1081 1294 1341
# 女性の人口
> fdeaths
      Jan  Feb  Mar  Apr  May  Jun  Jul  Aug  Sep  Oct  Nov  Dec
1974  901  689  827  677  522  406  441  393  387  582  578  666
1975  830  752  785  664  467  438  421  412  343  440  531  771
1976  767 1141  896  532  447  420  376  330  357  445  546  764
1977  862  660  663  643  502  392  411  348  387  385  411  638
1978  796  853  737  546  530  446  431  362  387  430  425  679
```

```
1979  821  785  727  612  478  429  405  379  393  411  487  574
# 男女を合計した人口
> ldeaths
      Jan  Feb  Mar  Apr  May  Jun  Jul  Aug  Sep  Oct  Nov  Dec
1974 3035 2552 2704 2554 2014 1655 1721 1524 1596 2074 2199 2512
1975 2933 2889 2938 2497 1870 1726 1607 1545 1396 1787 2076 2837
1976 2787 3891 3179 2011 1636 1580 1489 1300 1356 1653 2013 2823
1977 3102 2294 2385 2444 1748 1554 1498 1361 1346 1564 1640 2293
1978 2815 3137 2679 1969 1870 1633 1529 1366 1357 1570 1535 2491
1979 3084 2605 2573 2143 1693 1504 1461 1354 1333 1492 1781 1915
```

これらの2つのデータセットを保持する ts クラスのオブジェクトを作成してみましょう。mdeaths、fdeaths ともに as.integer 関数でベクトルに変換したあとに cbind 関数で列方向に結合し、ts 関数で ts クラスのオブジェクトを作成します。

```
> library(dplyr)
# データの抽出
> md <- mdeaths %>% as.integer
> fd <- fdeaths %>% as.integer
> deaths <- cbind(mdeaths = md, fdeaths = fd)
# tsクラスのオブジェクトの作成
> deaths.ts <- ts(deaths, frequency = 12, start = 1974)
> deaths.ts
         mdeaths fdeaths
Jan 1974    2134     901
Feb 1974    1863     689
Mar 1974    1877     827
（中略）
Oct 1979    1081     411
Nov 1979    1294     487
Dec 1979    1341     574
> class(deaths.ts)
[1] "mts"      "ts"       "matrix"
```

ts クラスのオブジェクトを作成できていることがわかります。こうして作成したオブジェクトは、**リスト15.1** のように ts.plot 関数で時系列をプロットできます（**図15.1**）。

リスト15.1　tsplot.R（抜粋）

```
# 1974年から1979年までの英国における肺疾患による死亡者数（男女別）
ts.plot(deaths.ts, col = c("red", "blue"), lty = 1:2)
legend("topleft", legend = c("mdeaths", "fdeaths"), col = c("red", "blue"),
    lty = 1:2)
```

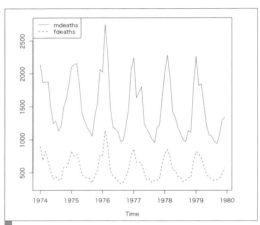

図15.1 1974年から1979年までの英国における肺疾患による死亡者数（男女別）

■複数周期の時系列データ

さて、以上ではtsクラスについて説明してきました。世の中には、単一の周期だけでなく複数の周期が混在した時系列データも多く存在しています。たとえば、forecastパッケージのtaylorデータセットは、2000年6月5日から2000年8月27日までの30分ごとの電力の需要量を保持したデータセットです。

```
> library(forecast)
> class(taylor)
[1] "msts" "ts"
> head(taylor)
[1] 22262 21756 22247 22759 22549 22313
> tail(taylor)
[1] 28677 27946 27133 25996 24610 23132
> attr(taylor, "msts")
[1]  48 336
```

最後にattr関数でtaylorデータセットの"msts"属性を確認して、48, 336という2つの値が返ってきていることを確認できます。taylorデータセットは30分ごとの電力量を記録しているので周期48は1日（24時間）に対応します。もう一方の周期336は7日（168時間）に対応します。

■msts関数

以上で説明したように、taylorデータセットは30分ごとの電力量を記録しており、日（24時間）、週（7日）という周期が混在していると考えられます。このような複数の周期はtsクラスでは表現できません。forecastパッケージのmsts関数を用いると対応できるようになります。以下では、taylorデータセットから電力量を抽出し、msts関数を用いて複数周期を指定しています。

seasonal.periods引数にはベクトルで複数の周期(48、336)を、ts.frequency引数には小さい方の周期(48)を、start引数には電力量の測定開始日を年で指定しています。開始日は2000年6月5日であり、2000年の年間52週のうち22週目にあたるため、2000に22/52を加算してstart引数に与えています。

```
> library(dplyr)
# taylorデータセットの値の抽出
> tl <- taylor %>% as.integer
# 周期を48,336に設定
> tl.msts <- msts(tl, seasonal.periods = c(48, 336), ts.frequency = 48, start = 2000 +
    22/52)
> tl.msts %>% head
[1] 22262 21756 22247 22759 22549 22313
> tl.msts %>% tail
[1] 28677 27946 27133 25996 24610 23132
> attr(tl.msts, "msts")
[1]  48 336
```

15-2-5 xtsパッケージを用いたデータハンドリング

tsクラスは規則的な間隔を持った時系列データを表現するために便利であることを見てきました。しかし、世の中の時系列データは、規則的な間隔を持つものばかりではありません。たとえば、金融の為替データは営業日しか観測されず、tsクラスが適しているとは限りません。また、金融の取引のデータも決められた時間間隔で起きるとは限らないので、tsクラスが適しているとは必ずしも言えません。

tsクラスを拡張したオブジェクトを保持できるように、多くのパッケージが用意されています。xtsパッケージはその代表的なパッケージです。

次の例は、2014年1月1日から12月31日までの日経平均株価を取得して、指定した期間のデータを抽出しています。quantmodパッケージのgetSymbols関数の1番目はSymbols引数であり、"^N225"は日経平均株価を取得することを意味しています。src引数はデータを取得するデータソースであり、ここではYahooから取得します。from引数は取得開始日、to引数は取得終了日を指定します。データを取得して得られたnikkeiオブジェクトはxtsクラスとzooクラスの両方の属性を備えています。

```
> library(quantmod)
> library(xts)
# 日経平均株価の取得
> nikkei <- getSymbols("^N225", src = "yahoo", from = "2014-01-01", to = "2014-12-31",
+     auto.assign = FALSE)
> class(nikkei)
[1] "xts" "zoo"
# 2014年1月のデータ
```

Part 5 データ分析

```
> nikkei["2014-01"]
           N225.Open N225.High N225.Low N225.Close N225.Volume
2014-01-06  16147.54  16164.01 15864.44   15908.88      192700
2014-01-07  15835.41  15935.37 15784.25   15814.37      165900
2014-01-08  15943.68  16121.45 15906.57   16121.45      206700
(中略)
2014-01-29  15164.34  15383.91 15159.92   15383.91      164800
2014-01-30  15112.70  15112.70 14853.83   15007.06      221200
2014-01-31  15132.23  15143.88 14764.57   14914.53      217400
           N225.Adjusted
2014-01-06      15908.88
2014-01-07      15814.37
2014-01-08      16121.45
(中略)
2014-01-29      15383.91
2014-01-30      15007.06
2014-01-31      14914.53
# 2014年1月20日までのデータ
> nikkei["/2014-01-20"]
           N225.Open N225.High N225.Low N225.Close N225.Volume
2014-01-06  16147.54  16164.01 15864.44   15908.88      192700
2014-01-07  15835.41  15935.37 15784.25   15814.37      165900
2014-01-08  15943.68  16121.45 15906.57   16121.45      206700
(中略)
2014-01-16  15845.15  15941.08 15710.14   15747.20      214200
2014-01-17  15695.46  15783.37 15621.80   15734.46      180100
2014-01-20  15724.14  15727.26 15574.23   15641.68           0
           N225.Adjusted
2014-01-06      15908.88
2014-01-07      15814.37
2014-01-08      16121.45
(中略)
2014-01-16      15747.20
2014-01-17      15734.46
2014-01-20      15641.68
# 最初の1週間のデータ
> first(nikkei, "1 week")
           N225.Open N225.High N225.Low N225.Close N225.Volume
2014-01-06  16147.54  16164.01 15864.44   15908.88      192700
2014-01-07  15835.41  15935.37 15784.25   15814.37      165900
2014-01-08  15943.68  16121.45 15906.57   16121.45      206700
2014-01-09  16002.88  16004.56 15838.44   15880.33      217400
2014-01-10  15785.15  15922.14 15754.70   15912.06      237500
           N225.Adjusted
2014-01-06      15908.88
2014-01-07      15814.37
2014-01-08      16121.45
2014-01-09      15880.33
2014-01-10      15912.06
```

```
# 月末日を表す行番号
> idx.month.end <- endpoints(nikkei, on = "months")
# 月末日のデータ
> nikkei[idx.month.end]
           N225.Open N225.High N225.Low N225.Close N225.Volume
2014-01-31  15132.23  15143.88 14764.57   14914.53      217400
2014-02-28  14929.55  14943.65 14735.52   14841.07      160500
2014-03-31  14839.54  14843.67 14718.01   14827.83      141600
（中略）
2014-10-31  15817.14  16533.91 15817.14   16413.76      268500
2014-11-28  17340.16  17471.90 17330.84   17459.85      149100
2014-12-31  17702.12  17713.76 17450.77   17450.77           0
           N225.Adjusted
2014-01-31      14914.53
2014-02-28      14841.07
2014-03-31      14827.83
（中略）
2014-10-31      16413.76
2014-11-28      17459.85
2014-12-31      17450.77
```

■apply.weekly/apply.monthly/apply.quarterly関数

　apply.weekly関数、apply.monthly関数、apply.quarterly関数を使用すると、それぞれ週、月、四半期ごとの統計量を算出できます。

```
# 週ごとの平均
> apply.weekly(nikkei[, "N225.Close"], FUN = mean)
           N225.Close
2014-01-10   15927.42
2014-01-17   15724.97
2014-01-24   15669.21
2014-01-31   15058.28
（中略）
2014-12-19   17101.18
2014-12-26   17779.27
2014-12-31   17543.79
# 月ごとの平均
> apply.monthly(nikkei[, "N225.Close"], FUN = mean)
           N225.Close
2014-01-31   15594.97
2014-02-28   14617.57
2014-03-31   14694.85
（中略）
2014-10-31   15390.04
2014-11-28   17188.42
2014-12-31   17537.56
# 四半期ごとの平均
```

```
> apply.quarterly(nikkei[, "N225.Close"], FUN = mean)
            N225.Close
2014-03-31   14975.09
2014-06-30   14646.22
2014-09-30   15554.01
2014-12-31   16662.15
```

15-3 時系列データの可視化

　時系列データの傾向を理解するためには、まずはデータを可視化することが定石手段です。ここでは、月次データのプロットとカレンダー形式のプロットについて説明します。

　まず、本節(「**15-3 時系列データの可視化**」)で必要なパッケージをインストールします。必要に応じて読み込んでください。

```
> install.packages("forecast", quiet = TRUE)
> install.packages("openair", quiet = TRUE)
> install.packages("quantmod", quiet = TRUE)
> install.packages("forecast", quiet = TRUE)
> install.packages("dplyr", quiet = TRUE)
```

15-3-1 月次データのプロット

■seasonplot関数

　月次のデータの場合、forecastパッケージのseasonplot関数を用いて**リスト15.2**のように年ごとに折れ線グラフをプロットできます。**図15.2**は、AirPassengersデータセットの月次の乗客数を折れ線グラフでプロットしたものです。

リスト15.2　seasonplot.R

```
library(forecast)
# AirPassengersデータセットの時系列プロット
seasonplot(AirPassengers, col = rainbow(12), season.labels = TRUE, year.labels = TRUE,
    year.labels.left = TRUE, cex = 0.8)
```

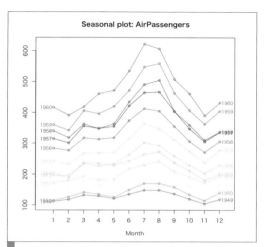

図15.2　AirPassengerデータセットの年ごとの月次乗客数の推移

得られた図15.2を見ると、たとえば次のことを読み取れます。

- 3月から7月、8月にかけて、乗客数はおおむね増加する傾向にある。年によっては、4月、5月に乗客数が落ち込む場合もある
- 毎年、7月か8月に乗客数のピークを迎える
- 8月から11月にかけて、乗客数は減少する傾向にある
- 12月は11月と比較して、乗客数が増加する傾向にある

以上のように、seasonplot関数は各年で月次のデータの変動を比較して、傾向の類似性や相違性を確認したいときに重宝します。

15-3-2 カレンダープロット

カレンダーは、私たちが日常生活でよく目にするものです。この形式でデータを可視化できれば、非常に見やすいものとなるでしょう。

■calendarPlot関数

openairパッケージのcalendarPlot関数を用いてカレンダー形式で日次データを可視化する例について説明します（リスト15.3）。quantmodパッケージのgetSymbols関数により、2014年1月1日から12月31までの日経平均株価の終値を取得して、カレンダーにプロットします（図15.3）。

Part 5 データ分析

```
> library(quantmod)
> library(openair)
# 日経平均株価の取得
> nikkei <- getSymbols("^N225", src = "yahoo", from = "2014-01-01", to = "2014-12-31",
+     auto.assign = FALSE)
> class(nikkei)
[1] "xts" "zoo"
> head(nikkei)
           N225.Open N225.High N225.Low N225.Close N225.Volume
2014-01-06  16147.54  16164.01 15864.44   15908.88      192700
2014-01-07  15835.41  15935.37 15784.25   15814.37      165900
2014-01-08  15943.68  16121.45 15906.57   16121.45      206700
2014-01-09  16002.88  16004.56 15838.44   15880.33      217400
2014-01-10  15785.15  15922.14 15754.70   15912.06      237500
2014-01-13  15912.06  15912.06 15912.06   15912.06           0
           N225.Adjusted
2014-01-06      15908.88
2014-01-07      15814.37
2014-01-08      16121.45
2014-01-09      15880.33
2014-01-10      15912.06
2014-01-13      15912.06
```

リスト15.3　year2014.R（抜粋）

```
# データの加工（日付と終値の2列）
nikkei.close <- nikkei %>% as.data.frame %>% mutate(date = as.Date(rownames(.))) %>%
    select(date, N225.Close)
# カレンダープロット
calendarPlot(nikkei.close, pollutant = "N225.Close", year = 2014)
```

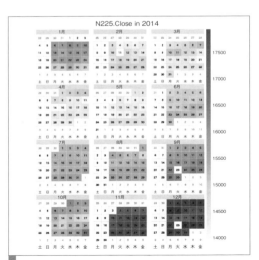

図15.3　2014年の日経平均株価のカレンダープロット

特定の年のデータを抽出したカレンダープロットも容易です。**リスト15.4**の例では、2011年から2014年までの日経平均株価を取得して、`calendarPlot`関数の`pollutant`引数を`"N225.Close"`、`year`引数を`2011`に指定することにより、2011年の終値をカレンダープロットに描画しています（**図15.4**）。

リスト15.4　year2011.R（抜粋）

```
library(quantmod)
library(openair)
# 日経平均株価の取得
nikkei <- getSymbols("^N225", src = "yahoo", from = "2011-01-01", to = "2014-12-31",
    auto.assign = FALSE)
# データの加工
nikkei.close <- nikkei %>% as.data.frame %>% mutate(date = as.Date(rownames(.))) %>%
    select(date, N225.Close)
# 2011年の終値のカレンダープロット
calendarPlot(nikkei.close, pollutant = "N225.Close", year = 2011)
```

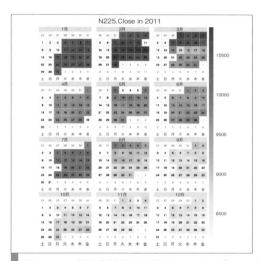

図15.4　日経平均株価の終値のカレンダープロット（2011年）

15-4　時系列データの記述

本節（「**15-4 時系列データの記述**」）で必要なパッケージをインストールします。必要に応じて読み込んでください。

```
> install.packages("forecast", quiet = TRUE)
> install.packages("fpp", quiet = TRUE)
> install.packages("tseries", quiet = TRUE)
```

15-4-1 自己相関係数・共分散

時系列データの性質を理解するためには、統計量の算出が有効です。時系列データの統計的な性質を記述する統計量の代表例は、自己相関係数、自己共分散です。

自己相関係数や自己共分散は、時系列データのある時刻のデータが時間ラグ分だけ前のデータとどれだけ相関関係にあるかを定量化する指標です。

自己相関係数は自己共分散から計算されるので、まずは自己共分散の説明から始めます。時点 t における観測値を $y_t (t=1, ..., N)$ とすると、ラグ k の標本自己共分散 $\hat{\gamma}_k$ は次式で定義されます。

$$\hat{\gamma}_k = \frac{\sum_{t=k+1}^{N}(y_t - \overline{y})(y_{t-k} - \overline{y})}{N}$$

ここで、$\overline{y}$ は観測値 y_t の平均、N は観測の時点数です。したがって、次の式のように表せます。

$$\overline{y} = \frac{\sum_{t=1}^{N} y_t}{N}$$

標本自己相関係数 $\hat{\rho}_k$ は自己共分散 $\hat{\gamma}_k$ を観測値の分散で割ったものであり、次式で算出されます。

$$\hat{\rho}_k = \frac{\hat{\gamma}_k}{\hat{\sigma}^2} = \frac{\sum_{t=k+1}^{N}(y_t - \overline{y})(y_{t-k} - \overline{y})}{N\hat{\sigma}^2}$$

ここで、$\hat{\sigma}^2$ は観測値の分散であり、平均 $\overline{y}$ を用いて、次式で算出されます。

$$\hat{\sigma}^2 = \frac{\sum_{t=1}^{N}(y_t - \overline{y})^2}{N}$$

Rではリスト15.5のようにacf関数を使用して標本自己相関係数を算出できます（図15.5）。

リスト15.5　acf.R

```
# 標本自己相関係数の算出
acf(AirPassengers)
```

図15.5は、横軸に時間のラグを、縦軸に自己相関係数をプロットしています。ラグが0のときは同じ時刻のデータの相関係数のため、値が1となっていることを確認できます。また、ラグが1であることはAirPassengersデータセットの周期分のずれを表しているので、12ヶ月前に対応しています。ラグが1のときも自己相関係数が高くなっていることも確認できます。この理由は、旅客機の乗客数は前年の同じ月と高い相関を持つためです。図中の破線は、有意水準 $\alpha = 0.05$ として自己相関係数の値が0ではないかを検定した結果です。自己相関係数が波線の外側にあれば、自己相関があると判断して良さそうです。

なお、自己相関係数をプロットしたものはコレログラムとも呼ばれます。

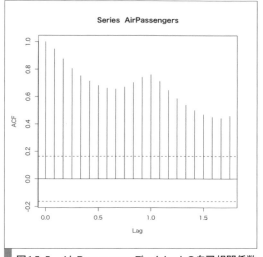

図15.5　AirPassengersデータセットの自己相関係数

■acf関数

acf関数は、自己相関係数を算出して、横軸に時間のラグ、縦軸に自己相関係数をプロットします（コレログラム）。acf関数の主要な引数は表15.4の通りです。

表15.4　acf関数の主要な引数

引数	説明
x	時系列データのベクトルまたは行列を指定。ベクトルを指定した場合は単変量の時系列、行列を指定した場合は多変量の時系列となる
lag.max	ラグの最大値を指定。デフォルトはNULLとなっており、時系列データの観測数をN、時系列データの系列数をmとして、$10 \times \log_{10}(N/m)$以上の最小の整数に設定される。たとえば、AirPassengersデータセットの場合、観測数$N=144$、系列数$m=1$であり、$10 \times \log_{10}(144/1) = 21.58362$となるので、ラグの最大値は21となる
type	算出する統計量の種類を指定。"correlation"は自己相関係数、"covariance"は分散、"partial"は以下で説明する偏自己相関係数を算出する
plot	算出した自己相関係数をプロットするかどうかを論理値で指定。デフォルトではplot=TRUEに設定されているため、自己相関係数がプロットされた図が表示される

■偏自己相関係数

自己相関係数は、たとえば時間のラグが1のときに相関が高いと、それに影響を受けてラグが2のときもある程度の相関を持ち、ラグが3以上の場合にも影響を受けることになります。このような影響を軽減するために調整した統計量に、偏自己相関係数があります。偏自己相関係数は、リスト15.6のようにしてpacf関数を使用して算出できます（図15.6）。

Part 5 データ分析

リスト15.6 pacf.R
```
# 偏自己相関係数の算出
pacf(AirPassengers)
```

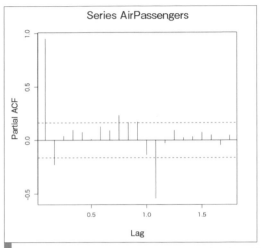

図15.6　AirPassengersデータセットの偏自己相関係数

■pacf関数

pacf関数は、偏自己相関係数を算出します。引数はacf関数と同様なので、acf関数の説明を参照してください。

■tsdisplay関数による自己相関係数のプロット

forecastパッケージのtsdisplay関数を使用すると、時系列データとともに自己相関係数と偏自己相関係数を同時にプロットできます。forecastパッケージはCRANからインストールできます。

リスト15.7の例は、AirPassengersデータセットにtsdisplay関数を適用して、時系列データ、自己相関係数、偏自己相関係数をプロットしています（図15.7）。

リスト15.7 tsdisplay.R
```
library(forecast)
# 時系列データおよび自己相関係数と偏自己相関係数のプロット
tsdisplay(AirPassengers)
```

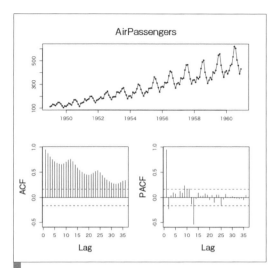

図15.7　AirPassengersデータセットの時系列データ、自己相関係数、偏自己相関係数のプロット

■tsdisplay関数

`tsdisplay`関数はforecastパッケージで提供されており、時系列データのプロットともに、自己相関係数、偏自己相関係数もプロットできます。`tsdisplay`関数の主要な引数は、**表15.5**のとおりです。

表15.5　tsdisplay関数の主要な引数

引数	説明
x	時系列データのベクトルや行列を指定
plot.type	図の右下にプロットする図の種類を指定。"partial"を指定すると偏自己相関係数をプロットする。"scatter"を指定するとラグが1の散布図をプロットする。すなわち、横軸を1時点前の観測値、縦軸を1時点後の観測値とする散布図となる。"spectrum"を指定すると、スペクトログラムをプロットする。デフォルトは"partial"に指定されており、偏自己相関係数がプロットされる
points	各データ点をプロットするかどうかを論理値で指定。特に、図の上段にある時系列データの描画で点を明示したいときはpoints=TRUEに指定する。デフォルトはpoints=TRUEとなっており、データ点がプロットされる
ci.type	信頼区間を算出する際の入力データの前提を文字列で指定。"white"を指定すると、入力データはホワイトノイズを前提として信頼区間を算出する。"ma"を指定すると、移動平均モデルに従う時系列を前提として信頼区間を算出する。デフォルトはci.type="white"となっており、ホワイトノイズが入力されることを前提として信頼区間を算出する

■Ljung-Box検定

以上では時系列データの自己相関係数と偏自己相関係数を算出し、プロットしてきました。時系列データが自己相関を持っているかどうかを確認する方法の1つに、Ljung-Box検定があります。この検定は、帰無仮説を「すべてのラグの自己相関係数は0である」として、仮説検定を行います。

Rでは`Box.test`関数の`type`引数に`"Ljung-Box"`を指定することにより、Ljung-Box検定を実行

Part 5 データ分析

できます。次の例はAirPassengersデータセットに対して、この関数を適用しています。

```
# Ljung-Box検定による自己相関性の確認
> Box.test(AirPassengers, type = "Ljung-Box")

        Box-Ljung test

data:   AirPassengers
X-squared = 132.14, df = 1, p-value < 2.2e-16
```

以上の結果を見ると、P-値（p-value）が2.2×10^{-16}未満となっていることを確認できます。有意水準$\alpha = 0.05$とすると、P-値がこの値を下回っているため、帰無仮説が棄却されることがわかります。したがって、すべてのラグの自己相関が0であるとはいえないと結論づけられます。この結果は、ラグが1のときの自己相関係数が比較的高いことからも理解できるでしょう。

一方で、一様乱数を1,000個発生させた系列に対してLjung-Box検定を実行すると、次のようになります。

```
> set.seed(71)
> x <- runif(1000)
> Box.test(x, type = "Ljung-Box")

        Box-Ljung test

data:   x
X-squared = 0.65035, df = 1, p-value = 0.42
```

上記の結果を確認すると、P-値が0.42となって0.05を上回っており、有意水準$\alpha = 0.05$とすると帰無仮説が棄却できないことがわかります。したがって、すべてのラグで自己相関係数は0であることを棄却できず、自己相関を持たない可能性が示唆されます。

■Box.test関数

Box.test関数は、時系列データの検定統計量の独立性の帰無仮説を検定します。

Box.test関数の主要な引数は、**表15.6**のとおりです。

表15.6 Box.test関数の主要な引数

引数	説明
x	時系列データのベクトルまたは行列を指定
lag	検定の対象とする統計量の自己相関係数を算出するラグを指定。デフォルトではラグは1と指定されており、ラグが1の自己相関係数に基づいて統計量が算出される
type	実行する検定の種類を指定。"Box-Pierce"を指定するとBox-Pierce検定を、"Ljung-Box"を指定するとLjung-Box検定をそれぞれ実行する

15-4-2 成分分解

時系列データは、いくつかの成分に分解すると理解しやすくなります。たとえば、長期的な傾向を表すトレンド、周期的な変動を表す周期成分、そして予測が困難なランダムな変動を表すランダム成分に分解する方法が代表的です。このような分解を「成分分解」と呼びます。

Rでは、decompose関数やstl関数を使用して、時系列データの成分分解を実行できます。

■decompose関数による成分分解

リスト15.8の例は、decompose関数によりAirPassengersデータセットを成分分解しています。最上段に元の時系列データ、1段目にトレンド、3段目に周期成分、4段目にランダム成分がプロットされていることを確認できます(図15.8)。

リスト15.8　decompose.R

```
# decompose関数による要因分解
plot(decompose(AirPassengers))
```

図15.8を見ると、2段目のトレンドからは年々乗客数が増加傾向にあること、3段目の周期成分からは12ヶ月ごとに乗客数の変動パターンがあることを読み取れます。周期成分については、「15.3.1 月次データのプロット」で、seasonplot関数を用いて確認した結果と同様の傾向を読み取れます。

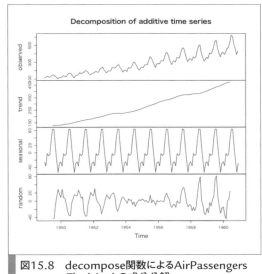

図15.8　decompose関数によるAirPassengersデータセットの成分分解

■stl関数

リスト15.9の例は、stl関数によりAirPassengersデータセットを成分分解しています。stl関数では、LOESSという局所的に回帰を行うアルゴリズムが実装されています[注1]。

(注1) R.B.Cleveland, W.S.Cleveland, J.E.McRae, and I.Terpenning(1990) STL: A Seasonal-Trend Decomposition Procedure Based on Loess. Journal of Official Statistics, 6, pp.3-73.

Part 5 データ分析

最上段に元の時系列データ、二段目に周期成分、三段目にトレンド、四段目にランダム成分がプロットされていることを確認できます（**図15.9**）。decompose関数で確認した結果と同様の傾向にあることが読み取れます。

> **リスト15.9　stl.R**
> ```
> # stl関数による要因分解
> plot(stl(AirPassengers, "periodic"))
> ```

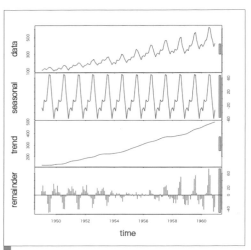

図15.9　stl関数によるAirPassengersデータセットの成分分解

15-4-3 定常性の確認

時系列データの解析においては、時系列データが定常過程に従っているかどうかを確認することは重要です。定常とは、時系列データの性質が時点によらないことを表しています。時系列データの性質が時点によらなければ、時点ごとに性質が変化していくことを考慮しなくて良いので、扱いが比較的容易になるというメリットがあります。そのため、時系列解析の基本的な手法の多くは時系列データが定常過程に従っていることを仮定しています。時系列データが定常過程に従っているとき、その時系列データは「定常性を持つ」と言います。

■定常性の定義

定常性には強定常性と弱定常性がありますが、本書では後者のみを扱います。先に、定常とは時系列データの性質が時点によらないことを表すと説明しました。定常性の定義によれば、時点によらない性質は観測値の期待値、分散、過去の時点の値との相関です。時系列データ y_t ($t = 0, 1,$ ...) が以下の3つの条件を満たすとき、この時系列データは定常性を持つと定義されます。

- すべての時点で、観測値の期待値が一定になる。すなわち、一定値 μ を用いて、時点 t における時系列 y_t の期待値 $E(y_t)$ は次式で表される。

$$E(y_t) = \mu, \ t = 1, \ ...$$

- すべての時点で、分散が一定値となる。すなわち、一定値 σ^2 を用いて、時点 t における時系列 y_t の分散 $\text{var}(y_t)$ は次式で表される。

$$\text{var}(y_t) = \sigma^2, \ t = 1, \ ...$$

- 2つの時点の自己共分散、自己相関係数が時点間の間隔だけに依存して決まる。すなわち、2時点の間隔 k に対して自己共分散 γ_k、自己相関係数 ρ_k は次式で決まる。

$$\gamma_k = \text{cov}(y_t, y_{t-k}),$$
$$\rho_k = \frac{\text{cov}(y_t, y_{t-k})}{\sqrt{\text{var}(y_t)}\sqrt{\text{var}(y_{t-k})}} = \frac{\gamma_k}{\sigma^2}, \ t = k+1, \ ...$$

■時系列データの期待値・分散・自己共分散・自己相関係数

さて、以上で定義した定常性に現れる期待値、分散は、時点 t の観測値に対して定義されていました。時点 t の観測値は一回の観測で1つしか得られないので、こうした期待値、分散を求めることは困難です。しかし、時系列データが定常性を持つと仮定すると[注2]、「15.4.1 自己相関係数・共分散」で説明した方法により、標本平均、標本分散、標本自己共分散、標本自己相関係数を算出することにより推定が可能になります。

■定常性を持つ時系列と持たない時系列の例

定常性を持つ時系列データの直感的なイメージをつけるために、いくつかの時系列データを挙げて、定常性を持つかどうかについて考えてみましょう。

図15.10に4つの時系列データを示します。

(注2) 厳密には、エルゴード性という性質の仮定も必要です。詳細については、次の文献を参照してください。White, H.(2000), Asymptotic Theory for Econometricians, 2nd edition, Academic Press.

Part 5 データ分析

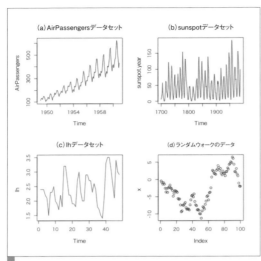

図15.10 (a) AirPassengersデータセット、(b) Sunspotデータセット、(c) lhデータセット、(d) ランダムウォーク

　図の(a)は本書でこれまでに何度も取り上げてきたAirPassengersデータセットです。このデータを見ると年々旅客機の乗客数が増加していることを確認できます。そのため、時点によって旅客機の乗客数の期待値は変化してしまうでしょう。また、年々分散が大きくなっていることも確認されます。以上のことから、この時系列データは定常性を持たないと考えられます。

　図の(b)はfppパッケージに収録されているsunspotデータセットです。このデータは1700年から現在までの各年の黒点数を記録しています。図を見ると、約10年ほどの周期で変動していることを確認できます。したがって、時点によって黒点数の期待値は異なると考えられます。そのため、sunspotデータセットは定常性を持たないと考えられます。一方で、(a)のAirPassengersデータセットとは異なり、年々増加または減少の傾向は読み取れず、トレンドを持つとは判断しづらそうです。

　図の(c)はlhデータセットです。このデータは特にトレンドも確認されず、また時点によって値の散らばりに特定の傾向を見出すのも難しそうです。そこで、この時系列データは定常過程に従うと判断して良さそうです。

　図の(d)はランダムウォークです。このデータは次式に従って生成しています。

$$y_t = y_{t-1} + e_t$$

　ここで、e_tは平均0、標準偏差が1の正規分布に従う乱数で生成します。この時系列データは定常過程に従わないと判断して良さそうです。

　以上、4つの時系列データが定常性をもつかどうかについて検討してきました。時系列データがトレンドや季節性を持つ場合、定常性を持たないことを直感的に確認しました。

■定常性の検証

ここでは、定常性を定量的に検証する方法を説明します。自己相関係数を算出して検証する方法、単位根検定により検証する方法の2点を説明します。

■自己相関係数の算出

定常性を持つ時系列データは、ラグによらず自己相関係数が小さくなります。AirPassengersデータセットの自己相関係数は以前にプロットしましたが、ここで再掲します。そのほかのデータセットの自己相関係数も合わせて、**リスト15.10**のようにしてforecastパッケージの`tsdisplay`関数で算出しプロットしてみましょう（図15.11、図15.12、図15.13、図15.14）。

リスト15.10　tsdisplay2.R

```
library(fpp)
library(forecast)
# AirPassengersデータセットの自己相関係数
tsdisplay(AirPassengers, main = "AirPassengersデータセット")
# sunspotデータセットの自己相関係数
tsdisplay(sunspot.year, main = "sunspotデータセット")
# lhデータセットの自己相関係数
tsdisplay(lh, main = "lhデータセット")
# ランダムウォークの自己相関係数
set.seed(71)
x <- cumsum(rnorm(100))
tsdisplay(x, main = "ランダムウォーク")
```

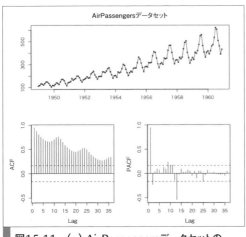

図15.11　(a) AirPassengersデータセットの時系列データ、自己相関係数、偏自己相関係数

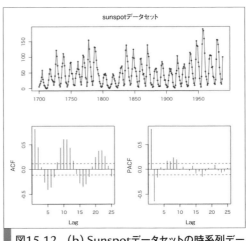

図15.12　(b) Sunspotデータセットの時系列データ、自己相関係数、偏自己相関係数

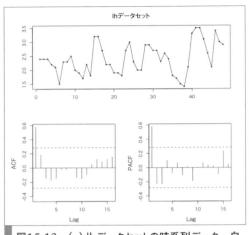

図15.13　(c) lhデータセットの時系列データ、自己相関係数、偏自己相関係数

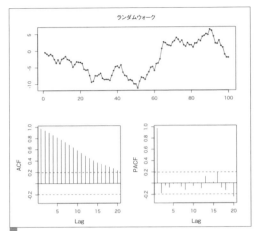

図15.14　(d) ランダムウォークの時系列データ、自己相関係数、偏自己相関係数

これらの図を見ると、定常性を持つと思われる(c)lhデータセットでは自己相関係数が小さくなるのに対して、定常性を持たないと思われるほかのデータセットではある程度のラグまで自己相関係数の値が大きいことを確認できます。

■単位根検定

単位根検定を用いて、時系列データの定常性を確認できます。単位根検定については、「15.5.1 ARモデル」を読んでからの方がわかりやすいかもしれないので、必要に応じて適宜参照してください。単位根検定は、時系列データy_tが次式に従っているとして、帰無仮説を「$a_1 = 1$である」として検定を実行します。

$$y_t = a_1 y_{t-1} + e_t$$

このような検定をディッキー・フラー検定と呼びます。上式で$a_1 = 1$のときは観測値y_tの期待値は時点によりませんが、分散は時点とともに増大します。したがって、$a_1 = 1$のとき時系列データは定常性を持ちません。一方で、$|a_1| < 1$のときは時系列データは定常性を持ちます。ディッキー・フラー検定を実行することで時系列データの定常性について確認できます。なお、$a_1 = 1$のとき、差分をとった$y_t - y_{t-1}$は定常性を持つことが確認されます。このようにそれ自身は定常ではなく、差分をとることにより定常になる時系列データは単位根過程に従うと呼ばれます。

上記では時点tにおける観測値y_tは1時点前$t-1$における観測値y_{t-1}のみに依存するとしていましたが、一般にp時点前までの観測値に依存するとしたものが拡張ディッキー・フラー検定です。具体的には、以下の式で「y_{t-1}の係数$a_1 + \ldots + a_p$が1である」を帰無仮説として検定を行います。

$$\begin{aligned}
y_t &= a_1 y_{t-1} + a_2 y_{t-2} + \cdots + a_p y_{t-p} + e_t \\
&= (a_1 + \cdots + a_p) y_{t-1} - (a_2 + \cdots + a_p)(y_{t-1} - y_{t-2}) - (a_3 + \cdots + a_p)(y_{t-2} - y_{t-3}) \\
&\quad - \cdots - a_p(y_{t-p+1} - y_{t-p}) + e_t \\
&= (a_1 + \cdots + a_p) y_{t-1} - (a_2 + \cdots + a_p) \Delta y_{t-1} - (a_3 + \cdots + a_p) \Delta y_{t-2} - \cdots - a_p \Delta y_{t-p+1} + e_t
\end{aligned}$$

拡張ディッキー・フラー検定は、tseries パッケージの **adf.test** 関数を用いて行うことができます。adf.test 関数では p はデフォルトでは (時系列の長さ -1)$^{1/3}$ を越えない整数と設定されています。lh データセットは長さが 48 であり、$(48-1)^{1/3} = 3.6088$ となるため、$p = 3$ となります。すなわち、帰無仮説を「$a_1 + a_2 + a_3 = 1$ である」として次のように検定を行います。

$$\begin{aligned}
y_t &= a_1 y_{t-1} + a_2 y_{t-2} + \cdots + a_3 y_{t-3} + e_t \\
&= (a_1 + a_2 + a_3) y_{t-1} - (a_2 + a_3) \Delta y_{t-1} - a_3 \Delta y_{t-2} + e_t
\end{aligned}$$

```
> library(tseries)
# lhデータセットに対する拡張ディッキー・フラー検定
> adf.test(lh)

        Augmented Dickey-Fuller Test

data:  lh
Dickey-Fuller = -3.558, Lag order = 3, p-value = 0.04624
alternative hypothesis: stationary
```

以上の結果を見ると、P-値が 0.04624 となっています。有意水準 $\alpha=0.05$ とすると帰無仮説が棄却されて、$a_1 + a_2 + a_3 \neq 1$ であることがわかります。$a_1 + a_2 + a_3$ の絶対値が 1 より大きい場合は時間の経過とともに発散していきますので、$|a_1 + a_2 + a_3| < 1$ であることがわかります。したがって、lh データセットは定常性を持つと判断して良さそうです。

次に、(d) のランダムウォークに対して拡張ディッキー・フラー検定を実行してみましょう。

```
# ランダムウォークに対する拡張ディッキー・フラー検定
> set.seed(71)
> x <- cumsum(rnorm(100))
> adf.test(x)

        Augmented Dickey-Fuller Test

data:  x
Dickey-Fuller = -2.0491, Lag order = 4, p-value = 0.5563
alternative hypothesis: stationary
```

P-値が0.5563となっており、帰無仮説を棄却できないことがわかります。したがって、$a_1 + a_2 + a_3 + a_4 = 1$であると判断して良さそうです。このランダムウォークの長さは100のため、p=4となることに注意してください。このような結果が得られたのは、ランダムウォークは次式で表されるので、$a_1 = 1$となっているためです。

$$y_t = y_{t-1} + e_t$$

続いて、(a)のAirPassengersデータセット、(b)のsunspotデータセットに対して同様に定常性を持つかどうかを検証してみましょう。トレンドを持たない(b)のsunspotデータセットの方が扱いが容易だと考えられるので、このデータセットの定常性の確認から始めます。まず、sunspotデータセットに**adf.test**関数を適用すると次の結果が得られます。sunspotデータセットの長さは289のため、p=6であることに注意してください。

```
> library(fpp)
# sunspotデータセットに対する拡張ディッキー・フラー検定
> adf.test(sunspot.year)

        Augmented Dickey-Fuller Test

data:  sunspot.year
Dickey-Fuller = -4.7561, Lag order = 6, p-value = 0.01
alternative hypothesis: stationary
```

P-値が0.01となっているので、「$a_1 + a_2 + a_3 + a_4 + a_5 + a_6 = 1$である」という帰無仮説が棄却され、$|a_1 + a_2 + a_3 + a_4 + a_5 + a_6| < 1$と判断できそうです。それでは、sunspotデータセットは定常性を持つと判断して良いでしょうか。結論から言うと、そのように判断してはいけません。その理由は、sunspotデータセットは明らかな周期性を持つため、あらかじめその周期性を除去した上で定常性を確認しなければならないためです。**tsdisplay**関数を用いた自己相関係数のプロットでsunspotデータセットの周期は10年か11年と判断して良さそうな結果が得られていました。そこで、**リスト15.11**のように10年を時間差として、黒点数の差分を計算してその自己相関係数を求めてみましょう（**図15.15**）。

リスト15.11　diffyear10.R（抜粋）
```
# 黒点数の差分の自己相関係数（ラグ=10）
tsdisplay(diff(sunspot.year, 10))
```

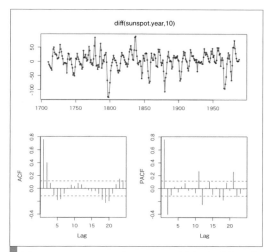

図15.15 sunspotデータセットに対する黒点数の差分の自己相関係数（ラグ=12）

今度は、自己相関係数はラグが1、2の場合を除いて小さい値になっていることを確認できます。このデータに対して`adf.test`関数を適用してみましょう。この場合は、次の式に対して、帰無仮説「$a_1 + a_2 + a_3 + a_4 + a_5 + a_6 = 1$ である」を検定しています。

$$y_t - y_{t-10} = (a_1 + \cdots + a_6)(y_{t-1} - y_{t-11}) - (a_2 + \cdots + a_6)\Delta(y_{t-1} - y_{t-11}) \\ - (a_3 + \cdots + a_6)\Delta(y_{t-2} - y_{t-12}) - \cdots - a_6\Delta(y_{t-5} - y_{t-15}) + e_t$$

```
# sunspotデータセットに対する拡張ディッキー・フラー検定(ラグ=10)
> adf.test(diff(sunspot.year, 10))

        Augmented Dickey-Fuller Test

data:  diff(sunspot.year, 10)
Dickey-Fuller = -5.3615, Lag order = 6, p-value = 0.01
alternative hypothesis: stationary
```

P-値が0.01となっており、帰無仮説が棄却されることがわかります。したがって、$|a_1 + a_2 + a_3 + a_4 + a_5 + a_6| < 1$ となり、時系列 y_t をラグ10で差分化した ($y_t - y_{t-10}$) は定常性を持つと判断して良さそうです。

(a) のAirPassengersデータセットに対しても同様に定常性の確認を行います。まず、単純に`adf.test`関数を適用してみましょう。

```
> library(tseries)
# AirPassengersデータセットに対する拡張ディッキー・フラー検定
> adf.test(AirPassengers)

        Augmented Dickey-Fuller Test

data:  AirPassengers
Dickey-Fuller = -7.3186, Lag order = 5, p-value = 0.01
alternative hypothesis: stationary
```

P-値は0.01となり、有意水準 $a = 0.05$ のもとでは帰無仮説「$a_1 + a_2 + a_3 + a_4 + a_5 = 1$ である」が棄却されることがわかります。この場合も同様に季節変動を考慮していないので、差分を計算してみます。**リスト15.12**では、ラグを12ヶ月とします(**図15.16**)。

リスト15.12　difflag12.R

```
library(forecast)
# 乗客数の差分の自己相関係数(ラグ=12)
tsdisplay(diff(AirPassengers, 12))
```

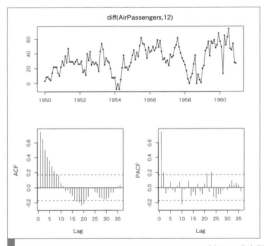

図15.16　AirPassengersデータセットに対する乗客数の差分の自己相関係数(ラグ=12)

得られた自己相関係数を見ると、ラグが9程度までは自己相関係数が高いことを確認できます。拡張ディッキー・フラー検定も実行してみましょう。この場合の帰無仮説は、「$a_1 + a_2 + a_3 + a_4 + a_5 = 1$ である」としています。

$$y_t - y_{t-12} = (a_1 + \cdots + a_5)(y_{t-1} - y_{t-13}) - (a_2 + \cdots + a_5)\Delta(y_{t-1} - y_{t-13})$$
$$- (a_3 + \cdots + a_5)\Delta(y_{t-2} - y_{t-14}) - \cdots - a_5\Delta(y_{t-5} - y_{t-17}) + e_t$$

```
# AirPassengersデータセットに対する拡張ディッキー・フラー検定(ラグ=12)
> adf.test(diff(AirPassengers, 12))

        Augmented Dickey-Fuller Test

data:  diff(AirPassengers, 12)
Dickey-Fuller = -3.1519, Lag order = 5, p-value = 0.09899
alternative hypothesis: stationary
```

P-値が0.09899となっており、帰無仮説「$a_1 + a_2 + a_3 + a_4 + a_5 = 1$である」が棄却できないことがわかります。そこで、**リスト15.13**のようにさらにラグを1として差分を計算してみましょう(**図15.17**)。

リスト15.13　difflag1.R(抜粋)

```
# 乗客数の差分の自己相関係数(ラグ=12の後にラグ=1で差分化)
tsdisplay(diff(diff(AirPassengers, 12)))
```

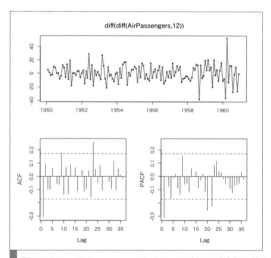

図15.17　AirPassengersデータセットに対する乗客数の差分の自己相関係数(ラグ=12で差分化したあとにラグ=1で差分化)

得られた自己相関係数を見ると、ラグが1、23である程度高くなっている以外は、おおむね低い値になっていることを確認できます。拡張ディッキー・フラー検定も実行してみましょう。この場合は、以下の式において、帰無仮説「$a_1 + a_2 + a_3 + a_4 + a_5 = 1$である」としています。

データ分析

$$(y_t - y_{t-12}) - (y_{t-1} - y_{t-13}) = (a_1 + \cdots + a_5)\{(y_{t-1} - y_{t-13}) - (y_{t-2} - y_{t-14})\}$$
$$- (a_2 + \cdots + a_5)[\Delta\{(y_{t-1} - y_{t-13}) - (y_{t-2} - y_{t-14})\}]$$
$$- (a_3 + \cdots + a_5)[\Delta\{(y_{t-2} - y_{t-14}) - (y_{t-3} - y_{t-15})\}]$$
$$- \cdots$$
$$- a_5[\Delta\{(y_{t-5} - y_{t-17}) - (y_{t-6} - y_{t-18})\}] + e_t$$

```
# AirPassengersデータセットに対する拡張ディッキー・フラー検定(ラグ=12)
> adf.test(diff(diff(AirPassengers, 12)))

        Augmented Dickey-Fuller Test

data:  diff(diff(AirPassengers, 12))
Dickey-Fuller = -5.0472, Lag order = 5, p-value = 0.01
alternative hypothesis: stationary
```

P-値が0.01となっており、有意水準$a = 0.05$のもとで帰無仮説を棄却できることがわかります。したがって、元々の時系列y_tに対して、12ヶ月前との乗客数の差分を取ったものに対して1ヶ月前との差分を取った時系列$(y_t - y_{t-12}) - (y_{t-1} - y_{t-13})$は定常性を持つことがわかりました。

以上のAirPassengersデータセットのように、季節階差(ここでは12ヶ月)と階差(ここでは1ヶ月)を組み合わせ、時系列を定常過程に変換するアイディアは、「15.5.3 ARMA/ARIMAモデル」で説明するARIMAモデルと密接に関係しています。

■ndiffs/nsdiffs関数による差分の算出

以上、AirPassengersデータセットやsunspotデータセットでは、階差を計算することにより定常性を持つ時系列データへの変換が可能な場合があります。

それでは、計算に用いる階差はどのように決定すれば良いのでしょうか。forecastパッケージが提供するndiffs関数とnsdiffs関数を用いることにより、時系列データを定常過程に変換するために必要な階差を求めることができます。AirPassengersデータセットを例に説明します。

```
> library(forecast)
# 適切な階差の算出
> ndiffs(AirPassengers)
[1] 1
# 適切な季節階差の算出
> nsdiffs(AirPassengers)
[1] 1
```

以上の結果を見ると、ndiffs関数、nsdiffs関数の実行結果はともに1となっています。前者

は階差は1、後者は季節階差は1に設定すれば良いことを表しています。注意が必要なのは後者で、AirPassengersデータセットは周期が12（ヶ月）なので、nsdiffs関数によって計算された値が1であることは12ヶ月の季節階差を取れば良いことを表しています。これらの結果は、先に説明したことと整合性が取れていることが確認できるでしょう。

ndiffs関数、nsdiffs関数は、「15.5.3 ARMA/ARIMAモデル」でARIMAモデルを適用する際に再度使用します。

15-5　時系列データのモデリング

時系列データをモデリングすることにより、その時間変動のメカニズムを理解できます。また、モデリングの結果を用いて、将来の予測にも役立てることができます。時系列データのモデリング方法にはさまざまなものがありますが、ここでは、ARモデル、ARMA/ARIMAモデルについて説明します。

まず、本節（「**15-5 時系列データのモデリング**」）で必要なパッケージをインストールします。必要に応じて読み込んでください。

```
> install.packages("dplyr", quiet = TRUE)
> install.packages("ggplot2", quiet = TRUE)
> install.packages("forecast", quiet = TRUE)
```

15-5-1 ARモデル

ARモデル（*Auto-Regressive model*）は、ある時刻における時系列データが過去の値の線形結合で説明できるとするモデルです。すなわち、時刻tにおける値をy_tとするときに、次式により説明されるとするモデルです。

$$y_t = c + a_1 y_{t-1} + \cdots + a_p y_{t-p}$$

ここで、a_1は1時点前の値の係数を表し、$a_2, ..., a_p$も同様です。また、cは定数、e_tはホワイトノイズと呼ばれ、次の性質を仮定します。

- 平均は0
- 分散は時間に依存せず一定
- 自己相関係数は0

これまでにもたびたび取り上げたAirPassengersデータセットの例で考えてみましょう。

Part 5 データ分析

```
> AirPassengers
     Jan Feb Mar Apr May Jun Jul Aug Sep Oct Nov Dec
1949 112 118 132 129 121 135 148 148 136 119 104 118
1950 115 126 141 135 125 149 170 170 158 133 114 140
1951 145 150 178 163 172 178 199 199 184 162 146 166
（中略）
1958 340 318 362 348 363 435 491 505 404 359 310 337
1959 360 342 406 396 420 472 548 559 463 407 362 405
1960 417 391 419 461 472 535 622 606 508 461 390 432
```

AirPassengersデータセットは各月の旅客機の乗客数を記録しているので、1時点前は1ヶ月前、2時点前は2ヶ月前、...となります。ARモデルで$p=3$とすると、各月の旅客機の乗客数は、1ヶ月前、2ヶ月前、3ヶ月前の乗客数を用いて説明することになります。具体的には以下のようになります。

1949年4月の乗客数 $= a_1 \times$ 1949年3月の乗客数 $+ a_2 \times$ 1949年2月の乗客数 $+ a_3 \times$ 1949年1月の乗客数 $+$ 1949年4月のホワイトノイズ

1949年5月の乗客数 $= a_1 \times$ 1949年4月の乗客数 $+ a_2 \times$ 1949年3月の乗客数 $+ a_3 \times$ 1949年2月の乗客数 $+$ 1949年5月のホワイトノイズ

1949年6月の乗客数 $= a_1 \times$ 1949年5月の乗客数 $+ a_2 \times$ 1949年4月の乗客数 $+ a_3 \times$ 1949年3月の乗客数 $+$ 1949年6月のホワイトノイズ

$\vdots$

1960年10月の乗客数 $= a_1 \times$ 1960年9月の乗客数 $+ a_2 \times$ 1960年8月の乗客数 $+ a_3 \times$ 1960年7月の乗客数 $+$ 1960年10月のホワイトノイズ

1960年11月の乗客数 $= a_1 \times$ 1960年10月の乗客数 $+ a_2 \times$ 1960年9月の乗客数 $+ a_3 \times$ 1960年8月の乗客数 $+$ 1960年11月のホワイトノイズ

1960年12月の乗客数 $= a_1 \times$ 1960年11月の乗客数 $+ a_2 \times$ 1960年10月の乗客数 $+ a_3 \times$ 1960年9月の乗客数 $+$ 1960年12月のホワイトノイズ

以上、1949年4月から1960年12月までの残差が最小となるように、1ヶ月前の乗客数の重みa_1、2ヶ月前の乗客数の重みa_2、3ヶ月前の乗客数の重みa_3を決定します。

ARモデルによる時系列データのフィッティングは、Rではstatsパッケージのar関数を使用して実行できます。

■ARモデルに従う時系列データの生成とモデリング

AirPassengersデータセットに対してARモデルでフィッティングする前に、感触をつかむた

めにまずは、statsパッケージのarima.sim関数を用いて、ARモデルに従う時系列データを生成してみましょう。時刻tにおける値y_tが1時点前のy_{t-1}を用いて次の式で表されるとします。

$$y_t = a_1 y_{t-1} + e_t$$

リスト15.14では、$a_1 = 0.9$, 0.5, -0.5, -0.9に対して、それぞれ長さが500のARモデルに従う時系列データを生成しています。arima.sim関数のorder引数にorder = c(1, 0, 0)と指定すると1時点前の値に従うARモデルを、ar引数には上記の式でa_1の値を指定します。

リスト15.14　ar.R

```
library(dplyr)
library(ggplot2)
set.seed(71)
# ARモデルに従う時系列データの生成
len <- 500
ar.0.9 <- arima.sim(list(order = c(1, 0, 0), ar = 0.9), n = len) %>% as.vector
ar.0.5 <- arima.sim(list(order = c(1, 0, 0), ar = 0.5), n = len) %>% as.vector
ar.m0.5 <- arima.sim(list(order = c(1, 0, 0), ar = -0.5), n = len) %>%
    as.vector
ar.m0.9 <- arima.sim(list(order = c(1, 0, 0), ar = -0.9), n = len) %>%
    as.vector
dat <- data.frame(time = rep(1:len, 4), x = c(ar.0.9, ar.0.5, ar.m0.5,
    ar.m0.9), a1 = c(rep(c(0.9, 0.5, -0.5, -0.9), each = len)))
p <- ggplot(data = dat, aes(x = time, y = x)) + geom_line() +
        facet_grid(phi ~.) + ggtitle("AR(1)") + theme_bw()
print(p)
```

得られた結果（**図15.18**）を見ると、$a_1 = 0.9$のときは比較的変動が小さいのが、a_1の値を小さくするにつれて変動が大きくなっていくことが確認できます。

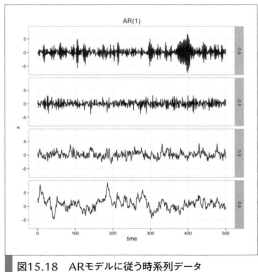

図15.18　ARモデルに従う時系列データ

■arima.sim関数

arima.sim関数はstatsパッケージで提供されており、ARIMAモデルに従う時系列を生成します。arima.sim関数の主要な引数は**表15.7**のとおりです。

表15.7 arima.sim関数の主要な引数

引数	説明
model	生成する時系列モデルの次数（order）と係数を指定。ARIMAモデルの箇所で詳しく説明するが、時系列モデルの次数は、ベクトルc（ARモデルの次数、差分の次数、MAモデルの次数）を指定する。ARモデルの場合はARモデルの次数をpとしてorder=c(p, 0, 0)、MAモデルの場合はMAモデルの次数をqとしてorder=c(0, 0, q)、ARMAモデルの場合はARMAモデルの次数を(p,q)としてorder=c(p, 0, q)、ARIMAモデルの場合はARIMAモデルの場合はARIMAモデルの次数を(p,d,q)としてorder=c(p, d, q)と指定
n	生成する時系列データの長さを指定

■自己相関の確認

さて、以上で生成した4つの時系列データに対して、**リスト15.15**のようにacf関数により自己相関を確認してみましょう（**図15.19**）。

リスト15.15　acf2.R（抜粋）

```
# ARモデルに従う時系列データの自己相関のプロット
layout(matrix(1:4, 2, 2, byrow = TRUE))
acf(ar.0.9)
acf(ar.0.5)
acf(ar.m0.5)
acf(ar.m0.9)
```

図15.19を見ると、次の点を読み取れます。

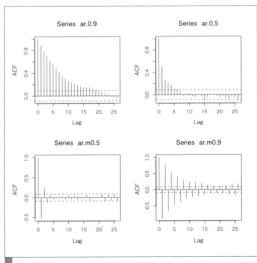

図15.19　ARモデルに従う時系列データの自己相関係数

- $a_1 = 0.9$ のときは、ラグが20程度とかなり大きいラグまで自己相関が高い
- $a_1 = 0.5$ のときは、ラグが5程度までは自己相関が高い
- $a_1 = -0.5$ のときは、ラグが3程度まで自己相関が高い。偶数のラグでは自己相関が正、奇数のラグでは自己相関が負の傾向にあることを確認できる
- $a_1 = -0.9$ のときは、ラグが20以上でも自己相関が高い。偶数のラグでは自己相関が正、奇数のラグでは自己相関が負の傾向にあることを確認できる

以上の結果は、ARモデルの式からも納得がいくものです。

■ARモデルによるフィッティング1

こうして生成した時系列データに対して、ARモデルでフィッティングしてみましょう。ts関数でtsクラスのオブジェクトに変換した後に、ar関数を用いてARモデルでフィッティングします。

```
> ts.ar.0.9 <- ts(ar.0.9)
> model.ar <- ar(ts.ar.0.9)
```

残差の自己相関係数、偏自己相関係数を算出してみましょう。**リスト15.16**のようにforecastパッケージの`tsdisplay`関数を用いて残差の時系列も合わせてプロットします(**図15.20**)。

リスト15.16 arresid.R(抜粋)
```
library(forecast)
# 残差の自己相関係数、偏自己相関係数のプロット
tsdisplay(model.ar$resid)
```

得られた結果を見ると、いずれのラグにおいても自己相関係数は小さい値になっていることを確認できます。

ARモデルの仮定には、残差の分散が時間によらず一定であることも条件にありました。そこで、残差の2乗の自己相関係数を算出してみましょう。**リスト15.17**のように、forecastパッケージのtsdisplay関数を用いて、残差の2乗の時系列とともに表示します。

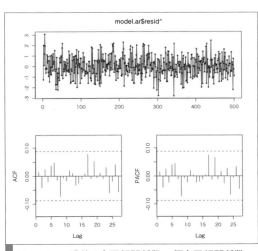

図15.20 残差の自己相関係数、偏自己相関係数

Part 5 データ分析

リスト15.17　arresid2.R（抜粋）

```
# 残差の2乗の自己相関係数、偏自己相関係数の算出
tsdisplay(model.ar$resid^2)
```

得られた**図15.21**を見るとラグが15で相対的に大きな自己相関係数となっていますが、全体的に小さな値であることを確認できます。以上より、残差の分散は時間によらず一定であると判断して良さそうです。

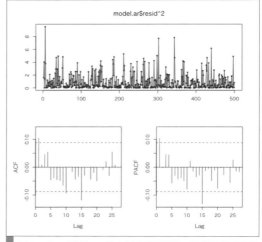

図15.21　残差の2乗の自己相関係数、偏自己相関係数

■ARモデルによるフィッティング2

もう少し実践的な例として、datasetsパッケージのlhデータセットに対してARモデルによりフィッティングを行ってみましょう。lhデータセットは、1人の女性の血液中の黄体形成ホルモンを10分間隔で測定したデータです。**リスト15.18**のように**tsdisplay**関数によってlhデータセットの時系列とともに、自己相関係数、偏自己相関係数を算出してみましょう（**図15.22**）。

リスト15.18　lh.R

```
library(forecast)
# lhデータセットの時系列、自己相関係数、偏自己相関係数のプロット
tsdisplay(lh)
```

得られた結果を見ると、ラグが1のとき以外は自己相関係数、偏自己相関係数の値は大きくないと考えられます。

lhデータセットに対して、ARモデルをフィッティングしてみましょう。

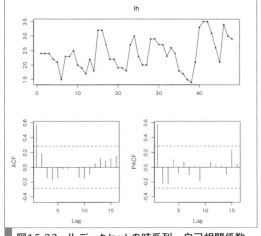

図15.22　lhデータセットの時系列、自己相関係数、偏自己相関係数

```
# lhデータセットに対するARモデルのフィッティング
> ar.lh <- ar(lh)
> ar.lh

Call:
ar(x = lh)

Coefficients:
     1        2        3
0.6534  -0.0636  -0.2269

Order selected 3  sigma^2 estimated as   0.1959
```

得られた結果を見ると、次式のように表されることが分かります。

$$y_t = 0.6534\, y_{t-1} - 0.0636\, y_{t-2} - 0.2269\, y_{t-3} + 定数項 + e_t$$

以上のようにlhデータセットをARモデルでフィッティングした結果、残差がARモデルの仮定であるホワイトノイズとなっているかどうかを確認します。そのために残差の回帰診断を実行します。まず、**リスト15.19**のように残差の自己相関係数と偏自己相関係数を`tsdisplay`関数によりプロットします（**図15.23**）。

リスト15.19　arlh.R（抜粋）

```
# 残差の時系列、自己相関係数、偏自己相関係数のプロット
tsdisplay(ar.lh$resid)
```

残差の自己相関係数、偏自己相関係数はいずれのラグでも0であると判断して良さそうな結果が得られています。続いて、残差の分散が時間によらず一定であることを検証するために、残差の2乗の回帰診断を実行します。リスト15.20のように、tsdisplay関数で残差の2乗の時系列、自己相関係数、偏自己相関係数を算出します（図15.24）。

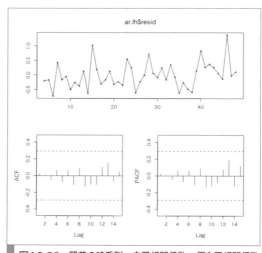

図15.23　残差の時系列、自己相関係数、偏自己相関係数

リスト15.20　arlhresid2.R（抜粋）

```
# 残差の2乗の自己相関係数、偏自己相関係数のプロット
tsdisplay(ar.lh$resid^2)
```

この場合も、残差の2乗の自己相関係数、偏自己相関係数はいずれのラグでも0であると判断して良さそうな結果が得られています。

ARモデルは、後述するARMAモデルによってより記述力のあるモデルに拡張されます。

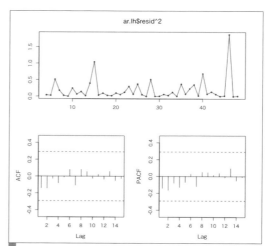

図15.24　残差の2乗の時系列、自己相関係数、偏自己相関係数

15-5-2 ARモデルによるモデリングがうまくいかないケース

さて、これまではARモデルによりうまくフィッティングできるケースを見てきました。しかし、すべての時系列データに対してARモデルによるフィッティングが良好であるわけではありません。そのような例を見るために、AirPassengersデータセットに対してARモデルをフィッティングさせてみましょう。

```
# AirPassengersデータセットに対するARモデルのフィッティング
> ar.ap <- ar(AirPassengers)
> ar.ap

Call:
ar(x = AirPassengers)

Coefficients:
      1        2        3        4        5        6        7        8
 1.0131  -0.0544  -0.0418   0.0188   0.0387  -0.0780   0.0248  -0.0710
      9       10       11       12       13
 0.0655  -0.0586   0.1941   0.4508  -0.5397

Order selected 13  sigma^2 estimated as  906.1
```

以上の結果を見ると、最終行に"Order selected 13"とあり、ARモデルの次数は13と推定されていることがわかります。また、"Coefficients:"には、各項の係数が表示されています。これによると、

$$y_t = 1.0131\, y_{t-1} - 0.0544\, y_{t-2} - 0.0418\, y_{t-3} + 0.0188\, y_{t-4} + 0.0387\, y_{t-5} - 0.0780\, y_{t-6}$$
$$+ 0.0248\, y_{t-7} - 0.0710\, y_{t-8} + 0.0655\, y_{t-9} - 0.0586\, y_{t-10} + 0.1941\, y_{t-11} + 0.4508\, y_{t-12}$$
$$- 0.5397\, y_{t-13} + 定数項 + e_t$$

と表されることがわかります。

このようにして推定したARモデルの妥当性を検証してみましょう（**リスト15.21**）。残差の自己相関係数、偏自己相関係数をプロットします（**図15.25**）。

リスト15.21　arapresid.R（抜粋）

```
library(forecast)
# 残差の時系列、自己相関係数、偏自己相関係数のプロット
tsdisplay(ar.ap$resid)
```

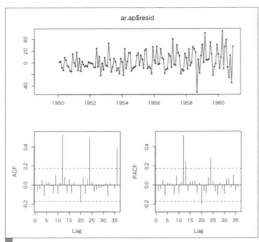

図15.25 残差の時系列、自己相関係数、偏自己相関係数

　以上の結果を見ると、自己相関係数はラグが12、24、36、偏自己相関係数はラグが12、24で残差が有意に大きくなっていることを確認できます。AirPassengersデータセットは各月の旅客機の乗員数を記録しているので、ラグが12、24、36は1年前の同じ月に相当します。残差の自己相関係数、偏自己相関係数がこれらのラグで有意に大きくなることは、1年前の同じ月の乗員数と何かしら関係があることを示唆しています。

　さらに、残差の独立性を検証するために、Ljung-Box検定を実行してみましょう。ここでの帰無仮説は「残差の自己相関係数はすべて0である」とする検定です。`Box.test`関数を用いて実行します。

```
# 残差の独立性の検定
> Box.test(window(ar.ap$resid, start = 14), type = "Ljung")

        Box-Ljung test

data:  window(ar.ap$resid, start = 14)
X-squared = 0.58298, df = 1, p-value = 0.4451
```

　この結果を見ると、P-値が0.4451となり有意水準 $\alpha = 0.05$ のもとで帰無仮説を棄却できないことが確認できます。以上のことから、AirPassengersデータセットに対してはARモデルによるフィッティングが妥当ではないことが確認できました。その理由は、成分分解の項で見たように、AirPassengersデータセットはトレンド成分と季節成分を持つためです。トレンド成分や季節成分を除去するためには、一般的にもともとの時系列データ（原系列）の差分をとる方法により対処します。こうした観点を織り込んだモデリング方法として、後述するARIMAモデル、およびARIMAモデルで季節成分を考慮したSARIMAモデルがあります。

15-5-3 ARMA/ARIMAモデル

ここでは、ARモデルを拡張したARMAモデルとARIMAモデルについて説明します。

■ARMAモデル

ARMAモデルはARモデルを拡張したものであり、ARモデルに過去の時点のホワイトノイズの移動平均が追加されます。すなわち、時刻tにおける観測値y_tは過去の観測値$y_{t-1}, y_{t-2}, \ldots, y_{t-p}$、および、定数項$c$、ホワイトノイズ$e_t, e_{t-1}, \ldots e_{t-q}$を用いて次式

$$y_t = c + a_1 y_{t-1} + \cdots + a_p y_{t-p} + e_t + b_1 e_{t-1} + \cdots + b_q e_{t-q} = c + \sum_{i=1}^{p} a_i y_{t-i} + \sum_{j=1}^{q} b_j e_{t-j} + e_t$$

により表されるとします。

ARモデルの場合は、次式

$$y_t = c + a_1 y_{t-1} + \cdots + a_p y_{t-p} + e_t$$

で表されていたので、これに次式の項

$$b_1 e_{t-1} + \cdots + b_q e_{t-q} = \sum_{j=1}^{q} b_j e_{t-j}$$

が追加されたことになります。これらの項はホワイトノイズの移動平均(*Moving Average*)と呼ばれています。

ホワイトノイズの移動平均により時系列データをモデリングする次式はMAモデル(*Moving Average Model*)と呼ばれています。

$$y_t = e_t + b_1 e_{t-1} \cdots + b_q e_{t-q}$$

まずは、移動平均項のイメージを持つために組み込みのstatsパッケージの**arima.sim**関数を用いて、MAモデルに従う時系列データを生成してみましょう。ここでは、時刻tの観測値y_tは時刻tのホワイトノイズe_tと時刻$t-1$のホワイトノイズe_{t-1}の線形結合で表されるとします。すなわち、次式において、b_1の値を変化させてMAモデルに従う時系列を可視化します。

$$y_t = e_t + b_1 e_{t-1}$$

リスト15.22では、$b_1 = 0.9$、0.5、-0.5、-0.9に対して、それぞれ長さが500のMAモデルに従う時系列データを生成してプロットしています(**図15.26**)。

リスト15.22　ma.R

```
library(ggplot2)
set.seed(71)
# MAモデルに従う時系列データの生成
len <- 500
ma.0.9 <- arima.sim(list(order = c(0, 0, 1), ma = 0.9), n = len) %>% as.vector
ma.0.5 <- arima.sim(list(order = c(0, 0, 1), ma = 0.5), n = len) %>% as.vector
ma.m0.5 <- arima.sim(list(order = c(0, 0, 1), ma = -0.5), n = len) %>%
    as.vector
ma.m0.9 <- arima.sim(list(order = c(0, 0, 1), ma = -0.9), n = len) %>%
    as.vector
dat <- data.frame(time = rep(1:len, 4), x = c(ma.0.9, ma.0.5, ma.m0.5,
    ma.m0.9), b1 = c(rep(c(0.9, 0.5, -0.5, -0.9), each = len)))
p <- ggplot(data = dat, aes(x = time, y = x)) + geom_line() +
        facet_grid(b1 ~ .) + ggtitle("MA(1)") + theme_bw()
print(p)
```

以上の結果を見ると、一番下の $b_1 = 0.9$ では相対的に変動が大きく、$b_1 = 0.5$ では相対的に小さくなり、$b_1 = -0.5$ では変動の大きさは $b_1 = 0.5$ のときとそれほど変わらないもののより「ギザギザ」が大きくなり、$b_1 = 0.9$ ではその傾向がさらに強くなっていることを確認できます。

$b_1 = 0.9$、0.5、-0.5、-0.9のそれぞれに対して、**リスト15.23**のようにforecastパッケージの tsdisplay 関数を用いて自己相関係数、偏自己相関係数を求めてプロットしてみましょう（**図15.27**、**図15.28**、**図15.29**、**図15.30**）。

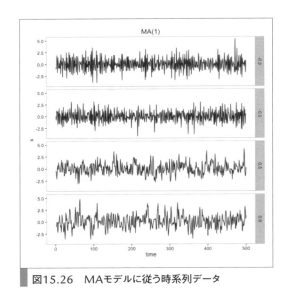

図15.26　MAモデルに従う時系列データ

リスト15.23　tsdisplayma.R（抜粋）

```
# MAモデルに従う時系列データの自己相関係数、偏自己相関係数のプロット
library(forecast)
tsdisplay(ma.0.9)
tsdisplay(ma.0.5)
tsdisplay(ma.m0.5)
tsdisplay(ma.m0.9)
```

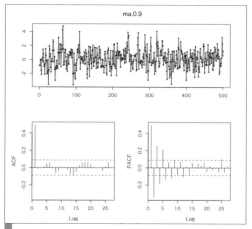

図15.27　MAモデルに従う時系列データの自己相関係数、偏自己相関係数 ($b_1 = 0.9$)

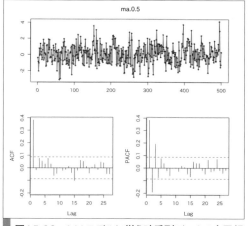

図15.28　MAモデルに従う時系列データの自己相関係数、偏自己相関係数 ($b_1 = 0.5$)

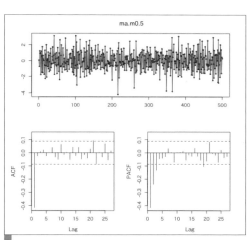

図15.29　MAモデルに従う時系列データの自己相関係数、偏自己相関係数 ($b_1 = -0.5$)

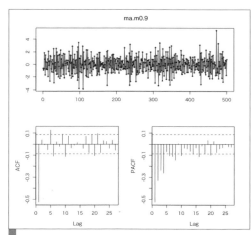

図15.30　MAモデルに従う時系列データの自己相関係数、偏自己相関係数 ($b_1 = -0.9$)

　ARモデルの説明にも用いたlhデータセットに対して、ARMAモデルをフィッティングしてみましょう。ここでは、AR項の次数が3、MA項の次数が3としてフィッティングします。そのため、arima関数のorder引数はc(3, 0, 3)と指定します。

```
# lhデータセットに対するARMAモデルのフィッティング
> arma.lh <- arima(lh, order=c(3, 0, 3))
> arma.lh
```

Part 5 データ分析

```
Call:
arima(x = lh, order = c(3, 0, 3))

Coefficients:
         ar1     ar2      ar3    ma1      ma2      ma3   intercept
      0.3398  0.7007  -0.4273  0.3623  -0.6192  -0.2821    2.3822
s.e.  0.3541  0.2784   0.2058  0.3888   0.4891   0.3212    0.0776

sigma^2 estimated as 0.1696:  log likelihood = -26.07,  aic = 68.14
```

得られた結果を見ると、AR項の次数 $p = 3$、MA項の次数 $q = 3$ としたときのlhデータセットに対するARMAモデルは次式で表されることが分かります。

$$y_t = 0.3398 y_{t-1} + 0.7007 y_{t-2} - 0.4273 y_{t-3} + 0.3623 e_{t-1} - 0.6192 e_{t-2} - 0.2821 e_{t-3} + 2.3822 + e_t$$

残差の自己相関係数、偏自己相関係数を**リスト15.24**のようにプロットします（**図15.31**）。

リスト15.24　armalhresid.R（抜粋）

```
library(forecast)
# 残債の自己相関係数、偏自己相関係数のプロット
tsdisplay(arma.lh$resid)
```

AirPassengersデータセットに対しても同様にARMAモデルをフィッティングしてみましょう。ここでも、AR項、MA項の次数はそれぞれ3に設定します。

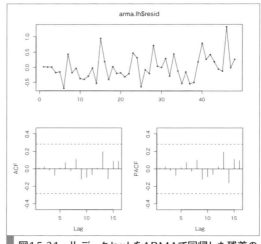

図15.31　lhデータセットをARMAで回帰した残差の自己相関係数、偏自己相関係数

```
# AirPassengersデータセットに対するARMAモデルのフィッティング
> arma.ap <- arima(AirPassengers, order = c(3, 0, 3))
```

こうしてフィッティングしたモデルの残差の自己相関係数、偏自己相関係数を**リスト15.25**のようにしてプロットします(**図15.32**)。

リスト15.25　armaapresid.R（抜粋）
```
# 残差の自己相関係数、偏自己相関係数のプロット
tsdisplay(arma.ap$resid)
```

図15.32を見ると、ラグが3の倍数のときに自己相関係数、偏自己相関係数ともに比較的大きな値を取ることを確認できます。したがって、AirPassengersデータセットをARMAモデルでフィッティングするのは適していないことを確認できます。

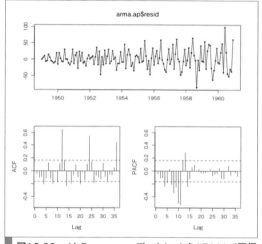

図15.32　AirPassengersデータセットをARMAで回帰した残差の自己相関係数、偏自己相関係数

15-5-4 ARIMAモデル

続いて、ARIMAモデルについて説明します。ARIMAモデルは、ARMAモデルにおいてAR項を差分化したものです。復習になりますが、ARMAモデルは次式で表されていました。

$$y_t = c + a_1 y_{t-1} + \cdots + a_p y_{t-p} + e_t + b_1 e_{t-1} + \cdots + b_q e_{t-q}$$

ARIMAモデルはy_tの階差をとります。例えば階差1の場合、$y_t \to y_t - y_{t-1}$と変換されるため、次式に変換されます。

$$y_t - y_{t-1} = c + a_1(y_{t-1} - y_{t-2}) + \cdots + a_p(y_{t-p} - y_{t-p-1}) + e_t + b_1 e_{t-1} + \cdots + b_q e_{t-q}$$

この式を整理すると次式のようになります。

$$y_t = c + (a_1 + 1)y_{t-1} + (a_2 - a_1)y_{t-2} + \cdots + (a_p - a_{p-1})y_{t-p} - a_p y_{t-p-1} + e_t + b_1 e_{t-1} + \cdots + b_q e_{t-q}$$

階差が2の場合は、階差1の差分をとるので、ARMAモデルのy_tが$y_t \to y_t - 2y_{t-1} + y_{t-2}$と変換されます。この場合の式変形は複雑になるため省略しますが、階差1の場合と同様に式変形できることを確認できるでしょう。

ARIMAモデルは、AR項の次数p、MA項の次数q、階差dにより、ARIMA(p,d,q)と表されます。

ARIMAモデルはさらに、季節調整を行ったSARIMAモデル (*Seasonal ARIMA Model*) に拡張されます。これは、AirPassengersデータセットのように同じ月のデータは同様の傾向を示すという性質を織り込むためのモデルです。この性質を織り込むために、12ヶ月前との差分を考えてARIMAモデルにおいて$y_t \to y_t - y_{t-12}$と変換すると、次式を得ます。実際は、SARIMAモデルは季節調整のAR項、MA項も追加されますが、式が煩雑になるので、本書では後ほどコードの実行結果から数式で説明するにとどめます。

$$(y_t - y_{t-12}) - (y_{t-1} - y_{t-13}) = c + a_1\{(y_{t-1} - y_{t-13}) - (y_{t-2} - y_{t-14})\}$$
$$+ \cdots + a_p\{(y_{t-p} - y_{t-p-12}) - (y_{t-p-1} - y_{t-p-13})\}$$
$$+ e_t + b_1 e_{t-1} + \cdots + b_q e_{t-q}$$

AirPassengersデータセットに対してARIMAモデルをフィッティングしてみましょう。そのためには、どの程度差分をとるべきかについて検討する必要があります。AirPassengersデータセットに対して、階差をとって自己相関を確認してみましょう。forecastパッケージの`ndiffs`関数は、単位根検定を実行して定常な時系列となるために必要な階差を算出します。

```
# 定常な時系列とするための階差の算出
> nd <- ndiffs(AirPassengers, max.d = 12)
> nd
[1] 1
```

この結果を見ると、定常な時系列とするためには階差$d = 1$と設定すれば良いことが分かります。また、`nsdiffs`関数は、単位根検定を実行して季節成分の階差を算出します。

```
# 定常な時系列となるための季節成分の階差の算出
> nsd <- nsdiffs(AirPassengers, max.D = 2)
> nsd
[1] 1
```

リスト15.26のようにしてこの結果を見ると、定常な時系列とするためには季節成分の階差D=1と設定すれば良いことが分かります（図15.33）。

リスト15.26　nsdiffs.R（抜粋）

```
# 階差の自己相関のプロット
acf(diff(AirPassengers, nd))
```

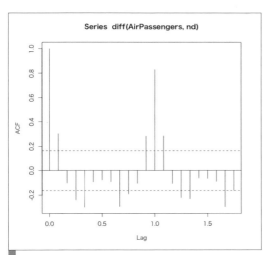

図15.33　AirPassengersデータセットの差分の自己相関係数

以上の結果を用いて、AirPassengersデータセットに対してARIMAモデルを適用してみましょう。ここでは、order引数にAR項の次数p=1、MA項の次数q=1、階差d=1を、seasonal引数に季節調整のAR項の次数P=0、MA項の次数Q=1、階差の次数D=1を設定します。

```
# AirPassengersデータセットに対するARIMAモデルのフィッティング
> ap.train <- window(AirPassengers, start = c(1949, 1), end = c(1960, 12))
> arima.ap <- arima(ap.train, order = c(1, nd, 1),
+                   seasonal = list(order = c(0, 1, 1), period = 12))
> arima.ap

Call:
arima(x = ap.train, order = c(1, nd, 1), seasonal = list(order = c(0, 1, 1),
    period = 12))

Coefficients:
          ar1      ma1     sma1
      -0.2429  -0.0587  -0.1039
s.e.   0.4501   0.4760   0.0836
```

データ分析

```
sigma^2 estimated as 135.3:  log likelihood = -507.45,  aic = 1022.9
```

以上の結果、次式のように表されることを確認できます。

$$(y_t - y_{t-12}) - (y_{t-1} - y_{t-13}) = -0.2429\{(y_t - y_{t-13}) - (y_{t-2} - y_{t-14})\} + e_t - 0.1039$$
$$-0.0587(e_{t-1} - 0.1039 e_{t-13})$$

■tsdiag関数

こうして構築したARIMAモデルに対して、**リスト15.27**のようにstatsパッケージのtsdiag関数を用いて回帰診断を実行します（**図15.34**）。

リスト15.27　tsdiag.R（抜粋）

```
# 回帰診断
tsdiag(arima.ap)
```

tsdiag関数を実行した結果、「Standardized Residuals」、「ACF of Residuals」、「p values for Ljung-Box statistic」というタイトルの3つの図が出力されます。

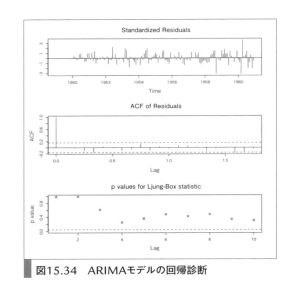

図15.34　ARIMAモデルの回帰診断

- "Standardized Residuals"というタイトルのついた図には、各年の標準化された残差がプロットされる
- "ACF of Residuals"というタイトルのついた図には、横軸にラグ、縦軸に自己相関係数がプロットされる。この結果を見ると、ラグが0以外では自己相関係数が小さくなっていることがわかる
- "p values for Ljung-Box statistic"というタイトルのついた図には、横軸にラグ、縦軸に残差のLjung-Box検定のP-値が表示されている。ここで、Ljung-Box検定の帰無仮説は「残

差の相関はない」。有意水準はデフォルトでは$\alpha = 0.05$と設定されており、図中に青い破線で表示されている。図を見ると、いずれのラグでもP-値は有意水準を上回っていることを確認できる。そのため、帰無仮説が棄却されず残差の相関はないと判断できる

■Ljung-Box検定による残差の独立性の確認

"ACF of Residuals"というタイトルの自己相関係数のプロットより、残差の自己相関はないと考えられます。念のため、Ljung-Box検定も実行してみましょう。

```
# 残差に対するLjung-Box検定
> Box.test(arima.ap$residuals, type = "Ljung-Box")

        Box-Ljung test

data:  arima.ap$residuals
X-squared = 0.00030176, df = 1, p-value = 0.9861
```

P-値が0.9861となっており、帰無仮説「すべてのラグの自己相関係数が0である」が棄却されず、残差間の相関はないと結論づけられます。以上により、推定したモデルはARIMAモデルの前提を満たしていることを確認できました。

■ARIMAモデルによる予測

続いて推定したARIMAモデルを用いて、1961年1月から12月までの乗客数を予測しましょう。リスト15.28のようにforecast関数の第1引数にarima関数の戻り値のオブジェクトを指定して、h引数に予測する時点数を指定します。ここでは、1961年1月から12月までの12時点を予測するため、h=12と指定します。さらに、予測した結果にplot関数を適用すると、横軸を時間、縦軸を乗客数の実績値または予測値とした図をプロットできます（**図15.35**）。

リスト15.28　arima.R（抜粋）
```
# 1960年1月-12月の乗客数の予測
plot(forecast(arima.ap, h = 12))
```

得られた図を見ると、ARIMAモデルの構築に用いた1960年12月までは実線で、1961年1月から12月までの予測の範囲では予測値は太い実線で表示されています。さらに、その周りには80%信頼区間が比較的濃く塗られ、さらに外側には95%信頼区間が薄く塗られて示されていることが確認できます。

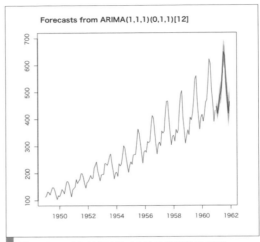

図15.35　1961年1月-12月の乗客数の予測

■auto.arima関数によるARIMAモデルの次数推定

以上では、ARIMAモデルのパラメータを指定してフィッティングを行っていました。forecastパッケージのauto.arima関数を使用すると、パラメータを自動的に決定できます。

```
# auto.arima関数によるパラメータの推定
> aarima.ap <- auto.arima(ap.train)
> aarima.ap
Series: ap.train
ARIMA(0,1,1)(0,1,0)[12]

Coefficients:
          ma1
      -0.3184
s.e.   0.0877

sigma^2 estimated as 137.3:   log likelihood=-508.32
AIC=1020.64   AICc=1020.73   BIC=1026.39
```

以上の結果得られたARIMAモデルは、ARIMA(0,1,1)(0,1,0)[12]となっています。これは、AR項の次数$p = 0$、MA項の次数$q = 1$、階差$d = 1$、季節成分のAR項の次数$P = 0$、MA項の次数$Q = 0$、階差$D = 1$（ラグが12）であることを意味しています。したがって、ARIMAモデルは次式となります。

$$(y_t - y_{t-1}) - (y_{t-12} - y_{t-13}) = e_t - 0.3184 e_{t-1}$$

整理すると次式のように表されることが分かります。

$$y_t = y_{t-1} + y_{t-12} - y_{t-13} + e_t - 0.3184 e_{t-1}$$

こうして得られたARIMAモデルに対して1960年1月から12月までの乗客数を予測してみましょう。**リスト15.29**のようにforecast関数にARIMAモデルのオブジェクトを渡し、引数hに予測するステップ数を指定します。ここでは12ヶ月分を予測するのでh=12です（**図15.36**）。

リスト15.29　autoarima.R（抜粋）

```
# 1960年1-12月の乗客数の予測
plot(forecast(arima.ap, h = 12))
```

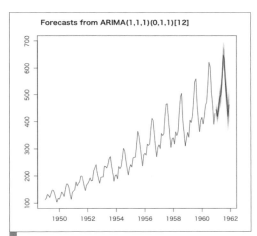

図15.36　auto.arima関数で推定したARIMAモデルによる1960年1-12月の乗客数の予測

16章 頻出パターンの抽出

頻出パターンの抽出とは、データに頻繁に現れる要素の組み合わせやルールを抽出するタスクです。これにより、たとえば、スーパーマーケットにおけるレジのPOSデータから、頻繁に同時購入される商品の組み合わせを抽出できます。「バスケット分析」とも呼ばれるこれらの手法を習得することにより、データに潜むパターンを理解することが可能になります。

16.1 頻出パターンとは

頻出パターンとは、データに頻繁に出現するアイテムの組み合わせやルールを指します。たとえば、図16.1に示すように、コンビニエンスストアやスーパーマーケットにおけるレジのPOSデータ (*Point Of Sales*) を考えてみましょう。

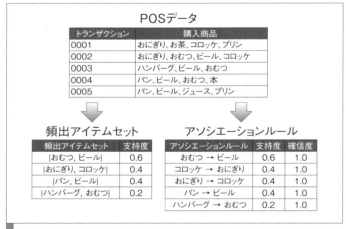

図16.1 頻出パターン抽出のイメージ

図16.1では、5つのトランザクションで購入された商品から、同時に購入される商品の組み合わせ (頻出アイテムセット)、および、ある商品Aを購入したときに高い確率で別の商品Bを購入するルール (アソシエーションルール) を抽出しています。トランザクションとはこの場合、コンビニエンスストアやスーパーマーケットにおけるレジでの1回1回の支払いと考えます。頻出アイテムセットやアソシエーションルールについては以下で詳しく説明します。このように、POSデータを詳しく調べると、頻繁に同時に購入される商品や、ある商品を購入するという前

提のもとで高い確度で購入される商品のルールが見つかることでしょう。なお、頻出パターンの抽出は「バスケット分析」と呼ばれることもあります。

16-2 抽出するパターンの概要

16-2-1 パターンの種別

一口に頻出パターンと言っても、いくつかの種別があります。代表的なものは次のとおりです。

- 頻出アイテムセット (*frequent itemset*)
  頻出アイテムセットは、たとえば商品Aと商品Bが高い頻度で同時購入されるなど、頻出する組み合わせに関するパターンを指す。たとえば、コンビニエンスストアにおいて、おにぎりとパンが同時購入されやすいとき、この頻出アイテムセットは次のように表される:{おにぎり，パン}。ここで、集合を表すカッコには「{」と「}」を用いているが特に決まりがあるわけではない。おにぎりとパンが組み合わせで出現していることがわかれば、たとえば:"おにぎり，パン"や「おにぎり、パン」などと表しても良い

- 頻出アソシエーションルール (*frequent association rule*)
  頻出アソシエーションルールは、たとえばある商品Aを買ったときに高い頻度で別の商品Bが同時に購入されるなど、条件つきのルールを指す。たとえば、コンビニエンスストアにおいて、おにぎりとパンを購入するという条件のもとでお茶も購入するアソシエーションルールは次のように表せる:{おにぎり，パン} => {お茶}。このとき矢印の左辺を**条件部**、右辺を**結論部**と呼ぶ

- 系列パターン (*sequential pattern*)
  系列パターンは、たとえばある日に商品Aを購入し、その後別の日に商品Bを購入するように、順序性を持つパターンを指す

Rでは、頻出アイテムセットやアソシエーションルールを抽出するためにarulesパッケージが、系列パターンを抽出するためにarulesSequencesパッケージがそれぞれ提供されています。

16-2-2 パターンを評価する指標

頻出パターンを評価する指標がいくつか提案されています。代表的なものとして、支持度 (サポート；*support*)、確信度 (コンフィデンス；*confidence*)、リフト (*lift*) が挙げられます。

■支持度

支持度 (サポート) は、全トランザクションの中でパターンがどのくらいの割合で出現するかを表す指標です。頻出アイテムセット、頻出アソシエーションルール、系列パターンのいずれに対しても評価指標として使用されます。

支持度を集合の関係として図で表すと**図16.2**のようになります。Xが全トランザクション、A

がパターンAが現れるトランザクションを表しています。このとき、パターンの支持度はAとXのトランザクション数の比として算出されます。

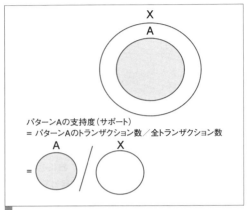

図16.2　支持度の図式化

■確信度

　確信度（コンフィデンス）は、あるアイテムが出現したときに別のアイテムが出現する割合を表す指標です。頻出アソシエーションルール、系列パターンの評価指標として使用されます。確信度を集合の関係として図で表すと**図16.3**のようになります。Xが全トランザクション、Aがパターン A が現れるトランザクション、Bがパターン B が現れるトランザクションを表しています。このとき、Aが出現したときにBが出現するアソシエーションルールの確信度は、AとBの共通集合とAのトランザクション数の比として算出されます。

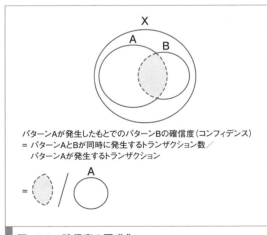

図16.3　確信度の図式化

■リフト

リフトは、2つのアイテムが同時に出現する割合をそれぞれのアイテムが出現する割合の積で割るという定義の指標です。リフトは、直感的には2つのアイテムが独立に発生すると仮定したときに比べてどの程度一緒に発生しやすいかの比率を表しています。頻出アソシエーションルールの評価指標として使用されます。

リフトを集合の関係として図式化すると、図16.4のようになります。Xが全トランザクション、AがパターンAが現れるトランザクション、BがパターンBが現れるトランザクションを表しています。AとBのリフトは、次の(a)と(b)のようにして、(a)/(b)で算出されます。

(a) AとBの共通集合のXに対するトランザクション数の比
(b) AのXに対するトランザクション数の比、BのXに対するトランザクション数の比の積

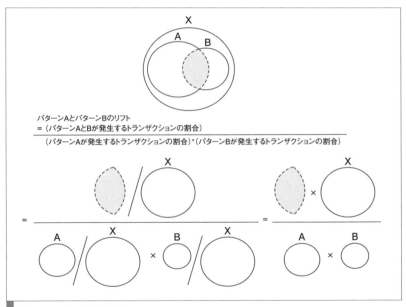

図16.4　リフトの図式化

以上で説明したパターン抽出の種類と評価指標の関係をまとめると表16.1のようになります。

表16.1　パターン抽出の種類と評価指標

	支持度 (support)	確信度 (confidence)	リフト (lift)
頻出アイテムセット	◯	-	-
頻出アソシエーションルール	◯	◯	◯
系列パターン	◯	◯	◯

16-3 頻出アソシエーションルール・頻出アイテムセットの抽出

頻出アソシエーションルールや頻出アイテムセットを抽出する代表的な手法として、アプリオリがあります。また、頻出アイテムセットのみを抽出する手法としては、Eclat、FP-growthなどがあります。arulesパッケージを使用すると、アプリオリとEclatを実行できます。

まず、本節（「**16-3 頻出アソシエーションルール・頻出アイテムセットの抽出**」）で必要なパッケージをインストールします。必要に応じて読み込んでください。

```
> install.packages("arules", quiet = TRUE)
> install.packages("dplyr", quiet = TRUE)
> install.packages("ggplot2", quiet = TRUE)
> install.packages("arulesViz", quiet = TRUE)
> install.packages("arulesSequences", quiet = TRUE)
```

16-3-1 アプリオリ

アプリオリ（*Apriori*）は、データベースを繰り返しスキャンしてパターンに含まれるアイテム数を増加させながら、所定の条件を満たすパターンを抽出する手法です。

■トランザクションデータの要約

arulesパッケージに付属しているEpubデータセットに対して、アプリオリを実行してみましょう。Epubデータセットは、オーストリアのウィーン経済大学の電子出版のプラットフォームでダウンロードされた文献のログデータを収録しており、15,729件のトランザクションから構成されます。各トランザクションを構成するアイテム（文献）は、936種類あります。

```
> library(arules)
> data(Epub)
# トランザクションデータの要約
> summary(Epub)
transactions as itemMatrix in sparse format with
 15729 rows (elements/itemsets/transactions) and
 936 columns (items) and a density of 0.001758755

most frequent items:
doc_11d doc_813 doc_4c6 doc_955 doc_698 (Other)
    356     329     288     282     245   24393

element (itemset/transaction) length distribution:
sizes
    1     2     3     4     5     6     7     8     9    10    11    12
11615  2189   854   409   198   121    93    50    42    34    26    12
```

```
      13     14     15     16     17     18     19     20     21     22     23     24
      10     10      6      8      6      5      8      2      2      3      2      3
      25     26     27     28     30     34     36     38     41     43     52     58
       4      5      1      1      1      2      1      2      1      1      1      1

   Min. 1st Qu.  Median    Mean 3rd Qu.    Max.
  1.000   1.000   1.000   1.646   2.000  58.000

includes extended item information - examples:
     labels
1 doc_11d
2 doc_13d
3 doc_14c

includes extended transaction information - examples:
      transactionID           TimeStamp
10792   session_4795 2003-01-02 10:59:00
10793   session_4797 2003-01-02 21:46:01
10794   session_479a 2003-01-03 00:50:38
```

以上の結果を見ると、Epubデータセットについて次の知見を得ることができます。

- `transactions as itemMatrix in sparse format with`で始まるブロックは、Epubデータセットの行数（トランザクション数）とアイテム数を表示している。15,729トランザクション、936アイテムが存在することがわかる
- `most frequent items`で始まるブロックには、最も頻出するアイテムがその出現回数とともに表示されている。doc_11dが最多で356回、続いてdoc_813が329回、doc_4c6が288回となっていることを確認できる
- `element (itemset/transaction) length distribution:`で始まるブロックは、トランザクションに含まれるアイテムの個数を集計して、個数ごとにトランザクション数とその統計量を表示している。たとえば、アイテムが1個しか含まれないトランザクションが11,615あり、アイテムが2個含まれるトランザクションが2,189あることがわかる。また、アイテムの個数の統計量は、最小値（`Min.`）が1、第一四分位点（`1st Qu.`）が1、中央値（`Median`）が1、平均値（`Mean`）が1.646、第三四分位点（`3rd Qu.`）が2、最大値（`Max.`）が58であることを確認できる
- `includes extended item information - examples:`で始まるブロックは、アイテムの情報を示している。ここでは、アイテムのラベルが表示されている
- `includes extended transaction information - examples:`で始まるブロックは、トランザクションの情報が表示されている。ここでは、トランザクションのID（`transactionID`）、トランザクションが発生した時刻（`TimeStamp`）が表示されていることを確認できる

■単一アイテムの支持度の算出

単一のアイテムが出現する割合は`itemFrequency`関数を用いて算出できます。次の例は、Epub

Part 5 データ分析

データセットに対して`itemFrequency`関数によりアイテムの出現割合を算出しています。この出現割合は単一のアイテムの支持度です。

```
> library(dplyr)
# 単一アイテムの支持度の算出
> itemfreq <- Epub %>%
+            itemFrequency %>%
+            data.frame(item=names(.), support=.) %>%
+            arrange(desc(support))
> itemfreq %>% head
      item    support
1 doc_11d 0.02263335
2 doc_813 0.02091678
3 doc_4c6 0.01831013
4 doc_955 0.01792867
5 doc_698 0.01557632
6  doc_71 0.01468625
```

最も出現したアイテムは**doc_11d**で支持度は約 0.023、続いて**doc_813**で支持度は約 0.021 であることを確認できます。最も出現した単一のアイテムでもその支持度が約 0.021（2.1%）であるため、2個以上のアイテムからなるパターンの抽出にあたっては最小支持度を少なくともこの値よりも小さくしなければならないことが分かります。

支持度の分布を調べるために、まずは`quantile`関数を用いて区分点を算出してみましょう。0%から100%まで10%刻みで区分点を求めています。

```
# 単一アイテムの支持度の区分点
> itemfreq %>%
+   select(support) %>%
+   unlist %>%
+   quantile(probs=seq(0, 1, by=0.1))
          0%          10%          20%          30%          40%
6.357683e-05 1.907305e-04 3.178842e-04 5.721915e-04 7.629220e-04
         50%          60%          70%          80%          90%
1.017229e-03 1.335113e-03 1.716574e-03 2.288766e-03 3.814610e-03
        100%
2.263335e-02
```

この結果を見ると、90%点で支持度は約 3.815×10^{-3}、すなわち約 0.0038（0.38%）となっていることが分かります。Epub データセットのトランザクションは 15,729 件でしたので、90%点に対応するアイテムでおおよそ $0.0038 \times 15{,}729 = 59$ 件のトランザクションに現れていることを確認できます。また、50%点では支持度は約 1.017×10^{-3}、すなわち約 0.001（0.1%）となっています。この場合はおおよそ $0.001 \times 15{,}729 = 16$ 件のトランザクションにアイテムが現れていることを確認できます。念のため、**リスト 16.1** のようにして支持度のヒストグラムもプロットしてみましょ

う。ggplot2パッケージを用いてプロットしたのが図16.5です。

リスト16.1　itemfreq.R
```
library(ggplot2)
# 単一アイテムの支持度のヒストグラム
p <- ggplot(data=itemfreq, aes(x=support, y=..count..)) +
     geom_histogram()
print(p)
```

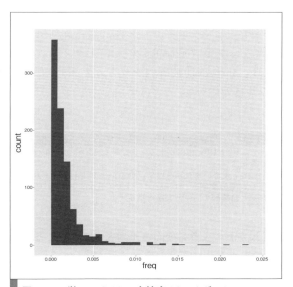

図16.5　単一アイテムの支持度のヒストグラム

■トランザクションデータの確認

トランザクションデータは`inspect`関数を用いて確認できます。次の例は、1〜5行目のデータを確認しています。

```
# トランザクションデータの先頭
> inspect(Epub[1:5])
      items                    transactionID TimeStamp
10792 {doc_154}                session_4795  2003-01-02 10:59:00
10793 {doc_3d6}                session_4797  2003-01-02 21:46:01
10794 {doc_16f}                session_479a  2003-01-03 00:50:38
10795 {doc_11d,doc_1a7,doc_f4} session_47b7  2003-01-03 08:55:50
10796 {doc_83}                 session_47bb  2003-01-03 11:27:44
```

この結果を見ると、それぞれの行が`items`（ダウンロードされた文献）、`transactionID`（トラン

ザクションを一意に識別するID)、TimeStamp(文献がダウンロードされた時刻)の情報を保持していることがわかります。たとえば、次のようなトランザクションの情報を得ることができます。

- 1行目のトランザクションは、2003年1月2日10時59分00秒に文献doc_154がダウンロードされており、トランザクションIDにsession_4795が割り当てられている
- 4行目のトランザクションは、2003年1月3日8時55分50秒に文献doc_11d、doc_1a7、doc_f4がダウンロードされ、トランザクションIDにsession_47b7が割り当てられている

■inspect関数

inspect関数はarulesパッケージで提供されており、トランザクション(transactionsクラス)、アイテムセット(itemsetsクラス)、アソシエーションルール(rulesクラス)、アイテム行列(itemMatrixクラス)を確認するために使用します。inspect関数はS4クラスのメソッドになっています。inspect関数の主要な引数は**表16.2**のとおりです。

表16.2　inspect関数の主要な引数

引数	説明
x	トランザクション(transactionsクラス)、アイテムセット(itemsetクラス)、アソシエーションルール(rulesクラス)、アイテム行列(itemMatrixクラス)を指定
...	setStart、setEnd、itemSep、ruleSep、linebreakのいずれかを指定。"setStart"にはアイテム集合の先頭の文字、"setEnd"にはアイテム集合の末尾の文字、"itemSep"にはアイテム間の区切り文字、"ruleSep"にはアソシエーションルールの条件部と結論部の区切り文字を指定する

...引数を明示的に指定することによって、結果がどのように変わるか調べてみましょう。たとえば、Epubデータセットの1番目から5番目のトランザクションをアイテム集合の先頭の文字を<<、末尾の文字を>>、アイテム間の区切り文字を + として、次のように実行します。

```
# Epubデータセットの先頭5トランザクションの確認
> inspect(Epub[1:5], setStart="<<", setEnd=">>", itemSep=" + ")
      items                            transactionID TimeStamp
10792 <<doc_154>>                      session_4795  2003-01-02 10:59:00
10793 <<doc_3d6>>                      session_4797  2003-01-02 21:46:01
10794 <<doc_16f>>                      session_479a  2003-01-03 00:50:38
10795 <<doc_11d + doc_1a7 + doc_f4>>   session_47b7  2003-01-03 08:55:50
10796 <<doc_83>>                       session_47bb  2003-01-03 11:27:44
```

アイテム集合の先頭の文字が<<、末尾の文字が>>、アイテム間の区切り文字が + になっていることを確認できます。

■アプリオリの実行

アプリオリは**apriori**関数を用いて実行します。次の例は、Epubデータセットに対して、支持度を0.001(0.1%)、確信度を0.2(20%)として、アソシエーションルールを抽出しています。「単

一アイテムの支持度の算出」で説明したように、Epubデータセットの場合、単一のアイテムの支持度の50%点は約0.001 (0.1%) でした。この場合、約16件以上のトランザクションに現れるアイテムを抽出することになります。支持度や確信度の値の設定は分析の目的に依存しますが、筆者は単一アイテムの支持度をまず算出してから値の設定の指針を立てることにしています。

次の例では、まず実行例を示し、続いて関数の具体的な使用方法について説明します。

```
> library(dplyr)
# アソシエーションルールの抽出
> rules.Epub <- apriori(Epub, parameter = list(support = 0.001, confidence = 0.2))

Parameter specification:
 confidence minval smax arem  aval originalSupport support minlen maxlen
        0.2    0.1    1 none FALSE            TRUE   0.001      1     10
 target   ext
  rules FALSE

Algorithmic control:
 filter tree heap memopt load sort verbose
    0.1 TRUE TRUE  FALSE TRUE    2    TRUE

apriori - find association rules with the apriori algorithm
version 4.21 (2004.05.09)        (c) 1996-2004   Christian Borgelt
set item appearances ...[0 item(s)] done [0.00s].
set transactions ...[936 item(s), 15729 transaction(s)] done [0.00s].
sorting and recoding items ... [481 item(s)] done [0.00s].
creating transaction tree ... done [0.00s].
checking subsets of size 1 2 3 done [0.00s].
writing ... [65 rule(s)] done [0.00s].
creating S4 object  ... done [0.00s].
# 抽出したルールの確認
> rules.Epub
set of 65 rules
# 確信度の上位3ルールを調べる
> rules.Epub %>% sort(by = "confidence") %>% head(3) %>% inspect
    lhs                   rhs          support     confidence lift
63 {doc_6e8,doc_6e9} => {doc_6e7} 0.001080806 0.8947368  402.0947
64 {doc_6e7,doc_6e9} => {doc_6e8} 0.001080806 0.8500000  417.8016
65 {doc_6e7,doc_6e8} => {doc_6e9} 0.001080806 0.8095238  454.7500
```

以上の結果を見ると、65個のルールが抽出されていることがわかります。最も確信度が高いアソシエーションルールは、文献 doc_6e8 と doc_6e9 と同時に doc_6e7 もダウンロードするルールであり、確信度 (*confidence*) が約0.8947、支持度 (*support*) が約0.001、リフト (*lift*) が約402.09となっています。なお、apriori関数の戻り値はS4クラスのオブジェクトとなっています。

また、確信度、支持度、リフトはその定義によりルール、左辺の条件部、右辺の結論部が出現するトランザクション数から算出されています。筆者は、確信度、支持度、リフトだけでなく、

データ分析

トランザクション数を見ながら抽出したルールを理解することも重要だと考えています。そこで、以降では確信度、支持度、リフトをもとに、トランザクション数を求めます。

支持度の定義から、ルールの支持度をsupport、すべてのトランザクション数をN、ルールが出現するトランザクション数をn_ruleとすると、次の式が成り立ちます。

$$\text{support} = \frac{n_\text{rule}}{N}$$

この式から、ルールが出現するトランザクション数n_ruleは、次のように求められることがわかります。

$$n_\text{rule} = \text{support} \times N$$

Rで計算してみましょう。全トランザクション数Nは、rules.Epubのinfoスロットの`ntransactions`に格納されています。apriori関数の戻り値はS4のオブジェクトのため、@記号で必要な情報を抽出します。

```
# ルールの出現回数
> n.rule <- 0.001080806 * rules.Epub@info$ntransactions
> n.rule
[1] 17
```

以上のようにルールの出現回数が17回であることを確認できます。また、確信度の定義から、ルールの確信度をconfidence、条件部の出現回数をn_left、ルールが出現するトランザクション数をn_ruleとすると、次の式が成り立ちます。

$$\text{confidence} = \frac{n_\text{rule}}{n_\text{left}}$$

この式から、条件部が出現するトランザクション数n_leftは、次のように求められることがわかります。

$$n_\text{left} = \frac{n_\text{rule}}{\text{confidence}}$$

Rで計算してみましょう。上で求めたルールの出現回数である**n.rule**を使用します。

```
# ルールの条件部の出現回数
> n.left <- n.rule / 0.8947368
> n.left
[1] 19
```

ルールの条件部の出現回数が19回であることを確認できます。リフトの定義から、条件部が出現するトランザクション数をn_{left}、結論部が出現するトランザクション数をn_{right}、ルールが出現するトランザクション数をn_{rule}とすると、次の式が成り立ちます。

$$\text{lift} = \frac{\frac{n_{\text{rule}}}{N}}{\frac{n_{\text{left}}}{N} \times \frac{n_{\text{right}}}{N}} = \frac{n_{\text{rule}} \times N}{n_{\text{left}} \times n_{\text{right}}}$$

この式から、結論部が出現するトランザクション数n_{right}は、次のように求められることがわかります。

$$n_{\text{right}} = \frac{n_{\text{rule}} \times N}{\text{lift} \times n_{\text{left}}}$$

Rで計算してみましょう。

```
# ルールの結論部の出現回数
> n.right <- n.rule * rules.Epub@info$ntransactions/ (402.0947 * n.left)
> n.right
[1] 35
```

ルールの結論部の出現回数が35回であることを確認できました。
以上より、確信度が最も高いルール`{doc_6e8,doc_6e9} => {doc_6e7}`について次の3点

- ルールは17回出現している
- 左辺の条件部`{doc_6e8,doc_6e9}`は19回出現している
- 右辺の結論部`{doc_6e7}`は35回出現している

などを確認できます。実際の分析においては、このように支持度、確信度、リフトの値だけでなく、出現回数にも着目して抽出されたパターンの評価を行うと良いでしょう。

■apriori関数

先の例で用いたapriori関数はarulesパッケージで提供されており、頻出するアソシエーションルールやアイテムセットを抽出する関数です。apriori関数の主要な引数は**表16.3**のとおりです。

表16.3　apriori関数の主要な引数

引数	説明
data	transactionsクラスのオブジェクトを指定
parameter	抽出するアソシエーションルールやアイテムセットの特性のパラメータを指定。たとえば、アソシエーションルールやアイテムセットの最小支持度、最小のアイテム数、最大のアイテム数などを指定できる
appearance	抽出するアソシエーションルールやアイテムセットを制約するパラメータを指定。たとえば、アソシエーションルールの条件部（左辺）や結論部（右辺）に出現するアイテム、アイテムセットに出現するアイテムなどを指定できる
control	アルゴリズムの性能に影響を及ぼすパラメータを指定。たとえば、抽出したアソシエーションルールやアイテムセットのアイテムをソートする方法、分析の実行経過を報告の有無などを指定できる

parameter引数、appearance引数、control引数については、「16.3.3 設定可能なパラメータ」で詳しく説明しているので参照してください。

■ルールの可視化

このように抽出したルールは、arulesVizパッケージを用いて可視化できます。**リスト16.2**は、横軸を支持度、縦軸を確信度として、抽出したルールの散布図をプロットしています（**図16.6**）。

リスト16.2　rulesepub.R

```
library(arulesViz)
# 支持度と確信度の散布図のプロット
plot(rules.Epub)
```

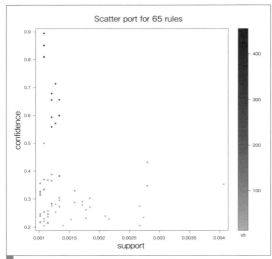

図16.6　支持度と確信度の散布図

プロットされた図を見ると、縦軸の確信度（*confidence*）が高いルールは横軸の支持度（*support*）が低い傾向にあることが読み取れます。

plot関数のmethod引数にはデフォルトでは"scatterplot"が指定されており、以上で見たように散布図をプロットします。method引数を変更することにより、ほかの図をプロットできます。**リスト16.3**の例は、method引数に"grouped"を指定してプロットしています（**図16.7**）。横軸にルールの条件部（左辺）、縦軸に結論部（右辺）をとり、ルールの支持度を点の大きさで表しています。

▎リスト16.3　methodgrouped.R（抜粋）

```
plot(rules.Epub, method = "grouped")
```

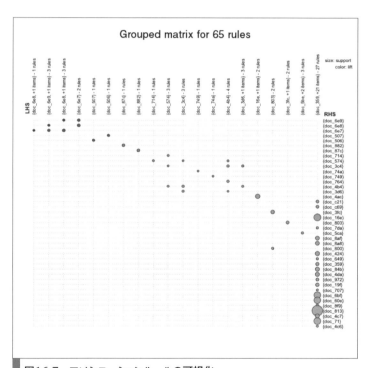

▎図16.7　アソシエーションルールの可視化

この図を見ると、たとえば横軸の左から4番目にある{doc_6e7}が出現したとき、{doc_6e7} -> {doc_6e8}と{doc_6e7} -> {doc_6e9}の2つのルールが抽出されており、それぞれの支持度は大体同じくらいであることを確認できます。また、横軸の一番右にある{doc_359}とそのほか21個のアイテムの組み合わせが出現したとき、doc_359とそのほか21個のアイテムの組み合わせ -> {doc_813}はほかのルールと比べて支持度が大きくなっていることを確認できます。

リスト16.4のようにmethod引数に"graph"を指定すると、アイテム間の関係をネットワーク図で表示できます（**図16.8**）。

Part 5 データ分析

リスト16.4　methodgraph.R（抜粋）

```
# アイテム間の関係の可視化
plot(rules.Epub, method = "graph", control = list(type = "itemsets"))
```

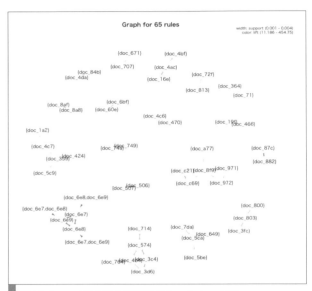

図16.8　アイテム間の関係性のネットワーク図

■頻出アイテムセットの抽出

頻出アイテムセットはapriori関数のparameter引数のtargetを"frequent itemset"に指定することにより抽出できます。次の例では、Epubデータセットに対して最小支持度を0.001（0.1％）として頻出アイテムセットを抽出しています。なお、頻出アソシエーションルールとは異なり、頻出アイテムセットには確信度という概念はないので、指定しても意味がありません。

```
> library(arules)
> library(dplyr)
> data(Epub)
# 頻出アイテムセットの抽出
> items.Epub <- apriori(Epub, parameter = list(support = 0.001, target = "frequent
+ itemset"))

Parameter specification:
 confidence minval smax arem  aval originalSupport support minlen maxlen
        0.8    0.1    1 none FALSE            TRUE   0.001      1     10
         target   ext
 frequent itemsets FALSE

Algorithmic control:
```

```
    filter tree heap memopt load sort verbose
       0.1 TRUE TRUE  FALSE TRUE    2   TRUE

apriori - find association rules with the apriori algorithm
version 4.21 (2004.05.09)        (c) 1996-2004   Christian Borgelt
set item appearances ...[0 item(s)] done [0.00s].
set transactions ...[936 item(s), 15729 transaction(s)] done [0.00s].
sorting and recoding items ... [481 item(s)] done [0.00s].
creating transaction tree ... done [0.00s].
checking subsets of size 1 2 3 done [0.00s].
writing ... [561 set(s)] done [0.00s].
creating S4 object  ... done [0.00s].
```

抽出したアイテムセットのうち、支持度が上位6位のものを列挙してみましょう。そのために、まず`items.Epub`オブジェクトに`sort`関数を適用して支持度の降順でアイテムセットを並べ替えます。その次に、`head`関数で上位6位のアイテムセットを抽出し、`inspect`関数で列挙します。

```
# 支持度の上位6セットを調べる
> items.Epub %>% sort(by = "support") %>% head %>% inspect
    items      support
480 {doc_11d} 0.02263335
451 {doc_813} 0.02091678
479 {doc_4c6} 0.01831013
456 {doc_955} 0.01792867
476 {doc_698} 0.01557632
477 {doc_71}  0.01468625
```

抽出されたアイテムセットを見ると、支持度が上位6位のアイテムセットはいずれも単一のアイテムだけを含んでいることを確認できます。たとえば、1番目のアイテムセットは`doc_11d`だけを含んでおり、支持度が約0.023(約2.3%)であることを確認できます。

この例では、抽出するアイテムセットに含まれるアイテムが1つしかないものが多く、あまり面白くありません。`parameter`引数に指定する`minlen`に最小のアイテム数を設定することによって、改善できます。次の例は、Epubデータセットに対して最小支持度を0.001(0.1%)、最小のアイテム数を2として、頻出アイテムセットを抽出しています。

```
# 最小アイテム数2の頻出アイテムセットの抽出
> items.Epub <- apriori(Epub, parameter = list(support = 0.001, minlen = 2,
+     target = "frequent itemset"))

Parameter specification:
 confidence minval smax arem  aval originalSupport support minlen maxlen
        0.8    0.1    1 none FALSE            TRUE   0.001      2     10
          target   ext
 frequent itemsets FALSE
```

Part 5 データ分析

```
Algorithmic control:
 filter tree heap memopt load sort verbose
    0.1 TRUE TRUE  FALSE TRUE   2    TRUE

apriori - find association rules with the apriori algorithm
version 4.21 (2004.05.09)       (c) 1996-2004   Christian Borgelt
set item appearances ...[0 item(s)] done [0.00s].
set transactions ...[936 item(s), 15729 transaction(s)] done [0.00s].
sorting and recoding items ... [481 item(s)] done [0.00s].
creating transaction tree ... done [0.00s].
checking subsets of size 1 2 3 done [0.00s].
writing ... [80 set(s)] done [0.00s].
creating S4 object  ... done [0.00s].
```

抽出したアイテムセットのうち、支持度が上位6位のものを列挙してみましょう。アイテム数が2個以上という制約条件を追加しなかった場合とまったく同様に、まず`items.Epub`オブジェクトに`sort`関数を適用して支持度の降順でアイテムセットを並べ替えます。その次に、`head`関数で上位6位のアイテムセットを抽出し、`inspect`関数で列挙します。

```
# 支持度の上位6セットを調べる
> items.Epub %>% sort(by = "support") %>% head %>% inspect
   items              support
31 {doc_72f,doc_813} 0.004068917
28 {doc_16e,doc_4ac} 0.002797381
68 {doc_364,doc_71}  0.002733804
53 {doc_60e,doc_6bf} 0.002670227
30 {doc_8f9,doc_972} 0.002161612
51 {doc_1a2,doc_4c7} 0.002098035
```

得られた結果を見ると、支持度が上位6位のアイテムセットはいずれも2つのアイテムを含んでいることがわかります。たとえば、支持度が最も高いアイテムセットは`doc_72f`、`doc_813`の2個のアイテムを含んでおり、支持度が約0.0041(約0.41%)であることを確認できます。

16-3-2 Eclat

アプリオリが幅優先探索のアルゴリズムであったのに対して、Eclatは深さ優先探索のアルゴリズムです。Eclatは、arulesパッケージの`eclat`関数によって実行できます。次の例はEpubデータセットに対して、最小支持度を0.001(0.1%)として頻出アイテムセットを抽出しています。

```
> library(arules)
> library(dplyr)
> data(Epub)
# 頻出アイテムセットの抽出
```

```
> itemset.Epub <- eclat(Epub, parameter = list(support = 0.001))

parameter specification:
 tidLists support minlen maxlen           target  ext
    FALSE    0.001      1     10 frequent itemsets FALSE

algorithmic control:
 sparse sort verbose
      7   -2    TRUE

eclat - find frequent item sets with the eclat algorithm
version 2.6 (2004.08.16)        (c) 2002-2004   Christian Borgelt
create itemset ...
set transactions ...[936 item(s), 15729 transaction(s)] done [0.00s].
sorting and recoding items ... [481 item(s)] done [0.00s].
creating sparse bit matrix ... [481 row(s), 15729 column(s)] done [0.00s].
writing  ... [561 set(s)] done [0.04s].
Creating S4 object  ... done [0.00s].
# 抽出したルールの確認
> itemset.Epub
set of 561 itemsets
# 確信度の上位3ルールを調べる
> itemset.Epub %>% sort(by = "support") %>% head(3) %>% inspect
    items      support
82  {doc_11d}  0.02263335
111 {doc_813}  0.02091678
83  {doc_4c6}  0.01831013
```

得られた結果を見ると、確信度が上位3位のアイテムセットではいずれも1個のアイテムセットが含まれていることがわかります。たとえば、確信度が最も高いアイテムセットはアイテム doc_11d を含んでおり、支持度が約0.0226（約2.26%）であることを確認できます。

■eclat関数

eclat関数はarulesパッケージによって提供されており、Eclatアルゴリズムを実行します。eclat関数の主要な引数は**表16.4**のとおりです。

表16.4 eclat関数の主要な引数

引数	説明
data	transactionsクラスのオブジェクト、または行列やデータフレームなどtransactionsクラスに変換できるデータ構造のオブジェクトを指定
parameter	抽出するアイテムセットの特性のパラメータを指定。たとえば、アイテムセットの最小支持度、最小のアイテム数、最大のアイテム数などを指定できる。arules関数のparameter引数に指定できるパラメータと共通する部分も多い
control	アルゴリズムの性能に影響を及ぼすパラメータを指定。たとえば、抽出したアイテムセットのアイテムをソートする方法、分析の実行経過の報告の有無などを指定できる。arules関数のcontrol引数と共通する部分も多い

16-3-3 設定可能なパラメータ

apriori関数やeclat関数は、いくつかのパラメータを設定できます。これらのパラメータは、parameter引数、appearance引数、control引数によって設定できます。

- parameter引数
  抽出するアイテムセットやルールの特性を変更するために指定するパラメータ
- appearance引数
  抽出するアソシエーションルールやアイテムセットに出現可能なアイテム、または逆に出現することを禁止するアイテムを指定するパラメータ
- control引数
  アルゴリズムの性能に影響を及ぼすパラメータ

■ parameter引数

parameter引数には、**表16.5**に示すように5種類のパラメータを指定できます。

表16.5　parameter引数に指定できるパラメータ

引数	説明	デフォルト値
support	アイテムセットの最小支持度	0.1
minlen	アイテムセットに含まれる最小のアイテム数	1
maxlen	アイテムセットに含まれる最大のアイテム数	10
target	抽出するパターンのタイプ。"frequent itemsets"：頻出アイテムセット。"maximally frequent itemsets"：極大集合。"closed frequent itemsets"：飽和集合。"rules"：頻出アソシエーションルール（アプリオリのみ）。"hyperedgesets"：ハイパーエッジ集合（要素となるアイテムが互いに強く関連し合うアイテムセット）	"rules"
ext	評価指標を追加するかどうかを指定する論理値。TRUEに設定すると条件部の支持度が追加される	FALSE

アプリオリについては、上記以外にもいくつかのパラメータを指定できます。**表16.6**では、アソシエーションルール {A} => {B} に対して、AやBの支持度をそれぞれP(A)、P(B)、アソシエーションルール {A} => {B} の確信度をP(B|A)、AとBのアイテムセットの支持度をP(A,B)で表すことにします。

表16.6　apriori関数で設定可能なparameter引数のパラメータ

引数	説明	デフォルト値
confidence	アソシエーションルールやハイパーエッジ集合の最小確信度	0.8
smax	アイテムセット・アソシエーションルール・ハイパーエッジ集合の最大支持度	1
arem	抽出したアソシエーションルールに追加する評価指標。 "none"：評価指標を追加しない。 "diff"：条件部が存在するときとしないときの結論部が発生する確率の差の絶対値。diff = $\|P(B) - P(B\|A)\|$ "quot"：条件部が存在するときとしないときの結論部の発生確率の比と1との差分。quot = $1 - \min(P(B) / P(B\|A), P(B\|A) / P(B))$ "aimp"：条件部を追加することによる結論部の発生確率の比と1との差分の絶対値。aimp = $\|1 - P(B\|A) / P(B)\|$ "info"：条件部と結論部の相互情報量。info = $\sum_B \sum_A P(A, B) \log_2 \frac{P(A,B)}{P(A) P(B)}$ "chi2"：条件部と結論部を正規化したカイ二乗値。chi2 = $(P(A)P(B) - P(A,B))^2 / (P(A)(1 - P(A)) P(B) (1 - P(B)))$	"none"

引数	説明	デフォルト値
aval	arem引数に指定した追加する評価指標を表示するかどうかを指定するフラグ	FALSE
minval	arem引数に指定した追加する評価指標の最小値	0.1
originalSupport	アソシエーションルールの左辺だけではなく、右辺も考慮した支持度を使用するかどうかを指定するフラグ	TRUE

　例として、Epubデータセットに対してアソシエーションルールの評価指標を追加してみましょう。ここでは、確信度の差分の絶対値を評価指標として追加して表示することにして、arem引数に"diff"を、aval引数にTRUEを指定します。

```
> library(arules)
> library(dplyr)
> data(Epub)
# アソシエーションルールの抽出
> rules.Epub <- apriori(Epub, parameter = list(support = 0.001, confidence = 0.2,
+       arem = "diff", aval = TRUE))

Parameter specification:
 confidence minval smax arem aval originalSupport support minlen maxlen
        0.2    0.1    1 diff TRUE            TRUE   0.001      1     10
 target   ext
  rules FALSE

Algorithmic control:
 filter tree heap memopt load sort verbose
    0.1 TRUE TRUE  FALSE TRUE    2    TRUE

apriori - find association rules with the apriori algorithm
version 4.21 (2004.05.09)        (c) 1996-2004   Christian Borgelt
set item appearances ...[0 item(s)] done [0.00s].
set transactions ...[936 item(s), 15729 transaction(s)] done [0.00s].
sorting and recoding items ... [481 item(s)] done [0.00s].
creating transaction tree ... done [0.00s].
checking subsets of size 1 2 3 done [0.00s].
writing ... [65 rule(s)] done [0.00s].
creating S4 object  ... done [0.00s].
# 抽出したルールの確認
> rules.Epub
set of 65 rules
# 確信度の上位3ルールを調べる
> rules.Epub %>% sort(by = "confidence") %>% head(3) %>% inspect
   lhs                  rhs         support     confidence diff
63 {doc_6e8,doc_6e9} => {doc_6e7} 0.001080806  0.8947368  0.8925117
64 {doc_6e7,doc_6e9} => {doc_6e8} 0.001080806  0.8500000  0.8479655
65 {doc_6e7,doc_6e8} => {doc_6e9} 0.001080806  0.8095238  0.8077437
   lift
63 402.0947
64 417.8016
65 454.7500
```

データ分析

最後の結果を見ると、抽出されたアソシエーションルールの評価指標に"diff"が追加されていることを確認できます。

Eclatには表16.7のtidLists引数を指定できます。tidListをTRUEに設定すると、抽出したパターンが出現するトランザクションのリストが返されます。

表16.7 tidLists引数

引数	説明	デフォルト値
tidLists	抽出したパターンが出現するトランザクションのリストを返すかどうかを指定するフラグ	FALSE

たとえば、Epubデータセットに対して最小支持度を0.001(0.1%)として、tidLists引数をTRUEに指定するコードと実行結果は次のようになります。

```
> library(arules)
> library(dplyr)
> data(Epub)
# 頻出アイテムセットの抽出
> itemset.Epub <- eclat(Epub, parameter = list(support = 0.001, tidLists = TRUE))

parameter specification:
 tidLists support minlen maxlen            target    ext
     TRUE   0.001      1     10 frequent itemsets  FALSE

algorithmic control:
 sparse sort verbose
      7   -2    TRUE

eclat - find frequent item sets with the eclat algorithm
version 2.6 (2004.08.16)        (c) 2002-2004   Christian Borgelt
create itemset ...
set transactions ...[936 item(s), 15729 transaction(s)] done [0.00s].
sorting and recoding items ... [481 item(s)] done [0.00s].
creating sparse bit matrix ... [481 row(s), 15729 column(s)] done [0.00s].
writing  ...   737 819 1136 2215 2224 (中略) 9956 11713 12194 14727 15087[561 set(s)]
done [1.91s].
Creating S4 object  ... done [0.00s].
# 抽出したアイテムセットの確認
> itemset.Epub
set of 561 itemsets
```

抽出したアイテムセットを格納したitemset.EpubオブジェクトはS4のitemsetsクラスのオブジェクトであり、eclat関数を実行するときにtidLists=TRUEと指定したためtidListsスロットが作成されています。tidListsスロットの中にはさらにdata、itemInfo、transactionInfoのサブスロットが作成されています。dataサブスロットは、アイテムセットとトランザクションの行列で、各アイテムセットが出現するトランザクションを表しています。itemInfoサブスロッ

トは、抽出したアイテムセットの情報を保持しています。**transactionInfo**サブスロットは、トランザクションの情報を保持しています。

```
> library(arules)
> library(dplyr)
> data(Epub)
# 頻出アイテムセットの抽出
> itemset.Epub <- eclat(Epub, parameter = list(support = 0.001, tidLists = TRUE))

parameter specification:
 tidLists support minlen maxlen            target   ext
     TRUE   0.001      1     10 frequent itemsets FALSE

algorithmic control:
 sparse sort verbose
      7   -2    TRUE

eclat - find frequent item sets with the eclat algorithm
version 2.6 (2004.08.16)        (c) 2002-2004   Christian Borgelt
create itemset ...
set transactions ...[936 item(s), 15729 transaction(s)] done [0.00s].
sorting and recoding items ... [481 item(s)] done [0.00s].
creating sparse bit matrix ... [481 row(s), 15729 column(s)] done [0.00s].
writing  ...   737 819 1136 2215 2224 (中略) 9956 11713 12194 14727 15087[561 set(s)]
done [1.99s].
Creating S4 object  ... done [0.00s].
# 抽出したアイテムセットの確認
> itemset.Epub
set of 561 itemsets
# アイテムセット * トランザクションの行列
> itemset.Epub@tidLists
tidLists in sparse format with
 561 items/itemsets (rows) and
 15729 transactions (columns)
# 先頭6個のアイテムセット
> itemset.Epub@tidLists@itemInfo %>% head
                  labels
1           {doc_506,doc_507}
2           {doc_470,doc_4c6}
3           {doc_574,doc_714}
4           {doc_4ac,doc_4bf}
5 {doc_6e7,doc_6e8,doc_6e9}
6           {doc_6e7,doc_6e9}
# 先頭6個のトランザクション情報
> itemset.Epub@tidLists@itemInfo %>% head
                  labels
1           {doc_506,doc_507}
2           {doc_470,doc_4c6}
3           {doc_574,doc_714}
4           {doc_4ac,doc_4bf}
```

```
5 {doc_6e7,doc_6e8,doc_6e9}
6       {doc_6e7,doc_6e9}
# 1番目のアイテムセットが出現するトランザクションの確認
> itemset.Epub@tidLists@data[1, ] %>% which
[1] 515
```

最後の結果により、1番目のアイテムセット{doc_506,doc_507}は、515番目のトランザクションに出現することがわかります。

■appearance引数

appearance引数には、抽出するアソシエーションルールやアイテムセットを制約するパラメータを指定します（**表16.8**）。たとえば、アソシエーションルールの条件部（左辺）や結論部（右辺）に出現するアイテム、アイテムセットに出現するアイテムなどを指定できます。arules関数のみで使用ができます。

表16.8 appearance引数のパラメータ

引数	説明
lhs	アソシエーションルールの条件部（左辺）に現れるアイテムの文字列ベクトルを指定する
rhs	アソシエーションルールの結論部（右辺）に現れるアイテムの文字列ベクトルを指定する
both	アソシエーションルールの条件部（左辺）および結論部（右辺）に現れるアイテムの文字列ベクトルを指定する
items	アイテムセットに現れるアイテムの文字列ベクトルを指定する
none	アソシエーションルールまたはアイテムセットに現れないアイテムの文字列ベクトルを指定する
default	すべてのアイテムが出現することを許容するアソシエーションルール中の箇所を指定する。条件部（左辺）は"lhs"、結論部（右辺）は"rhs"、条件部と結論部の両方は"both"、"none"引数に指定したアイテム以外の場合は"none"を指定する

たとえば、Epubデータセットに対して最小確信度を0.2（20%）、結論部にdoc_506が出現するアソシエーションルールのみを抽出する場合は次のように実行します。apriori関数のappearance引数に指定する名前付きのリストでrhs引数を"doc_6e7"に指定します。また、アソシエーションルールの条件部（左辺）はこの制約条件を適用しないため、default引数は"lhs"と指定します。

```
> library(arules)
> library(dplyr)
> data(Epub)
# アソシエーションルールの抽出（結論部が'doc_6e7'のルールのみ）
> rules.Epub <- apriori(Epub, parameter = list(support = 0.001, confidence = 0.2),
+      appearance = list(rhs = "doc_6e7", default = "lhs"))

Parameter specification:
 confidence minval smax arem  aval originalSupport support minlen maxlen
        0.2    0.1    1 none FALSE            TRUE   0.001      1     10
 target   ext
  rules FALSE
```

16章 頻出パターンの抽出

```
Algorithmic control:
 filter tree heap memopt load sort verbose
    0.1 TRUE TRUE   FALSE TRUE    2    TRUE

apriori - find association rules with the apriori algorithm
version 4.21 (2004.05.09)        (c) 1996-2004   Christian Borgelt
set item appearances ...[1 item(s)] done [0.00s].
set transactions ...[936 item(s), 15729 transaction(s)] done [0.00s].
sorting and recoding items ... [481 item(s)] done [0.00s].
creating transaction tree ... done [0.00s].
checking subsets of size 1 2 3 done [0.00s].
writing ... [3 rule(s)] done [0.00s].
creating S4 object  ... done [0.00s].
# 抽出したルールの確認
> rules.Epub
set of 3 rules
# ルールを調べる
> rules.Epub %>% sort(by = "confidence") %>% inspect
  lhs                  rhs       support     confidence lift
3 {doc_6e8,doc_6e9} => {doc_6e7} 0.001080806 0.8947368  402.0947
1 {doc_6e9}         => {doc_6e7} 0.001271537 0.7142857  321.0000
2 {doc_6e8}         => {doc_6e7} 0.001335113 0.6562500  294.9187
```

上記の結果を見ると、結論部（右辺）に doc_6e7 が出現するアソシエーションルールは3個あることを確認できます。

■control引数

control引数には**表16.9**のパラメータを指定できます。

表16.9 control引数のパラメータ

パラメータ	説明	デフォルト値
sort	頻出アソシエーションルールまたはアイテムセットに現れるアイテムを出現頻度に応じてソートする方法を指定する整数値。1：昇順。-1：降順。0：ソートしない。2：昇順。-2：トランザクションサイズの合計に関する降順	2
verbose	分析の実行経過を報告するかどうかを表す論理値	TRUE

apriori関数は、上記以外にも**表16.10**のパラメータを指定できます。

表16.10 apriori関数で設定できるcontrol引数のパラメータ

パラメータ	説明	デフォルト値
filter	トランザクションで使用されていないアイテムをどのようにフィルタするかを指定する。filter=0：フィルタしない。filter<0：部分的にフィルタする。filter>0：実行時間を考慮してフィルタする	0.1
tree	トランザクションをプレフィックス木としてまとめるかどうかを指定する論理値	TRUE
heap	トランザクションのソートにヒープソートを使用するかどうかを指定する論理値（FALSEの場合はクイックソートを使用）	TRUE
memopt	メモリ使用量を最小化するかどうかを指定する論理値（FALSEの場合は実行速度が最大化）	FALSE
load	トランザクションをメモリにロードするかどうかを指定する論理値	TRUE

eclat関数は、sparseパラメータも指定できます（**表16.11**）。

表16.11　sparseパラメータ（eclat関数のみ）

パラメータ	説明	デフォルト値
sparse	疎な表現の閾値	7

16-3-4 ファイルからのトランザクションデータのロード

以上では、arulesパッケージが提供するデータセットを用いてアソシエーションルールや頻出アイテムセットを抽出しました。しかし、実際のデータ分析においては、分析対象のデータを読み込む必要があります。

■データセットのダウンロード

ここでは、Frequent Itemset Mining Dataset Repository[注1]からretailデータセットをダウンロードして、トランザクションデータの読み込みから頻出パターンの抽出までの一連の流れを実行してみましょう。retailデータセットは、小売店で購入された商品の組み合わせを記録したデータです。

まず、retailデータセット[注2]をダウンロードします。download.file関数を用いてダウンロードを実行し、作業しているディレクトリ直下に"retail.dat"というファイル名で保存します。

```
# retailデータセットのダウンロード
> download.file("http://fimi.ua.ac.be/data/retail.dat", "retail.dat")
```

ファイルの先頭部分を確認すると、次のように各行が1つのトランザクションを表していて、空白文字を区切り（セパレータ）としてアイテム（商品）が並べられていることを確認できます。たとえば、1番目のトランザクションは、アイテムのIDが0から29まで、30個のアイテムを購入していることがわかります。

```
0 1 2 3 4 5 6 7 8 9 10 11 12 13 14 15 16 17 18 19 20 21 22 23 24 25 26 27 28 29
30 31 32
33 34 35
36 37 38 39 40 41 42 43 44 45 46
38 39 47 48
38 39 48 49 50 51 52 53 54 55 56 57 58
```

■データのロード

このデータをarulesパッケージのread.transactions関数を用いて読み込みます。read.

[注1]　http://fimi.ua.ac.be/
[注2]　http://fimi.ua.ac.be/data/retail.dat

transactionsのsep引数にアイテムのセパレータを与えることができます。デフォルトでは、1つ以上の空白文字かタブをセパレータとしています。"retail.dat"では空白文字がセパレータとなっているため、sep引数の指定は不要です。

```
> library(arules)
# retailデータセットのロード
> retail <- read.transactions("retail.dat")
# トランザクションデータの要約
> summary(retail)
transactions as itemMatrix in sparse format with
 88162 rows (elements/itemsets/transactions) and
 16470 columns (items) and a density of 0.0006257289

most frequent items:
    39      48      38      32      41 (Other)
 50675   42135   15596   15167   14945  770058

element (itemset/transaction) length distribution:
sizes
   1    2    3    4    5    6    7    8    9   10   11   12   13   14   15
3016 5516 6919 7210 6814 6163 5746 5143 4660 4086 3751 3285 2866 2620 2310
  16   17   18   19   20   21   22   23   24   25   26   27   28   29   30
2115 1874 1645 1469 1290 1205  981  887  819  684  586  582  472  480  355
  31   32   33   34   35   36   37   38   39   40   41   42   43   44   45
 310  303  272  234  194  136  153  123  115  112   76   66   71   60   50
  46   47   48   49   50   51   52   53   54   55   56   57   58   59   60
  44   37   37   33   22   24   21   21   10   11   10    9   11    4    9
  61   62   63   64   65   66   67   68   71   73   74   76
   7    4    5    2    2    5    3    3    1    1    1    1

   Min. 1st Qu.  Median    Mean 3rd Qu.    Max.
   1.00    4.00    8.00   10.31   14.00   76.00

includes extended item information - examples:
  labels
1      0
2      1
3     10
```

以上の結果を見ると、次のことがわかります。

- トランザクションは88,162個あり、アイテム(商品)は16,470個ある
- 頻出するアイテム(商品)は、商品ID"39"が50,675回(トランザクション)、"48"が42,135回、"38"が15,596回となっている
- トランザクションに含まれるアイテム数は、1個が3,016トランザクション、2個が5,516トランザクション、3個が6,919トランザクションとなっている

■read.transactions関数

　read.transactions関数はarulesパッケージで提供されており、主にディスク上のファイルからトランザクションのデータを読み込みます。read.transactions関数の主要な引数は**表16.12**のとおりです。

表16.12　read.transactions関数の主要な引数

引数	説明
file	ファイル名を文字列で指定
format	"basket"または"single"を指定。"basket"はバスケット形式のデータを読み込む指定。retailデータセットのように、各行が1つのトランザクションを表しており、トランザクションに含まれるアイテムがセパレータで区切られているデータ形式（以下、basket形式）。"single"は、各行がトランザクションのIDとアイテム1つの組み合わせで構成されるデータ形式（以下、single形式）
sep	読み込むファイルのフィールドが区切られているセパレータを指定。デフォルトはNULLとなっており、空白文字がセパレータとなる。basket形式の場合は、正規表現を使用することもできる
cols	トランザクションのIDやアイテムの列名や列番号を指定。basket形式の場合は、トランザクションのIDを表す列番号を数値で指定。デフォルトはNULLとなっており、トランザクションのIDの列はない。single形式の場合は、長さが2の数値または文字列のベクトルを指定。ベクトルの最初の要素にはトランザクションのIDの列番号または列名、2番目の要素にはアイテムの列番号または列名をそれぞれ指定。文字列のベクトルを与える場合は、ファイルの先頭行がヘッダになっていると判断される
rm.duplicates	トランザクションから重複したアイテムを削除して一意にするかどうかを論理値で指定
quote	データを読み込む際に使用されるクオーテーションの文字列を指定
skip	ファイルの先頭から読み飛ばす行数を指定
encoding	ファイルのエンコードを指定。この引数は、read.transactions関数は内部で呼び出すreadLines関数に渡される

■アプリオリの実行

　さて、こうして読み込んだデータに対してアプリオリを実行し、アソシエーションルールを抽出してみましょう。ここでは、最小支持度を0.01（1％）、最小確信度を0.2（20％）としています。また、抽出したアソシエーションルールの条件部（左辺）にアイテムが出現しないことがないように、2個以上のアイテムを含むようminlen=2という指定を行っています。

```
# retailデータセットに対するアプリオリの実行
> rules.retail <- apriori(retail, parameter = list(support = 0.01, confidence = 0.2,
+     minlen = 2))

Parameter specification:
 confidence minval smax arem  aval originalSupport support minlen maxlen
        0.2    0.1    1 none FALSE            TRUE    0.01      2     10
 target   ext
  rules FALSE

Algorithmic control:
 filter tree heap memopt load sort verbose
    0.1 TRUE TRUE  FALSE TRUE    2    TRUE

apriori - find association rules with the apriori algorithm
version 4.21 (2004.05.09)        (c) 1996-2004   Christian Borgelt
set item appearances ...[0 item(s)] done [0.00s].
set transactions ...[16470 item(s), 88162 transaction(s)] done [0.14s].
```

```
sorting and recoding items ... [70 item(s)] done [0.01s].
creating transaction tree ... done [0.04s].
checking subsets of size 1 2 3 4 done [0.00s].
writing ... [141 rule(s)] done [0.00s].
creating S4 object  ... done [0.02s].
> rules.retail
set of 141 rules
> library(dplyr)
# 確信度が上位6ルールを調べる
> rules.retail %>% sort(by = "confidence") %>% head %>% inspect
    lhs            rhs  support    confidence lift
123 {110,39,48} => {38} 0.01169438 0.9942141  5.620153
129 {170,39,48} => {38} 0.01353191 0.9892206  5.591925
67  {110,39}    => {38} 0.01973639 0.9891984  5.591800
79  {170,48}    => {38} 0.01744516 0.9877970  5.583878
65  {110,48}    => {38} 0.01543749 0.9862319  5.575030
81  {170,39}    => {38} 0.02290102 0.9805731  5.543042
```

　上記の結果から、141個のアソシエーションルールが抽出されていることを確認できます。確信度が最も高いルールは商品110、39、48を購入したときに商品38も同時に購入するものであり、支持度が約1.2％、確信度が約99.4％、リフトが約5.62となっていることを確認できます。

16-4　系列パターンの抽出

16-4-1　系列パターンとは

　系列パターンとは、系列データに頻出するパターンを抽出する手法です。系列データは、同質のデータが順番に並んだものを指します。
　たとえば、ある顧客のスーパーマーケットでの複数回の購入履歴から、どのような商品がどの順番で購入されたかについてパターンを抽出します。また、別の例としては、DNA配列のデータから、頻出するDNAの並びのパターンを抽出します。
　系列パターンの抽出で代表的なアルゴリズムに、PrefixSpan、SPADEなどがあります。Rでは、arulesSequencesパッケージにSPADEアルゴリズムが実装されています。

16-4-2　SPADE

　SPADE（*Sequential PAttern Discovery using Equivalence classes*）は、アプリオリと似たようなアルゴリズムで系列パターンを抽出する手法です。Rでは、arulesSequencesパッケージの**cspade**関数に実装されています。arulesSequencesパッケージは、CRANからインストールできます。なお、正確にはarulesSequencesパッケージで使用できるSPADEのアルゴリズムは、アイテム間の時間

Part 5 データ分析

間隔の最小値や最大値を指定できるCSPADEです。

arulesSequencesパッケージに収録されているzakiデータセットを用いて系列パターンを抽出してみましょう。zakiデータセットは次のような形式をしています。

```
1 10 2 C D
1 15 3 A B C
1 20 3 A B F
1 25 4 A C D F
2 15 3 A B F
2 20 1 E
3 10 3 A B F
4 10 3 D G H
4 20 2 B F
4 25 3 A G H
```

このデータは、各行が1つのトランザクションを表しており、各トランザクションは4つのパートに分かれています。それぞれのパートは、空白文字で区切られています。

- 1つ目のパートは各行をスペースで区切ったときの1列目に対応し、系列を一意に識別するIDを表している。このIDを系列ID（sequence ID）と呼ぶ。たとえば、zakiデータセットの1行目から4行目までは同じ系列ID1が付与されていることを確認できる。このことは、まず1行目のトランザクションが発生し、次に2行目、続いて3行目、最後に4行目のトランザクションが一連の流れとして発生したことを表す
- 2つ目のパートは2列目に対応し、トランザクションが発生した時刻を一意に識別するためのIDを表す。このIDをトランザクションID（transaction ID）と呼ぶ。たとえば、系列IDが1の系列については、1行目のトランザクションのIDは10、2行目は15、3行目は20、4行目は25であることを確認できる
- 3つ目のパートは3列目に対応し、トランザクションに含まれるアイテムの個数を表す。たとえば、1行目のトランザクションに含まれるアイテムの個数は2個、2行目は3個、3行目は3個、4行目は4個であることを確認できる
- 4つ目のパートは4列目以降に対応し、トランザクションに含まれるアイテムが空白文字をセパレータとして並べられている。たとえば、1行目のトランザクションにはCとDという2個のアイテムが含まれており、3つ目のパートに記載されているアイテムの個数と一致していることを確認できる

それでは、zakiデータセットを読み込みましょう。次の例では、read_baskets関数を使用してファイル"zaki.txt"を読み込んでいます。ファイル"zaki.txt"は、arulesSequencesパッケージがインストールされているディレクトリのサブディレクトリmiscの直下に格納されています。system.file関数でファイルの絶対パスを取得しています。

```
> library(arulesSequences)
# zakiデータセットのロード
> zaki <- read_baskets(con = system.file("misc", "zaki.txt", package = "arulesSequences"),
+     info = c("sequenceID", "eventID", "SIZE"))
> as(zaki, "data.frame")
        items sequenceID eventID SIZE
1       {C,D}          1      10    2
2     {A,B,C}          1      15    3
3     {A,B,F}          1      20    3
4   {A,C,D,F}          1      25    4
5     {A,B,F}          2      15    3
6         {E}          2      20    1
7     {A,B,F}          3      10    3
8     {D,G,H}          4      10    3
9       {B,F}          4      20    2
10    {A,G,H}          4      25    3
```

以上を見ると、10個のトランザクションが読み込まれており、系列ID（*sequenceID*）は1から4までの4個の系列が存在していることがわかります。たとえば、1番目の系列には、トランザクションID（*eventID*）が10、15、20、25の4個のトランザクションが存在しており、1番目のトランザクションではアイテムがC、Dの2つであることがわかります。

このzakiデータセットに対して、最小支持度を0.3 (30%) としてcspade関数を用いて系列パターンを抽出します。

```
# CSPADEの実行
> csp.zaki <- cspade(zaki, parameter = list(support = 0.3), control = list(verbose = TRUE))

parameter specification:
support : 0.3
maxsize :  10
maxlen  :  10

algorithmic control:
bfstype  : FALSE
verbose  : TRUE
summary  : FALSE
tidLists : FALSE

preprocessing ... 1 partition(s), 0 MB [0.013s]
mining transactions ... 0 MB [0.007s]
reading sequences ... [0.013s]

total elapsed time: 0.033s
> csp.zaki
set of 18 sequences
# 抽出した系列パターンの要約
> summary(csp.zaki)
```

Part 5 データ分析

```
set of 18 sequences with

most frequent items:
      A      B      F      D (Other)
     11     10     10      8     28

most frequent elements:
    {A}    {D}    {B}    {F}  {B,F} (Other)
      8      8      4      4      4      3

element (sequence) size distribution:
sizes
1 2 3
8 7 3

sequence length distribution:
lengths
1 2 3 4
4 8 5 1

summary of quality measures:
    support
 Min.   :0.5000
 1st Qu.:0.5000
 Median :0.5000
 Mean   :0.6528
 3rd Qu.:0.7500
 Max.   :1.0000

includes transaction ID lists: FALSE

mining info:
 data ntransactions nsequences support
 zaki            10          4        0.3
# 抽出したパターンの確認
> as(csp.zaki, "data.frame")
      sequence support
1        <{A}>    1.00
2        <{B}>    1.00
3        <{D}>    0.50
4        <{F}>    1.00
5      <{A,F}>    0.75
6      <{B,F}>    1.00
7   <{D},{F}>    0.50
8  <{D},{B,F}>   0.50
9    <{A,B,F}>   0.75
10     <{A,B}>   0.75
11   <{D},{B}>   0.50
12   <{B},{A}>   0.50
13   <{D},{A}>   0.50
```

```
14      <{F},{A}>         0.50
15    <{D},{F},{A}>       0.50
16      <{B,F},{A}>       0.50
17   <{D},{B,F},{A}>      0.50
18    <{D},{B},{A}>       0.50
```

以上の結果を見ると、次の点を確認できます。

- 抽出した系列パターンを summary 関数で要約した結果を見ると、`set of 18 sequences with` で始まるブロックから、18個のパターンが抽出されていることがわかる
- `most frequent items:` で始まるブロックから、最も出現したアイテムはAで11回、次にBとFで10回、…となっていることがわかる
- `most frequent elements:` で始まるブロックから、最も出現した要素は{A}で8回、次に{D}で8回、…となっている。2つのアイテムの組み合わせである{B,F}が4回で3位タイとなっている
- `element (sequence) size distribution:` で始まるブロックから、要素のサイズの分布がわかる。要素のサイズが1の場合が8回、2の場合が7回、3の場合が3回であることがわかる
- `sequence length distribution:` で始まるブロックから、抽出した系列パターンの長さの分布がわかる。系列の長さが1の場合が4回、2の場合が8回、3の場合が5回、4の場合が1回であることがわかる
- `summary of quality measures:` で始まるブロックから、抽出した系列パターンの評価指標の統計量がわかる。系列パターンの支持度 (support) の最小値 (Min.) は0.5、第一四分位点 (1st Qu.) が0.5、中央値 (Median) が0.5、平均値 (Mean) が0.6528、第三四分位点 (3rd Qu.) が0.75、最大値が1.0であることがわかる

ruleInduction 関数を用いると、系列パターンのアソシエーションルールを抽出できます。次の例は、csp.zaki オブジェクトに ruleInduction 関数を適用して7個のアソシエーションルールを抽出し、それぞれのルールの支持度 (*support*)、確信度 (*confidence*)、リフト (*lift*) を表示しています。

```
# 系列パターンのアソシエーションルールの抽出
> csp.zaki %>% ruleInduction %>% inspect
  lhs       rhs   support confidence lift
1 <{D}> => <{F}>    0.5        1      1
2 <{D}> => <{B,     0.5        1      1
              F}>
3 <{D}> => <{B}>    0.5        1      1
4 <{D}> => <{A}>    0.5        1      1
5 <{D},
    {F}> => <{A}>   0.5        1      1
6 <{D},
    {B,
    F}> => <{A}>    0.5        1      1
7 <{D},
    {B}> => <{A}>   0.5        1      1
```

■cspade関数

cspade関数はarulesSequencesパッケージで提供されており、CSPADEアルゴリズムを実行して系列パターンを抽出します。cspade関数の主要な引数は**表16.13**のとおりです。

cspade関数のparameter引数とcontrol引数を指定することにより、arulesパッケージのapriori関数と同様に抽出する系列パターンの特性やアルゴリズムの性能を変更できます。

表16.13 cspade関数の主要な引数

引数	説明
parameter	抽出する系列パターンの特性を変更するために指定するパラメータ
control	アルゴリズムの性能に影響を及ぼすパラメータ

parameter引数には、**表16.14**に説明する引数をlist形式で指定できます。

表16.14 parameter引数の引数

引数	説明	デフォルト値
support	系列パターンの最小支持度	0.1
maxsize	系列パターンに含まれるアイテム数の最大値	10
maxlen	系列パターンの系列長の最大値	10
mingap	系列内で隣り合う時間ギャップの最小値	指定なし
maxgap	系列内で隣り合う時間ギャップの最大値	指定なし
maxwin	系列内の時間ギャップの最大値	指定なし

control引数には、**表16.15**で説明する引数をlist形式で指定できます。

表16.15 control引数の引数

引数	説明	デフォルト値
memsize	使用可能な最大のメモリサイズ（16MB以上を指定）	指定なし（32MB）
numpart	データベースの分割数を指定する整数値（2以上を指定）	なし（自動的に決定）
bfstype	幅優先探索が優先されるかどうかを指定する論理値	FALSE（深さ優先探索を採用）
verbose	計算状況と実行時間の情報を表示するかどうかを指定する論理値	FALSE
summary	要約情報を保存するかどうかを指定する論理値	FALSE
maxwin	系列内の時間ギャップの最大値	指定なし
tidLists	トランザクションIDのリストを結果に含めるかどうかを指定する論理値	FALSE

16-4-3 実践例：クリックデータからの系列パターンの抽出

ここでは、もう少し実践的な例として、クリックデータから系列パターンを抽出してみましょう。使用するデータセットは、SIGMOD KDDが主催するデータマイニングのコンテストであるKDDCup 2000で使用されたデータセットとします。このデータセットを系列パターンを抽出するさまざまな手法を提供するSPMFのWebサイトからダウンロードします。

```
# データのダウンロード
> download.file("http://www.philippe-fournier-viger.com/spmf/datasets/BMS1.dat", "BMS1.dat")
```

データの形式は、次のとおりです。1列目が系列のID、2列目がクリックされたページのIDを表しています。

```
28 10307
28 10311
28 12487
31 12559
32 12695
32 12703
32 18715
33 10311
33 12387
33 12515
```

このデータを読み込んで、cspade関数が要求する入力形式に変換しましょう。まずはセパレータを空白文字としてread.table関数でデータを読み込みます。

```
> library(dplyr)
# BMS1データセットをダウンロード先からロード
> bms1.dat <- read.table("BMS1.dat",
+     col.names = c("sequenceID", "event"))
# データの先頭
> bms1.dat %>% head
  sequenceID event
1         28 10307
2         28 10311
3         28 12487
4         31 12559
5         32 12695
6         32 12703
```

cspade関数に指定するデータ形式にするためには、系列IDごとにトランザクションID、アイテム数、トランザクションに含まれるアイテムを指定する必要があります。次の例では、dplyrパッケージのgroup_by関数を用いて系列ID (sequenceID) でグルーピングして、mutate関数でトランザクションID (eventID) とサイズ (SIZE) の列を生成しています。トランザクションIDは系列IDごとに1から系列の長さまでの数字になるように指定しています。最後に、cspade関数で必要な系列ID (sequenceID)、トランザクションID (eventID)、トランザクションに含まれるアイテムの個数 (SIZE)、アイテム (event) をselect関数で抽出しています。

```
# 系列IDごとにトランザクションID、アイテム数、アイテムを表示
> bms1.seq <- bms1.dat %>%
+             group_by(sequenceID) %>%
+             mutate(eventID = seq(n()), SIZE = 1) %>%
+             select(sequenceID, eventID, SIZE, event)
> bms1.seq %>% head
```

475

Part 5 データ分析

```
Source: local data frame [6 x 4]
Groups: sequenceID [3]

  sequenceID eventID  SIZE event
       (int)   (int) (dbl) (int)
1         28       1     1 10307
2         28       2     1 10311
3         28       3     1 12487
4         31       1     1 12559
5         32       1     1 12695
6         32       2     1 12703
# データの出力
> write.table(bms1.seq, "bms1_seq.tsv", row.names = FALSE, col.names = FALSE)
```

続いて、変換したデータを読み込んでCSPADEを実行します。read_baskets関数のcon引数に読み込むファイル名、info引数に1列目から3列目までがそれぞれsequnceID、eventID、SIZEを表していることを指定しています。また、cspade関数でCSPADEを実行する際は、最小支持度を0.005（0.5%）に指定しています。

```
> library(arulesSequences)
# BMS1データセットのロード
> bms1 <- read_baskets(con = "bms1_seq.tsv",
+             info = c("sequenceID", "eventID", "SIZE"))
> bms1
transactions in sparse format with
 149639 transactions (rows) and
 497 items (columns)
# CSPADEの実行
> csp.bms1 <- cspade(bms1, parameter = list(support = 0.005), control = list(verbose = TRUE))

parameter specification:
support : 0.005
maxsize :    10
maxlen  :    10

algorithmic control:
bfstype  : FALSE
verbose  : TRUE
summary  : FALSE
tidLists : FALSE

preprocessing ... 1 partition(s), 3.18 MB [0.23s]
mining transactions ... 0 MB [0.15s]
reading sequences ... [0.019s]

total elapsed time: 0.404s
> csp.bms1
set of 201 sequences
```

```
# 抽出した系列パターンの要約
> summary(csp.bms1)
set of 201 sequences with

most frequent items:
  10311    12703    10315    12487    10295   (Other)
     13       12       11       11       10      201

most frequent elements:
 {10311}  {12703}  {10315}  {12487}  {10295}  (Other)
     13       12       11       11       10      201

element (sequence) size distribution:
sizes
  1   2   3
150  45   6

sequence length distribution:
lengths
  1   2   3
150  45   6

summary of quality measures:
    support
 Min.   :0.005033
 1st Qu.:0.006527
 Median :0.008238
 Mean   :0.011736
 3rd Qu.:0.012667
 Max.   :0.061374

includes transaction ID lists: FALSE

mining info:
 data ntransactions nsequences support
 bms1         149639      59602   0.005
# 抽出したパターンの確認
> csp.bms1 %>% sort(by = "support") %>% head %>% inspect
     items       support
1 <{33449}> 0.06137378
2 <{12895}> 0.06078655
3 <{33469}> 0.06060199
4 <{10315}> 0.05786719
5 <{10307}> 0.04692796
6 <{10311}> 0.03978054
```

結果を見ると、次の知見を得ることができます。

データ分析

- 抽出した系列パターンを summary 関数で要約した結果を見ると、`set of 201 sequences with` で始まるブロックから、201個のパターンが抽出されている
- `most frequent items:` で始まるブロックから、最も出現したアイテムは10311で13回、次に12703で12回、…となっている
- `most frequent elements:` で始まるブロックから、最も出現した要素は{10311}で13回、次に{12703}で12回、…となっている。この結果は、"most frequent items:" で始まるブロックの結果と一致している
- `element (sequence) size distribution:` で始まるブロックから、要素のサイズの分布がわかる。要素のサイズが1の場合が150回、2の場合が45回、3の場合が6回であることがわかる
- `sequence length distribution:` で始まるブロックから、抽出した系列パターンの長さの分布がわかる。系列の長さが1の場合が150回、2の場合が45回、3の場合が6回であることがわかる
- `summary of quality measures:` で始まるブロックから、抽出した系列パターンの評価指標の統計量がわかる。系列パターンの支持度（support）の最小値（Min.）は約0.0050、第一四分位点（1st Qu.）が約0.0065、中央値（Median）が約0.0082、平均値（Mean）が約0.0117、第三四分位点（3rd Qu.）が約0.0127、最大値（Max.）が約0.0614であることがわかる

以上で抽出した系列パターンのうち支持度が上位6位のパターンは、すべて長さが1となっており、系列パターンのようには見えません。そこで、抽出した系列パターンのうち、長さが2以上のものを選択してみましょう。

次では、`csp.bms1` オブジェクトに対して、`subset` 関数で長さが2以上の系列パターンを抽出しています。`subset` 関数で長さが2以上の系列パターンを抽出する条件を `size(x) > 1` で与えています。次に、`sort` 関数の `by` 引数に `support` を指定して支持度の降順で系列パターンを並び替え、`head` 関数で上位6パターンを抽出し、`as` 関数でデータフレームに変換しています。

```
# 長さが2以上の系列パターンの抽出
> csp.bms1 %>%
+   subset(size(x) > 1) %>%
+   sort(by="support") %>%
+   head %>%
+   as("data.frame")
            sequence    support
154 <{33449},{33469}> 0.02020066
199 <{10295},{10307}> 0.01536861
186 <{12483},{12487}> 0.01471427
193 <{10311},{10315}> 0.01293581
196 <{10295},{10311}> 0.01238213
191 <{10295},{10315}> 0.01211369
```

以上の結果を見ると、アイテム33449をクリックしたあとに33469をクリックするパターンの支持度が約0.020（約2.0％）であることなどがわかります。

Part 6

実践的な開発

ここではRによる実践的な開発手法を開発します。コマンドラインアプリケーションの作成、Webアプリケーションの作成、レポーティング、高速化などはRを実践的に利用する際の助けになるでしょう。

17章 コマンドラインアプリケーション

コマンドラインアプリケーションは、バッチ処理やほかのアプリケーションとの連携に利用されます。本章では、Rでコマンドラインアプリケーションを作成するための動作環境やパッケージを紹介します。

17-1 コマンドラインアプリケーション

アプリケーションには、主に3つの形態があります。1つはコマンドライン上でプロンプトベースの操作を行うキャラクタユーザインターフェース（*Character User Interface*；*CUI*）アプリケーション（コマンドラインアプリケーションやコンソールアプリケーションとも言います）、もう1つはグラフィカルインターフェース上で操作を行うグラフィカルユーザインターフェース（*Graphical User Interface*；*GUI*）アプリケーション（ウィンドウアプリケーション）、そしてもう1つはWebアプリケーションです。CUIアプリケーションは本章で取り扱う最も単純な形式のアプリケーションです。GUIアプリケーションの開発については本書では取り扱いませんが、RGtk2などのパッケージを利用することでRでもGUIアプリケーションを開発できます。Webアプリケーションについては「**18章 Webアプリケーション**」を参照してください。

コマンドラインアプリケーションはウィンドウアプリケーションに比べるとユーザインターフェースが貧弱ですが、逆にリッチなユーザインターフェースを必要としないアプリケーションには向いています。たとえばバッチ処理のように定期的にバックグラウンドで行わなければならない処理に対してユーザ操作が介入するのは不適切ですから、このようなアプリケーションはコマンドラインアプリケーションで作成するのが一般的です。また、コマンドラインアプリケーションを作成すると、パイプ処理によってほかのアプリケーションの結果を受け取ったり、逆にほかのアプリケーションに結果を渡すのも容易になります。

17-2 実行環境

17-2-1 Rscript

RscriptはRスクリプトを実行するためのプログラムです。R実行ファイルにもバッチモード（*R CMD BATCH*）は存在しますが、デフォルトオプションがコマンドラインアプリケーション向けに調整されているので、Rscriptの方が使いやすいと思われます。以下ではRscriptを前提として解

説します。

Rscriptの基本的な使い方は次のとおりです。

```
$ Rscript [オプション] -e '実行コード' [スクリプト引数]
```

または次のようにします。

```
$ Rscript [オプション] スクリプトファイル [スクリプト引数]
```

前者はインラインで実行するコマンドを記述する方式です。-eオプションに実行コードを記述します。-eオプションは複数記述でき、記述された順に実行されます。後者は実行コードを記述したスクリプトファイルを指定する方式です。オプションはRのコマンドラインオプションの使用方法とおおむね同じです。スクリプト引数には、実行コード中でコマンドライン引数として渡される引数を記述します。スクリプト引数のコード中での処理については後述します。

17-2-2 littler

littler[注1]はサードパーティ製のRのコマンドライン実行環境です。LinuxまたはMac OS Xでソースコードからビルドしてインストールすることで利用できます。Ubuntuなどの一部のOSでは、公式のリポジトリからパッケージマネージャ経由でインストールできます。

littlerはRscriptより単純にデータをRで処理できるように設計されています。たとえばスクリプト引数はargvという名前の変数にあらかじめ代入されています。また、-dオプションとともに標準入力にヘッダ行付きのCSVを与えると、Xという名前の変数にCSVを読み込んだ結果が代入されます。

```
$ littler -d -e 'print(X)' <<EOF
x,y
1,2
3,4
EOF
  x y
1 1 2
2 3 4
```

[注1] http://dirk.eddelbuettel.com/code/littler.html

17-2-3 --vanillaオプション

　Rのコマンドラインアプリケーションに関する注意点に、起動時スクリプトの処理があります。常に固定された環境で動作することが保証されたアプリケーションであれば、起動時スクリプトなどで共通処理を記述しておいても良いのですが、開発環境と本番環境の統一が困難であったり、不特定多数のユーザに配布されるようなアプリケーションであれば、起動時スクリプトの処理によって動作が異なってしまう恐れがあります。このようなケースにおいては、Rscriptやlittlerのコマンドラインオプション--vanillaを利用します。--vanillaオプションは、さまざまな起動時処理をスキップして、Rを起動します[注2]。

17-3　コマンドライン引数の処理

　スクリプトにコマンドライン引数を与えることで、スクリプトの挙動を変えることができます。Rでコマンドライン引数を取得するにはcommandArgs関数を利用します。

■commandArgs関数

　commandArgs関数は、trailingOnlyパラメータにFALSE（デフォルト値）を与えると実行プログラム（たとえばRscript）を含むすべてのコマンドライン引数を返し、TRUEを与えると実行プログラムおよびそのコマンドラインオプションを除いたスクリプトに与える引数のみを返します。多くの場合はTRUEを与えて呼び出すことになるでしょう。littlerを利用した場合のargv変数に代入されている値は、TRUEを与えた場合の戻り値と同等です。

```
# スクリプト引数を取得する
argv <- commandArgs(TRUE)
```

■コマンドラインオプションの利用

　コマンドライン引数に必須でないオプションパラメータを指定したい場合があります。
　そのような場合はコマンドラインオプションを利用します。コマンドラインオプションは--some-arg valueのような一定の形式のコマンドライン引数を与えることで、some-argオプションの値はvalueであるということをプログラムが解釈し、プログラム内でこれを利用できます。コマンドラインオプションを利用するためのパッケージはいくつか存在します。
　表17.1に代表的なコマンドラインオプションを処理するパッケージを紹介します。

（注2）　英単語のvanillaには「拡張機能がない」といったコンピュータ用語としての意味があります。

表17.1　コマンドラインオプションを処理するパッケージ

パッケージ	概要
getopt	C言語のgetoptと同様なコマンドライン引数の処理を行う
optparse	Pythonのoptparseと同様なコマンドライン引数の処理を行う
docopt	コマンドラインヘルプを記述すると、それにしたがったコマンドライン引数の処理を生成する
argparser	コマンドライン引数の処理を自分自身で構築することができる

本章ではdocoptパッケージの用法について解説します。

17-3-1 docopt パッケージ

docopt[注3]は、一定の規則にしたがってコマンドラインプログラムのヘルプを記述し、そのヘルプからコマンドラインパーサを生成するプログラムです。R以外のさまざまな言語でも実装されています。Rではdocoptパッケージにより提供されています。

```
# docoptパッケージのインストール
> install.packages("docopt", dependencies = TRUE)
```

docoptはリスト17.1のようなヘルプを記述し、コマンドラインパーサを生成します。ここではUsage:にget_rand.Rはuniformまたはnormalを取り、-nオプションと-oオプションを取ると指定しています。

リスト17.1　docopt.R

```
# docopt パッケージをロードする
library(docopt)

doc <- "
乱数生成スクリプト

Usage:
  gen_rand.R (uniform | normal) [-n <n>] [-o <file>]
  gen_rand.R -h | --help

Options:
  -h --help    ヘルプを表示する
  -n <n>       生成する乱数の個数 [default: 10]。
  -o <file>    出力ファイル
"
```

[注3] URL http://docopt.org/

次のように記述したヘルプおよび対象となるコマンドライン引数をdocopt関数に与えることで、コマンドラインオプションを取得できます。

```
> docopt(doc, args = "uniform -o ./output", strict = TRUE)
List of 5
 $ --help : logi FALSE
 $ -n     : chr "10"
 $ -o     : chr "./output"
 $ uniform: logi TRUE
 $ normal : logi FALSE
NULL
```

コマンドラインオプションを指定するargsパラメータでuniformおよび-oオプションを指定しているため、結果は、uniformがTRUEに、-oに指定した値が含まれています。-nオプションは指定していませんが、デフォルト値として10を設定しているため、結果は10となっています。

17-4 ロギング

アプリケーションを利用する際に、エラーの原因探索や不正操作防止などのために、ログを残すこと（ロギング）は重要です。Rでロギングを行うためのパッケージはいくつか存在しますが、ここではloggingパッケージを紹介します。

17-4-1 loggingパッケージ

loggingパッケージはその名のとおりロギングを行うためのパッケージです。

■addHandler関数

ロギングを有効にするためには、addHandler関数によりロガーを追加します。

```
# loggingパッケージのインストール
> install.packages("logging", dependencies = TRUE)
# logging パッケージをロードする
> library(logging)

# コンソールに出力するロガーを作成する
> addHandler(writeToConsole, logger = "console.logger", level = "INFO")
# ファイルに出力するロガーを作成する
> addHandler(writeToFile, logger = "file.logger", level = "ERROR", file = "error.log")
```

ロガーの出力先はコンソールまたはファイルのいずれかが指定できます。前者は

writeToConsole関数を、後者はwriteToFile関数を利用します。いずれかをaddHandler関数の第一パラメータのhandlerに与えることで、それぞれの関数に応じた出力先にログが出力されるようになります。loggerパラメータにはロガー名を指定します。loglevelsパラメータにはログレベルを数値またはログレベル名で指定します。指定したレベル以上のロギング処理が要求された場合にのみそのロギング処理が実行され、指定したレベルより小さいレベルのロギング処理は無視されます。

■ログレベル

ログレベルは`loglevels`変数により確認できます。

```
# ログレベルを出力する
> loglevels
    NOTSET   FINEST    FINER     FINE    DEBUG     INFO  WARNING     WARN
         0        1        4        7       10       20       30       30
     ERROR CRITICAL    FATAL
        40       50       50
```

ロガーが存在する状態でログ関数を呼ぶと、ロギング処理を要求します。

```
# INFO レベルのロギングを行う
> levellog("INFO", "情報メッセージ", logger = "console.logger")
2015-09-28 06:02:22 INFO:console.logger:情報メッセージ
# DEBUG レベルのロギングを行う(実行されない)
> levellog("DEBUG", "デバッグメッセージ", logger = "console.logger")
```

いくつかのログレベルについては、`logxxx`という名前のログ関数が用意されており、`levellog`関数にログレベルを与えなくても所望のログレベルでロギング処理ができます。

```
# INFO レベルのロギングを行う
> loginfo("情報メッセージ", logger = "console.logger")
2015-09-28 06:02:22 INFO:console.logger:情報メッセージ
# DEBUG レベルのロギングを行う(実行されない)
> logdebug("デバッグメッセージ", logger = "console.logger")
```

■ログフォーマット

ログのフォーマットを変更するには、`addHandler`関数の`formatter`パラメータにフォーマット関数を指定します。フォーマット関数は、1つのパラメータをとります。**リスト17.2**のようにフォーマット関数を定義します。

実践的な開発

リスト17.2　logformatted.R

```
# フォーマット関数を定義する
formatter <- function(record) {
    msg <- record$msg
    timestamp <- record$timestamp
    logger <- record$logger
    level <- record$level
    levelname <- record$levelname
    sprintf("%s, [%s] [%s] %s %s", level, timestamp, levelname, logger, msg)
}
# 作成したフォーマット関数を利用する
addHandler(writeToConsole, formatter = formatter, logger = "formatted.logger")
```

次のようにロギングします。

```
# ロギング処理を行う
> loginfo("情報メッセージ", logger = "formatted.logger")
20, [2015-09-28 06:02:22] [INFO] formatted.logger 情報メッセージ
```

フォーマット関数のパラメータには**表17.2**に示す要素を持つリストが与えられます。

表17.2　フォーマット関数のパラメータの要素

名前	型	概要
msg	character	ログメッセージ
timestamp	character	タイムスタンプ（ローカルタイム YYYY-MM-DD hh:mm:ss）
logger	character	ロガー名
level	numeric	ログレベル
levelname	character	ログレベル名

18章　Webアプリケーション

Rでプログラミングした処理結果をWebアプリケーション化する目的は主に2つあります。1つはパラメータをダイナミックに変更しながらグラフ描画を行い、データの理解を深めるためです。もう1つはREST APIのような形で他言語からRの結果を利用するためです。前者は人間が利用するもので「18-1 shiny」「18-2 shinyに関連するパッケージ」で説明を行い、後者はAPIなどのプログラムが利用するもので「18-3 shiny-server」「18-4 shiny-serverの設定」で説明します。

18-1　shiny

　shinyとはRのパッケージの1つでRStudio社によって主に開発が進められているWebアプリケーションフレームワークです。Rは静的なグラフを描画することは得意ですが、動的なグラフの描画が得意ではありません。コーディングの得意でない方が探索的な分析をする場合は、ほかのBIツールを併用したほうが良いというのがこれまでの通説でした。ところがこのshinyの登場により、Rで簡単にダイナミックなグラフを描画するアプリケーションが作れるようになりました。BIツールのようなアプリケーションを簡単に作れるため、分析の現場で重宝されることに間違いありません。

18-1-1　shinyでHello World

　まずはヒストグラムを描画するだけの簡単なshinyアプリケーションを作成してみましょう。開発環境はRStudioを使いますので、あらかじめインストールしておいてください。まずはshinyパッケージをインストールします。RStudio上から次のコマンドを入力してください。

```
> install.packages("shiny")
```

　次にRStudioから新規プロジェクトを作成します。RStudio右上にある[New Project...]→[New Directory]→[Shiny Web Application]と選択し（図18.1、図18.2、図18.3）、適当な名前を付けて[Create Project]を押下します（図18.4）。

Part 6 実践的な開発

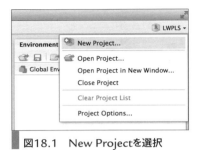

図18.1 New Projectを選択

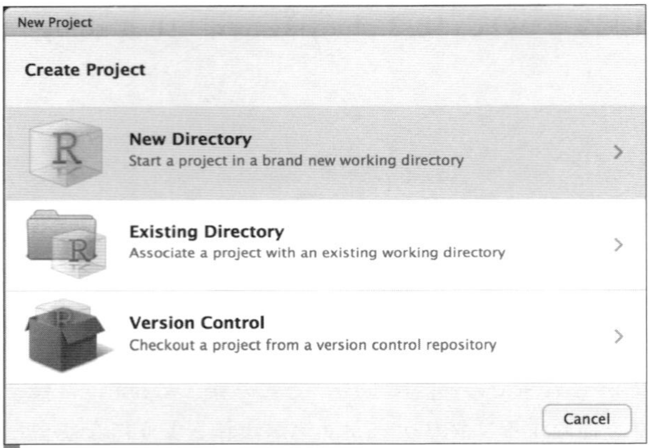

図18.2 New Directoryを選択

図18.3 Shiny Web Applicationを選択

18章 Webアプリケーション

図18.4　名前を付けて[Create Project]を押下

すると「ui.R」と「server.R」という2つのファイルが作成されます（**図18.5**）。

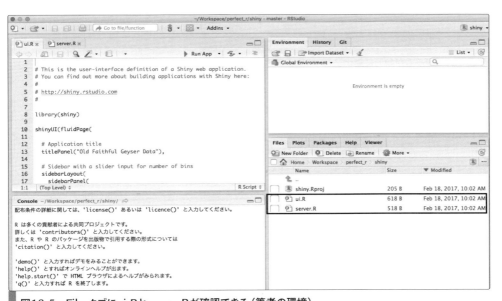

図18.5　Filesタブにui.Rとserver.Rが確認できる（筆者の環境）

まずはこの状態でソースコードパネル右上の[Run App]ボタンを押してみましょう。shinyアプリが起動しました。[Number of bins]の値をマウスで動かすと右側のヒストグラムが動的に変化するのがわかります（**図18.6**）。Rであればこのような動的なグラフをTableau[注1]や

（注1）　URL http://www.tableau.com/ja-jp

489

Part 6 実践的な開発

Yellowfin（注2）、Qlikview（注3）のようなBIツールを導入することなく簡単に実現できるのです。

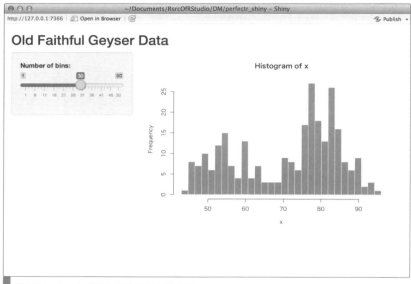

図18.6 ヒストグラムが動的に変化する

18-1-2 shinyアプリケーションのサンプル

次のようにshinyパッケージにはshinyアプリケーションのサンプルが含まれています。いくつかのサンプルを実行し、コードチェックをすることで理解が深まると思います。`system.file`関数でパッケージ内に含まれるファイルを探すことができますので、shinyパッケージ内のexamplesに含まれているファイル一覧を確認してみましょう。そして、`runExample`関数を実行すると1つのshinyアプリケーションサンプルが起動します。

```
> library(shiny)
#shinyパッケージに含まれるexampleのフォルダ一覧を出力
> dir(system.file("examples", package="shiny"))

> runExample("01_hello")        # a histogram
> runExample("02_text")         # tables and data frames
> runExample("03_reactivity")   # a reactive expression
> runExample("04_mpg")          # global variables
> runExample("05_sliders")      # slider bars
> runExample("06_tabsets")      # tabbed panels
```

（注2） URL http://www.japan.yellowfin.bi/
（注3） URL http://www.qlik.com/ja-jp/products/qlikview

```
> runExample("07_widgets")    # help text and submit buttons
> runExample("08_html")       # Shiny app built from HTML
> runExample("09_upload")     # file upload wizard
> runExample("10_download")   # file download wizard
> runExample("11_timer")      # an automated timer
```

　また、RStudio社のShinyホームページ上にも多数のGalleryがありますので参考にしてみてください（**図18.7**）。

URL http://shiny.rstudio.com/gallery/

図18.7　ShinyのGallery

18-1-3 shinyアプリケーション作成チュートリアル

　さて、shinyの雰囲気がつかめたところで、中身について詳細に見ていきましょう。

■ようこそShinyへ

　shinyの理解を深めるために、Hello Worldを実行してみましょう。

```
> library(shiny)
> runExample("01_hello")  #サンプルshinyアプリの起動
```

Part 6 実践的な開発

shinyアプリケーションがソースコード付きで起動しました。この例は左側にあるスライダーを動かしてbinの数を設定することで、右側のヒストグラム図が動的に変わります（**図18.8**）。

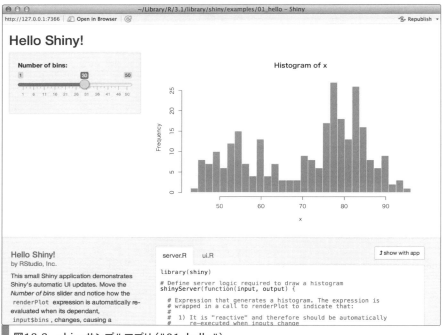

図18.8 shinyサンプルアプリ("01_hello")

shinyアプリケーションはUI（*User Interface*）部分を記述するui.Rと、処理部分を記述するserver.Rとからなります。それではui.Rとserver.Rとのコードをそれぞれ見てみましょう。**リスト18.1**がui.Rのコードです。

リスト18.1 ui.R (sample)

```
library(shiny)

# UIの設定
shinyUI(fluidPage(
  
  # shinyアプリのタイトル，HTMLのtitleタグに相当する
  titlePanel("Hello Shiny!"),
  
  # レイアウトを記述する
  sidebarLayout(
    sidebarPanel(
      sliderInput("bins",
```

```
                    "Number of bins:",
                    min = 1,
                    max = 50,
                    value = 30)
    ),
    
    # プロットを出力
    mainPanel(
      plotOutput("distPlot") #
    )
  )
))
```

リスト18.2がserver.Rのコードです。

リスト18.2　server.R (sample)
```
library(shiny)

# serverの設定
shinyServer(function(input, output) {
  
  # 出力がプロットなのでrenderPlot関数の中に記述
  
  output$distPlot <- renderPlot({
    x    <- faithful[, 2]  # Rに付属しているデータセットfaithful
    bins <- seq(min(x), max(x), length.out = input$bins + 1)
    
    # plot(), ggplot(), hist()のようなプロットを出力するコードを記述
    hist(x, breaks = bins, col = 'darkgray', border = 'white')
  })
})
```

たったこれだけの記述で、例のような動的に変化するWebアプリケーションを作成できるのです。中身についての詳細は次項以降で触れます。

■ユーザインターフェースの作成

ここではshinyアプリケーションの作成をより理解するために、ui.Rとserver.Rの2つのファイルをゼロから作成してみましょう（**リスト18.3**、**リスト18.4**）。

リスト18.3　ui.Rの最小構成 (minimum)
```
shinyUI(fluidPage(
))
```

Part 6 実践的な開発

リスト18.4 server.Rの最小構成 (minimum)
```
shinyServer(function(input, output){
})
```

これがshinyアプリケーションの最小構成です。この2つのファイルを適当なフォルダに配置します（**図18.9**）。今回はフォルダを「01_firstApp」としました。

図18.9 01_firstApp

このshinyアプリケーションを起動してみましょう。runApp関数で起動しますが、その際にui.R、server.Rの配置されているフォルダを相対パスで引数として与えます。

```
shiny::runApp("01_firstApp")
```

まだUIが定義されていませんので、**図18.10**のように表示されます。まずはui.Rのほうを定義してみましょう（**リスト18.5**）。

図18.10 firstAppの起動

リスト18.5　ui.Rにタイトルとサイドバーを追加（fluidpage）

```
shinyUI(fluidPage(
  titlePanel("title panel"),

  sidebarLayout(
    sidebarPanel("sidebar panel"),
    mainPanel("main panel")
  )
))
```

　fluidPage関数は、ブラウザのウィンドウに応じて自動的に縦横幅を調整して表示します。shinyアプリケーション開発者は、細かな幅の調整などを考える必要はなく、fluidPage関数の中にサイドバーなどのコンポーネントを配置していくだけで良いのです。titlePanelとsidebarLayoutは、fluidPageの2つの主要なコンポーネントになっていて、これだけでshinyアプリケーションの基本的なレイアウトを構築できます。上記の例ですとWebページのタイトルが「title panel」となり、サイドバーを利用したレイアウトに「sidebarPanel」と「mainPanel」が配置されます（**図18.11**）。shinyアプリケーションでは一般的に、sidebarPanelにはパラメータを設定するインプット用のコンポーネントを置き、mainPanelにはグラフプロットやテーブルなどのアウトプット用のコンポーネントを置くことが多いです（今回はどちらも文字列を出力しているだけですのでアウトプットです）。

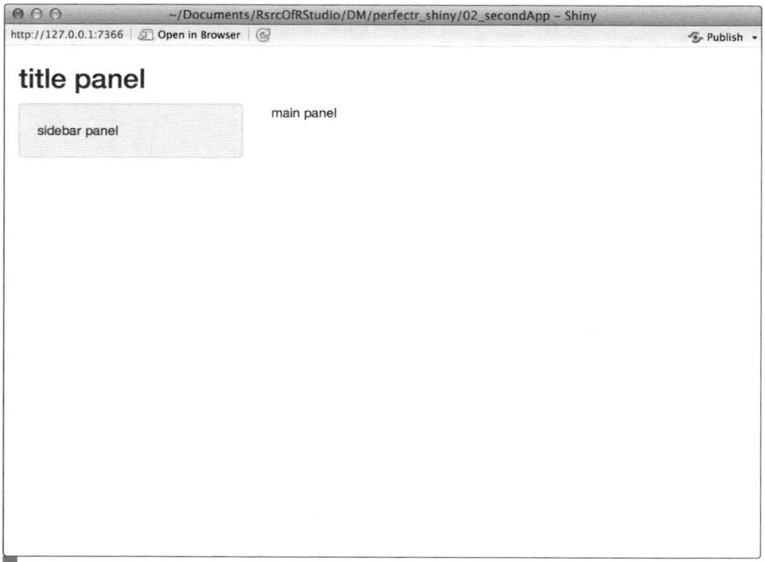

図18.11　タイトルとサイドバーを追加

　ちなみにfluidPage関数以外にnavbarPageやfluidRow、fluidColumnなどの関数を使うことが

できます。詳細は「Shiny Application Layout Guide」を参照してください。

🔗 http://shiny.rstudio.com/articles/layout-guide.html

■コントロール部品の追加

グラフを作成するときにたとえば「OKボタン」のような機能を使いたいことがあると思います。そのようなときはcontrol widgetsと呼ばれるコントロール部品を利用します。**図18.12**はui.Rに利用できる主要なcontrol widgetsを表示しています。実際にshinyアプリケーションを開発する際はこの中から適切なcontrol widgetsを利用してコーディングします。

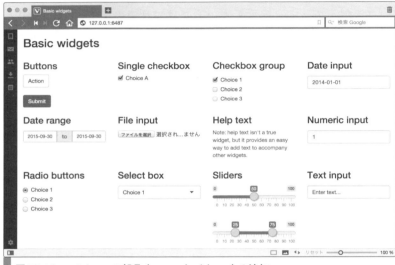

図18.12　コントロール部品（control widgets）の追加

リスト18.6に、表示に使ったコードを掲載します。この例でわかるように、複数のwidgetを使いたい場合は、表示したい順にカンマで区切って関数をつなげていくだけで良いのです。また、パラメータ入力用のcontrol widgetsはInput UIと呼ばれ、Button以外はほぼxxxInputという名前になっています。今後、shinyで新しいcontrol widgetsがこっそり追加されていたとしてもpdfファイルやWebページで用意されているshinyパッケージのshiny Function reference内[注4]を*Inputという名前をたよりに見つけることができるでしょう。helpに記載された内容を読んで、どのような引数を与えるのかがわかれば、容易に使用できます。

（注4）　🔗 http://shiny.rstudio.com/reference/shiny/latest/

リスト18.6　コントロール部品の追加 (controlwidgets)

```
shinyUI(fluidPage(
  titlePanel("Basic widgets"),  # Webページのタイトル

  fluidRow(  # 1行追加

    # ボタン
    column(3,
           h3("Buttons"),
           actionButton("action", label = "Action"),
           br(),
           br(),
           submitButton("Submit")),

    # チェックボックス
    column(3,
           h3("Single checkbox"),
           checkboxInput("checkbox", label = "Choice A", value = TRUE)),

    # 複数チェックボックス
    column(3,
           checkboxGroupInput("checkGroup",
                              label = h3("Checkbox group"),
                              choices = list("Choice 1" = 1,
                                             "Choice 2" = 2, "Choice 3" = 3),
                              selected = 1)),

    # 日付入力
    column(3,
           dateInput("date",
                     label = h3("Date input"),
                     value = "2014-01-01"))
  ),

  fluidRow(  # 1行追加

    # 日付 (期間) 入力
    column(3,
           dateRangeInput("dates", label = h3("Date range"))),

    # 入力ファイル選択
    column(3,
           fileInput("file", label = h3("File input"))),

    # (ヘルプなどの) テキスト表示
    column(3,
           h3("Help text"),
           helpText("Note: help text isn't a true widget,",
                    "but it provides an easy way to add text to",
```

Part 6 実践的な開発

```r
                       "accompany other widgets.")),
    # 数値入力
    column(3,
           numericInput("num",
                        label = h3("Numeric input"),
                        value = 1))
  ),

  fluidRow( # 1行追加

    # ラジオボタン
    column(3,
           radioButtons("radio", label = h3("Radio buttons"),
                        choices = list("Choice 1" = 1, "Choice 2" = 2,
                                       "Choice 3" = 3),selected = 1)),

    # 選択式プルダウンメニュー
    column(3,
           selectInput("select", label = h3("Select box"),
                       choices = list("Choice 1" = 1, "Choice 2" = 2,
                                      "Choice 3" = 3), selected = 1)),

    # 数値範囲選択
    column(3,
           sliderInput("slider1", label = h3("Sliders"),
                       min = 0, max = 100, value = 50),
           sliderInput("slider2", "",
                       min = 0, max = 100, value = c(25, 75))
    ),

    # テキスト入力
    column(3,
           textInput("text", label = h3("Text input"),
                     value = "Enter text..."))
  )
))
```

column関数の第1引数で与えている3という数値は、カラム幅の相対指定値です。1~12の数値を与える必要があり、4列のレイアウトを作るために 12÷4 = 3 としています。

■動的な出力の表示

ここではShinyアプリの中でダイナミックな出力を行う方法について見ていきましょう。Shinyでのinput UIは前項で説明したとおりなのですが、ここではinput UIの変更に合わせて動的にoutput UIが変化するShinyアプリケーションの作成について解説します。output UI表示用

の関数を**表18.1**に抜粋します。Outputという関数名になっていますのでshiny Function referenceを「Output」という文字列で検索すればどんなOutput用の関数があるか簡単に見つけることができます。これらの関数はui.R内で使います。

表18.1　output UIの表示用関数（ui.R）

Output用関数	生成されるUI
htmlOutput	raw HTML
imageOutput	image
plotOutput	plot
tableOutput	table
textOutput	text
uiOutput	raw HTML
verbatimTextOutput	text

次に、server.R内で利用するrender用の関数を**表18.2**に抜粋します。こちらは基本的にrenderXXXという関数名になっています。

表18.2　render用の関数（server.R）

render用関数	生成されるもの
renderImage	画像
renderPlot	プロット図
renderPrint	character型以外の文字
renderTable	data.frameなどのテーブル
renderText	character型の文字列
renderUI	HTML

表18.2で注意しなければいけないのは`renderText`関数でしょう。これは`character`型しか使うことができません。たとえば`randomForest(Species ~ ., iris)`で得られる分析結果は文字列のように見えますが、実体は`list`です（`typeof`関数で確認できます）。`character`型ではなくて`list`型ということは`renderText`関数ではなくて`renderPrint`関数を使う必要があります。

よく使われるのはggplot2パッケージなどでプロットした図を表示するときなどに利用される`renderPlot`です。例を見てみましょう。**図18.13**は、正規分布やポアソン分布などのよく使われる分布形状を確かめることができるWebアプリケーションです。この例を通して動的にoutputを変更する方法を学んでいきましょう（**リスト18.7**、**リスト18.8**）。

リスト18.7　分布形状を確認するshinyアプリケーション（shinyapp）

```
shinyUI(bootstrapPage(
  
  selectInput(inputId = "distribution_name",
              label = "描きたい分布:",
              choices = c('正規分布','カイ二乗分布','-----','ポアソン分布','二項分布'),
              selected = '正規分布'),
```

Part 6 実践的な開発

```
      plotOutput(outputId = "main_plot", height = "300px"),

      conditionalPanel(condition = "input.distribution_name == '正規分布'",
                       sliderInput(inputId = "mean",
                                   label = "平均:",
                                   min = -5, max = 5, value = 0, step = 1),
                       sliderInput(inputId = "sd",
                                   label = "分散:",
                                   min = 0.1, max = 3, value = 1, step = 0.1)
      ),
      conditionalPanel(condition = "input.distribution_name == 'カイ二乗分布'",
                       sliderInput(inputId = "df2",
                                   label = "自由度",
                                   min = 1, max = 30, value = 2, step = 1)
      ),
      conditionalPanel(condition = "input.distribution_name == 'ポアソン分布'",
                       sliderInput(inputId = "df3",
                                   label = "平均",
                                   min = 1, max = 15, value = 2, step = 1)
      ),
      conditionalPanel(condition = "input.distribution_name == '二項分布'",
                       sliderInput(inputId = "size",
                                   label = "試行回数:",
                                   min = 1, max = 10, value = 2, step = 1),
                       sliderInput(inputId = "prob",
                                   label = "成功確率:",
                                   min = 0.1, max = 1.0, value = 0.5, step = 0.1)
      )
))
```

▌リスト18.8　分布形状を確認するshinyアプリケーション（shinyapp）

```
shinyServer(function(input, output) {

  output$main_plot <- renderPlot({
    if (input$distribution_name == '正規分布') {
      x <- seq(-5, 5, length.out = 1000)
      plot(x = x, y = dnorm(x, mean = input$mean, sd = input$sd), xlab = "x", ylab = "Density")
    } else if(input$distribution_name == 'カイ二乗分布') {
      x <- seq(0, 10, length.out = 1000)
      plot(x = x, y = dchisq(x, df = input$df2), xlab = "x", ylab = "Density")
    } else if(input$distribution_name == 'ポアソン分布') {
      x <- 0:15
      p <- dpois(x, lambda = input$df3)
      plot(x, p, type = 'h', xlab = "x", ylab = "Probability Mass")
      points(x, p, pch = 16)
    } else if(input$distribution_name == '二項分布') {
```

```
    x <- 0:15
    p <- dbinom(x, size = input$size, prob = input$prob)
    plot(x, p, type = 'h', xlab = "Number of Successes", ylab = "Probability Mass")
    points(x, p, pch = 16)
  }
  
 })
})
```

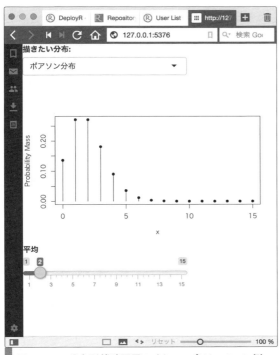

図18.13　分布形状確認用のshinyアプリケーション例

　ui.R上では入力用のUIであっても出力用のUIであっても文字列のidを付けておきます。input用は`inputId`でoutput用は`outputId`になります。このidを用いてserver.Rからui.R上の値を取得します。たとえば図18.13のshinyアプリケーションの例の場合、図をOutputする場所に対してoutputIdを`"main_plot"`と名付けています。この`"main_plot"`に実際にプロットされる処理がserver.R上の`output$main_plot`です。そしてserver.Rの`renderPlot`関数の中で実際に描画処理を行うことでui.R内の`main_plot`というidを付けた場所に希望するプロットが表示されるようになります。なお、**リスト18.8**のserver.Rから`input$distribution_name`を参照することで、**リスト18.7**のui.R内でidを`"distribution_name"`と名付けた入力パラメータを取得できます。図18.13の例ですと描きたい分布を選択する`selectInput`上で現在何が選択されているかを取得す

るために input$distribution_name を参照して、分布名によってプロットの処理を分けています。
　この例の出力は図だけですが、新たに表を出力したくなった場合を考えてみましょう。plotOutput に1行追記するのですが、図ではなく表ですので tableOutput を使うというのは容易に想像できるでしょう。shiny Function reference を参照して tableOutput の引数を確認すると OutputId のみで良いことがわかります。そこで次のような1行を ui.R の plotOutput の下に追記します。

```
tableOutput(outputId = "main_table"),
```

　次に表を表示する中身のロジックを server.R に記載します。output$main_plot 関数ブロックの下に output$main_table を書きます。ここでは表であり図ではないので <- renderPlot ではなく、<- renderTable ということは容易に想像できるでしょう。shiny Function reference を参照すると renderTable の存在がわかります。renderTable の中で出力したい表を data.frame 形式で戻り値とすることで表示されることが確認できるでしょう。

```
output$main_table <- renderTable({
    iris  #出力したい表をdata.frame形式で戻り値とする
})
```

■Rスクリプトとデータの利用

　ここでは Web アプリケーションからデータの読み込み、および別ファイルに保存したRスクリプトの利用方法について見ていきましょう。データの読み込みやスクリプトを実行するには次のように記述します。

```
source("myRscript.R")
dat <- read.csv("data/myfile.csv")

shinyServer({
  # コード記述する箇所
})
```

　server.R に記述する際の注意として、どのブロック内の記述がいつ実行されるか理解する必要があります。**リスト18.9**は server.R の実行処理のタイミングと実行回数を示しています。最も外側のブロックは1回実行されるだけなので、普遍的に使うパッケージやデータセットはここで読み込んでおきましょう。そうしないと、ユーザがパラメータを変更するたびに余計な読み込み処理が走ってしまいます。

リスト18.9　実行処理のタイミング（sample2）

```
# server.R

# コードを記述する箇所①
# 外側のブロックの実行処理
# shinyアプリケーションが起動したタイミングで一度だけ実行される

shinyServer(
  function(input, output) {
    # コードを記述する箇所②
    # shinyServerブロックの実行処理
    # ユーザがshinyアプリケーションに訪れたタイミングで一度だけ実行される

    output$map <- renderPlot({
      # コードを記述する箇所③
      # renderPlotブロックの実行処理
      # ユーザがInputを変えてパラメータが変更されるたびに実行される
    })
  }
)
```

■動的な表現の利用

　ユーザのinputパラメータの変更に合わせてデータセットをフィルタリングして、描画するなどの要望は多いと思います。次のような簡単な例をみてみましょう。Rに付属しているirisデータからランダムサンプリングを行います。このコードでは100行をランダムサンプリングしてプロットしています。コード中のコメントにも記載されているとおり、サンプリングする数を100行という固定値ではなくてユーザに入力させることによって動的に変えたいこともあります。

```
n <- 100 # ここの数字をユーザの入力によってダイナミックに変えたい
iris_sel <- iris[sample(1:nrow(iris), n), ] # nの数だけirisデータをランダムサンプリング
ggplot(iris_sel, aes(x = Sepal.Length, y = Petal.Length)) + geom_point(aes(colour = Species))
```

　このように動的な表現をするにはreactive関数を用います。server.Rは**リスト18.10**、ui.Rは**リスト18.11**のようになります。

リスト18.10　動的な表現（reactive）

```
library(shiny)
library(ggplot2)
data(iris)

shinyServer(function(input, output) {

  #入力パラメータが変わるたびに実行される
  dataInput <- reactive({
    iris_sel <- iris[sample(1:nrow(iris), input$n), ]
```

Part 6 実践的な開発

```
    return(iris_sel)
  })

  #ggplotの入力data.frameとして、上の関数dataInput()の戻り値を使う
  output$plot <- renderPlot({
    ggplot(dataInput(), aes(x = Sepal.Length, y = Petal.Length)) + geom_point(aes(colour
 = Species))
  })
})
```

▍リスト18.11　動的な表現（reactive）

```
library(shiny)

shinyUI(fluidPage(
  titlePanel("We love iris"),

  sidebarLayout(
    sidebarPanel(
      helpText("Select random sampling counts."),

      sliderInput(inputId = "n",
                  label   = "how many?",
                  min     = 10,
                  max     = 150,
                  value   = 150)
    ),
    mainPanel(plotOutput("plot"))
  )
))
```

図18.14はrunApp関数で実行した結果になります。

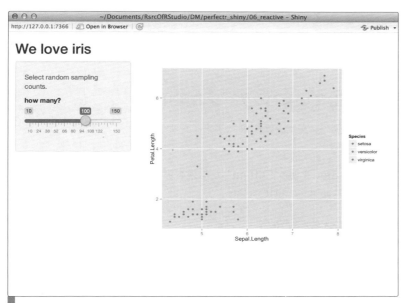

図18.14　reactive関数を用いた動的な表現

この例ではui.R内でinputWidgetの1つであるsliderInputを用いてパラメータ入力用のUIを作りました。このsliderInputの設定値に応じてデータのフィルタリングなどのデータ加工を行いたい場合もあるでしょう。そのような場合は、この例のように**reactive**関数の中でデータの加工をすれば良いのです。

18-2　shinyに関連するパッケージ

ここではshinyに関連のあるパッケージについて少しだけ紹介します。

18-2-1　shinyを拡張するパッケージの紹介

shinyアプリケーションを開発する上で便利に利用できるパッケージを紹介します。

- **shinydashboard**
  shinyでダッシュボードを手軽に作成できる
  URL https://rstudio.github.io/shinydashboard
- **rhandsontable**
  スパークラインを含め、高機能なテーブル表示ができる
  URL https://github.com/jrowen/rhandsontable

- **shinyTree**
  Windows OSのファイラーにあるようなディレクトリ構造をツリー構造で表現できる
  🔗 https://github.com/trestletech/shinyTree

18-2-2 shinyを利用しているパッケージの紹介

shinyを利用して作られた秀逸なパッケージを紹介します。

- **shinystan**
  MCMCサンプラの1つであるStanを使ってfittingした結果を可視化するときに使う
  🔗 https://github.com/stan-dev/shinystan
- **2. LDAvis**
  トピックモデルの結果を可視化するときに使う
  🔗 http://github.com/cpsievert/LDAvis
- **3. lavaan.shiny**
  SEMの分析結果を可視化するときに使う
  🔗 https://github.com/kylehamilton/lavaan.shiny

18-3　shinyアプリケーションの配布

作成したshinyアプリケーションは何らかの方法で配布しなければ誰にも利用されません。shinyアプリケーションを配布する方法は次の2通りがあります。

- コードを配布して、各クライアントマシンで実行してもらう方法
- 何らかのサーバにデプロイして、どのマシンからでもWebブラウザでアクセスできる形にする方法

18-3-1 各クライアントマシンで実行してもらう方法

各クライアントマシンで実行してもらう場合は実行されるマシンにRとshinyパッケージがインストールされている必要があります。各クライアントマシンで環境構築が必要な点と、何らかの方法でソースファイルをクライアントマシンに配布する必要があるため、10人程度の比較的小規模なチームの場合(仕事場所も一箇所にまとまっているとより良い)に運用しやすいでしょう。
ファイルの配布方法に関しては次の2通りがあります。

- USBメモリや、E-mail添付、Dropboxなどでのファイル共有

- **GitHub（やGist）を利用**

「USBメモリなどでファイル共有」する場合、Windowsマシン限定になりますが、@hoxo_m氏が作成したOpenShinyを利用するのも良いでしょう。ui.Rとserver.RとOpenShiny.exeを含んだフォルダを配布すれば、ユーザはOpenShiny.exeをダブルクリックするだけでRが起動されたあとにshinyアプリが起動するしくみになっているので、エンジニア、アナリスト以外の一般的なユーザであっても手軽に利用してもらうことができます。

🔗 http://d.hatena.ne.jp/hoxo_m/20121122/p1

「GitHubを利用」する場合、Rコンソール上からshinyパッケージ中の`shiny::runGithub`関数を利用することで、あらかじめソースファイルを配布することなくshinyアプリを各クライアントマシン上で起動してもらうことができます。ただし、2017年2月時点の最新版shiny（version1.0.0）ですとGitHub.com上のpublic repositoryしか対応していないため、たとえば社内にあるGitHub Enterpriseだと`shiny::runGithub`関数が利用できません。その場合は「Download ZIP」ボタンのリンク先を引数に与え`shiny::runURL`関数を利用しましょう。

18-3-2 Webブラウザアクセスで実行してもらう方法

Webブラウザからshinyアプリにアクセスして実行するには次節で詳しく述べるshiny-serverパッケージを利用します。各クライアントマシンで実行する方法に比べて、サーバでのデプロイ作業のみで配布が完了する点、ブラウザさえあればクライアント側のOSに依存しない点でメリットがあります。一方、shinyアプリケーション実行時はサーバ側のリソースを使うため同時多アクセスに弱いというデメリットがあります。多くのユーザが使うプロダクトを目指す場合は本気でシステム設計を考える必要があり、そもそもRでアプリケーションを作成するのが適切なのか検討したほうが良いでしょう。

18-4　Shiny Server

shinyアプリを配布するにあたって、サーバ上にshinyアプリをデプロイしてユーザがWebブラウザからアクセスしてもらう方法を説明します。これを実現するにはshinyパッケージのほかにshiny-serverパッケージも必要です。shiny-serverパッケージはshinyパッケージ同様にRStudio社が主体となって開発を進めているオープンソースプログラムです（有償版もあります）。

🔗 https://www.rstudio.com/products/shiny/shiny-server/

18-4-1 Shiny Server Open SourceとProの違い

Shiny Server Open Source Edition（オープンソース版）とPro Edition（有償版）の違いを表18.3にまとめます。大きな違いとしては、shinyアプリをデプロイしたサーバの並列化サポートがあります。オープンソース版の場合、shinyアプリ1つに割り振られるCPUコアは1つのため、多くのユーザが同時に特定のshinyアプリにアクセスすると処理が大きく遅延します（場合によってはプロセスが落ちます）。有償版は多同時アクセスに弱いというオープンソース版の欠点をうまく解決してくれる優れものです。

表18.3　Shiny ServerのEditionの違い

	Open Source Edition	Professional Edition
追加機能	-	LDAPによるユーザ管理、SSLサポート、サーバ負荷モニタリングなどの管理用画面、shinyアプリデプロイサーバの並列化サポート
ライセンス	AGPL v3 RStudio License Agreement	
価格	無料	20同時接続、$9,995/server/year ~

URL https://www.rstudio.com/products/shiny/shiny-server/

18-4-2 Shiny Server Open Sourceのインストールと起動

shiny-serverのインストールは次のような流れになります。

- **Red Hat系、Ubuntu系、SUSE系のLinuxを用意**
- **Rのインストール**
- **shinyパッケージのインストール**
- **shiny-serverパッケージのインストール**

ここではUbuntu（14.04）Linuxでの例を示しますが、Red Hat系やSUSE系などの場合は次のshiny-serverのサイトを参照してください。

URL https://rstudio.github.io/shiny-server/latest/#installation

Ubuntu（14.04+）にRをインストールします。

```
$ sudo apt-get install r-base
```

UbuntuでRを起動し、shinyをインストールします。

```
$ sudo R  # Rを起動
> install.packages("shiny")
```

```
> q() # Rを終了
```

Ubuntuにshiny-serverをインストールします。

```
$ sudo apt install gdebi-core
$ wget https://download3.rstudio.org/ubuntu-12.04/x86_64/shiny-server-1.5.1.834-amd64.
deb
$ sudo gdebi shiny-server-1.5.1.834-amd64.deb  # バージョンが上がったら適時読み替えて下さい
```

Ubuntuでのshiny-serverの起動、停止は次のようにします。

```
$ sudo start shiny-server      # 起動
$ sudo stop shiny-server       # 停止
$ sudo restart shiny-server    # 再起動
$ sudo reload shiny-server     # 動作中のshinyプロセスを止めずに再起動
```

18-4-3 shiny-serverへのshinyアプリケーションのデプロイ

後述するshiny-server.confファイルへ記述したサーバ上のパスにui.Rとserver.Rを配置するだけで自動的にアプリケーションがデプロイされます。なお、ui.Rやserver.R、shiny-server.confなどを変更した場合はshiny-serverを再起動する必要があります（将来的には、ui.Rとserver.Rのコードをサーバ上で変更したときshiny-serverの再起動を不要にしたいという開発陣の思惑があるようですが、2017年2月時点の最新バージョン1.5.1.834では再起動が必要です）。

18-4-4 shiny-serverの設定

shiny-serverの設定ファイルは **/etc/shiny-server/shiny-server.conf** に記述します。shiny-serverをインストールするとデフォルト設定のconfファイルが自動生成されます。とりあえず1つのshinyアプリケーションを動かすだけならそのままで良いでしょう。confファイルを変更した場合はいったんshiny-serverを再起動する必要があります。

■URLとディレクトリとのマッピング

ここではURLとディレクトリとのマッピングについて紹介します。次はデフォルト設定です。shiny-serverディレクトリ内にserver.Rとui.Rを配置します。

```
server {
  listen 3838;
  location / {
    site_dir /srv/shiny-server/;
  }
}
```

次はデフォルト以外の設定です。たとえばopt/wadaディレクトリ内にserver.Rとui.Rを配置します。

```
server {
  listen 3939;
  location /wdk2/ {
    site_dir /opt/wada/;
  }
}
```

URLとサーバ上でのファイルパスの対応表を表18.4に示します。

表18.4　URLとサーバ上でのファイルパスの対応表

	URL	サーバ上のパス
デフォルト設定	http://server.com:3838	/srv/shiny-server/
デフォルト以外の設定	http://server.com:3939/wdk2/	/opt/wada/

18-5 rApache

大規模なシステム開発であってもメンテナンス性やプログラミングの役割分担を考えた場合に、個々のモジュールはREST APIのようなWebアプリケーションで粗結合な作りにしておくと良いでしょう。本節ではrApacheを用いて、RプログラムでREST風APIを構築する方法を説明します。

18-5-1 rApacheとは

rApacheとはApache WebサーバからRを利用できるパッケージで、これを用いることでWebアプリケーションを構築できます。最新の情報を知りたい場合は次のrApacheのサイトにアクセスしてみてください。2017年2月時点の最新版は1.2.8になります。ここ3年ほどはマイナーアップデートにとどまっているため、大きな仕様の変更がされることはなさそうですが、その反面新しい機能追加などもあまり期待はできないでしょう。

URL http://rapache.net

18-5-2 インストールと設定

rApacheのインストールの説明をします。

■前提条件

次の環境をもとに解説します。

- CentOS, Ubuntu などの Linux OS、もしくは Mac OS X
- Apache httpd 2.2.x もしくは 2.4.x がインストールされている
- libapreq2 2.05 以上 (Apache HTTP Request Library) がインストールされている
- 共有ライブラリとしてビルドされた R 2.x もしくは 3.x (ビルド済みのバイナリをダウンロードしてインストールした場合や、apt-get や homebrew などでインストールした場合は shared library としてビルドされた R がインストールされているので特に留意する必要はない。R をソースコードから make した場合、configure 時に --enable-R-shlib add オプションを付加していないと rApache は動作しない)

■インストール

Ubuntu (12.04以上) の場合は、次のようにしてインストールします。

```
$ sudo apt install software-properties-common
$ sudo add-apt-repository ppa:opencpu/rapache
$ sudo apt update
$ sudo apt install libapache2-mod-r-base
```

Mac OS X の場合のインストール方法を紹介します。OS X 10.9 (Mavericks) の場合、apxs[注5] が、うまく動作しない問題があるので、あらかじめシンボリックリンクを作成して回避してください。次の URL から XQuartz をダウンロードしてインストール後、次のようにします。Mac OS X 10.10 (Yosemite) 以降であればシンボリックリンクを作成する必要はありません。

URL https://xquartz.macosforge.org/landing/

```
$ brew tap homebrew/science
$ brew install R
$ brew install wget
$ wget https://github.com/jeffreyhorner/rapache/archive/v1.2.5.tar.gz
$ tar xzvf v1.2.5.tar.gz
$ cd rapache-1.2.5
# 10.9の場合のみ
$ sudo ln -s /Applications/Xcode.app/Contents/Developer/Toolchains/XcodeDefault.xctoolchain /Applications/Xcode.app/Contents/Developer/Toolchains/OSX10.9.xctoolchain

# rapacheのビルド
$ ./configure --with-apache2-apxs=/usr/sbin/apxs
$ make
```

(注5) Apache HTTP Server で動作させる拡張モジュールをコンパイルしてくれるツールです。

```
$ make install
```

■設定

ApacheからRを使うための設定をします。Apacheの設定ファイルに次の1行を追記します。Macの場合は/private/etc/apache2/httpd.conf、Ubuntuの場合は/etc/apache2/mods-available/mod_R.loadが相当するconfファイルになります。ない場合は新規にファイルを作ってから追記しましょう。これでApacheからRを使うことができるようになりました。

Mac OS Xの場合は次を追記します。

```
LoadModule R_module         /usr/libexec/apache2/mod_R.so
```

Ubuntuの場合は次を追記します。

```
LoadModule R_module         /usr/lib/apache2/modules/mod_R.so
```

■rApacheのHello World

rApacheの最初の動作例として、r-infoでApacheから利用できるRの情報を表示してみましょう。/etc/apache2/sites-available/000-default.confのApache設定ファイルに次の3行を追記します。

```
<Location /RApacheInfo>
SetHandler r-info
</Location>
```

設定変更を反映させるためにApache httpサーバを再起動します。
Mac OS Xの場合は次のようにします。

```
$ sudo apachectl restart
```

Ubuntuの場合はa2enmodコマンドでモジュールを有効にしたあとに再起動します。

```
$ sudo a2enmod rewrite
$ sudo /etc/init.d/apache2 restart
$ sudo service apache2 restart    #次のようにしても再起動できる
```

これで、ブラウザから次のURLにアクセスするとrApacheの利用しているRに関する情報一覧が得られます（**図18.15**）。

🔗 http://<your_apache_server_address>/RApacheInfo

rApacheを起動させたマシンのブラウザからアクセスする場合は次のURLにアクセスします。

🔗 http://localhost/RApacheInfo

図18.15の情報一覧が得られればrApacheが無事動作していることになります。もし404 NOT FOUNDなどのエラーが出た場合（図18.16）はrApacheのインストールが失敗している可能性もあるのでよく確認してみましょう。

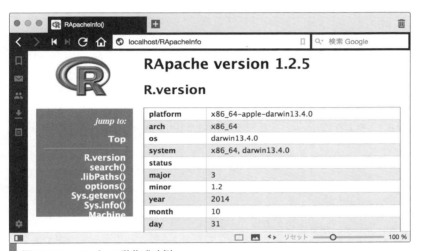

図18.15　rApcheの動作成功例

図18.16　rApcheの動作失敗例

18-5-3 Rook

ここではRookパッケージの紹介をします。Rookパッケージの詳細は次のCRANサイトを参照してください。次のようにしてインストールします。

🔗 https://cran.r-project.org/web/packages/Rook/index.html

```
> install.packages("devtools")
> devtools::install_github("filipstachura/Rook")
```

RookパッケージはrApacheの作者と同じJeffrey Horner氏によって作成され、RとWebサーバをつなぐインターフェースを提供します。このパッケージを使うことでR内でWebアプリケーションを作り、Rからテスト用のWebブラウザを起動させて動作テストをする一連の流れが簡単にできます。そして、Rookで作成・テストしたWebアプリをそのままrApacheにデプロイできるのです。まず**リスト18.12**のようにRookパッケージを用いたHello Worldをやってみましょう。

リスト18.12　rook.R

```
library(Rook)
hello_fun <- function(env) {
    res <- Rook::Response$new()
    res$write("<html>\n\n<head><title>HelloWorld</title></head>\n<body>\n")
    res$write("<h1>Hello World</h1>\n")
    res$write("</body>\n</html>\n")
    res$finish()
}
#
rk <- Rhttpd$new()
rk$start(quiet = TRUE)
rk$add(app = hello_fun, name = "HelloWorld")
rk$browse("HelloWorld")
```

実行結果は**図18.17**のようになります。この例でわかるとおり、RのプログラムのみでWebアプリケーションを作成でき、テスト用のWebブラウザをRから起動して動作を確認できます。ただし、Webアプリでの戻り値（この例の場合は<html>\n<head><title>HelloWorld</title></head>\n<body>\n, <h1>Hello World</h1>\n, </body>\n</html>\nです）はhtml形式であってもjson形式であってもすべて自前で書く必要があります。json形式でも良く、必要に応じて記述してください。

図18.17 RookによるHello World

次に入力を受け取って値を出力する例を見てみましょう（**リスト18.13**）。**図18.18**が実行結果です。`friend <- 'World'`のようにして初期値を「World」に設定しています。続いて、submitボタンが押されると、テキストボックスに入力された値をfriendに格納してGETパラメータとして扱います。

リスト18.13　rook2.R

```r
library(Rook)
hello_fun2 <- function(env) {
    req <- Rook::Request$new(env)
    res <- Rook::Response$new()
    # 初期値はWorld
    friend <- 'World'
    if (!is.null(req$GET()[['friend']]))
        friend <- req$GET()[['friend']]
        # submitボタンが押されると、テキストボックスに入力された値をfriendに格納してGETパラメータとして扱う
    res$write(paste('<h1>Hello',friend,'</h1>\n'))
    res$write('What is your name?\n')
    res$write('<form method="GET">\n')
    res$write('<input type="text" name="friend">\n')
    res$write('<input type="submit" name="Submit">\n</form>\n<br>')
    res$finish()
}
#
rk <- Rhttpd$new()
rk$start(quiet = TRUE)
rk$add(app = hello_fun2, name = "HelloWorld2")
rk$browse("HelloWorld2")
```

図18.18　Rookを用いたWebアプリケーション例

　テキストボックスに「wdkz」と入力して送信ボタンを押すと、「Hello World」というテキスト表記が図18.19のように「Hello wdkz」に変更されます。

図18.19　Rookを用いたWebアプリケーション例（ボタン押下後）

18-5-4　開発例

　では、最後に先ほどのRookで作成したWebアプリケーションをrApacheにデプロイしてみましょう。**リスト18.14**を/var/www/my_hello2.Rに作成します。ファイル名はvar/www/my_ hello2.Rとします。

リスト18.14　my_hello2.R

```
hello_fun2 <- function(env){
    req <- Rook::Request$new(env)
    res <- Rook::Response$new()
    # 初期値はWorld
    friend <- 'World'
    if (!is.null(req$GET()[['friend']]))
        friend <- req$GET()[['friend']]
        # submitボタンが押されると、テキストボックスに入力された値をfriendに格納してGETパラメータとして扱う
    res$write(paste('<h1>Hello',friend,'</h1>\n'))
    res$write('What is your name?\n')
    res$write('<form method="GET">\n')
    res$write('<input type="text" name="friend">\n')
    res$write('<input type="submit" name="Submit">\n</form>\n<br>')
    res$finish()
}
```

次に前述のApache設定ファイルに次の4行を追記します。

```
<Location /RookApp/my_hello2>
        SetHandler r-handler
        RFileEval /var/www/my_hello2.R:Rook::Server$call(hello-fun2)
</Location>
```

Apacheを再起動したあとに次のURLにアクセスすると、先ほどのRookでの実行例と同じページが表示されます（**図18.18**）。

🔗 http://localhost/RookApp/my_hello2

　rApacheの説明は以上です。ここで紹介したRookライブラリを用いてコーディング、テストをしたあとにrApacheにデプロイする開発スタイルは標準的な流れになると思います。Output部分をすべてcat関数などでHTMLのタグも含めて書かなければいけない点が最大のネックですが、json形式以外にもcsvで返す方法やRData形式で返すなど柔軟に開発できるのが利点です。また、ここでは触れませんでしたがRookを使ったウェブアプリケーションフレームワークとしてshadowy[注6]というパッケージもあります。

（注6）　🔗 https://github.com/kos59125/shadowy

19章 レポーティング

分析は実行して終わりではなく、その結果をレポーティングする必要があります。従来、分析とレポート作成は別の作業として行われることが多かったのですが、作業効率を上げ、再現性を担保する観点から、分析用のコードと実行結果をまとめて管理する動的レポートという方法が注目されています。本章では、Rを使った動的レポート作成について解説します。

19-1 動的レポート

データ分析を実務で行っていると、分析だけでなく、分析結果のレポーティングやKPI（*Key Performance Indicators*）のレポーティングを求められることがあります。従来、データ分析とレポート作成は別々に行われていました。まず、分析作業として分析用のRコードを書いて実行し、その結果を保存します。次にレポーティング作業としてワープロソフトやプレゼンテーションソフトに分析の背景、方法、結果、まとめなどを記載し、Rで出力した数値やプロットなどを挿入するという流れです。

この方法では、データの更新やコードにちょとした仕様変更があった際に、レポート内の実行結果のグラフや数値を差し替える必要があります。この作業は手作業になってしまうため、更新漏れなどの人為的なミスが発生する可能性が高くなってしまいます。また、分析用のコードとレポートが別々に管理されるため、レポートに使ったRコードがどれかわからなくなるというケースも発生し得ます。そこで、分析用のRコードと実行結果を一緒に管理する、動的レポートという方法が注目されています。動的レポートとは、Rのコードを埋め込んだドキュメントから、自動的にレポートを作成します。データに更新があった際にも、そのプログラムを実行するだけで、レポート内の数値やグラフが自動で更新されます。Rでは、この動的レポート作成をするためのパッケージとしてknitrがよく利用されています。本章では、このknitrを使ったレポーティングについて解説します。

```
> install.packages("knitr", quiet = TRUE)
```

19-2 knitrパッケージ

knitrは、動的レポートを作成するためのパッケージです。分析用のコードとレポート用の文章を記述したマークアップファイルを変換し、分析結果と文章からなるレポートを生成します。

knitrで使用されるマークアップファイルには、次のような形式があります。

- R標準のマークアップファイル形式である、RとTeXを組み合わせたSweave形式（.Rnwファイル）
- Markdownにコードチャンクと呼ばれるRコード埋め込みを拡張したR Markdown形式（.Rmdファイル）
- HTMLにコードチャンクを拡張したR HTML形式（.Rhtmlファイル）
- TeXにコードチャンクを拡張したR TeX形式（.Rtexファイル）

knitrは、これらのRマークアップファイル形式から、標準のマークアップ形式に変更し、さらに必要に応じてレポートファイルへの変換を行います。

図19.1は、マークアップファイルからレポートを生成するまでの処理の流れです。最終的なレポートとなるHTMLファイルやPDFは、直接作るのではなく、マークアップファイルから機械的に作成します。手作業を入れないことで、分析の再現性が担保されます。

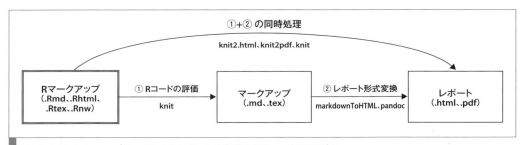

図19.1 Rマークアップファイルからレポートを生成するまでの処理の流れ

COLUMN

乱数シードの作成

分析手法によっては乱数を利用するものがあります。乱数を利用する手法は、実行するたびに異なる結果を返すため、結果の再現性が保証されません。そのような場合は乱数シードを明示的に設定します。

```
# 乱数シードを設定する
> set.seed(12345L)
```

Rでは、特に指定しない限りは、メルセンヌ・ツイスター法によって乱数が生成されています。メルセンヌ・ツイスター法は擬似乱数生成器、つまり生成される乱数は、とある数式によって確定した数列です。乱数シードはこの数列の初期値を決定するための数値であり、乱数シードを設定することによって、Rが生成する乱数列を再現できます。

ただし、これは、乱数を利用する処理がR内でのみ完結し、なおかつ並列処理が行われていない場合のみ有効な手法であることに注意が必要です。並列処理を行ったり、別の言語を利用したりする場合は、それぞれに応じた乱数シードの設定方法を適用しなければなりません。

19-3　Rマークアップファイルからレポートを生成する

前節で説明したとおり、Rマークアップファイルを作成してknitrで変換することによってレポートを作成できます。本節ではRマークアップ形式の1つであるR Markdown形式を使ってHTMLレポートを作る手順について解説します。ほかの入出力形式についてもほとんど同様の手順でレポートが作成できます。

```
> install.packages("rmarkdown", quiet = TRUE)
```

R MarkdownはMarkdownをベースとしたRマークアップファイル形式です。Markdownは軽量マークアップ言語の1つで、Markdown記法を用いると、見出しや箇条書きなどを含む構造化されたドキュメントをテキストファイルによって簡潔に記述できます。複雑な表現についてはMarkdown中にHTMLを埋め込むといった特別な記述が必要になりますが、レポートのような比較的平易なフォーマットの文章を記述するときには十分な表現力を持つフォーマットです。RStudioにおいても、R Markdownはリファレンスやショートカットが利用できるようになっており、Rマークアップファイル形式の中でも最もよくサポートされています。

HTML形式でレポートを作成することで、社内ネットワーク上にレポートを公開したり、メールで定期的にレポートを送信することが容易に実現できます。ggvisパッケージやhtmlwidgetsパッケージなどを利用して、インタラクティブなレポーティングもできます。

出力結果を確認するための特別なソフトウェアは要求されず、ほかの形式に比べて軽量で結果がすぐに表示されるので、最終出力結果を別の形式にする場合でもまずHTML形式でざっくりと確認するのがお勧めです。

19-4　R MarkdownからHTMLレポートを作成する

19-4-1 RStudio内でHTMLレポートを作成する

実際にRStudioを利用して、R Markdownファイルから、レポートを作成してみましょう。RStudioのメニューで、新規文書の作成からR Markdownファイルを選択すると、**図19.2**のような画面が出てきます。

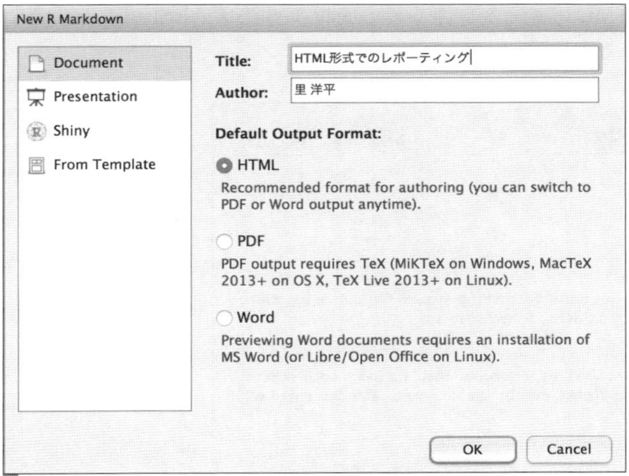

19章 レポーティング

図19.2　R Markdownファイルの新規作成

　ここでタイトルなどを入力し、[OK]を押すとファイルが作成されます。作成されたファイルには、次のようなドキュメントがデフォルトで入力されています。今回は、とりあえずレポートを作ってみるのが目的ですので、そのまま編集せず、「html_report.Rmd」というファイル名で保存します。

```
---
title: HTML形式でのレポーティング
author: 里 洋平
date: 2015年8月29日
output: html_document
---
This is an R Markdown document. Markdown is a simple formatting syntax for authoring
HTML, PDF, and MS Word documents. For more details on using R Markdown see <http://
rmarkdown.rstudio.com>.
When you click the **Knit** button a document will be generated that includes both
content as well as the output of any embedded R code chunks within the document. You can
embed an R code chunk like this:
```{r}
summary(cars)
```
You can also embed plots, for example:
```{r, echo=FALSE}
plot(cars)
```
Note that the `echo = FALSE` parameter was added to the code chunk to prevent printing
of the R code that generated the plot.
```

521

Part 6 実践的な開発

このR Markdownファイルから、HTMLレポートを作る最も簡単な方法は、RStudioのエディタパネルにある「Knit HTML」を使用する方法です（図19.3）。

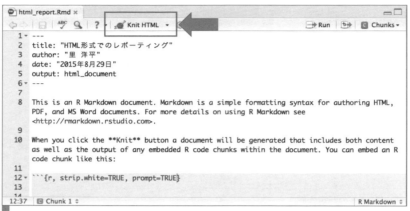

図19.3　RStudioのKnit HTMLボタンでHTMLレポートから作成する

これを実行すると、必要なパッケージが足りない場合には、パッケージのインストールが始まり、すでにパッケージが揃っている場合には、図19.4のようなHTMLファイルが作成されます。

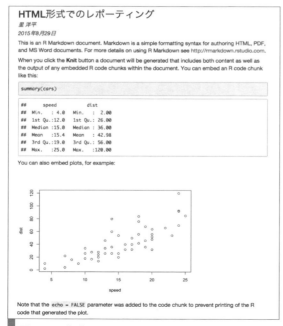

図19.4　作成されたHTMLレポート

図19.4を見ると、もとのR Markdownファイルに記述されていたsummary(cars)やplot(cars)の部分に、そのコードの実行結果が埋め込まれていることがわかります。

19-4-2 R内でレポートを作成する

前項では、RStudioを使ってHTMLレポートを作成しました。単発のレポート作成であればRStudio上で作成するのが簡単ですが、定期レポートのように何回も繰り返す運用をする場合は、機械的に繰り返し処理できるようにRコードで実装されている方が好ましいでしょう。ここでは、Rからレポートを直接作成する方法を紹介します。図19.1にも示したとおり、R MarkdownからHTMLレポートへの変換は2つのステップからなります。

1つ目はR Markdown内のコードチャンクを評価することによりMarkdownに変換するステップ、2つ目はMarkdownをHTMLに変換するステップです。

■R MarkdownからMarkdownへの変換

R Markdown内のコードチャンクを評価してMarkdownに変換する関数は、knit関数が担っています。knit関数は拡張子から入力のファイル形式を判別します。たとえば拡張子が.Rmdであれば R Markdownであるし、.Rnwであれば Sweaveファイルであると判別します。

判別されたRマークアップファイル形式をもとに、出力するファイル形式を表19.1のように決定します。

表19.1　knit関数の入力Rマークアップ形式と出力形式

Rマークアップ形式（拡張子）	出力形式（拡張子）
R Markdown (.Rmd)	Markdown (.md)
R HTML (.Rhtml)	HTML (.html)
R TeX (.Rtex)	TeX (.tex)
Sweave (.Rnw)	TeX (.tex)

表19.2にknit関数のパラメータリストを示します。

表19.2　knit関数のパラメータ

パラメータ	概要
input	入力ファイル
output	出力ファイル（省略時は入力ファイルから自動生成）
tangle	TRUEを指定するとコードのみ抽出
text	入力ファイルを平文で与える
quiet	処理中のメッセージ表示を行うか
envir	コードが評価される環境
encoding	入力ファイルの文字コード

knit関数は次のようにして利用します。

```
# R Markdown (input.Rmd) からMarkdown (output.md) への変換処理を行う
> knit("input.Rmd", "output.md")
```

■MarkdownからHTMLへの変換

knit関数によりMarkdownファイルを生成したら、これをHTMLレポートに変換します。これには主に2つの方法があります。1つ目はknitパッケージにある**pandoc**関数を利用する方法、2つ目はmarkdownパッケージにある**markdownToHTML**関数を利用する方法です。

pandoc関数は、pandoc[注1]というドキュメント変換ツールのラッパーです。pandocは入力ファイル形式にMarkdownを、出力ファイル形式にHTMLをそれぞれサポートしているため、目的とする変換ができます。

markdownToHTML関数はその名のとおり、Markdown形式のファイルをHTML形式のファイルに変換することに特化しています。pandoc関数の方がさまざまな入出力形式へ対応し、細かいオプションなどを指定できますが、外部ツールに依存しています。markdownパッケージはただのパッケージですので、導入も容易です。簡単さを求めるのであればmarkdownパッケージの**markdownToHTML**関数を利用し、より発展的な変換処理を行いたければknitパッケージの**pandoc**関数を利用するのが良いでしょう。

次はmarkdownパッケージを利用したMarkdownからHTMLへの変換処理の例です。

```
# Markdown (input.md) からHTML (output.html) への変換処理を行う
> markdownToHTML("input.md", "output.html")
```

HTMLレポートを作成する際、特にメールでHTMLレポートを送信したいときはHTMLをスタンドアロン形式 (外部ファイルに依存しない形式) で保持したくなります。markdownToHTMLは、デフォルトの挙動としてスタンドアロン形式のHTMLファイルを生成してくれます。

■R MarkdownからHTMLへの変換

上記のように、R MarkdownからHTMLに変換するには、その間にMarkdownへの変換処理をはさみます。中間のMarkdownファイルが必要になることはあまりないため、R Markdownから直接HTMLに変換したいと思うでしょう。knitr内の**knit2html**関数がその処理を行ってくれます。knit2htmlは内部でknit関数とmarkdownToHTML関数を呼んでいます。

19-5 R Markdown形式

R Markdownファイルは、ヘッダ、ドキュメント、コードチャンクからなるテキストファイル

[注1] URL http://pandoc.org/

形式です。ヘッダはタイトルや出力フォーマットといった情報を指定するYAML形式のデータを記述します。ドキュメントはレポート用の文章を記述する本文パートです。コードチャンクにはRのコードを記述します。knitによりそのコードが評価されます。

コードチャンクは、```{r ...}というチャンクヘッダ行と```というチャンク終了行の間に記述します。```はバッククォートを3つ続けたものです。チャンクヘッダ行ではチャンクラベルとチャンクオプションを指定できます。チャンクラベルは変換処理中にどのチャンクを処理しているかを表示します。また、RStudioではチャンクラベルを指定することでエディタのカーソルがそのチャンクに移動できます。チャンクオプションについては後述します。なお、チャンクラベルもチャンクオプションも省略できます。

```
```{r label, optionA=valuA, optionB=valueB}
#
# ここに、Rコードを記述する
#
summary(cars)
```
```

また、コードチャンクだけでなく、MarkdownドキュメントのなかにRのコードを埋め込むこともできます。インラインコードを埋め込むには`r code`とします。

```
carsの行数は、`r nrow(cars)`です。
```

19-5-1 チャンクオプション

チャンクオプションは、前述のようにコードチャンクのヘッダ行に指定します。**オプション名=値**の形式でカンマ区切りで指定することで、チャンク中の挙動を変更できます。チャンクオプションでは、主に次のような設定ができます。

- コードの評価
- コードの装飾
- 出力結果（テキスト）
- 出力結果（プロット）
- コードチャンクの情報

■コードの評価に関するオプション

コードの評価に関する主なオプションを**表19.3**に示します。

表19.3　コードの評価

オプション	デフォルト値	概要
eval	TRUE	コードの評価をするかどうか
cache	FALSE	コードの実行結果をキャッシュし、次回以降の実行時にキャッシュを利用するかどうか

■コードの装飾

コードの装飾に関する主なオプションを**表19.4**に示します。

表19.4　コードの装飾

オプション	デフォルト値	概要
prompt	FALSE	R コードの出力にプロンプトを表示するかどうか
highlight	TRUE	シンタックスハイライトするかどうか
tidy	TRUE	コードを整形するかどうか

■出力結果（テキスト）に関するオプション

Rを評価した結果をテキストとして出力する主なオプションを**表19.5**に示します。

表19.5　テキスト出力に関するオプション

オプション	デフォルト値	概要
echo	TRUE	評価対象のコードを出力するかどうか
message	TRUE	メッセージ（message関数の出力）を結果に出力するかどうか
warning	TRUE	警告（warning関数の出力）を結果に出力するかどうか
error	TRUE	エラー（stop関数の出力）を結果に出力するかどうか
comment	'##'	出力結果の先頭に付加する文字列
results	'markup'	出力結果の処理方法（'markup'：マークアップテキスト、'asis'：平文、'hide'：出力結果を隠す、'hold'：出力結果をチャンクの後ろにまとめる）

■出力結果（プロット）に関するオプション

Rにおける描画処理の出力に関する主なオプションを**表19.6**に示します。

表19.6　描画出力に関するオプション

オプション	デフォルト値	概要
fig.width	7	出力画像の横幅（インチ指定）
fig.height	7	出力画像の縦幅（インチ指定）
dpi	72	DPI (dot per inch)
fig.cap	NULL	画像キャプション
fig.show	'asis'	画像の表示形式（'asis'：コードの位置で出力、'hold'：チャンクの後ろにまとめる、'animate'：複数プロットをアニメーション画像にまとめる、'hide'：出力結果を隠す）
animate	1	アニメーションのフレーム間隔（秒指定）

■ **そのほかのオプション**

そのほかに、**表19.7**のようなオプションがあります。

■ 表19.7 そのほかのオプション

オプション	デフォルト値	概要
child	NULL	ファイルパスを指定すると、指定したファイルをチャンクの位置に読み込む
engine	'R'	ほかのエンジンを使用してコードを評価する（たとえば 'Rcpp' を指定するとRcppのコードとして評価される）

レポートが巨大になるとファイルを章ごとなど適当な単位で分割したくなります。そのようなときにchildオプションを利用できます。

■ **opts_chunk オブジェクト**

ドキュメントを通して、共通のオプションを設定したい場合があります。たとえば、トレーニング用で説明文中の表示と手元の操作している画面の表示を一致させるためにプロンプトを常に表示させたい場合や、印刷用に画像のサイズやDPIを指定したいといった場合です。すべてのコードチャンクでチャンクオプションを指定するのは手間がかかりますので、opts_chunkを利用して設定を変更します。opts_chunkオブジェクトのset関数でチャンクオプションのデフォルト値を設定できます。R Markdownの最初のコードチャンクに次のようなコードをecho=FALSEオプションとともに指定すると良いでしょう。

```
# 計算結果の先頭に '##' を出力しない
knitr::opts_chunk$set(comment = NA)
```

19-5-2 図

Markdown中に次の形式のマークアップを記述することで、図をレポート中に挿入できます。

```
![キャプション](画像ファイルパス)
```

レポートには図を挿入したほうが結果の理解が進みます。Rに備わった強力な描画処理の結果をレポート中に挿入しましょう。R Markdownはコードチャンク中に描画処理が含まれている場合、Markdownへの変換処理時に図がファイルとして書き出され、上記のマークアップ記法に変換されます。つまり特に何も気にすることなくコードチャンク中に描画処理を記述すれば、そのままレポート内に挿入されることになります。「**11章 インタラクティブなデータ可視化**」で解説したようなインタラクティブな描画処理をR Markdownに記述することで、インタラクティブな図表を含むレポートを作成できます。キャプションの指定や図の大きさなど表示の調整をしたい場合は、前述のチャンクオプションを指定します。

19-5-3 表

Markdownによる表のマークアップ方法は何通りかありますが、たとえば次のようにマークアップされます。

```
| Name    | Age  |
|---------|-----:|
| Alice   | 12   |
| Bob     | 34   |
| Charlie | 56   |
```

Markdownからレポートに変換されると、図19.5のような出力を得ます。

Name	Age
Alice	12
Bob	34
Charlie	56

図19.5　MarkdownからHTMLに変換されてレンダリングされた表

上記の記法では、ヘッダ行直後の区切り行で、列の文字寄せを指定します。文字寄せと区切り行の関係は、表19.8のようになります。

表19.8　Markdownの表記法における文字寄せ

記法	文字寄せ	解説
---	左寄せ	コロンなし
:--	左寄せ	先頭にコロン
:-:	中央寄せ	先頭と末尾にコロン
--:	右寄せ	末尾にコロン

■データフレームの出力

次にデータフレームの出力について解説します。Rでは`print`関数を用いてコンソールへ出力し、データフレームをレポートに出力できます。`print`関数による出力は、コンソールへの出力と同じ形式になるため、上記のようなMarkdownの表のマークアップとは異なります。きちんとマークアップされた表はHTMLではtable要素に変換され、コピーしてExcelなどのスプレッドシートに貼り付けると、レポートのセルとスプレッドシートのセルが対応するので、再利用性が高くなります。再利用性にこだわらずとも、せっかくレポートにするのだから、見栄えにはこだわりたいものです。このような場合は、knitrパッケージ中の`kable`関数を利用すると良いでしょう。

■kable関数

kable関数は、データフレームをさまざまなマークアップ言語形式の表に変換します。次のように、formatパラメータにmarkdownを指定すると、Markdown形式の表を出力します。

```
# knitrパッケージをロードする
library(knitr)
# マークアップされた形式で表を出力する
kable(iris, format="markdown")
| Sepal.Length| Sepal.Width| Petal.Length| Petal.Width|Species |
|------------:|-----------:|------------:|-----------:|:-------|
|          5.1|         3.5|          1.4|         0.2|setosa  |
|          4.9|         3.0|          1.4|         0.2|setosa  |
|          4.7|         3.2|          1.3|         0.2|setosa  |
|          4.6|         3.1|          1.5|         0.2|setosa  |
|          5.0|         3.6|          1.4|         0.2|setosa  |
|          5.4|         3.9|          1.7|         0.4|setosa  |
(後略)
```

19-6 HTMLレポートをメールで配信する

作成したHTMLレポートを定期的に配信すると、継続的な改善アクションにつながります。定期的に定型レポートをHTMLメールとして送りたい場合、EasyHTMLReportパッケージが便利です。

```
> install.packages("EasyHTMLReport", quiet = TRUE)
```

EasyHTMLReportパッケージの**easyHtmlReport**関数は、R Markdownファイルから、HTMLを生成し、それをメールで送信します(**リスト19.1**)。メール送信にはsendmailを利用しているため、必要に応じてメールサーバの設定が必要です。

リスト19.1　easyhtmlreport.R

```
# レポート送信を行う
library(EasyHTMLReport)
easyHtmlReport(
    rmd.file = "report.Rmd",                    # Rマークダウンファイル
    from = "y.sato@datumstudio.jp",             # メール送信元
    to = "y.sato@datumstudio.jp",               # メール宛先
    subject = paste("[レポート]", Sys.Date())   # メールタイトル
)
```

もしHTMLレポートではなく、PDFなど別の形式でメールを送信したい場合は、sendmailRパッ

ケージやmailRパッケージが利用できます。これらのパッケージの説明はここでは割愛します。

19-7 Shinyを利用したレポーティング

ビジネスインテリジェンス（BI：*Business Intelligence*）とは、企業内のデータを意思決定に役立てる手法や技術のことを指します。ビジネスインテリジェンスを実現するために、データウェアハウスなどに保存されたデータをまとめて分析・可視化するツールをBIツールといいます。有名なBIツールにはPower BI[注2]、Tableau[注3]、QlikView[注4]、Spotfire[注5]といったソフトウェアがあります。

ここでは、RのWebアプリケーションフレームワークであるShinyを用いてデータの分析・可視化を行い、Webブラウザから閲覧できる簡易的なBIツールの作成について説明します。Shinyについては「**18章 Webアプリケーション**」で説明されているので、詳しい説明は割愛します。

```
> install.packages("shiny", quiet = TRUE)
```

19-7-1 Shinyによるレポーティングのコツ

実際にShinyを用いたレポーティングの方法を説明する前に、Shinyを用いたレポーティングのコツを1つ紹介します。それは「Shiny上ですべての処理を行わない」ことです。ShinyはRのフレームワークですから、Rの処理はすべてできます。普通の統計処理を行うアプリケーションの構築が目的であれば複雑な処理を行うこともあるでしょう。しかし、レポーティングという観点では、結果を素早く見られることが重要です。静的なファイルを出力するknitrとは異なり、Shinyを用いたレポーティングでは、複雑な処理を行うことで応答速度が遅くなることはできるだけ避けるべきです。処理結果を事前にデータベースに格納しておくなど、システムレベルでの設計が重要になってきます。

19-7-2 R MarkdownによるShinyレポートの作成

図19.2で示したR Markdownの作成ダイアログにShinyがリストされたことに気が付いた読者もいるのではないでしょうか。Shinyは、「**18章 Webアプリケーション**」で解説しているようにui.Rとserver.RによってWebアプリケーションを構築するのが普通ですが、R Markdownを利用してShinyアプリケーションを作成することもできます。R MarkdownとShinyを利用したレポー

[注2] URL https://powerbi.microsoft.com/ja-jp/
[注3] URL http://www.tableausoftware.com/
[注4] URL http://www.qlikview.com/
[注5] URL http://spotfire.tibco.jp/

ティングは、インタラクティブに操作できるHTMLレポートです。前述のインタラクティブな可視化とは異なり、データの差し替えやパラメータの変更といった処理も追加できます

R MarkdownでのShinyアプリケーションの作成は特に難しくありません。ヘッダでruntimeの値にshinyを指定するだけで、shinyアプリケーションへの変換が行われます。RStudioでは「Run Document」という表示に変わり、クリックするとshinyアプリケーションが動作します。

リスト19.2はR Markdownを利用してShinyアプリケーションによるレポーティングを行う例です。Shinyアプリケーションと同様に入力パネルの作成とレンダリングを記述します。Rの組み込みサンプルデータである`Nile`(ナイル川の年間流量のデータ)をグラフに出力し、簡単なパラメータ設定をユーザが指定できるようにしています(**図19.6**)。

リスト19.2　rmarkdownshiny.Rmd

```
---
runtime: shiny
output: html_document
---
# ナイル川流量レポート
```{r, echo=FALSE}
suppressPackageStartupMessages(library(ggplot2))
suppressPackageStartupMessages(library(ggfortify))
suppressPackageStartupMessages(library(tidyr))
```
```{r, echo=FALSE}
inputPanel(
    # 次数選択ボックス
    selectInput(
        "degree",
        label = "次数:",
        choices = c(0, 1, 2), selected = 2
    ),

    # スパン選択スライダー
    sliderInput(
      "span",
      label = "平滑化スパン:",
      min = 0.1, max = 1, value = 0.75, step = 0.01
    )
)
```
```{r, echo=FALSE}
renderPlot({
    # データ整形
    nile <- fortify(Nile)
    model <- loess(Data ~ Index, data = nile, degree = input$degree, span = input$span)
    nile$Smooth <- predict(model, data = nile)
    nile <- gather(nile, Data, Flow, -Index)
```
```

```
# グラフ出力
g <- ggplot(nile, aes(x = Index, y = Flow, colour = Data)) +
    geom_line() +
    xlab("Year")
print(g)
})
```

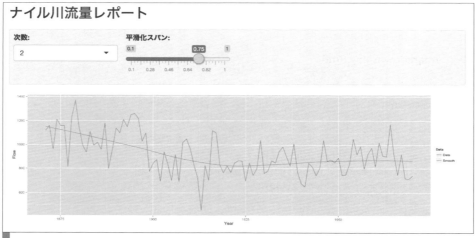

図19.6　R MarkdownとShinyによるレポーティング

19-7-3　shinydashboardによるダッシュボードの作成

　shinydashboardは文字どおりShinyにダッシュボード機能を提供するパッケージです。これを利用することで、より本格的なBIツールを作成できます。shinydashboardではヘッダ、サイドバー、ボディの3つのレイヤにパーツを並べてダッシュボードを構築します。ヘッダには、メッセージや通知をメニュー項目として設定します。サイドバーには、ボディ部の内容を切り替えるコントロール類をおきます。ボディには、ダッシュボードとして必要な図表などの表示を行います。

　リスト19.3に単純なshinydashboardアプリケーションの例を示します。server.R、ui.R、global.Rはshinyアプリケーションを構成するスクリプトファイルです。server.Rは、バックエンドのロジック処理を記述します。ここでは架空の売上データに対してグラフ描画、生データ出力・ダウンロードのための処理を定義しています。アプリケーションを実行した例を**図19.7**に示します。

リスト19.3　server.R

```r
# server.R
library(shiny)
library(ggplot2)
library(scales)

shinyServer(function(input, output) {
  set.seed(122)

  sales_data <- data.frame(
    Month = seq(as.Date("2014-04-01"), length.out = 20, by = "1 month"),
    Sales = rnorm(20, 150, sd = 30)
  )

  output$graph <- renderPlot({
    g <- ggplot(sales_data, aes(x = Month, y = Sales)) +
      geom_line() +
      scale_x_date(
        labels = date_format("%Y-%m"),
        breaks = date_breaks("3 months")
      ) +
      xlab("月") +
      ylab("売上")
    print(g)
  })

  output$table <- DT::renderDataTable(sales_data)

  output$download <- downloadHandler(
    filename = "sales_data.csv",
    content = function(file) {
      write.csv(sales_data, file, row.names = FALSE)
    }
  )
})
```

　ui.R（**リスト19.4**）は、ユーザインターフェースを記述します。ここではダッシュボードのメニューおよび、グラフやデータ出力・ダウンロードの操作を行うためのユーザインターフェースを提供しています。

リスト19.4　ui.R

```r
# ui.R
library(shiny)
library(shinydashboard)

# ヘッダ
header <- dashboardHeader(title = "売上レポート")

# サイドバー
sidebar <- dashboardSidebar(
  sidebarMenu(
    menuItem("ダッシュボード", tabName = "dashboard", icon = icon("dashboard")),
    menuItem("データ", tabName = "raw_data", icon = icon("th"))
  )
)

# ボディ
# ダッシュボードタブ
dashboard_tab <- tabItem(
  "dashboard",
  fluidRow(
    infoBox(
      title = "売上推移",
      icon = icon("jpy"),
      plotOutput("graph", height = 280),
      width = 12
    )
  )
)
# データタブ
table_tab <- tabItem(
  "raw_data",
  fluidRow(
    box(
      downloadLink("download"),
      width = 3
    ),
    box(
      title = "売上推移",
      DT::dataTableOutput("table"),
      width = 12
    )
  )
)
body <- dashboardBody(
  tabItems(dashboard_tab, table_tab)
)

dashboardPage(header, sidebar, body)
```

global.R（**リスト19.5**）には、共通処理を記述します。ここではggplot2のテーマ変更設定を記述しています。各種OSで動作するように記述していますが、実際はサーバの環境で動作するように記述すれば良いでしょう。

リスト19.5　global.R

```
# global.R
library(ggplot2)

# ggplot2のテーマを変更する
if (capabilities("aqua")) {   # Macの場合
    theme_set(theme_bw("Osaka"))
} else {
    theme_set(theme_bw())
}
```

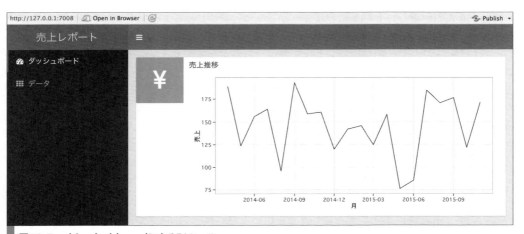

図19.7　shinydashboardによるBIツール

# 20章 パッケージ開発

パッケージ開発は難しくありません。本章ではRStudioを用いたシンプルなパッケージ開発の方法について説明します。

20-1 Rにおけるパッケージ開発

　Rはパッケージを利用することでその真価を発揮します。しかしパッケージを使ったことはあっても、パッケージを開発したことがある人は少ないのではないでしょうか。それはパッケージ開発がなんだか難しいものと思われていることに起因しているようです。確かに一昔前まではパッケージ開発に関する情報はR Core teamの『Writing R Extensions』という難解なマニュアルしかありませんでした。開発環境も十分に整っておらず、まとまった情報は得づらかったように思います。また、パッケージを全世界のRユーザに向けて公開しようにもCRANに公開するしかない状況でした。CRANへの公開は一定の審査を伴うため、気軽に公開するにはなかなかハードルが高いといえます。今ではRStudioのような統合開発環境の開発が進むと同時にGitHubなどのソースコード公開サービスを利用してパッケージの公開が容易にできるようになっており、簡単なパッケージを作って公開するだけであれば5分もかからずにできてしまいます。本章ではそのような現状を踏まえた上でのパッケージ開発とその公開方法について解説します。なお、誌面の都合で最低限の範囲に内容を絞っていますので、より詳細な情報を得たい方には和書では『Rのパッケージおよびツールの作成と応用』(注1)、『Rパッケージ開発入門』(注2)を参照することをお勧めします。前者は他プログラミング言語を用いたパッケージ開発(特にC++)についても丁寧に解説されています。また後者は無料で原書「R Packages」のWeb版(注3)が公開されています。

20-2 RStudioを用いたパッケージ開発

　Rの統合開発環境であるRStudioはRを用いた分析のみならずパッケージ開発についてもサポートしています。本節ではRStudioを用いたパッケージ開発の最低限の手順について説明していきます。

(注1) Rのパッケージおよびツールの作成と応用／金 明哲 編、石田 基広、神田 善伸、樋口 耕一、永井 達夫、鈴木 了太 著／共立出版／2014年／ISBN978-4320123731
(注2) Rパッケージ開発入門 —テスト、文書化、コード共有の手法を学ぶ／Hadley Wickham 著,瀬戸山 雅人,石井 弓美子,古畠 敦 翻訳／オライリー・ジャパン／2016年／ISBN978-4873117591
(注3) R Packages URL http://r-pkgs.had.co.nz/

20-2-1 基本の流れ

RStudioを用いたパッケージ開発の基本の手順を次に示します。

- パッケージの骨格を作成
- **DESCRIPTION**ファイルおよびヘルプの整備
- パッケージのコンパイル

まずパッケージの骨格を作成し、関数やクラスといったパッケージの本体を書いたソースコードを用意します。さらにソースコードにヘルプの内容を記入し、DESCRIPTIONファイルにパッケージの説明および依存関係を記入します。以上のファイルが準備できたらコンパイルすることでパッケージが生成されます。

20-2-2 パッケージの骨格を作成

まずはパッケージの骨格を作りましょう。

図**20.1**に示すように、[File]→[New Project]→[New Directory]→[R Package]で「Package name」を入力して[Create Project]ボタンを押します。

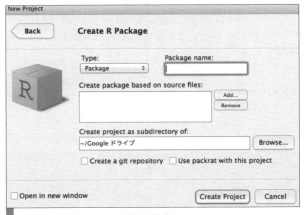

図20.1　パッケージの骨格を作成

これでパッケージの骨格が生成されます（図**20.2**）。今回の例では、samplepackageというパッケージ名にします。

Part 6 実践的な開発

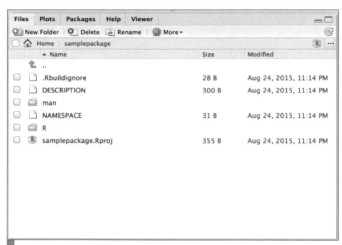

図20.2 生成されたパッケージの骨格

　Rディレクトリには.Rが拡張子のソースコードを格納します。manディレクトリにはヘルプの元になるRdファイルを格納します。Rdファイルについては後述します。.Rbuildignoreファイルにはパッケージをコンパイルする際に無視するファイル（例：Rprojファイルなど）を記述します。.Rprojの拡張子をもつRprojファイル（ここではsamplepackage.Rproj）はRStudio特有のプロジェクトファイルであり、パッケージ開発時に気にする必要はありません。DESCRIPTIONファイル、NAMESPACEファイルについては後述します。

　Rディレクトリ以下のRファイルを編集してソースコードを用意しましょう。与えられたベクトルを合計する関数をRディレクトリ以下にsum2.R（**リスト20.1**）として保存します。なお、hello.Rというサンプルファイルが生成されているのでこれは削除しておきます。

リスト20.1　sum2.R

```
sum2 <- function(x){
        res <- sum(x)
        return(res)
}
```

20-2-3 DESCRIPTIONファイルおよびヘルプの整備

　前項の手順でパッケージはほぼ完成といえるのですが、配布するためにはまだ不親切です。パッケージの説明書であるDESCRIPTIONファイルおよびヘルプを充実させていきましょう。

■DESCRIPTIONファイル

　DESCRIPTIONファイルの雛形は**図20.3**のとおりです。

```
Package: samplepackage
Type: Package
Title: What the Package Does (Title Case)
Version: 0.1.0
Author: Who wrote it
Maintainer: Who to complain to <yourfault@somewhere.net>
Description: More about what it does (maybe more than one line)
License: What license is it under?
LazyData: TRUE
```

図20.3　DESCRIPTIONファイルの雛形

　生成されたDESCRIPTIONファイルに説明が書かれているのでそれに沿って項目を埋めてください。わかりにくい部分のみ解説を加えます。「Version」にはパッケージのバージョンを記入します。記入ルールはTom Preston-Wernerのセマンティックバージョニングに従うことをお勧めします。セマンティックバージョニングでは記入ルールをメジャー.マイナー.パッチとし、バージョンを上げる際は、次のルールに従っています。

- APIの変更に互換性のない場合はメジャーバージョンを上げる
- 後方互換性があり機能性を追加した場合はマイナーバージョンを上げる
- 後方互換性を伴うバグ修正をした場合はパッチバージョンを上げる

詳しくはセマンティックバージョニング2.0.0（下記URLは日本語版）を参考にしてください。

URL http://semver.org/lang/ja/

　「License」にはGPLやMITライセンスなど任意のライセンスを記入します。MITライセンスを選択している場合が多いようです。なお、パッケージをCRANに公開する場合はこのライセンスについてチェックが入るので注意してください。「LazyData」はパッケージに含むデータをパッケージロード時に一緒にロードするかどうかのオプションです。「LazyData」を「TRUE」にしていると、パッケージロード時に内蔵データはロードされないのでメモリを節約できます。この場合ロードされなかったデータは`data`関数を使って`data("hoge")`という形でロードすることになります。

■ヘルプ

　Rのヘルプはパッケージディレクトリ中の`man`ディレクトリ以下にあるRdファイル（拡張子がRd）を元に生成されます。かつてはRdファイルを直接作成していましたが、現在はroxygen2パッケージを用いて、ソースコード本体（拡張子がR）から生成するのが主流になっています。まずはソースコードにヘルプの内容を書き込んだ完成形（**リスト20.2**）を見てみましょう。

実践的な開発

リスト20.2　ヘルプファイルの完成形（list20-2.R）

```
#' @title
#' Sum of Vector Elements
#'
#' @examples
#' sum2(1:5)
#'
#' @param x vector
#'
#' @export
sum2 <- function(x){
    res <- sum(x)
    return(res)
}
```

　ソースコードに書かれた関数本体とヘルプの内容はシャープとアポストロフィ（#'）で区別します。ヘルプファイルの各項目については#'　@項目名のように記入します。また、項目は空行で区切ります。記入できる項目は多岐に渡りますが、最低限「Description(@title)」、「Arguments(@param)」、「Example(@example)」は記入しておくと良いでしょう。また、NAMESPACEファイルにエクスポートしたい関数については@exportを記入しておきます（この点については後述します）。RStudioを使っている場合は関数を定義しているコード内にカーソルを合わせて Ctrl + Shift + Alt + R のショートカットでテンプレートが挿入されますので便利です。

　ヘルプの内容をソースコードに書き込んだら、今度はRdファイル生成の準備をします。次のようにroxygen2パッケージをインストールしてください。

```
> install.packages("roxygen2")
```

　その上で[Tools]→[Build Tools]→[Project Options]→[Generate Document with Roxygen]にチェックを入れ、さらに[Build & Reload]にチェックを入れます（**図20.4**）。このときroxygen2パッケージをインストールしていないとチェックメニューが表示されないので注意してください。

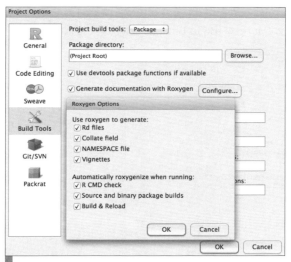

図20.4　roxygenのチェックボックス

　これでRdファイル生成の準備ができました。次はここまで作成してきた一連のファイルをパッケージの形で配布できるようコンパイルします。

■パッケージのコンパイル

　それでは図20.5のように[Build & Reload]ボタンを押してパッケージをコンパイルしてみましょう。

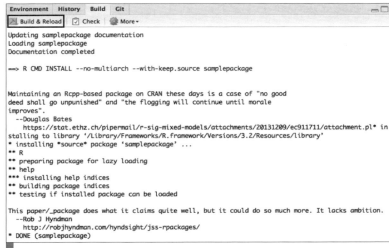

図20.5　パッケージのコンパイル

コンパイルに問題がなければ、パッケージが読み込まれているはずです。コンパイル済みバイナリの形で配布したい場合は図20.6のように [More]→[Build Binary Package] を選択します。

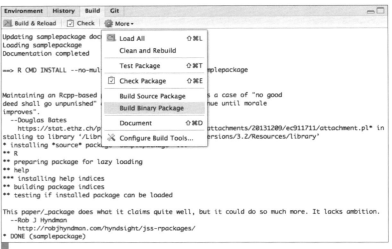

図20.6　バイナリの形で配布したい場合のパッケージコンパイル

これでコンパイル済みのパッケージが現在のディレクトリの親ディレクトリ上に作られます。このパッケージを配布すれば同一OSである限り`install.packages`関数を使ってインストールできます。

20-2-4 効率的に開発を進めるポイント

ここまでパッケージ開発の最低限の流れを見てきました。これだけで十分にパッケージ開発はできるのですが、より効率的に進めたい場合注意しておきたいポイントがあります。ここではその代表的なポイントとしてNAMESPACEファイルとテストを取り上げます。

■NAMESPACEファイル

NAMESPACEファイルにはパッケージ内の関数として公開したい関数を指定します。ここに書かれなかった関数は、パッケージをロードしてもアクセスできない関数となります。ここで生成されたNAMESPACEファイルを直接編集しても良いのですが、roxygen2パッケージを用いてRdファイルを生成している場合は同様にNAMESPACEファイルもソースコードから生成するのが効率的です。方法は簡単で、公開したい関数に`#' @export`と記入しておきます。roxygen2を用いて自動生成されたNAMESPACEファイルは**リスト20.3**のような形になります。

リスト20.3　roxygen2によって生成されたNAMESPACEファイル (list20-3.R)
```
# Generated by roxygen2 (4.1.1): do not edit by hand

export(sum2)
```

■**テスト**

　パッケージを継続して開発していく場合、一部の関数を変更したことで別の関数が機能しなくなるといった事態は多々あります。このような事態を放置したままパッケージをバージョンアップさせないためにもテストは必要です。RStudioではtestthatパッケージを用いてテストできます。まずテストの準備としてテストコードを格納するディレクトリを作成します。この際devtoolsパッケージのuse_testthat関数を使うと便利です。この関数を実行すると、パッケージディレクトリ以下にtestディレクトリが生成され、DESCRIPTIONファイルのSuggestsの項にtestthatが追加されます。なお、作成したテストは[Build]タブ→[More]→[Test Package]で実行できます。

20-3　Web上でのパッケージ公開

　さて、せっかく作成したパッケージは公開したいものです。シンプルな方法として、コンパイル済みのバイナリパッケージをWeb上に公開し、ダウンロードした上でインストールしてもらう方法があります。しかし、この方法の場合、WindowsやMac、Linuxといった各OS用にコンパイルする必要があり手間がかかります。したがってソースコードのみを公開して、ユーザ側でコンパイルしてもらうのが良いでしょう。ソースコード公開についてはさまざまな方法（「**1章 R 概説**」を参照）がありますがGitHubを利用するのが便利です。本節ではGitHubに公開することを前提にWeb上でのパッケージ公開について解説します。

20-3-1　GitHubへのパッケージの公開

　GitHubはバージョン管理ツールであるGitを前提とした、無料で使えるソースコードホスティングサービスです。GitHub上へのパッケージ公開は一般的なソースコードの公開方法と同様です。ここではGitのインストールおよびGitHubのユーザ登録は完了したものとして話を進めます。まずはGitHub上に今回のパッケージと同一名のリポジトリを作成します。その上で、作成したリポジトリに対してソースコードをアップロード（プッシュ）します。これでGitHub上へのパッケージの公開は完了です。次にGitHubからのパッケージインストールについて見てみましょう。

20-3-2　GitHubからのパッケージインストール

　GitHub上に公開されたパッケージをインストールするにはdevtoolsパッケージのinstall_

github関数を用います。install_github関数の引数にはユーザ名とパッケージ名をスラッシュで区切って指定します。ここでは、RStudio社が開発しているDTパッケージをインストールする例を示します。

```
> install.packages("devtools")
> library("devtools")
> install_github("rstudio/DT")
```

これでGitHubからパッケージからのインストールが完了しました。なお、Windowsの場合、install_github関数を使うためにはRtoolsのインストールが必要です。次のURLから現在使用中のRのバージョンに対応したRtoolsをダウンロードしてインストールしてください。

URL https://cran.r-project.org/bin/windows/Rtools/

20-4　CRAN上でのパッケージ公開

GitHubなどを用いるだけで全世界のRユーザに対してパッケージを公開することはできます。CRANに公開することなくGitHubのみで開発を進めているパッケージも散見されるようになってきました。とはいえ、install.packages関数を用いたパッケージインストールがRにおいては主要なインストール方法です。この方法でパッケージインストールを可能にするにはCRANに公開する必要があります。CRANではパッケージの簡単な審査が行われており、パッケージの説明は十分か、パッケージが各OSにおいてインストール可能かどうかなど、形式面におけるチェックが行われています。本節ではCRANへの登録申請方法とその際に注意しておくべきポイントについて解説します。

20-4-1 CRANへの申請方法

CRANへのパッケージ登録申請は次のURLの申請フォームから行います（図20.7）。

URL https://cran.r-project.org/submit.html

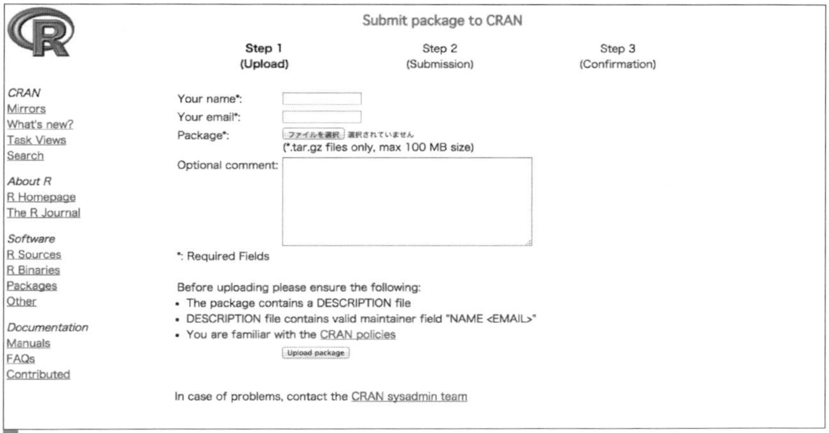

図20.7 CRANのパッケージ登録申請フォーム

　申請が完了すると登録完了メールが登録時のメールアドレス宛てに届き、その後1～5日間程度でパッケージのチェック結果が届きます。チェック結果に問題があればその旨を解決して再び申請し、問題点が解決されるとパッケージがCRANに公開されます。なお申請フォームを経ずにR上から登録することもでき、その場合はdevtoolsパッケージのrelease関数を用います。

```
devtools::release()
```

20-4-2 CRAN申請時に注意すべきポイント

　CRANに申請する際はまずRStudio上でパッケージチェックを行い、[Check]タブに出力される「WARNING」、「ERROR」、「NOTE」を解消しておきます。「NOTE」はパッケージの構成上は問題ないレベルの指摘なのですが、CRANに申請すると「NOTE」の解消を求められることが多いようです。可能な限り対応しておき、対応できない場合はその理由を整理しておいた方が良いでしょう。パッケージチェックは[Build]タブ→[Check]で実行できます（**図20.8**）。

Part 6 実践的な開発

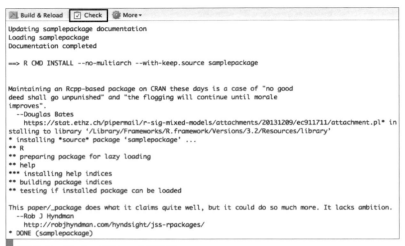

図20.8 パッケージチェックの実行

　パッケージ申請時には各OSごとにパッケージ構成に問題がないことをCRAN側が自動でチェックします。パッケージ構成の自動チェックが終了すると、CRANメンテナによるチェックが行われます。このチェックはCRANポリシー[注4]に従って行われますが、本章の冒頭で紹介した「R packages」によると次に挙げる項目の優先順位が高いとのことです。

- 連絡先のメールアドレスが安定して利用可能なものであること
- ソースコードの著作権を明らかにしておくこと。特に自分が開発していないコードに依存している場合はそのライセンスを満たしていること
- 複数のOSで利用できるよう最大限の努力を払っていること（この点に関しては古参のパッケージ開発者にとっても負担なようでこれが原因でRを離れてしまった開発者もいる）
- ファイルシステムやRにおけるオプションの変更、インターネットを介した情報送信といったユーザに影響を与える動作をユーザの明示的な許可なしに実行しないこと
- アップデートを頻繁に繰り返さないこと（最低1、2か月の間隔を置くことが求められている）

　上記に加えて、DESCRIPTIONファイルのパッケージ説明において英語の文法でひっかかることもあるようです。パッケージ説明はCRANで継続して公開されている著名なパッケージの説明文を参考にしながら作成することをお勧めします。

(注4) URL https://cran.r-project.org/web/packages/policies.html

21章　チューニングの原則

Rは統計処理を容易にすることを目指して開発された言語であり、C++などの言語に比べて高速ではありません。しかし、コードの速度を向上させるためのいくつかの原則があります。本章では、これらの原則とパフォーマンスの測定方法の基礎について説明します。

21-1　Rでのチューニングの指針

Rの処理を高速化するためのチューニング方法として、ここでは次の2つについて説明します。

- ベクトル演算による繰り返し計算の高速化
- applyファミリーによる高速化

また、ソースコードのボトルネックとなっている箇所を特定して改善するためには、実行時間やメモリ使用量の測定が不可欠です。ここでは、その方法についても説明します。なお、Rで処理を高速化するための手段の1つとして、並列処理が挙げられます。並列処理については「**22章 パッケージによる大規模データ対応・高速化**」で詳しく説明します。

21-2　ベクトル演算によるチューニング

Rではベクトルに対してある演算を行うとき、個々の要素に対する演算をループさせるよりもベクトル全体に一括で処理する「ベクトル演算」が推奨されています。

例として、1からNまでの自然数の対数を足し合わせる処理を考えてみましょう。まずは、単純にforループを用いて計算してみましょう。sillysum関数はN引数に自然数を受け取り、for文で1からNまでの自然数の対数を算出しながら足しあわせて、その結果を返します。$N=10^6$を指定して、system.time関数で処理にかかる時間を計測してみましょう。なお、system.time関数については後ほど詳しく説明します。

```
# 1からNまでの自然数の対数を合算する関数
> sillysum <- function(N) {
+     res <- 0
+     for (i in seq(N)) {
+         res <- res + log(i)
+     }
```

```
+     res
+ }
# 合算する
> system.time(ss <- sillysum(1e6))
   user  system elapsed
  0.400   0.005   0.406
# 計算結果の確認
> ss
[1] 12815518
```

　system.time関数の結果からユーザ時間(user)が0.400秒、システム時間(system)が0.005秒、経過時間(elapsed)が0.406秒であることがわかります[注1]。ユーザ時間は、RがCPUを使用している時間です。システム時間は、Rからの処理の依頼を受けてOSがCPUを使用している時間です。経過時間は、ユーザがコマンドを実行してから最終的に結果が返ってくるまでの時間です。
　Rはインタプリタ言語であり、forループ内のそれぞれの式が毎回評価されます。1回1回の評価は重い計算であるため、順番に計算する処理は非効率です。次のように、1から1,000,000の自然数がベクトルで与えられたオブジェクトに対してsum関数を用いると、効率的に和を計算できます。

```
# 1からNまでの自然数の対数を合算する関数
> efficientsum <- function(N) {
+     sum(log(seq(N)))
+ }
# 合算する
> system.time(es <- efficientsum(1e6))
   user  system elapsed
  0.054   0.004   0.059
# 計算結果の確認
> es
[1] 12815518
```

　system.time関数の結果からユーザ時間(user)が0.054秒、システム時間(system)が0.004秒、経過時間(elapsed)が0.059秒であることがわかります。for文で実行していたときと比べて、経過時間が0.406秒から0.059秒へと、処理速度が約6.9倍になっていることを確認できます。
　以上では、1からNまでの自然数を要素とするベクトルを生成し、sum関数を用いて各要素を足し合わせています。forループによる処理に比べて、速度が格段に向上していることを確認できます。Rでは、ベクトルの要素全体に対して一括して処理を行うと効率的であると言われています。このような処理は「ベクトル処理」と呼ばれ、Rにおけるパフォーマンスチューニングの原則の1つです。
　ベクトル処理のもう1つの例として、2つのベクトルの和を求める例を見てみましょう。要素

(注1) パフォーマンスの測定結果ですので、これ以降の誌面と実際の実行結果は異なります。

数が1,000,000（100万）個の一様乱数のベクトルを2つ生成し、要素ごとの和をfor文で計算する処理にかかる時間を計測してみましょう。

```
> set.seed(71)
# 要素数が1,000,000の一様乱数のベクトルを2つ生成
> N <- 1e6
> x <- runif(N)
> y <- runif(N)
# 愚直に要素ごとの和を計算
> system.time({
    # 結果を格納するオブジェクト(NAで初期化)
+   res <- rep(NA, N)
+   for (i in 1:N) {
+       res[i] <- x[i] + y[i]
+   }
+ })
   user  system elapsed
  1.380   0.008   1.396
```

以上の結果を見ると、ユーザ時間（`user`）が1.380秒、システム時間（`system`）が0.008秒、経過時間（`elapsed`）が1.396秒であることを確認できます。

続いて、ベクトル処理により要素ごとの和を計算してみましょう。

```
# ベクトル処理により要素ごとの和を計算
> system.time(res <- x + y)
   user  system elapsed
  0.004   0.003   0.007
```

ユーザ時間（`user`）が0.004秒、システム時間（`system`）が0.003秒、経過時間（`elapsed`）が0.007秒であることがわかります。for文で実行していたときと比べて、経過時間が1.396秒から0.007秒へと約199.4倍になっていることを確認できます。2つのベクトルの和を求める例においても、ベクトル処理を行った方がはるかに高速化されていることを確認できます。

21-3 applyファミリーによるチューニング

`apply`関数は、行列や配列の特定の次元や次元の組み合わせを集約軸として演算を効率的に実行します。

次の例は、1,000 × 100,000のサイズの行列に対して各列の最大値を求めています。

```
> set.seed(71)
# 行数
> nr <- 1000
```

Part 6 実践的な開発

```
# 列数
> nc <- 1e5
> x <- matrix(runif(nr * nc), nr, nc)
# 列ごとに最大値を求める
> res.silly <- NULL
> system.time(for (j in seq(nc)) {
+     res.silly <- cbind(res.silly, max(x[, j]))
+ })
   user  system elapsed
 61.021  20.469  90.075
```

この例では列ごとに最大値を求める処理にforループを使用しています。apply関数を用いると処理を高速化できます。

```
# 列ごとに最大値を求める
> system.time(res.apply <- apply(x, 2, max))
   user  system elapsed
  1.625   0.438   2.071
```

apply関数を用いることにより、処理が高速化できていることを確認できます。

■apply関数

apply関数の第1引数には対象とする配列(またはデータフレーム)、第2引数には演算を行う方向、第3引数には演算を実行する関数を指定します。配列の場合は、第2引数に与えた方向に沿って演算処理が行われます。次の例では1から24までの整数を3次元の配列(2×3×4)に格納し、1次元目の要素ごとの合計、1次元目と2次元目の要素の組み合わせごとに合計を求めています。

```
# 3次元の配列を生成
> x <- array(1:24, dim = c(2, 3, 4))
# 1次元目の要素ごとに合計を求める
> apply(x, 1, sum)
[1] 144 156
# 1次元目と2次元目の要素の組み合わせごとに合計を求める
> apply(x, c(1, 2), sum)
     [,1] [,2] [,3]
[1,]   40   48   56
[2,]   44   52   60
```

配列が2次元の場合は行列となりますが、この場合も同じ考え方によって第2引数が1のときは行ごとの演算、2のときは列ごとの演算となります。

apply関数はRで処理を効率化させるために推奨される方法の1つです。ただし、気を付けなければならないのは、apply関数を使用することによる恩恵は主に計算結果のオブジェクトのメ

モリを確保できる点にあることです。

次の例では、まずはじめに列ごとの最大値の計算結果を格納するres.sillyオブジェクトを生成しています。rep関数でNAをnc（=100,000回）だけ繰り返したベクトルを生成し、for文で列ごとに最大値を計算してres.sillyオブジェクトの各要素に格納しています。

```
> set.seed(71)
# 行数
> nr <- 1000
# 列数
> nc <- 1e5
> x <- matrix(runif(nr * nc), nr, nc)
# 列ごとに最大値を求める
> res.silly <- rep(NA, nc)
> system.time(for (j in seq(nc)) {
+     res.silly[j] <- max(x[, j])
+ })
   user  system elapsed
  1.083   0.265   1.359
```

経過時間は1.359秒となっており、apply関数を用いたときの2.071秒よりも速くなっていることを確認できます。apply関数は内部でfor文を用いているため、この点ではfor文を用いた処理と大差はありません。for文で各列の最大値を計算しcbind関数で結合する処理を本節の冒頭で説明しました。この処理には、オブジェクトを格納するメモリを確保し直すコストがかかり、apply関数よりも処理に時間を要していたのです。それに対して、今回ははじめに計算結果を格納するオブジェクトを用意したため、メモリを確保し直すコストがなくなりました。apply関数を使用するのに比べて、関数呼び出しのオーバーヘッドもないためfor文で計算する方が速くなったと考えられます。

21-4 実行時間の測定

Rのコードを高速化するためには、処理に要する時間の計測が欠かせません。ここでは、処理全体の時間を計測する方法とコードの断片の処理に要する時間を計測する方法を紹介します。

21-4-1 実行時間の計測

Rで関数などの実行時間を測定するためにはsystem.time関数を利用します。

■system.time関数

次の例は、100,000個の一様乱数を2乗する処理にかかる時間をsystem.time関数を用いて計

測しています。

```
> set.seed(71)
# 100,000個の一様乱数を2乗する処理の時間を計測する
> x <- runif(1e5)
> system.time(x^2)
   user  system elapsed
  0.001   0.000   0.000
```

system.time関数では、処理を一度だけ実行して実行時間を測定していました。microbenchmarkパッケージを使用すると、マイクロベンチマーキングを行えます。マイクロベンチマーキングとは、ソースコード中の小さな断片の実行にかかる時間を測定することです。

■microbenchmark関数

次の例は、100,000個の一様乱数を2乗する処理を100回実行して、実行時間の統計量を計算しています。この処理を実行するためには、microbenchmarkパッケージをインストールする必要があるため、install.packages関数を用いて実行しています。実行時間の統計量の計算には、microbenchmarkパッケージが提供するmicrobenchmark関数を使用しています。

```
> install.packages("microbenchmark", quiet = TRUE)
> library(microbenchmark)
# 100,000個の一様乱数を2乗する処理をマイクロベンチマーキングする
> microbenchmark(x^2)
Unit: microseconds
 expr     min      lq     mean  median      uq      max neval
  x^2 124.222 138.3875 336.3054 212.828 296.972 2262.357   100
```

以上の結果を見ると、実行時間の最小値(min)、第1四分位点(lq)、平均値(mean)、中央値(median)、第3四分位点(uq)、最大値(max)、評価回数(neval)が表示されていることを確認できます。これは、100,000個の一様乱数を2乗する処理を複数回繰り返して測定した処理時間の統計値です。また、Unit: microsecondsを見ると、処理時間はミリ秒単位で表示されていることがわかります。処理時間の最小値は約0.124秒、第1四分位点は約0.138秒、平均値は約0.336秒、中央値は約0.213秒、第3四分位点は約0.297秒、最大値は約2.262秒であることを確認できます。デフォルトでは、microbenchmark関数は与えられた式を100回評価する仕様になっています。microbenchmark関数のtimes引数に式の実行回数を指定できます。

また、microbenchmark関数の引数にカンマ区切りで処理を並べると、複数の処理に要する時間を比較することもできます。リスト21.1の例では、先の100,000個の一様乱数を2乗する処理について2通りの方法で実行し、その実行時間を計測しています。また、実行結果はplot関数により箱ひげ図を出力し、比較できます(図21.1)。

リスト21.1　benchmarkresult.R

```
# 100,000個の一様乱数を2乗する処理について2通りの方法で実行時間を計測
benchmark_result <- microbenchmark(
                    { res1 <- x^2 },
                    { res2 <- numeric(100000); for (i in 1:100000) res2[i] <- x[i]^2 }
                    )
# 箱ひげ図にプロットして比較
plot(benchmark_result)
```

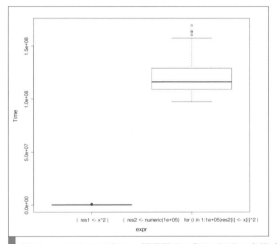

図21.1　100,000個の一様乱数を2乗する処理の実行時間の比較

図21.1を見ると、ベクトル処理として2乗する方が圧倒的に速いことを確認できます。

21-4-2 Rprof関数による個々の処理の実行時間の測定

`system.time`関数や`microbenchmark`パッケージの`microbenchmark`関数は、処理全体の実行時間を測定することはできるものの、個々の関数の実行に要する時間は測定できませんでした。次の例では、carsデータセットに対して目的変数を`dist`、説明変数を`speed`とする処理を5,000回繰り返す処理を実行し、`Rprof`関数で測定しファイルに出力しています。

```
> data(cars)
# carsデータセットの線形回帰のプロファイリング
> Rprof("cars.lm.out")
> invisible(replicate(5000, lm(dist ~ speed, data = cars)))
> Rprof(NULL)
```

このように測定した結果を`summaryRprof`関数を用いて解析します。

Part 6 実践的な開発

```
# 実行時間の解析
> dat <- summaryRprof("cars.lm.out")
> names(dat)
[1] "by.self"        "by.total"       "sample.interval" "sampling.time"
```

以上を見ると、summaryRprof関数は"by.self"、"by.total"、"sample.interval"、"sampling.time"の4項目を出力していることがわかります。それぞれの項目の意味は次のとおりです。

- by.self
  次の4項目"self.time"、"self.pct"、"total.time"、"total.pct"が表示される。"self.time"は関数自体の実行に要した時間を表示する。内部でRのほかの関数やC言語、C++、Fortranなどの関数を呼び出している時間は考慮されない。"self.pct"はその関数の実行に要した時間の割合を表示する。"total.time"は次の"by.total"で表示される時間と同じで、内部でRのほかの関数やC言語、C++、Fortranなどの関数を呼び出している時間も考慮されている。"total.pct"はその時間の割合を表す

- by.total
  次の4項目"total.time"、"total.pct"、"self.time"、"self.pct"が表示される。"total.time"は関数全体で処理に要した時間を表す。内部でRのほかの関数やC言語、C++、Fortranなどの関数を呼び出している時間も考慮される。"total.pct"はその時間の割合を表す。"self.time"と"self.pct"は"by.self"で表示されたものと同じ時間が表示される

- sample.interval
  サンプリング間隔を表す。Rではプロファイリングには統計的プロファイラと呼ばれるプロファイラを使用する。このプロファイラは一定の時間間隔でコードの実行を停止して、その時点で呼び出されている関数を記録する。この記録する時間間隔がsample.intervalに表示される。この値は、Rprof関数の引数に指定することができ、デフォルトでは0.02秒と設定されている

- sampling.time
  サンプリングに要した合計時間を表す

それでは、各項目について確認してみましょう。まずは、"by.self"の先頭6行を確認します。

```
# by.self
> head(dat$by.self)
                     self.time self.pct total.time total.pct
"[.data.frame"            0.32     7.41       0.64     14.81
"lm.fit"                  0.24     5.56       0.44     10.19
"match"                   0.22     5.09       0.46     10.65
"model.frame.default"     0.18     4.17       2.02     46.76
"deparse"                 0.16     3.70       0.52     12.04
"match.call"              0.16     3.70       0.18      4.17
```

この結果を見ると、たとえば2行目のlm.fit関数自体の実行には0.24秒（self.time）要しており、すべての関数の中でその割合は5.56%（self.pct）であることがわかります。また、内部でC

言語やC++、Fortranなどのコードを実行している時間も含めると0.44秒要しており（`total.time`）、すべての関数の中でその割合は10.19%（`total.pct`）であることがわかります。

次に、"by.total"を確認してみましょう。

```
# by.total
> head(dat$by.self)
            total.time total.pct self.time self.pct
"sapply"          4.32    100.00      0.02     0.46
"replicate"       4.32    100.00      0.00     0.00
"lm"              4.30     99.54      0.14     3.24
"FUN"             4.30     99.54      0.04     0.93
"lapply"          4.30     99.54      0.02     0.46
"eval"            2.06     47.69      0.02     0.46
```

この結果を見ると、たとえば1行目のsapply関数の実行には4.32秒（`total.time`）要しており、処理全体の100%（`total.pct`）であることがわかります。また、eval関数自体の実行には0.02秒（`self.time`）要しており、すべての関数の中でその割合は0.46%（`self.pct`）であることがわかります。なお、これらは`by.self`の結果と一致します。

続いて、サンプリングの時間間隔を確認してみましょう。

```
# sample.interval
> dat$sample.interval
[1] 0.02
```

この結果から、サンプリングの時間間隔は0.02秒であることを確認できます。

最後に、サンプリングに要した合計時間を確認してみましょう。

```
# sampling.time
> dat$sampling.time
[1] 4.32
```

この結果から、サンプリングには全体で4.32秒要したことを確認できます。

■ Rprof関数

Rprof関数はRに標準で提供されているutilsパッケージで提供されており、Rのコードをプロファイリングします。Rprof関数の主要な引数は**表21.1**のとおりです。

表21.1 Rprof関数の主要な引数

引数	説明
filename	プロファイリングの結果を出力するファイル名を文字列で指定
append	プロファイリングの結果をファイルに追記するかどうかを論理値で指定
interval	プロファイリングを実行する時間間隔を秒単位で指定
memory.profiling	メモリ使用量のプロファイリングも実行するかどうかを論理値で指定
gc.profiling	ガベージコレクション(GC)の実行を記録するかどうかを論理値で指定
line.profiling	コードを行ごとにプロファイリングするかどうかを論理値で指定

■summaryRprof関数

summaryRprof関数はutilsパッケージで提供されており、Rprof関数でプロファイリングした結果を要約します。summaryRprof関数の主要な引数は**表21.2**のとおりです。

表21.2 summaryRprof関数の主要な引数

引数	説明
filename	Rprof関数でプロファイリングした結果を出力したファイル名を文字列で指定
memory	メモリ使用量の表示方法について指定。"none"、"both"、"tseries"、"stats"のいずれかを指定。"none"はメモリ使用量を表示しない指定で、デフォルトではこの設定が使用される。"both"、"tseries"、"stats"は、Rprof関数のmemory.profiling引数をTRUEにしたときのみ有効である。これらの引数の詳細については「21-5-1 Rprof関数による測定」を参照
lines	コードの行の表示方法について指定。"hide"、"show"、"both"のいずれかを指定。"hide"は行を表示しない指定で、デフォルトではこの設定が使用される。"show"、"both"は、Rprof関数のline.profiling引数をTRUEにしたときのみ有効

■プロファイリング結果の可視化

Rprof関数でプロファイリングした結果は、profrパッケージを用いて可視化できます。

```
# profrパッケージのインストール
> install.packages("profr", quiet = TRUE)
```

リスト21.2のようにprofrパッケージの`parse_rprof`関数を用いてプロファイリング結果をパースします。その結果を`plot`関数で可視化することにより、どの関数にどれだけの実行時間を要しているかについて直感的に理解できます。次の例は、先に出力した"cars.lm.out"をパースして可視化しています(**図21.2**)。

リスト21.2 parserprof.R

```
library(profr)
# プロファイリング結果のパース・可視化
plot(parse_rprof("cars.lm.out"), main = "Profile of lm()")
```

図21.2は、横軸にプロファイリングの合計時間、縦軸に関数呼び出しの階層を表しています。関数呼び出しの階層は、下の関数が上の関数を呼び出すという関係になっています。最下層の1階層目はreplicate、2階層目はsapply、3階層目はlapply、4階層目はFUN、5階層目はlmであることを確認できます。6階層目以降は関数名が省略されています。3階層目のlapply、4階層目のFUN、5階層目のlmの横軸を見ると、1階層目のreplicate、2階層目のsapplyとほぼ同じくらいの長さであることを確認できます。したがって、lm関数の実行に大半の時間を要していることを確認できます。

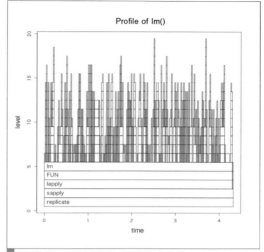

図21.2 parse_rprof関数によるプロファイリング結果の可視化

ここで紹介した以外にも、proftoolsパッケージのplotProfileCallGraph関数を用いると関数の呼び出し関係を可視化できます。詳細は、「R言語上級ハンドブック」(注2)を参照してください。また、Hadley Wickham氏によるlineprofパッケージなどを用いてコードを行ごとにプロファイリングして可視化することもできます。詳細は、「R言語徹底解説」(注3)などを参照してください。

21-5 メモリ使用量の測定

Rは基本的にすべてのデータをメモリ上で保持するため、「メモリ食い」として有名です。メモリ使用量を少なくするための第一歩は、どの処理でどの程度のメモリが使用されているかを把握することです。ここでは、まず関数ごとのメモリ使用量の測定方法を説明し、次に各オブジェクトのメモリ使用量の測定方法を説明します。

21-5-1 Rprof関数による測定

処理の実行にかかるメモリの使用量は、Rprof関数のmemory.profiling引数をTRUEに指定することによって測定できます。次の例は、carsデータセットのdistを目的変数、speedを説明変数

(注2) R言語上級ハンドブック／荒引健、石田基広、高橋康介、二階堂愛、林真広 著／C&R研究所／2013年／ISBN978-4863541351

(注3) R言語徹底解説／Hadley Wickham 著、石田基広、市川太祐、高柳慎一、福島真太朗 訳／共立出版／2016年（原書"Advanced R"、CRC Press、2014年）／ISBN978-4320123939

Part 6 実践的な開発

とする単回帰分析を replicate 関数で 5,000 回繰り返す処理のメモリ使用量を計測しています。プロファイリングの結果は、"cars.lm.out.mem" という名前のファイルに出力しています。最初に、メモリ使用量を測定するために未使用のメモリ領域を解放していることに注意してください。

```
# メモリ使用量を測定するために未使用のメモリ領域を解放
> gc()
          used (Mb) gc trigger  (Mb)  max used    (Mb)
Ncells  550771 29.5    1442291  77.1   1442291    77.1
Vcells  888343  6.8   84082281 641.5 267066555  2037.6
# メモリ使用量の測定
> Rprof("cars.lm.out.mem", memory.profiling = TRUE)
> invisible(replicate(5000, lm(dist ~ speed, data = cars)))
> Rprof(NULL)
> gctorture(FALSE)
```

出力したプロファイリングの結果を解析してみましょう。summaryRprof 関数でファイルを読み込みます。このとき、memory 引数に "both"、"tseries"、"stats" のいずれかを指定します。

- "both" を指定すると、各関数の実行時間とともにメモリ使用量が併記される
- "tseries" を指定すると、時間の経過とともに処理に使用されたメモリ使用量が表示される
- "stats" を指定すると、メモリ使用量の統計量が表示される

ここでは、memory 引数に "both" を指定して結果を確認してみましょう。summaryRprof 関数は、実行時間を計測したときと同様に "by.self"、"by.total"、"sample.interval"、"sampling.time" の 4 項目を出力します。ここでは、"by.self" の先頭 6 行を確認します。

```
# 関数の実行時間とメモリ使用量の要約
> dat.mem <- summaryRprof("cars.lm.out.mem", memory="both")
# by.self
> head(dat.mem$by.self)
                 self.time self.pct total.time total.pct mem.total
"lm.fit"              0.56    11.48       0.76     15.57     183.8
"[.data.frame"        0.46     9.43       0.72     14.75     173.7
"match"               0.30     6.15       0.88     18.03     113.5
"pmatch"              0.30     6.15       0.32      6.56      58.2
"model.response"      0.24     4.92       0.42      8.61     105.2
".External2"          0.18     3.69       1.16     23.77     308.3
```

以上の結果を見ると、"mem.total" という測定項目が新たに追加されていることを確認できます。たとえば 1 行目の lm.fit 関数は 183.8KB のメモリを消費したことを確認できます。

21-5-2 オブジェクトのメモリサイズの測定

オブジェクトのメモリのサイズを測定するには、`object.size`関数を使用します。

```
# carsデータセットのメモリサイズの測定
> object.size(cars)
1576 bytes
# print関数で単位を指定することも可能
> print(object.size(cars), unit = "Kb")
1.5 Kb
```

`object.size`関数の実行結果はオブジェクトのメモリサイズがバイト単位で返されます。大きなサイズのデータでは確認しにくいため、`print`関数の`unit`引数に単位を指定できます。

Hadley Wickham氏により開発された`pryr`パッケージの`object_size`関数を使用すると、オブジェクトのメモリサイズに合わせて表示を変更します。次の例は、1から10までの自然数のベクトルと`cars`データセットのメモリサイズを測定しています。

```
# pryrパッケージのインストール
> install.packages("pryr", quiet = TRUE)
> library(pryr)
# オブジェクトのメモリ使用量の測定
> object_size(1:10)
88 B
> object_size(cars)
1.58 kB
```

以上の結果、1から10までのベクトルのメモリサイズは88B（バイト）、`cars`データセットのメモリサイズは1.58KBであることを確認できます。

`mem_used`関数を使用すると、すべてのオブジェクトのメモリ使用量を合計したサイズを把握できます。また、`mem_change`関数を使用すると、オブジェクトの生成や削除にともなうメモリ量の変化を把握できます。次の例は、`mem_used`関数を用いて、すべてのオブジェクトのメモリ使用量の合計サイズを測定しています。また、1から1,000,000までの自然数のベクトルを生成したときのメモリ使用の増加量、そのベクトルを削除したときのメモリ使用の減少量を`mem_change`関数を用いて測定しています。

```
# メモリ使用量の合計サイズ
> mem_used()
38.1 MB
# オブジェクトの生成にともなうメモリ使用の増加量
> mem_change(z <- 1:1e6)
4 MB
# オブジェクトの削除にともなうメモリ使用の減少量
> mem_change(rm(z))
-4 MB
```

22章 パッケージによる大規模データ対応・高速化

Rは基本的にすべてのデータをメモリにロードするため、大規模なデータの処理には向いていないと言われます。また、昨今は複数のCPUやコアを搭載したコンピュータが一般的になってきましたが、Rは1つのコアを用いて1つのプロセスを起動しているにすぎません。こうしたRの非効率な特性を解消するためのパッケージが提供されています。本章では、こうしたパッケージの使用方法について説明します。

22-1 大規模データのハンドリング

Rは基本的にすべてのデータをメモリにロードして管理します。そのため、大規模なデータの処理や分析に向かないと言われています。しかし、データ量が爆発的に増え続ける昨今、こうしたRの特性は非常に不便です。そこで、Rでも大規模なデータを扱えるようにいくつかのパッケージが提供されています。

22-1-1 代表的なパッケージ

Rで大規模なデータを扱うための代表的なパッケージとして、bigmemory、ff、RevoScaleR（*Microsoft R*）、mmap、filehashなどが挙げられます。これらのパッケージの特徴を**表22.1**にまとめます。

表22.1　Rで大規模なデータをハンドリングする代表的なパッケージ

パッケージ	特徴
bigmemory	メモリサイズを超える大規模な行列の保持、分析を実行する。biganalytics、bigtabulateなどのパッケージと組み合わせて、基本統計量の算出、線形回帰、ロジスティック回帰、k平均法などを実行できる
ff	メモリサイズを超える大規模なデータを保持し、分析を実行する。bigmemoryが単一のデータ型からなる行列オブジェクトを扱うのに対して、ffではデータフレームを扱える。ffbaseパッケージと組み合わせることにより、データの集計、一般化線形モデル、LASSO（least absolute shrinkage and selection operator）、LARS（Least Angle Regression）などの縮小推定などの分析を実行できる
RevoScaleR	Microsoft社のMicrosoft Rが提供するパッケージ。メモリサイズを超えるデータを保持し、分析を実行する
mmap	大規模なデータを必要なときに必要な分だけメモリに読み込んで、処理の効率を向上させる
filehash	キーとバリューの組み合わせによりデータを管理するデータベースを実装したパッケージ。ディスク上にストアされたデータをキーによって高速に取得できる

メモリのサイズを超えるデータを扱うためのパッケージは主にbigmemory、ff、RevoScaleRです。本書ではこのうちbigmemory、ffについて取り上げることにします。

22-2 bigmemoryパッケージ

まず、本節(「**22-2 bigmemory**パッケージ」)で必要なパッケージをインストールします。必要に応じて読み込んでください。

```
> install.packages("bigmemory", quiet = TRUE)
> install.packages("bigtabulate", quiet = TRUE)
```

bigmemoryは、大規模な行列を扱うパッケージです。`big.matrix`型という独自の行列を定義して、大規模な行列の処理や分析を実行します。bigmemoryはCRANからインストールできます。

本書では、説明のために小規模なデータを使用してbigmemoryパッケージの基本的な使用方法について説明します。ここでは、Rに標準でインストールされているdatasetsパッケージのcarsデータセットをCSVファイルに出力して使用することにします。

```
# carsデータセットをファイルに出力する
> data(cars)
> write.csv(cars, "cars.csv", row.names = FALSE, quote = FALSE)
```

22-2-1 データの読み込み

■read.big.matrix関数

bigmemoryパッケージの`read.big.matrix`関数を用いて、出力したCSVファイルを読み込みます。

```
> library(bigmemory, quietly = TRUE)
# irisデータセットのロード
> cars.bm <- read.big.matrix("cars.csv", header = TRUE, type = "double",
+     backingpath = ".", backingfile = "cars.bin", descriptorfile = "cars.desc")
> cars.bm
An object of class "big.matrix"
Slot "address":
<pointer: 0x7fd2e149aef0>
```

`read.big.matrix`関数の第1引数である`filename`引数には読み込むファイルのパスを文字列で指定します。`header`引数にはファイルにヘッダがあるかどうかを指定し、`type`引数にはデータの型を指定します。`type`引数に指定できるデータ型を**表22.2**に示します。

表22.2 read.big.matrix関数のtype引数に指定できるデータ型

引数	説明
"char"	文字列(1バイト)
"short"	整数(2バイト)
"integer"	整数(4バイト)
"double"	倍精度浮動小数点(8バイト)

`backingfile`引数にファイル名を指定すると、`backingpath`引数に指定したパスのディレクトリにデータのバイナリファイルが作成されます。このバイナリファイルのメタ情報を保持するディスクリプタファイルは自動的に生成されますが、例で示したように`descriptorfile`引数にファイル名を明示的に指定することもできます。

■データへのアクセス

こうして読み込んだデータを代入した`cars.bm`オブジェクトの型は、次のように`big.matrix`型になっています。`big.matrix`型は、`bigmemory`パッケージが大規模な行列を管理するために提供するデータ型です。

```
# データ型の確認
> class(cars.bm)
[1] "big.matrix"
attr(,"package")
[1] "bigmemory"
```

行列のサイズ、先頭、末尾のデータは、通常のmatrixとまったく同様に確認できます。

```
# 行列のサイズ
> dim(cars.bm)
[1] 50  2
# 行数
> nrow(cars.bm)
[1] 50
# 列数
> ncol(cars.bm)
[1] 2
# データの先頭
> head(cars.bm, 3)
     speed dist
[1,]     4    2
[2,]     4   10
[3,]     7    4
# データの末尾
> tail(cars.bm, 3)
     speed dist
[1,]    24   93
[2,]    24  120
[3,]    25   85
```

行列の要素へのアクセスも、通常のmatrixと同様に`[]`演算子を用いて行います。この演算子を用いると、メモリにデータを読み込んできます。

```
# 1-3行, 1-2列の抽出
> cars.bm[1:3, 1:2]
     speed dist
[1,]     4    2
[2,]     4   10
[3,]     7    4
# 列名によるアクセスも可能
> cars.bm[1:3, c("speed", "dist")]
     speed dist
[1,]     4    2
[2,]     4   10
[3,]     7    4
```

22-2-2 データの集計

bigtabulateパッケージを用いると、big.matrix型のオブジェクトに対して集計ができます。bigtabulateパッケージは、CRANからインストールできます。

次の例は、先ほど作成したディスクリプタファイル"cars.desc"をattach.big.matrix関数で読み込み、bigtabulateパッケージのbigtable関数を用いて1列目のspeedと2列目のdistのクロス集計を実行しています。

```
> library(bigtabulate, quietly = TRUE)
foreach: simple, scalable parallel programming from Revolution Analytics
Use Revolution R for scalability, fault tolerance and more.
http://www.revolutionanalytics.com
# carsデータセットのロード
> cars.bm <- attach.big.matrix("cars.desc")
# 先頭6行の表示
> head(cars.bm)
     speed dist
[1,]     4    2
[2,]     4   10
[3,]     7    4
[4,]     7   22
[5,]     8   16
[6,]     9   10
# 1列目と2列目のクロス集計
> cars.bgt <- bigtable(cars.bm, ccols=c(1, 2))
# 集計表のサイズの確認
> dim(cars.bgt)
[1] 19 35
# 1-3行、1-5列の確認
> cars.bgt[1:3, 1:5]
  2 4 10 14 16
4 1 0  1  0  0
7 0 1  0  0  0
8 0 0  0  0  1
```

Part 6 実践的な開発

`bigtable`関数の第1引数である`x`引数には`big.matrix`型のオブジェクトを、第2引数である`ccols`引数には集計に使用する列番号をベクトルで指定します。ここでは集計の結果、19行35列の集計表が作成されたことを確認できます。これは行方向に`speed`、列方向に`dist`を並べて出現回数を集計したものです。bigtabulateパッケージにはほかにも層別の集計を実行する`tapply`関数に相当する`bigtsummary`関数、層別にデータを分割する`split`関数に相当する`bigsplit`関数など、いくつかの関数が提供されています。詳細については、CRANのbigtabulateパッケージのページ(注1)、「Rによるハイパフォーマンスコンピューティング」(注2)などを参照してください。

22-3 ffパッケージ

まず、本節(「**22-3 ffパッケージ**」)で必要なパッケージをインストールします。必要に応じて読み込んでください。

```
> install.packages("ff", quiet = TRUE)
> install.packages("ffbase", quiet = TRUE)
```

ffパッケージは、bigmemoryと同様にメモリのサイズを超えるデータを扱うためのパッケージです。bigmemoryと比較してより多くのデータ型に対応できる点が大きな特徴になっています。ffパッケージは、CRANからインストールできます。

22-3-1 データの読み込み

まずは小規模なデータを使用してみましょう。ここでは、Rに標準でインストールされているdatasetsパッケージのirisデータセットをCSVファイルに出力して使用することにします。

```
# irisデータセットをファイルに出力する
> data(iris)
> write.csv(iris, "iris.csv", row.names = FALSE, quote = FALSE)
```

■read.table.ffdf関数／read.csv.ffdf関数

ファイルからデータを読み込むためには、`read.table.ffdf`関数または`read.csv.ffdf`関数を使用します。次の例では、ファイル"iris.csv"を`read.csv.ffdf`関数で読み込んでいます。

```
# ffパッケージのロード時のメッセージを表示しない
> suppressPackageStartupMessages(library(ff))
```

(注1) URL https://cran.r-project.org/web/packages/bigtabulate/index.html
(注2) Rによるハイパフォーマンスコンピューティング／福島真太朗 著／ソシム／2014年／ISBN978-4883379354

```
# irisデータセットの読み込み
> iris.ff <- read.csv.ffdf(file = "iris.csv", header = TRUE)
```

　read.table.ffdf関数、read.csv.ffdf関数は、ディスク上のファイルからデータを読み込む関数です。主要な引数を**表22.3**に示します。

表22.3　read.table.ffdf/read.csv.ffdf関数の主要な引数

引数	説明
x	読み込んだデータを割り当てるffdf型のオブジェクトを指定する。NULLを指定すると、新しいffdf型のオブジェクトを生成する
file	読み込むファイル名を指定する
fileEncoding	ファイルのエンコードを指定する
nrows	読み込む行数を指定する
FUN	データの各チャンクを読み込む関数名を文字列で指定する

■データへのアクセス

　こうして読み込んだデータのクラスは、ffdf型になっています。ffdf型は、ffパッケージが提供する独自のデータフレームです。次の例では、class関数を用いてiris.ffオブジェクトのクラス名を確認しています。

```
# iris.ffオブジェクトのデータ型の確認
> class(iris.ff)
[1] "ffdf"
```

　データの要素へのアクセスは、[]演算子を用います。次の例では、iris.ffオブジェクトの1-3行、1-2列の要素を抽出しています。列番号、列名のいずれを用いても要素の抽出ができます。

```
# 1-3行，1-2列の抽出
> iris.ff[1:3, 1:2]
  Sepal.Length Sepal.Width
1          5.1         3.5
2          4.9         3.0
3          4.7         3.2
# 列名によるアクセスも可能
> iris.ff[1:3, c("Sepal.Length", "Sepal.Width")]
  Sepal.Length Sepal.Width
1          5.1         3.5
2          4.9         3.0
3          4.7         3.2
```

　ただし、上記の方法では抽出したすべてのデータがメモリにロードされます。irisデータセット程度の小規模なデータであれば大して問題にはなりませんが、大規模なデータではメモリを消費してしまいます。そこで、次のようにドル演算子で列にアクセスし、データの一部分だけを抽

出する方が効率的です。$は通常のデータフレームと同様に、列名を付けて要素を抽出する演算子です。次の例では、列 Sepal.Length の要素を抽出しています。

```
> iris.ff$Sepal.Length
ff (open) double length=150 (150)
   [1]   [2]   [3]   [4]   [5]   [6]   [7]   [8]         [143] [144] [145]
   5.1   4.9   4.7   4.6   5.0   5.4   4.6   5.0    :     5.8   6.8   6.7
 [146] [147] [148] [149] [150]
   6.7   6.3   6.5   6.2   5.9
```

22-3-2 集計

ffbaseパッケージを使用すると、ffdf型のオブジェクトに対して集計処理を実行できます。ffbaseパッケージはCRANからインストールできます。

集計は、table関数を用いて実行できます。次の例では、iris.ffオブジェクトのSpecies列の集計を行っています。

```
# ffbaseパッケージのロード時のメッセージを表示しない
> suppressPackageStartupMessages(library(ffbase))
# irisデータセットの読み込み
> iris.ff <- read.csv.ffdf(file = "iris.csv", header = TRUE)
> table(iris.ff$Species)

    setosa versicolor  virginica
        50         50         50
```

setosa、versicolor、virginicaがそれぞれ50サンプルあることを確認できます。

ffbaseパッケージには、ほかにも要約統計量(sum、min、max、range、quantile、histなど)、層別集計(byMean、bySumなど)を実行する関数も提供されています。詳細についてはCRANのffbaseパッケージのページ[注3]、または「Rによるハイパフォーマンスコンピューティング」[注4]などを参照してください。

22-4 並列計算

最近は高価なワークステーションやサーバは言うに及ばず、手元にあるデスクトップパソコンやノートパソコンでさえも複数のCPUやコアを搭載することが当たり前になっています。しかし、

(注3) URL https://cran.r-project.org/web/packages/ffbase/index.html
(注4) Rによるハイパフォーマンスコンピューティング／福島真太朗 著／ソシム／2014年／ISBN978-4883379354

これだけ計算資源が安価に入手できるようになった時代においても、Rは1つのコアを用いて1つのプロセスを起動するにすぎず、計算資源を有効に利用できていません。こうしたRの問題点を解決するため、複数のコアやCPUを利用して効率的に計算するパッケージが提供されています。

並列計算を行うための代表的なパッケージに、snow、parallelなどがあります。parallelパッケージはRに標準で提供されており、また、snowパッケージは今後、parallelに統合されていくとのことです。そこで、本書ではparallelパッケージについて説明することにします。

まず、本節(「**22-4 並列計算**」)で必要なパッケージをインストールします。必要に応じて読み込んでください。

```
> install.packages("randomForest", quiet = TRUE)
> install.packages("C50", quiet = TRUE)
```

22-4-1 クラスタの生成と停止

■makeCluster関数

parallelパッケージでは、makeCluster関数を用いてクラスタを生成します。makeCluster関数のtype引数には、"PSOCK"、"FORK"、"SOCK"、"MPI"、"NWS"のいずれかを指定します。これらの引数は通信方法を表しています。その意味を**表22.4**に示します。

表22.4 makeCluster関数のtype引数に指定できる文字列の意味

引数	説明
"PSOCK"	ストリームライン化されたソケット通信
"FORK"	POSIXシステム環境においてフォークによりワーカープロセスを起動して、マスタープロセスとワーカープロセスをソケットにより通信
"SOCK"	ソケット通信
"MPI"	MPI(メッセージ・パッシング・インターフェース)による通信
"NWS"	NWSによる通信

■並列計算の実行

次の例は、makeCluster関数のtype引数を"PSOCK"として、ストリームライン化されたソケット通信によりクラスタを生成しています。また、clusterCall関数を用いてプロセスIDを表示し、parSapply関数を用いて、簡単な並列計算を実行しています。

```
> library(parallel)
# クラスタの生成
> cl <- makeCluster(4, type = "PSOCK")
# プロセスIDの表示
> clusterCall(cl, Sys.getpid)
[[1]]
[1] 991
```

Part 6 実践的な開発

```
[[2]]
[1] 1000

[[3]]
[1] 1009

[[4]]
[1] 1018
# 1から5の自然数の2乗を計算
> i <- 1:5
> parSapply(cl, i, function(x) x^2)
[1]  1  4  9 16 25
```

クラスタの停止は、stopCluster関数により実行します。

```
# クラスタの停止
> stopCluster(cl)
```

22-4-2 並列計算の例 (ランダムフォレストの実行)

次は、ランダムフォレストを並列計算する例です。訓練データを用いて学習を行う際に、1,000個の木を構築する処理を4つのプロセスに分散させて並列計算しています。

```
> library(parallel)
> library(randomForest)
> library(C50)
> data(churn)
# 論理コア数の検出
> cores <- detectCores()
> cores
[1] 4
# クラスタの生成
> cl <- makeCluster(cores, type = "PSOCK")
# ramdomForestパッケージのロードとchurnデータセットを使用できるようにC50パッケージをロード
> invisible(clusterEvalQ(cl, {
+     library(randomForest)
+     library(C50)
+     data(churn)
+ }))
# 構築する木の個数
> ntree <- 1000
# 乱数シードの固定
> set.seed(71)
# クラスタごとの乱数ストリームの設定
> clusterSetRNGStream(cl)
# ランダムフォレストの並列計算を実行 ( 各コアで250個の決定木の生成 )
> system.time(res.par <- parLapply(cl, rep(ntree/cores, cores), function(nt) {
```

```
+     randomForest(churn ~ ., data = churnTrain, ntree = nt)
+ }))
   user  system elapsed
  0.180   0.017   2.838
# ランダムフォレストの実行（並列計算を非実行）
> set.seed(71)
> system.time(res.nopar <- randomForest(churn ~ ., data = churnTrain, ntree = ntree))
   user  system elapsed
  5.751   0.142   5.918
```

　以上の結果を見ると、並列計算を実行して4個のコアでそれぞれ250個の決定木を構築した場合の経過時間は2.838秒であり、並列計算を実行しない場合は5.918秒であることがわかります。並列計算を実行することにより、約2倍高速化していることを確認できます。

22-5　Hadoopとの連携

　Hadoopは、テラバイト級の大規模なデータに対して多数のコンピュータを用いて並列分散処理を実行するフレームワークです。分散ファイルシステムHDFS（*Hadoop Distributed File System*）、分散処理フレームワークMapReduceなどから構成されます。

　RからHadoopを利用するしくみも提供されています。RhipeとRHadoopが代表的なパッケージです。ここでは、RHadoopについて説明します。Rhipeについては、TESSERAというプロジェクトのWebサイト[注5]、およびGitHubのページ[注6]を参照してください。

22-5-1 Hadoop環境の構築

　ここでは、Mac OS 10.12でHadoopの疑似分散環境を構築する方法について説明します。そのほかの環境での構築方法については、HadoopのWebサイト[注7]などを参照してください。

　Mac OSでは、次のようにbrewコマンドを用いてHadoopをインストールできます。ここでは、Hadoop2.7.2をインストールします。brewでインストール可能なhadoopのバージョンは「brew search versions/hadoop」で調べることができます。

```
$ brew install hadoop
```

　疑似分散モードでは、localhostにログインできるように設定する必要があります。そのため、

(注5)　URL https://github.com/tesseradata/RHIPE
(注6)　URL http://tessera.io/
(注7)　URL http://hadoop.apache.org/docs/current/hadoop-project-dist/hadoop-common/SingleCluster.html

Part 6 実践的な開発

SSHのキーを設定します。

```
$ ssh-keygen -t rsa -P "" -f $HOME/.ssh/id_rsa
$ cat $HOME/.ssh/id_rsa.pub >> $HOME/.ssh/authorized_keys
```

localhostにログインできることを確認します。ログインできない場合は、[システム環境設定]→[共有]で[リモートログイン]にチェックを入れます。

```
$ ssh localhost
Last login: Fri Oct 21 20:40:17 2016
$ exit
logout
Connection to localhost closed.
```

core-site.xml（/usr/local/Cellar/hadoop/2.7.2/libexec/etc/hadoop/core-site.xml）にリスト22.1のように追記します。これは、ファイルシステムのレプリケーションを3とする設定です。

■ リスト22.1　core-site.xml

```xml
<configuration>
  <property>
    <name>fs.defaultFS</name>
    <value>hdfs://localhost:9000</value>
  </property>
</configuration>
```

hdfs-site.xml（/usr/local/Cellar/hadoop/2.7.2/libexec/etc/hadoop/hdfs-site.xml）にリスト22.2のように追記します。これは、ファイルシステムのレプリケーションを3とする設定です。

■ リスト22.2　hdfs-site.xml

```xml
<configuration>
  <property>
    <name>dfs.replication</name>
    <value>3</value>
  </property>
</configuration>
```

ネームノードをフォーマットします。

```
$ hdfs namenode -format
```

HDFSとYARNを起動します。

```
$ /usr/local/Cellar/hadoop/2.7.2/sbin/start-dfs.sh
$ /usr/local/Cellar/hadoop/2.7.2/sbin/start-yarn.sh
```

Hadoopが無事に動作することを確認するためにサンプルコードを実行してみます。

```
$ hadoop jar /usr/local/Cellar/hadoop/2.7.2/libexec/share/hadoop/mapreduce/hadoop-
mapreduce-examples-2.7.2.jar pi 4 1000
Number of Maps  = 4
Samples per Map = 1000
16/10/21 20:45:26 WARN util.NativeCodeLoader: Unable to load native-hadoop library for
your platform... using builtin-java classes where applicable
Wrote input for Map #0
Wrote input for Map #1
Wrote input for Map #2
Wrote input for Map #3
Starting Job
(中略)
Job Finished in 1.775 seconds
Estimated value of Pi is 3.14000000000000000000
```

最終行でπの値が3.14000000000000000000と推定されていることが確認でき、Hadoopが無事に動作していることを確認できます。

22-5-2 RHadoopパッケージ

RHadoopは、RとHadoopを連携させるためのパッケージです。旧Revolution Analytics社によって開発されました。

RHadoopはいくつかのパッケージから構成されています。中核にあるのは、次の3つです。

- rmr2パッケージ（MapReduceの実行）
- rhdfsパッケージ（HDFSとの連携）
- rhbaseパッケージ（HBaseとの連携）

■RHadoopのインストール

まずは必要なRのパッケージをインストールします。

```
> install.packages(c("rJava", "Rcpp", "RJSONIO", "bitops", "digest", "functional",
+     "stringr", "plyr", "reshape2", "caTools", "stringi"), quiet = TRUE)
> install.packages("devtools", quiet = TRUE)
> library(devtools)
> install_github("RevolutionAnalytics/quickcheck@3.5.0", subdir = "pkg")
```

次に、/etc/bashrc に次の環境変数を設定します。

```
$ export HADOOP_CMD=/usr/local/bin/hadoop
$ export HADOOP_STREAMING=/usr/local/opt/hadoop25/libexec/share/hadoop/tools/lib/hadoop-streaming-2.5.2.jar
```

続いて、RHadoopのWikiページから必要なパッケージをダウンロードします。

URL https://github.com/RevolutionAnalytics/RHadoop/wiki/Downloads

ここでは、rmr2パッケージとrhdfsパッケージをダウンロードします。本書執筆時点では、rmr2は3.3.1、rhdfsは1.0.8が提供されています。

```
# rmr2パッケージ
$ R CMD INSTALL rmr2_3.3.1.tar.gz
# rhdfsパッケージ
$ R CMD INSTALL rhdfs_1.0.8.tar.gz
```

以上で、RHadoopパッケージのインストールと設定は完了です。HDFSに、RHadoopを実行する際に使用するデータを格納するディレクトリ、および実行結果を格納するディレクトリを作成しておきましょう。

```
$ hdfs dfs -mkdir -p /PerfectR/RHadoop/input
```

■MapReduceの実行

RHadoopパッケージを使用して、MapReduceを実行してみましょう。ここでは、簡単な例として、文章中に現れる単語の出現回数をカウントするワードカウントを実行してみます。

```
> library(rhdfs)
 要求されたパッケージ rJava をロード中です

HADOOP_CMD=/usr/local/bin/hadoop

Be sure to run hdfs.init()
> library(rmr2)
Please review your hadoop settings. See help(hadoop.settings)
> library(dplyr)
> hdfs.init()
2016-10-21 21:56:40.973 R[9724:102099] Unable to load realm info from SCDynamicStore
16/10/21 21:56:40 WARN util.NativeCodeLoader: Unable to load native-hadoop library for your platform... using builtin-java classes where applicable
# Map関数
```

```
> map <- function(k, v) {
+     words <- unlist(strsplit(x=v, split=" "))
+     keyval(words, 1)
+ }
# Reduce関数
> reduce <- function(k, v) {
+     keyval(k, sum(v))
+ }
> hdfs.put("/usr/local/Cellar/hadoop/2.7.2/README.txt", "/PerfectR/RHadoop/input")
[1] TRUE
# MapReduceの実行
> mapreduce(input="/PerfectR/RHadoop/input", output="/PerfectR/RHadoop/output",
+           input.format="text", map=map, reduce=reduce, combine=TRUE)
16/10/21 21:56:43 WARN util.NativeCodeLoader: Unable to load native-hadoop library for your platform... using builtin-java classes where applicable
(中略)
16/10/21 21:56:48 INFO streaming.StreamJob: Output directory: /PerfectR/RHadoop/output
[1] "/PerfectR/RHadoop/output"
# HDFSからの結果の抽出
> wordcount <- from.dfs("/PerfectR/RHadoop/output")
# 1列目を単語、2列目を出現回数とするデータフレームの作成
> wordcount <- data.frame(word=wordcount$key, count=wordcount$val)
# 出現回数の降順で並び変えて先頭6行を表示
> wordcount %>% arrange(desc(count)) %>% head
  word count
1        12
2  the    8
3  and    6
4   of    5
5  The    4
6  for    3
```

それぞれの単語の回数が集計されていることを確認できました。

rmr2パッケージのWiki[注8]には、ロジスティック回帰、k平均法、最小二乗法などの例も掲載されているので、興味があれば参照してください。

22-6 Sparkとの連携

Sparkは、スループットとレイテンシのバランスをとるために開発されたOSSのインメモリ分散処理基盤です。カリフォルニア大学バークレー校(UC Barkeley)のMatei Zaharia氏によりScalaを用いて開発されました。RDD(*Resilient Distributed Dataset*)と呼ばれるフォールトトレラント

(注8) URL https://github.com/RevolutionAnalytics/rmr2/blob/master/docs/tutorial.md

Part 6 実践的な開発

性を考慮した分散コレクションに対して、mapやfilter、reduceなどのデータ変換操作を繰り返して目的の結果を得る処理モデルです。HDFSをストレージとして活用でき、大規模なデータを高スループットで並列に読み書きできます。図22.1にSparkのWebページ[注9]を示します。

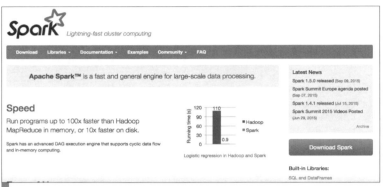

図22.1　Sparkのwebページ

2015年6月にリリースされたSpark1.4.0からは、RからSparkを利用するSparkRが公式にサポートされるようになりました。なお、本書では誌面の都合上、Spark自体に関して詳しい説明はできません。詳細については「詳解Apache Spark」[注10]がまとまっているので、適宜参照してください。

22-6-1 Sparkのダウンロード

ここでは、Mac OSを対象としてSparkをダウンロードする方法について説明します。

まずは、Sparkのダウンロードページ[注11]に行き、ここでは以下の指定をします（図22-2）。

- リリースバージョン (Choose a Spark release)：1.6.2 (Jun 25 2016)
- パッケージタイプ (Choose a package type)：Pre-build for Hadoop 2.6
- ダウンロード方法 (Choose a download type)：Direct Download

(注9)　URL http://spark.apache.org/
(注10)　詳解 Apache Spark／下田倫大、師岡一成、今井雄太、石川有、田中裕一、小宮篤史、加嵜長門 著／技術評論社／2016年／ISBN978-4-7741-8124-0)
(注11)　URL http://spark.apache.org/downloads.html

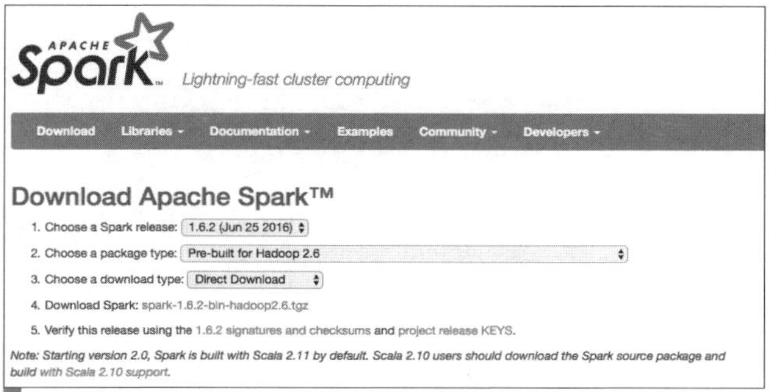

図22.2　Sparkのダウンロード方法を指定するページ

　この指定によって表示されるspark-1.6.2-bin-hadoop2.6.tgzをクリックするとダウンロードがはじまります。そして、ダウンロードしたファイルを解凍します。ここでは、そのあとに/usr/local/share/sparkに移動しています。

```
$ tar xzf spark-1.6.2-bin-hadoop2.6.tgz
$ mv spark-1.6.2-bin-hadoop2.6 /usr/local/share/spark
```

　デフォルトではSparkシェル上で実行するとログが表示される設定になっています。かなり長いログが表示されることもあるので、特に確認が必要である場合を除いて表示されない設定にしておくのも1つの手でしょう。本書では、以後はログを表示しない設定にして進めます。そのために、設定ファイルのテンプレート（/usr/local/share/spark/conf/log4j.properties.template）をコピーして（/usr/local/share/spark/conf/log4j.propertiesとする）、次のように書き換えます。

```
#log4j.rootCategory=INFO, console
log4j.rootCategory=WARN, console
```

22-6-2 SparkRの起動

以上のようにして設定を終えたら、Sparkを格納したディレクトリに移動します。

```
$ cd /usr/local/share/spark
```

　次にSparkRを起動します。上記の設定では、/usr/local/share/spark/bin/sparkRを実行することにより起動できます。

```
$ bin/sparkR

R version 3.3.2 (2016-10-31) -- "Very Secure Dishes"
Copyright (C) 2016 The R Foundation for Statistical Computing
Platform: x86_64-apple-darwin13.4.0 (64-bit)

R は、自由なソフトウェアであり、「完全に無保証」です。
一定の条件に従えば、自由にこれを再配布できます。
配布条件の詳細に関しては、'license()' あるいは 'licence()' と入力してください。

R は多くの貢献者による共同プロジェクトです。
詳しくは 'contributors()' と入力してください。
また、R や R のパッケージを出版物で引用する際の形式については
'citation()' と入力してください。

'demo()' と入力すればデモを見ることができます。
'help()' とすればオンラインヘルプが出ます。
'help.start()' で HTML ブラウザによるヘルプがみられます。
'q()' と入力すれば R を終了します。

Launching java with spark-submit command /usr/local/share/spark/bin/spark-submit   "sparkr-shell" /var/folders/b7/98x2rjc14r9f5bfr5t2nnd2c0000gn/T//Rtmp75R1hP/backend_port2ab14f221a1c
16/10/21 22:46:53 WARN NativeCodeLoader: Unable to load native-hadoop library for your platform... using builtin-java classes where applicable

Welcome to
      ____              __
     / __/__  ___ _____/ /__
    _\ \/ _ \/ _ `/ __/  '_/
   /___/ .__/\_,_/_/ /_/\_\   version 1.6.2
      /_/

Spark context is available as sc, SQL context is available as sqlContext
>
```

最後に表示されている `Spark context is available as sc, SQL context is available as sqlContext` に注意しましょう。これはSparkコンテクストがsc、SQLのコンテクストがsqlContextとしてすでに利用できる状態になっていることを表しています。

22-6-3 DataFrame

SparkのDataFrameは、Sparkで表形式のデータを扱うために提供されているデータ構造です。

■DataFrameの作成

まずはRのデータフレームをSparkのDataFrameに変換してみましょう。

```
# irisデータセットのDataFrameへの変換
> iris.df <- createDataFrame(sqlContext, iris)
 警告メッセージ:
1:  FUN(X[[i]], ...) で:
  Use Sepal_Length instead of Sepal.Length  as column name
2:  FUN(X[[i]], ...) で:
  Use Sepal_Width instead of Sepal.Width  as column name
3:  FUN(X[[i]], ...) で:
  Use Petal_Length instead of Petal.Length  as column name
4:  FUN(X[[i]], ...) で:
  Use Petal_Width instead of Petal.Width  as column name
```

このようにして作成された **iris.df** オブジェクトは、次のようになっています。

```
# DataFrameオブジェクトの確認
> iris.df
DataFrame[Sepal_Length:double, Sepal_Width:double, Petal_Length:double, Petal_
Width:double, Species:string]
> class(iris.df)
[1] "DataFrame"
attr(,"package")
[1] "SparkR"
```

DataFrameの先頭は、通常のRのデータフレームと同様に **head** 関数を用いて確認できます。

```
# 先頭3行
> head(iris.df, 3)
  Sepal_Length Sepal_Width Petal_Length Petal_Width Species
1          5.1         3.5          1.4         0.2  setosa
2          4.9         3.0          1.4         0.2  setosa
3          4.7         3.2          1.3         0.2  setosa
```

■行の抽出

DataFrameの行を抽出するには、**filter** 関数を使用します。ここで%>%演算子を用いるためにmagrittrパッケージを読みこんでいます。

```
# DataFrameの行の抽出
> library(magrittr)
> iris.df %>% filter(iris.df$Sepal_Length >= 5.0) %>% head(3)
  Sepal_Length Sepal_Width Petal_Length Petal_Width Species
1          5.1         3.5          1.4         0.2  setosa
```

```
2         5.0        3.6        1.4       0.2  setosa
3         5.4        3.9        1.7       0.4  setosa
```

■列の抽出

列を抽出するには、`select`関数を使用します。

```
# DataFrameの列の抽出
> iris.df %>% select(iris.df$Species) %>% head(3)
  Species
1  setosa
2  setosa
3  setosa
```

■グループ化処理

グループごとの演算は、`groupBy`関数で実行します。次の例は、集約処理を実行する`summarize`関数を用いて、Speciesの種類ごとにデータ数を集計しています。

```
# DataFrameに対するグループ化処理
> iris.df %>% groupBy(iris.df$Species) %>% summarize(count = n(iris.df$Species)) %>% collect
     Species count
1 versicolor    50
2     setosa    50
3  virginica    50
```

22-6-4 SparkSQLによるデータ操作

SparkRでは、SparkSQLによってSQLライクなデータ操作も可能です。

次の例は、SparkSQL上のテーブルに対してデータ操作を行っています。`read.df`関数を用いてsparkがサンプルデータとして提供している"people.json"を読み込んで、クラスと先頭3行を確認しています。そのあと、前節で読み込んだpeopleデータセットをSparkSQL上のテーブルに変換して、30歳以上の人を抽出しています。SparkSQL上のテーブルへの変換には`registerTempTable`関数、SparkSQLの実行は`sql`関数によって行っています。

```
# jsonファイルの読み込み
> people <- read.df(sqlContext, "/usr/local/share/spark/examples/src/main/resources/
+ people.json", "json")
> class(people)
[1] "DataFrame"
attr(,"package")
[1] "SparkR"
> head(people, 3)
```

```
  age    name
1  NA Michael
2  30   Andy
3  19 Justin
# SparkSQL上のテーブルへの変換
> registerTempTable(people, "people")
# 30歳以上の人の抽出
> over.thirty <- sql(sqlContext, "SELECT * FROM people WHERE age >= 30")
> head(over.thirty)
  age name
1  30 Andy
```

22-6-5 MLibとの連携

Spark1.6.2では、SparkRから使用できるMLlibのアルゴリズムは、一般化線形モデル（確率分布は二項分布と正規分布）のみです[注12]。

次の例は、kernlabパッケージのspamデータセットのクラスラベル（列type）を1、0に変換したあとに、createDataFrame関数でDataFrameに変換し、glm関数によりMLlibの機能を用いてロジスティック回帰を実行しています。なお、警告メッセージは省略しています。

```
> library(kernlab)
> data(spam)
# クラスラベルを1, 0に変換
> spam$type <- -as.integer(spam$type) + 2
# DataFrameへの変換
> spam.df <- createDataFrame(sqlContext, spam)
# ロジスティック回帰
> model.glm <- glm(type ~., data = spam.df, family = "binomial")
# 予測
> pred <- SparkR::predict(model.glm, spam.df)
> head(select(pred, "prediction"))
  prediction
1          0
2          0
3          0
4          0
5          0
6          0
```

(注12) 本書執筆時点で最新のSpark 2.0.2では、一般化線形モデル、加速モデル生存時間分析、ナイーブベイズ、k平均法が提供されています。

Part 6 実践的な開発

23章  他言語の利用と他言語からの利用

この章ではRから他言語のパッケージなどの資産を利用する方法と他言語からRのコードを利用する方法について紹介します。

23-1 他言語の利用方法

Rから他言語を利用する方法は、次の2とおりがあります。

- 他言語関数インターフェース（*FFI*：*foreign function interface*）
- ドメイン特化言語（*DSL*：*domain specific language*）

前者はほかのプログラミング言語で定義された関数を呼び出すしくみです。本書ではC言語とC++言語を中心に説明します。後者はStanやJAGSといった統計モデルを記述するために作られた特別な言語を利用するパッケージについて紹介します。

23-2 FFI

あるプログラミング言語からほかのプログラミング言語で定義された関数を呼び出すしくみをFFIといいます。FFIを利用することによって、その言語に詳しくなくても、その言語で作成されたパッケージなどの資産を利用しやすくなります。

RにはC言語やFortran 9xで作成された関数ライブラリを読み込み、そこに定義された関数を呼び出すためのFFIが用意されています。C言語やFortranは高級プログラミング言語の中でも低級プログラミング言語に近く、複雑な処理を高速にさばくことができます。一般にRのようなスクリプト言語は速度が遅く、C言語やFortranのような高速に処理できる言語の力を借りることによって、速度の向上が期待されます。

23-2-1 C言語で定義された関数を呼び出す

ここでは特にC言語の場合について説明します。コンパイラのインストールやパスの設定などはあらかじめ行われているものと仮定します。Windowsの場合はRtools、Mac OS Xの場合はXcode、Linuxの場合は対応するパッケージをそれぞれインストールすれば良いでしょう。

RからC言語で作成した任意の関数を呼び出すには`.C`関数、`.Call`関数というFFIを用います。

これらのFFIを利用することでC言語で作成した任意の関数が呼び出せれば話は早いですが、そう簡単にはいきません。

C言語で作成された関数は、次の制約を満たす必要があります。

- .C関数を利用する場合
    1. 関数はvoid型
    2. 関数のパラメータに使用する型は、Rのデータ型と相互変換可能であること
- .Call関数を利用する場合
    1. 関数はSEXP型
    2. 関数のパラメータに使用する型はSEXP型

.C関数を利用する場合のデータ型は、「**4章 式、制御構造**」で説明したようなデータ型とその内部データ構造の関係に依存しています。R言語におけるデータ型と、それに対応するC言語のデータ型は、**表23.1**のとおりです。

表23.1　R言語とC言語のデータ型

R言語	C言語
integer	int*
numeric	double*またはfloat*
complex	Rcomplex*
logical	int*
character	char**
raw	unsigned char*
list	SEXP*
そのほか	SEXP

.Call関数や.C関数のリストパラメータとして使われるSEXP型はRのヘッダファイルに定義されています。ヘッダファイルはRのインストールディレクトリ内にあるincludeディレクトリの中に存在します。

■.C関数

Rから.C関数で呼び出せるようなC言語の関数を定義してみましょう。**リスト23.1**に示すC言語のソースコードを作成し、srcディレクトリ内にtriple.cという名前で保存します。前述のとおり、関数をvoid型で定義することと引数に利用できる型に制限があることに注意します。

リスト23.1　triple.c

```
// xの3倍をresultに格納するC言語のコード
void triple(double* x, double* result)
{
    double value;
    value = 3.0 * *x;
    *result = value;
}
```

Part 6 実践的な開発

RにはCをコンパイルするためのサブコマンドが用意されています。**SHLIB**サブコマンドでC言語のソースコードをライブラリファイル（拡張子が.dllまたは.soのファイル）にコンパイルできます。中間生成物のオブジェクトファイルが不要である場合は、**--clean**オプションを付けることで削除できます。

```
# 出力用のディレクトリを(存在しなければ)作成する
$ if [ ! -d lib ]; then
>     mkdir lib
> fi
# Windows の場合は拡張子は .dll にする
$ R CMD SHLIB --preclean --clean -o lib/triple.so src/triple.c
clang -I/Library/Frameworks/R.framework/Resources/include    -I/usr/local/include -I/
usr/local/include/freetype2 -I/opt/X11/include    -fPIC  -Wall -mtune=core2 -g -O2 -c
src/triple.c -o src/triple.o
clang -dynamiclib -Wl,-headerpad_max_install_names -undefined dynamic_lookup -single_
module -multiply_defined suppress -L/Library/Frameworks/R.framework/Resources/lib -L/
usr/local/lib -o lib/triple.so src/triple.o -F/Library/Frameworks/R.framework/..
-framework R -Wl,-framework -Wl,CoreFoundation
```

コンパイルが成功すると、**lib**ディレクトリ内にtriple.soというライブラリファイルが作成されます。作成されたライブラリは、Rの**dyn.load**関数によりロードできます。

```
# ライブラリをロードする
> dyn.load("lib/triple.so")
```

C言語に定義した**triple**関数が正しく読み込まれているかを確認するためには、**is.loaded**関数を用います。

```
# 読み込んだライブラリにtriple関数が定義されているかを確認する
> is.loaded("triple")
[1] TRUE
```

結果が**TRUE**になったことを確認できたら、C言語で定義した**triple**関数のラッパー関数を作成します（**リスト23.2**）。前述の**.C**関数によってC言語で定義した関数を呼び出します。**.C**関数のパラメータは、関数名およびパラメータです。パラメータを渡す際にデータ型を間違えないようにしましょう。ラッパー関数は次のような形式で定義できます。

リスト23.2　wrappedtriple.R

```r
# C言語で定義したtriple関数のラッパー関数を作成する
triple <- function(x) {
    dummy <- 0  # 結果受け取りパラメータ用のダミー値
    callResult <- .C("triple", x = as.numeric(x), result = dummy)
    callResult$result
}
```

.C関数の戻り値は、関数の呼び出し後の引数のリストです。先ほど定義したtriple関数のresultはポインタ型で関数内で値が上書きされています。したがって関数を呼び出したあとは、xの3倍の値となっています。ここではresultパラメータの値のみ必要ですので、callResultのリストからresultのみを返すようにしています。

作成したラッパー関数は、通常のR関数の感覚で呼び出すことができます。

```
# ラッパー関数を呼び出す
> triple(2)
[1] 6
```

■.Call関数

.C関数はC言語とR言語で互換性のあるデータ型を利用したため、C言語の記述は容易でした。.Call関数は、パラメータも結果もSEXP型を利用します。SEXP型はベクトルも含めてあらゆるデータ型をそのまま相互に受け渡しできます。SEXP型はRのあらゆるオブジェクトを受け渡せるので、柔軟に関数を実装でき、パフォーマンスも良いです。ただしSEXP型のデータを扱う際にはガベージコレクタからオブジェクトの破棄を防ぐためのメモリ保護などの面倒なルールがあり、手間がかかります。SEXP型を使った例を**リスト23.3**に示します。

SEXP型はRと一緒に配布されるヘッダファイルに定義されているため、これをインクルード（注1）することで利用できるようになります。SEXP型のオブジェクトを作成する際は、PROTECTマクロによりガベージコレクタからオブジェクトの破棄を保護しなければなりません。オブジェクトが作成されたらUNPROTECTマクロを利用してガベージコレクタの対象として利用後に自動で破棄されるようにします。

リスト23.3　add.c

```c
#include <R.h>
#include <Rinternals.h>

SEXP add(SEXP a, SEXP b)
{
    SEXP result = PROTECT(allocVector(REALSXP, 1));
    REAL(result)[0] = asReal(a) + asReal(b);
    UNPROTECT(1);
    return result;
}
```

作成したC言語のソースコードは、先ほどと同様にRのサブコマンドを利用してライブラリファイルにコンパイルします。

```
# ライブラリをコンパイルする
```

（注1）　C言語のインクルードとは、Rのパッケージ読み込みと同じような意味を持ちます。C言語のヘッダーファイルには、そのライブラリが公開するデータ型、関数、マクロが記述されており、インクルードを行うことで、これらが利用できるようになります。

```
$ R CMD SHLIB --preclean --clean -o lib/add.so src/add.c
clang -I/Library/Frameworks/R.framework/Resources/include    -I/usr/local/include -I/
usr/local/include/freetype2 -I/opt/X11/include    -fPIC  -Wall -mtune=core2 -g -O2  -c
src/add.c -o src/add.o
clang -dynamiclib -Wl,-headerpad_max_install_names -undefined dynamic_lookup -single_
module -multiply_defined suppress -L/Library/Frameworks/R.framework/Resources/lib -L/
usr/local/lib -o lib/add.so src/add.o -F/Library/Frameworks/R.framework/.. -framework R
-Wl,-framework -Wl,CoreFoundation
```

コンパイルが成功すると、libディレクトリ内にadd.soというライブラリファイルが作成されます。作成されたライブラリは、Rのdyn.load関数によりロードできます。これでadd関数が.Call関数から呼び出せるようになります。

Cで定義したadd関数を.Call関数により呼び出すには、次のようにします。

```
# ライブラリをロードする
> dyn.load("lib/add.so")
# ラッパー関数を作成する
> add <- function(x, y) {
+     .Call("add", a = x, b = y)
+ }
# add 関数を呼び出す
> add(-1, 4)
[1] 3
```

.C関数のように型を明示することなく引数を指定するだけで呼び出しできるので簡単です。

■.C関数と.Call関数の使い分け

.C関数を使う方法と.Call関数を使う方法はどちらにも一長一短あります。.C関数は一般的なデータ型を使うので、C言語のライブラリと互換性があるライブラリを作成できるプログラミング言語を使っても容易に作成できますが、.Call関数はC言語で定義された構造型やマクロを用いているので、C言語のヘッダファイルを読み込めないプログラミング言語を使ってライブラリを作成するには、自分で等価な構造体を定義しなければなりません。一方.C関数はRの呼び出しが面倒であることとパフォーマンスのオーバーヘッドがありますが、.Call関数はオーバーヘッドなく呼び出すことができます。これらをまとめると表23.2のような使い分けになるでしょう。

表23.2 .C関数と.Call関数のメリット／デメリット

FFI	メリット	デメリット
.C	ネイティブ側の定義が簡単、C言語以外のプログラミング言語でも定義が簡単	パフォーマンスが.Callに比べて悪い
.Call	パフォーマンスが良い、Rからの呼び出しが簡単	ネイティブ側の関数実装が面倒

23-2-2 inline パッケージ

　inlineパッケージを利用すると、C言語、C++、Fortranの各種言語による関数定義をRのコード中にインラインで記述できるようになります。inlineパッケージは次のようにインストールします。

```
# inlineパッケージをインストールする
> install.packages("inline")
```

　inlineパッケージを利用したインライン関数の例を**リスト23.4**に示します。

リスト23.4　inline.R

```
# inlineパッケージをロードする
library("inline")

# C言語で関数定義する
signature <- c(x = "numeric")
body <- '
SEXP input = Rf_coerceVector(x, REALSXP);
SEXP result = PROTECT(allocVector(REALSXP, length(input)));

for (int i = 0; i < length(input); i++)
{
    REAL(result)[i] = REAL(input)[i] + 1;
}
UNPROTECT(1);

return result;
'
plusOne <- cfunction(sig = signature, body = body, language = "C")
```

　このコードは入力した数値ベクトルに1を加える**plusOne**関数を定義しています。**signature**という変数に関数シグネチャを、**body**という変数にC言語のコードを記述し、それらをinlineパッケージの**cfunction**関数に与えることで、C言語で記述された関数定義をRのコード中で行っています。

```
# 定義した関数を呼び出す
> plusOne(1:5)
[1] 2 3 4 5 6
```

23-2-3 Rcpp パッケージ

Rcppパッケージ[注2]は、Rのデータ型や関数を扱いやすくしたC++のクラスや関数の集まりです。Rcppパッケージは次のようにインストールします。

```
# Rcppパッケージをインストールする
> install.packages("Rcpp")
```

R言語におけるデータ型とそれに対応するRcppが定義するC++のクラスの対応例を**表23.3**に示します。

表23.3 R言語のデータ型とRcppで対応するクラス

R言語	Rcpp
integer	int または IntegerVector または IntegerMatrix
numeric	double または NumericVector または NumericMatrix
complex	Complex または ComplexVector または ComplexMatrix
logical	bool または LogicalVector または LogicalMatrix
character	String または CharacterVector または CharacterMatrix
list	List
data.frame	DataFrame
environment	Environment

Rcppで定義された関数の引数や結果は、Rとの受け渡しの際に変換処理などを特に必要としません。Rcppでは`int`などの基本データ型およびベクトルや行列に対応したクラスを利用して作成されたC++のコードを記述します。Rから渡されたデータはRのデータ型からRcppで宣言したデータ型に、Rに返す結果はRcppで宣言したデータ型からRのデータ型に、それぞれ適切に変換されます。

リスト23.5にRcppを使ったコードの例を示します。Rから渡される引数が`int`型で受け取れたり、結果の型がRcppで定義された`NumericVector`であることに注目すると、Rcppの便利さがわかります。

リスト23.5 fib.cpp

```cpp
#include <Rcpp.h>
using namespace Rcpp;

// [[Rcpp::export]]
NumericVector fib(int length)
{
    NumericVector result(length);

    double a = 0, b = 1;
```

(注2) Rcppについては本書の「24章 Rcpp」で詳しく触れます。 URL http://www.rcpp.org/

```
    for (int i = 0; i < length; i++)
    {
        switch (i)
        {
        case 0:
            result[i] = a;
            break;
        case 1:
            result[i] = b;
            break;
        default:
            double tmp = a + b;
            result[i] = tmp;
            a = b;
            b = tmp;
            break;
        }
    }

    return(result);
}
```

Rcppで記述されたC++のソースコードは、sourceCpp関数で読み込むと、Rの関数としてそのまま利用できます。

```
# Rcppパッケージをロードする
> library("Rcpp")
# Rcppで記述されたソースコードをロードする
> sourceCpp("src/fib.cpp")
# Rcppで記述された関数を呼び出す
> fib(50)
 [1]          0          1          1          2          3          5
 [7]          8         13         21         34         55         89
[13]        144        233        377        610        987       1597
[19]       2584       4181       6765      10946      17711      28657
[25]      46368      75025     121393     196418     317811     514229
[31]     832040    1346269    2178309    3524578    5702887    9227465
[37]   14930352   24157817   39088169   63245986  102334155  165580141
[43]  267914296  433494437  701408733 1134903170 1836311903 2971215073
[49] 4807526976 7778742049
```

■ cxxfunction関数

前述のinlineパッケージでもRcppを利用できます。**リスト23.6**のようにcxxfunction関数のpluginパラメータに"Rcpp"を与えることで、インラインコードでRcppが利用できるようになります。rcpp関数というcxxfunctionのpluginパラメータのデフォルト値を"Rcpp"にした関数も定義されています。

実践的な開発

リスト23.6　spuare.R

```r
# Rcppのコードとinlineパッケージで関数を定義する
signature <- c(x = "numeric")
body <- '
Rcpp::NumericVector sq(x);
int length = sq.size();
for (int i = 0; i < length; i++)
{
    sq[i] = sq[i] * sq[i];
}
return sq;
'
square <- cxxfunction(sig = signature, body = body, plugin = "Rcpp")
```

```r
# 定義した関数を呼び出す
> square(1:5)
[1]  1  4  9 16 25
```

23-2-4 rJavaパッケージ

　rJavaパッケージは、Javaに対するFFIパッケージです。近年の機械学習パッケージはJava仮想マシン（JVM : *Java virtual machine*）環境で実装される例も多く、Javaのパッケージなどの資産を利用できるのはRにとって大きなメリットとなります。

　rJavaのインストールの前にJDKのインストールやJAVA_HOMEやCLASSPATHなどの環境変数の設定など、あらかじめJava開発に必要な準備があります。Mac OS XやLinuxのRでは、Rの**javareconf**サブコマンドを呼び出します。

```
$ R CMD javareconf
Java interpreter  : /usr/bin/java
Java version      : 1.8.0_60
Java home path    : /Library/Java/JavaVirtualMachines/jdk1.8.0_60.jdk/Contents/Home/jre
Java compiler     : /usr/bin/javac
Java headers gen. : /usr/bin/javah
Java archive tool : /usr/bin/jar
Non-system Java on OS X

trying to compile and link a JNI program
detected JNI cpp flags    : -I$(JAVA_HOME)/../include -I$(JAVA_HOME)/../include/darwin
detected JNI linker flags : -L$(JAVA_HOME)/lib/server -ljvm
clang -I/Library/Frameworks/R.framework/Resources/include   -I/Library/Java/
JavaVirtualMachines/jdk1.8.0_60.jdk/Contents/Home/jre/../include -I/Library/Java/
JavaVirtualMachines/jdk1.8.0_60.jdk/Contents/Home/jre/../include/darwin -I/usr/local/
include -I/usr/local/include/freetype2 -I/opt/X11/include -I"/Library/Frameworks/
R.framework/Versions/3.2/Resources/library/Rcpp/include"   -fPIC -Wall -mtune=core2 -g
-O2  -c conftest.c -o conftest.o
```

```
clang -dynamiclib -Wl,-headerpad_max_install_names -undefined dynamic_lookup -single_
module -multiply_defined suppress -L/Library/Frameworks/R.framework/Resources/lib -L/
usr/local/lib -o conftest.so conftest.o -L/Library/Java/JavaVirtualMachines/jdk1.8.0_60.
jdk/Contents/Home/jre/lib/server -ljvm -F/Library/Frameworks/R.framework/.. -framework R
-Wl,-framework -Wl,CoreFoundation
/Library/Frameworks/R.framework/Resources/bin/javareconf: line 364: cd: /Users/kos59125/
Workspace/perfect_r/draft/C25@kos59125: No such file or directory


JAVA_HOME            : /Library/Java/JavaVirtualMachines/jdk1.8.0_60.jdk/Contents/Home/jre
Java library path: $(JAVA_HOME)/lib/server
JNI cpp flags     : -I$(JAVA_HOME)/../include -I$(JAVA_HOME)/../include/darwin
JNI linker flags : -L$(JAVA_HOME)/lib/server -ljvm
Updating Java configuration in /Library/Frameworks/R.framework/Resources
Done.
```

javareconfコマンドを実行すると、rJavaがinstall.packages関数でインストールできるようになります。

```
# rJavaパッケージをインストールする
> install.packages("rJava")
```

rJavaを使用すると、Javaのクラスパスが通っているクラスの初期化やメソッド呼び出しができるようになります。次に例を示します。

```
# rJavaパッケージをロードする
> library(rJava)
# JVM環境を初期化する
> .jinit()
# HashSetインスタンスを初期化する
> set <- .jnew("java.util.HashSet")
# setに要素を追加する（戻り値はboolean）
> .jcall(set, "Z", "add", .jcast(.jnew("java.lang.String", "hello")))
[1] TRUE
> .jcall(set, "Z", "add", .jcast(.jnew("java.lang.String", "world")))
[1] TRUE
> .jcall(set, "Z", "add", .jcast(.jnew("java.lang.String", "hello")))
[1] FALSE
```

.jcall関数で指定する戻り値の型は、基本的にはJNI[注3]と同じ形式で、java.lang.Stringクラスに対するエイリアスとしてSが追加されています（**表23.4**）。

(注3) JNI (Java Native Interface) とは、JavaがC言語やC++といった他言語と連携する際に利用されるしくみです。詳細は本書では割愛します。

Part 6 実践的な開発

表23.4 Javaで指定できるJavaの型とシグネチャの対応表

型	シグネチャ
void	V
boolean	Z
byte	B
char	C
short	T
int	I
long	J
float	F
double	D
String	S
クラス	L_package__ClassName_;（例：Ljava/lang/String;）
配列	[シグネチャ（例：[I）

参照するjarファイルを追加したい場合は`.jaddClassPath`関数を使います。現在のクラスパスを確認するには`.jclassPath`関数を使います。

```
# クラスパスを追加する
> .jaddClassPath(list.files("path/to/lib", pattern = "*.jar", full.names = TRUE))
# クラスパスを確認する
> .jclassPath()
```

Javaの資産が利用できるのは強みではあるのですが、Rcppに比べて呼び出しが面倒なのは否定できません。JavaでRを呼び出すためのクラスを実装してクラスファイルまたはjarファイルを作成して、それをrJava経由で呼び出すというのが現実的な落としどころでしょう。

23-3 DSL

DSLは特定領域の作業を簡潔に記述するための小さいプログラミング言語です。Rから利用されるDSLの有名なものは、OpenBUGS、JAGS、Stanといった、統計モデルを記述するためのDSLでしょう。本書ではStanについて紹介します。

23-3-1 Stan

Stan(注4)は、統計モデルを記述するためのDSLです。記述された統計モデルに対してデータを与えると、マルコフ連鎖モンテカルロ（*MCMC：Markov chain Monte Carlo*）サンプラーがモデルにしたがってパラメータのサンプリングを行うことでベイズ推定できるというしくみです。MCMCサンプラーの実装として、ハミルトニアンモンテカルロ（*HMC：Hamiltonian Monte Carlo*）を応用した

(注4) URL http://mc-stan.org/

No-U-Turnサンプラー（NUTS）が採用されており、質の高いサンプリングができるとされています。また、サンプラーはチューニングされたC++に翻訳されてコンパイルされるため、コンパイルには時間がかかりますが実行は高速に行われます。

Stanで記述されたモデルの例を**リスト23.7**に示します。

リスト23.7　bernoulli.stan

```
// データ定義
data {
    int<lower=0> N;
    int<lower=0, upper=1> y[N];
}
// パラメータ定義
parameters {
    real<lower=0, upper=1> theta;
}
// モデル記述
model {
    theta ~ beta(1,1);   // 事前分布
    y ~ bernoulli(theta);   // 尤度
}
```

RからStanを利用するには、rstanパッケージを使います。

```
# rstanパッケージをインストールする
> install.packages("rstan")
```

rstanパッケージを使って、上記のモデルのパラメータ推定を行ってみましょう。次のコードのようにRでデータの定義を行い、stan関数に渡すことで推定が行われます。

```
# rstan パッケージをロードする
> library(rstan)

# 並列実行を行うための設定
# rstan_options(auto_write = TRUE)
# options(mc.cores = parallel::detectCores())

# データ定義
> y <- c(0, 1, 0, 0, 0, 0, 0, 0, 0, 1)
> data <- list(N = length(y), y = y)

# 推定を行う
> fit  <- stan("src/bernoulli.stan", data = data)
COMPILING THE C++ CODE FOR MODEL 'bernoulli' NOW.

SAMPLING FOR MODEL 'bernoulli' NOW (CHAIN 1).
```

Part 6 実践的な開発

```
Chain 1, Iteration:    1 / 2000 [  0%]  (Warmup)
Chain 1, Iteration:  200 / 2000 [ 10%]  (Warmup)
Chain 1, Iteration:  400 / 2000 [ 20%]  (Warmup)
Chain 1, Iteration:  600 / 2000 [ 30%]  (Warmup)
Chain 1, Iteration:  800 / 2000 [ 40%]  (Warmup)
Chain 1, Iteration: 1000 / 2000 [ 50%]  (Warmup)
Chain 1, Iteration: 1001 / 2000 [ 50%]  (Sampling)
Chain 1, Iteration: 1200 / 2000 [ 60%]  (Sampling)
Chain 1, Iteration: 1400 / 2000 [ 70%]  (Sampling)
Chain 1, Iteration: 1600 / 2000 [ 80%]  (Sampling)
Chain 1, Iteration: 1800 / 2000 [ 90%]  (Sampling)
Chain 1, Iteration: 2000 / 2000 [100%]  (Sampling)
#  Elapsed Time: 0.01146 seconds (Warm-up)
#                0.010811 seconds (Sampling)
#                0.022271 seconds (Total)


SAMPLING FOR MODEL 'bernoulli' NOW (CHAIN 2).
（後略）
```

リスト23.8のようにして収束の程度をトレースプロットで可視化します（図23.1）。

リスト23.8　traceplot.R

```
# トレースプロットを行う
traceplot(fit)
```

トレースプロットは、MCMCにおいて、マルコフ連鎖が状態空間（確率変数のとりうる範囲）を十分に探索しているかを可視化できます。

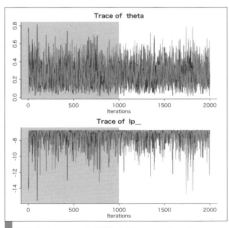

図23.1　stanの結果のトレースプロット

stanの推定結果のオブジェクトには、推定したパラメータごとの平均や四分位点、あるいは収束判定ができるRhat（1に近いほど収束していると判定できる）といった情報が含まれます。これはオブジェクトを`print`関数によって表示したり、`plot`関数によって可視化したりすることで確認できます（図23.2）。

```
# 推定結果を表示する
> print(fit)
Inference for Stan model: bernoulli.
4 chains, each with iter=2000; warmup=1000; thin=1;
post-warmup draws per chain=1000, total post-warmup draws=4000.

        mean se_mean   sd  2.5%   25%   50%   75% 97.5% n_eff Rhat
theta   0.26    0.00 0.12  0.06  0.17  0.25  0.33  0.53  1620    1
lp__   -7.25    0.02 0.77 -9.46 -7.35 -6.96 -6.79 -6.75  1175    1

Samples were drawn using NUTS(diag_e) at Sat Sep  5 15:36:38 2015.
For each parameter, n_eff is a crude measure of effective sample size,
and Rhat is the potential scale reduction factor on split chains (at
convergence, Rhat=1).
> plot(fit)
```

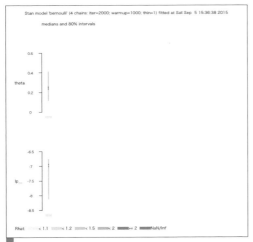

図23.2 stanによるパラメータ推定結果の可視化

トレースプロットまたはRhat値からMCMCが収束していることを確認できます。ベイズ推定の枠組みではパラメータは確率変数として扱われるので、得られたサンプルはパラメータの確率分布からのサンプルです。

サンプルからは確率分布の形状などの情報が得られます。推定結果を何か別の推定に利用する場合は、パラメータの中央値または平均値を推定値として利用することが多いでしょう。

Part 6 実践的な開発

Stanパッケージ自身にも可視化のための関数が用意されていますが、外部パッケージによる可視化を紹介します。ggplot2パッケージをMCMC関連について拡張したggmcmcパッケージを利用して可視化してみましょう。まずはggmcmcパッケージをインストールします。

```
# ggmcmcパッケージをインストールする
> install.packages("ggmcmc")
```

続いて**リスト23.9**のようにロードし、トレースプロットを用いて推定結果を可視化します（**図23.3**）。

リスト23.9 ggstraceplot.R
```
# ggmcmcパッケージをロードする
library(ggmcmc)

# トレースプロット
ggs(fit) %>% ggs_traceplot
```

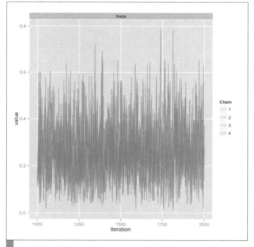

図23.3 ggmcmcパッケージを用いたトレースプロット

続いて**リスト23.10**のように自己相関を描画します（**図23.4**）。

リスト23.10 ggsautocorrelation.R
```
# 自己相関
ggs(fit) %>% ggs_autocorrelation
```

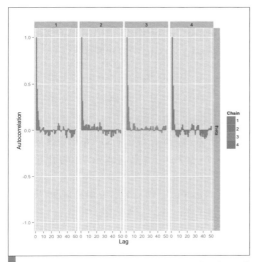

図23.4 ggmcmcパッケージを用いた自己相関プロット

最後に**リスト23.11**のように密度推定を描画します(**図23.5**)。

▌リスト23.11　ggsdensity.R

```
# 密度推定
ggs(fit) %>% ggs_density
```

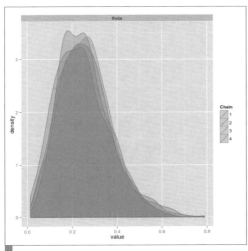

図23.5 ggmcmcパッケージを用いた密度推定

トレースプロットや自己相関プロットから、マルコフ連鎖は十分に状態空間を探索し、自己相関も少なく事後密度からまんべんなくサンプリングできていることが確認できます。密度推定からその事後分布を確認でき、やや右に歪んだ分布[注5]となっていることがわかります。

23-4 他言語からの利用方法

23.2節でも説明したように、他言語を利用するにはFFI（*foreign function interface*）を用います。他言語からRを利用するには2とおりあり、Rの外部向けのライブラリを各言語から呼び出すことができます。もう1つは、Rscriptを利用したコマンドラインアプリケーションを作成して、その出力を読み込んでRを利用する方法です。次節からこれらの手法についてそれぞれ説明します。

23-5 コマンドラインの利用

Rscriptを用いるとコマンドラインアプリケーションが作成できます。一般的なRのコマンドラインアプリケーションの作成方法については「**17章 コマンドラインアプリケーション**」で説明しています。ここでは他言語からRのコード資産を利用するためのコマンドラインアプリケーションの開発方法について説明します。

各種プログラミング言語は、ライブラリレベルでOSの機能を利用できます。OS機能を利用することで外部アプリケーションを呼び出すことができます。つまり、Rscriptを実行することで、他言語からRが呼び出せるというわけです。

単にRをコマンドラインアプリケーションとして実装しただけでは連携とは呼べません。Rを呼び出す言語が次の2点を行って初めて連携したと言えます。

- Rに対してデータを渡す（入力）
- Rの処理結果を受け取る（出力）

本節ではこの2点についてそれぞれ解説します。

23-5-1 入力

Rに対してデータを渡す主な方法は3つあります。

- データファイルを作成したりデータベースのテーブルにデータを出力したりして、そこからRの入力関数（たとえばread.csv関数）を用いてデータを読み込む（図23.6）

[注5] 左右対称の分布に比べて、分布の右側に値が多く偏って存在しているため、右に歪んだ分布と呼びます。

- 標準入力に他言語からデータを出力してRの入力関数を用いて標準入力からデータを読み込む（図23.7）
- データを記述したスクリプトを作成し、それをRで実行する（図23.8）

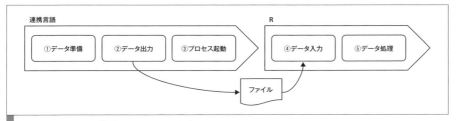

図23.6　ファイル作成によるデータ入力

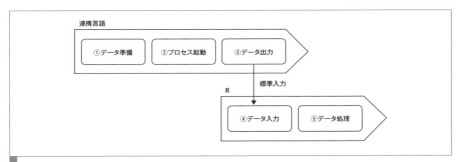

図23.7　標準入力によるデータ入力

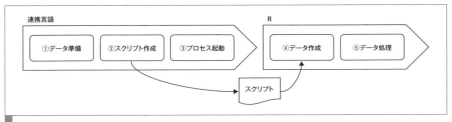

図23.8　スクリプトファイルによるデータ入力

■データファイルの作成

　データファイルの作成はもっとも単純な方法です。連携する言語はあらかじめ決められた場所にデータファイルを配置します。Rを実行すると、Rは決められた場所からデータを取得して、そのデータに対して処理を行います。処理が直列に走るバッチ処理であればファイルの場所は固定で良いですが、処理が並列に走るのであれば、同時にファイルを読み書きしてファイルを破損しないように、ファイル名を処理ごとに一意になるように作成してコマンドライン引数から与えるなどの工夫が必要になります。

Part 6 実践的な開発

データファイルを作成するコードを次に示します。なおこの例では、連携する言語を架空の言語で記述していますので、自分の好きな言語に読み替えてください（次の例も同様です）。

```
// 他言語から指定の場所にデータファイルを出力
writeOut("/path/to/input_file", data)

// R スクリプトを実行する
executeProcess("Rscript script.R")
```

出力されたファイルを次のようにしてRで読み込みます。

```
# R から指定の場所のファイルを読み込む
data <- read.table("/path/to/input_file")
# データを処理する
doSomething(data)
```

■標準入力

標準入力からデータを読み込むと、ディスクスペースを消費しないで済みます。標準入力のフォーマットが単純であれば、この方法はお勧めです。

次に示すのは、標準入力にデータを出力する例です。

```
// R スクリプトを実行する
process = executeProcess("Rscript script.R")

// 標準入力にデータを出力する
process.stdin.write(data)
```

Rでは次のようにして標準入力からデータを読み込みます。

```
# R から指定の場所のファイルを読み込む
data <- read.table("stdin")
# データを処理する。
doSomething(data)
```

■スクリプトファイル

データを記述したスクリプトを作成する方法は、あまり良くないように思われますが、1つ利点があります。そのスクリプトを実行すれば、外部環境に依存しないで同じ結果が返ってくることに期待できることです。

次に示すのは、スクリプトファイルを作成して実行する例です。

23章 他言語の利用と他言語からの利用

```
// R スクリプトを作成する
script = sprintf("
# データを読み込む
data <- data.frame(X = c(%s), Y = c(%s))
# データを処理する
doSomething(data)
", toCsv(x), toCsv(y))
writeOut("script.R", script)

// R スクリプトを実行する
executeProcess("Rscript script.R")
```

架空の言語での解説なので、なんとなくこのような処理をしているものだと概観をつかんでもらえれば良いです。この架空のプログラムで利用されている toCsv という関数はxとyをカンマ区切りの文字列にする関数、writeOut という関数で変数をファイルに出力する関数、executeProcess はOSのコマンドを実行する関数だと思ってください。この架空のプログラムは、xおよびyを列として持つデータフレームを作成し、doSomething 関数の引数として与える、というRのスクリプトコードを作成し、それをファイルに書き出してOSのコマンドでRscriptで実行しています。この際に生成されるRスクリプトファイルは、常に同じ結果を返すはずです。

たとえば上記の架空のプログラムを、実際のPythonコードとして実装すると、**リスト23.12** のようになります。

リスト23.12　sample.py

```python
from subprocess import call

def toCsv(x):
    return ",".join(map(str, x))

x = [1, 2, 3, 4]
y = [5, 6, 7, 8]

script = """data <- data.frame(X = c({x}), Y = c({y}))
print(data)
"""
script = script.format(x=toCsv(x), y=toCsv(y))

with open("script.R", "w") as f:
    f.write(script)

call(["Rscript", "script.R"])
```

599

23-5-2 出力

Rで処理した結果を連携する言語に渡す主な方法は2つあります。

- **R**からファイルやデータベースに結果を出力して、それを連携言語で利用する（図23.9）
- **標準出力**（または標準エラー）に結果を出力して、それを連携言語で利用する（図23.10）

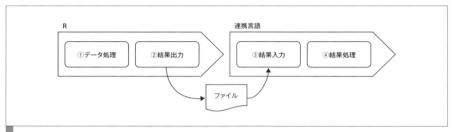

図23.9　ファイル作成による結果の受け渡し

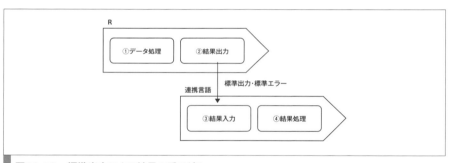

図23.10　標準出力による結果の受け渡し

　入力の場合と同様に、ファイル経由で受け渡しを行うのは単純かつ容易です。入力の際と同様に、処理が直列に走るのであればファイル名は固定が簡単ですが、処理が並列に走る可能性がある場合は、ファイル名をコマンドライン引数から与えるなどしましょう。

■ ファイル作成

　次にファイル経由で処理結果を受け取る処理の実行例を示します。次のようにしてRでデータファイルを保存します。

```
# データを処理する
result <- doSomething(data)
# データをファイルに保存する
write.csv(result, "/path/to/output_file")
```

連携言語で次のようにしてデータファイルを読み込みます。

```
# R プロセスの終了を待つ
process = executeProcess("Rscript script.R")
process.waitExit()

# 結果を読み込む
result = readIn("/path/to/output_file")
# 結果を処理する
doSomething(result)
```

■標準出力

標準出力（または標準エラー）経由で結果を受け渡す場合も入力の場合と同様です。

ファイル経由で処理結果を受け取る処理の実行例を示します。次のように標準出力に結果を出力します。

```
// データを処理する
result <- doSomething(data)
// データをファイルに保存する
write.csv(result, stdout())
```

次が標準出力からデータを受け取る例です。

```
// 結果を受け取りつつ R プロセスの終了を待つ
process = executeProcess("Rscript script.R")
result = process.stdout.read()
process.waitExit()

// 結果を処理する
doSomething(result)
```

いずれのケースでも R からは print 関数や cat 関数といった出力関数経由でデータが渡されます。連携言語側で利用しやすい CSV 形式などで出力するべきでしょう。

■sink 関数

結果の出力先の切り替えは、関数のパラメータにコネクションが存在すればそれを指定します。しかし、print 関数のように出力先を指定できない関数もあります。このような場合は sink 関数を利用します。sink 関数を利用すると、出力先を変更できます。sink 関数のパラメータを表 23.5 に示します。

Part 6 実践的な開発

表23.5　sink関数のパラメータ

パラメータ	説明
file	新しい出力先を指定するコネクション。またはNULLを指定するとsink処理を終了する
append	出力先ファイルへの追記（TRUE：追記、FALSE：新規作成）
type	出力先を変更する対象（"output"：通常の出力、"message"：メッセージ出力）
split	現在の出力と指定した出力の両方に出力するか

`type`パラメータの`"output"`と`"message"`はそれぞれ標準出力と標準エラーに対応します。次のように指定することで、画面に出力を行いつつ、同時にファイルに出力ログをとることができます。

```
# 出力先を現在の出力とファイルの両方に設定する
sink("out.txt", split = TRUE)
```

変更された出力先は、`file`パラメータにNULLを与えることで、元に戻すことができます。なお、`file`パラメータのデフォルト値がNULLであるため、`file`パラメータ省略時は、出力先を元に戻す操作と同等です。

```
# 変更された出力先を元に戻す
sink()
```

23-6　Rライブラリの利用

　Rには、R.dll（Windows）またはlibR.so（Mac OS XおよびLinux）という名前のライブラリファイルが存在します。このライブラリは、Rの実行環境を作成して利用するためのさまざまな関数やRで使われるデータの構造体が定義されています。

　RはC言語で記述されています。Rに定義された構造体や関数や定数を利用するための宣言が、`include`ディレクトリ[注6]内にあるヘッダファイルに記述されています。

　Rの実行環境は`Rf_initialize_R`関数または`Rf_initEmbeddedR`関数で初期化できます。後者はほかのアプリケーションからRを利用することを想定する関数であり、通常はこちらを呼び出せば良いでしょう。`Rf_initEmbeddedR`関数の内部では、`Rf_initialize_R`関数を呼び出しています。実行環境を終了する際は`Rf_endEmbeddedR`関数を利用します。注意すべき点に、Rの実行環境の初期化は、1つのプロセス中に1回しかできないことがあります。`Rf_initialize_R`関数を2回呼び出すとエラーになるので注意しましょう。

　リスト23.13にRを起動して終了するだけのC言語のコード例を示します。

[注6]　各環境におけるinludeディレクトリは、WindowsはRをインストールしたフォルダの直下のinclude、Mac OS Xは/Library/Frameworks/R.framework/Headers、Linuxは/usr/share/R/includeなどにあります。

23章 | 他言語の利用と他言語からの利用

リスト23.13　sample.c

```c
#include <Rembedded.h>

int main(int argc, char *argv[])
{
    // R の実行環境を初期化する
    Rf_initEmbeddedR(argc, argv);
    // R の実行環境を終了する
    Rf_endEmbeddedR(0);

    return 0;
}
```

　これらのコードをコンパイルして実行ファイルを作成するには、次のようにRのサブコマンドを使うのが簡単でしょう。RにはC言語をコンパイルするためのサブコマンドが用意されているため、これを利用して実行ファイルを作成できます。
　コンパイルコマンドは次のようにして実行します。

```
# コンパイラを定義する
$ CC=`R CMD config CC`
$ LDFLAGS=`R CMD config --ldflags`

# オブジェクトファイルを作成する
$ R CMD COMPILE src/embedR.c
# 実行ファイルを作成する
$ R CMD LINK $CC $LDFLAGS -o bin/embedR src/embedR.o
```

　実際に実行されるコマンドは次のようになります（Mac OS Xで実行した場合）。

```
clang -I/Library/Frameworks/R.framework/Resources/include    -I/usr/local/include -I/usr/local/include/freetype2 -I/opt/X11/include    -fPIC  -Wall -mtune=core2 -g -O2  -c src/embedR.c -o src/embedR.o
libtool: link: clang -F/Library/Frameworks/R.framework/.. -o bin/embedR src/embedR.o -framework R -lpcre -llzma -lbz2 -lz -licucore -lm -liconv
```

　作成されたコマンドを実行すると、Rを起動して終了することが確認できます。

```
R version 3.2.2 (2015-08-14) -- "Fire Safety"
Copyright (C) 2015 The R Foundation for Statistical Computing
Platform: x86_64-apple-darwin13.4.0 (64-bit)

R は、自由なソフトウェアであり、「完全に無保証」です。
一定の条件に従えば、自由にこれを再配布できます。
配布条件の詳細に関しては、'license()' あるいは 'licence()' と入力してください。
```

Part 6 実践的な開発

```
R は多くの貢献者による共同プロジェクトです。
詳しくは 'contributors()' と入力してください。
また、R や R のパッケージを出版物で引用する際の形式については
'citation()' と入力してください。

'demo()' と入力すればデモをみることができます。
'help()' とすればオンラインヘルプが出ます。
'help.start()' で HTML ブラウザによるヘルプがみられます。
'q()' と入力すれば R を終了します。
```

作成したプログラムを実行すると次のようなエラーが出る場合があります。

```
Fatal error: R home directory is not defined
```

その際は環境変数R_HOMEにRのインストールディレクトリを指定すれば良いでしょう。

```
# 環境変数 R_HOME を指定する(Mac OS X)
export R_HOME=/Library/Frameworks/R.framework/Resources
```

■ラッパーライブラリ

　C言語系のヘッダファイルを読み込むことができるプログラミング言語であれば特に問題なく利用できます。しかし、C言語系のヘッダファイルを利用できないプログラミング言語の場合は自分で対応する構造体を定義しなければなりません。また、これらの定義をしても、わざわざFFI経由でRの実行環境を準備をするのは大変手間がかかります。そこで、いくつかのプログラミング言語には、Rの実行環境の準備を容易にするラッパーライブラリが存在します。**表23.6**のようなラッパーライブラリがあります。

表23.6 ラッパーライブラリ

ライブラリ名	実行環境	URL
JRI	JVM	https://www.rforge.net/JRI/
R.NET	CLR	http://jmp75.github.io/rdotnet/
F# R Provider	CLR (F#)	http://bluemountaincapital.github.io/FSharpRProvider/
HaskellR	Haskell	http://tweag.github.io/HaskellR/
Statistics::R	Perl	http://search.cpan.org/perldoc?Statistics%3a%3aR
rpy2	Python	http://rpy.sourceforge.net/
PypeR	Python	http://www.webarray.org/softwares/PypeR/
RSRuby	Ruby	https://rubygems.org/gems/rsruby
RinRuby	Ruby	https://sites.google.com/a/ddahl.org/rinruby-users/

　これらのライブラリの利用法については割愛します。各ライブラリのドキュメントや、Web上に公開されている資料などをご参照ください。

24章 Rcpp

RcppはRの関数をC++で実装できるパッケージです。Rと類似したスタイルで記述できるように実装されているため、C++に深い知識がなくても利用しやすくなっています。しかも、そのための実行速度は犠牲にされていないので、誰でもハイパフォーマンスな結果を得ることができます。

24-1 Rcppの活用シーン

次のようなケースはC++で実装することにより、Rと比べて高速化が見込めます。

- 繰り返し処理、特に次の処理が前の処理に依存しており並列化できない
- ベクトルや行列の個々の要素へアクセスする必要がある
- ベクトルのサイズを動的に変更したい
- 高度なデータ構造やアルゴリズムを用いた処理を行いたい

Rcppのパフォーマンスを示すため、繰り返し処理の例としてMCMCアルゴリズムの一種であるギブスサンプラー[注1]の実装例を示します。この例では、ギブスサンプラーにより標準2変数正規分布からn点サンプリングしています。

まずは比較のためRを用いた実装例を示します(**リスト24.1**)。

リスト24.1 Gibbs.R

```
GibbsR <- function(b, n, t){
    # 2変数標準正規分布からn点サンプリング
    # b : 2変数の共分散
    # n : サンプル数
    # t : サンプリングせず捨てる間隔

    X <- matrix(0, nrow = n, ncol = 2)
    x1 <- x2 <- 0
    sd <- sqrt(1-b^2)
    for(i in 1:n){
        for(j in 1:t){
            x1 <- rnorm(1, b*x2, sd)
            x2 <- rnorm(1, b*x1, sd)
```

(注1) 高次元の複雑な確率分布に従う乱数を生成するマルコフ連鎖モンテカルロ法と呼ばれるアルゴリズムの一種です。

Part 6 実践的な開発

```
        }
        X[i,1] <- x1
        X[i,2] <- x2
    }
    X
}
```

リスト24.2に、Rcppでの実装例を示します。

リスト24.2　Gibbs.cpp（抜粋）

```cpp
// [[Rcpp::export]]
NumericMatrix GibbsRcpp(double b, int n, int t){
    NumericMatrix X(n,2);
    double x1 = 0.0, x2 = 0.0;
    double sd = sqrt(1-b*b);
    for(int i=0; i<n; ++i){
        for(int j=0; j<t; ++j){
            //正規分布乱数（平均，標準偏差）
            x1 = R::rnorm(b*x2, sd);
            x2 = R::rnorm(b*x1, sd);
        }
        X(i,0) = x1;
        X(i,1) = x2;
    }
    return X;
}
```

それではRとRcppの実行速度を比較した結果を提示します。microbenchmarkパッケージのmicrobenchmark関数を用いて、それぞれ10回の実行して1実行あたりの計算時間を比較します。

```
> n <- 10000  #サンプリング数
> b <- 0.5    #共分散
> t <- 10     #サンプリング間隔
> microbenchmark::microbenchmark(
+     GibbsR(b, n, t),
+     GibbsRcpp(b, n, t),
+     times = 10)

Unit: milliseconds
            expr        min         lq       mean     median         uq        max
    GibbsR(b, n, t) 1497.9742 1503.78470 1565.27856 1538.20891 1602.45208 1748.03102
 GibbsRcpp(b, n, t)   12.7711   12.99914   13.46851   13.08728   13.16756   16.92494
 neval
    10
    10
```

結果は、実行時間の中央値（*median*）がRでは約1538ミリ秒であるのに対して、Rcppではわずか約13ミリ秒であり、Rと比べてRcppは約1/100の実行時間となっています。

24-2 インストール

Rcppを使った自作関数を作成するためには、C++のコンパイラなどが含まれる開発ツールをインストールする必要があります。

24-2-1 開発ツールのインストール

- Mac
  Xcode command line toolsをインストールする。ターミナル.appで xcode-select --install のようにコマンドを打つことでインストールできる
- Windows
  Rtools[注2]をインストールする。RoolsはRのバージョンに合ったものをインストールする
- Linux
  インストール方法はディストリビューションにより異なる。たとえば、Debian系では sudo apt-get install r-base-dev を実行する

24-2-2 Rcppのインストール

開発ツールがインストールできたら、RでRcppパッケージをインストールします。

```
> install.packages("Rcpp")
```

24-3 Rcppを使った関数の定義から実行までの流れ

このセクションではRcppを使って自作の関数を定義し、実行するまでの流れを説明します。

24-3-1 Rcppの関数定義の基本形

Rcppで自作関数を定義する例として、数値ベクトルの要素の総和を計算する関数 rcpp_sum を

[注2] URL https://cran.r-project.org/bin/windows/Rtools/

定義するソースコードを**リスト24.3**に示します。RStudioでは「New File」から「C++」を選択し、sum.cppというファイル名で保存しましょう。

リスト24.3　sum.cpp

```cpp
// sum.cpp
#include <Rcpp.h>
using namespace Rcpp;

// [[Rcpp::export]]
double rcpp_sum(NumericVector v){
    double sum = 0;
    for(int i=0; i<v.length(); ++i){
        sum += v[i];
    }
    return sum;
}
```

コードの記述について説明します。

- #include<Rcpp.h>
  Rcppで定義されたクラスや関数を利用するために必要なヘッダファイルをインクルードする
- using namespace Rcpp
  このソースコードでRcppの名前空間を使用する。この文は必須ではないが、これを記述しない場合にはRcppのクラスや関数を指定するときにRcpp::を付ける必要がある（たとえば、Rcpp::NumericVectorなど）
- // [[Rcpp::export]]
  この記述の直下で定義された関数がRから利用できるようになる
- double rcpp_sum(NumericVector v)
  Rでは関数の戻り値や引数の型を指定する必要はないですが、C++では明示的に指定する必要がある。記述の形式は返値型　関数名（引数型　引数）
- return sum
  関数の戻り値はreturn文により明示的に指定する必要がある

24-3-2 コンパイル

sourceCpp関数がRcppのソースコードのコンパイルとRへのロードをしてくれます。

```
> Rcpp::sourceCpp("sum.cpp")
```

なお、sourceCpp関数はファイルとして保存されたソースコードだけではなく、Rの文字列として記述したRcppのソースコードもコンパイルすることもできます。**リスト24.4**では、

sourceCpp関数の引数codeにsum.cppと同じ内容をRの文字列sとしてわたしています。

リスト24.4　sourcecpp.R

```
# Rcppのソースを文字列として保存
s <- "#include <Rcpp.h>
using namespace Rcpp;

// [[Rcpp::export]]
double rcpp_sum(NumericVector v){
    double sum = 0;
    for(int i=0; i<v.length(); ++i){
        sum += v[i];
    }
    return sum;
}"

# コンパイル&ロード
Rcpp::sourceCpp(code = s)
```

24-3-3 実行

Rcppで定義した関数は、通常のRの関数と変わりなく利用できます。

```
> rcpp_sum(1:10)
[1] 55

> sum(1:10)
[1] 55
```

24-4　C++11

C++11とは2011年に新たに制定されたC++の新しい機能や記法のことです。以前の記法と比べ、C++を初心者にも扱いやすくする機能も数多く追加されているため、本ドキュメントではC++11の機能を積極的に利用していきます。

本稿のコード例は基本的にC++11が有効であることを前提とします。

24-4-1 C++11を有効にする

RcppでC++11を有効にするにはソースコードのどこかに次の記述を追加します。

```
// [[Rcpp::plugins("cpp11")]]
```

24-4-2 便利な C++11 機能

ここではC++11で追加された数多くの機能のうち、特にコードの記述を容易にする便利な機能をいくつか紹介します。

■初期化リスト

C++11以前では、ベクトルの要素を初期化するには1番目の例のように`NumericVector::create`関数を用いる必要がありました。C++11を使用すると、次の例の2番目や3番目のようにカッコ`{}`内に要素の値をカンマ区切りで並べることにより、少ないタイピングで直感的な記述が可能になります。

```
// Vectorの初期化
// 次の3つはすべて同じ値c(1,2,3)になる
NumericVector v1 = NumericVector::create(1.0, 2.0, 3.0);
NumericVector v2 = {1.0, 2.0, 3.0};
NumericVector v3   {1.0, 2.0, 3.0}; // = は省略できる
```

■auto

C++11以前では、宣言する変数の型は必ずユーザが指定しなければなりませんでした。`auto`指定子を使うと、初期化時に渡される値の型に合わせて宣言する変数の型を自動的に設定してくれます。C++では時として型の記述が複雑で長くなることもあったのですが、`auto`指定子を使うことでユーザが型を記述する負担が軽減されます。

```
// 変数iはint型となる
auto  i  = 4;

// 変数itはNumericVector::iterator型となる
NumericVector v {1,2,3};
auto it = v.begin();
```

■範囲 for

C++11では、ベクトルの各要素の繰り返し処理は`for（ベクトルの要素 : ベクトル）`という形で記述できます。そのためRとほぼ同じスタイルでfor文を記述できます。

次はRにおけるforループの例です。

```
v <- c(1,2,3)
sum <- 0
for(x in v) {
    sum <- sum + x
}
```

次はC++11の範囲forの例です。

```
IntegerVector v {1,2,3};
int sum = 0;
for(int x : v) { // 変数xにはベクトルvの要素が順に格納される
    sum += x;
}
```

24-4-3 ラムダ式

ラムダ式は関数オブジェクトを簡単に作成するための記法です。ラムダ式はapply関数（lapply、sapply、mapply）の引数として渡す無名の関数として使用することもできます。それにより、C++でもRと同様のスタイルでコードを記述できるようになります。

次はRにおけるapply関数の使用例です。

```
v <- c(1,2,3,4,5)
A <- 2.0
res <- sapply(v, function(x){A*x})
```

次はRcppにおけるapply関数の使用例です。

```
NumericVector v = {1,2,3,4,5};
double A = 2.0;
NumericVector res = sapply(v, [&](double x){return A*x;});
```

ラムダ式は[](){}の書式で記述します。次のようにして利用します。

- []には、関数オブジェクト内で利用したいローカル変数のリストを記述
  [=]は、すべてのローカル変数の値をコピーする
  [&]は、すべてのローカル変数に直接アクセスできる
  [=x, &y]ローカル変数xの値はコピーして利用できる。ローカル変数yには直接アクセスできる
  []は、ローカル変数にはアクセスしない
- ()には、この関数オブジェクトに渡す引数を記述
- {}には、処理内容を記述

この関数オブジェクトの戻り値の型は、{}内でリターンされた値の型が自動的に設定されます。戻り値の型を明示的に記述したい場合には、[]() -> int {}のように記述します。

24-5 画面への出力

メッセージやオブジェクトの値をコンソール画面に表示するためには`Rprintf`関数か`Rcout`を用います。また、エラー表示のためには`REprintf`関数か`Rcerr`を用います。

`Rcout`、`Rcerr`の使い方は標準C++の`cout`、`cerr`と同じで、出力したい順に文字列や変数を`<<`演算子でつなげて記述します（**リスト24.5**）。なお、`Vector`型の変数を与えると全要素を表示します。

リスト24.5　rcoutrcerr.cpp（抜粋）

```cpp
// [[Rcpp::export]]
void rcpp_rcout(NumericVector v){
  // Rcoutにベクトル変数を与えると全要素を表示する
  Rcout << "The value of v : " << v << "\n";

  // エラーメッセージを表示する際はRcerrを用いる
  Rcerr << "Error message" << "\n";
}
```

`Rprintf`関数と`REprintf`関数の使い方は標準Cにある`printf`関数と同じで、書式を指定して変数の値を出力します。

書式　Rprintf(書式文字列, 変数)

書式文字列の中で変数の値を用いたい部分には`%`から始まる書式指定子を記述します。書式指定子は書式文字列の中で複数記述でき、その場合は、書式文字列の中で書式指定子が現れる順に、表示したい変数を引数として渡します。使用できる書式指定子の一部を**表24.1**に示します。詳細はC言語の解説書などを参考にしてください。

表24.1　主な書式指定子

書式指定子	説明
%i	整数（int）の引数を表示
%u	符号なし整数（unsigned int）の引数を表示
%f	実数（double）の引数を小数形式で表示
%e	実数（double）の引数を指数形式で表示
%c	1文字（char）の引数を表示
%s	文字列（char*）の引数を表示

なお、`Rprintf`関数で表示できる変数の型は標準Cで提供されている型に限られるので、`Rcpp`の`NumericVector`など`Rcpp`で定義されている型は`Rprintf`関数の引数として与えて表示することはできません。ただし、`Rcpp`のベクトルの要素のひとつひとつは`int`や`double`など標準Cで提

供されている基本的な型なので表示できます。そのため、Rprintf関数でベクトルの全要素を表示する場合には、**リスト24.6**のようにforループを用います。

リスト24.6　rprintf.cpp（抜粋）

```
// [[Rcpp::export]]
void rcpp_rprintf(NumericVector v){
    // Rprintf でベクトルの全要素を表示する
    for(int i=0; i<v.length(); ++i){
        Rprintf("the value of v[%i] : %f \n", i, v[i]);
    }
}
```

24-6　基本データ型とデータ構造

RcppではRのすべてのデータ型とデータ構造を利用できます。ユーザはRcppで提供されるさまざまなクラスを通して、実行中のRのメモリにあるオブジェクトを直接操作できます。この節ではRcppで利用できるデータ型を紹介します。

24-6-1　基本データ型

Rには基本的なデータ型として、`logical`（論理値）、`integer`（整数）、`numeric`（実数）、`complex`（複素数）、`character`（文字列）、`Date`（日付）、`POSIXct`（日時）があります。Rcppには、これらと対応したベクトル型と行列型が定義されています。ただし、日付と日時についてはRと同様にベクトル型だけが定義されています。本書ではこれ以降Rcppが提供するベクトル型と行列型を総称するために`Vector`、`Matrix`という語を用います。それに対して、Rや数学のベクトルや行列については、そのままベクトルや行列と表記します。

R、Rcpp、C++で利用できる基本的なデータ型の対応関係をまとめると**表24.2**のようになります。

表24.2　R、Rcpp、C++で利用できるデータ型

	Rベクトル	Rcppベクトル型	Rcpp行列型	Rcppスカラー型	C++スカラー型
論理	logical	LogicalVector	LogicalMatrix	-	bool
整数	integer	IntegerVector	IntegerMatrix	-	int
実数	numeric	NumericVector	NumericMatrix	-	double
複素数	complex	ComplexVector	ComplexMatrix	Rcomplex	complex
文字列	character	CharacterVector （StringVector）	CharacterMatrix （StringMatrix）	String	string
日付	Date	DateVector	-	Date	-
日時	POSIXct	DatetimeVector	-	Datetime	time_t

613

24-7 データ構造

Rにはベクトル、行列のほかにデータフレーム、リスト、S3クラス、S4クラスのデータ構造がありますが、Rcppはそれらすべてを扱うことができます。

表24.3表にRとRcppのデータ構造の対応関係を示します。

表24.3 RとRcppのデータ構造の対応関係

Rデータ構造	Rcppデータ構造
data.frame	DataFrame
list	List
S3クラス	List
S4クラス	S4
参照クラス	Reference

`DataFrame`は、さまざまな型のベクトルを要素として格納できます。加えて、要素となるすべてのベクトルの長さは等しいという制約があります。

`List`は、`DataFrame`や`List`を含む、どのような型のオブジェクトでも要素として持つことができます。要素となるベクトルの長さにも制限はありません。

S3クラスは属性`class`に独自の名前が設定されたリストですので、使い方は`List`と同様です。

S4クラスはスロット(`slot`)と呼ばれる内部データを持っています。Rcppの`S4`を用いることでRで定義したS4クラスのオブジェクトの作成、および、スロットへのアクセスが可能になります。参照クラスについてもRcppの`Reference`を用いることでアクセスできます。

なお、Rcppでは`Vector`、`Matrix`、`List`、`DataFrame`は、どれもある種のベクトルとして実装されています。つまり、`Vector`は、スカラー値を要素とするベクトル、`DataFrame`は同じ長さの`Vector`オブジェクトを要素とするベクトル、`List`は任意のオブジェクトを要素とするベクトルです。そのため、`Vector`、`Matrix`、`List`、`DataFrame`は作成方法・要素へのアクセス方法・メンバ関数に多くの共通点を持っています。

24-8 Vector

この節ではRcppでのベクトルの作成方法、ベクトルの要素の値へのアクセス方法、および、ベクトルと紐づいた関数について説明します。

24-8-1 Vector オブジェクトの作成

Rcppではいくつかの方法でベクトルを作成できます。次のコードで、その方法を説明します。

```
// rep(0, 3) と同等のベクトルを作成
NumericVector v1(3);

// rep(1, 3) と同等のベクトルを作成
NumericVector v2(3,1);

// c(1,2,3) と同等のベクトルを作成
NumericVector v3 = NumericVector::create(1,2,3);

// c(1,2,3) と同等のベクトルを作成
NumericVector v4 = {1,2,3};

// c(x=1, y=2, z=3) と同等のベクトルを作成
NumericVector v5 =
  NumericVector::create(Named("x",1), Named("y")=2 , _["z"]=3);
```

上のコードの最後の例のように、ベクトルの作成時に要素に名前を付ける際は、Named関数または _[] 用います。

24-8-2 Vectorの要素へのアクセス

Rと同様に、要素番号（整数・実数ベクトル）、要素名（文字列ベクトル）、論理ベクトルをインデックスとして用いて、ベクトルの要素にアクセスし値の取得・代入ができます。

また、要素へのアクセスには[]演算子または()演算子を用います。[]演算子はベクトルの範囲外へのアクセスがあった場合には無視しますが、()演算子では実行時にエラーとなります。

```
//ベクトルの作成
NumericVector v  {10,20,30,40,50};
NumericVector v2 {100,200};

//要素名を設定
v.names() = CharacterVector({"A","B","C","D","E"});

//ベクトルにアクセスするためのベクトルを作成
NumericVector    numeric   = {1,3};
IntegerVector    integer   = {1,3};
CharacterVector  character = {"B","D"};
LogicalVector    logical   = {false, true, false, true, false};

//ベクトルにアクセスして要素の値を取得
double x1 = v[0];
double x2 = v["A"];
NumericVector res1 = v[numeric];
NumericVector res2 = v[integer];
```

```
NumericVector res3 = v[character];
NumericVector res4 = v[logical];

//ベクトルにアクセスして要素に値を代入
v[0]         = 100;
v["A"]       = 100;
v[numeric]   = v2;
v[integer]   = v2;
v[character] = v2;
v[logical]   = v2;
```

24-8-3 ベクトルを扱う際の注意点

ここではRcppでベクトルを扱う際の注意点について解説します。なお、前述したようにRcppではVector、Matrix、List、DataFrameなどの型は、どれもある種のベクトルとして実装されているので、ここでの内容は実際にはそれらの型すべてに対して当てはまります。

■ベクトルの要素番号は0から始まる

ベクトルの要素を数字で指定する場合、Rではベクトルの最初の要素番号は1ですが、RcppはC++のスタイルに従い、**ベクトルや行列の要素番号は0から始まります**。

```
NumericVector v {1,2,3,4,5};
Rcout << v[0] << "\n"; // 1
```

■同じ型のベクトル同士の単純な代入は浅いコピーとなる

同じ型のベクトルや行列同士で代入する際に、単純にv2 = v1で代入するとv1の要素の値がv2にコピーされるのではなく、v1とv2は同じオブジェクトに対する別名となります。そのためv1の値を変更するとv2の値も変更されてしまいます。それを避けるためにはclone関数を使用します。するとv1の値を変更しても、v2の値は変更されません。

C++に詳しい人のために説明すると、Rcppのデータ型は内部にオブジェクトの値そのものではなく、オブジェクトへのポインタを保持しています。そのため、単純にv2 = v1で代入するとv1が指し示すオブジェクトへのポインタの値がv2にコピーされるのでv1とv2は同じオブジェクトを指し示す結果となります。これをシャロー（浅い）コピーと呼びます。それに対して、v2 = clone(v1)を用いた場合には、v1が持つポインタが指し示すオブジェクトの値を複製して、新たに別のオブジェクトを作成します。これをディープ（深い）コピーと呼びます。

次のコード例では、ベクトル同士で浅いコピーと深いコピーを行ったあとで、代入した元のベクトルを変更したときの結果の違いを示します。

```
NumericVector v1 = {1,2,3};
NumericVector v2 = v1;          // v2はv1を単純に代入する（浅いコピー）
NumericVector v3 = clone(v1);   // v3にはclone関数を用いて代入（深いコピー）

v1[0] = 100;  // v1 の値を変更します

// 値を確認するとv2にはv1への変更が影響しているが
// v3には影響していないことがわかる
Rcout << "v1 = " << v1 << "\h";  // 100 2 3
Rcout << "v2 = " << v2 << "\h";  // 100 2 3
Rcout << "v3 = " << v3 << "\h";  // 1 2 3
```

■ [ ]や( )でベクトルにアクセスした結果をそのまま関数に与えるとエラーになる場合がある

sum(v[i])のようにベクトルに[ ]演算子や( )演算子でアクセスした結果をそのままほかの関数へ引数として与えるとコンパイルエラーになることがあります。これはベクトルの要素に[ ]演算子や( )演算子でアクセスしたときの戻り値は、実はVectorではなくProxyという異なる型になっているためです。それを回避するにはv[i]の結果をいったん別の変数として保持するか、Rcpp::as<T>関数を用いて目的の型T（NumericVectorなど）に変換してから目的の関数に渡します。もし、v[i]を何度も使用するなら、変数として保持するのが良いでしょう。

```
NumericVector v {1,2,3,4,5};
IntegerVector i {1,3};

// これはコンパイルエラーとなる
//double x1 = sum(v[i]);

// 変数として保持する
NumericVector vi = v[i];
double    x2 = sum(vi);

// as<T>() で変換する
double    x3 = sum(as<NumericVector>(v[i]));
```

■要素番号・要素数の型にはR_xlen_tを用いる

32bitシステムやバージョン2以前のRではベクトルの要素番号にはint型が使われていたため、ベクトルの要素数の最大値は$2^{31}-1$でした。しかし、現在一般的となっている64bitシステムにおけるバージョン3以降のRではこれよりも要素数の大きいベクトル（Long Vector）を扱うことができます。RcppでLong Vectorをサポートするためには、要素数や要素番号を変数として保持する場合にint型ではなくR_xlen_t型を用います。64bitシステムでも要素番号としてint型を用いることもできますが、長さが$2^{31}-1$を超えるベクトルを渡されたときに処理できなくなります。

```
// 要素数nをR_xlen_t型として宣言
R_xlen_t n = v.length();
double sum = 0;
// 要素番号iをR_xlen_t型として宣言
for(R_xlen_t i=0; i<n; ++i){
  sum += v[i];
}
```

24-8-4 Vectorが持つメンバ関数

メンバ関数(メソッドとも呼ばれます)とは、個々のオブジェクトと結びついた関数です。呼び出し方が通常の関数とは少し異なっており、v.length()のような形式で呼び出します。

```
NumericVector v = {1,2,3,4,5};
int n = v.length();
```

ここではVectorのメンバ関数を紹介します(表24.4)。

表24.4 主なメンバ関数

メンバ関数	説明
length()	要素数を返す
size()	要素数を返す
names()	要素名を文字列ベクトルで返す
offset(name)	文字列nameで指定した要素名の要素の要素番号を返す
findName(name)	文字列nameで指定した要素名の要素番号を返す。見つからない場合はエラーとなる
fill(x)	このベクトルのすべての要素をスカラー値xで埋める
sort()	このベクトルをソートしたベクトルを返す
assign(first_it, last_it)	イテレータfirst_it、last_itで指定された範囲の値をこのベクトルに代入する
push_back(x)	このベクトルの末尾にスカラー値xを追加する
push_back(x, name)	このベクトルの末尾にスカラー値xを追加する。追加した要素の名前を文字列nameで指定
push_front(x)	このベクトルの先頭にスカラー値xを追加
push_front(x, name)	このベクトルの先頭にスカラー値xを追加する。追加した要素の名前を文字列nameで指定
begin()	このベクトルの先頭を指し示すイテレータを返す
end()	このベクトルの末尾を指し示すイテレータを返す
insert(i, x)	このベクトルの要素番号iの位置の前にスカラー値xを追加し、追加された要素へのイテレータを返す
insert(it, x)	このベクトルのイテレータitで指し示す位置の前にスカラー値xを追加し、追加された要素へのイテレータを返す
erase(i)	このベクトルのi番目の要素を削除し、削除された直後の要素へのイテレータを返す
erase(it)	イテレータitで指定された要素を削除し、削除された直後の要素へのイテレータを返す
erase(first, last)	first番目からlast-1番目までの要素を削除し、削除された直後の要素へのイテレータを返す
erase(first_it, last_it)	イテレータfirst_itで指定される要素からlast_it-1で指定される要素までを削除し、削除された直後の要素へのイテレータを返す
containsElementNamed(str)	このベクトルが文字列strで指定された名前の要素を持っている場合にはtrueを返す

24-8-5 静的メンバ関数

静的メンバ関数は、個々のオブジェクトではなく、クラスそのものと結びついた関数です。`NumericVector::create()`のような形式で呼び出します。**表24.5**に静的メンバ関数の説明をまとめます。

表24.5 静的メンバ関数

静的メンバ関数	説明
get_na()	このベクトルの型に対応したNA値を返す
is_na(x)	ベクトルの要素xがNAである場合にはtrueを返す
create(x1, x2, ...)	スカラー値 x1, x2, ... を要素とするベクトルを作成する。指定できる引数の数は20個まで対応
import(first_it , last_it)	イテレーターfirst_it、last_itで指定された範囲の値で満たされたベクトルを作成する
import_transform(first_it, last_it, func)	イテレーターfirst_it、last_itで指定された範囲の値を、関数funcで変換した値で満たされたベクトルを作成する

24-9 Matrix

Matrixはスカラー値を要素とする行列です。本章ではRcppでのMatrixの作成方法、Matrixの要素の値へのアクセス方法、Matrixと関連した関数について説明します。

24-9-1 Matrixオブジェクトの作成

次のコードのようにして、ベクトルと同様に、行列もいくつかの方法で作成できます。

```
// matrix(0, nrow=2, ncol=2) と同等の行列を作成
NumericMatrix m1( 2 );

// matrix(0, nrow=2, ncol=3) と同等の行列を作成
NumericMatrix m2( 2 , 3 );

// matrix(v, nrow=2, ncol=3) と同等の行列を作成
// ただし、ベクトルvの要素数はnrow*ncolと一致している必要がある
NumericMatrix m3( 2 , 3 , v.begin() );
```

また、Rにおける行列の実体は属性dimに行数と列数が設定されたベクトルですので、**リスト24.7**のようにRcppで作成したベクトルの属性dimに値を設定しRに返すと行列として扱われます。

リスト24.7　matrix.cpp（抜粋）

```cpp
// [[Rcpp::export]]
NumericVector rcpp_matrix(){
    //ベクトルの作成
    NumericVector v = {1,2,3,4};

    //属性dimに列数、行数をセット
    v.attr("dim") = Dimension(2, 2);

    //属性dimをセットしたベクトルをRに返す
    return v;
}
```

次が実行結果です。

```
> rcpp_matrix()
     [,1] [,2]
[1,]    1    3
[2,]    2    4
```

ただし、ベクトルの属性dimに値を設定してもRcppでの型はベクトル型のままとなります。それをRcppの行列型に変換するには**as<T>**関数を用います。

```cpp
//属性dimに列数、行数をセット
v.attr("dim") = Dimension(2, 2);

//Rcppの行列型への変換
NumericMatrix m = as<NumericMatrix>(v);
```

24-9-2 Matrix要素へのアクセス

()演算子を用いることで、列番号・行番号をを指定して行列の要素の値を取得、および、行列の要素に値を代入できます。ベクトルの場合と同様に、行番号や列番号は0から始まります。また、行全体、あるいは、列全体にアクセスしたい場合には記号_を用います。

また、[]演算子を使うと行列の列をつなげた1つのベクトルとして要素にアクセスできます。

```cpp
//5行5列の数値行列を作成
NumericMatrix m(5,5);

// 0行2列目の要素を取得
double x = m( 0 , 2 );

// 0行目の値をベクトルvにコピー
NumericVector v = m( 0 , _ );
```

```
// 2列目の値をベクトルvにコピー
NumericVector v = m( _ , 2 );

// (0〜1)行、(2〜3)列目を行列m2にコピー
NumericMatrix m2 = m( Range(0,1) , Range(2,3) );

//行列にベクトルとしてアクセス
m[5]; // これは m(0,1) と同じ要素を指す
```

■行・列・部分行列への参照

Rcppには、一部の列や行への参照を保持するオブジェクトも用意されています。

```
NumericMatrix::Column col = m( _ , 1 ); // mの1列目の値を参照
NumericMatrix::Row    row = m( 1 , _ ); // mの1行目の値を参照
NumericMatrix::Sub    sub = m( Range(0,1) , Range(2,3) ); // mの部分行列を参照
```

参照オブジェクトに対して値を代入すると、元の行列mにその値が代入されます。たとえば、上のコード例にある変数colへ値を代入するとmの1列目に値が代入されます。

```
col = 2*col;              // mの1列目の値を2倍にする
m( _ , 1 ) = 2*m( _ , 1 ); //これは上の例と同義
```

24-9-3 Matrixが持つメンバ関数

MatrixはVectorを元にして作成されているので、Matrixは基本的にはVectorと同じメンバ関数を持っています。**表24.6**ではMatrixに固有のメンバ関数を示します。

表24.6 Matrix固有のメンバ関数

メンバ関数	説明
nrow()	行数を返す
rows()	行数を返す
ncol()	列数を返す
cols()	列数を返す
row(i)	i番目の行への参照Vector::Rowを返す
column(i)	i番目の列への参照Vector::Columnを返す
fill_diag(x)	対角要素をスカラー値xで満たす
offset(i,j)	i行j列の要素に対応する、行列の元ベクトルの要素番号を返す

24-9-4 Matrixが持つ静的メンバ関数

Matrixは基本的にはVectorと同じ静的メンバ関数を持っています。**表24.7**ではMatrixに固有

の静的メンバ関数を示します。

表24.7　Matrixに固有の静的メンバ関数

静的メンバ関数	説明
Matrix::diag(size, x)	行数・列数がsizeに等しく、対角要素の値がxである対角行列を返す
Matrix::zeros(size)	行数・列数がsizeに等しく、すべての要素の値が0である行列を返す
Matrix::ones(size)	行数・列数がsizeに等しく、すべての要素の値が1である行列を返す
Matrix::eye(size)	行数・列数がsizeに等しい単位行列を返す

24-9-5 Matrixに関連するそのほかの関数

ここでは、行列と関連するそのほかの関数を示します（表24.8）。

表24.8　行列と関連するそのほかの関数

関数	説明
rownames(m)	行列mの行名の取得と設定
colnames(m)	行列mの列名の取得と設定
transpose(m)	行列mの転置行列を返す

rownames()、colnames()は次のようにして利用します。

```
//行名の取得と設定
CharacterVector ch = rownames(m);
rownames(m) = ch;

//列名の取得と設定
CharacterVector ch = colnames(m);
colnames(m) = ch;
```

24-10　四則演算と比較演算

本節ではベクトルに対する四則演算と比較演算を説明します。

24-10-1　四則演算

Rと同様に、+、-、*、/演算子により、ベクトルとスカラーの演算や同じサイズのベクトルの要素同士の四則演算ができます。また、-演算子はベクトル要素全体の符号を反転します。

```
NumericVector x;
NumericVector y;
```

```
// ベクトルとスカラーの演算
NumericVector z = x + 2;
NumericVector z = 2 - x;
NumericVector z = y * 2;
NumericVector z = 2 / y;

// ベクトルの要素同士の演算
NumericVector z = x + y;
NumericVector z = x - y;
NumericVector z = x * y;
NumericVector z = x / y;

// - 演算子による符号の反転
NumericVector z = -x ;
```

24-10-2 比較演算

Rと同様に、==、!=、<、>、>=、<= 演算子はベクトルの要素ごとに値を比較して、その結果を論理ベクトルとして返します。また、! 演算子は論理ベクトル全体の真偽を反転します。比較演算を使って、ベクトルの要素にアクセスすることもできます。

```
NumericVector x ;
NumericVector y ;

// ベクトルとスカラーの比較
LogicalVector z = x < 2;
LogicalVector z = 2 > x;
LogicalVector z = y <= 2;
LogicalVector z = 2 != y;

// ベクトル同士の比較
LogicalVector z = x < y;
LogicalVector z = x > y;
LogicalVector z = x <= y;
LogicalVector z = x >= y;
LogicalVector z = x == y;
LogicalVector z = x != y;

// ! 演算子による論理値の反転
LogicalVector res = ! ( x < y );

// 比較演算を使ったベクトルの要素へのアクセス
NumericVector res = x[x < 2];
```

Part 6 実践的な開発

文字列ベクトルと文字列のスカラー値を比較したい場合には次のコード例のように記述します。

```
CharacterVector chr;
// LogicalVector z = (chr == "A") ; // コンパイルエラー
LogicalVector z = (chr == CharacterVector("A")) ;
```

24-11 論理ベクトルと論理演算

24-11-1 LogicalVector の正体

C++ の論理値型は bool 型ですので、LogicalVector の要素の型は bool 型と思うかもしれませんが、実際には int 型です。なぜかというと bool 型で表現できるのは true と false の2つだけですが、R の論理ベクトルの要素の値には TRUE、FALSE、NA の3つがあり得るためです。

Rcpp の論理ベクトルでは TRUE は 1、FALSE は 0、NA は NA_LOGICAL（int の最小値）で表現されています。

24-11-2 LogicalVectorの要素を評価する

LogicalVector の要素の値をif文で評価する場合は、**リスト24.8**のように、要素の値がTRUE、FALSE、NA_LOGICAL と等しいか明示的に判定します。NA値の判定には LogicalVector::is_na を使うこともできます。

リスト24.8 logicalvector.cpp（抜粋）

```
// [[Rcpp::export]]
void rcpp_logical01(){
    
    // NAを含んだLogicalVector の作成
    LogicalVector v = LogicalVector::create(TRUE,FALSE,NA_LOGICAL);
    
    // if文を使って論理ベクトルの要素の値を評価する
    for(int i=0; i<v.size();++i) {
        if (v[i] == TRUE)                Rprintf("v[%i] is TRUE.\n", i);
        if (v[i] == FALSE)               Rprintf("v[%i] is FALSE.\n", i);
        if (v[i] == NA_LOGICAL)          Rprintf("v[%i] is NA.\n", i);
        if (LogicalVector::is_na(v[i]))  Rprintf("v[%i] is NA.\n", i);
    }
    
    // 実行結果
    // v[0] is TRUE.
    // v[1] is FALSE.
    // v[2] is NA.
```

```
        // v[2] is NA.
}
```

LogicalVectorの要素の値を、そのままif文の条件式として使用してはいけません。なぜなら、if文の条件式はbool型として評価されるため、0以外の値はすべてtrueと判定され意図した結果が得られません。そのためリスト24.9で示すように、LogicalVectorのNA_LOGICALはtrueと評価されてしまいます。

リスト24.9 logicalvectornalogical.cpp（抜粋）

```
// [[Rcpp::export]]
void rcpp_logical02(){
    
    // LogicalVectorの作成、v[2]はNAとなる
    LogicalVector v = LogicalVector::create(TRUE, FALSE, NA_LOGICAL);
    
    // LogicalVectorの要素をそのままif文で評価する
    for(int i=0; i<v.size();++i) {
        if(v[i]) Rprintf("v[%i] is evaluated as true.\n",i);
        else     Rprintf("v[%i] is evaluated as false.\n",i);
    }
    
    // 実行結果
    // LogicalVectorのNAはtrueと評価されることがわかる
    // v[0] is evaluated as true.
    // v[1] is evaluated as false.
    // v[2] is evaluated as true.
}
```

Rの論理ベクトル、RcppのLogicalVector、int、boolの間での値の対応関係をまとめると**表24.9**のようになります。

表24.9 RとRcppと標準C++の間の論理値の値の対応関係

logical	LogicalVector	int	bool
TRUE	TRUE	0とintの最小値以外の値	true
FALSE	FALSE	0	false
NA	NA_LOGICAL	intの最小値	true

24-11-3 論理演算

LogicalVectorの要素ごとの論理演算には演算子&（論理積）、|（論理和）、!（論理否定）を用います。

実践的な開発

```
LogicalVector v1 = {1,1,0,0};
LogicalVector v2 = {1,0,1,0};

LogicalVector res1 =  v1 & v2; // 1 0 0 0
LogicalVector res2 =  v1 | v2; // 1 1 1 0
LogicalVector res3 = !(v1|v2); // 0 0 0 1
```

24-11-4 LogicalVectorを受け取る関数

LogicalVectorを受け取る関数にはall、any、ifelseがあります。

■all関数とany関数

Rの場合と同様に、all(v)関数は論理ベクトルvのすべての要素がTRUEのときTRUEを返します。any(v)関数はvのいずれかの要素がTRUEのときTRUEを返します。

all関数やany関数の戻り値をif文の条件式としてそのまま用いることはできません。これはall関数とany関数の戻り値の型はSingleLogicalResultという型になっているためです。all関数やany関数の戻り値をif文の条件式として用いるためには次の例のように関数is_true、is_false、is_naを使って戻り値をbool型に変換します。次の例では、すべてのif文の条件式は真となります、そして、all、anyの戻り値を表示します。

```
//NAを含む文字列ベクトルv
CharacterVector v = CharacterVector::create("A","B","C", NA_STRING);

// ベクトルvのいずれかの要素が"A"であるかどうか判定する
if(is_true(any( v == CharacterVector("A")))){
    Rcout << "any() is TRUE\n";
}

// ベクトルvのすべて要素が"A"であるかどうか判定する
if( is_false(all( v == CharacterVector("A")))){
    Rcout << "all() is FALSE\n";
}

// ベクトルvのいずれかの要素が"Z"であるかどうか判定する
if(is_na(any( v == CharacterVector("Z")))){
    Rcout << "any() is NA\n";
}
```

■ifelse関数

ifelse(v, x1, x2)関数は、論理ベクトルvの要素がTRUEのときにはx1の対応する要素をFALSEのときにはx2の対応する要素をベクトルとして返します。

x1、x2はベクトルとスカラーどちらでも構いません。しかし、Rのifelse関数ではx1、x2の

要素数がvよりも小さい場合には値を繰り返して使用するのに対して、Rcppのifelse関数の場合は、x1、x2がスカラーである場合のみ値が繰り返し使用されます。x1、x2がベクトルの場合は、その長さはvと一致している必要があります。

次にifelse関数の使用例を示します。

```cpp
NumericVector v1;
NumericVector v2;

//ベクトルの要素数
int n = v1.length();

// x1,x2がスカラー,スカラーの場合
IntegerVector res1      = ifelse( v1>v2, 1, 0);
NumericVector res2      = ifelse( v1>v2, 1.0, 0.0);
//CharacterVector res3 = ifelse( v1>v2, "T", "F"); // 対応していない

// ifelseが文字列スカラーには対応していないので
// 同等の結果を得るためには要素の値がすべて同じである文字列ベクトルを用いる
CharacterVector chr_v1 = rep(CharacterVector("T"), n);
CharacterVector chr_v2 = rep(CharacterVector("F"), n);
CharacterVector res3   = ifelse( v1>v2, chr_v1, chr_v2);

// x1,x2がベクトル,スカラーの場合
IntegerVector int_v1, int_v2;
NumericVector num_v1, num_v2;
IntegerVector    res4 = ifelse( v1>v2, int_v1, 0);
NumericVector    res5 = ifelse( v1>v2, num_v1, 0.0);
CharacterVector res6 = ifelse( v1>v2, chr_v1, Rf_mkChar("F")); //(注3)

// x1,x2がベクトル,ベクトルの場合
IntegerVector    res7 = ifelse( v1>v2, int_v1, int_v2);
NumericVector    res8 = ifelse( v1>v2, num_v1, num_v2);
CharacterVector res9 = ifelse( v1>v2, chr_v1, chr_v2);
```

24-12 DataFrame

本節ではDataFrameの作成方法とその要素へのアクセス方法、およびメンバ関数について説明します。Vectorの節でも述べたようにRcppでは、DataFrameは、ある種のベクトルとして実装されています。つまり、Vectorはスカラー値を要素とするベクトルであるのに対して、DataFrameは同じ長さのVectorを要素とするベクトルです。そのため、VectorとDataFrameは作成方法、要素へのアクセス方法、メンバ関数に多くの共通点があります。

(注3) Rf_mkChar関数はC言語の文字列型（char*）をCHARSXP（CharacterVectorの要素の型）に変換する関数です。

24-12-1 DataFrameオブジェクトの作成

DataFrameの作成にはDataFrame::create関数を使用します。また、DataFrameの作成時にカラム名を指定する場合には、Named関数または_[]を使用します。

```
// Vector v1, v2からDataFrame dfを作成
DataFrame df = DataFrame::create(v1, v2);
//列に名前を付ける場合
DataFrame df = DataFrame::create(Named("V1") = v1 , _["V2"]=v2);
```

DataFrame::create関数でDataFrameを作成すると、カラムには元のVectorの要素の値が複製されるのではなく、元のVectorへの「浅いコピー」となります。そのため、元のVectorの値を変更するとDataFrameのカラムの値も変更されます。そうならないようにVectorの要素の値を複製してDataFrameのカラムを作成する場合にはclone関数を使います。

clone関数を使った場合と使わなかった場合の違いを見るために、**リスト24.10**を見てください。ベクトルvからデータフレーム dfを作成しています。そこでは、カラムV1はvへの参照、カラムV2はclone関数によりvの値を複製しています。そのあと、ベクトルvに変更操作を行うと、データフレームdfのカラムV1は変更されていますが、V2は影響を受けないことがわかります。

リスト24.10 dataframe.cpp（抜粋）

```cpp
// [[Rcpp::export]]
DataFrame rcpp_df(){
    // ベクトルvを作成
    NumericVector v = {1,2};
    // データフレームdfを作成
    DataFrame df = DataFrame::create( Named("V1") = v,
                                       Named("V2") = clone(v));
    // ベクトルvを変更
    v = v*2;
    return df;
}
```

次が実行結果です。

```
> rcpp_df()
  V1 V2
1  2  1
2  4  2
```

24-12-2 データフレームの要素（カラム）へのアクセス

DataFrameの特定のカラムにアクセスする場合には、カラムをいったんVectorに代入し、その

Vectorを介してアクセスします。ベクトルの要素の指定の場合と同様に、DataFrameのカラムは、数値ベクトル（カラム番号）、文字列ベクトル（カラム名）、論理値ベクトルにより指定できます。

```
NumericVector v1 = df[0];    // 数値でアクセスする
NumericVector v2 = df["V2"]; // カラム名でアクセスする
```

DataFrame作成のときと同様に、上の方法でVectorにDataFrameのカラムを代入すると、Vectorにはカラムの値がコピーされるのではなく、「浅いコピー」となります。そのため、Vectorへ変更操作を行うと、dfのカラムの内容も変更されます。

元のDataFrameの値が変更されないようにカラムの値をコピーしてVectorを作成したい場合にはclone関数を用います。

```
NumericVector v1 = df[0]; // v1にはdfの0列目が「浅いコピー」される
v1 = v1*2;                // v1の値を変更するとdf[0]の値も変更される

NumericVector v2 = clone(df[0]); // v2にはdf[0]の要素の値をコピーする
v2 = v2*2;                       // v2を変更してもdf[0]の値は変わらない
```

24-12-3 データフレームのメンバ関数

DataFrameもVectorと同じメンバ関数を持っています。しかし、Vectorの要素はスカラー値であるのに対して、DataFrameの要素はVector（カラム）ですので、同じメンバ関数でも意味合いが少し変わる場合もあります。

表24.10にDataFrameのメンバ関数の解説をまとめます。

表24.10　DataFrameのメンバ関数

メンバ関数	説明
length()	列数を返す
size()	列数を返す
nrows()	行数を返す
names()	カラム名を文字列ベクトルで返す
offset(name)	文字列nameで指定された名前のカラムの列番号を返す
findName(name)	文字列nameで指定された名前のカラムの列番号を返す
fill(v)	このDataFrameのすべてのカラムをVector vで満たす
assign(first_it, last_it)	イテレーターfirst_it、last_itで指定された範囲のカラムを、このDataFrameに代入する
push_back(v)	このDataFrameの末尾にVector vを追加する
push_back(v, name)	このDataFrameの末尾にVector vを追加し、そのカラムの名前を文字列nameで指定
push_front(v)	このDataFrameの先頭にVector vを追加する
push_front(v, name)	このDataFrameの先頭にVector vを追加し、そのカラムの名前を文字列nameで指定する
begin()	このDataFrameの先頭カラムを指すイテレータを返す
end()	このDataFrameの末尾を指すイテレータを返す

メンバ関数	説明
insert(it, v)	このDataFrameのイテレータitで示された位置にVector vを追加し、その要素へのイテレータを返す
erase(i)	このDataFrameのi番目のカラムを削除し、削除した直後のカラムへのイテレータを返す
erase(it)	イテレータitで指定されたカラムを削除し、削除した直後のカラムへのイテレータを返す
erase(first_i, last_i)	first_i番目からlast_i-1番目までのカラムを削除し、削除した直後のカラムへのイテレータを返す
erase(first_it, last_it)	イテレータfirst_itで指定されるカラムからlast_it-1で指定されるカラムを削除し、削除した直後のカラムへのイテレータを返す
containsElementNamed(name)	このDataFrameが文字列nameで指定された名前のカラムを持っている場合にはtrueを返す
inherits(str)	このオブジェクトのが文字列strで指定したクラスを継承している場合はtrueを返す

24-13 List

本節ではListの作成方法と要素へのアクセス方法、およびメンバ関数について説明します。Vectorの節でも述べたようにRcppでは、Listは、ある種のベクトルとして実装されています。つまり、Vectorはスカラー値を要素とするベクトルであるのに対して、Listは任意の型のオブジェクトを要素とするベクトルです。そのため、VectorとListは作成方法、要素へのアクセス方法、メンバ関数に多くの共通点があります。

24-13-1 Listオブジェクトの作成

Listの作成にはList::create関数を使用します。また、Listの作成時に要素名を指定する場合には、Named関数または_[]を使用します。

```
List L = List::create(v1, v2); //ベクトルv1,v2からリストLを作成
List L = List::create(Named("名前1") = v1 , _["名前2"] = v2); //要素に名前を付ける場合
```

24-13-2 Listの要素へのアクセス

Listの特定の要素にアクセスする場合には、リストの要素をベクトルに代入し、そのベクトルを介してアクセスします。Vectorの場合と同様にListの要素へは、数値ベクトル、文字列ベクトル、論理ベクトルにより指定できます。

```
NumericVector v1 = L[0];
NumericVector v2 = L["V1"];
```

24-13-3 Listのメンバ関数

List も Vector と同じメンバ関数を持っています。

24-14 属性値

24-14-1 属性値へのアクセス

Rcpp のオブジェクトの属性値へアクセスするには、**表24.11**のメンバ関数を用います。

表24.11 属性値へアクセスするためのメンバ関数

メンバ関数	説明
attr(name)	文字列 name で指定した属性値へアクセスして値の取得や設定をする
attributeNames()	オブジェクトが持っている属性の一覧を返す。戻り値の型は C++ の vector<string> なので、CharacterVector に変換する場合には wrap 関数を用いる
hasAttribute(name)	このオブジェクトが文字列 name で指定した名前の属性を持っている場合は true を返す

次のコード例では、新しいリストを作成して、その属性値にアクセスする方法を示します。

```cpp
// リストを作成
NumericVector   v1 = {1,2,3,4,5};
CharacterVector v2 = {"A","B","C"};
List L = List::create(v1, v2);

// 要素に名前を設定
L.attr("names") = CharacterVector::create("x", "y");

// 新しい属性を作成して、その値をセットする
L.attr("new_attribute") = "new_value";

// このオブジェクトのクラス名を "new_class" に変更
L.attr("class") = "new_class";

// このオブジェクトが持つ属性の一覧を出力
CharacterVector ch = wrap(L.attributeNames());
Rcout << ch << "\n"; // "names" "new_attribute" "class"

// このオブジェクトが属性 "new_attribute" を持っているか確かめる
bool b = L.hasAttribute("new_attribute");
Rcout << b << "\n"; // 1
```

24-14-2 主要な属性値へのアクセス方法

次に主要な属性値へのアクセス方法を示します。要素名など使用頻度の高い属性については、attrメンバ関数とは別に専用のアクセス関数が用意されている場合があります。

```cpp
Vector v
v.attr("names");//要素名
v.names();      //要素名

Matrix m;
m.ncol();  //列数
m.nrow();  //行数
m.attr("dim") = NumericVector::create(行数, 列数);
m.attr("dimnames") = List::create(行名ベクトル, 列名ベクトル);

DataFrame df;
df.attr("names");      //列名
df.attr("row.names");  //行名

List L;
L.names(); //要素名
```

24-15 S3、S4クラス

24-15-1 S3クラス

RのS3クラスの実体は、オブジェクト属性classの値に独自の名前が設定されたリストです。そのため、S3オブジェクトの作成や要素へのアクセスについてはListの項を参照してください。

S3のオブジェクトを扱う例として、Rの関数lmの戻り値を受け取り、学習データにおけるモデルの予測精度の指標としてRMSE（*Root Mean Square Error*：二乗平均平方根誤差）を算出する関数の例を示します（**リスト24.11**）。

リスト24.11　rmse.cpp（抜粋）

```cpp
//lmモデルオブジェクトを受け取りRMSEを計算する
// [[Rcpp::export]]
double rcpp_rmse(List lm_model) {
    // S3はリストですので引数の型にはListを指定する

    //関数に与えられたオブジェクトがlmオブジェクトではない場合は
    //エラーメッセージを出力し実行を停止する
    if (! lm_model.inherits("lm")) stop("Input must be a lm() model object.");
```

```cpp
    //残差(実測値 - 予測値)を取り出す
    NumericVector resid  = lm_model["residuals"];

    //残差の要素数
    R_xlen_t n = resid.length();

    //残差の平方和
    double rmse(0.0);
    for(double r : resid){
        rmse += r*r;
    }

    //残差平方和を要素数で割り、平方根を取る
    return(sqrt((1.0/n)*rmse));
}
```

実行例として、Rのサンプルデータ mtcars を使って、車の燃費を線形回帰したモデルのRMSEを計算します。

```
> mod <- lm(mpg ~ ., data = mtcars)
> rcpp_rmse(mod)
[1] 2.146905
```

24-15-2 S4クラス

■slotへのアクセス

S4クラスのオブジェクトのスロットへアクセスするにはslotメンバ関数を用います。また、特定の名前のスロットを持っているかどうか確かめるにはhasSlotメンバ関数を用います。

```cpp
x.slot("スロット名");
x.hasSlot("スロット名");
```

■S4クラスのオブジェクトを作成する

RcppではRで定義したS4クラスのオブジェクトを作成できます。

リスト24.12では、Rで新しいS4クラスPersonを定義したあと、RcppでPersonクラスのオブジェクトを作成する例を示します。まずはS4クラスのPersonを定義します。このクラスは、スロットとして、名前を表すname、誕生日を表すbirthを保持しています。

リスト24.12　s4.R

```r
# RでS4クラスPersonを定義する
setClass (
```

Part 6 実践的な開発

```r
  # クラス名
  "Person",
  # スロットの型を指定
  representation (
    name = "character",
    birth = "Date"
  ),
  # スロットの初期化
  prototype = list(
    name = as.character(NULL),
    birth = as.Date(as.character(NULL))
  )
)

# RでPersonクラスのオブジェクトを作成する例
person_01 <- new("Person",
                 name = "Ronald Fisher",
                 birth = as.Date("1890-02-17"))
```

次にRcppでPersonクラスのオブジェクトを作成し、そのスロットに値を設定します(**リスト24.13**)。

リスト24.13　s4.cpp(抜粋)

```cpp
// [[Rcpp::export]]
S4 rcpp_s4(){

    // Person クラスのオブジェクトを作成
    S4 x("Person");

    // スロットに値を設定
    x.slot("name")  = "Sewall Wright";
    x.slot("birth") = Date("1889-12-21");

    return(x);
}
```

次が実行結果です。

```
> rcpp_s4()
An object of class "Person"
Slot "name":
[1] "Sewall Wright"

Slot "birth":
[1] "1889-12-21"
```

24-16 Date

DateはDateVectorの要素に対応するスカラー型です。

24-16-1 Dateオブジェクトの作成

Dateオブジェクトを作成する方法は、大別すると1970年1月1日からの経過日数を指定して作成する方法と、明示的に年月日を指定して作成する方法の2通りがあります。

明示的に日付を指定して作成する形式はDate d(str, format)となります。この形式では書式文字列formatを指定して文字列strをDateに変換します（formatで使用できる記号についてはRのhelp(strptime)を参照してください）。

```cpp
// Dateオブジェクトの作成
// 1970年1月1日からの経過日数（実数）を指定して作成
Date d1;           // "1970-01-01"
Date d2(1);        // "1970-01-02"
Date d3(1.1);      // "1970-01-02"

// 年月日を指定して作成
Date d4( 2000, 1, 2); // Date(year, mon, day)
Date d5( 1, 2, 2000); // Date(mon, day, year)
Date d6("2000年1月2日","%Y年%m月%d日"); // デフォルトの書式は "%Y-%m-%d"
```

24-16-2 演算

Dateには+、-、<、>、>=、<=、==、!=の演算子が定義されています。これらの演算子を用いることにより、日数の加算（+）、日数の差分（-）、日付の比較（<、<=、>、>=、==、!=）などができるようになります（リスト24.14）。

リスト24.14　date.cpp（抜粋）

```cpp
// [[Rcpp::export]]
DateVector rcpp_date1(){
    // Date の作成
    Date d1("2000-01-01");
    Date d2("2000-02-01");
    
    int  i = d2 - d1; //日付の差分（日数）
    bool b = d2 > d1; //日付の比較
    
    // d1に1日加算した結果を日付ベクトルに代入する
```

635

```
    DateVector date(1);
    date[0] = d1 + 1;

    return date; // 2000-01-02
}
```

24-16-3 Dateのメンバ関数

表24.12はDateのメンバ関数です。

表24.12　Dateのメンバ関数

メンバ関数	説明
getDay()	日付の日を返す
getMonth()	日付のの月を返す
getYear()	日付の年を返す
getWeekday()	日付の曜日をintで返す。戻り値は1=Sun、2=Mon、3=Tue、4=Wed、5=Thu、6=Satに対応
getYearday()	1月1日を1、12月31日を365とした年間を通した日付の番号を返す
is.na()	このオブジェクトがNAであるならtrueを返す

次にDateのメンバ関数の使用例を示します。

```
// Date オブジェクトの作成
Date d("2016-1-1");
//日付の要素を出力
Rcout << d.getDay() << "\h";        //1
Rcout << d.getMonth() << "\h";      //1
Rcout << d.getYear() << "\h";       //2016
Rcout << d.getWeekday() << "\h";    //6
Rcout << d.getYearday() << "\h";    //1
```

24-17 Datetime

DatetimeはDatetimeVectorの要素に対応するスカラー型です。

24-17-1 Datetimeオブジェクトの作成

DatetimeはDatetimeVectorの要素に対応するスカラー型です。Dateと同様に、Datetimeの作成方法も、世界協定時（UTC）の1970-01-01 00:00:00からの秒数を指定して作成する方法と、明示的に日時を指定して作成する方法があります。

明示的に日時を指定して作成する形式はDatetime dt(str, format)となります。この形式では書式文字列formatを指定して文字列strをDatetimeに変換します（formatで使用できる記号は

Rのhelp(strptime)を参照してください)。

```
// 1970年1月1日 00:00:00からの経過秒数（実数）で作成
Datetime dt;              //"1970-01-01 00:00:00 UTC"
Datetime dt(10.1);        //"1970-01-01 00:00:00 UTC" + 10.1sec

// 日時・時間と書式を指定して作成
// デフォルトの書式は"%Y-%m-%d %H:%M:%OS"
// 指定した日時はローカルなタイムゾーンの日時として解釈される
Datetime dt("2000-01-01 00:00:00");
Datetime dt("2000年1月1日 0時0分0秒", "%Y年%m月%d日 %H時%M分%OS秒");
```

24-17-2 タイムゾーン

　Datetimeは、内部的には日時を協定世界時（UTC）1970-01-01 00:00:00からの秒数（実数）で管理しています。たとえばDatetime dt(10)は世界協定時1970-01-01 00:00:00 UTCから10秒経過後の時点を表します。この値をRに返すと実行されたタイムゾーンに変換された時刻として表示されます。たとえば日本なら日本標準時（JST）はUTC+9時間ですので、Datetime(10)は1970-01-01 09:00:10 JSTとなります。

　Date d(str, format)の形式ではDatetimeオブジェクトを作成する際には、strはローカルなタイムゾーンの時刻として解釈されます。たとえば日本標準時の環境で、Datetime("2000-01-01 00:00:00")を実行すると、内部的には1999-12-31 15:00:00 UTCの値がセットされます。

24-17-3 演算子

　Datetimeには+、-、<、>、>=、<=、==、!=の演算子が定義されています。
　これらの演算子を用いることにより、秒数の加算（+）、日時の差分（-）、日時の比較（<、>、>=、==、!=）ができるようになります。日時の差分の戻り値の単位は秒となります。

```
Datetime dt1("2000-01-01 00:00:00");
Datetime dt2("2000-01-02 00:00:00");

//日時の差分（秒）
int sec = dt2 - dt1;    // 86400秒

//日時に秒数を加算
dt1 = dt1 + 1;  // "2000-01-01 00:00:01"

//日時の比較
bool b = dt2 > dt1;  // true
```

24-17-4 Datetimeが持つメンバ関数

表24.13のメンバ関数を使って出力される時刻の値は、世界協定時で解釈した時刻の値になっています。そのため、ユーザのタイムゾーンの日時とは異なって見えますので注意してください。

表24.13　Datetimeのメンバ関数

メンバ関数	説明
getFractionalTimestamp()	世界協定時の基準日（1970-01-01 00:00:00 UTC）からの秒数（実数値）を返す
getMicroSeconds()	世界協定時の日時のマイクロ秒を返す。これは秒の小数点以下の値を1/1000000秒単位で表記した値です（0.1 秒 = 100000 マイクロ秒）
getSeconds()	世界協定時の日時の秒を返す
getMinutes()	世界協定時の日時の分を返す
getHours()	世界協定時の日時の時を返す
getDay()	世界協定時の日時の日を返す
getMonth()	世界協定時の日時の月を返す
getYear()	世界協定時の日時の年を返す
getWeekday()	世界協定時の日時の曜日をintで返す。1=Sun、2=Mon、3=Tue、4=Wed、5=Thu、6=Sat
getYearday()	1月1日を1、12月31日を365とした年間を通した日付の番号を返す
is_na()	このオブジェクトがNAである場合にはtrueを返す

リスト24.15では、日本標準時（JST）の環境で実行した結果を示します。

リスト24.15　datetime.cpp（抜粋）

```cpp
// [[Rcpp::export]]
Datetime rcpp_datetime(){
    // 日時を指定して Datetime オブジェクトを作成する
    Datetime dt("2000-01-01 00:00:00");

    // 日時の要素を世界協定時で表示する
    Rcout << "getYear " << dt.getYear() << "\n";
    Rcout << "getMonth " << dt.getMonth() << "\n";
    Rcout << "getDay " << dt.getDay() << "\n";

    Rcout << "getHours " << dt.getHours() << "\n";
    Rcout << "getMinutes " << dt.getMinutes() << "\n";
    Rcout << "getSeconds " << dt.getSeconds() << "\n";

    Rcout << "getMicroSeconds " << dt.getMicroSeconds() << "\n";
    Rcout << "getWeekday " << dt.getWeekday() << "\n";
    Rcout << "getYearday " << dt.getYearday() << "\n";
    Rcout << "getFractionalTimestamp " << dt.getFractionalTimestamp() << "\n";

    return dt;
}
```

次に実行結果を示します。出力される世界協定時（UTC）は日本標準時（JST）から9時間前の日時となっていることがわかります。

```
> rcpp_datetime()
getYear 1999
getMonth 12
getDay 31
getHours 15
getMinutes 0
getSeconds 0
getMicroSeconds 0
getWeekday 6
getYearday 365
getFractionalTimestamp 9.46652e+08
[1] "2000-01-01 JST"
```

24-18 String

Stringは、CharacterVectorの要素に対応するスカラー型です。StringはCの文字列char*やC++の文字列stringでは対応していないNA値（NA_STRING）も扱うことができます。

24-18-1 Stringオブジェクトの作成

String型のオブジェクトの作成方法には、大別して、C/C++の文字列から作成する方法、別のStringオブジェクトから作成する方法、文字列ベクトルの要素の1つから作成する方法の3通りの方法があります。また、文字コードも合わせて指定できます。

```
// 文字列を指定する
String s("X");
String s("X", CE_UTF8); // 文字コードを指定する場合

// String 型の文字列 str の値をコピーして作成する
String s(str);

// 文字列ベクトル char_vec の1つの要素の値をコピーして作成する
String s(char_vec[0]);
String s(char_vec[0], CE_UTF8) // 文字コードを指定する場合
```

24-18-2 Stringに対して定義されている演算子

Stringには+=演算子が定義されています。これにより文字列の末尾に別の文字列を結合でき

ます（+演算子は定義されてないので注意してください）。

```
// String オブジェクトの作成
String s("A");

// 文字列を結合する
s += "B";

Rcout << s << "\n"; //"AB"
```

　String型の文字コードの指定には列挙型cetype_tを用います。表24.14に使用できるcetype_tの値と、RのEncoding関数で文字コードを判定した際の戻り値の対応関係を示します。

表24.14　cetype_tとRのEncoding関数の戻り値の対応関係

cetype_tの値	RのEncoding関数の戻り値
CE_NATIVE	"unknown"
CE_UTF8	"UTF-8"
CE_LATIN1	"latin1"
CE_BYTES	"bytes"

24-18-3　Stringが持つメンバ関数

　表24.15がStringのメンバ関数です。

表24.15　Stringのメンバ関数

メンバ関数	説明
replace_first(str, new_str)	このStringオブジェクトの中で文字列strと一致する最初に見つけた部分文字列を文字列new_strに置き換える
replace_last(str, new_str)	このStringオブジェクトの中で、文字列strと一致する最後に見つけた部分文字列strを文字列new_strに置き換える
replace_all(str, new_str)	このStringオブジェクトの中で、文字列strと一致するすべての部分文字列strを文字列new_strに置き換える
push_back(str)	このStringオブジェクトの末尾に文字列strを結合する（+=演算子と同じ機能）
push_front(str)	このStringオブジェクトの先頭に文字列strを結合する
set_na()	NA値をセットする
get_cstring()	Stringオブジェクトの文字列をC言語の文字列定数（const char*）に変換して返す
get_encoding()	文字コードをcetype_t型で返す
set_encoding(encoding)	文字コードencordingをcetype_t型で設定する

　リスト24.16にメンバ関数の使用例を示します。メンバ関数replace_first、replace_last、replace_allを用いて、"abcdabcd"という文字列に対して、"ab"を"AB"に置換する処理を3通りの方法で実行しています。なお、これらのメンバ関数は、単に文字を置き換えた文字列を返すわけではなく、このオブジェクトの値をそのものを書き換えます。

リスト24.16　replace.cpp（抜粋）

```cpp
// [[Rcpp::export]]
void rcpp_replace(){
    //"ab"が初めて出現する箇所でのみ置換
    String s("abcdabcd");
    s.replace_first("ab", "AB");
    Rcout << s.get_cstring() << "\n"; // ABcdabcd

    //"ab"が最後に出現する箇所でのみ置換
    s="abcdabcd";
    s.replace_last("ab", "AB");
    Rcout << s.get_cstring() << "\n"; // abcdABcd

    //"ab"が出現するすべての箇所で置換
    s="abcdabcd";
    s.replace_all("ab", "AB");
    Rcout << s.get_cstring() << "\n"; // ABcdABcd
}
```

24-19　因子ベクトル

Rの因子ベクトルfactorの実体は属性levelsが定義された整数ベクトルです。そのため、ユーザが因子ベクトルの要素の値を評価したい場合は文字列ではなく整数として扱う必要があります。因子ベクトルの各要素の値は、属性levelsの最初の要素に対応する値が1、次の要素に対応する値が2、というようになっています。**リスト24.17**はRcppで因子ベクトルを作成する方法を示しています。

リスト24.17　factor.cpp（抜粋）

```cpp
// [[Rcpp::export]]
IntegerVector rcpp_factor(){
    // factor の作成
    IntegerVector v = {1,2,3,1,2,3};
    CharacterVector ch = {"A","B","C"};
    v.attr("class") = "factor";
    v.attr("levels") = ch;
    return v;
}
```

次が実行例です。

```
> rcpp_factor()
[1] A B C A B C
Levels: A B C
```

24-20 RObject

RObject型はRcppで定義されたどのような型のオブジェクトでも代入できる型です。変数にどのような型が渡されるか実行時にならないとわからない場合には、RObjectを用いると良いでしょう。

24-20-1 メンバ関数

RObjectは次のメンバ関数を持ちます（**表24.16**）。これらのメンバ関数はRcppが提供する、ほかのすべてのAPIクラス（Vectorなど）でも同じものを共通して持っています。

表24.16 RObjectのメンバ関数

メンバ関数	説明
inherits(str)	オブジェクトが文字列strで指定したクラスを継承している場合はtrueを返す
slot(name)	オブジェクトがS4の場合、文字列nameで指定したスロットにアクセスする
hasSlot(name)	オブジェクトがS4の場合、文字列nameで指定したスロットがある場合はtrueを返す
attr(name)	オブジェクトの文字列nameで指定した属性にアクセスする
attributeNames()	オブジェクトが持つすべての属性の名前をstd::vector<std::string>型で返す
hasAttribute(name)	オブジェクトが文字列nameで指定した名前の属性を持っている場合はtrueを返す
isNULL()	オブジェクトがNULLである場合はtrueを返す
sexp_type()	オブジェクトのSXPTYPEをint型で返す
isObject()	オブジェクトが"class"属性を持っている場合にはtrueを返す
isS4()	オブジェクトがS4オブジェクトである場合にはtrueを返す

24-20-2 RObjectを利用した型の判別

RObjectの使い方の1つとして、オブジェクトの型の判別があります。RObjectに代入された値が実際にはどの型であるのかを判別するには、is<T>関数やメンバ関数のisS4、isNULLを用います。ただし、行列や因子ベクトルは特定の属性値が設定されたベクトルですのでis<T>関数だけでは判定できません。それらを判定する場合にはRf_isMatrix関数やRf_isFactor関数を用います。

リスト24.18では、RObjectを利用した型の判別の方法を示します。

リスト24.18 type.cpp（抜粋）

```cpp
// [[Rcpp::export]]
void rcpp_type(RObject x){
    if(is<NumericVector>(x)){
        if(Rf_isMatrix(x)) Rcout << "NumericMatrix\n"; // 行列の判別の例
        else Rcout << "NumericVector\n";
    }
```

```
    else if(is<IntegerVector>(x)){
        if(Rf_isFactor(x)) Rcout << "factor\n"; // 因子ベクトルの判別の例
        else Rcout << "IntegerVector\n";
    }
    else if(is<CharacterVector>(x))
        Rcout << "CharacterVector\n";
    else if(is<LogicalVector>(x))
        Rcout << "LogicalVector\n";
    else if(is<DataFrame>(x))
        Rcout << "DataFrame\n";
    else if(is<List>(x))
        Rcout << "List\n";
    else if(x.isS4())
        Rcout << "S4\n";
    else if(x.isNULL())
        Rcout << "NULL\n";
    else
        Rcout << "unknown\n";
}
```

型の判定をしたあとにRObjectを別のRcpp型に変換するにはas<T>を用います。

```
// RObject を NumericVector に変換します
RObject x;
NumericVector v = as<NumericVector>(x);
```

24-21 Rの関数を利用する

FunctionクラスEnvironmentクラスを用いることで、RcppにRの関数をRcpp内で利用できます。

24-21-1 Functionを使ってRの関数を利用する

Functionクラスを使うと、Rの関数をRcpp内で呼び出すことができます。Rの関数に与えた値がどの引数に渡されるかは、位置と名前に基づいて判断されます。

名前を指定して引数に値を渡すにはNamed関数または_[]を使用します。Nameは、Named("引数名", 値)かNamed("引数名") = 値の2つの方法で用いることができます。

リスト24.19では、Rcppで定義した関数の中でRの関数stats::rnorm(n, mean, sd)を呼び出す例を示します。なお、この方法でパッケージの関数を呼び出す場合は、あらかじめRでlibrary関数などを用いてパッケージの環境をサーチパスに追加しておく必要があります。

実践的な開発

リスト24.19　myfun.cpp（抜粋）

```cpp
// [[Rcpp::export]]
NumericVector my_fun(){
    // rnorm 関数を呼び出す
    Function f("rnorm");

    // 次の例は rnorm(n=5, mean=10, sd=2)と解釈される
    // 1番目の引数は位置にもとづきnに渡される
    // 2,3番目の引数は名前にもとづきsd,meanに渡される
    return f(5, Named("sd")=2, _["mean"]=10);
}
```

　上の例では、関数`my_fun`内で呼び出されたRの関数の戻り値は`NumericVector`である前提となっています。しかし、次の例ではRcpp関数にRの関数を引数として渡していますが、どのような返値のR関数が引数として渡されるのか決まっていない場合もよくあります。そのような場合には、どんな型でも代入できる`RObject`か`List`に関数の戻り値を代入すると良いでしょう。

　リスト24.20では、Rの`lapply`を単純化した関数をRcppで定義する例を示します。

リスト24.20　lapply.cpp（抜粋）

```cpp
// [[Rcpp::export]]
List rcpp_lapply(List input, Function f) {
    // リストinputの各要素に関数fを適用した結果をリストとして返す

    // リストの要素数n
    R_xlen_t n = input.length();

    // 出力用に要素数がnのリストを作成する
    List out(n);

    // inputの各要素にfを適用してoutに格納する
    // fの戻り値の型は不明ですがリストには代入可能です
    for(R_xlen_t i = 0; i < n; ++i) {
        out[i] = f(input[i]);
    }

    return out;
}
```

24-21-2　Environmentを使ってRの関数を利用する

　`Environment`クラスを利用するとパッケージなどの環境からオブジェクト（変数や関数）を取り出すことができます。

　リスト24.21では、パッケージ`stats`にある関数`rnorm`関数を呼び出す例を示します。この例

の方法を用いると、Rであらかじめパッケージをロードしていなくても、パッケージ内の関数を呼び出すことができます。

リスト24.21　packagefunction.cpp（抜粋）

```cpp
// [[Rcpp::export]]
NumericVector rcpp_package_function(){
    // statパッケージの名前空間を取得
    Environment stats = Environment::namespace_env("stats");

    // statパッケージの rnorm 関数を取得
    Function rnorm = stats["rnorm"];

    // rnorm(n=5, mean=10, sd=2) を実行
    return rnorm(Named("n", 5), Named("mean", 10), Named("sd", 2));
}
```

24-22　Environment

Environmentクラスを用いるとアクセスしたい環境を変数として保持し、その環境中の変数や関数にアクセスできます。

24-22-1　Environmentオブジェクトの作成

Environmentクラスのオブジェクトを作成する方法を次に示します。

```cpp
Environment env();                          //グローバル環境
Environment env = Environment::global_env(); //グローバル環境
Environment env("package:stats");           // パッケージstats内の環境
Environment env(1); // オブジェクトのサーチパスのi番目にある環境（i=1はグローバル環境）
```

オブジェクトサーチパスを確認するにはRのsearch関数を利用します。

```
> search()
 [1] ".GlobalEnv"        "tools:RGUI"        "package:stats"
 [4] "package:graphics"  "package:grDevices" "package:utils"
 [7] "package:datasets"  "package:methods"   "Autoloads"
[10] "package:base"
```

24-22-2　環境にあるオブジェクトにアクセスする

Environmentオブジェクトを通して環境中の変数や関数にアクセスするためには[]演算子また

はgetメンバ関数を用います。もしも、その環境に存在しない変数や関数にアクセスした場合にはR_NilValue(NULL)が返ります。

```
// グローバル環境を取得
Environment env = Environment::global_env();

//グローバル環境にある変数を取得
NumericVector x = env["x"];

//グローバル環境にある変数xの値を変更
x[0] = 100;
```

24-22-3 新しい環境を作成する

関数new_env関数を用いることで新しい空の環境を作成できます。表24.17のようにして利用します。

表24.17 new_env関数の利用方法

関数	説明
new_env(size = 29)	新しい環境を返す。sizeは作成される環境のハッシュテーブルの初期サイズを指定する
new_env(parent, size = 29)	parentを親環境とする新しい環境を返す。sizeは作成される環境のハッシュテーブルの初期サイズを指定する

24-22-4 Environmentが持つメンバ関数

表24.18がEnvironmentのメンバ関数です。

表24.18 Environmentのメンバ関数

メンバ関数	説明
get(name)	この環境から文字列nameで指定された名前のオブジェクトを取得する。見つからない場合はR_NilValueを返す
ls(all)	この環境にあるオブジェクトの一覧を返す。論理値allがtrueならすべてのオブジェクトを、falseなら名前が.から始まるオブジェクトは除外する
find(name)	この環境、あるいは、その親環境から文字列nameで指定した名前のオブジェクトを取得する。見つからない場合はbinding_not_found例外がthowされる
exists(name)	この環境に文字列nameで指定した名前のオブジェクトが存在する場合にはtrueを返す
assign(name,x)	この環境にある文字列nameで指定した名前のオブジェクトに値xを代入する。成功した場合にはtrueを返す
isLocked()	この環境がロックされている場合にはtrueを返す
remove(name)	この環境から文字列nameで指定した名前のオブジェクトを削除する。成功した場合にはtrueを返す
lock(bindings = false)	この環境をロックする。binding = trueの場合は、この環境のbinding（Rのオブジェクト名とメモリ上のオブジェクト値の対応関係）もロックする
lockBinding(name)	この環境にある文字列nameで指定したbindingをロックする
unlockBinding(name)	この環境にある文字列nameで指定したbindingのロックを解除する

メンバ関数	説明
bindingIsLocked(name)	この環境にある文字列nameで指定したbindingがロックされている場合にはtrueを返す
bindingIsActive(name)	この環境にある文字列nameで指定したbindingがアクティブである場合にはtrueを返す
is_user_database()	この環境がユーザが定義したデータベース("UserDefinedDatabase")を継承している場合にはtrueを返す
parent()	この環境の親環境を返す
new_child(hashed)	この環境を親とする新しい環境を作成する。hashed = trueの場合は、作成した環境はハッシュテーブルを使用する

24-22-5 Environmentが持つ静的メンバ関数

表24.19がEnvironmentの静的メンバ関数です。

表24.19　Environmentの静的メンバ関数

静的メンバ関数	説明
Environment::global_env()	グローバル環境を返す
Environment::base_env()	baseパッケージの環境を返す
Environment::empty_env()	ルート環境である空環境を返す
Environment::base_namespace()	baseパッケージの名前空間を返す
Environment::Rcpp_namespace()	Rcppパッケージの名前空間を返す
Environment::namespace_env(package)	文字列packageで指定した名前のパッケージの環境を返す

Environment::namespace_env関数を使った場合には、Rであらかじめlibrary関数でパッケージをサーチパスに追加していなくてもパッケージ内の関数を呼び出すことができます。これはRでパッケージ名::関数という形式で呼び出した場合と同等です。それに加えて、パッケージ内でexportされていない関数にもアクセスできます。これはRでパッケージ名:::関数という形式で呼び出した場合と同等です。

24-23　NA、NaN、Inf、NULLの扱い

本節ではRcppでNA（欠損値）、NaN（非数値）、Inf（無限）、-Inf（無限小）、NULL（無効値）の値を扱う方法を説明します。

24-23-1 NA、NaN、Inf、-Infの値の表現

RcppでInf、-Inf、NaNの値を表現するにはR_PosInf、R_NegInf、R_NaNの記号を用います。表24.20のようにまとめられます。

表24.20 RcppにおけるInf、-Inf、NaNの表記

Rでの値	Rcppでの表記
Inf	R_PosInf
-Inf	R_NegInf
NaN	R_NaN

一方、NAについては Vector の型ごとに異なるNAの値が定義されています（**表24.21**）。

表24.21 RcppにおけるNAの表記

Vector型	NA値
NumericVector	NA_REAL
IntegerVector	NA_INTEGER
LogicalVector	NA_LOGICAL
CharacterVector	NA_STRING

次のコード例では、これらの記号を使ってベクトルを作成する方法を示します。

```
NumericVector    v1 = NumericVector::create(1.0, NA_REAL, R_NaN, R_PosInf, R_NegInf);
IntegerVector    v2 = IntegerVector::create(1, NA_INTEGER);
CharacterVector  v3 = CharacterVector::create("A", NA_STRING);
LogicalVector    v4 = LogicalVector::create(1, NA_LOGICAL);
```

24-23-2 NA、NaN、Inf、-Infの判定

ここではベクトルにある NA、NaN、Inf、-Inf の値を判定する方法を紹介します。

■ベクトルの要素をまとめて判定する場合

ベクトル v の要素にある、NA、NaN、Inf、-Inf をまとめて判定するには、関数 is_na、is_nan、is_infinite を使います。

次のコード例では、RでNA、NaN、Inf、-Infを含むベクトルを作成し、それをRcppで判定しています。この例からRcppの is_na 関数はRの is.na 関数と同じく、NAとNaNの両方を true と判定することがわかります。

```
NumericVector v =
    NumericVector::create(1, NA_REAL, R_NaN, R_PosInf, R_NegInf);
LogicalVector l1 = is_na(v);
LogicalVector l2 = is_nan(v);
LogicalVector l3 = is_infinite(v);
Rcout << l1 << "\n"; // 0 1 1 0 0
Rcout << l2 << "\n"; // 0 0 1 0 0
Rcout << l3 << "\n"; // 0 0 0 1 1
```

これらの関数を使うことでベクトルからNA、NaN、Infを取り除くことができます。またNAを取り除くためにはna_omit関数を使うこともできます。

次のコード例では、関数is_naとna_omitを使ってベクトルからNAを取り除く方法を示します。

```
// NAを含むベクトルの作成
NumericVector v =
    NumericVector::create(1, NA_REAL, 2, NA_REAL, 3);

//ベクトルからNAを取り除く
NumericVector v1 = v[!is_na(v)];
NumericVector v2 = na_omit(v);
```

■ベクトルの要素1つに対して判定する場合

ベクトルの要素1つに対してNA、NaN、Inf、-Infの判定を行いたい場合には、**リスト24.22**の関数のVector::is_na、traits::is_nan<RTYPE>、traits::is_infinite<RTYPE>を用います。RTYPEには判定したいベクトルのSEXPTYPEを指定します。SEXPTYPEについては**表24.22**を参照してください。

リスト24.22　isna.cpp（抜粋）

```
// [[Rcpp::export]]
void rcpp_is_na() {
    // NA,NaN,Inf,-Infを含んだベクトルの作成
    NumericVector v =
        NumericVector::create(1, NA_REAL, R_NaN, R_PosInf, R_NegInf);

    // ベクトルの要素ごとに値を判定
    int n = v.length();
    for (int i = 0; i < n; ++i) {
        if(NumericVector::is_na(v[i]))
            Rprintf("v[%i] is NA.\n", i);
        if(Rcpp::traits::is_nan<REALSXP>(v[i]))
            Rprintf("v[%i] is NaN.\n", i);
        if(Rcpp::traits::is_infinite<REALSXP>(v[i]))
            Rprintf("v[%i] is Inf or -Inf.\n", i);
    }
}
```

表24.22　主要なベクトルのSEXPTYPE

SEXPTYPE	ベクトル
LGLSXP	論理ベクトル
INTSXP	整数ベクトル
REALSXP	実数ベクトル
CPLXSXP	複素数ベクトル
STRSXP	文字列ベクトル

649

24-23-3 NULL

RcppでNULLを扱う場合にはR_NilValueを利用します。**リスト24.23**では、NULLがリストの要素に含まれる場合の判定と、NULLを代入して属性の値を消去する例を示します。

リスト24.23　null.cpp（抜粋）

```cpp
// [[Rcpp::export]]
List rcpp_null(){
    // 要素名がついたリストを作成する
    // 2つの要素のうち1つはNULLになっている
    List L = List::create(Named("x",NumericVector({1,2,3})),
                          Named("y",R_NilValue));

    // NULLの判定
    for(int i=0; i<L.length(); ++i){
        if(L[i]==R_NilValue) {
            Rprintf("L[%i] is NULL.\n\n", i+1);
        }
    }

    // オブジェクトの属性値（要素名）の値を消去する
    L.attr("names") = R_NilValue;

    return(L);
}
```

次が実行結果です。

```
> rcpp_list()
L[2] is NULL.

[[1]]
[1] 1 2 3

[[2]]
NULL
```

24-23-4 RcppでNAを扱う際の注意点

整数ベクトルと論理ベクトルのNA（NA_INTEGER、NA_LOGICAL）の値として、Rcppの内部的にはintの最小値(-2147483648)がセットされています。Rcppで定義された関数や演算子はintの最小値をNAとして適切に扱います（つまり、NAに対する演算の結果をNAにします）。しかし、標準C++の関数や演算子はintの最小値を単なる数値としてそのまま扱います。そのため、たとえばIntegerVectorのNAに1を足すと、結果はintの最小値ではなくなるため、もはやNAではなくなっ

24章 Rcpp

てしまいます。加えて bool 型に NA を代入した場合には常に true になります。これは bool は 0 以外の数値をすべて true と評価するためです。一方、double には nan と inf が定義されているため、標準 C++ でも nan、inf に対する演算の結果は、R と同様の結果になるため問題はありません。表 24.23 では、R の NA、Inf、-Inf、NaN の値を Vector やスカラー型に対して代入したときに、どのような値として評価されるのかまとめています。

表 24.23 R の NA、NaN、Inf を Rcpp、C++ の型に代入したときに設定される値

	NA	NaN	Inf	-Inf
NumericVector	NA_REAL	R_NaN	R_PosInf	R_NegInf
IntegerVector	NA_INTEGER	NA_INTEGER	NA_INTEGER	NA_INTEGER
LogicalVector	NA_LOGICAL	NA_LOGICAL	NA_LOGICAL	NA_LOGICAL
CharacterVector	NA_STRING	"NaN"	"Inf"	"-Inf"
String	NA_STRING	"NaN"	"Inf"	"-Inf"
double	nan	nan	inf	-inf
int	-2147483648	-2147483648	-2147483648	-2147483648
bool	true	true	true	true

リスト 24.24 は、NA_INTEGER に対して Rcpp の演算子と標準 C++ の演算子を用いて演算を行ったときの結果の違いを示しています。この実行結果から Rcpp の演算子は NA に対する演算の結果を NA にしますが、標準 C++ の演算子は整数ベクトルの NA を数値として扱っていることがわかります。

リスト 24.24 nasum.cpp（抜粋）

```cpp
// [[Rcpp::export]]
List rcpp_na_sum(){

    // NAを含む整数ベクトルを作成
    IntegerVector v1  = IntegerVector::create(1,NA_INTEGER,3);

    // Rcppで定義されたベクトルとスカラーの+演算子を適用
    IntegerVector res1 = v1 + 1;

    // 標準C++で定義されたintとintの+演算子を適用
    IntegerVector res2(3);
    for(int i=0; i<v1.length(); ++i){
        res2[i] = v1[i] + 1;
    }

    // 結果をリストで出力
    return List::create(Named("Rcpp plus", res1),
                        Named("C++  plus", res2));
}
```

次が実行結果です。

```
> rcpp_na_sum()
$`Rcpp plus`
[1]  2 NA  4

$`C++  plus`
[1]  2 -2147483647  4
```

24-24 エラー処理とキャンセル処理

24-24-1 エラー処理

プログラムの正常な進行が妨げられる事態が起きた場合には、stop関数を用いてエラーメッセージを表示し実行を停止できます。プログラムの進行を停止せずに、ユーザに警告を発したい場合はwarning関数を用います。関数stopとwarningのどちらともRprintf関数と同じように書式を指定してメッセージを表示できます。

```
stop("Error: Unexpected condition occurred");
stop("Error: Column %i is not numeric.", i+1); // 書式を指定する場合

warning("Warning: Unexpected condition occurred");
warning("Warning: Column %i is not numeric.", i+1); // 書式を指定する場合
```

リスト24.25では、関数に与えた数値がマイナスであった場合にエラーを出力して実行を停止します。

リスト24.25 log.cpp（抜粋）

```cpp
// [[Rcpp::export]]
double rcpp_log(double x) {
    if (x <= 0.0) {
        stop("'x' must be a positive value.");
    }
    return log(x);
}
```

次が実行結果です。

```
> rcpp_log(-1)
 エラー: 'x' must be a positive value.
```

24-24-2 キャンセル処理

checkUserInterrupt関数は処理の実行途中でユーザが処理をキャンセルするため「Ctrl + c」ボタンが押されたかどうかを確認し、押されていた場合には処理を中止します。長時間を要する処理を実行する場合には、おおよそ数秒に1回程度の頻度でcheckUserInterrupt関数が実行されるようにすると良いでしょう。

```
for (int i=0; i<100000; ++i) {
    // 1000繰り返しごとに中断をチェック
    if (i % 1000 == 0)
        Rcpp::checkUserInterrupt();

    do_something();
}
```

24-25 イテレータ

イテレータ（反復子）とは、ベクトルなどの要素にアクセスするためのオブジェクトです。次節で紹介するように、Rcppのベクトルに対して標準C++のアルゴリズムを適用したい場合にはイテレータを利用します。なぜなら標準C++で提供されているアルゴリズムの多くはイテレータを使って処理を適用するデータの位置や範囲を指定するためです。

Rcppのデータ構造には、次のようにそれぞれ独自のイテレータ型が定義されています。

```
NumericVector::iterator
IntegerVector::iterator
LogicalVector::iterator
CharacterVector::iterator
DataFrame::iterator
List::iterator
```

図24.1はイテレータを使ってベクトルの要素にアクセスする方法を模式的に示しています。

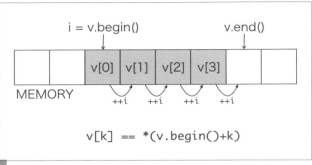

図24.1　イテレータを使ってベクトルの要素にアクセスする方法

次に図24.1の内容を箇条書きで示します。

- i = v.begin()とするとイテレータ i は v の先頭要素を指す
- v.end() は v の末尾（最後の要素の1つ後）を指し示すイテレータを表す
- ++i は、i を1つ次の要素を指す状態に更新
- --i は、i を1つ前の要素を指す状態に更新
- i+1 は、i の1つ次の要素を指し示すイテレータを表す
- i-1 は、i の1つ前の要素を指し示すイテレータを表す
- *i は、i が指し示す要素の値を表す
- *(v.begin()+k) は v の k 番目の要素の値（v[k]）を表す

リスト24.26は、イテレータを使ってNumericVectorのすべての要素を走査して値の合計値を求めています。

リスト24.26　sum2.cpp（抜粋）

```cpp
// [[Rcpp::export]]
double rcpp_sum(NumericVector x) {
  double total = 0;
  for(NumericVector::iterator i = x.begin(); i != x.end(); ++i) {
    total += *i;
  }
  return total;
}
```

24-26　標準C++アルゴリズムを利用する

標準C++の<algorithm>と<numeric>ヘッダファイルではさまざまな汎用アルゴリズムが提供されています。イテレータの節でも述べたように、その多くでは、イテレータを使ってアルゴリ

ズムを適用する位置や範囲を指定します。

リスト24.27では`<algorithm>`ヘッダファイルにある`count`関数を用いて、ベクトルに対して指定した値と等しい要素の数を数えます。

リスト24.27　count.cpp（抜粋）

```cpp
#include <algorithm>
// [[Rcpp::export]]
int rcpp_count(){
    // 文字列ベクトルの作成
    CharacterVector v =
        CharacterVector::create("A", "B", "A", "C", NA_STRING);

    // 文字列ベクトルvから値が"A"である要素の数を数える
    return std::count(v.begin(), v.end(), "A"); // 2
}
```

なお、標準C++のクラスや関数などは`std::`名前空間の中で定義されているため`std::vector`のように`std::`を付けて指定します。

24-27　標準C++データ構造を利用する

標準C++では`vector`、`list`、`map`、`set`などのさまざまなデータ構造（コンテナ）が提供されています。それらはデータへのアクセス・追加・削除などの効率が異なるので、目的に応じて使い分けることで、実現したい処理をより効率よく実装できます。

たとえば、ベクトルに要素を追加する処理を例にすると、Rcppの`Rcpp::Vector`と標準C++の`std::vector`には、どちらにもベクトルの末尾に要素を追加するメンバ関数`push_back`が提供されていますが、その処理効率には大きな違いがあります。なぜなら`Rcpp::Vector`では`push_back`メンバ関数を実行するたびに追加した値を含むベクトル全体の値をメモリ上のほかの場所にコピーする処理が発生するのに対して、`std::vector`では多くの場合には全体をコピーすることなく末尾に要素を追加できるためです。

リスト24.28に`std::vector`を用いて、行列の要素の値が0ではない要素の行番号と列番号を取得する例を示します。

リスト24.28　matrixrowscols.cpp（抜粋）

```cpp
// [[Rcpp::export]]
DataFrame matix_rows_cols(NumericMatrix m){
    // 行列から値が0ではない要素の列番号と行番号を返す
    // 簡単のため行列はNAを含まない前提とする
```

Part 6 実践的な開発

```cpp
    // 行数 I 、列数 J
    int I = m.rows();
    int J = m.cols();

    // 結果を標準C++コンテナのvectorに格納します
    std::vector<int> rows, cols; //行番号と列番号を格納する変数

    // 要素の数は最大で行列mの要素数になり得るので
    // その分のメモリを先に確保
    rows.reserve(m.length());
    cols.reserve(m.length());

    // 行列mのすべての要素にアクセスして
    // 値が0ではない要素の行番号と列番号を保存
    for(int i=0; i<I; ++i){
        for(int j=0; j<J; ++j){
            if(m(i,j)!=0.0){
                rows.push_back(i+1);
                cols.push_back(j+1);
            }
        }
    }

    // 結果をデータフレームとして返す
    return DataFrame::create(Named("rows", rows),
                             Named("cols", cols));
}
```

表24.24に主要な標準C++データ構造の概要を示します。

表24.24 C++のデータ構造の概要

標準C++データ構造	概要
vector	可変長配列：各要素はメモリ上で連続して配置される
list	可変長配列：各要素はメモリ上で分散して配置される
map、unordered_map	連想配列：キー・バリュー形式でデータを保持する
set、unordered_set	集合：重複のない値の集合を保持する

mapは要素がキーの値でソートされた順に並びます。それに対してunordered_mapでは順番は保証されませんが要素の挿入とアクセスの速度に優ります。同様に、setは要素の値でソートされた順に並びます。unordered_setでは順番は保証されませんが要素の挿入とアクセスの速度に優ります。

24-27-1 標準C++データ構造とRcppデータ構造の変換

Rcppのデータ構造と標準C++のデータ構造の変換にはas<T>関数とwrap関数を用います。

- as<CPP>(RCPP)：Rcppデータ構造(RCPP)を標準C++データ構造(CPP)に変換
- wrap(CPP)：標準C++データ構造(CPP)をRcppデータ構造に変換

表24.25にRcppと標準C++で変換可能なデータ構造の対応を示します（+は対応している、-は対応していないことを示しています）。

表24.25 Rcppと標準C++で変換可能なデータ構造

Rcpp	標準C++	as	wrap
Vector	vector、list、deque	+	+
List、DataFrame	vector<vector>、list<vector>など	+	+
名前付きVector	map、unordered_map	-	+
Vector	set、unordered_set	-	+

次のコード例では、RcppのVectorと標準C++のシーケンス・コンテナ(vector、list、dequeなど値が直列に並んでいるように扱えるコンテナ)を変換する例を示します。

```
NumericVector   rcpp_vector = {1,2,3,4,5};

// Rcpp::Vectorからstd::vectorへの変換
std::vector<double>  cpp_vector = as< std::vector<double> >(rcpp_vector);

// std::vectorからRcpp::Vectorへの変換
NumericVector v1 = wrap(cpp_vector);
```

次のコード例では、標準C++のシーケンス・コンテナが入れ子になった2次元コンテナをDataFrameやListに変換する例を示します。

```
// std 名前空間を利用する
using namespace std;

// 要素となるベクトルの長さがすべて等しい2次元ベクトルは
// DataFrameに変換できる
vector<vector<double>> cpp_vector_2d_01 = {{1,2},{3,4}};
DataFrame df = wrap(cpp_vector_2d_01);

// 要素となるベクトルの長さが異なる2次元ベクトルは
// Listに変換できる
vector<vector<double>> cpp_vector_2d_02 = {{1,2},{3,4,5}};
List li = wrap(cpp_vector_2d_02);
```

リスト24.29では、標準C++のmap<key, value>とunordered_map<key, value>はkeyを要素の名前、valueを要素の型とした、名前付きVectorに変換されることを示します。

リスト24.29 stdmap.cpp（抜粋）

```cpp
#include <map>
#include <unordered_map>
// [[Rcpp::export]]
List std_map(){
    // map オブジェクトを作成する
    std::map<std::string, double> cpp_map;
    // 要素を追加する
    cpp_map["C"] = 3;
    cpp_map["B"] = 2;
    cpp_map["A"] = 1;

    // unordered_map オブジェクトを作成する
    std::unordered_map<std::string, double> cpp_unordered_map;
    // 要素を追加する
    cpp_unordered_map["C"] = 3;
    cpp_unordered_map["B"] = 2;
    cpp_unordered_map["A"] = 1;

    return List::create(cpp_map, cpp_unordered_map);
}
```

次が実行結果です。std::mapでは要素がキーの値でソートされた順番に並んでいるのに対して、std::unordered_mapでは順番が保証されないことがわかります。

```
> std_map()
[[1]]
A B C
2 1 3

[[2]]
A C B
2 3 1
```

24-27-2 標準C++データ構造を関数の引数や戻り値にする

as関数やwrap関数で変換可能な標準C++データ構造はRcppの関数の引数や返値にすることもできます。リスト24.30ではRからRcppで記述した関数に値が渡されるとき、暗黙的にas関数が呼ばれ、関数の戻り値がRに戻されるときには暗黙的にwrap関数が呼ばれてデータが変換されます。

リスト24.30　timestwostdvector.cpp（抜粋）

```
// [[Rcpp::export]]
std::vector<double> times_two_std_vector(std::vector<double> v){ //暗黙的にas関数が呼ばれる

    for(double &x : v){
        x *= 2;
    }
    return v; //暗黙的にwrap関数が呼ばれる
}
```

24-28　Rライクな関数

　ここではRの関数と類似したRcppの関数の一覧を示します（**表24.26**）。それぞれの関数についての詳細はオンライン資料を参照してください[注4]。また、これらの関数に与えるベクトルにNAが含まれていないと保証できる場合には、次の例のようにnoNA関数を使って印をつける[注5]とRcppの関数がNAのチェックを行わなくなるので計算が速くなる場合があります。

```
NumericVector res = mean(noNA(v));
```

表24.26　Rライクな関数

用途	関数名
ベクトル	head、tail、rev、rep、rep_each、rep_len、seq、seq_along、seq_len、diff
文字列	collapse
値の検索	match、self_match、which_max、which_min
重複の値	duplicated、unique、sort_unique
集合演算	setdiff、setequal、intersect、union_
最大値・最小値	min、max、cummin、cummax、pmin、pmax、range、clamp
集計	sum、mean、median、sd、var、cumsum、cumprod、rowSums、colSums、rowMeans、colMeans、table
端数処理	floor、ceil、ceiling、round、trunc
数学	sign、abs、pow、sqrt、exp、expm1、log、log10、log1p、sin、sinh、cos、cosh、tan、tanh、acos、asin、atan、gamma、lgamma、digamma、trigamma、tetragamma、pentagamma、psigamma、factrial、lfactorial、choose、lchoose、beta、lbeta
論理値	all、any、is_true、is_false、is_na、ifelse
NA、Inf、NaN	na_omit、is_finite、is_infinite、is_na、is_nan
apply関数	lapply、sapply、mapply
cbind関数	cbind

[注4] http://gihyo.jp/book/2017/978-4-7741-8812-6/support
[注5] RcppのVectorクラスにはNAを持たないと保証されたことを示すサブタイプが存在し、noNA関数は"NAを持っている可能性がある"通常のVector型を、"NAを持たないことを示す"Vector型に変換します。

24-29 確率分布

RcppはRにある主要なすべての確率分布関数を提供します。Rと同じく各確率分布についてd、p、q、rの文字から始まる4つの関数が定義されています。次が確率分布XXXに関する4つの関数です。

- dXXX：確率密度関数
- pXXX：累積分布関数
- qXXX：分位関数
- rXXX：乱数生成関数

24-29-1 確率分布関数の基本構造

Rcppでは、同じ名前の確率分布関数が`R::`と`Rcpp::`の2つの名前空間で定義されています。`Rcpp::`名前空間で定義されている確率分布関数はベクトルを返すのに対して、`R::`名前空間の関数はスカラーを返すという違いがあります。通常は`Rcpp::`名前空間の関数を使えば良いですが、スカラー値が欲しい場合は`R::`名前空間の関数のほうが速度が速いためそちらを用いるのが良いでしょう。

次に`Rcpp::`名前空間で定義されている確率分布関数の基本構造を示します。基本的には`Rcpp::`名前空間で定義されている確率分布関数はRにある確率分布関数と同じ機能を持っています。実際にはソースコード中に`Rcpp::`名前空間の確率分布関数の定義はそのまま書かれていませんが（マクロを使って記述されているため）、ユーザにとってはこのような形式の関数が定義されていると考えて良いでしょう。

```
NumericVector Rcpp::dXXX( NumericVector x, double par,                          bool log = false )
NumericVector Rcpp::pXXX( NumericVector q, double par, bool lower = true, bool log = false )
NumericVector Rcpp::qXXX( NumericVector p, double par, bool lower = true, bool log = false )
NumericVector Rcpp::rXXX(              int n, double par )
```

次に`R::`名前空間で定義されている確率分布関数の基本構造を示します。これは`double`型の値を受け取り`double`型の値を返すという点以外は`Rcpp::`名前空間の関数と基本的には同じ機能を持っています。ただし、引数のデフォルト値は与えられていないのでユーザが明示的に与える必要があります。

```
double R::dXXX( double x, double par,                   int log )
double R::pXXX( double q, double par, int lower, int log )
double R::qXXX( double p, double par, int lower, int log )
double R::rXXX(            double par )
```

表24.27に確率分布関数の引数の説明を示します。

表24.27 確率分布関数の引数

引数	説明
x、q	確率密度や累積確率を求めたい確率変数の値（のベクトル）
p	分位数を求めたい確率値（のベクトル）
n	発生させたい乱数の個数
par	分布パラメータの値（実際には確率分布によって分布パラメータの数は異なる）
lower	true：確率変数の値がx以下の領域の確率を算出する、false：xより大の領域の確率を算出する
log	true：値を対数変換して出力する

24-29-2 確率分布関数の一覧

表24.28にRcppが提供する確率分布（XXX）の関数の一覧を示します。名前空間`R::`と`Rcpp::`でd、p、q、rから始まる関数が存在する場合には+の記号で示しています。それぞれの確率分布関数各関数の詳しい解説はオンライン資料を参照してください。

表24.28 確率分布（XXX）の関数

確率分布	XXX	Rcpp::d	Rcpp::p	Rcpp::q	Rcpp::r	R::d	R::p	R::q	R::r
一様分布	unif	+	+	+	+	+	+	+	+
正規分布	norm	+	+	+	+	+	+	+	+
対数正規分布	lnorm	+	+	+	+	+	+	+	+
ガンマ分布	gamma	+	+	+	+	+	+	+	+
ベータ分布	beta	+	+	+	+	+	+	+	+
非心ベータ分布	nbeta	+	+	+	+		+	+	+
カイ2乗分布	chisq	+	+	+	+	+	+	+	+
非心カイ2乗分布	nchisq	+	+	+	+	+	+	+	+
t分布	t		+	+	+	+	+	+	+
非心t分布	nt		+	+		+	+	+	+
F分布	f	+	+	+	+	+	+	+	+
非心F分布	nf		+	+		+	+	+	+
コーシー分布	cauchy	+	+	+	+	+	+	+	+
指数分布	exp	+	+	+	+	+	+	+	+
ロジスティック分布	logis	+	+	+	+	+	+	+	+
ワイブル分布	weibull	+	+	+	+	+	+	+	+
二項分布	binom	+	+	+	+	+	+	+	+
負の二項分布（成功確率を指定）	nbinom	+	+	+	+	+	+	+	+
負の二項分布（平均値を指定）	nbinom_mu	+	+	+	+	+	+	+	+
ポワソン分布	pois	+	+	+	+	+	+	+	+
幾何分布	geom	+	+	+	+	+	+	+	+
超幾何分布	hyper	+	+	+	+	+	+	+	+
ウィルコクソン順位和検定統計量の分布	wilcox	+				+	+	+	+
ウィルコクソン符号順位検定統計量の分布	signrank	+				+	+	+	+

著者紹介

安部 晃生（ABE Kosei）
DATUM STUDIO株式会社CTO。国立成育医療研究センター共同研究員。統計学や機械学習を用いてビジネスを推進するしくみづくりに日々邁進している。趣味で開発したパッケージを仕事に利用できるチャンスを虎視眈々と狙っている。

●**本書担当**…1章、2章、3章、4章、5章、6章、9章、17章、19章（共著）、23章

大学に入学してからPCで講義や実験のレポートを書く必要がありました。Excelのグラフは見た目があまりよくないので嫌だなぁと思い、代わりとなるグラフを描画するソフトウェアを探していました。候補としてgnuplotとRが見つかったのですが、統計もできた方が良いのではないかという直感から、Rを選択しました。レポートにとどまらず、研究、仕事と10年以上の付き合いになるとは、当時思いもしなかったのですが、それが元で本を書く仕事までもらえているので、人生何がどうしてどうなるかわからないですね。

市川 太祐（ICHIKAWA Daisuke）
医師。サスメド株式会社にて不眠症の治療に従事している。「医療の現場でアプリが処方される未来」の実現に向けて、学問としての「デジタルヘルス」の確立を目指している。

●**本書担当**…7章、8章、11章、20章

クロス集計表、そして大量の図の作成をなんとか自動化できないか、でもVBAはこれ以上触りたくない…とPowerPoint VBAに辟易していたころに知人に紹介されたのがRでした。当時はPythonのPandasやScikit-learnといったライブラリもない時代でしたね。Rのデータフレームというデータ構造は非常にとっつきやすく、それからは日々の作業を自動化して空いた時間で統計学や機械学習を学ぶことができ、結果として人生が一変したように思います。ありがとうRさようならR。

酒巻 隆治（SAKAMAKI Ryuji）
コーポレートクリエーター。専門は人間が環境に残す各種行動・購買ログの解析。東京大学大学院にて博士号を取得。KDDI株式会社 、楽天株式会社、株式会社ドリコムを経て、2014年DATUM STUDIO株式会社を設立。画像を元にした推定アルゴリズムなど5件の特許取得済。趣味は、データと分析力を駆使し、最短期間でのマザーズ上場を企業をクリエイトすること。

●**本書担当**…10章（共著）

「行列を行列のまま処理できる!!!」それがわたしとRとの出会いだった。実はそのとき、恋に落ちていたのかもしれない。そう、わたしのドキドキはとまらなかった。若かったから、という理由だけで説明しつくせない出会いだと、今になって思う。それまでPerlという柔軟な方とお付き合いしていたわたしの前に颯爽と現れたR。毎日Perlと見つめ合い、汗をカキカキ、配列でシコシコとデータ処理に頑張っていたわたしに、優しくささやいたのでした。「よかったら、俺と付き合わないか？」そのときの優しい

言葉に、その出会いには運命すら感じたことを覚えている。確かに「<-」は、あまりかっこよくはない。パッケージに「2」をつけるのもどうかと思う。でも、でもわたしは、行列そのままをすべて受け止めて処理してくれるという優しさに、Perlと別れRと付き合うことを決めました。それはもう10年も前のことなんですね。Rか、全てがみな懐かしい。

戸嶋 龍哉（TOJIMA Tatsuya）

現在はDATUM STUDIO株式会社にてデータエンジニアとして、さまざまな業種の企業におけるデータ分析活用基盤の構築、テキストマイニングによる分析、機械学習アルゴリズムの整備に従事。また前職の株式会社ドリコムではソーシャルゲームのデータ分析業務に従事していた。最近、多種多様なデータを前処理する楽しさに目覚めた。データ分析を活用し1円でも多くの収益を上げるべく、がんばっている。

●**本書担当**…10章（共著）

大学時代はPythonとともに過ごしていたが、社会人になり当時の職場ではみなRを使っていたので、Rを使うことに。そのときから業務では常にRが自分のそばにいた（Pythonもいたけど）。現職に就いてからもいろいろな現場でRを活用してモリモリお金を稼がせていただいています。ちょっと仕様がいい加減なところはあるかもしれないけれど、Rは良きパートナーです。

福島 真太朗（FUKUSHIMA Shintaro）

株式会社トヨタIT開発センターで、クルマに関連するデータの解析に従事している。数理技術（今は主に統計学、機械学習）でより良い世の中を実現することを目指して日々挑戦を続けている。

●**本書担当**…12章、13章、14章、15章、16章、21章、22章

もう10年も前のこと、社会人になり統計関連の業務（金融工学）を行い始めたときに、当時の職場で使用していた解析ツールがRでした。当時Rは今ほどメジャーではなく、わからないことがあるとRjpWikiのサイトやソースコードを読みながら理解を深めていったことを覚えています。Rを通して多くの方々と出会い、書籍の執筆にも関わらせていただくことになるとは、10年前は思ってもいなかったことでした。最近はPython（や一部Julia）をメインにデータ解析を行っていますが、Rには感謝しています。

和田 計也（WASDA Kazuya）

データアナリスト兼データマイニングエンジニア。総合電機メーカーにてバイオ研究者の研究支援ツール開発やデータ分析受託などの業務を経て、バイオベンチャーでスペクトルデータのデータ処理基盤ソフトウェア開発とデータ分析業務に従事。その後、現職の株式会社サイバーエージェントにて、SNS、ソーシャルゲーム、広告データ、音楽サービス、動画サービスなど、多岐にわたるデータ分析業務に携わる。

●**本書担当**…18章

Profile

大学時代に枯草菌の遺伝子発現解析のために使ったのが筆者のR言語との出会いでした。当時はWindows版やMac版のインストーラが存在しなかったためR実行環境としてLinuxマシン（今はほぼ息をしてないTurbo Linux）を用意することから始めた記憶があります。当時は書籍を含め情報がほとんどなく苦労の連続でしたが、ソフトウェアに予算を投入できないバイオ系の研究室にあって、無償で使えるR言語に無限の可能性を感じていました。R言語界隈を中心として分析者間のつながりも活発になり、日本国内のデータ分析レベルは格段に上がってきたと思います。今後もデータ分析を通してさまざまな業界を盛り上げていきたいです。

里 洋平（SATO Yohei）

R言語の東京コミュニティTokyo.Rの主催者。ヤフー株式会社で、推薦ロジックや株価の予測モデル構築など分析業務を経て、株式会社ディー・エヌ・エーで大規模データマイニングやマーケティング分析業務に従事。その後、株式会社ドリコムにて、データ分析環境の構築やソーシャルゲーム、メディア、広告のデータ分析業を経て、DATUM STUDIO株式会社を設立。

● 本書担当…19章（共著）

初めての予測モデル構築の業務で、当時の職場の上司が使用していたのが、R言語との出会いでした。行列を簡単に処理できることに感動し、もっとスキルを身に付けようと思って勉強会を検索したが見つからず、自分で立ち上げたのがTokyo.Rです。Tokyo.Rをきっかけに、さまざまな業界の分析者との出会いや書籍の執筆など、非常に良い経験ができました。今後もTokyo.Rや書籍を通して、R界を盛り上げていきたいです。

津田 真樹（TSUDA Masaki）

テクノスデータサイエンス・エンジニアリング株式会社でデータ分析のコンサルタントをしている。データ分析でビジネスの効率を高め、利益を伸ばしつつ持続可能な世の中を切り拓いていきたいと考えている。そのついでに、研究者からビジネスの世界に移ってきた人材として、アカデミックな世界で身につくスキルがビジネスでも役に立つことを自らのキャリアを通して世の中に広めようとしている。

● 本書担当…24章

大学の研究室に入って、環境変化に対する生物の進化のシミュレーションをC++で書いていたころ、筆者の周辺ではフリーな統計&作図環境としてRが使われ始めていました。当初はRubyでデータ加工してgnuplotで作図していたのですが、Rなら両方できる！ということでRを使い始めました。それから10年以上経ってしまいましたが、研究者の世界からデータ分析ビジネスの世界へ移った今も良きパートナーとなってくれています。さらにはRcppパッケージのお陰でまたC++を書く機会まで与えてくれたことに感謝しています。

索引

記号

- .Call 関数 ········· 583
- .C 関数 ········· 581
- .First 関数 ········· 64
- 〇〇_join 関数 ········· 140
- .Last.value ········· 41
- .Last 関数 ········· 64
- .Rprofile ········· 63
- --vanilla オプション ········· 482
- :: 演算子 ········· 108
- %>% 演算子 ········· 144
- <- 演算子 ········· 111
- <<- 演算子 ········· 111
- ...（ドットドットドットオブジェクト） ········· 115

数字

- 3次元プロット ········· 176
- 3次元ワイヤーフレーム ········· 238

A

- abline 関数 ········· 188
- acf 関数 ········· 405
- addCircleMarkers 関数（leaflet パッケージ） ········· 256
- addHandler 関数（logging パッケージ） ········· 484
- adf.test 関数（tseries パッケージ） ········· 415
- AIC ········· 312
- apply.monthly 関数（xts パッケージ） ········· 399
- apply.quarterly 関数（xts パッケージ） ········· 399
- apply.weekly 関数（xts パッケージ） ········· 399
- apply 関数 ········· 549, 550
- apriori 関数（arules パッケージ） ········· 453
- arima.sim 関数 ········· 423, 424
- ARIMA モデル ········· 435
- ARMA モデル ········· 431
- arrange 関数（dplyr パッケージ） ········· 139
- array 関数 ········· 53
- arrows 関数 ········· 186
- AR モデル ········· 421
- as.POSIX 関数 ········· 390
- attributes 関数 ········· 53

- AUC ········· 309
- auc 関数（pROC パッケージ） ········· 311
- auto.arima 関数（forecast パッケージ） ········· 440
- available.packages 関数 ········· 61
- axis 関数 ········· 181

B

- bigmemory パッケージ ········· 561
- bigtable 関数（bigtabulate パッケージ） ········· 563
- bigtabulate パッケージ ········· 563
- bind_cols 関数（dplyr パッケージ） ········· 140
- bind_rows 関数（dplyr パッケージ） ········· 140
- Bioconductor ········· 30
- body 関数 ········· 119
- boxplot 関数 ········· 166
- Box.test 関数 ········· 408
- box 関数 ········· 180
- break 関数 ········· 98

C

- C++11 ········· 609
- calendarPlot 関数（openair パッケージ） ········· 401
- caret パッケージ ········· 380
- cbind.data.table 関数（data.table パッケージ） ········· 148
- class 関数 ········· 68
- cloud 関数（lattice パッケージ） ········· 235
- clusGap 関数（cluster パッケージ） ········· 276, 277
- coefplot 関数（coefplot パッケージ） ········· 322
- colnames 関数 ········· 52
- commandArgs 関数 ········· 482
- conflicts 関数 ········· 107
- contourplot 関数（lattice パッケージ） ········· 236
- contour 関数 ········· 174
- control widgets ········· 496
- corrplot 関数（corrplot パッケージ） ········· 332, 333
- cor 関数 ········· 330, 331
- CRAN ········· 27, 544
- CRAN Task Views ········· 28
- cspade 関数（arulesSequences パッケージ） ········· 471, 474
- ctree 関数（party パッケージ） ········· 352

Index

cutree 関数 ······································· 271
cxxfunction 関数 (inline パッケージ) ········· 587
c 関数 ··· 46

D

DataFrame (Rcpp パッケージ) ················ 627
data.frame 関数 ······························· 56, 81
datatable 関数 (DT パッケージ) ············· 250
data.table パッケージ ···················· 127, 146
Date (Rcpp パッケージ) ······················· 635
Datetime (Rcpp パッケージ) ·················· 636
Date クラス ·· 387
dcast.data.table 関数 (data.table パッケージ) ···· 149
decompose 関数 ································· 409
dendextend パッケージ ························ 283
DESCRIPTION ファイル ······················· 538
dev.cur 関数 ······································ 200
dev.flush 関数 ···································· 202
dev.hold 関数 ····································· 202
dev.next 関数 ····································· 200
dev.off 関数 ······································· 201
dev.prev 関数 ····································· 200
dev.set 関数 ······································· 200
devtools パッケージ ······························· 29
DiagrammeR パッケージ ······················· 245
dimnames 関数 ······································ 52
dim 関数 ·· 51
dist 関数 ··· 272
dmy 関数 (lubridate パッケージ) ············· 389
docopt パッケージ ······························· 483
dotchart 関数 ····································· 165
dotplot 関数 ······································· 239
do 関数 (dplyr パッケージ) ···················· 146
dplyr パッケージ ································· 138
DSL ··· 590
DT パッケージ ···································· 250
dyAnnotation 関数 (dygraphs パッケージ) ···· 243
dyAxis 関数 (dygraphs パッケージ) ········· 243
dygraphs パッケージ ···························· 242
dySeries 関数 (dygraphs パッケージ) ······· 244
dyShading 関数 (dygraphs パッケージ) ···· 244

E

easyHtmlReport 関数
(easyHtmlReport パッケージ) ············· 529

Eclat ·· 458
eclat 関数 (arules パッケージ) ················ 459
Environment (Rcpp パッケージ) ·············· 645
environment 関数 ································ 113
ESS ··· 26
Excel ファイル ···································· 129

F

factor (Rcpp パッケージ) ······················ 641
factor 関数 ·· 73
fancyRpartPlot 関数 (rattle パッケージ) ···· 350
fanny 関数 (cluster パッケージ) ·············· 302
fastcluster パッケージ ·························· 278
FFI ·· 580
ff パッケージ ······································ 564
file 関数 ·· 126
filter 関数 ··· 138
findCorrelation 関数 (caret パッケージ) ···· 336
findLinearCombos 関数 (caret パッケージ) ···· 335
find 関数 ··· 106
fluidPage 関数 (shiny パッケージ) ··········· 495
for ·· 98
formals 関数 ······································ 117
format 関数 ······································· 388
fread 関数 ··· 127
f 関数 (pryr パッケージ) ························ 84

G

gather 関数 (tidyr パッケージ) ················ 142
gbm 関数 (gbm パッケージ) ············ 374, 376
gbm パッケージ ·································· 374
geom ··· 213
geom_abline 関数 (ggplot2 パッケージ) ···· 220
geom_bar 関数 (ggplot2 パッケージ) ········ 216
geom_hline 関数 (ggplot2 パッケージ) ····· 220
geom_line 関数 (ggplot2 パッケージ) ······· 214
geom_point 関数 (ggplot2 パッケージ) ····· 215
geom_smooth 関数 (ggplot2 パッケージ) ···· 219
geom_text 関数 (ggplot2 パッケージ) ······· 233
geom_vline 関数 (ggplot2 パッケージ) ····· 220
getClass 関数 ······································ 57
getSlots 関数 ······································ 58
ggpairs 関数 (GGally パッケージ) ············ 328
ggplot2 パッケージ ······························ 203
ggplot 関数 (ggplot2 パッケージ) ············ 213

索引

ggsave 関数 (ggplot2 パッケージ) 214
glm 関数 343
graphics.off 関数 201
grid 関数 189
group_by 関数 (dplyr パッケージ) 141
grViz 関数 (DiagrammeR パッケージ) 246, 248

H
Hadoop 569
haven パッケージ 131
hclust 関数 270, 274
hclust 関数 (fastcluster パッケージ) 279
heatmap.2 関数 (gplots パッケージ) 282
heatmap 関数 172, 280, 281
hist 関数 170
htmlwidgets パッケージ 241
httr パッケージ 134

I
if 96
inline パッケージ 585
inspect 関数 (arules パッケージ) 450
installed.packages 関数 61
install.packages 関数 60
interactive 関数 25
invisible 関数 41
ISOdatetime 関数 390

J
jsonlite パッケージ 135
jyear 関数 (Nippon パッケージ) 392

K
kable 関数 (knitr パッケージ) 529
kmeans 関数 290, 293
knitr パッケージ 518
knit 関数 (knitr パッケージ) 523
ksvm 関数 (c50 パッケージ) 353
k 平均法 289
k メドイド法 294

L
lattice パッケージ 234
leaflet 関数 (leaflet パッケージ) 255
leaflet パッケージ 255

legend 関数 197
length 関数 48
levelplot 関数 (lattice パッケージ) 237
levels 関数 73
library 関数 60
lines 関数 185
List (Rcpp パッケージ) 630
list 関数 54
littler 481
Ljung-Box 検定 407
lm 関数 313
local 関数 111
lockBinding 関数 110
lockEnvironment 関数 110
logging パッケージ 484
LogicalVector (Rcpp パッケージ) 624
lubridate パッケージ 388

M
makeCluster 関数 (parallel パッケージ) 567
markdownToHTML 関数
  (markdown パッケージ) 524
match.arg 関数 118
Matrix (Rcpp パッケージ) 619
matrix 関数 49
mdy 関数 (lubridate パッケージ) 389
melt.data.table 関数 (data.table パッケージ) 149
mem_used 関数 (pryr パッケージ) 559
merge.data.table 関数 (data.table パッケージ) 148
message 関数 100
microbenchmark 関数
  (microbenchmark パッケージ) 552
missing 関数 117
mlr パッケージ 384
mosaicplot 関数 169
MRAN 29
msts 関数 (forecast パッケージ) 396
mtext 関数 195
mutate_each 関数 (dplyr パッケージ) 144
mutate 関数 (dplyr パッケージ) 139, 143

N
NAMESPACE ファイル 542
names 関数 48
ncol 関数 51

Index

new 関数	57
next 関数	99
nrow 関数	51
nsdiffs 関数 (forecast パッケージ)	420
NULL	86
NULL (Rcpp パッケージ)	650

O

object.size 関数	559
OmegaHat	30
openxlsx パッケージ	130

P

pacf 関数	406
pairs 関数	327
pam 関数 (cluster パッケージ)	294, 301
parallelplot 関数 (lattice パッケージ)	239
parallel パッケージ	567
partialPlot 関数 (ramdomForest パッケージ)	362
par 関数	153
persp 関数	176
pie 関数	167
plot.new 関数	177
plotrix パッケージ	194
plot 関数	152, 155
points 関数	184
polygon 関数	190
polypath 関数	190
POSIXct クラス	389
predict 関数	354
print 関数	41

Q

qplot 関数 (ggplot2 パッケージ)	203

R

randomForest パッケージ	357
ranger 関数 (ranger パッケージ)	363
ranger パッケージ	363
rApache	510
rasterImage 関数	198
raster クラス	198
rbind.data.table 関数 (data.table パッケージ)	148
R-bloggers	31
Rcmdr パッケージ	27
Rcpp	605
Rcpp パッケージ	586
read.big.matrix 関数 (bigmemory パッケージ)	561
read.csv.ffdf 関数 (ff パッケージ)	564
readr 関数 (readr パッケージ)	127
readr パッケージ	127
read.table.ffdf 関数 (ff パッケージ)	564
read.transactions 関数 (arules パッケージ)	468
readxl パッケージ	130
rect 関数	190
remove.packages 関数	61
rename 関数 (plyr パッケージ)	139
repeat	97
return 関数	100
R-Forge	29
RHadoop パッケージ	571
rJava パッケージ	588
RjpWiki	32
rlm 関数 (MASS パッケージ)	341
R Markdown	520
R Markdown 形式	524
RMySQL パッケージ	131
rm 関数	42
RObject (Rcpp パッケージ)	642
roc 関数 (pROC パッケージ)	311
ROC 曲線	306
Rook パッケージ	514
rownames 関数	52
rpart 関数 (rpart パッケージ)	347, 349
RPostgreSQL パッケージ	132
Rprofile	63
Rprof 関数	553, 555, 557
RPubs	31
Rscript	26, 480
rstan パッケージ	591
RStudio	26, 32
R Tools for Visual Studio (RTVS)	26
rug 関数	184
ruleInduction 関数 (arulesSequence パッケージ)	473
rvest パッケージ	134

S

S3 クラス	87, 119
S3 クラス (Rcpp パッケージ)	632

索引	
S4 クラス	57, 88, 120
S4 クラス (Rcpp パッケージ)	633
scale_fill_gradient 関数 (ggplot2 パッケージ)	334
scale_x_continuous 関数 (ggplot2 パッケージ)	231
scale_x_discrete 関数 (ggplot2 パッケージ)	231
scale_x_log10 関数 (ggplot2 パッケージ)	228
scale_x_reverse 関数 (ggplot2 パッケージ)	230
scale_x_sqrt 関数 (ggplot2 パッケージ)	229
scale_y_continuous 関数 (ggplot2 パッケージ)	231
scale_y_discrete 関数 (ggplot2 パッケージ)	231
scale_y_log10 関数 (ggplot2 パッケージ)	228
scale_y_reverse 関数 (ggplot2 パッケージ)	230
scale_y_sqrt 関数 (ggplot2 パッケージ)	229
search 関数	106
seasonplot 関数 (forecast パッケージ)	400
segments 関数	186
select 関数 (dplyr パッケージ)	138
separate 関数 (tidyr パッケージ)	149
setClass 関数	57
setGeneric 関数	120
setRefClass 関数	58, 90
shiny パッケージ	487
Shiny	530
shinyapps.io	31
Shiny Server	507
show 関数	59
sink 関数	601
slotNames 関数	58
socketConnection 関数	135
SPADE	469
Spark	573
SparkR	575
SparkSQL	578
spread 関数 (tidyr パッケージ)	142
Stan	590
standardGeneric 関数	120
step 関数	323, 326
stl 関数	409
stopifnot 関数	101
stop 関数	101
String (Rcpp パッケージ)	639
stringr パッケージ	150
str 関数	73
summarise_each 関数 (dplyr パッケージ)	144
summarise 関数 (plyr パッケージ)	143
summaryRprof 関数	553, 556
switch 関数	99
system.time 関数	551
system 関数	133

T

text 関数	195
theme 関数 (ggplot2 パッケージ)	226
tidyr パッケージ	138
title 関数	183
Tokyo.R Slack	32
train 関数 (caret パッケージ)	382
tryCatch 関数	102
tsdiag 関数	438
tsdisplay 関数 (forecast パッケージ)	407
ts 関数	393
tuneParams 関数 (mlr パッケージ)	385
typeof 関数	68

U

unite 関数 (tidyr パッケージ)	149
unloadNamespace 関数	60
update.packages 関数	61
UseMethod 関数	119

V

varImpPlot 関数 (ramdomForest パッケージ)	360
Vector	614

W

warning 関数	100
Web データ	133
while	97
window 関数	145
wireframe 関数 (lattice パッケージ)	238

X

xgboost	369
xgboost 関数 (xgboost パッケージ)	377, 379
xgboost パッケージ	377
XLConnect パッケージ	129
XML パッケージ	133
xts パッケージ	397

Index

xyplot関数（latticeパッケージ） 235

Y

ymd関数（lubridateパッケージ） 389

あ行

値渡し 114
アプリオリ 446
イテレータ 653
因子型 72
因子ベクトル 641
インタプリタ 38
インタラクティブ 24, 40
インデックス 47
ウォード法 275
エスケープシーケンス 71
円グラフ 167
演算子 94
オブジェクト指向 87
親環境 112
折れ線グラフ 163, 211

か行

回帰 265, 303
回帰曲線 218
回帰係数 322
回帰診断 315
階層的クラスタリング 268
返り値 44
確信度 444
拡張ディッキー・フラー検定 415
確率分布 660
カッパ係数 382
ガベージコレクション 39
仮引数 44
環境 83
関数 43, 82, 112
関数型プログラミング 38
ギャップ統計量 275
行列 49, 76
局所変数 111
クラスタリング 264, 266
グラフィックスデバイス 199
グラフィックスパラメータ 153
グローバル環境 106

クロスバリデーション 304
群平均法 275
系列パターン 469
決定木 346
決定係数 312
交差検証法 304
勾配ブースティング 366, 367
コネクション 126
コマンドラインアプリケーション 480
コメント 92
混同行列 305

さ行

最大距離（チェビシェフ距離） 272
最短距離法 275
最長距離法 275
サポートベクタマシン 352
参照クラス 58, 90
散布図 158, 204, 215
ジェネリック関数 87
式 85, 92
識別子 103
時系列クラス 387
次元削除処理 51
支持度 443
実数型 69
実引数 44
重回帰分析 320
重心法 275
樹形図 268
条件付き推測木 351
シルエットプロット 296
スコープ 105
ストリームデータ 135
スロット 58
整数型 72
成分分解 409
相関係数 329
属性値 631

た行

多変量相関図 326
単位根検定 414
単回帰分析 312
遅延評価 114